Vorbereitungstechnik für die
Weberei, Wirkerei und Strickerei

LOTHAR SIMON
MANFRED HÜBNER

Vorbereitungstechnik für die Weberei, Wirkerei und Strickerei

Mit 454 Bildern und 35 Tabellen

VEB FACHBUCHVERLAG
LEIPZIG 1983

Herausgeber: Dr. sc. techn. Lothar Simon

Autoren: Dr. sc. techn. Lothar Simon
Dipl.-Ing. Manfred Hübner

Als Lehrbuch für die Ausbildung an Universitäten und Hochschulen der DDR anerkannt.

Berlin, Mai 1982   Minister für Hoch- und Fachschulwesen

© VEB Fachbuchverlag Leipzig 1983
Softcover reprint of the hardcover 1st edition 1983
ISBN-13: 978-3-642-47856-7   e-ISBN-13: 978-3-642-47855-0
DOI: 10.1007/ 978-3-642-47855-0

Vorwort

Als Bindeglied zwischen der Faden- und Flächenbildung stellt die Vorbereitungstechnik für die Weberei, Wirkerei und Strickerei eine wichtige Prozeßstufe in der textiltechnischen Fertigung dar. In den zugehörigen Abteilungen sind nicht nur erhebliche Mengen Fadenmaterial gebunden, was eine ökonomische Belastung der Fertigung bedeutet, sondern es wird dort auch die Basis für eine rationelle Flächenbildung geschaffen. Jeder im Faden vorhandene Fehler erzeugt durch seine Beseitigung in der Vorbereitung geringere Kosten als beispielsweise in der Weberei.

Aber auch die ständig gestiegenen Arbeitsgeschwindigkeiten in allen Bereichen der Textiltechnik erhöhen die Bedeutung dieses Prozesses. So wurde dadurch die manuelle Bedienung vieler Maschinen, insbesondere der Spulmaschinen, nicht nur komplizierter, sondern auch unwirtschaftlich, da der Anteil der Handzeiten an der gesamten Fertigungszeit steigende Tendenz hat. Schließlich wirkt sich auch der zunehmende Einsatz synthetischer Faserstoffe auf den technologischen Ablauf in der Phase der Vorbereitung aus. Es sei an dieser Stelle nur auf das spezifische Reibungsverhalten sowie die elektrostatische Aufladung solcher Fäden hingewiesen.

Aus diesen Gründen muß das ingenieurtechnische Personal in der Textilindustrie über komplexe Kenntnisse auf dem Gebiet der Vorbereitungstechnik für den Flächenbildungsprozeß verfügen. Unter Berücksichtigung dieser veränderten Bedingungen wurde das vorliegende Buch in erster Linie als Lehrbuch gestaltet. Es soll den Studenten der textiltechnischen Fachrichtungen Grundkenntnisse in den verschiedenen Teilgebieten der Vorbereitung sowie die Zusammenhänge zwischen diesen Gebieten vermitteln. Darüber hinaus erscheint es jedoch auch für jenen Interessentenkreis geeignet, der den Wunsch nach einer Weiterbildung hat. Auf Grund der ausführlichen analytischen Darstellung ausgewählter Funktionsabläufe ist das vorliegende Buch auch als Studienmaterial für Studenten der konstruktiven Fachrichtungen vorgesehen, soweit es um das allgemeine Verständnis der technischen Mittel geht. Auf Hinweise zur konstruktiven Gestaltung von Arbeitselementen und Mechanismen wird nicht eingegangen, da dies den Rahmen des Buches überschreiten würde. Aus dem gleichen Grund muß auch auf eine umfassende Beschreibung spezieller Ausführungsformen verzichtet werden. Sie sind nur soweit durch Bilder belegt, wie es zum Verständnis im Lehr- und Lernprozeß erforderlich ist. In allen anderen Fällen erscheinen Strichzeichnungen von wichtigen Funktionsgruppen zweckmäßiger.

Bei der Darstellung der verschiedenen Teilgebiete wurde eine Form gewählt, die für breite Kreise von Fachleuten der Textilindustrie und des Textilmaschinenbaues anwendungsbereites Wissen zur Verfügung stellt. Die einzelnen Abschnitte sind gleichzeitig auch so abgefaßt, daß sich das Buch als Nachschlagewerk verwenden läßt, wobei auf unbedingt zu beachtende Schwerpunkte im technologischen Prozeß hingewiesen wird, auch wenn in dem einen oder anderen Fall dazu noch keine optimalen Lösungen vorliegen.

Ausgehend von der jeweiligen Zielfunktion einer Prozeßstufe, sind die technologischen Schwerpunkte mit ihren Verknüpfungsbeziehungen behandelt. Mit den auf diese Weise aufgestellten Forderungen werden die einzelnen Funktionselemente analytisch auf ihr Prozeßverhalten untersucht. Die Beschreibung der Maschinen erfolgt nicht nach dem Vollständigkeitsprinzip, sondern danach, durch welche Arten sich das Grundsätzliche des Prozesses am besten erklären läßt und gleichzeitig eine Verallgemeinerung möglich ist. Vom Umfang her sind jene Arbeitsprinzipe und Maschinen betont, die auch für den Anwender relevant sind.

Die Berechnung der Teilfunktionen und der Maschineneinstellungen wird an den Stellen vorgenommen, wo sie beschrieben sind. Eine Zusammenfassung aller Berechnungen in einem speziellen Abschnitt wird für dieses Lehrbuch nicht als zweckmäßig erachtet, da dem Lernenden sonst das Erkennen der Zusammenhänge verlorengeht.

Mit der vorliegenden Darstellung wurde der Versuch unternommen, den Gesamtkomplex der Vorbereitungstechnik für die Weberei, Wirkerei und Strickerei erstmals in einer Form darzustellen, die über jene eines Handbuches hinausgeht. Die umfangreiche Literaturzusammenstellung ermöglicht dem anspruchsvollen Leser ein tieferes Eindringen in die beschriebenen Prozesse und damit eine schöpferische Erweiterung der Wissensgebiete.

Die Autoren

Inhaltsverzeichnis

1. Einführung — 10

2. Spulen — 13

2.1.	Allgemeines	14
2.2.	Bedeutung des Spulprozesses	15
2.2.1.	Begriff des Spulens	15
2.2.2.	Zweck des Spulens	15
2.2.3.	Form und Struktur der Spule	17
2.2.4.	Spulenantrieb	18
2.2.4.1.	Umfangsantrieb	18
2.2.4.2.	Achsantrieb	19
2.3.	Wicklungsarten	19
2.3.1.	Überblick	19
2.3.2.	Spulenformen	21
2.3.2.1.	Scheibenspule	21
2.3.2.2.	Kreuzspule	22
2.3.2.2.1.	Zylindrische Kreuzspule	22
2.3.2.2.2.	Sonnenspule	23
2.3.2.2.3.	Konische Kreuzspule	23
2.3.2.2.4.	Bikonische Kreuzspule	24
2.3.2.2.5.	Variokonus	24
2.3.2.3.	Flaschenspule	25
2.3.2.4.	Fußspule (Kingspule)	25
2.3.2.5.	Weitere Spulenformen	26
2.3.2.5.1.	Doppelkegel-Zylinderspule	26
2.3.2.5.2.	Tönnchenspule	26
2.3.2.5.3.	Wickel	26
2.3.2.5.4.	Knäuel	26
2.3.2.5.5.	Strang	27
2.3.2.5.6.	Kartenwickel	27
2.3.2.5.7.	Haspelstern	27
2.3.2.5.8.	Holzrolle	28
2.3.2.5.9.	Schlauchkops	28
2.4.	Theorie des Spulens	28
2.4.1.	Wicklungsgesetze	28
2.4.1.1.	Zylindrische Spule	28
2.4.1.2.	Konische Spule	30
2.4.2.	Berechnung der Spulenstruktur	33
2.4.2.1.	Definition	33
2.4.2.2.	Gewöhnliche Kreuzwicklung mit zylindrischer Mantellinie	33
2.4.2.3.	Präzisionskreuzwicklung mit zylindrischer Mantellinie	36
2.4.2.3.1.	Geschlossene Präzisionswicklung	39
2.4.2.3.2.	Offene Präzisionswicklung	40
2.4.3.	Druckverlauf in zylindrischen Spulen	41
2.4.3.1.	Bedeutung	41
2.4.3.2.	Parallelwicklung	42
2.4.3.3.	Kreuzwicklung	43
2.4.3.3.1.	Gewöhnliche Kreuzwicklung	43
2.4.3.3.2.	Präzisionskreuzwicklung	44
2.5.	Funktionselemente an Spulmaschinen	47
2.5.1.	Fadenspanner	47
2.5.1.1.	Grundlagen	47
2.5.1.1.1.	Fadenzugkraft	47
2.5.1.1.2.	Reibung	48
2.5.1.2.	Forderungen an Fadenspanner	51
2.5.1.2.1.	Fadenzugkraft	51
2.5.1.2.2.	Fadengeschwindigkeit	51
2.5.1.2.3.	Weitere Forderungen	51
2.5.1.3.	Grundprinzipien von Fadenspannern	52
2.5.1.4.	Wirkprinzipien von Fadenspannern	55
2.5.1.4.1.	Einleitung	55
2.5.1.4.2.	Direkt wirkender Fadenspanner	55
2.5.1.4.2.1.	Normalkraft	55
2.5.1.4.2.2.	Seilreibung	59
2.5.1.4.2.3.	Kombinierter Fadenspanner	62
2.5.1.4.2.4.	Anwendung der modifizierten Reibungsgleichung	63
2.5.1.4.2.5.	Schlußfolgerungen	64
2.5.1.4.3.	Indirekt wirkender Fadenspanner	65
2.5.1.4.4.	Kompensationsfadenspanner	66
2.5.2.	Garnreiniger	69
2.5.2.1.	Aufgabe der Garnreinigung	69
2.5.2.2.	Garnfehler	70
2.5.2.3.	Arten von Garnreinigern	71

2.5.2.3.1.	Übersicht 71		3.2.2.	Erhöhung der Festigkeit 142
2.5.2.3.2.	Mechanische Garnreiniger 71		3.2.3.	Verminderung der Ungleichmäßigkeit 143
2.5.2.3.3.	Elektromechanische Garnreiniger 73		3.2.4.	Verbesserung des Dehnungsverhaltens 143
2.5.2.3.4.	Fotoelektrische Garnreiniger 73		3.2.5.	Erzeugung von Oberflächen- und Farbeffekten 144
2.5.2.3.5.	Kapazitive Garnreiniger 74		3.3.	Zwirnarten und Bezeichnungen 144
2.5.3.	Abstellvorrichtung 76		3.4.	Berechnung von Zwirnen 146
2.5.3.1.	Aufgabe 76		3.4.1.	Zwirnfeinheit 146
2.5.3.2.	Fadenbruchabstellung 77		3.4.2.	Zwirndrehung 147
2.5.3.3.	Abstellung bei gefüllter Spule 78		3.4.2.1.	Bemerkungen 147
2.5.4.	Fadenführer 79		3.4.2.2.	Charakteristik der Zwirnstruktur 149
2.5.4.1.	Aufgabe und Übersicht 79		3.4.2.2.1.	Problemstellung 149
2.5.4.2.	Feststehende Fadenführer 80		3.4.2.2.2.	Geometrische Grundlagen für Schraubenlinien 150
2.5.4.3.	Bewegte Fadenführer 80		3.4.2.2.3.	Berechnung der Garndrehungszahl im Zwirn 153
2.5.4.3.1.	Massebehaftete Fadenführer 80			
2.5.4.3.2.	Masselose Fadenführer 81			
2.5.4.3.3.	Störgetriebe 87		3.4.3.	Einzwirnung 155
2.5.4.3.4.	Entwicklungstendenzen 88		3.4.3.1.	Einflußfaktoren 155
2.5.5.	Knotvorrichtungen 88		3.4.3.1.1.	Drehungsrichtung 156
2.5.5.1.	Knotenarten 88		3.4.3.1.2.	Anzahl der Garn- und Zwirndrehungen 156
2.5.5.2.	Funktionsablauf an Knotern 89			
2.5.5.2.1.	Stationärer Knoter 90		3.4.3.1.3.	Garn- und Vorzwirnfeinheit 157
2.5.5.2.2.	Wanderknoter 92		3.4.3.1.4.	Fachung 157
2.5.6.	Sonstige Funktionselemente 94		3.4.3.1.5.	Fadenzugkraft 158
2.6.	Spulmaschinen 94		3.4.3.1.6.	Faserstoff 158
2.6.1.	Übersicht 94		3.4.3.1.7.	Garnstruktur und Zwirnverfahren 159
2.6.2.	Umfangsantrieb der Spule 95		3.4.3.2.	Schlußfolgerungen 159
2.6.2.1.	Umspulmaschine (Trommelspulmaschine) 95		3.4.3.3.	Berechnung 159
			3.4.4.	Einfluß der Einzwirnung auf die Zwirnparameter 160
2.6.2.2.	Fachspulmaschine 105			
2.6.2.2.1.	Fachen in zwei Stufen 105		3.4.4.1.	Zwirnfeinheit 160
2.6.2.2.2.	Fachen in einer Stufe 109		3.4.4.2.	Zwirndrehung 161
2.6.2.2.3.	Fachen an der Zwirnmaschine 111		3.4.4.3.	Dehnung 161
2.6.2.3.	Kreuzspulautomat 111		3.5.	Zwirnmaschinen 162
2.6.2.3.1.	Allgemeines 111		3.5.1.	Aufbau von Zwirnmaschinen 162
2.6.2.3.2.	Arbeitsprinzip 114		3.5.2.	Prinzip der drehenden Auflaufspule 164
2.6.2.3.3.	Struktur und Funktionselemente 115			
2.6.2.3.3.1.	Spulautomat in Reihenbauweise 115		3.5.2.1.	Funktionelle Merkmale 164
2.6.2.3.3.2.	Spulautomat in Rundbauweise 120		3.5.2.2.	Ringzwirnmaschine 165
2.6.2.4.	Garnsengmaschine 122		3.5.2.2.1.	Ausführung und Arbeitsweise 165
2.6.3.	Achsantrieb der Spule (PKS) 126		3.5.2.2.2.	Funktionselemente 166
2.6.3.1.	Präzisionskreuzspulmaschine 126		3.5.2.2.2.1.	Aufsteckgatter 166
2.6.3.2.	Präzisionsparallelspulmaschine 129		3.5.2.2.2.2.	Lieferwerk 167
2.6.3.3.	Schußspulautomat 130		3.5.2.2.2.3.	Naßzwirnvorrichtung 169
2.6.4.	Sonderspulmaschinen 133		3.5.2.2.2.4.	Fadenwächtereinrichtung 170
2.6.4.1.	Allgemeines 133		3.5.2.2.2.5.	Drehungsorgan 171
2.6.4.2.	Haspelmaschine 133		3.5.2.2.2.6.	Aufwindung 177
2.6.4.3.	Knäuelwickelmaschine 136		3.5.2.3.	Flügelzwirnmaschine 180
2.7.	Zusammenfassung 139		3.5.2.3.1.	Ausführung und Arbeitsweise 180
			3.5.2.3.2.	Lieferwerk 181
			3.5.2.3.2.1.	Lieferwerk mit zwei Druckwalzen 181
			3.5.2.3.2.2.	Lieferwerk mit zwei Liefer- und einer Druckwalze 181

3. Zwirnen 141

3.1.	Allgemeines 141			
3.2.	Aufgabe des Zwirnens 141		3.5.3.	Prinzip der drehenden Ablaufspule 182
3.2.1.	Merkmale und Zwirnverfahren 141		3.5.3.1.	Funktionelle Merkmale 182

3.5.3.2. Ballonzwirnmaschine 184
3.5.3.2.1. Ausführung und Arbeitsweise 184
3.5.3.2.2. Funktionselemente 185
3.5.3.2.2.1. Drehungsorgan 185
3.5.3.2.2.2. Spindelantrieb 189
3.5.3.2.2.3. Aufwindung 189
3.6. Technologische Berechnung der Ringzwirnmaschine 192
3.6.1. Getriebeeinstellung zur Drehungserzeugung 192
3.6.2. Produktion 194
3.6.3. Kräfte am Fadenballon 195
3.6.3.1. Beschreibung 195
3.6.3.2. Kräfte am Ringläufer 196
3.6.4. Theorie der Fadenaufwindung an der Kopswicklung 199
3.6.4.1. Geometrische Grundlagen 199
3.6.4.2. Beziehungen am Aufwindekegel 200
3.6.4.3. Aufwärtsbewegung der Ringbank 202
3.6.4.4. Bewegungsgesetze des Ringläufers 204
3.6.4.5. Abwärtsbewegung der Ringbank 205
3.6.4.6. Bewegungsgesetze des Ringläufers 207
3.6.4.7. Aufwärtsbewegung der Ringbank unter Berücksichtigung ihrer Geschwindigkeit 208
3.6.4.8. Abwärtsbewegung der Ringbank unter Berücksichtigung ihrer Geschwindigkeit 209
3.6.4.9. Änderung der Zwirndrehungszahl durch die Ringbankbewegung 210
3.6.4.9.1. Aufwärtsbewegung der Ringbank 210
3.6.4.9.2. Abwärtsbewegung der Ringbank 210
3.7. Technologische Berechnung der Ballonzwirnmaschine 211
3.7.1. Getriebeeinstellung zur Drehungserzeugung 211
3.7.2. Produktion 211
3.8. Berechnung der kritischen Spindeldrehzahl 212
3.8.1. Grundlagen 212
3.8.2. Spindeln mit starrer Lagerung ohne Aufsatz 213
3.8.3. Spindeln mit starrer Lagerung und Aufsatz 214
3.9. Zusammenfassung 216

4. Kettvorbereiten 217

4.1. Allgemeines 217
4.1.1. Grundbegriffe und Definitionen 217
4.1.2. Aufgaben der Kettvorbereitung 218
4.1.2.1. Herstellen und Aufwinden einer parallelisierten Fadenschar 218
4.1.2.2. Behandlung zur Verbesserung der Laufeigenschaften der Kette 218
4.1.2.3. Bearbeitungsflußbild 219
4.1.3. Technologien zur Aufwindung von Ketten 219
4.1.3.1. Schären — Behandeln — Aufbäumen 219
4.1.3.2. Zetteln — Behandeln — Zusammenbäumen 220
4.1.3.3. Teilbäumen — Kettbaummontieren 221
4.1.3.4. Hinweise für die Wahl der Technologie 221
4.2. Berechnungen von Bewicklungsschichten 222
4.2.1. Theoretische Betrachtungen zur Bewicklung von Kettbäumen 222
4.2.2. Berechnung der Dichtefunktion für Bewicklungsschichten 223
4.2.3. Berechnung der Wickellänge 226
4.2.4. Berechnung der Bewicklungszeiten 228
4.2.5. Weitere Berechnungsmöglichkeiten 229
4.3. Spulengatter 229
4.3.1. Einteilung und Ausführungsformen 229
4.3.2. Methoden des Spulenwechsels 232
4.3.3. Funktionselemente 235
4.3.3.1. Fadenspanner 235
4.3.3.2. Fadenwächter 241
4.3.3.3. Fahrvorrichtung und Flugstaubabblasvorrichtung 244
4.4 Maschinen zur Kettvorbereitung 244
4.4.1. Schärmaschinen 245
4.4.1.1. Konusschärmaschine 247
4.4.1.1.1. Allgemeines 247
4.4.1.1.2. Supportvorschub 249
4.4.1.1.3. Baugruppen und Funktionselemente 259
4.4.1.1.3.1. Spulengatter 259
4.4.1.1.3.2. Geleseblatt 260
4.4.1.1.3.3. Schärblatt 260
4.4.1.1.3.4. Längenmeßvorrichtung 263
4.4.1.1.3.5. Bäumvorrichtung 265
4.4.1.1.3.6. Zusatzbaugruppen 266
4.4.1.1.4. Leistungsangaben und Einsatzhinweise 268
4.4.1.1.5. Technologische Berechnungen 270
4.4.1.2. Sektionsschärmaschine 271
4.4.2. Zettelmaschinen 274
4.4.2.1. Allgemeines 274
4.4.2.2. Baugruppen und Funktionselemente 274
4.4.2.2.1. Kamm 274
4.4.2.2.2. Längenmeßvorrichtung 275
4.4.2.2.3. Zettelbaumantrieb 276
4.4.2.2.4. Zusatzbaugruppen 278
4.4.2.3. Leistungsangaben, technische Daten und Einsatzhinweise 279

4.4.3.	Schlichtmaschinen 279	
4.4.3.1.	Allgemeines 279	
4.4.3.2.	Naßschlichten mit wasserlöslichen Mitteln auf Schlicht-Trocken-Bäummaschinen 283	
4.4.3.2.1.	Schlichtemittel und Schlichtehilfsmittel 283	
4.4.3.2.2.	Richtwerte für Schlichterezepturen 287	
4.4.3.2.3.	Aufbereitung der Schlichte 289	
4.4.3.2.4.	Baugruppen und Funktionselemente 299	
4.4.3.2.4.1.	Materialvorlage 299	
4.4.3.2.4.2.	Schlichtvorrichtung 307	
4.4.3.2.4.3.	Naßteilfeld 311	
4.4.3.2.4.4.	Trockner 311	
4.4.3.2.4.5.	Feuchtemeß- und Regelanlage 319	
4.4.3.2.4.6.	Trockenteilfeld 321	
4.4.3.2.4.7.	Bäummaschine 323	
4.4.3.2.5.	Technologische Untersuchungen und Berechnungen 325	
4.4.3.3.	Naßschlichten ohne Trockner (Naßwachsen) 331	
4.4.3.4.	Trockenschlichten (Schmelzwachsen) 336	
4.4.4.	Teilbäummaschine 338	
4.4.4.1.	Allgemeines 338	
4.4.4.2.	Aufbau und Funktion 340	
4.4.4.3.	Zusatzbaugruppen 345	
4.4.5.	Anlage zum Zusammenbäumen 346	
4.5.	Zusammenfassung 347	

5. Kettvorrichten 349

5.1.	Allgemeines 349
5.2.	Anknüpfen 350
5.3.	Einziehen 354
5.3.1.	Reihen 355
5.3.2.	Blattstechen 361
5.4.	Lamellenstecken 363
5.5.	Zusammenfassung 365

6. Verzeichnis der verwendeten Symbole 366

7. Standardverzeichnis 370

7.1.	Spulen 370
7.2.	Zwirnen 371
7.3.	Kettvorbereiten 372
7.4.	Kettvorrichten 375
	Quellenverzeichnis 376
	Bildquellenverzeichnis 382
	Sachwortverzeichnis 383

1. Einführung

Die Vorbereitungstechnik stellt die technologische Verbindung zwischen Faden- und Flächenbildung her.
Sie kann dem Prozeß der Fadenbildung folgen, indem sie ganz (Bild 1/1) oder teilweise in die Technologie des Betriebes integriert wird. Anderseits ist es auch üblich, sie der Flächenbildung voranzustellen (Bild 1/2).
Auf Grund der Vielzahl von Varianten dieser Zuordnung lassen sich keine allgemeingültigen Schemata aufstellen.
Bei der Analyse der Vorbereitungstechnik ergibt sich eine typische Grundstruktur (Bild 1/3), ohne daß sich daraus bereits technologische Zusammenhänge ableiten lassen. Die Art der Darstellung soll in erster Linie dem Lernenden einen Überblick der verschiedenen Prozeßstufen ermöglichen. Durch die Vielfalt der Kombinationsmöglichkeiten hängt die technologische Folge von den konkreten Bedingungen ab. So durchläuft beispielsweise das Schußmaterial für die Webmaschine grundsätzlich nur den Spulprozeß. Hingegen benötigen aber alle Verfahren der Kettvorbereitung die Spulerei als Vorstufe. Eine von vielen Möglichkeiten ist in Bild 1/4 dargestellt. Daraus ist deutlich zu erkennen, daß das Schußmaterial in Variante 2 nur den Kreuzspulprozeß durchläuft, während das Kettmaterial über

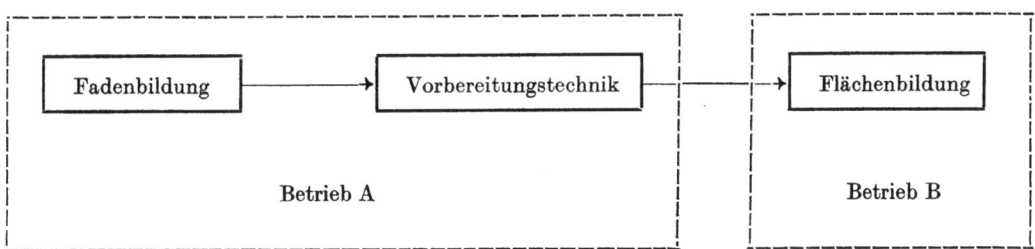

Bild 1/1. Stellung der Vorbereitungstechnik in der Textiltechnik. Variante I

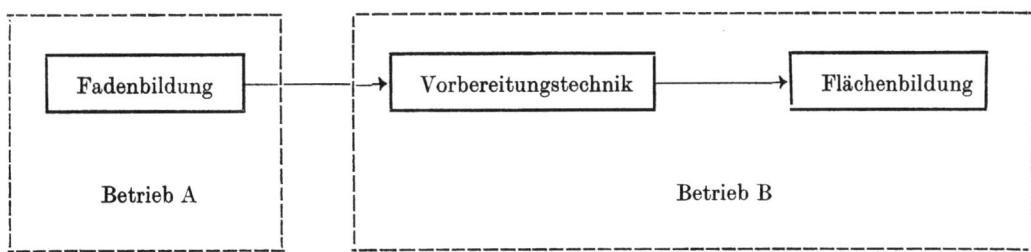

Bild 1/2. Stellung der Vorbereitungstechnik in der Textiltechnik. Variante II

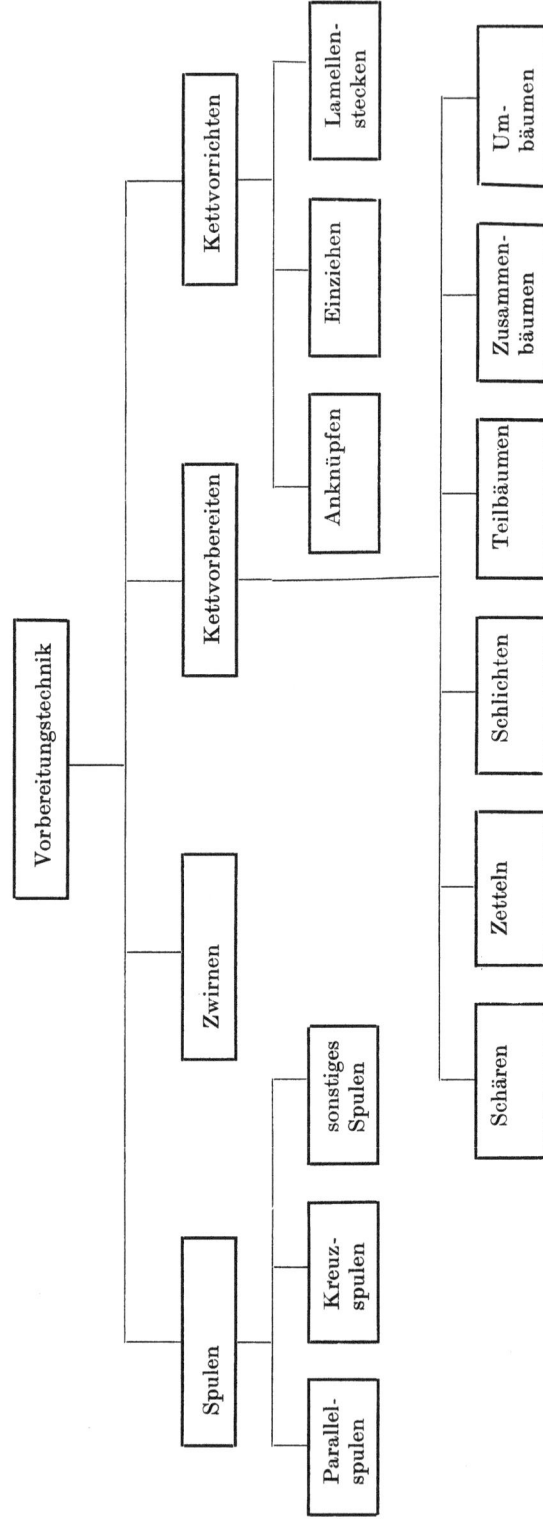

Bild 1/3. Grundstruktur der Vorbereitungstechnik

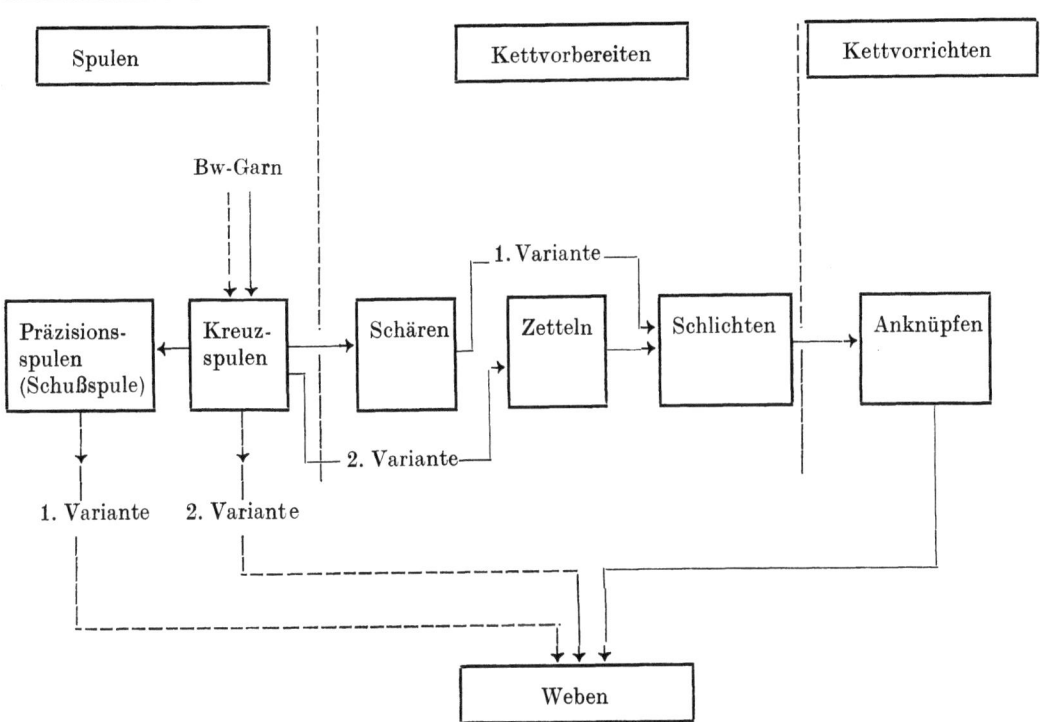

Bild 1/4. Möglichkeit des Materialdurchlaufs zur Herstellung von Gewebe für Bettwäsche

das Zetteln, Schlichten und Anknüpfen in die Weberei gelangt.

In den folgenden Abschnitten werden die wichtigsten Aufgaben, Forderungen und Probleme behandelt, so daß damit die Festlegung des technologischen Ablaufs der Vorbereitung für die Flächenbildung möglich ist. Dabei ist zu beachten, daß die festgelegte Technologie die Effektivität des Betriebes entscheidend beeinflussen kann und wesentlich vom zu verarbeitenden textilen Material, von den Anforderungen der Flächenbildung und vom Finalprodukt selbst bestimmt wird.

2. Spulen

2.1. Allgemeines

In der textilen Fertigung hat der Spulprozeß eine Schlüsselposition. Als Bindeglied zwischen der Erzeugung des Fadens und seiner weiteren Verarbeitung zu Flächengebilden bewirkt die Spulerei eine Erhöhung der Wirtschaftlichkeit des Flächenbildungsprozesses und eine Qualitätssteigerung der erzeugten Produkte. Eine wichtige Aufgabe besteht darin, der nachfolgenden Prozeßstufe große Fadenspeicher in geeigneter Form und Struktur zur Verfügung zu stellen oder diese Stufe überhaupt erst zu ermöglichen.

Durch die hochproduktiven Flächenbildungsverfahren erfolgte eine weitere Aufwertung des Spulprozesses, da eine erhebliche Anzahl von Fadenbrüchen, die ihre Ursache in der Spinnerei haben, auf diese Weise bereits beim Spulen auftreten und somit auf einen Faden reduziert werden können. Die Stillstandszeiten solcher Hochleistungsmaschinen verringern sich dadurch auf optimale Größen. Ein weiteres Anliegen des Spulprozesses besteht darin, der Kettvorbereitung möglichst große Spulen vorzulegen, um somit lange Laufzeiten zu erzielen. Auch beim Zwirnen ermöglicht die Verwendung von Kreuzspulen die bessere Ausnutzung der vorhandenen Maschinenkapazität.

Schließlich ist der Produktionsprozeß in der Posamentenindustrie und in der Seilerei überhaupt erst durch die Einschaltung des Umspulens möglich. Die dort erforderlichen Vorlagespulen sind prozeßspezifisch, wie sie sich beim Spinnen nicht erzeugen lassen.

Bei der Untersuchung des Spulprozesses sind Form, Größe und Struktur der Aufmachung auf die nachfolgende Technologie auszurichten. Hierbei kommt es insbesondere darauf an, die günstigsten Bedingungen für den Fadenablauf von der Vorlagespule zu schaffen. Das ist auch der Grund dafür, daß es gegenwärtig eine Vielzahl von Spulenarten gibt, die den Anwendungsgebieten teilweise nur schwer zuzuordnen sind.

Nachfolgende Übersicht soll das Verständnis für den Einsatz einiger Spulenarten erleichtern, auf die an späterer Stelle noch näher eingegangen wird.

1. Weberei — Kreuzspule, Schußkops, Scheibenspule
2. Maschentechnik — Kreuzspule, Flaschenspule
3. Malitechnik — Kreuzspule
4. Kettherstellung — Kreuzspule
5. Zwirnerei — Kreuzspule, Scheibenspule, Kops
6. Seilerei — Scheibenspule
7. Posamententechnik — Kreuzspule, Scheibenspule.

Diese Aufstellung umfaßt nur die hauptsächlichsten Prozesse der textilen Fertigung, zeigt jedoch, daß jede der Spulerei nachgeordnete Prozeßstufe eine ganz bestimmte Spulenart erfordert, um einen hohen Wirkungsgrad zu ermöglichen. Außerdem können durch einen effektiv verlaufenden Spulvorgang etwa 50% der Fadenbrüche auf den nachfolgenden Maschinen vermieden werden. Mit dem Spulprozeß ist gleichzeitig eine Fadenreinigung verbunden, wodurch die Qualität der Erzeugnisse auf der Grundlage von Standards in erheblichem Maße beeinflußt werden kann.

2.2. Bedeutung des Spulprozesses

2.2.1. Begriff des Spulens

Spulen ist das Aufwinden eines Fadens je Arbeitsstelle, womit üblicherweise eine Änderung der Aufmachung (Speicherform) verbunden ist. Auf diese Weise wird eine rationelle Weiterverarbeitung von Fäden ermöglicht. Dem Spulprozeß werden z. B. Garne, Seiden, Zwirne sowie gefachte Fäden zugeführt. Entsprechend hat dieser Prozeß in einer Vielfalt von Spulmaschinen seine Verwirklichung gefunden. Gemeinsam ist all diesen Maschinen, daß der aufzuspulende Faden durch zwei Bewegungen in eine Spulenform gebracht wird (Bild 2/1):

1. Drehung der Auflaufspule um ihre Achse
2. Führung des Fadens entlang der Spulenachse.

Prinzipiell kann auch der Fadenführer um die Spule rotieren. Durch diese beiden Bewegungen entsteht eine mehr oder weniger geordnete Wicklung. Der Faden kann als endlos und biegeschlaff angenommen werden. Er muß somit beim Spulen stets unter Spannung stehen, die mindestens so groß sein muß, daß er sich nicht unter dem Einfluß seiner Fliehkraft von der Spule abheben kann. Das Ziel des Spulens besteht darin, auf möglichst kleinem Raum eine große Fadenlänge zu speichern. Gleichzeitig muß sich der Faden in umgekehrter Richtung sehr gut abziehen lassen, wobei die Abzugsgeschwindigkeiten steigende Tendenz aufweisen und möglicherweise das Maximum noch nicht erreicht haben. Die erzeugte Wicklung muß schließlich von einer Stabilität sein, die allen Belastungen bei der Verarbeitung und beim Transport gerecht wird. Üblicherweise befinden sich Wicklungen dieser Art auf festen, stabilen Hülsen.

Wie aus Bild 2/1 zu erkennen ist, kann die Fadengeschwindigkeit entweder mit wachsendem Spulendurchmesser zunehmen, oder sie wird durch Drehzahlreduzierung der Spule konstant gehalten. Beide Varianten werden praktiziert.

Die ersten Spulmaschinen, die völlig selbständig arbeiteten, wurden gegen Ende des vorigen Jahrhunderts entwickelt. Ihr Grundprinzip hat sich bis in die Gegenwart nicht geändert.

2.2.2. Zweck des Spulens

Aus den bisherigen Ausführungen läßt sich der Zweck des Spulens auf zwei Merkmale reduzieren:

1. Ökonomischer Ablauf des nachfolgenden Prozesses, wie Weberei, Wirkerei, Strickerei usw.
2. Verbesserung der Qualitätsparameter des Fadens, wie Gleichmäßigkeit, Sauberkeit usw.

Ausgehend von diesen Merkmalen müssen mit dem Spulprozeß einige vordringliche Aufgaben erfüllt werden, die allerdings in ihrer Wertigkeit unterschiedlich betont sind. Maßgebend ist immer der nachfolgende Verarbeitungsprozeß.

1. Erzeugung von möglichst großem Fadenvorrat
2. Erzeugung einer geeigneten Wicklungsform, die hohe Fadenabzugsgeschwindigkeiten erlaubt
3. Verringerung der Fadenungleichmäßigkeit, Beseitigung von Dünn- und Dickstellen
4. Erzeugung einer besonders konstanten Wicklungsdichte für die Naßveredlung
5. Aufbringen von Präparationen auf den Faden zur Verringerung der Fadenreibung
6. Räumliche Bedingungen an der nachfolgenden Maschine.

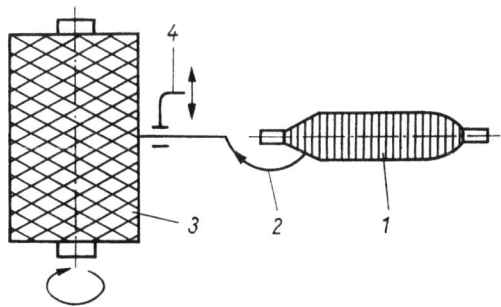

Bild 2/1. Prinzip des Spulprozesses
1 Ablaufspule, *2* Faden, *3* Auflaufspule, *4* Fadenführer

Diese sechs Aufgaben, die lediglich als Komplexe genannt sind, dienen generell der

Realisierung von optimalen Arbeitsbedingungen auf der folgenden Maschine. Dabei liegt der Schwerpunkt auf den günstigsten Fadenabzugsbedingungen bei maximalen Fadengeschwindigkeiten. Es muß davon ausgegangen werden, daß der Fadenabzug entweder tangential oder axial erfolgen kann (Bild 2/2).

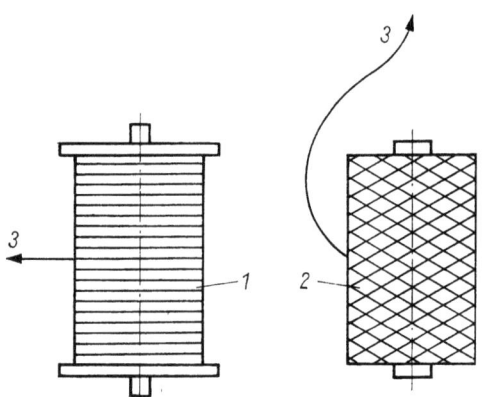

Bild 2/2. Möglichkeiten des Fadenabzuges
1 Scheibenspule (tangentialer Fadenabzug), *2* Kreuzspule (axialer Fadenabzug), *3* Faden

Beide Möglichkeiten sind technologisch nötig und im Laufe der Zeit entstanden. Die dargestellte Scheibenspule *1* ist vornehmlich für den radialen oder tangentialen Fadenabzug vorgesehen. Bei axialem Abzug besteht die Gefahr, daß der Faden an den Randscheiben reibt. Durch die Randscheiben erhält die Wicklung die nötige Stabilität, da ohne sie die parallel nebeneinander liegenden Fäden an den Spulenenden keinen Halt hätten.
Im anderen Fall sind die Fäden zweier übereinander liegender Wicklungsschichten gegeneinander stark verkreuzt und bilden somit eine Kreuzspule *2*. Sie ist in sich stabil und befindet sich auf einem Stützkörper (Hülse). Bei dieser Spulenart ist ein **axialer Abzug** des Fadens *3* möglich, jedoch kann auch tangential abgezogen werden, was allerdings keine Vorteile bringt. Im Gegenteil, der axiale Abzug oder Abzug über Kopf, wie er noch bezeichnet wird, hat den Vorteil, daß die Spule dabei nicht rotieren muß. Hingegen erfordert ein tangentialer Fadenabzug die Rotation der Ablaufspule. Abgesehen davon, daß hierfür eine entsprechende Lagerung der Spule erforderlich ist, begrenzt diese Abzugsart die Abzugsgeschwindigkeit. Darüber hinaus treten zu Beginn des Abzuges durch die Beschleunigung der Spule hervorgerufene Fadenzugkräfte auf. Schließlich muß die drehende Spule bei Maschinenstop abgebremst werden.

Beim axialen Abzug wird die Fadengeschwindigkeit durch die Fadenfestigkeit begrenzt. Es sind hierbei Geschwindigkeiten von mehr als 1 000 m/min möglich. Bemerkenswert ist lediglich die Gesetzmäßigkeit, daß jede abgezogene Windung eine Fadendrehung erzeugt.

Die Herstellung der verschiedenen Spulenformen mit großem Fassungsvermögen ist besonders auch dann erforderlich, wenn der Spinnprozeß auf der klassischen Ringspinnmaschine erfolgt, da die dort erzeugte Kopsform für eine rationelle Weiterverarbeitung ungeeignet ist.

Einen hohen Stellenwert nimmt beim Umspulen die Verbesserung der Gleichmäßigkeit ein. Sie beeinflußt sehr stark die Ökonomie der folgenden Prozeßstufe, indem potentielle Fadenbrüche auf den Spulprozeß vorverlegt werden können. Zur Ermittlung von Dünnstellen im Faden wird dieser permanent durch eine definierte Kraft belastet, so daß er bei Überschreitung seiner zulässigen Zugfestigkeit reißt. Dieser Vorgang verläuft nach Gleichung (2.1)

$$\sigma = F/A \qquad (2.1)$$

In Gleichung (2.1) ist A die Summe der Faserquerschnitte und steht im Zusammenhang mit der Feinheit. Die Zugkraft F wird durch Reibung in sogenannten Fadenspannern erzeugt und ist entsprechend der Fadenfeinheit einstellbar. Mit dünner werdendem Faden steigt die Zugspannung bis zum Bruch.

Völlig andere Prinzipe werden zur Ermittlung von Dickstellen angewendet. Eine sehr einfache Methode, die auch heute noch mit Erfolg eingesetzt wird, besteht darin, den zu messenden Faden durch einen kalibrierten Schlitz laufen zu lassen. Dabei wird der Faden gleichzeitig gereinigt, also von Verunreinigungen befreit. Bei Überschreitung der zulässigen Fadendicke entsteht auch hier der Bruch. In beiden Fällen wird die fehlerhafte Stelle im Faden entfernt, und die Enden werden geknotet.

Einen gravierenden Einfluß nimmt die Wicklungsdichte auf die Erzeugung einer bestimmten Wicklungsart, und zwar insbesondere dann, wenn der gespulte Faden einer Naßveredlung unterzogen wird. In jenen Fällen ist eine konstante Dichte erforderlich, da nur so eine gleichmäßige Färbung sowie eine gute Trocknung möglich sind.

Vielfach werden Spulmaschinen mit einer Vorrichtung ausgestattet, die das Aufbringen von Präparationen auf den Faden ermöglicht. Dadurch wird sein Laufverhalten auf den folgenden Maschinen verbessert.

Zusammenfassend kann festgestellt werden, daß der Spulprozeß das Bindeglied zwischen Faden- und Flächenbildung darstellt, wofür es eine Vielzahl von Spulenarten und -formen gibt, mit denen die differenzierten Forderungen erfüllt werden können.

2.2.3. Form und Struktur der Spule

Im Hinblick auf eine zielgerichtete und effektive Verarbeitung von Fäden sind historisch Wicklungsformen entstanden, die neben großem Speichervermögen gute Ablaufverhältnisse des Fadens ermöglichen. Bei der Herstellung von Wicklungen ist außerdem wichtig, daß sie stabil sind. Diese Stabilität kann auf verschiedene Weise erzielt werden, wobei die Verwendung von Stützkörpern üblich ist. Die beiden grundsätzlichen Arten von Stützkörpern zeigt das Bild 2/2. Davon entsteht bei der Scheibenspule 1 die nötige Stabilität durch die Seitenscheiben. Bei der Bewicklung einer Scheibenspule liegen die Fadenwindungen unmittelbar nebeneinander, wodurch zwar die größere Packungsdichte entsteht, jedoch bei dieser zylindrischen Parallelwicklung die Randfäden ohne Seitenscheiben keinen Halt hätten. Bei der Kreuzwicklung 2 hingegen sind die Fäden der aufeinanderfolgenden Schichten so stark verkreuzt, daß sich die Wicklung selbst hält.

Bezüglich des Verwendungszweckes und des zu spulenden Faserstoffes werden Kreuzspulen mit verschiedenen Formen hergestellt. Die Grundformen sind in Bild 2/3 dargestellt. Sie haben alle den Vorteil, daß sich der Faden über Kopf abziehen läßt, wodurch höhere Abzugsgeschwindigkeiten als von einer Scheibenspule zu erreichen sind.

Die zylindrische Kreuzwicklung und die konische Kreuzwicklung haben bezüglich der Weiterverarbeitung die größte Bedeutung. Beide Spulenformen lassen sich sehr rationell herstellen. Für die Erzeugung der bikonischen Kreuzspule ist mit wachsendem Durchmesser eine Verkürzung des Fadenführerhubs erforderlich. Der nötige technische Aufwand an der Maschine ist beträchtlich größer. Diese Spulenform wird für glatte und feine Fäden, vorwiegend für synthetische Fäden, eingesetzt.

Zylindrische Parallelwicklung und zylindrische Kreuzwicklung entstehen durch das Aufwinden eines Fadens auf einen zylindrischen Stützkörper, wobei der Faden gleichzeitig entlang der Wicklung parallel zur Spulenachse verlegt wird. Somit setzt sich die Aufwindegeschwindigkeit des Fadens aus den Komponenten der Umfangsgeschwindigkeit und der Fadenführergeschwindigkeit zusammen.

In Bild 2/4 ist diese einfachste Art des Spulens dargestellt. Danach wird der Spule 1 die Drehzahl n_S erteilt, so daß der Faden 4 infolge der Changierbewegung des Fadenführers 3 aufgewunden wird. Dabei beträgt der Hub des Fadenführers l_S. Er kann mit zunehmendem Spulendurchmesser d abnehmen oder konstant bleiben.

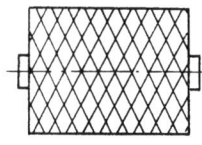 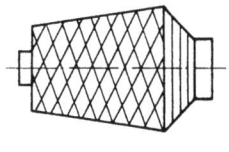 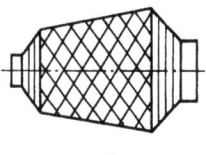

Blid 2/3. Arten von Kreuzspulen
1 zylindrische Kreuzspule, *2* konische Kreuzspule, *3* bikonische Kreuzspule (Pineapple)

Die Vektoren der resultierenden Fadengeschwindigkeit v_F und der Umfangsgeschwindigkeit v_S schließen den Steigungswinkel α_S ein. Dem Fadenführer wird eine Geschwindigkeit v_H erteilt. Damit kann die Fadengeschwindigkeit v_F ermittelt werden:

$$v_F = (v_S^2 + v_H^2)^{1/2} \qquad (2.2)$$

In dieser Gleichung sind:

$$v_S = \pi d n_S \qquad (2.3)$$

und

$$v_H = 2 \cdot l_S n_H \qquad (2.4)$$

In Gleichung (2.4) wird vorausgesetzt, daß der Fadenführerhub der Spulenlänge l_S entspricht und die Antriebsdrehzahl des Fadenführers n_H zum Fadenführer in einem Verhältnis 1:1 steht, d. h., eine Umdrehung des Antriebs entspricht einem Doppelhub des Fadenführers.
Nach Bild 2/4 gilt:

$$\tan \alpha_S = v_H/v_S = 2 l_S n_H / \pi d n_S \qquad (2.5)$$

d Spulendurchmesser
l_S Spulenlänge, Spulenbreite
n_S Spulendrehzahl
v_F Fadengeschwindigkeit
v_H Hubgeschwindigkeit des Fadenführers
v_S Umfangsgeschwindigkeit der Spule
α_S Steigungswinkel

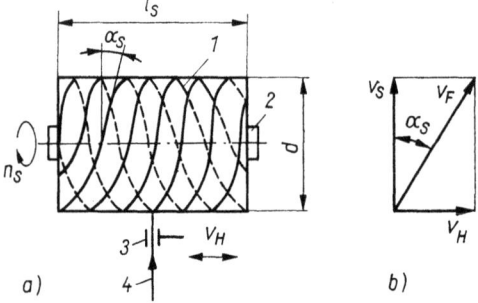

Bild 2/4. Prinzip zur Herstellung zylindrischer Wicklungen
a) Spulschema, *b)* Geschwindigkeitsplan
1 Spule, *2* Stützkörper, *3* Fadenführer, *4* Faden
d Spulendurchmesser, l_S Spulenlänge, Spulenbreite, n_S Spulendrehzahl, v_F Fadengeschwindigkeit, v_H Hubgeschwindigkeit des Fadenführers, v_S Umfangsgeschwindigkeit der Spule, α_S Steigungswinkel

Der Steigungswinkel kann mit wachsendem Spulendurchmesser entweder kleiner werden oder konstant bleiben. Entscheidend dafür ist das Verhältnis v_H/v_S. Seine Größe ist auch maßgebend dafür, ob eine Parallel- oder Kreuzwicklung entsteht. Als Grenzwert zwischen beiden Wicklungen gibt *Szosland* [1] eine Größe von 0,17 rad = 9° 45' an, bei der jedoch keine Berührung von benachbarten Fäden zustande kommt.

2.2.4. Spulenantrieb

Der Antrieb der Auflaufspule wird gewöhnlich so gestaltet, daß die Fadengeschwindigkeit mit zunehmendem Spulendurchmesser konstant bleibt. Diese Geschwindigkeitskonstanz gewinnt insbesondere mit ständig steigenden Spulengeschwindigkeiten zunehmend an Bedeutung.
Für den Antrieb der Spule gibt es grundsätzlich zwei Prinzipe:

1. Umfangsantrieb durch Friktion
2. Achsantrieb.

Beide Prinzipe haben ihre spezifischen Einsatzgebiete, wofür die danach erzeugten Spulenstrukturen die technologischen Forderungen erfüllen.

2.2.4.1. Umfangsantrieb

Bei dieser Antriebsart erfolgt die Herstellung der Spule *1*, indem diese auf einer Trag- und Antriebswalze unter Belastung drehbar gelagert ist. Ihre Mitnahme entsteht durch Reibung mit der Tragwalze, wodurch gleichzeitig der Faden *4* geklemmt und aufgewunden wird. Die Fadenverlegung übernimmt ein Fadenführer *3*, der von der Tragwalze mit konstantem Übersetzungsverhältnis angetrieben wird.
Die Größe der Fadengeschwindigkeit ergibt sich nach Gleichung (2.2).
Die Drehzahl der Tragwalze ist bei diesem Spulprinzip konstant, so daß damit auch die Fadengeschwindigkeit konstant bleibt. Die auf diese Weise erzeugte Wicklung wird als *gewöhnliche Kreuzwicklung* (Zufallswicklung, wilde Wicklung) bezeichnet. Der Steigungswinkel ist bei dieser Wicklung

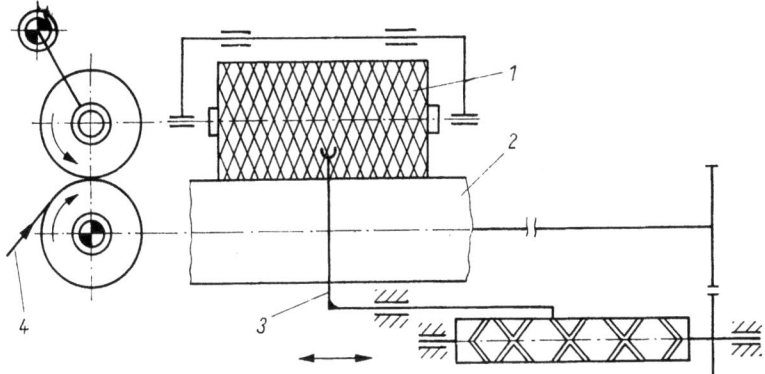

Bild 2/5. Umfangsantrieb der Spule
1 Spule, *2* Tragwalze, *3* Fadenführer, *4* Faden

über dem Windungsdurchmesser konstant, da Tragwalzen- und Fadenführerantrieb starr miteinander verbunden sind. Dieser Umstand ist unter anderem auch ein Grund dafür, daß derartige Spulen nach außen weicher werden. Die Anzahl der Windungen entlang der Spule wird mit zunehmendem Durchmesser kleiner, so daß auch die Anzahl der Kreuzungspunkte abnimmt.

2.2.4.2. Achsantrieb

Bei dieser Antriebsart wird die Spule *1* an ihrer Achse angetrieben. Von da aus erfolgt auch der Antrieb des Fadenführers *2* durch das Fadenführergetriebe. Damit ist das Drehzahlverhältnis zwischen Spulen- und Fadenführerantrieb konstant, so daß über dem Windungsdurchmesser in jeder Fadenschicht die gleiche Anzahl von Windungen entsteht. Zur Einhaltung einer konstanten Fadengeschwindigkeit muß bei diesem Prinzip die Spule über ein stufenlos stellbares Getriebe angetrieben werden, dessen Stellgröße eine Funktion des Windungsdurchmessers ist. Mit steigendem Durchmesser muß die Spulendrehzahl abnehmen.

Die nach diesem Antriebsprinzip hergestellte Wicklung wird als *Präzisionswicklung* bezeichnet. Ihre Dichte ist über dem Durchmesser nahezu konstant, so daß sich diese Spulen besonders für eine Naßbehandlung eignen, was bei einer gewöhnlichen Wicklung nicht zu empfehlen ist. Nach diesem Prinzip werden nicht nur Kreuzspulen mit verschiedenen Formen sondern auch Scheibenspulen hergestellt.

2.3. Wicklungsarten

2.3.1. Überblick

Die gegenwärtig in der Textilindustrie erzeugten und verwendeten Wicklungsarten sind im Laufe der Jahre entstanden und wurden in der Folgezeit auf der Grundlage von objektiven technologischen Forderungen verändert oder weiterentwickelt. Mit der Wicklungsart ist oftmals auch die Spulenart festgelegt, teilweise sogar die Spulenform. Zur Gewährleistung eines rationellen Produktionsablaufs während der Fadenbehand-

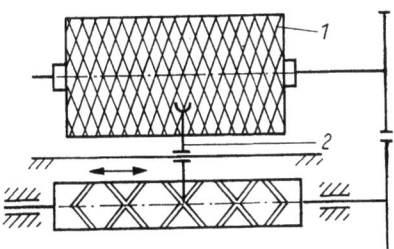

Bild 2/6. Achsantrieb der Spule
1 Spule, *2* Fadenführer

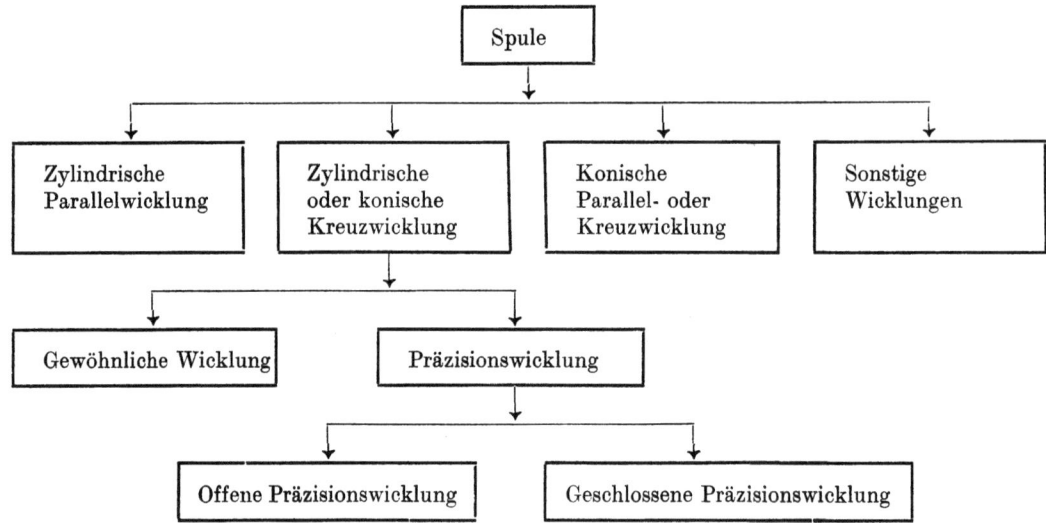

Bild 2/7. Wicklungsarten

lung und -verarbeitung muß eine Wicklung folgende Kriterien erfüllen:

1. Stabilität
2. Großes Fassungsvermögen bei kleinen Abmessungen
3. Gute Fadenabzugsmöglichkeit
4. Möglichst konstante Dichte.

Diese Kriterien widersprechen einander teilweise, so daß jede Wicklung bzw. Spulenart oder -form nur ein Kompromiß sein kann oder ein Optimum im Hinblick auf eine bestimmte Zielfunktion darstellt.

Das Bild 2/7 enthält eine Zusammenstellung der Wicklungsarten, wie sie überwiegend in der Textilindustrie eingesetzt werden. Danach werden im Spulprozeß vorwiegend folgende grundsätzliche Wicklungsarten hergestellt:

1. Präzisionsparallelwicklung (zylindrisch, konisch)
2. Präzisionskreuzwicklung (zylindrisch, konisch)
3. Gewöhnliche Kreuzwicklung (zylindrisch, konisch).

Im praktischen Einsatz haben sie differenzierte Bedeutung und jeweils auch ein bestimmtes Einsatzgebiet in der Nachverarbeitung. Von der zylindrischen Parallelwicklung wird angenommen, daß sie die älteste Wicklungsart sei. Unabhängig davon besitzt sie von allen Wicklungen die größte Dichte, da sich hierbei die benachbarten Windungen berühren. Trotzdem verliert sie zunehmend an Bedeutung, da ihr entscheidende Nachteile anhaften. Insbesondere handelt es sich dabei um die Beschränkung der Möglichkeiten für den Fadenabzug. Er ist nur tangential möglich.

Das größte Einsatzgebiet hat die Kreuzwicklung, die je nach Verwendungszweck zylindrisch oder konisch ist. Sie läßt sich überaus wirtschaftlich herstellen und kann relativ gut auf die Forderungen an der nachfolgenden Maschine abgestimmt werden. Von beiden Formen ist der zylindrischen Wicklung in bezug auf ihre Herstellung der Vorzug zu geben. Die Kreuzwicklung ist als gewöhnliche oder Zufallswicklung und als Präzisionswicklung bekannt, auf deren Spezifik noch ausführlich eingegangen wird.

Die konische Parallel- oder Kreuzwicklung wird nicht nur in der Spulerei sondern auch in der Spinnerei und Zwirnerei verwendet. Sie besitzt eine gute Stabilität und ermöglicht hohe Abzugsgeschwindigkeiten über Kopf.

Alle übrigen Spulenformen, bei denen auch die Form der Spulenhülse konkav oder konvex sein kann, haben entweder eine Parallel- oder Kreuzwicklung. Sie unterliegen speziellen Bewicklungsgesetzen und sind in Bild 2/7 getrennt aufgeführt.

2.3.2. Spulenformen

2.3.2.1. Scheibenspule

Eine Scheibenspule ist meist eine auf Hülsen mit Randscheiben (Scheibenhülsen) aufgewundene zylindrische Präzisions-Parallelwicklung. Der Mittenabstand zweier benachbarter Fäden entspricht dem Fadendurchmesser und ist über dem Wicklungsdurchmesser konstant. Auf diese Weise entsteht die in Bild 2/8 dargestellte Spule mit der größten Fadendichte. Die Seitenscheiben verleihen der Wicklung die erforderliche Stabilität, die sonst nicht vorhanden ist. Der sich ergebende Steigungswinkel α_S ist relativ klein, wobei er mit wachsendem Wicklungsdurchmesser noch abnimmt.

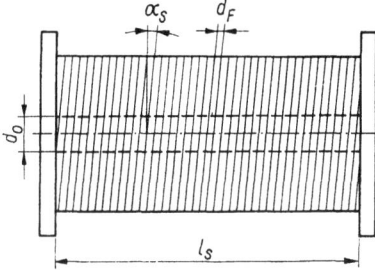

Bild 2/8. Scheibenspule
d Spulendurchmesser, Wicklungsdurchmesser, d_F Fadendurchmesser, d_0 Hülsendurchmesser, l_S Spulenlänge, α_S Steigungswinkel

Die Herstellung der Scheibenspule erfolgt mit 800···1200 m/min nach dem Prinzip des Antriebes an der Spulenachse, wobei zwischen ihr und Fadenführergetriebe ein großes Übersetzungsverhältnis besteht. Der Fadenführerhub ist konstant und wird gleichzeitig durch die lichte Weite der Seitenscheiben begrenzt. Gleichermaßen ist mit dem Durchmesser der Seitenscheiben auch der maximale Wicklungsdurchmesser festgelegt. Die Fadenspeicherung auf Scheibenspulen wird vorwiegend dort eingesetzt, wo es um die schonende Behandlung des gespeicherten Fadens geht. Insbesondere handelt es sich dabei um synthetische Fäden, die allerdings auch in zunehmendem Maße auf Kreuzspulen gewunden werden. Weitere Einsatzgebiete sind die Doppeldrahtzwirnerei, Bandweberei, Nähfadenherstellung sowie die Bastfaser- und Posamentenindustrie. Eine Sonderstellung nimmt die Flyerspule ein, die in Bild 2/9 gezeigt ist. Die Wicklung 2 befindet sich auf einer Hülse 1, die aus Holz

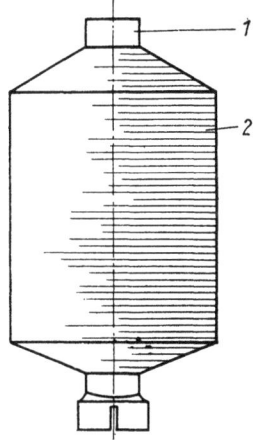

Bild 2/9. Flyerspule
1 Hülse, Stützkörper, 2 Wicklung

oder Hartpapier besteht. Die seitliche Stabilität ist durch die konischen Stirnseiten gewährleistet, die durch eine Hubverkürzung des Fadenführers mit wachsendem Durchmesser zustande kommen. Der aufgewundene Faserstoff ist ein Vorgarn mit relativ geringer Zugfestigkeit.

Beim Aufwinden von Fäden auf Scheibenspulen sind Spulgeschwindigkeiten bis 1200 m/min möglich. Dabei liegt der Feinheitsbereich dieser Fäden zwischen 10···500 tex. Die Abmessungen der Spulen sind unterschiedlich und auf den Verwendungszweck bezogen. Es sind Spulendurchmesser bis maximal 180 mm und -längen von 220 mm üblich. Dabei kann ein Fadenvolumen von mehr als 4000 cm³ gespeichert werden. Trotz dieses großen Speichervermögens mit hoher Dichte wird die Anwendung durch mehrere Nachteile beschränkt. Der größte Nachteil besteht darin, daß ein axialer Fadenabzug meist mit einem Hilfsmittel in Form eines rotierenden Fadenführers ermöglicht werden muß.

Das Bild 2/10 zeigt das Abzugsprinzip, wonach die Spule beim Abzug stehen kann. Von der stehenden Spule *1* läuft der Faden *4* durch die Öse des rotierenden Fadenführers *3* axial ab und bildet einen Ballon. Nachteilig wirkt sich dabei aus, daß der Fadenführer vom Faden angetrieben werden muß. Die Fadenbelastung ist dadurch und auch beim Anfahren der Maschine relativ groß. Allerdings ist bei Unterbrechung des Fadenabzugs der Nachlauf der bewegten Massen kleiner gegenüber einer rotierenden Spule, die gebremst werden muß. Die Gefahr des Lösens von zusätzlichen Fadenwindungen ist erheblich reduziert. Ein nicht unerheblicher Nachteil, der diesen Spulen anhaftet, ist die relativ teure Hülse. Sie ist außerdem schwerer als andere und benötigt beim Lagern auch mehr Stauraum.

Ein Naßveredlungsprozeß von Fäden auf Scheibenspulen ist nicht üblich.

2.3.2.2. Kreuzspule

2.3.2.2.1. Zylindrische Kreuzspule

Die zylindrische Kreuzspule ist eine spezielle Form der Kreuzspule, bei der sich die Wicklung auf einer zylindrischen Hülse befindet und die Mantellinie parallel zur Stützkörperachse verläuft (Bild 2/11). Sie wird auch als Zylinderspule bezeichnet.

Die Wicklung ist eine Kreuzwicklung, bei der die Fäden aufeinanderfolgender Schichten mit konstantem Durchmesser stark gegeneinander verkreuzt sind. Wicklungen mit einem Steigungswinkel, der größer ist als $9°45'$, werden als Kreuzwicklungen bezeichnet. Je nach Antriebsprinzip bleibt der Steigungswinkel über dem Wicklungsdurchmesser konstant, oder er verkleinert sich. Im letzteren Fall ist zu beachten, daß er beim Spulen auf den Hülsendurchmesser d_0 nicht zu groß gewählt wird, da anderenfalls die erste Schicht auf der Hülse keinen Halt findet. Eine zylindrische Kreuzspule ist weiterhin dadurch gekennzeichnet, daß der Fadenführerhub über dem Wicklungsdurchmesser konstant bleibt, und damit die Stirnseiten parallel zueinander verlaufen. Die in Bild 2/11 zu erkennenden schwach gewölbten Stirnseiten entstehen lediglich durch die Druckverhältnisse im Inneren der Wicklung und sind für die Weiterverarbeitung ohne Bedeutung. Sie beeinflussen in keiner Weise ihre Stabilität.

Durch die starke Verkreuzung der Fadenschichten zueinander entstehen im Inneren der Wicklung relativ große Hohlräume, die sich auf das Fassungsvermögen auswirken. Deshalb haben derartige Spulen nur etwa 65% des Fassungsvermögens von zylindrischen Parallelwicklungen.

Die zylindrische Kreuzspule kann bei Fadengeschwindigkeiten bis 1800 m/min auch mit

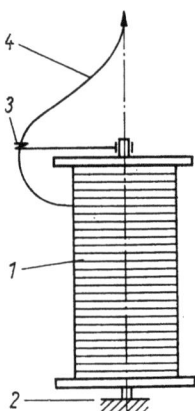

Bild 2/10. Axialer Fadenabzug von Scheibenspulen
1 Spule, *2* Lagerung, *3* rotierender Fadenführer, *4* Faden

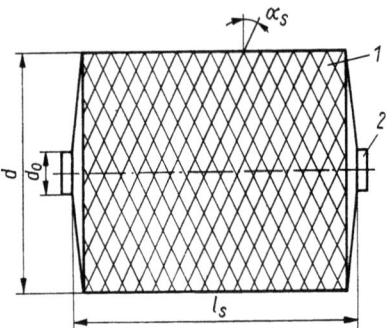

Bild 2/11. Zylindrische Kreuzspule
1 Wicklung, *2* Hülse
d Wicklungsdurchmesser, d_0 Hülsendurchmesser, l_S Spulenlänge, α_S Steigungswinkel

Achsantrieb sehr rationell hergestellt werden. Begrenzt wird diese Geschwindigkeit gegenwärtig durch die Fadenverlegung entlang der Spule. Eine obere Grenze ist aus textiltechnologischer Sicht noch nicht abzusehen. Derartige Spulen sind nahezu universell einsetzbar, wobei das spezielle Einsatzgebiet durch die Struktur der Wicklung bestimmt wird. Vorwiegend werden sie in der Zwirnerei eingesetzt und sowohl tangential als auch axial abgezogen. Zylindrische Kreuzspulen mit weitgehend konstanter Wicklungsdichte eignen sich gut für den Einsatz als Färbespulen, jedoch werden dafür spezielle Hülsen verwendet, die widerstandsfähig gegen Flüssigkeiten und höhere Temperaturen ($> 100\,°C$) sind (Material: V4A-Stahl, Plaste). Sie sind weiterhin perforiert, um der Flotte einen guten Durchlauf zu ermöglichen. Die Wicklungshärte darf $15\cdots20°$ Shore nicht überschreiten.

Der Feinheitsbereich der aufgespulten Fäden liegt gewöhnlich zwischen $6\cdots60$ tex für Baumwolle, Viskosefasern und deren Mischungen. Die durchschnittlichen Spulenabmessungen betragen bis 300 mm Durchmesser bei Längen um 145 mm. Das Fassungsvermögen liegt bei etwa 5500 cm³.

Im Hinblick auf die Erzielung großer Lauflängen ist mit einer weiteren Vergrößerung der Spulenabmessungen zu rechnen.

2.3.2.2.2. Sonnenspule

Die Sonnenspule ist im Prinzip eine zylindrische Kreuzspule, die eine sehr kleine Bewicklungsbreite bei einem relativ großen Durchmesser hat (Bild 2/12). Sie ist eine Sonderform der Kreuzspule und wird in einer Breite bis etwa 80 mm auf Kreuzspulautomaten gefertigt. Der Spulendurchmesser beträgt etwa 220 mm. Die Spulgeschwindigkeit kann bis 1200 m/min betragen, wie sie an Automaten üblich ist. Sonnenspulen werden vorwiegend in der Zwirnerei eingesetzt, wenn an Doppeldrahtzwirnmaschinen gleichzeitig gefacht wird (Feinheitsbereich $25\cdots10$ tex). Der Fadenabzug erfolgt dann von beiden Spulen über Kopf. Ein weiteres Anwendungsgebiet ist die Herstellung von Fischnetzen, wo sie als Schußspule eingesetzt wird. Sonnenspulen werden auch als *Cheeses* (engl. Käse) auf Grund ihrer Form bezeichnet.

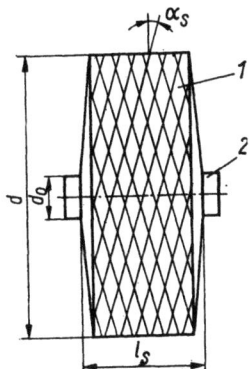

Bild 2/12. Sonnenspule
1 Wicklung, *2* Hülse
d Wicklungsdurchmesser, d_0 Hülsendurchmesser, l_S Spulenlänge, α_S Steigungswinkel

2.3.2.2.3. Konische Kreuzspule

Wegen der u. a. ständig gestiegenen Geschwindigkeiten beim Fadenabzug im Prozeß der Flächenbildung hat die konische Kreuzspule an Bedeutung gewonnen. Sie wird auch als Kone oder Kegelspule bezeichnet und ist eine besondere Form der Kreuzspule, bei der die Mantellinien der Wicklung einen Kegelstumpf bilden. Nach Bild 2/13 hat

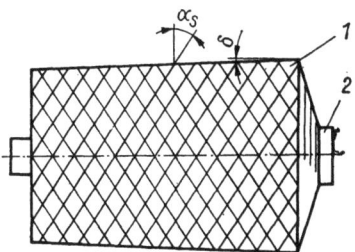

Bild 2/13. Konische Kreuzspule
1 Wicklung, *2* Hülse
α_S Steigungswinkel, δ Neigungswinkel

die Mantellinie der Wicklung *1* den gleichen Neigungswinkel δ wie die Hülse *2*. Damit hat die Wicklung am kleinen und großen Spulendurchmesser die gleiche Dicke. Die Fäden zweier aufeinanderfolgender Schichten sind stark gegeneinander verkreuzt. Der Steigungswinkel verändert sich entlang der Spule über dem Durchmesser. Entsprechend der Antriebsart der Spule ist er in den Fadenschichten entweder konstant oder veränderlich. Der Neigungswinkel (halber Kegelwinkel) ist standardisiert und beträgt 3° 30′, 4° 20′ oder 5° 57′.

Konische Kreuzspulen werden normalerweise bei Fadengeschwindigkeiten um 1 200 m/min hergestellt. Jedoch sind auch Geschwindigkeiten bis maximal 1 800 m/min möglich. Auch bei dieser Spulenform sind die Grenzen durch das Prinzip der Fadenverlegung gegeben. Ihr Einsatzgebiet umfaßt die Weberei, Wirkerei, Kleinrundstrickerei und Zwirnerei, wobei speziell Spulen mit einem Neigungswinkel von 4° 20′ für Doppeldrahtzwirnmaschinen gut geeignet sind. Als Präzisionskreuzspule wird sie auch für die Naßveredlung als Färbespule eingesetzt. Wie auch bei der zylindrischen Kreuzspule sind dafür spezielle Hülsen zu verwenden, die den erhöhten Anforderungen Rechnung tragen. Die Härte der Wicklung sollte wie bei der zylindrischen Kreuzspule 15···20° Shore nicht überschreiten. Für die Weiterverarbeitung kann der Fadenabzug tangential oder axial vorgesehen werden, wobei der axiale Abzug besonders geeignet ist.

Bei einer Spulenlänge von etwa 150 mm sind Wicklungsdurchmesser bis maximal 350 mm üblich. Das Fassungsvermögen beträgt nur etwa 65% von dem einer Parallelwicklung. Die Feinheit der aufzuspulenden Fäden umfaßt den Bereich zwischen 6···100 tex für Baumwolle, Viskosefasern, Wolle und Chemiefasern.

2.3.2.2.4. Bikonische Kreuzspule

Die bikonische Kreuzspule ist eine Spule auf einer kegeligen Hülse mit einer kegelstumpfförmigen Mantellinie. Die beiden Stirnseiten sind ebenfalls kegelig. Ihre Form ist in Bild 2/14 dargestellt. Wegen dieser Form wird die bikonische Spule oft als *Pineapple* (englische Bezeichnung, wegen der ananasähnlichen Form) bezeichnet.

Die Wicklung dieser Spule ist in sich stabil, weshalb sie vorzugsweise für die Speicherung synthetischer Fäden verwendet wird. Ihre Herstellung erfordert spezifische Fadenführergetriebe, die eine permanente Hubverkürzung ermöglichen. Der Spulenantrieb erfolgt auf die Achse, so daß eine Präzisionswicklung entsteht. Der Neigungswinkel der Mantellinie beträgt 3° 30′.

Die bikonische Kreuzspule wird bei Fadengeschwindigkeiten bis 1 200 m/min hergestellt, wobei ein maximaler Durchmesser von 220 mm bei einer Spulenlänge von 150 mm üblich ist. Die Spulenmasse liegt bei 1,5 kg, die Fadenfeinheit umfaßt den Bereich zwischen 2,2···22 tex.

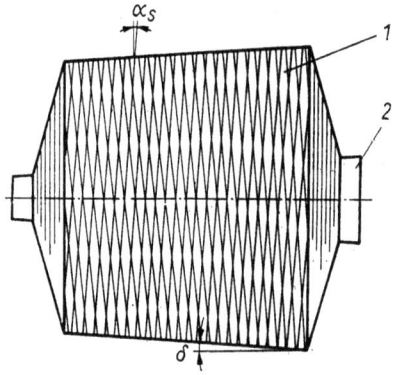

Bild 2/14. Bikonische Kreuzspule
1 Wicklung, *2* Hülse
α_S Steigungswinkel, δ Neigungswinkel

Das Einsatzgebiet dieser Spulenart umfaßt im wesentlichen die Großrundstrickerei, besonders für die Verarbeitung von Chemiefäden. Sie wird vorzugsweise in Spulengattern vorgelegt. Der Fadenabzug erfolgt ausschließlich über Kopf.

2.3.2.2.5. Variokonus

Diese Spulenform ist eine besondere Form der konischen Kreuzspule. Bei ihr sind die Neigungswinkel von Hülse und Wicklung verschieden. Das Bild 2/15 zeigt, daß die Wicklung auf der Hülse mit einem kleinen Neigungswinkel beginnt, der sich mit zunehmender Bewicklung vergrößert. Er beträgt am Grundkegel 9° 15′. Somit besteht die gesamte Wicklung aus kegeligen Schichten, die dadurch zustande kommen, daß

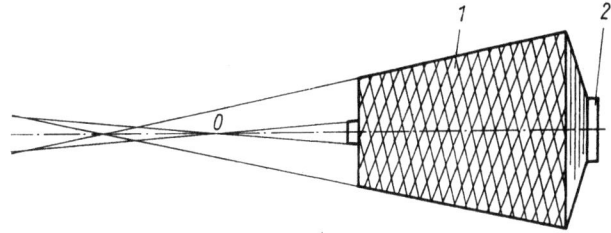

Bild 2/15. Variokonus
1 Wicklung, *2* Hülse *0* Schnittpunkt aller Mantellinien der Wicklung

an der Kegelbasis mit größerer Wicklungsdichte gespult wird als an der Kegelspitze. Die Herstellung dieser Wicklung erfolgt durch Umfangsantrieb über eine Tragwalze mit integriertem Fadenführer.
Die Verlängerungslinien der Mantellinien aller Kegelschichten treffen in einem Punkt *0* zusammen. Dieser Punkt ist damit festgelegt und unverändert. Beim Fadenabzug von der Spule soll sich an dieser Stelle die obere Begrenzung des Fadenballons in Form eines Fadenführers bzw. Fadenspanners befinden. Auf diese Weise entstehen außerordentlich gute Abzugsbedingungen, die besser als jene bei normalen kegeligen Kreuzspulen sind.
Diese als Superkonen bezeichneten Spulen werden in der Wirkerei, Strickerei und Weberei als Ablaufspulen eingesetzt. Ihr maximaler Durchmesser beträgt 280 mm bei einem Hub von 150 mm. Dabei haben die Spulen eine Masse von etwa 2,5 kg. Die Fadenfeinheit liegt im Bereich zwischen 5···100 tex für Baumwolle, Wolle, Viskosefasern und deren Mischungen. Auf Grund ihres spezifischen konischen Aufbaus und des damit verbundenen gleichmäßigeren Abzugs geht der Trend an Großrundstrickmaschinen mit Spulengatter zum Einsatz von Variokonen.

2.3.2.3. Flaschenspule

Diese Spulenform ist von ihrer Struktur her eine Parallelwicklung (Bild 2/16.). Der Stützkörper ist so ausgeführt, daß sich die innere Stirnfläche der Wicklung auf dessen konischem Ansatz abstützt. Die äußere Stirnfläche (in Bild 2/16 die obere Stirnfläche) ist nach außen kegelig ausgebildet, so daß beide Stirnflächen parallel zueinander verlaufen. Die Größe des Fadenführerhubes entspricht der Höhe des Kegelstumpfes am Stützkörper, wobei der Fadenführer nach jedem Doppelhub nach oben um einen Betrag weitergeschaltet wird, der etwa so groß wie die Fadendicke ist. Dadurch ensteht eine so große Packungsdichte wie bei einer zylindrischen Parallelwicklung.
Die Flaschenspule hat Bedeutung für den Einsatz an Handstrickmaschinen beim Fadenabzug über Kopf.

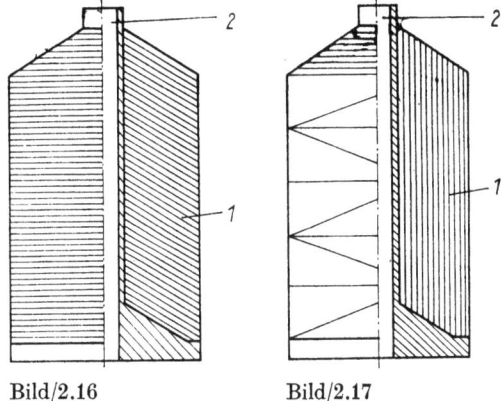

Bild/2.16 Bild/2.17

Bild 2/16. Flaschenspule
1 Wicklung, *2* Hülse, Stützkörper

Bild 2/17. Fußspule (Kingspule)
1 Wicklung, *2* Hülse, Stützkörper

2.3.2.4. Fußspule (Kingspule)

Die Fußspule ist eine auf Fußhülsen mit kegeliger Grundfläche befindliche Präzisionswicklung (Bild 2/17). Die als Stützkörper für die Wicklung verwendete Fußhülse hat die gleiche Form wie jene für die Flaschenspule (Bild 2/16). Ebenso wie bei der Flaschenspule, ist die äußere Stirnfläche kegelig ausgebildet und verläuft parallel zur inneren konischen Stirnfläche des Stützkörpers. Im

Gegensatz zur Flaschenspule ist bei dieser Art der Spule die Größe des Fadenführerhubes so groß wie die Länge des zylindrischen Teiles der Wicklung. Nach jedem Doppelhub des Fadenführers erfolgt eine Hubverlagerung in Richtung der Spulenachse zum Spulenfuß hin. Die Dichte dieser Wicklung ist etwa so groß wie die von Kreuzspulen. Die Fußspule hat besondere Bedeutung für die Aufwindung synthetischer Nähgarne.

2.3.2.5. Weitere Spulenformen

In den Abschnitten 2.3.2.1. bis 2.3.2.4. wurden solche Spulenformen beschrieben, die in der Spulerei am meisten hergestellt werden. Das sind bei weitem nicht alle Spulenformen. Aus diesem Grunde sind in Bild 2/18 weitere Spulen aufgeführt, um den Leser möglichst umfassend zu informieren. Nicht erwähnt sind die Kopse und Spinnspulen, also jene Spulen, die auf Spinnmaschinen und Ringzwirnmaschinen hergestellt werden und für den technologischen Ablauf auf diesen Maschinen spezifisch sind.

2.3.2.5.1. Doppelkegel-Zylinderspule

Die Doppelkegel-Zylinderspule (Bild 2/18a) wird mit verschiedenen Wicklungsarten hergestellt:
— PK-Rautenwicklung
— Kopswicklung
— Parallelwicklung.

In allen drei Fällen ist die Wicklung in sich stabil, so daß keine zusätzlichen Stützelemente erforderlich sind. Insbesondere bei der Parallelwicklung wird die Stabilität durch die Wahl des Kegelwinkels der Stirnseiten garantiert. Glatte Fäden erfordern einen kleineren Kegelwinkel als rauhe Fäden. Die Größe liegt je nach Faserstoff zwischen 140···150°. Durch die kegeligen Stirnflächen wird eine Verlagerung der Fadenumkehrpunkte erreicht, wodurch eine relativ gleichmäßige Härte zwischen Spulenkante und -mitte entsteht.
Die Wicklungsart der Doppelkegel-Zylinderspule ist eine Präzisionswicklung, wobei der Fadenführerhub mit Vergrößerung des Spulendurchmessers verkleinert wird.

2.3.2.5.2. Tönnchenspule

Die in Bild 2/18 b dargestellte Spule wird als Tönnchenspule bezeichnet. Sie ist eine Präzisionswicklung. Im Gegensatz zu den bisher beschriebenen Präzisionsspulen mit konischen Stirnflächen entsteht die bombierte Mantelfläche durch eine Hubverlängerung des Fadenführers. Der Spulendurchmesser ist relativ klein, und die Wicklung wird auf Papierhülsen aufgebracht. Auf Grund ihrer geringen Fadenlänge wird diese Spule vorwiegend für die Aufwindung von Nähseide verwendet. Bei 45 mm Wicklungslänge haben diese Spulen einen Durchmesser von 15 mm.

2.3.2.5.3. Wickel

Der Wickel hat eine Präzisionswicklung, soweit sein Antrieb auf die Achse erfolgt und von dieser aus auch der Fadenführer angetrieben wird. Der zum Aufwinden verwendete Stützkörper in Form eines Wickeldornes wird nach dem Spulprozeß aus dem Wickel entfernt (Bild 2/18 c). Der Durchmesser derartiger Wickel beträgt bis 150 mm bei einer Länge von gleicher Größe. Diese Wickel werden vorwiegend für die Speicherung von Handarbeitsgarnen verwendet.

2.3.2.5.4. Knäuel

Zur Herstellung von Knäuelwicklungen werden Knäuelwickelmaschinen verwendet. Es handelt sich hierbei um Aufmachungen zur Speicherung von Bindfaden und Garn mit einer Masse von 0,5···3,5 kg bei einem Durchmesser von 240 mm und einer Höhe bzw. Länge von 215 mm je nach Maschinentype. Ein Knäuel ist ein Einfeldwickel, der durch einen rotierenden Fadenführer entsteht, dessen Achse zur Spindelachse (Knäuelachse) mit ständig verändertem Winkel geschwenkt

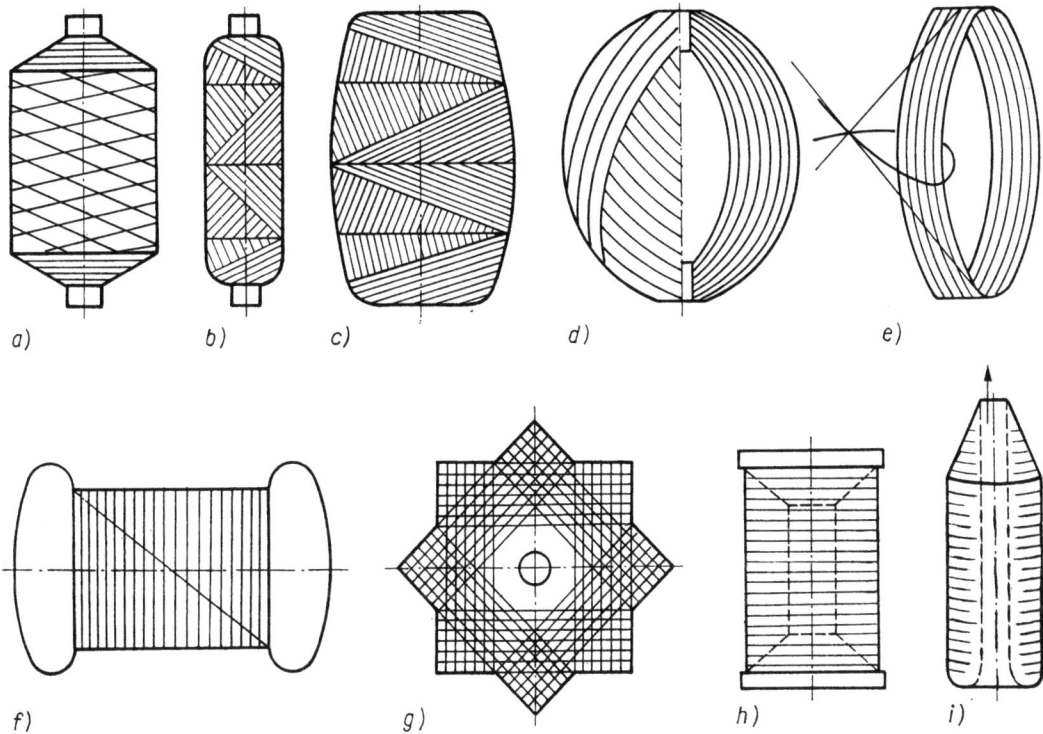

Bild 2/18. Verschiedene Spulenarten
a) Doppelkegel-Zylinderspule, *b)* Tönnchenspule, *c)* Wickel, *d)* Knäuel, *e)* Strahn, *f)* Kartenwickel, *g)* Haspelstern, *h)* Holzrolle, *i)* Schlauchkops

wird (Bild 2/18 *d*). Ein Knäuel ist ein trägerloser Fadenspeicher für den Einsatz in Haushalt und Gewerbe.

2.3.2.5.5. Strahn

Der Strahn ist eine Aufmachung für die Fadenspeicherung, die auf der Weife oder Haspel hergestellt wird. Als Bezeichnung für Strahn wird oft auch Strang, Strähn oder Hank verwendet (Bild 2/18 *e*), auch Decke oder Puppe sind üblich. Diese Form der Aufmachung wird nur dann gewählt, wenn die Fäden naßbehandelt werden müssen, da sie auf Grund der beim Weifen möglichen geringen Fadengeschwindigkeiten unrentabel ist. Darüber hinaus ist für eine effektive Weiterverarbeitung eine Rückführung der Fäden in die Spulenform erforderlich. Ein Teil dieser Speicherformen geht als Handarbeitsgarn in den Handel.

2.3.2.5.6. Kartenwickel

Der Kartenwickel ist eine besondere Form einer Parallelwicklung. Er wird mit relativ geringen Geschwindigkeiten auf Einzweckmaschinen hergestellt. Der Stützkörper ist eine Pappkarte, die an beiden Enden verbreitert ist, um ein Abgleiten der Randwicklungen zu vermeiden (Bild 2/18 *f*). Diese Kleinaufmachung ist nur für die Speicherung kurzer Fadenlängen geeignet, wie sie für Stopfgarne üblich sind.

2.3.2.5.7. Haspelstern

Diese Form der Fadenspeicher wird ausschließlich zur Herstellung von Kleinaufmachungen mit Fadenlängen bis zu 20 m verwendet. Zu diesem Zweck erfolgt das Aufwinden von vorwiegend Leinenzwirn auf sternförmigen Pappkärtchen (Bild 2/18 *g*). Die Aufwindegeschwindigkeit ist relativ gering.

2.3.2.5.8. Holzrolle

Die Wicklung ist eine zylindrische Parallelwicklung, bei der der Faden auf hölzerne Stützkörper gespult wird (Bild 2/18 h). Derartige Aufmachungen sind für die Speicherung von Nähgarnen für Haushalt und Gewerbe geeignet. Die Fadenlängen sind klein und den Forderungen angepaßt. Bei einem Durchmesser von etwa 60 mm hat die Wicklung eine Breite zwischen 20···80 mm.

2.3.2.5.9. Schlauchkops

Der Schlauchkops hat eine Wicklung ohne Stützkörper, die unmittelbar auf eine rotierende Spindel aufgewunden wird (Bild 2/18 i). Seine Herstellung erfolgt auf Schlauchkops-Dosenspinnmaschinen oder -Spulmaschinen. Für die Weiterverarbeitung wird bei dieser Wicklung der Faden von innen abgezogen.

2.4. Theorie des Spulens

2.4.1. Wicklungsgesetze

Bei der Beschreibung der Wicklungsarten im Abschnitt 2.3. wurden Spulenformen vorgestellt, die allerdings nur eine repräsentative Auswahl wiedergibt.
Sie genügt jedoch festzustellen, daß der auf eine Spule aufgewundene Faden geometrisch eine Raumkurve darstellt. Bei der Untersuchung des Zwirnprozesses werden, zwecks Nachweis der Drehungsänderung im Garn als Folge des Zwirnens, die geometrischen Grundlagen einer Raumkurve erwähnt (Abschnitt 3.4.2.2.). Für das Aufwinden von Fäden wird die Torsion von Raumkurven vernachlässigt.
Beim Aufwinden eines Fadens kann also dabei der Wicklungsdurchmesser entlang der Spule entweder konstant bleiben oder sich linear verändern. In diesen beiden Fällen entsteht entweder eine zylindrische oder eine konische Spule, wobei die Steigung der Fadenlinie konstant oder veränderlich sein kann. Neben diesen beiden Grundformen von Spulen gibt es noch solche, bei denen sowohl die Hülse als auch die Wicklung eine allgemeine Form haben können.
Derartige Spulen hat *Proschkov* [2] ausführlich analytisch untersucht. Auf eine Darstellung im vorliegenden Buch wird verzichtet, da sie nur in Sonderfällen eingesetzt werden und deshalb nur eine geringe wirtschaftliche Bedeutung haben.
Nachfolgend werden die geometrischen und dynamischen Gesetzmäßigkeiten untersucht, nach denen die Aufwindung von Fäden beim Spulen erfolgt.

2.4.1.1. Zylindrische Spule

Bei zylindrischen Spulen ist der Windungsdurchmesser jeweils einer Fadenschicht konstant. Dabei entsteht eine Fadenschicht, wenn der Fadenführer einen Hub H zurücklegt; er entspricht der Spulenlänge l_S.

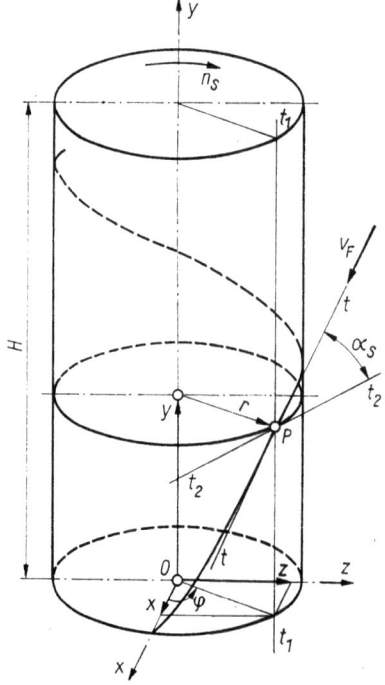

Bild 2/19. Zylindrische Spule
H Fadenführerhub, O Spulendrehpunkt, P Punkt der Fadenwindung, r Spulenradius $t-t$ Tangente an die Fadenwindung im Punkt P, t_1-t_1 Mantellinie der Spule, t_2-t_2 Tangente an die Spule, v_F Fadengeschwindigkeit, α_S Steigungswinkel, φ Drehwinkel

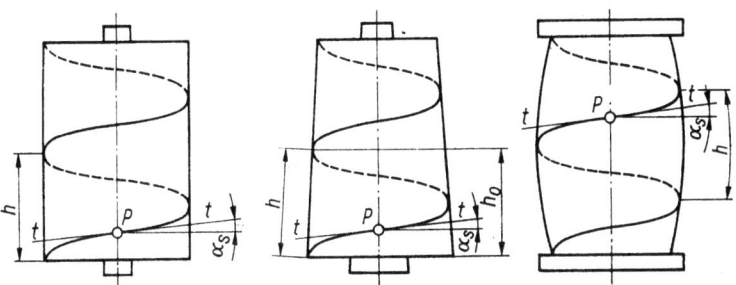

Bild 2/20. Steigung und Steigungswinkel an verschiedenen Spulenformen
h Steigung einer Fadenwindung, h_0 Steigung einer Fadenwindung auf der Spulenachse, P Punkt der Fadenwindung, $t-t$ Tangente an die Fadenwindung, α_S Steigungswinkel

Die Parameter einer zylindrischen Spule sind in Bild 2/19 dargestellt. Der aufgewundene Faden liegt in Schraubenlinien auf einem Zylinder mit dem Radius r. Entlang dem Zylinder hat eine Fadenwindung die Steigung h. Der Punkt P legt dabei in der xz-Ebene einen Winkel $\varphi = 2\pi$ zurück. Für die allgemeine Lage des Punktes P gelten folgende Parameter:

$x = r \cos \varphi$

$y = (h/2\pi)\,\varphi, \quad \text{da} \quad y/\varphi = h/2\pi \qquad (2.6)$

$z = r \sin \varphi$

Die Fadenaufwindung in beliebigen Schichten bei kleiner Konizität ist in Bild 2/20 dargestellt.
Für die zylindrische Schicht wird angenommen:

h Steigung einer Fadenwindung = konstant
r Spulenradius = konstant
v_F Fadengeschwindigkeit = konstant.

Die aufgewundene Fadenlänge kann allgemein nach Gleichung (2.7) berechnet werden.

$dl = v_F \, dt \qquad (2.7)$

Für die zylindrische Spulenform (Bild 2/19) folgt damit für die Windungslänge:

$l = v_F t \qquad (2.8)$

Aus der Abwicklung einer Windung mit der Steigung h und dem Steigungswinkel α_S gilt für die Windungslänge l_w einer Schraubenlinie (Bild 2/21):

$l_w = (4\pi^2 r^2 + h^2)^{1/2} \qquad (2.9)$

Aus den Gleichungen (2.8) und (2.9) ergeben sich:

$y/h = v_F t/(4\pi^2 r^2 + h^2)^{1/2} \qquad (2.10)$

oder

$y = v_F h t/(4\pi^2 r^2 + h^2) \qquad (2.11)$

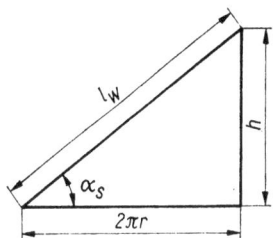

Bild 2/21. Abwicklung einer Fadenwindung
h Steigung einer Fadenwindung, l_w Wicklungslänge einer Schraubenlinie, r Spulenradius, α_S Steigungswinkel

Für die Geschwindigkeit des Fadenführers kann in allgemeiner Form geschrieben werden:

$v_H = \dfrac{dy}{dt}$

oder mit Gleichung (2.11):

$v_H = v_F h/(4\pi^2 r^2 + h^2)^{1/2} = v_F \sin \alpha_S \qquad (2.12)$

Nach Bild 2/21 gilt außerdem folgender Zusammenhang:

$\tan \alpha_S = h/2\pi r \qquad (2.13)$

Aus dem Geschwindigkeitsplan (Bild 2/22) folgt analog nach Gleichung (2.5), da Fadengeschwindigkeit v_F und Umfangsgeschwindigkeit der Spule v_S den Steigungswinkel α_S einschließen:

$$\tan \alpha_S = v_H/v_S$$

Für die Umfangsgeschwindigkeit v_S gilt aus Gleichung (2.2) und nach Bild 2/22:

$$v_S = (v_F{}^2 - v_H{}^2)^{1/2} \qquad (2.14)$$

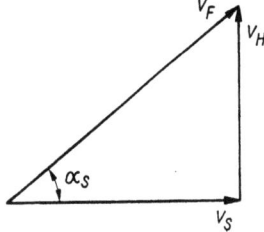

Bild 2/22. Geschwindigkeitsplan
v_F Fadengeschwindigkeit, v_H Hubgeschwindigkeit des Fadenführers, v_S Umfangsgeschwindigkeit der Spule, α_S Steigungswinkel

Gleichsetzen der Gleichungen (2.5) und (2.13) sowie Einsetzen des Wertes für v_S aus Gleichung (2.14) ergibt:

$$h/2\pi r = v_H/(v_F{}^2 - v_H{}^2)^{1/2} \qquad (2.15)$$

und damit

$$\tan \alpha_S = v_H/(v_F{}^2 - v_H{}^2)^{1/2} \qquad (2.16)$$

Der Steigungswinkel α_S kann nach folgender Formel berechnet werden:

$$\sin \alpha_S = h/l_w = h/(4\pi^2 r^2 + h^2)^{1/2} \qquad (2.17)$$

Unter Verwendung der Gleichung (2.9)

$$l_w{}^2 = 4\pi^2 r^2 + h^2$$

und deren Multiplikation mit dem Quadrat der Anzahl der Windungen je Minute n_F entsteht die Gleichung (2.18):

$$v_F{}^2 = n_F{}^2(4\pi^2 r^2 + h^2) \qquad (2.18)$$

Daraus kann die Anzahl der Windungen je Minute berechnet werden:

$$n_F = v_F/(4\pi^2 r^2 + h^2)^{1/2} \qquad (2.19)$$

2.4.1.2. Konische Spule

Im Gegensatz zur zylindrischen Spulenform (Bild 2/19) sowie zu Spulen, bei denen die Mantellinie nur schwach von der Zylinderform abweicht (Bild 2/20), ändert sich bei der konischen Wicklung der Radius von der Größe r_0 bis R über der Kegelstumpfhöhe H oder umgekehrt (Bild 2/23).

$$\tan \delta = (R - r_0)/H = (R - r)/y$$
$$= \text{konstant} \qquad (2.20)$$

Für die in Bild 2.23 dargestellte Spule wird angenommen:

h_0 Steigung einer Fadenwindung auf der Spulenachse = konstant
v_F Fadengeschwindigkeit = konstant

Die Koordinaten des beliebigen Punktes P auf der Windung haben folgende Größen, wenn er in der xz-Ebene den Winkel φ zurücklegt:

$$x = r \cos \varphi = (R - y \tan \delta) \cos \varphi$$
$$y = (h_0/2\pi) \varphi, \quad \text{da} \quad y/\varphi = h_0/2\pi \qquad (2.21)$$
$$z = r \sin \varphi = (R - y \tan \delta) \sin \varphi$$

Die Differentiation der Gleichungen (2.21) nach dem Winkel φ ergibt:

$$x' = \frac{h_0 \tan \delta}{2\pi}(\varphi \sin \varphi - \cos \varphi) - R \sin \varphi \qquad (2.22)$$

$$y' = \frac{h_0}{2\pi} \qquad (2.23)$$

$$z' = R \cos \varphi - \frac{h_0 \tan \delta}{2\pi}(\varphi \cos \varphi + \sin \varphi) \qquad (2.24)$$

Damit kann die Bewegung des Punktes P in Richtung der Spulenachse (y-Richtung) berechnet werden.
Nach *Proschkov* [2] wird folgende Gleichung vorausgesetzt:

$$y = \int_0^t v_F \sin \beta_1 \, dt \qquad (2.25)$$

Für die Gleichung der Tangente im Punkt P an die Kurve der Fadenwindung gilt nach

Theorie des Spulens 2.4.

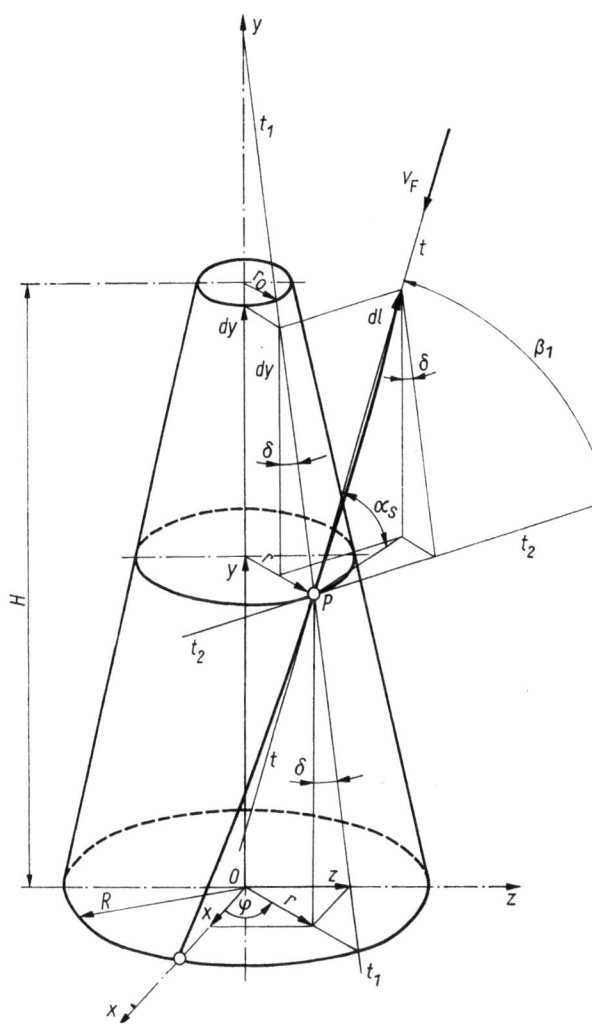

Bild 2/23. Konische Spule
H Fadenführerhub, O Spulendrehpunkt, P Punkt der Fadenwindung, R großer Spulenradius, r Spulenradius, r_0 kleiner Spulenradius, $t-t$ Tangente an die Fadenwindung, t_1-t_1 Mantellinie an der Spule, t_2-t_2 Tangente an die Spule, v_F Fadengeschwindigkeit, α_S Steigungswinkel, β_1 Anstiegswinkel, δ Neigungswinkel, φ Drehwinkel

Bornstein [3], Seite 216:

$$\frac{X-x}{x'} = \frac{Y-y}{y'} = \frac{Z-z}{z'} \qquad (2.26)$$

Darin sind x, y und z die Koordinaten des Kurvenpunktes P und X, Y und Z die laufenden Koordinaten. x', y' und z' sind die Ableitungen der Koordinaten des Punktes P nach dem Winkel φ, der beim Aufwinden des Fadens in der xz-Ebene beschrieben wird.
Für $Y = 0$ kann der Winkel β_1 berechnet werden:

$$\sin \beta_1 = y'/(x'^2 + y'^2 + z'^2)^{1/2} \qquad (2.27)$$

Einsetzen der Gleichung (2.27) in (2.25) ergibt in differentieller Schreibweise:

$$dy = v_F(x'^2 + y'^2 + z'^2)^{1/2} \, y' \, dt \qquad (2.28)$$

In die Gleichung (2.28) werden nunmehr die Quadrate der ersten Ableitungen der Koordinaten des Kurvenpunktes P nach den Gleichungen (2.22), (2.23) und (2.24) eingesetzt. Durch Umformung folgt daraus:

$$dy = \frac{v_F h_0 \times \, dt}{2\pi \left[R^2 + \frac{h_0^2}{4\pi^2} - \frac{R h_0 \tan \delta}{\pi} \varphi + \frac{h_0^2 \tan^2 \delta}{4\pi^2}(1+\varphi^2) \right]^{1/2}} \qquad (2.29)$$

Ausgehend von Gleichung (2.21), wonach für

$\varphi = 2\pi y/h_0$

gilt, wird dieser Wert in die Gleichung (2.29) eingesetzt. Gleichzeitig gilt folgende Substitution:

$1 + \tan^2 \delta = 1/\cos^2 \delta$

Daraus folgt:

$v_F h_0 \cos \delta \, dt = [4\pi^2 \cos^3 \delta (R - y \tan)^2 + h_0^2]^{1/2} \, dy$ \hfill (2.30)

oder für die Geschwindigkeit der Fadenverlegung in Richtung der y-Achse:

$$\frac{dy}{dt} = v_H = \frac{v_F h_0 \cos \delta}{[4\pi^2 \cos^2 \delta (R - y \tan \delta)^2 + h_0^2]^{1/2}} \quad (2.31)$$

Die Integration der linken Seite der Gleichung (2.30) in den Grenzen von 0 bis t und der rechten in denen von 0 bis y sowie ihrer Umstellung nach der Zeit t ergibt:

$t = \dfrac{y \tan \delta - R}{2 v_F h_0 \sin \delta} [4\pi^2 \cos^2 \delta (R - y \tan \delta)^2$

$\quad + h_0^2]^{1/2} + \dfrac{h_0}{4\pi v_F \sin \delta \cos \delta}$

$\quad \times \ln \langle 4\pi \sin \delta \{[4\pi^2 \cos^2 \delta (R - y \tan \delta)$

$\quad + h_0^2]^{1/2} - 2\pi \cos \delta (R - y \tan \delta)\} \rangle$

$\quad + \dfrac{R(4\pi^2 R^2 \cos^2 \delta + h_0)^{1/2}}{2 v_F h_0 \sin \delta}$

$\quad - \dfrac{h_0}{4\pi v_F \sin \delta \cos \delta} \ln \{4\pi \sin \delta [(4\pi^2 R^2$

$\quad \times \cos^2 \delta h_0^2)^{1/2} - 2\pi R \cos \delta]\}$ \hfill (2.32)

Die Berechnung von y aus der Gleichung (2.32) ist mit relativ großem Aufwand verbunden, so daß es für die Lösung praktischer Aufgaben zweckmäßig ist, eine einfache Beziehung für die Aufwindung von Fäden aus der Gleichung (2.30) zu gewinnen. Zu diesem Zweck wird die unter der Wurzel stehende Größe h_0^2 vernachlässigt, da ihr Einfluß unbedeutend ist.

Damit geht die Gleichung (2.30) in folgende Form über:

$(v_F h_0 \cos \delta) \, dt = [2\pi \cos \delta (R - y \tan \delta)] \, dy$

Die Integration dieser Gleichung ergibt:

$v_F h_0 t \cos \delta = 2\pi \cos \delta [Ry - (y^2 \tan \delta/2)]$

Durch weitere Umformungen entsteht folgende Gleichung:

$Ry - (y^2 \tan \delta/2) = v_F h_0 t/2\pi$

bzw.

$2Ry/\tan \delta - y^2 - v_F h_0 t/\pi \tan \delta = 0$ \hfill (2.32)

Die Lösung der quadratischen Gleichung (2.32) ergibt:

$y = R/\tan \delta - [(R^2/\tan^2 \delta)$

$\quad - (v_F h_0 t/\pi \tan \delta)]^{1/2}$ \hfill (2.33)

Durch Differentiation der Gleichung (2.33) nach der Zeit t kann die Geschwindigkeit der Fadenverlegung in Richtung der y-Achse berechnet werden.

$$v_H = \frac{v_F h_0}{2\pi (R - y \tan \delta)}$$

$$= \frac{v_F h_0}{2\pi \tan \delta [(R^2/\tan^2 \delta) - (v_F h_0 t/\pi \tan \delta)]^{1/2}}$$
\hfill (2.34)

Für den Verlauf des Steigungswinkels kann nach Bild 2/22 angesetzt werden:

$\sin \alpha_S = v_H/v_F$ \hfill (2.35)

Durch Einsetzen dieses Verhältnisses aus Gleichung (2.31) folgt für den Steigungswinkel:

$\sin \alpha_S = h_0 \cos \delta/[4\pi^2 \cos^2 \delta (R - y \tan \delta)^2$

$\quad + h_0^2]^{1/2}$ \hfill (2.36)

Ebenso wie in Gleichung (2.32) wird auch hier die unter der Wurzel stehende Größe h_0^2 vernachlässigt, so daß die Gleichung (2.36) vereinfacht werden kann und näherungsweise die Berechnung des Steigungswinkels ermöglich.

$$\sin \alpha_S = h_0/2\pi(R - y \tan \delta) \quad (2.37)$$

Die Betrachtung der Gleichungen (2.34) und (2.37) zeigt, daß die Vergrößerung von y und damit die Abnahme des Wicklungsdurchmessers eine Vergrößerung der Fadenführergeschwindigkeit und des Steigungswinkels zur Folge hat. Wenn in diese Gleichungen die Grenzwerte für y ($0 = y = H$) eingesetzt werden, ergeben sich für die Geschwindigkeit und den Winkel ebenfalls die Grenzen, zwischen denen sich beide Größen bewegen.

Für $y = 0$ ist $r = R$:

$$v_{H\,min} \approx v_F h_0/2\pi R \quad (2.38)$$

$$\sin \alpha_{S\,min} \approx h_0/2\pi R \quad (2.39)$$

Für $y = H$ ist $r = r_0$:

$$v_{H\,max} \approx v_F h_0/2\pi r_0 \quad (2.40)$$

$$\sin \alpha_{S\,max} \approx h_0/2\pi r_0 \quad (2.41)$$

Damit kann aus den Gleichungen (2.38) bis (2.41) folgende wichtige Proportion aufgestellt werden:

$$\frac{v_{H\,max}}{v_{H\,min}} = \frac{\sin \alpha_{S\,max}}{\sin \alpha_{S\,min}} = \frac{R}{r_0} \quad (2.42)$$

2.4.2. Berechnung der Spulenstruktur

2.4.2.1. Definition

Der strukturelle Aufbau der Wicklung wird durch das Zusammenwirken zwischen Spulen- und Fadenführerantrieb bestimmt. Je nachdem, ob das Übersetzungsverhältnis zwischen diesen beiden Antrieben konstant oder nicht konstant ist, ergibt sich eine Fadenlage, bei der die Fäden aufeinanderfolgender Schichten mehr oder weniger eng nebeneinander liegen. Wird darüber hinaus noch die Fadenzugkraft beim Aufwinden berücksichtigt, so resultiert daraus insgesamt die Packungsdichte einer Spule und damit das Fassungsvermögen, bezogen auf eine bestimmte Spulengröße. Dieses Fassungsvermögen ist von ausschlaggebender Bedeutung für die Effektivität des Spulprozesses. Eine exakte Berechnung ist nicht möglich, so daß sich die Ermittlung der Struktur auf die Hauptparameter beschränken muß.

Nach dem Antriebsprinzip für die Spule (Abschnitt 2.2.4.) gibt es zwei Wicklungsarten:

1. Gewöhnliche Kreuzwicklung (Zufallswicklung, wilde Wicklung)
2. Präzisionswicklung (Parallel- oder Kreuzwicklung).

Beide Wicklungsarten können sowohl mit zylindrischer als auch mit konischer Mantellinie hergestellt werden. Außerdem erhalten Präzisionskreuzspulen entweder gerade oder kegelige Stirnseiten.

Die Grundlage für die geometrische Bestimmung der Fadenlagen auf Spulenkörpern bilden die Umfangsgeschwindigkeit der Spule und die Geschwindigkeit, mit der die Verlegung des Fadens entlang der Mantellinie erfolgt. Daraus kann der Steigungswinkel α_S berechnet werden, unter dem der Faden mehr oder weniger steil verlegt wird.

Ausgehend von der Gleichung (2.5) sowie der Geometrie der Abwicklung einer Fadenwindung (Bild 2/21) und Gleichung (2.13), kann folgende Beziehung aufgestellt werden:

$$v_H/v_S = h/\pi d \quad (2.43)$$

Diese Gleichung hat für alle zylindrischen Kreuzwicklungen, einschließlich der zylindrischen Parallelwicklung, Gültigkeit.

2.4.2.2. Gewöhnliche Kreuzwicklung mit zylindrischer Mantellinie

Diese Wicklungsart hat einen sehr großen Anteil an der gesamten Kreuzspulerei. Sie wird auf Kreuzspulmaschinen und Kreuzspulautomaten hergestellt. Durch den Umfangsantrieb der Spule ist die Umfangsgeschwindigkeit konstant. Soweit die Fadenverlegung mit konstanter Geschwindigkeit erfolgt, und das ist meist der Fall, ist somit auch die Fadengeschwindigkeit konstant. Das Prinzip der Zunahme des Spulendurchmessers (Bild 2/24) zeigt bei konstanter Fadengeschwindigkeit v_F, daß der Steigungswinkel bei Vergrößerung des Spulendurchmessers von d_1 auf d_2 konstant bleibt. Ausgehend von Gleichung (2.5)

$$\tan \alpha_S = v_H/v_S$$

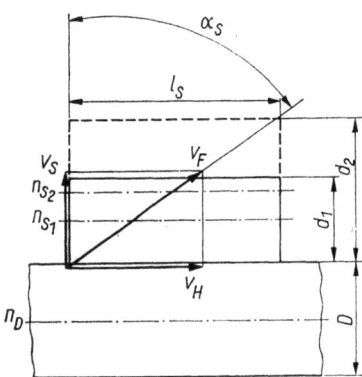

Bild 2/24. Umfangsantrieb der Spule
D Tragwalzendurchmesser, d_1, d_2 momentaner Spulendurchmesser, l_S Spulenlänge, n_D Tragwalzendrehzahl, n_{S1}, n_{S2} Spulendrehzahlen beim Spulendurchmesser d_1, d_2, v_F Fadengeschwindigkeit, v_H Hubgeschwindigkeit des Fadenführers, v_S Umfangsgeschwindigkeit der Spule, α_S Steigungswinkel

sowie der für den Umfangsantrieb gültigen Beziehung $v_S = v_D$, wobei v_D die Umfangsgeschwindigkeit der Tragwalze ist, erhält die Gleichung (2.5) die spezifische Form für den Umfangsantrieb:

$$\tan \alpha_S = v_H/v_D = 2l_S n_H/\pi D n_D = C_1$$
$$= \text{konstant} \qquad (2.44)$$

Dieser Ausdruck ist eine Konstante, da der Fadenführer seinen Antrieb von der Tragwalze erhält, C_1 ist für jede Kreuzspulmaschine konstruktiv festgelegt. Damit kann aus Gleichung (2.43) für jeden Spulendurchmesser d die entsprechende Steigung h berechnet werden.

$$h = \pi d C_1 \qquad (2.45)$$

Ist die Maschinenkonstante C_1, die auch als Wicklungskonstante bezeichnet werden kann, nicht bekannt, kann die Steigung aus Gleichung (2.45) durch Einsetzen des Wertes für C_1 aus Gleichung (2.44) berechnet werden.

$$h = 2dl_S n_H/Dn_D \qquad (2.46)$$

Nach Zusammenfassung der konstanten Größen geht die Gleichung (2.46) in folgende Form über:

$$h = dC_2 \qquad (2.47)$$

Daraus folgt, daß die Steigung bei der gewöhnlichen Kreuzwicklung mit wachsendem Spulendurchmesser linear von h_0 auf h zunimmt (Bild 2/25).

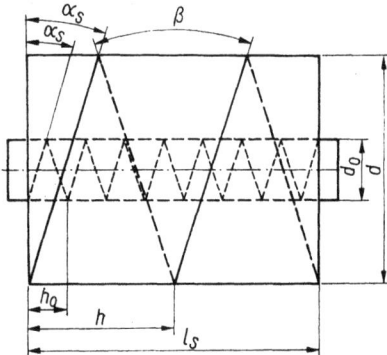

Bild 2/25. Schema der gewöhnlichen Kreuzwicklung
d Wicklungsdurchmesser, d_0 Hülsendurchmesser, h Steigung, h_0 Steigung einer Windung auf der Spulenhülse, l_S Spulenlänge, α_S Steigungswinkel, β Kreuzungswinkel

Durch die Wahl des Steigungswinkels α_S wird verhindert, daß die erste Wicklung auf der Hülse vom Durchmesser d_0 verrutscht. Üblicherweise wird der Kreuzungswinkel in der Größenordnung zwischen 25 und 28° gewählt. Je kleiner er ist, um so günstiger sind die Ablaufverhältnisse. Es ist der Winkel, unter dem sich die Fäden zweier aufeinanderfolgender Wicklungsschichten kreuzen. Dieser Winkel β ist doppelt so groß wie der Steigungswinkel.

$$\beta = 2\alpha_S = \text{konstant} \qquad (2.48)$$

Somit ist auch der Kreuzungswinkel unabhängig vom Wicklungsdurchmesser konstant. Dadurch wechseln die Abstände der Fäden aufeinanderfolgender Schichten von einem größeren zu einem kleineren Betrag, überlagern sich zur sogenannten Bildwicklung, um anschließend wieder größer zu werden usw. Wenn die Winkel α_S und β unabhängig vom Wicklungsdurchmesser konstant bleiben, folgt daraus eine Abnahme der Anzahl der Windungen je Doppelhub mit steigendem Durchmesser (Bild 2/25). Diese Gesetzmäßigkeit ergibt sich nach Bild 2/24 aus dem Verhältnis zwischen Spulendrehzahl n_S und Fadenführerhubzahl n_H, wobei n_H konstant bleibt. Somit gilt:

$$z_w = n_S/n_H \qquad (2.49)$$

Während des Aufwindens nimmt die Spulendrehzahl ab. Nach Gleichung (2.50) kann folgender Zusammenhang hergestellt werden (Bild 2/24):

$$n_S/n_D = D/d \qquad (2.50)$$

Daraus folgt für die an sich unbekannte und ständig abnehmende Spulendrehzahl:

$$n_S = n_D(D/d) \qquad (2.51)$$

Einsetzen von Gleichung (2.51) in Gleichung (2.49) ermöglicht schließlich die Berechnung der Anzahl der Fadenwindungen je Doppelhub des Fadenführers:

$$z_w = n_D D/n_H d \qquad (2.52)$$

In Gleichung (2.52) ist n_D/n_H das Übersetzungsverhältnis zwischen Tragwalzendrehzahl n_D und Fadenführerhubzahl n_H. Beide Drehzahlen sowie der Durchmesser der Tragwalze D sind konstant, so daß die Gleichung (2.52) in folgende Form übergeht:

$$z_w = C_3/d \qquad (2.53)$$

In dieser Gleichung ist die Konstante C_3 maschinenspezifisch und ergibt sich aus dem Übersetzungsverhältnis zwischen Tragwalzendrehzahl und Fadenführerhubzahl sowie dem Tragwalzendurchmesser.

$$C_3 = n_D D/n_H \qquad (2.54)$$

In Bild 2/26 ist die Abwicklung der Fadenwindungen in einer Doppelschicht dargestellt.

Aus dieser Geometrie kann folgender Zusammenhang hergestellt werden:

$$\frac{h}{\pi d} = \frac{2l_S}{z_w \pi d} = \tan \alpha_S$$

Daraus gilt für die Steigung einer Fadenwindung:

$$h = 2l_S/z_w \qquad (2.55)$$

Wird in diese Gleichung für z_w der Wert aus Gleichung (2.52) eingesetzt, so folgt daraus schließlich wieder die Gleichung (2.46) bzw. (2.47).

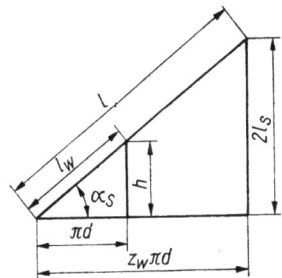

Bild 2/26. Abwicklung der Fadenwindungen einer Doppelschicht
d Spulendurchmesser, h Steigung, L Fadenlänge einer Doppelschicht, l_S Spulenlänge, l_W Fadenlänge einer Windung, z_W Anzahl der Fadenwindungen je Doppelschicht, α_S Steigungswinkel

Die Fadenlänge je Windung bzw. je Doppelschicht kann ebenfalls aus dem Bild 2/26 abgeleitet werden.

$$\cos \alpha_S = \pi d/l_w \quad \text{oder}$$

$$l_w = \pi d/\cos \alpha_S = C_4 d \qquad (2.56)$$

Analog kann angesetzt werden:

$$\cos \alpha_S = \pi d z_w/L$$

Einsetzen des Wertes für z_w aus Gleichung (2.52) und Umstellung nach L führt zu folgendem Ausdruck:

$$L = \pi D n_D/n_H \cos \alpha_S = C_5 \qquad (2.57)$$

Damit ist der Nachweis dafür erbracht, daß die Fadenlänge einer Windung bei der gewöhnlichen zylindrischen Kreuzwicklung mit wachsendem Spulendurchmesser zwar zunimmt, hingegen die Fadenlänge in einer Doppelschicht unabhängig vom Spulendurchmesser konstant bleibt.

2.4.2.3. Präzisionskreuzwicklung mit zylindrischer Mantellinie

Für bestimmte Einsatzgebiete in der Textilindustrie eignet sich die Präzisionskreuzwicklung besser als die gewöhnliche Kreuzwicklung, insbesondere für Färbespulen. Zur Herstellung dieser Wicklungsart wird unmittelbar die Spulenachse angetrieben, mit der außerdem der Antrieb des Fadenführers formschlüssig gekoppelt ist. Derartige Maschinen werden als Präzisionskreuzspulmaschinen bezeichnet. Ohne besondere Maßnahmen nimmt bei diesem Spulprozeß mit wachsendem Spulendurchmesser die Fadengeschwindigkeit zu, da die Umfangsgeschwindigkeit ansteigt und die Fadenführergeschwindigkeit durch die Größe der Spulendrehzahl bestimmt wird.

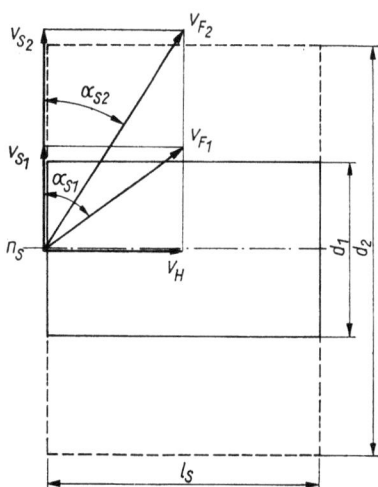

Bild 2/27. Achsantrieb der Spule
d_1, d_2 momentaner Spulendurchmesser, l_S Spulenlänge, n_S Spulendrehzahl, v_{F1}, v_{F2} momentane Fadengeschwindigkeit, v_H Hubgeschwindigkeit des Fadenführers, v_{S1}, v_{S2} momentane Umfangsgeschwindigkeit der Spule, α_{S1} Steigungswinkel beim Spulendurchmesser d_1, α_{S2} Steigungswinkel beim Spulendurchmesser d_2

Unter der Annahme, daß die Spulendrehzahl konstant bleibt, bewegt sich auch der Fadenführer entlang der Spule mit konstanter Geschwindigkeit, während die Umfangsgeschwindigkeit größer wird (Bild 2/27).
Aus diesem Grunde kann auch für die Berechnung der Präzisionskreuzwicklung der Steigungswinkel nach Gleichung (2.5) berechnet werden. Danach gilt:

$$\tan \alpha_S = v_H/v_S$$

Jedoch besteht der Unterschied zur gewöhnlichen Wicklung darin, daß sich der Nenner dieser Gleichung laufend vergrößert und damit der Steigungswinkel von α_{S1} auf α_{S2} abnimmt. Durch Einsetzen der Werte für v_H und v_S in Gleichung (2.5) entsteht die Gleichung für die Berechnung des Steigungswinkels einer Präzisionswicklung:

$$\tan \alpha_S = 2 l_S n_H/\pi d n_S \qquad (2.58)$$

Unabhängig davon, ob die Spulendrehzahl konstant bleibt oder im Hinblick auf eine konstante Fadengeschwindigkeit mit wachsendem Spulendurchmesser verringert wird, gilt für den Quotienten (Spulverhältnis) der beiden Drehzahlen:

$$n_H/n_S = \text{konstant} \qquad (2.59)$$

Damit bleibt in der Gleichung (2.58) nur noch der Spulendurchmesser d als Veränderliche, und es gilt für den Steigungswinkel α_S:

$$\tan \alpha_S = C_6/d \qquad (2.60)$$

Somit nimmt der Steigungswinkel bei der Präzisionswicklung hyperbolisch ab, wobei für die Maschinenkonstante (Wicklungskonstante) C_6 verbleibt:

$$C_6 = 2 l_S n_H/\pi n_S \qquad (2.61)$$

Ebenso wie bei der gewöhnlichen Kreuzwicklung bilden die Fäden zweier aufeinander folgender Wicklungsschichten den Kreuzungswinkel β (Bild 2/28), der auch hier doppelt so groß ist wie der Steigungswinkel. Es gilt nach Gleichung (2.48):

$$\beta = 2 \alpha_S$$

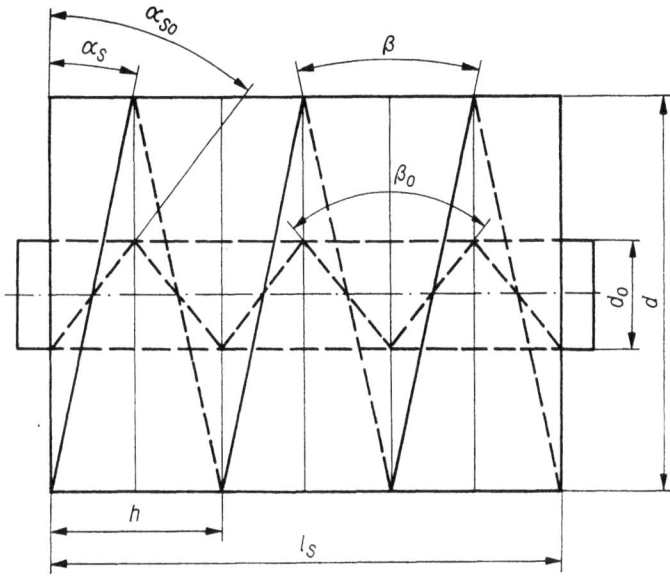

Bild 2/28. Schema der Präzisionskreuzwicklung
d Wicklungsdurchmesser, d_0 Hülsendurchmesser, h Steigung, l_S Spulenlänge, α_S Steigungswinkel beim Spulendurchmesser d, α_{S0} Steigungswinkel beim Hülsendurchmesser d_0

nur mit dem Unterschied, daß er mit steigendem Wicklungsdurchmesser abnimmt.
Aus dieser Gesetzmäßigkeit entstehen in der Praxis bei der Herstellung von Präzisionskreuzspulen zwei Grenzfälle, die zu Störungen führen können:
Zu Beginn des Spulprozesses, wenn der Faden auf die leere Hülse gewunden wird, darf der Steigungswinkel nur so groß gewählt werden, daß sich die erste Wicklungsschicht axial auf der Hülse hält.
Ist er zu groß, tritt spätestens bei der ersten Hubumkehr ein Verrutschen der ersten Wicklungsschicht auf.
Der zweite Grenzfall tritt ein, wenn die Spule einen maximal zulässigen Durchmesser überschreitet. In diesem Fall besteht die Gefahr, daß bei der Hubumkehr der Faden über die Spulenkante hinaus verlegt wird und abgleitet. Es treten sogenannte Abschläger auf.
Somit darf die Differenz zwischen dem maximalen Spulendurchmesser d_{max} und dem Hülsendurchmesser d_0 nicht zu groß sein. Gewöhnlich werden bei der Herstellung von Präzisionskreuzspulen größere Hülsendurchmesser als für die gewöhnliche Kreuzwicklung verwendet. Diese Vergrößerung des Hülsendurchmessers hat nur eine unbedeutende Zunahme des maximalen Spulendurchmessers zur Folge, um beispielsweise die erreichbare Spulenmasse nicht senken zu müssen.
Ein bestimmter Grenzwert für beide Winkel kann nicht angegeben werden, da er von mehreren Einflußfaktoren abhängig ist. Insbesondere handelt es sich dabei um die Reibungszahl zwischen Hülse und Faden sowie die zwischen den Fäden, die Fadenzugkraft beim Spulen und die Geschwindigkeit des Fadenführers. Eine Ermittlung der kritischen Steigungswinkel ist nur durch Probespulungen möglich. Es läßt sich lediglich der Zusammenhang zwischen Steigungswinkel und Spulendurchmesser herstellen (Bild 2/29).
Ausgehend von der Tatsache, daß die Steigung h über dem Spulendurchmesser konstant bleibt, ergibt sich aus den geometrischen

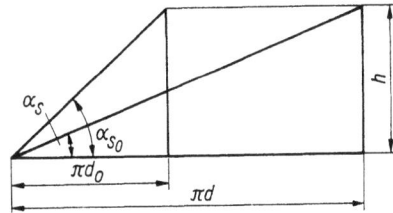

Bild 2/29. Abwicklung der Fadenwindung
d Spulendurchmesser, d_0 Hülsendurchmesser, h Steigung, α_S Steigungswinkel beim Spulendurchmesser d, α_{S0} Steigungswinkel beim Hülsendurchmesser d_0

Verhältnissen:

$$\tan \alpha_{S0} = h/\pi d_0 \qquad (2.62)$$

$$\tan \alpha_S = h/\pi d \qquad (2.63)$$

Umstellen der Gleichungen (2.62) und (2.63) nach h und Gleichsetzen führt zu folgender Proportion:

$$\frac{d}{d_0} = \frac{\tan \alpha_{S0}}{\tan \alpha_S} \qquad (2.64)$$

Einsetzen der Grenzwerte für d und α_S ergibt:

$$\frac{d_{\max}}{d_0} = \frac{\tan \alpha_{S0}}{\tan \alpha_{S\min}} \qquad (2.65)$$

Meist ist der Hülsendurchmesser konstruktiv festgelegt, und der maximale Steigungswinkel α_{S0} kann durch eine geeignete Struktur der Oberfläche der Hülse relativ groß gehalten werden, so daß die anderen beiden Parameter aus Gleichung (2.65) wahlweise bestimmt werden können.

Wie schon bei der Untersuchung der Struktur der gewöhnlichen Wicklung festgestellt wurde, entsteht die Anzahl der Windungen je Doppelhub aus dem Übersetzungsverhältnis zwischen der Spulendrehzahl n_S und der Fadenführerhubzahl n_H.

Als Folge der formschlüssigen Kopplung beider Funktionselemente, d. h. des konstanten Übersetzungsverhältnisses, ist diese Größe bei jedem Wicklungsdurchmesser konstant. Damit gilt die Gleichung (2.49) unverändert:

$$z_w = n_S/n_H = C_7 = \text{konstant}$$

Zur weiteren Untersuchung der Spulenstruktur ist in Bild 2/30 die Abwicklung einer Fadenschicht für $z_w = 6$ dargestellt. Damit ist die Formulierung folgender Proportion möglich:

$$\frac{\pi d}{h} = \frac{z_w \pi d}{2 l_S} \qquad (2.66)$$

und aus Gleichung (2.66) kann die Steigung h berechnet werden.

$$h = 2 l_S / z_w = C_8 = \text{konstant} \qquad (2.67)$$

Damit ist der Nachweis erbracht, daß die Steigung über dem Spulendurchmesser konstant bleibt, was bereits in Bild 2/28 vorausgesetzt wurde.

Das in Gleichung (2.67) enthaltene Übersetzungsverhältnis zwischen Fadenführer und Spule wird auch als *Spulverhältnis* bezeichnet. Durch dieses Verhältnis wird die Lage der Fäden zueinander in den aufeinanderfolgenden Schichten bestimmt. Es ist dadurch kennzeichnend für die Anzahl der Spulfelder auf dem Spulenmantel. In Bild 2/28 sind es sechs Felder, die gleichbedeutend für sechs Spulenumdrehungen bei einem Doppelhub des Fadenführers sind. In diesem Fall würde die Windung jeder folgenden Fadenschicht genau auf der darunter befindlichen zu liegen kommen. Dieser Zustand darf nicht auftreten, sondern die Fäden müssen nebeneinander liegen. Aus diesem Grunde ist jedes ganzzahlige Übersetzungsverhältnis zu vermeiden, was durch ein zusätzliches sehr kleines Übersetzungsverhältnis ermöglicht werden kann.

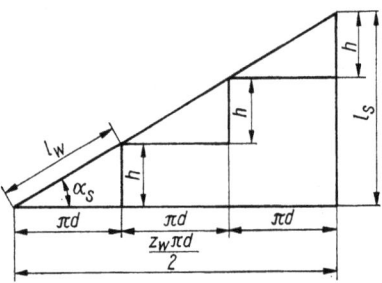

Bild 2/30. Abwicklung der Fadenwindung einer Schicht
d Spulendurchmesser, h Steigung, l_S Spulenlänge, l_W Fadenlänge einer Windung, z_W Anzahl der Fadenwindungen je Doppelschicht, α_S Steigungswinkel

Einzelheiten dazu werden nachfolgend behandelt. Ebenfalls aus dem Bild 2/30 kann die Länge einer Fadenwindung bzw. einer Doppelschicht berechnet werden. Wie bereits bei der Betrachtung der gewöhnlichen Kreuzwicklung erwähnt wurde, gilt für die Präzisionskreuzwicklung gleichermaßen:

$$\cos \alpha_S = \pi d / l_w \quad \text{oder}$$

$$l_w = \pi d / \cos \alpha_S \qquad (2.68)$$

Für die Fadenlänge in einer Doppelschicht gilt entsprechend:

$$L = z_w l_w \qquad (2.69)$$

Einsetzen der Werte aus den Gleichungen (2.49) und (2.68) in die Gleichung (2.69) ergibt:

$$L = \pi d n_S / n_H \cos \alpha_S \qquad (2.70)$$

Durch Zusammenfassen der konstanten Werte folgt aus Gleichung (2.70) die Gleichung (2.71):

$$L = C_9 (d/\cos \alpha_S) \qquad (2.71)$$

Im Gegensatz zur gewöhnlichen Wicklung verändern sich bei der Präzisionswicklung die Länge einer Fadenwindung und auch die einer Doppelschicht mit zunehmendem Durchmesser.

2.4.2.3.1. Geschlossene Präzisionswicklung

Das Fassungsvermögen einer Kreuzspule ist um so größer, je kleiner die Abstände der Fäden der Windungen aufeinanderfolgender Doppelschichten sind. Entspricht der Abstand zweier Fadenmitten genau der Fadendicke, so wird diese Wicklung als *geschlossene Präzisionswicklung* bezeichnet. Ihr Fassungsvermögen ist bis 65% größer als das einer gewöhnlichen Wicklung. Wird der Abstand zweier Fäden größer, so entsteht eine *offene Präzisionswicklung*. Die Art der Präzisionswicklung wird somit durch das *Spulverhältnis* [Gl. (2.59)] bestimmt. Ist dieses Verhältnis ganzzahlig (1:4, 1:5 usw.), entsteht eine sogenannte *Wabenwicklung*, die für die Praxis unbrauchbar ist. Der Faden jeder folgenden Schicht wird wieder an die gleiche Stelle verlegt. Aus diesem Grunde ist das ganzzahlige Übersetzungsverhältnis, das mit i bezeichnet werden soll, um einen sehr kleinen Übersetzungswert Δi (auch mit δ bezeichnet) zu verändern. Er bestimmt die Abstände von Fadenmitte zu Fadenmitte und sollte bis in die fünfte oder sechste Dezimale gehen. Damit kann das gesamte erforderliche Übersetzungsverhältnis i_G berechnet werden:

$$i_G = i \pm \Delta i \qquad (2.72)$$

Der Anteil Δi entspricht der Größe der Störung.
Sie kann nach Bild 2/31 berechnet werden. Es gilt:

$$\sin \alpha_S = x/\Delta U \qquad (2.73)$$

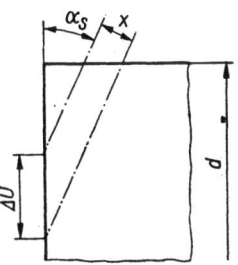

Bild 2/31. Lage zweier Fadenwindungen auf der Präzisionskreuzspule
d Spulendurchmesser, x Abstand zweier Fadenmitten, α_S Steigungswinkel, ΔU Abstand zweier Fadenumkehrpunkte am Spulenumfang

Nach der technologischen Forderung, wonach die notwendige Zusatzdrehung je Doppelhub des Fadenführers ein Bruchteil einer ganzen Umdrehung sein muß, gilt:

$$\frac{\Delta U}{\pi d} = \frac{x}{\pi d \sin \alpha_S} \qquad (2.74)$$

Daraus folgt:

$$\Delta i = \frac{x}{\pi d \sind \alpha_S} \qquad (2.75)$$

d Spulendurchmesser
x Abstand zweier Fadenmitten
Δi zusätzliches Übersetzungsverhältnis
ΔU Abstand zweier Fadenumkehrpunkte am Spulenumfang
α_S Steigungswinkel

Nach Wahl des Abstandes zweier Fadenmitten kann die Größe der Störung ermittelt werden.
Bei der Anwendung der Gleichung (2.75) muß beachtet werden, daß sich der Steigungswinkel mit dem Spulendurchmesser ändert

und somit bei wachsendem Spulendurchmesser eine Veränderung des Fadenabstandes x auftritt, wenn das zusätzliche Übersetzungsverhältnis Δi konstant bleibt. Aus diesem Grunde ist es zweckmäßig, für die Herstellung der geschlossenen Präzisionskreuzwicklung das Δi stufenlos zu verändern, um den Abstand x konstant zu halten. Hierfür eignet sich ein Konoidengetriebe mit einer Konizität von $30'\cdots 1°$, je nachdem welcher Fadendickenbereich verarbeitet wird.

Ausgehend von der technologischen Forderung nach zusätzlicher Spulendrehung je Doppelhub des Fadenführers in Bruchteilen einer Umdrehung gilt folgende Getriebegleichung:

$$\Delta i = \frac{n_Z}{n_H} \qquad (2.76)$$

Durch Einsetzen der Gleichung (2.76) in (2.75) kann die Größe der Zusatzdrehung je Doppelhub des Fadenführers berechnet werden.

$$n_Z = n_H \frac{x}{\pi d \sin \alpha_S} \qquad (2.77)$$

d Spulendurchmesser
n_H Drehzahl des Fadenführers, Anzahl der Doppelhübe/min
n_Z Anzahl der Zusatzdrehungen/min
x Abstand zweier Fadenmitten
α_S Steigungswinkel

Unter Bezug auf Gleichung (2.72) entsteht mit $\Delta i = 0$ eine Wabenwicklung, da das gesamte Übersetzungsverhältnis ganzzahlig ist. Hat Δi eine Größe, die sich nach Gleichung (2.75) für den Fall ergibt, daß x dem Fadendurchmesser entspricht ($x = d_F$), entsteht eine geschlossene Präzisionswicklung. Wird hingegen Δi noch größer und nähert sich dem Wert 0,5, wobei es ebenfalls aus mehreren Dezimalen bestehen muß, so ergibt sich eine offene Präzisionswicklung.

2.4.2.3.2. Offene Präzisionswicklung

Obwohl die geschlossene Präzisionswicklung unter den Kreuzwicklungen das größte Fassungsvermögen hat, wird sie nur für die Aufwindung von Garnen mit rauher Oberfläche angewendet. Bei glatten Fäden treten Schwierigkeiten beim Abzug auf, und es besteht die Gefahr des Mitreißens von Nachbarwindungen.

Soll eine große Stabilität der Wicklung und eine gleichmäßige Härte an den Spulenkanten erreicht werden, so muß einmal der Umkehrpunkt einer Windung am Spulenumfang möglichst weit von dem der vorhergehenden entfernt liegen, und zum anderen darf ein Umkehrpunkt erst nach vielen Doppelhüben des Fadenführers wieder in die unmittelbare Nähe eines vorhergehenden fallen. Damit beträgt der Abstand der Fäden zweier aufeinanderfolgender Doppelschichten ein Mehrfaches der Fadendicke, und es entsteht die *offene Präzisionswicklung*.

Sie eignet sich unter anderem sehr gut für Färbespulen. Der größte Abstand zweier Umkehrpunkte am Spulenumfang beträgt

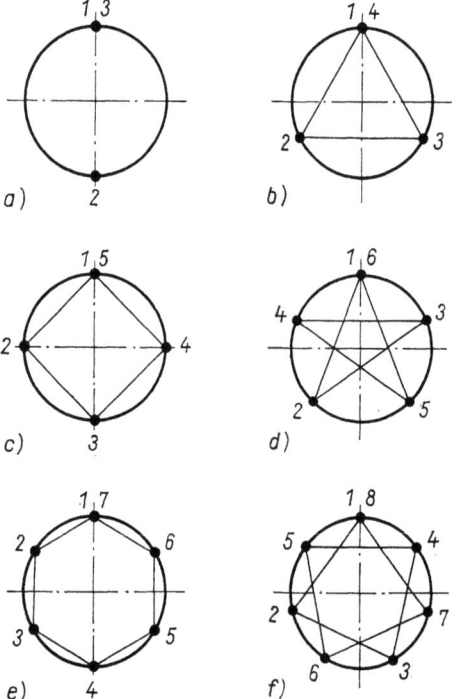

Bild 2/32. Lage der Umkehrpunkte der Fadenwindungen auf der Präzisionskreuzspule
a) 2er Teilung (180°), b) 3er und 1,5er Teilung (120° und 240°), c) 4er und 1,33er Teilung (90° und 270°), d) 2,5er Teilung (144°), e) 6er Teilung (60°), f) 3,5er Teilung (102,86°)

180°. Damit käme jedoch die dritte Umkehrstelle wieder auf die erste. Diese Einteilung der Umkehrstellen wird als Zweierteilung bezeichnet (Bild 2/32 a).
Weitere Möglichkeiten für die Wahl des Übersetzungsverhältnisses i und damit des Abstandes der Umkehrpunkte am Umfang der Spule, zeigt Bild 2/32:

— 120° und 240° (3er und 1,5er Teilung Bild 2/32 b)
  Die vierte Umkehrstelle liegt wieder auf der ersten.
— 90° und 270° (4er und 1,33er Teilung, Bild 2/32 c)
  Die fünfte Umkehrstelle liegt wieder auf der ersten.
— 144° (2,5er Teilung, Bild 2/32 d)
  Die sechste Umkehrstelle liegt wieder auf der ersten.
— 60° (6er Teilung, Bild 2/32 e)
  Die siebte Umkehrstelle liegt wieder auf der ersten.
— 102,86° (3,5er Teilung, Bild 2/32 f)
  Die achte Umkehrstelle liegt wieder auf der ersten.

Die Anzahl der Doppelhübe des Fadenführers bis zur Wiederholung der Periode kann nach Gleichung (2.78) berechnet werden.

$$Z_{DW} = \frac{360°}{\alpha_T{}^0} Y \qquad (2.78)$$

Y Anzahl der Umläufe der Umkehrpunkte auf dem Spulenumfang bis zur Wiederholung der Periode
Z_{DW} Anzahl der Doppelhübe des Fadenführers bis zur Wiederholung der Periode
$\alpha_T{}^0$ Winkel zwischen zwei Umkehrpunkten nach einem Doppelhub des Fadenführers

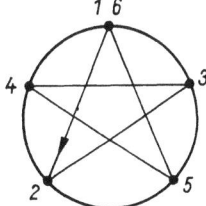 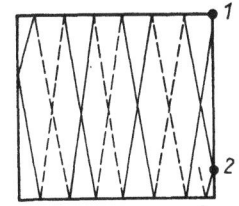

Bild 2/33. Fadenverlegung bei einem Doppelhub der Pentawicklung (2,5er Teilung)

Die Anwendung der Gleichung (2.78) wird an einem Zahlenbeispiel erläutert Bild 2/33:

Beispiel:

In Bild 2/33 ist eine Spule mit 2,5er Teilung dargestellt. Sie wird als Pentawicklung bezeichnet. Die Winkelentfernung zweier aufeinanderfolgender Umkehrstellen beträgt 144°, $Y = 2$. Nach Gleichung (2.78) gilt:

$$Z_{DW} = \frac{360°}{144°} 2 = 2,5 \cdot 2 = 5$$

Nach dem fünften Doppelhub des Fadenführers beginnt eine neue Periode.
Die sechste Umkehrstelle entsteht wieder an der Stelle *1*. Die Pentawicklung basiert auf einem Patent der Fa. *Schweiter*/Schweiz.
Günstige Spulenbedingungen liegen vor, wenn das Übersetzungsverhältnis im Bereich zwischen 2,4···3,4···4,4··· liegt. Als Richtwerte für das Spulverhältnis gelten:

$i = 3···4$ für weiche Fäden mit großer elastischer Dehnung
$i = 6···8$ für feste und glatte Fäden

Dazu kommt die entsprechende Störung Δi, die sich aus dem Winkelverhältnis $\alpha_T{}^0/360°$ und einer kleinen Zusatzdrehung in der Größe 1···2 mm zwischen den sonst aufeinanderfallenden Umkehrpunkten zusammensetzt.
Gebräuchliche Dezimalziffernfolgen sind:
—,407; —,393; —,593 und —,607.
Beide Wicklungsarten (geschlossene und offene PK-Wicklung) sind auch unter der Bezeichnung *Rautenwicklung* bekannt.
Sie entsteht durch ein gebrochenes Spulverhältnis. Soll beispielsweise eine Pentawicklung (Bild 2/33) mit einem Spulverhältnis von $1:4,4 + \Delta i$ hergestellt werden (1 Doppelhub = 4,4 Spulenumdrehungen), so ergeben sich daraus: 5 Doppelhübe × 4,4 = Spulenumdrehungen = 22 Spulfelder (siehe dazu auch Bild 2/28).

2.4.3. Druckverlauf in zylindrischen Spulen

2.4.3.1. Bedeutung

Das Ziel des Spulprozesses besteht unter anderem darin, neben der Erzeugung großer Fadenreserven eine möglichst konstante Pakkungsdichte zu gewährleisten. Sie ist deshalb so wichtig, damit bei jenen Spulen, die einem Naßveredlungsprozeß unterzogen werden, der Farbflotte ein kleiner Widerstand entgegengesetzt wird. Es ist bekannt, daß eine Flüssigkeit den Weg des geringsten Widerstandes sucht, was bezogen auf die Farbflotte einen unterschiedlichen Färbegrad zur Folge hätte. Auch beim anschließenden Trocknungsvorgang können Qualitätsmängel am Faden auftreten, wenn Spulen starke Dichteschwankungen aufweisen. Schließlich wirken sich derartige Schwankungen auch auf das Fassungsvermögen negativ aus, zumal dann, wenn der Faden mit einer kleinen Vorspannkraft aufgewunden wird.

Der für die Praxis empfohlene Dichtebereich sollte für mittlere Garnfeinheiten zwischen $280 \cdots 370$ g/dm³ [4, S. 35] liegen. Je nach der Leistungsfähigkeit des zur Verfügung stehenden Färbeapparates sind die Dichtewerte betriebsspezifisch festzulegen.

Um dieser Forderung nach weitgehend konstanter Wicklungsdichte gerecht zu werden, muß die Druckverteilung in Spulen bekannt sein. Nachfolgend werden die prinzipiellen Wicklungsarten [5] auf ihr Druckverhalten über dem Spulendurchmesser untersucht. Dabei wird der Zeiteinfluß vernachlässigt.

2.4.3.2. Parallelwicklung

Es wurde bereits festgestellt, daß die Parallelwicklung die größte Packungsdichte aufweist, da bei ihr die Fäden einer Schicht unmittelbar nebeneinander liegen.

Bei dieser Wicklung ist somit der Steigungswinkel so klein, daß er für die Berechnung der Dichte vernachlässigt werden kann. Es wird davon ausgegangen, daß die Zugkraft des auflaufenden Fadens tangential und senkrecht zur Spulenachse wirkt.

In Bild 2/34 ist die Belastungssituation einer Spule dargestellt, wenn der auflaufende Faden mit einer konstanten Kraft F belastet wird. Danach ergibt sich gemäß Kräfteplan durch die Fadenzugkraft eine Normalkraft F_N als Resultierende. Weiterhin kann bei der zylindrischen Parallelwicklung angenommen werden, daß die Anzahl w der Wicklungen entlang der Spule und die Anzahl u in radialer Richtung, bezogen auf eine Längeneinheit, konstant sind. Unter dieser Annahme wird aus einer solchen Spule ein Querschnittselement der Länge Δl_S herausgeschnitten und der Berechnung zugrunde gelegt (Bild 2/35). Aus diesem Element wird ein Kreisringsegment von der Dicke dr und dem Radius r entnommen. Es wird vom Winkel $d\varphi$ begrenzt. Damit ergibt

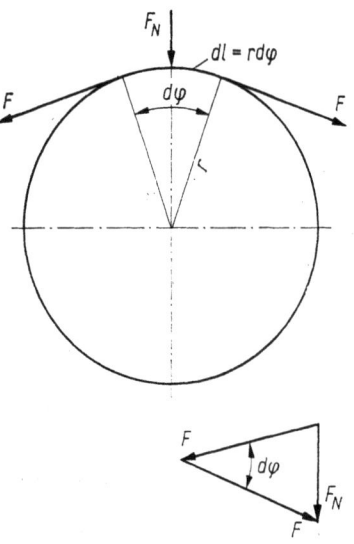

Bild 2/34. Fadenzugkräfte an der zylindrischen Spule
F Fadenzugkraft, F_N Normalkraft, r Spulenradius, dl Länge eines Fadenelementes, dφ Winkelelement

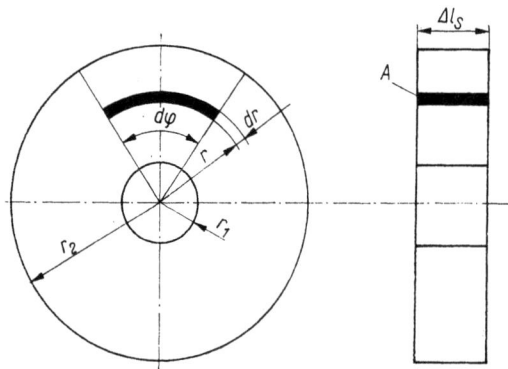

Bild 2/35. Spulenquerschnitt
A Flächenelement, r Spulenradius, r_1 Hülsenradius, r_2 maximaler Spulenradius, Δl_S Länge eines Querschnittselementes der Spule, dr Radiuselement, dφ Winkelelement

sich für die resultierende Kraft der Zugkräfte folgender allgemeiner Ansatz:

$$dF_N = F(r)\,d\varphi\,w(r)\,\Delta l_S u(r)\,dr \qquad (2.79)$$

Die Resultierende der Zugkräfte der Fäden im betrachteten Abschnitt in Bild 2/35 ergibt sich durch Integration der Gleichung (2.79) in den Grenzen r_1 und r_2.

$$F_N = \Delta l_S\,d\varphi \int_{r_1}^{r_2} F(r)\,w(r)\,u(r)\,dr \qquad (2.80)$$

Für die durch die Kraft F_N belastete Fläche auf der Hülse gilt:

$$A = l_S r_1\,d\varphi \qquad (2.81)$$

Damit kann durch Division der Gleichung (2.80) durch (2.81) der Druck auf die Hülse berechnet werden.

$$p = \frac{F_N}{A} = \frac{1}{r_1}\int_{r_1}^{r_2} F(r)\,w(r)\,u(r)\,dr \qquad (2.82)$$

Wie bereits erwähnt, sind $w(r)$ und $u(r)$ bei der Parallelwicklung konstant. Außerdem kann die Fadenzugkraft als konstant angenommen werden, da sie mittels Fadenspanner einstellbar ist. Die Gleichung (2.82) vereinfacht sich damit, und es gilt:

$$p = Fwu\left(\frac{r_2}{r_1} - 1\right) \qquad (2.83)$$

Ist hingegen nicht der Druck auf die Hülse, sondern jener in einer beliebigen Wicklungsschicht zu berechnen, dann wird in Gleichung (2.83) der Hülsenradius r_1 durch den Radius r der entsprechenden Schicht ersetzt.

$$p = Fwu\left(\frac{r_2}{r} - 1\right) \qquad (2.84)$$

Aus Gleichung (2.84) ist zu erkennen, daß unter den getroffenen Bedingungen der Druck in der Spule mit wachsendem Wicklungsradius r hyperbolisch abnimmt und beim maximalen Radius $r = r_2$ den Wert Null hat. Eine zylindrische Parallelwicklung wird somit nach außen weicher.

2.4.3.3. Kreuzwicklung

Bei der Kreuzwicklung nimmt der Steigungswinkel Werte an, die seine Vernachlässigung für die Ermittlung der Kraftwirkung in der Wicklung nicht erlauben. Nach *Szosland* [1] beträgt er mindestens 9° 45′. Die unter dem Steigungswinkel wirkende Fadenzugkraft läßt sich somit in eine axiale Komponente

$$F_a = F \sin \alpha_S \qquad (2.85)$$

und eine tangentiale Komponente

$$F_t = F \cos \alpha_S \qquad (2.86)$$

zerlegen.
Danach gilt für die Berechnung des Druckes auf die Hülse nach Gleichung (2.82):

$$p = \frac{1}{r_1}\int_{r_1}^{r_2} F_t(r)\,w(r)\,u(r)\,dr \qquad (2.87)$$

oder mit Gleichung (2.86):

$$p = \frac{1}{r_1}\int_{r_1}^{r_2} F(r)\cos\alpha_S(r)\,w(r)\,u(r)\,dr \qquad (2.88)$$

2.4.3.3.1. Gewöhnliche Kreuzwicklung

Unter Abschnitt 2.4.2.2. wurde die Struktur der gewöhnlichen Kreuzwicklung untersucht und nachgewiesen, daß der Steigungswinkel mit zunehmendem Spulendurchmesser konstant bleibt. Damit kann die axiale Wicklungsdichte in Abhängigkeit vom Spulenradius berechnet werden (Bild 2/36).

$$w(r) = \frac{1}{h} = \frac{1}{2\pi r \tan \alpha_S} \qquad (2.89)$$

Einsetzen der Gleichung (2.89) in Gleichung (2.88) ergibt für den Druck:

$$p = \frac{\cos \alpha_S}{2\pi r_1 \tan \alpha_S}\int_{r_1}^{r_2} \frac{F(r)\,u(r)}{r}\,dr \qquad (2.89)$$

Durch Transformation von

$\cos \alpha_S = 1/(1 + \tan^2 \alpha_S)^{1/2}$

folgt aus Gleichung (2.89):

$$p = \frac{1}{2\pi r_1 \tan \alpha_S (1 + \tan^2 \alpha_S)^{1/2}} \int_{r_1}^{r_2} \frac{F(r)\, u(r)}{r}\, dr \quad (2.90)$$

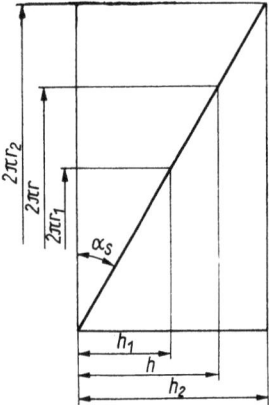

Bild 2/36. Abwicklung von Fadenwindungen in verschiedenen Schichten (gewöhnliche Kreuzwicklung)
h Steigung, h_1, h_2 Steigung in Abhängigkeit vom Spulenradius, r, r_1, r_2 Spulenradius, α_S Steigungswinkel

Die Größe des Steigungswinkels ergibt sich aus dem Geschwindigkeitsverhältnis zwischen dem Fadenführer und der Spule. Es wurde bereits im Abschnitt 2.2.3. durch die Gleichung (2.5) berechnet.
Danach gilt:

$\tan \alpha_S = v_H/v_S = $ konstant

Einsetzen in Gleichung (2.90) führt zu folgender Form:

$$p = \frac{v_S}{2\pi r_1 v_H [1 + (v_H^2/v_S^2)]^{1/2}} \int_{r_1}^{r_2} \frac{F(r)\, u(r)}{r}\, dr \quad (2.91)$$

Näherungsweise wird auch die Anzahl der Windungen u in radialer Richtung als konstant angenommen.

Für jenen Fall mit $F(r) = F = $ konstant und $u(r) = u = $ konstant gilt für den Druck in der Wicklung:

$$p = \frac{Fuv_S}{2\pi r_1 v_H [1 + (v_H^2/v_S^2)]^{1/2}} \int_{r_1}^{r_2} \frac{dr}{r} \quad (2.92)$$

Integration der Gleichung (2.92) ergibt:

$$p = \frac{Fuv_S \ln (r_2/r_1)}{2\pi r_1 v_H [1 + (v_H^2/v_S^2)]^{1/2}} \quad (2.93)$$

In dieser Gleichung sind sämtliche Parameter bekannt, so daß der Druck auf den Stützkörper einer gewöhnlichen Kreuzwicklung berechnet werden kann.
Wird hingegen der Druck in einer beliebigen Schicht der Wicklung gesucht, so muß der Hülsenradius r_1 durch den Radius r der entsprechenden Schicht ersetzt werden.

$$p = \frac{Fuv_S \ln (r_2/r)}{2\pi r v_H [1 + (v_H^2/v_S^2)]^{1/2}} \quad (2.94)$$

Wenn nunmehr in der Gleichung (2.94) der Wicklungsradius r zunimmt, vergrößert sich der Nenner bei gleichzeitiger Verminderung der Größe des Zählers.
Erreicht schließlich der Wicklungsradius r seine maximale Größe, dann ist

$r = r_2$

und

$\ln \dfrac{r_2}{r} = 0$

Damit ist der Nachweis erbracht, daß die gewöhnliche Kreuzwicklung nach außen weicher wird.

2.4.3.3.2. Präzisionskreuzwicklung

Die Lage der Fadenwindungen auf Präzisionskreuzspulen wurde im Abschnitt 2.4.2.3 mit dem Ergebnis untersucht, daß der Steigungswinkel mit zunehmendem Wicklungsdurchmesser kleiner wird. Als Folge des konstanten Übersetzungsverhältnisses zwischen Spulendrehzahl und Fadenführerhubzahl bleibt die Anzahl der Fadenwindungen je Doppelhub und damit die Steigung konstant. Diese Gesetzmäßigkeit wirkt sich auf die Wicklungsdichte und damit auf das Druckverhalten im Innern der Spule aus. Nach Gleichung (2.55) gilt für die Steigung:

$$h = 2l_S/z_W$$

und für die Wicklungsdichte in axialer Richtung

$$w(r) = \frac{1}{h} = \frac{z_W}{2l_S} = \text{konstant} \qquad (2.95)$$

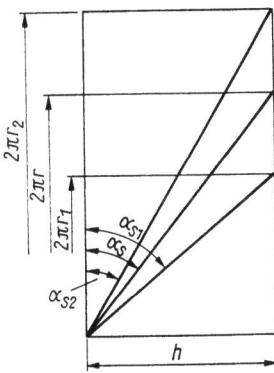

Bild 2/37. Abwicklung von Fadenwindungen in verschiedenen Schichten (Präzisionskreuzwicklung)
h Steigung, r, r_1, r_2 Spulenradius, α_S, α_{S1}, α_{S2} Steigungswinkel

Für die Fadenlänge einer Windung kann nach Bild 2/37 angesetzt werden:

$$l_W = (h^2 + 4\pi^2 r^2)^{1/2} \qquad (2.96)$$

Damit läßt sich der Steigungswinkel nach Bild 2/37 berechnen.

$$\cos \alpha_S(r) = 2\pi r/l_W \qquad (2.97)$$

Einsetzen der Gleichung (2.96) ergibt:

$$\cos \alpha_S(r) = \frac{2\pi r}{(h^2 + 4\pi^2 r^2)^{1/2}}$$
$$= \frac{r}{[(h^2/4\pi^2) + r^2]^{1/2}} \qquad (2.98)$$

In Gleichung (2.98) kann für die konstante Steigung h der Wert aus Gleichung (2.55) eingesetzt werden. Nach Umformung ergibt sich somit:

$$\cos \alpha_S(r) = r/[(l_S^2/\pi^2 z_W^2) + r^2]^{1/2} \qquad (2.99)$$

Nach diesen Vorbetrachtungen kann der Druck auf die Hülse bei der Präzisionskreuzwicklung ermittelt werden. Gemäß Gleichung (2.88) gilt:

$$p = \frac{1}{r_1} \int_{r_1}^{r_2} F(r) \cos \alpha_S(r)\, w(r)\, u(r)\, dr$$

In diese Gleichung werden die Werte der Gleichungen (2.95) und (2.99) eingesetzt, wodurch folgender Ausdruck entsteht:

$$p = \frac{z_W}{2r_1 l_S} \int_{r_1}^{r_2} \frac{F(r)\, u(r)\, r}{[(l_S^2/\pi^2 z_W^2) + r^2]^{1/2}}\, dr \qquad (2.100)$$

Wie bereits bei der Parallelwicklung und der gewöhnlichen Kreuzwicklung kann auch bei der Präzisionskreuzwicklung davon ausgegangen werden, daß der Faden mit konstanter Zugkraft F auf die Spule aufläuft. Die Anzahl der Windungen u in radialer Richtung kann nur näherungsweise als konstant angenommen werden, da bei der Kreuzwicklung grundsätzlich die Fäden der einzelnen Schichten nicht so exakt übereinander liegen, wie das bei einer zylindrischen Parallelwicklung der Fall ist.
Unter der Annahme, daß $F(r) = F = $ konstant und $u(r) = u = $ konstant sind, geht die Gleichung (2.100) in nachfolgende Form über:

$$p = \frac{F z_W u}{2r_1 l_S} \int_{r_1}^{r_2} \frac{r}{[(l_S^2/\pi^2 z_W^2) + r^2]^{1/2}}\, dr \qquad (2.101)$$

Nach Lösung des Integrals in der Gleichung (2.101) [3] erhält sie folgende Form zur Berechnung des Druckes auf die Hülse:

$$p = \frac{F z_W u}{2r_1 l_S} \{[(l_S^2/\pi^2 z_W^2) + r_2^2]^{1/2} - [(l_S^2/\pi^2 z_W^2) + r_1^2]^{1/2}\} \qquad (2.102)$$

Zur Berechnung des Druckes in einer beliebigen Schicht wird in der Gleichung (2.102) der Hülsenradius r_1 durch den entsprechenden Radius r ersetzt.

$$p = \frac{Fz_\mathrm{W} u}{2rl_\mathrm{S}} \{[(l_\mathrm{S}^2/\pi^2 z_\mathrm{W}^2) + r_2^2]^{1/2}$$
$$- [(l_\mathrm{S}^2/\pi^2 z_\mathrm{W}^2) + r_1^2]^{1/2}\} \quad (2.103)$$

Im Verlauf des Aufspulprozesses vergrößert sich der Radius r von r_1 auf r_2. Damit verringert sich der Wert des Bruches vor dem Klammerausdruck der Gleichung (2.103). Der Wert der ersten Wurzel in der Klammer bleibt für jeden Spulenradius konstant, während jener der zweiten Wurzel mit dem Radius r wächst, so daß der Wert des Klammerausdruckes insgesamt kleiner wird. Damit kann, wie bereits bei der Parallelwicklung und der gewöhnlichen Kreuzwicklung, auch bei dieser Wicklung eine hyperbolische Abnahme der Härte nach außen festgestellt werden.

Im Gegensatz zur gewöhnlichen Kreuzwicklung wird die Präzisionskreuzwicklung nicht nur mit geraden sondern auch mit konischen Stirnseiten hergestellt (Bild 2/38).

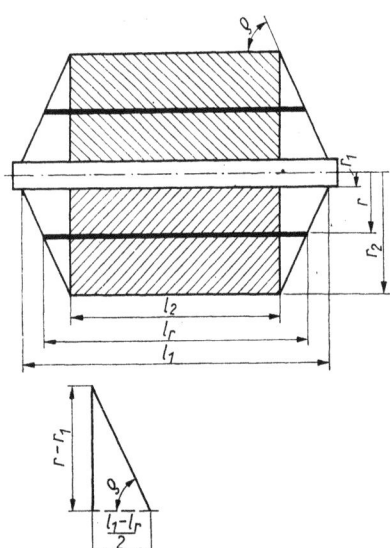

Bild 2/38. Windungsschicht in einer Doppelkegelspule
l_1 maximale Wicklungslänge, l_2 minimale Wicklungslänge, l_r Länge einer beliebigen Wicklungsschicht, r_1 Hülsenradius, r_2 maximaler Spulenradius, r beliebiger Spulenradius, ϱ Neigungswinkel

Bei derartigen Doppelkegelspulen verringert sich der Steigungswinkel mit zunehmendem Spulendurchmesser zusätzlich infolge der Hubverkürzung, die als linear angenommen werden kann. Damit ändert sich die Wicklungsdichte $w(r)$ in axialer Richtung nach Gleichung (2.95).

$$w(r) = z_\mathrm{W}/2l_\mathrm{r} \quad (2.104)$$

Nach Bild 2/38 kann die Länge l_r einer beliebigen Windungsschicht berechnet werden. Es gilt:

$$\tan \varrho = \frac{2(r_2 - r)}{l_\mathrm{r} - l_2} \quad (2.105)$$

Daraus folgt:

$$l_\mathrm{r} = l_2 + 2(r_2 - r) \cot \varrho \quad (2.106)$$

Durch Einsetzen des Wertes für l_r aus Gleichung (2.106) in Gleichung (2.104) ergibt sich für die Wicklungsdichte in axialer Richtung:

$$w(r) = \frac{z_\mathrm{W}}{2[l_2 + 2(r_2 - r) \cot \varrho]} \quad (2.107)$$

Damit kann der Druck auf die Hülse im schraffierten Bereich der Doppelkegelspule berechnet werden.
Einsetzen der Gleichung (2.106) in (2.99) sowie der Gleichungen (2.99) und (2.107) in Gleichung (2.88) führt zu folgender Beziehung:

$$p = \frac{z_\mathrm{W}}{2r_1} \int_{r_1}^{r_2} \frac{F(r) \times u(r) r}{[l_2 + 2(r_2 - r) \cot \varrho] \times \langle\{[l_2 + 2(r_2 - r) \cot \varrho]^2/\pi^2 z_\mathrm{W}^2\} + r^2\rangle^{1/2}} dr$$
$$(2.108)$$

$$p = \frac{Fz_\mathrm{W} u}{2r_1} \int_{r_1}^{r_2} \frac{r}{[l_2 + 2(r_2 - r) \cot \varrho] \times \langle\{[l_2 + 2(r_2 - r) \cot \varrho]^2/\pi^2 z_\mathrm{W}^2\} + r^2\rangle^{1/2}} dr$$
$$(2.109)$$

Im Verlauf der analytischen Betrachtungen über die Druckverteilung in zylindrischen Spulen wurde deutlich, daß in einem gewissen Umfang Annahmen und Vereinfachungen getroffen werden mußten. Insbesondere handelt es sich dabei um die Anzahl der Windungen/Länge in radialer Richtung $u(r)$ sowie um die Fadenzugkraft $F(r)$. Aber auch die Wicklungsdichte in axialer Richtung $w(r)$ und der Steigungswinkel $\alpha_S(r)$ lassen sich rechnerisch nicht exakt ermitteln, da die Länge einer Wicklungsschicht nicht genau mit der Hubgröße des Fadenführers übereinstimmt. Eine weitere Fehlerursache, die sich auf die Länge der Wicklungsschichten auswirkt, ist die Verformung der Spule. Sie tritt durch die Ausbildung konvexer Stirnseiten in Erscheinung. Diesem Problem kann nur durch die Messung der Länge der Wicklungsschichten in Abhängigkeit vom Wicklungsradius begegnet werden. Ebenso ist es mit der Wicklungsdichte in radialer Richtung. Auch sie kann nur experimentell bestimmt werden, da sie über dem Radius nicht konstant ist.

Schließlich unterliegt auch die Fadenzugkraft F einer Anzahl von Einflüssen, wenn der Faden aufgewunden ist. Sie lassen sich auf folgende Schwerpunkte reduzieren:

1. Aufwindekraft
Ihre Größe wird üblicherweise durch Fadenspanner (Fadenbremsen) auf einen konstanten Wert eingestellt. Trotzdem lassen sich Schwankungen nur mit erhöhtem technischem Aufwand kompensieren.

2. Aufwindegeschwindigkeit
Dieser Einfluß tritt dann auf, wenn mit konstanter Spulendrehzahl aufgewunden wird, da sich mit steigender Fadengeschwindigkeit auch die Reibungszahl geringfügig ändert. Außerdem wirkt sich bei sehr hohen Spulgeschwindigkeiten die Fliehkraft des auflaufenden Fadens auf seine Zugkraft aus.

3. Relaxation
Durch die Relaxation des aufgewundenen Fadens sinkt im Laufe der Zeit seine Zugkraft, so daß die Druckkraft in der Wicklung abnimmt. Die umgekehrte Erscheinung tritt bei Reckspulen auf, da der Faden dort einer vorangegangenen Reckung unterzogen wurde [6].

4. Radiale Zusammendrückung der Spule
Dieser Einfluß auf die Zugkraft des aufgewundenen Fadens ist außerordentlich groß. Durch das Aufwinden der jeweils folgenden Fadenschicht wird die Dehnung der darunter liegenden stark reduziert und teilweise aufgehoben. Nach *Wegener* kann dieser Einfluß in den Randzonen der mittleren und inneren Wicklungsschichten zu einer Stauchung führen.

5. Querbeanspruchung der Fäden
Diese Beanspruchung entsteht an den Kreuzungsstellen der Fäden aufeinanderfolgender Schichten. Methoden zur Quantifizierung dieses Einflusses sind nicht bekannt.

6. Spannungsverteilung in der Spule
Als Folge des Innendruckes in der Spule treten an den Kreuzungsstellen der Fäden Reibkräfte auf, die der Spule den Halt geben. Die in radialer Richtung auftretenden äußeren Kräfte bewirken in einem Fadenelement axiale und tangentiale Spannungen. Diese überlagern sich mit jenen Spannungen, durch die das Fadenelement im Inneren der Wicklung bereits beaufschlagt ist.

Derartige Einflüsse auf die Spannungsverteilung in Fadenelementen von Spulen berechnen zu wollen, ist nicht möglich. Aus diesem Grunde ist im Bedarfsfall der direkten Messung der Vorzug zu geben [7].

2.5. Funktionselemente an Spulmaschinen

2.5.1. Fadenspanner

2.5.1.1. Grundlagen

2.5.1.1.1. Fadenzugkraft

An allen Textilmaschinen, die für eine Veränderung der Aufmachung von Fadenspeichern vorgesehen sind, besteht eine wichtige Aufgabe darin, den Faden mit möglichst konstanter Zugkraft dem Auflaufkörper zuzuführen. Darüber hinaus muß diese Zugkraft eine Größe haben, die den Faden reißen läßt, wenn er eine Dünnstelle aufweist.

Solche fehlerhaften Fadenstücke müssen ausgesondert werden, da sie die Qualität des textilen Erzeugnisses verschlechtern. Diese Zugkraft kann nur in Richtung der Fadenachse wirken, da der Faden biegeschlaff ist und deshalb keine Kräfte in anderen Richtungen aufnehmen kann. Diesem Umstand muß bei der Gestaltung von Fadenspannern (auch Fadenbremse) Rechnung getragen werden. Bemerkenswert für die Erzeugung derartiger Fadenzugkräfte ist die Tatsache, daß die von den Ablaufspulen ablaufenden Fäden keiner konstanten Belastung unterliegen. Durch den Ablauf und den Kontakt mit verschiedenen Fadenleiteinrichtungen kommt es zu Zugkraftschwankungen mit unterschiedlichen Perioden. Diese Schwankungen müssen gedämpft oder möglichst kompensiert werden, da sie sich ebenfalls in Form einer Qualitätsminderung am textilen Flächengebilde auswirken. Es müssen Größe und Ursache dieser Kräfte vor dem Fadenspanner bekannt sein, um sie nötigenfalls beeinflussen zu können, damit sie nicht jene Werte erreichen, die durch den Fadenspanner erzeugt werden sollen. Die Größe der Zugkräfte, die am laufenden Faden üblicherweise erzeugt werden, liegt zwischen $0,1 \cdots 11$ mN/tex für Fäden im Feinheitsbereich zwischen $1 \cdots 500$ tex. Bei synthetischen Fäden sollten Fadenzugkräfte im Bereich von $0,1 \cdots 0,3$ mN/tex nicht überschritten werden.

An Hand dieser Werte ist zu erkennen, daß der von der Spule ablaufende Faden nicht mehrfach umgelenkt werden darf, da andernfalls die Eingangskraft am Fadenspanner zu hoch wird.

Durch die ständige Steigerung der Fadengeschwindigkeiten beim Spulen und der Kettherstellung treten in der Praxis Probleme auf, die immer höhere Ansprüche an die Fadenspanner stellen. Insbesondere gilt es, trotz hoher Fadengeschwindigkeiten eine Erhöhung der Fadenzugkraftschwankungen zu vermeiden.

2.5.1.1.2. Reibung

Das Reibungsverhalten zwischen zwei Werkstoffen wird im wesentlichen durch zwei klassische Gesetze bestimmt, die *Amontons* im Jahre 1699 neu entdeckte:

1. Die Reibungskraft ist der senkrecht zur Reibfläche wirkenden Kraft direkt proportional. Das Verhältnis zwischen der Reibungs- und Normalkraft ist konstant.

$$\mu = \frac{F}{F_N}$$

2. Die Reibungskraft ist von der Größe der Berührungsfläche unabhängig.

Bei der Verarbeitung textiler Fäden treten, hervorgerufen durch die Reibung mit verschiedenen Leiteinrichtungen, sehr differenzierte Probleme auf.

Eine Vielzahl von Einflußgrößen charakterisiert die Laufeigenschaften von Fäden auf Reibkörpern (Tabelle 2/1).
Hierzu zählen insbesondere:

Werkstoffpaarung, Umschlingungswinkel, Fadenzugkraft, Fadengeschwindigkeit, Klima, Fadenstruktur und Reibkörper-Krümmungsradius.

Es hat in der Vergangenheit nicht an Bemühungen gefehlt, das Reibungsverhalten zwischen textilen Fäden und Leiteinrichtungen analytisch zu klären [9, 10, 11, 12, 13, 14, 15, 16, 17, 18], jedoch sind die bestehenden Probleme so vielgestaltig, daß dem Anwender noch keine Formel zur Verfügung steht, in der sämtliche Einflüsse berücksichtigt sind. Erschwerend kommt hinzu, daß die Fäden in keinem Fall unmittelbar mit ihrer Substanz reibungswirksam werden. Meist befinden sich auf ihrer Oberfläche Stoffe wie Avivage, Farbe usw., wodurch eine Art Mischreibung zustande kommt. Näherungsweise können die in Tabelle 2/2 angegebenen Mittelwerte verwendet werden.

Dieses gesamte Reibungsverhalten beeinflußt die Wirksamkeit eines Fadenspanners sehr entscheidend, da es über die Reibungszahl μ exponentiell in die Rechnung eingeht, soweit es sich um Seilreibung handelt, deren Größe über die *Euler*-Zahl e berechnet wird. In zahlreichen Untersuchungen über den Zusammenhang zwischen der Fadengeschwindigkeit und der Reibungszahl gelangen die Verfasser zu unterschiedlichen Ergebnissen. Im allgemeinen münden jedoch die Ergebnisse in die Feststellung, daß die Reibungszahl mit zunehmender Geschwindigkeit ansteigt. Wie aus Bild 2/39 hervorgeht, ist

Tabelle 2/1. Einflußgrößen auf die Reibung textiler Fäden [8]

Vom Faden unabhängige Größen	Vom Faden abhängige Größen	Vom Reibkörper abhängige Größen
Fadenzugkraft vor dem Reibkörper	Haarigkeit	Werkstoffart
Normalkraft	Strukturunterschiede (Schuppenstruktur, Verdrehung)	Oberflächenrauhigkeit
Fadengeschwindigkeit	Fadenaufbau (Anzahl der Elementarfäden)	Querschnittsform
Relative Luftfeuchte	Fadenfeinheit	Querschnittsabmessung (Reibkörperdurchmesser)
Umgebungstemperatur	Querschnittsform	Härte
Temperatur der Reibelemente	Verstreckungsgrad	Wärmeleitfähigkeit
Umschlingungswinkel	Fadendrehungen	Fließpunkt
	Hygroskopizität	Reinheitsgrad
	Schmelztemperatur	
	Reinheitsgrad	
	Behandlungsart	
	Menge und Viskosität chem. Behandlungsmittel	
	Bedingungen wie Temperatur, Einwirkungsdauer	
	physik. Behandlungen	

Tabelle 2/2. Reibungszahlen von Faserstoffen [19, S. 121]

Reibpaarung	μ
Glasfaser/Glasfaser	0,13
Polyamid/Polyamid ($d_F = 18$ μm)	0,14
Viskose/Viskose	0,19
Naturseide/Stahl	0,20
Wolle/Wolle (in Schuppenrichtung)	0,20
Wolle/Wolle (gegen Schuppenrichtung)	0,49
Polyamid/Polyamid ($d_F = 62$ μm)	0,23
Naturseide/Naturseide	0,26
Baumwolle/Stahl	0,28···0,32
Baumwolle/Baumwolle	0,29···0,57
Azetat/Azetat	0,29
Polyamid/Stahl	0,32
Viskose/Stahl	0,37
Polyamid/Glas	0,91
Wolle/Stahl	1,00

Wegener und Schubert gelangen in einer Untersuchung zu der Feststellung, daß die Reibungszahl zwischen synthetischen Fäden und Sinterkeramik-Reibelementen bei Geschwindigkeiten, die über 100 m/min liegen, nur noch geringfügig ansteigt.

Übereinstimmend wurde in allen Untersuchungen über den Zusammenhang zwischen der Fadenzugkraft und der Reibungszahl festgestellt, daß die Reibungszahl mit zunehmender Fadenzugkraft bei allen gewählten Versuchsbedingungen abnimmt (Bild 2/40). Diese Erscheinung läßt sich durch die Ab-

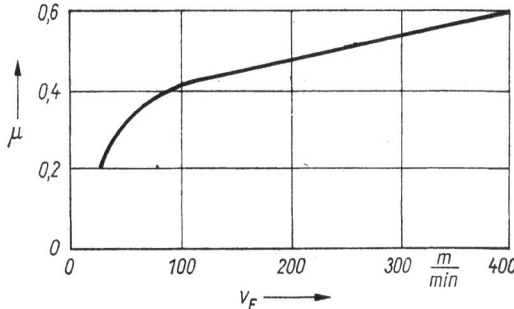

Bild 2/39. Einfluß der Fadengeschwindigkeit auf die Reibungszahl
v_F Fadengeschwindigkeit, μ Reibungszahl

der Anstieg der Kurve bei kleinen Geschwindigkeiten relativ groß, während er bei höheren Geschwindigkeiten nur noch wenig zunimmt. Für einige Faserstoffe nähert sich die Kurve bei großen Geschwindigkeiten asymptotisch einem Grenzwert.

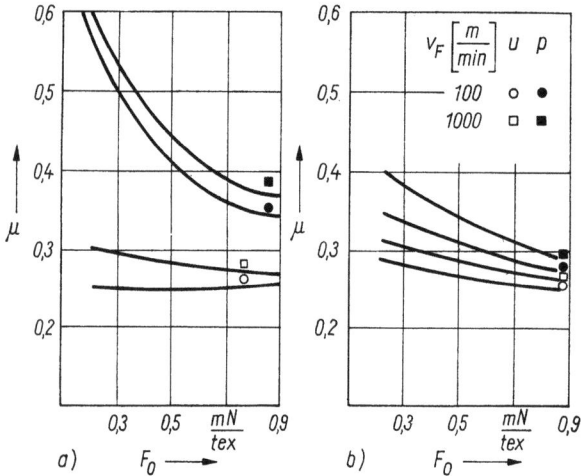

Bild 2/40. Einfluß der Fadenzugkraft vor dem Reibkörper auf die Reibungszahl
a) PAN, ungedreht, b) PAN, 800 Dr/m
u unbehandelte Reibkörperfläche, p polierte Reibkörperoberfläche
F_0 Fadenzugkraft, μ Reibungszahl

hängigkeit der Adhäsionskraft von der Größe der tatsächlichen Kontaktfläche erklären. Im Bereich der praktisch auftretenden Fadenzugkräfte von 0,1···0,3 mN/tex nimmt die Reibungszahl relativ stark ab, was für Fadenspanner erwünscht ist, da somit Fadenzugkraftspitzen weniger verstärkt werden, als das bei konstanter Reibungszahl der Fall wäre.

Einen ebenfalls nicht zu vernachlässigenden Einfluß auf die Reibungszahl nimmt der Durchmesser des Reibkörpers. In Bild 2/41 ist zu erkennen, daß die Reibungszahl bis zu einem Reibkörperdurchmesser von 50 mm sehr stark ansteigt, während sie darüber nahezu konstant bleibt. Sie sinkt hingegen, wenn die Fadenzugkraft zunimmt.

Ähnliche Verhältnisse zeigt das Bild 2/42, jedoch mit dem Unterschied, daß hier die Geschwindigkeit des laufenden Fadens als zusätzlicher Einfluß zu erkennen ist. Wie bereits erwähnt, vergrößert sich die Reibungszahl mit zunehmender Geschwindigkeit.

Im Hinblick auf den Einfluß der Fadendrehung auf die Reibungszahl gibt es gegensätzliche Meinungen. Einerseits wird der Standpunkt vertreten, daß kein Einfluß vorhanden ist. Andererseits wird festgestellt, daß bei konstantem Reibkörperdurchmesser eine deutliche Abnahme der Reibungszahl mit zunehmender Fadendrehung auftritt. Diesbezügliche Ergebnisse bei einer Fadengeschwindigkeit von 1000 m/min sind in

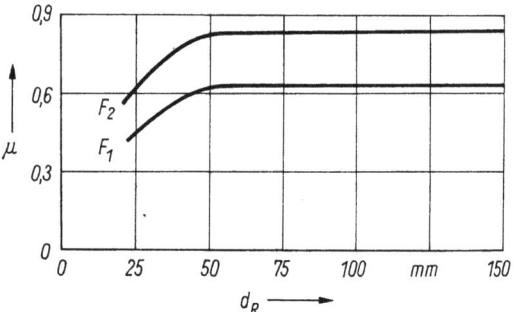

Bild 2/41. Einfluß des Reibkörperdurchmessers auf die Reibungszahl bei unterschiedlicher Fadenbelastung
d_R Reibkörperdurchmesser, F_1, F_2 Fadenzugkraft vor dem Reibkörper ($F_1 = 7 F_2$), μ Reibungszahl

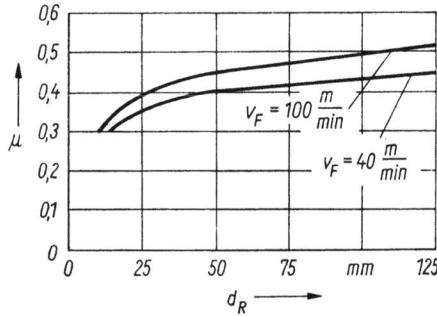

Bild 2/42. Einfluß von Reibkörperdurchmesser und Fadengeschwindigkeit auf die Reibungszahl
d_R Reibkörperdurchmesser, v_F Fadengeschwindigkeit, μ Reibungszahl

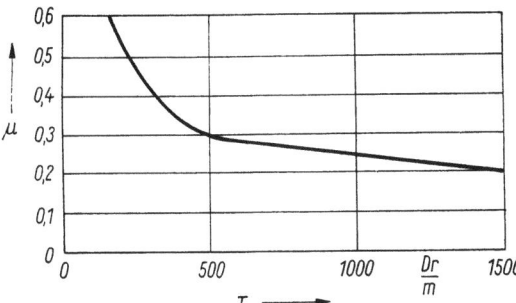

Bild 2/43. Einfluß der Garndrehung auf die Reibungszahl für Dederon bei einer Fadengeschwindigkeit von 1000 m/min.
T Garndrehungszahl, μ Reibungszahl

Bild 2/43 dargestellt. Daraus ist zu erkennen, daß ab 500 Dr/m kaum noch eine nennenswerte Veränderung zu verzeichnen ist.
Zusammenfassend kann eine Stabilisierung der Reibungszahl bei höheren Fadengeschwindigkeiten ab etwa 500 m/min festgestellt werden, soweit diese Abhängigkeit relevant ist.

2.5.1.2. Forderungen an Fadenspanner

2.5.1.2.1. Fadenzugkraft

Durch die in letzter Zeit gestiegenen Fadengeschwindigkeiten im Prozeß der Vorbereitung werden höhere technologische Forderungen an einen Fadenspanner gestellt.
Das betrifft insbesondere eine hohe Konstanz der Bremskraft sowie deren Regulierbarkeit mit weitgehender Unabhängigkeit von der vor dem Spanner wirkenden Kraft. Außerordentlich wichtig sind diese Forderungen dann, wenn synthetische Fäden verarbeitet werden, da sie empfindlicher gegen Überdehnungen sind als Garne aus Naturfasern. Aber auch Störgrößen, die durch den Faden auf den Spanner übertragen werden, müssen durch ihn kompensiert werden. Darunter sind solche Störgrößen wie Feinheitsschwankungen, Einfluß der Wicklungsart der Ablaufspule, evtl. Geschwindigkeitsänderungen, elektrostatische Aufladung usw. zu verstehen. Gerade die elektrostatische Aufladung hat durch die Verarbeitung synthetischer Fäden eine Bedeutung erlangt, die nicht

vernachlässigt werden darf. Eine schwer zu realisierende Forderung ist die Vermeidung der Gleitreibung zwischen Faden und Leitorgan. Es sollten möglichst drehbare oder angetriebene Leitelemente verwendet werden, wobei auf gutes Wärmeleitvermögen und elektrische Leitfähigkeit zu orientieren ist. Wie aus Untersuchungen am *Moskauer Textilinstitut* hervorgeht, ziehen größere Radien an Leitorganen eine geringere elektrostatische Aufladung nach sich, da eine kleinere Flächenpressung auftritt. Die Oberflächenrauhigkeit sollte zwischen 10···12 µm betragen. Verchromte Oberflächen bringen keinen Vorteil.
Richtwerte für Toleranzen der Fadenzugkräfte:

Bis 0,1 N Fadenzugkraft ± 0,01 N
über 0,1 N Fadenzugkraft ± 0,015 N.

2.5.1.2.2. Fadengeschwindigkeit

Wenngleich sich die Reibungsbedingungen zwischen Faden und Bremselement bei Geschwindigkeiten über 500 m/min nur noch unwesentlich verändern, sollte möglichst mit konstanter Fadengeschwindigkeit gearbeitet werden, um ihren immerhin existierenden Einfluß nicht zur Wirkung kommen zu lassen. Diese Geschwindigkeitskonstanz gilt jeweils für eine bestimmte Verarbeitungsstufe bzw. eine Einstellung der Fadenbremse. Geschwindigkeitsänderungen haben Zugkraftänderungen zur Folge und damit Auswirkungen auf die Qualität des textilen Erzeugnisses.

2.5.1.2.3. Weitere Forderungen

— Universeller Einsatz durch großen Einstellbereich
  Es ist wünschenswert, daß sowohl eine Einzeleinstellung für jeden Fadenspanner zum Ausgleich von Fertigungstoleranzen als auch eine zentrale Einstellung bei häufiger Verstellung vieler Fadenspanner zur gleichen Zeit möglich sein muß.
— Einhaltung eines bestimmten Kosten-Nutzen-Verhältnisses
— Sichere Fadenführung bei Gewährleistung

eines schnellen und einfachen Fadeneinzuges nach einem Fadenbruch
— Vermeidung von Drehungsstau
— Selbstreinigungswirkung
— Minimaler Verschleiß der Reibelemente.

2.5.1.3. Grundprinzipe von Fadenspannern

Die Erzeugung der Zugkraft auf Fäden in Fadenspannern erfolgt durch Reibung zwischen Faden und Reibelement. Dabei handelt es sich um mechanische Reibung, die entweder als Gleit- oder Haftreibung auftritt. Das Prinzip eines Fadenspanners kann somit auf die Darstellung in Bild 2/44 reduziert werden. Danach läuft der Faden unter der Belastung F_0 in den Spanner ein, erfährt dort die Bremskraft F_B und verläßt diesen mit der Kraft F belastet, um der Arbeitsstelle zugeführt zu werden. Es gilt:

$$F = F_0 + F_B \quad \text{bzw.} \quad F = F_0 \, e^{\mu\alpha} \qquad (2.110)$$

Zur Realisierung dieses Prinzips gibt es vielgestaltige Ausführungsformen, deren Wirkungsweise sich auf zwei Grundprinzipe zurückführen läßt.

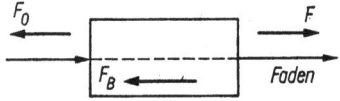

Bild 2/44. Prinzip eines Fadenspanners
F Fadenzugkraft nach dem Spanner, F_0 Fadenzugkraft vor dem Spanner, F_B Bremskraft

1. Grundprinzip

Gleitreibung zwischen Faden und Bremselement am Fadenspanner.

Direkt wirkender Fadenspanner

Normalreibungsspanner

Die auf den Faden wirkende Normalkraft ist unabhängig von der Größe der Fadenzugkraft F_0 vor dem Spanner. Die Abbremsung des Fadens erfolgt durch seine Klemmung zwischen zwei Reibkörpern, die üblicherweise als Teller ausgeführt sind (Bild 2/45). Unter der Voraussetzung der Gültigkeit des *Coulomb*schen Reibungsgesetzes kann die Fadenzugkraft nach dem Spanner berechnet werden.

$$F = F_0 + 2F_N \mu \qquad (2.111)$$

Beide Bremsteller müssen aus dem gleichen Werkstoff bestehen. Im anderen Fall wirken zwei verschiedene Reibungszahlen. Es handelt sich um einen additiv wirkenden Spanner. Eingangsfadenzugkraft und Reibkraft werden addiert.

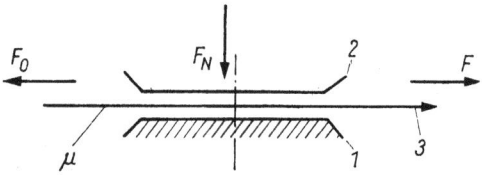

Bild 2/45. Normalreibungsspanner (Tellerspanner)
1 fester Bremsteller, *2* beweglicher Bremsteller, *3* Faden, F Fadenzugkraft nach dem Spanner, F_0 Fadenzugkraft vor dem Spanner, F_N Normalkraft, Belastung des Spanners, μ Gleitreibungszahl

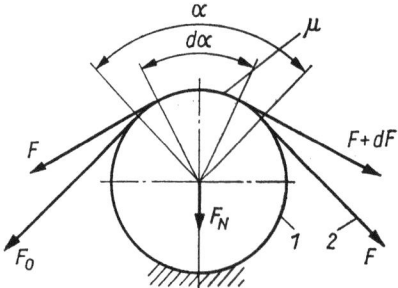

Bild 2/46. Seilreibungsspanner (Umschlingungsspanner)
1 Reibkörper (fest), *2* Faden
F Fadenzugkraft nach dem Spanner, F_0 Fadenzugkraft vor dem Spanner, F_N Normalkraft, μ Gleitreibungszahl, α Umschlingungswinkel

Seilreibungsspanner

Die auf den Faden wirkende Normalkraft F_N ist abhängig von der Größe der Kräfte F und $F + dF$ sowie der des Winkels $d\alpha$. Die Abbremsung des Fadens erfolgt durch die Wirkung von F_N auf einen Fadenabschnitt des zylindrischen Reibkörpers (Bild 2/46). Es gilt:

$$dF_N = F \frac{d\alpha}{2} + (F + dF) \frac{d\alpha}{2} \qquad (2.112)$$

Mit

$$dF \frac{d\alpha}{2} = 0$$

folgt aus Gleichung (2.112)

$$dF_N = F\, d\alpha$$

und mit

$$dF_N = \frac{dF}{\mu}$$

wird

$$dF = F\mu\, d\alpha \qquad (2.113)$$

Durch die Integration der Gleichung (2.113) ergibt sich die bekannte Seilreibungsgleichung nach *Euler*:

$$\frac{F}{F_0} = e^{\mu\alpha} \qquad (2.114)$$

F Fadenzugkraft nach dem Spanner
F_0 Fadenzugkraft vor dem Spanner
α Umschlingungswinkel
μ Reibungszahl

Spanner nach diesem Prinzip arbeiten multiplikativ. Die Eingangsfadenzugkraft wird mit $e^{\mu\alpha}$ multipliziert.

2. Grundprinzip

Haftreibung zwischen Faden und rotierendem Bremselement, das permanent abgebremst wird.

Indirekt wirkender Fadenspanner

Dieser Spanner arbeitet nach dem Prinzip der Seilreibung. Der Unterschied zu diesem besteht jedoch darin, daß der Faden auf dem Reibkörper nicht gleiten darf. Nach Bild 2/47 muß der Umschlingungswinkel des Fadens um den Reibkörper so groß sein, daß zwischen beiden Haftreibung auftritt. Aus den Gleichgewichtsbedingungen folgt für die Fadenzugkraft nach dem Spanner:

$$F = F_0 + F_B \frac{r_B}{R_B} \qquad (2.115)$$

F Fadenzugkraft nach dem Spanner
F_B Bremskraft
F_0 Fadenzugkraft vor dem Spanner
R_B Radius des Reibkörpers
r_B Radius der Bremsscheibe

Dieser Spanner wirkt additiv, wobei die Bremskraft im allgemeinen von der Eingangsfadenzugkraft unabhängig ist.

Bewertung der Seilreibungsgleichung

Die *Euler*sche Gleichung (2.114) kann auf das Reibungsverhalten zwischen textilen Faserstoffen und Reibkörpern nicht direkt übertragen werden, da in ihr die Fadenparameter und die technologischen Bedingungen nicht berücksichtigt sind. Auch das Gesetz von *Amontons*, wonach die Reibungszahl das Verhältnis aus Reib- und Normalkraft ist, kann ebenfalls für die Berechnung textiltechnischer Reibungsaufgaben nicht verwendet werden, da die elastischen Eigenschaften textiler Fäden unberücksichtigt bleiben.

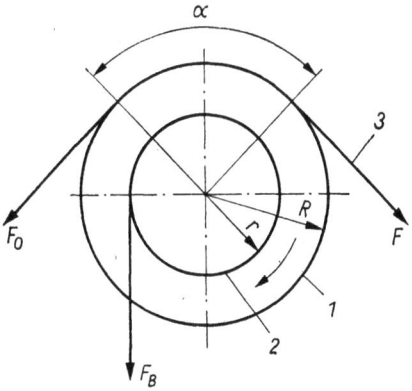

Bild 2/47. Indirekter Fadenspanner
1 Reibkörper, *2* Bremsscheibe, *3* Faden
F Fadenzugkraft nach dem Spanner, F_0 Fadenzugkraft vor dem Spanner, F_B Bremskraft, R_B Radius des Reibkörpers, r_B Radius der Bremsscheibe, α Umschlingungswinkel

Die Ergebnisse mehrerer Untersuchungen [20, 21, 22, 23, 24, 25, 26, 27] erlauben deshalb eine Formulierung der Reibungskraft, die den tatsächlichen Verhältnissen besser entspricht. Es wird folgendes Grundgesetz vorgeschlagen [28]:

$$F = aR^n \qquad (2.116)$$

Darin bedeuten:

a Empirisch festgelegte Konstante, die die Wirkung verschiedener äußerer Einflußgrößen berücksichtigt. Diese Konstante entspricht im wesentlichen der Reibungszahl, ist jedoch durch Angaben über die Abmessung des Leitelementes und die Werte der Eingangszugkraft erweitert.

F Spezifische Reibungskraft
n Konstante zur Berücksichtigung des Faserstoffes und des Werkstoffes der Leiteinrichtung
R Spezifische Normalkraft

Die Konstante n, die mitunter als Reibungsindex bezeichnet wird, liegt zwischen 0,67 für rein elastische Faserstoffe und 1,0 für rein plastische (Tabelle 2/3).

Tabelle 2/3. Reibungsindex

Faserstoff	n
Zelluloseazetat	0,96
Viskoseseide	0,91
Nylon (ungereckt)	0,90
Nylon (gereckt)	0,80

Unter Verwendung der Gleichung (2.116) und bei Umschlingung eines zylindrischen Reibelementes durch den Faden kann nach *Howell* [29] folgende Gleichung verwendet werden:

$$\ln \frac{F}{F_0} = \left[1 + a(1-n)\alpha\left(\frac{\varrho}{F_0}\right)^{1-n}\right] \cdot \frac{1}{1-n} \quad (2.117)$$

F Fadenzugkraft nach dem Spanner in N
F_0 Fadenzugkraft vor dem Spanner in N
ϱ Radius des Reibkörpers in m

Für den Extremfall, in dem $n \to 1$ geht, folgt aus Gleichung (2.117)

$$\lim_{n\to 1} \ln \frac{F}{F_0} = \lim_{n\to 1} \frac{1 + a(1-n)\alpha(\varrho/F_0)^{1-n}}{1-n} = a\alpha$$

und somit ist

$$\frac{F}{F_0} = e^{a\alpha}$$

Für diesen Grenzfall hat die Gleichung (2.114) Gültigkeit, wobei die Konstante a die Bedeutung der Reibungszahl μ gewinnt. Jedoch vertritt *Howell* [29] in seiner Untersuchung den Standpunkt, den Grenzübergang in Gleichung (2.117) nur teilweise zu vollziehen, so daß folgender Ausdruck entsteht:

$$\frac{F}{F_0} = \exp a\alpha(\varrho/F_0)^{1-n} \quad (2.118)$$

Wird nun in dieser Gleichung

$$\mu = a(\varrho/F_0)^{1-n} \quad (2.119)$$

gesetzt, liegt wiederum die Beziehung von *Euler* vor.

Nach Ergebnissen von *Howell* [30] kann die Gleichung (2.119) mit hinreichender Genauigkeit für die Berechnung der Reibungszahl μ verwendet werden. Seine Untersuchungen führte er an zylindrischen Reibkörpern aus Glas mit Nylonfäden durch, wobei Fadenzugkraft und Reibkörperdurchmesser verändert wurden. Wie groß dennoch die Streuung der Reibungszahl in der Praxis sein kann, haben *Wegener* und *Schubert* [9, S. 539] experimentell für verschiedene Chemiefäden gegen Sinterkeramik-Reibkörper nachgewiesen. Sie geben einen Bereich zwischen $\mu \approx 0,2 \cdots 1,0$ an. Durch Behandlung der Reibkörperoberfläche kann μ zusätzlich beeinflußt werden.

Eine einfache Methode zur Bestimmung der veränderlichen Reibungszahl ist in Bild 2/48 dargestellt. Dieses Diagramm ergibt sich durch Logarithmieren der Gleichung (2.119).

$$\lg \mu = \lg a + (1-n) \lg \frac{\varrho}{F_0}$$

und Darstellung im doppelt logarithmischen Koordinatensystem mit linear geteilter Hilfsordinate für n.

In dieses Diagramm werden die Werte für μ_1, $(\varrho/F_0)_1$, μ_2, $(\varrho/F_0)_2$ eingetragen und durch eine Gerade miteinander verbunden. Die Verlängerung dieser Geraden bis zum Schnitt mit der Ordinate $\varrho/F_0 = 1$ führt zum Wert der Konstanten a. Die zu dieser Geraden durch den Koordinatenursprung gelegte Parallele ermöglicht auf der Hilfsordinate die Bestimmung von n, den Richtungsindex.

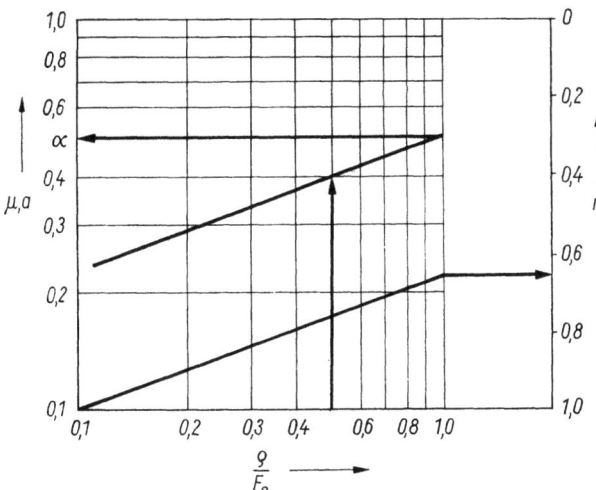

Bild 2/48. Bestimmung der Reibungszahl a empirisch festgelegte Konstante, F_0 Fadenzugkraft vor dem Spanner, n Konstante, μ Reibungszahl, ϱ Radius des Reibkörpers

2.5.1.4. Wirkprinzipe von Fadenspannern

2.5.1.4.1. Einleitung

Eine einheitliche Einteilung der Fadenspanner existiert nicht. In jeder diesbezüglichen Veröffentlichung werden für ein bestimmtes Anliegen die dem Verfasser am günstigsten erscheinenden Unterscheidungsmerkmale gewählt. Vielfach erfolgt eine Einteilung nach Belastungsart und Bauweise [31]. Besser hingegen ist eine Systematisierung nach der Wirkungsweise [32], da sie erweiterungsfähig bei guter Übersichtlichkeit ist.
Eine andere Einteilung nach logischen Merkmalen wurde von *Beschnitt* [33] gewählt, da bei ihr aus der Bezeichnung sofort auf die Arbeitsweise geschlossen werden kann:
1. Abbremsung des Fadens (unmittelbar, mittelbar)
2. Art der Belastung
3. Form der Kraftwirkung auf den Faden (Normalkraft, Seilkraft)
4. Art der Fadenzugkraft-Regulierung.

Schließlich erfolgte eine weitere Reduzierung für die Bezeichnung von Fadenspannern, die zu folgender Gliederung geführt hat:

Direkt wirkender Fadenspanner
Normalreibung
Seilreibung

Indirekt wirkender Fadenspanner
Seilreibung

2.5.1.4.2. Direkt wirkender Fadenspanner

2.5.1.4.2.1. Normalkraft

Durch Normalkraft belastete Fadenspanner wirken additiv. Zur Größe der Eingangsfadenzugkraft wird die im Spanner erzeugte Reibkraft addiert (Bild 2/45), so daß die Fadenzugkraft nach dem Spanner mit Gleichung (2.111) berechnet wird.
Diese Art von Fadenspannern wird gewöhnlich auf eine bestimmte Zugkraft am Faden eingestellt, wobei sich diese Kraft mit der vor dem Spanner wirkenden Kraft sowie den Störgrößen innerhalb des Spanners ändert. Obwohl derartige Spanner, wenn sie ohne Regulierung sind, keine konstante Zugkraft garantieren, werden sie in der Praxis am häufigsten eingesetzt. Diese Tatsache läßt sich dadurch erklären, daß es möglich ist, sie für eine hohe Funktionssicherheit zu fertigen und die Fadenzugkraft vor dem Spanner durch die Wahl geeigneter Vorlagespulen und wenig Leiteinrichtungen weitgehend konstant zu halten. Fadenspanner dieses Types sind ihrer Ausführung nach einfach und wartungsarm. Die Normalkraft wird auf verschiedene Weise erzeugt, jedoch ist die Belastung durch Massestücke oder Federkraft immer noch am einfachsten (Bild 2/49). Die Belastung durch einen Elektromagneten bringt besonders in solchen Fällen entscheidende Vorteile, in denen sich die zentrale Einstellung einer größeren Anzahl

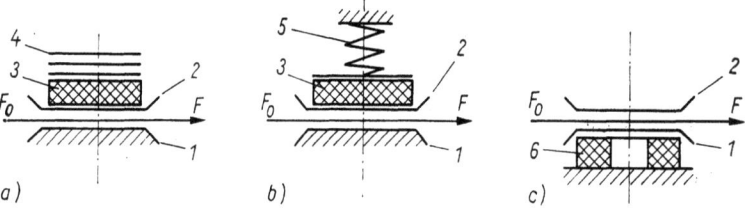

Bild 2/49. Wirkprinzipe von Fadenspannern mit Normalkraft (Tellerspanner)
a) massebelastet, b) federbelastet, c) magnetbelastet
1 fester Bremsteller, *2* beweglicher Bremsteller, *3* Filz, *4* Massestück, *5* Feder, *6* Elektromagnet, *F* Fadenzugkraft nach dem Spanner, F_0 Fadenzugkraft vor dem Spanner

von Fadenspannern erforderlich macht, so wie das an Spulengattern zur Herstellung von Ketten üblich ist.
An allen drei Typen ergibt sich die Bremskraft:

$$F_B = 2 F_N \mu \qquad (2.120)$$

wobei μ die Gleitreibungszahl zwischen Faden und Bremsteller ist. Sie ist für jedes Anwendungsbeispiel zu ermitteln [14], da sich die Einflußgrößen nur einzeln quantifizieren lassen.
Nach Bild 2/45 hat die Normalkraft für die Ausführung in Bild 2/49 a, den *massebelasteten Fadenspanner*, folgende statische Größe:

$$F_N = mg \qquad (2.121)$$

F_N Normalkraft
g Erdbeschleunigung
m Masse der bewegten Teile

Darin setzt sich die Masse m aus dem gesamten beweglichen Anteil des Spanners zusammen. Die zwischen den Massestücken und dem beweglichen Teller befindliche Filzscheibe dient der Dämpfung kurzwelliger Schwingungen, die durch entsprechende Ungleichmäßigkeiten im Faden hervorgerufen werden.
Somit kann nach Bild 2/50 die dynamische Bremskraft eines *massebelasteten Fadenspanners* berechnet werden.

$$F_B = 2\mu(mg \pm m\ddot{x} + k_D \dot{x}) \qquad (2.122)$$

Einsetzen der Gleichung (2.122) in (2.110) ergibt die Fadenzugkraft nach dem Fadenspanner.

$$F = F_0 + 2\mu(mg \pm m\ddot{x} + k_D \dot{x}) \qquad (2.123)$$

F Fadenzugkraft nach dem Spanner
F_0 Fadenzugkraft vor dem Spanner
g Erdbeschleunigung
k_D Dämpfungskonstante
m Masse der bewegten Teile
x Weg
$\dot{x}$ Geschwindigkeit
$\ddot{x}$ Beschleunigung

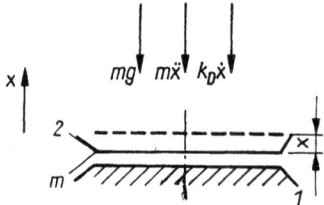

Bild 2/50. Schema eines massebelasteten Fadenspanners
1 Fester Bremsteller, *2* beweglicher Teil des Fadenspanners, g Erdbeschleunigung, k_D Dämpfungskonstante, m Masse des beweglichen Teils des Fadenspanners, x Weg des Teils 2, $\dot{x}$ Geschwindigkeit, $\ddot{x}$ Beschleunigung

Dabei kann angenommen werden, daß keine Resonanz auftritt, da die Dämpfungskonstante $k_D > 1$ (Dämpfung durch Faden und Filz). Die Gleichung (2.123) ist hinreichend genau, um die Fadenzugkraft nach einem Tellerspanner zu berechnen. Dabei wird toleriert, daß die Normalkraft F_N den Faden mit ihrer ganzen Größe belastet. Die tatsächlichen Verhältnisse hingegen sind in Bild 2/51 dargestellt. Danach wirkt die Normalkraft F_N in der Mitte des Spanners und wird durch die exzentrische Lage des Fadens in eine effektive Kraft auf den Faden F_N' und eine Stützkraft F_S zerlegt, die durch die Schrägstellung des beweglichen Tellers 2 zustande kommt. Für die effektive Kraft auf den Faden gilt somit:

$$F_N' = \frac{F_N l_1}{l} \qquad (2.124)$$

Sie ist kleiner als die äußere Kraft am Fadenspanner. Der damit begangene Fehler wird um so kleiner, je weiter der Faden in der Mitte des Spanners läuft. Durch eine exakte Fadenführung im Spanner in Richtung seiner Mitte kann dieser Fehler weitgehend kompensiert werden.

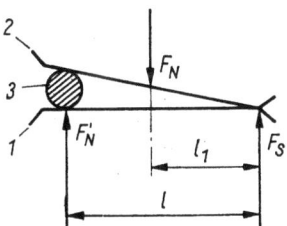

Bild 2/51. Kräfte an dem Tellerfadenspanner
1 fester Bremsteller, *2* beweglicher Bremsteller, *3* Faden
F_N Normalkraft, F_N' effektive Normalkraft (Fadenbelastung), F_S Stützkraft, l, l_1 Abstand

Dieser *massebelastete Fadenspanner* eignet sich für höhere Fadengeschwindigkeiten in zunehmendem Maße weniger, da der bewegliche Teil den durch die Ungleichmäßigkeiten im Faden verursachten Auslenkungen nicht mehr folgen kann. Darüber hinaus bewirkt die ständige Richtungsänderung der Massenkraft $m\ddot{x}$ eine entsprechende Änderung der Fadenbelastung. In den Grenzfällen kann diese Erscheinung dazu führen, daß der Spanner entweder völlig entlastet wird, wenn $mg - m\ddot{x} + k_D\dot{x} = 0$ (beweglicher Teller beginnt die Abwärtsbewegung) oder, infolge einer sehr kurzwelligen Ungleichmäßigkeit (Knoten), nimmt die Beschleunigung $\ddot{x}$ eine Größe an, die die Massenkraft unzulässig groß werden läßt. Im ersten Fall passiert das nachfolgende Fadenstück den Spanner unbelastet, im zweiten kann ein unerwünschter Fadenbruch auftreten.

Ein besseres dynamisches Verhalten hat ein *federbelasteter* Fadenspanner (Bild 2/49 b). Bei ihm erweitert sich der Klammerausdruck in Gleichung (2.122) um den Summanden cx, die Federkraft. Somit gilt für die statische Größe:

$$F_N = mg + cx \qquad (2.125)$$

F_N Normalkraft
c Federkonstante, Federsteife
g Erdbeschleunigung
m Masse der bewegten Teile
x Weg

Nach Bild 2/52 kann damit die dynamische Bremskraft eines *federbelasteten Fadenspanners* berechnet werden.

$$F_B = 2\mu(mg \pm m\ddot{x} + k_D\dot{x} + cx) \qquad (2.126)$$

Nach Gleichung (2.126) zeichnet sich ein dynamisch gut gestalteter Spanner dadurch aus, daß die Masse m des beweglichen Teiles des Spanners sehr klein gehalten wird. Damit vergrößert sich der Einfluß der Federkraft cx auf F_B, wodurch F_B weniger schwankt. Einsetzen der Gleichung (2.126) in (2.110) ergibt für diesen Spanner die Ausgangsfadenzugkraft:

$$F = F_0 + 2\mu(mg \pm m\ddot{x} + k_D\dot{x} + cx) \qquad (2.127)$$

Der mit Gleichung (2.124) begründete Fehler trifft auch für den *federbelasteten Fadenspanner* zu.

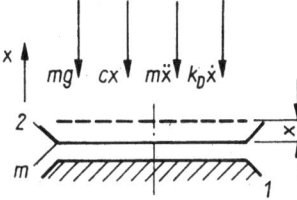

Bild 2/52. Schema eines federbelasteten Fadenspanners
1 fester Bremsteller, *2* beweglicher Teil des Fadenspanners, c Federkonstante, Federsteife, g Erdbeschleunigung, k_D Dämpfungskonstante, m Masse des beweglichen Teils des Fadenspanners, x Weg des Teils *2*, $\dot{x}$ Geschwindigkeit, $\ddot{x}$ Beschleunigung

Auch dieser Fadenspanner ist in seinem Aufbau einfach und wartungsarm. Als weiterer Vorteil kommt noch hinzu, daß sich bei ihm die Größe der Bremskraft durch Änderung der Vorspannkraft der Feder stufenlos einstellen läßt, was bei dem massebelasteten nur in Stufen möglich ist.

Ein *federbelasteter Fadenspanner* eignet sich für beträchtlich höhere Fadengeschwindigkeiten als das bei einem massebelasteten der Fall ist, da er eine größere Eigenfrequenz hat.

Ein ähnliches dynamisches Verhalten wie ein *federbelasteter Fadenspanner* zeigt ein *Magnet-Fadenspanner* (Bild 2/49 c). Sein Wirkprinzip entspricht dem eines Hubmagneten. Es eignet sich für Fadenspanner deshalb besonders gut, da die Änderungen des Luftspaltes, hervorgerufen durch die Dickeschwankungen des Fadens, relativ gering sind, wodurch die Induktion ebenfalls weitgehend konstant bleibt. Durch die Wahl einer geeigneten Größe für den Luftspalt kann der Einfluß seiner Änderung zusätzlich verringert werden. Die durch den Magneten erzeugte Normalkraft auf den beweglichen Bremsteller 2 kann üblicherweise nach Gleichung (2.128) berechnet werden.

$$F_M = \frac{AB^2}{2\mu_0} \quad (2.128)$$

A Trennfläche am Magneten
B Induktion
F_M Magnetkraft
μ_0 Induktionskonstante

Im Ruhezustand des Spanners wirkt somit folgende Normalkraft:

$$F_N = mg + F_M \quad (2.129)$$

Die Masse m entspricht der Summe der Massen aller bewegten Teile des Spanners.
Nach Bild 2/53 ergibt sich aus dem Kräftegleichgewicht die dynamische Bremskraft eines *Magnet-Fadenspanners*:

$$F_B = 2\mu(F_M + mg \pm m\ddot{x} + k_D\dot{x}) \quad (2.130)$$

Auch bei diesem Spanner verbessert sich das dynamische Verhalten, wenn die bewegten Massen zu einem Minimum werden. Dabei vergrößert sich der Einfluß der Magnetkraft F_M auf die Bremskraft F_B, wodurch bei diesem Spanner F_B in geringeren Grenzen schwankt. Zur Berechnung der Fadenzugkraft nach dem Spanner wird die Gleichung (2.128) in (2.130) sowie diese in (2.110) eingesetzt.

$$F = F_0 + 2\mu \left(\frac{AB^2}{2\mu_0} + mg \pm m\ddot{x} + k_D\dot{x}\right)$$
(2.131)

Bild 2/53. Schema eines Magnet-Fadenspanners
1 fester Bremsteller, *2* beweglicher Teil des Fadenspanners
F_M Magnetkraft, Normalkraft, g Erdbeschleunigung, k_D Dämpfungskonstante, m Masse des beschleunigten Teils des Fadenspanners, x Weg des Teils *2*, $\dot{x}$ Geschwindigkeit, $\ddot{x}$ Beschleunigung

Obwohl dieser Fadenspanner Vorteile für eine erleichterte zentrale Einstellung vieler Arbeitsstellen bringt, darf der erhöhte technische Aufwand gegenüber den beiden vorhergehenden Spannern nicht übersehen werden.

Bei der Betrachtung von Möglichkeiten zur Erzeugung der Normalkraft an Tellerspannern (Bild 2/49) wurden nur jene untersucht, die in der Praxis am meisten verbreitet sind. Darüber hinaus ist es möglich, als Medien für die Kraftübertragung Luft oder Flüssigkeit einzusetzen, wobei deren Kompressibilität für die Realisierung kleiner Wege und die Regulierung der Normalkraft geeignet ist. Von diesen beiden Möglichkeiten ist der hydraulisch belastete Fadenspanner nicht für sehr hohe Fadengeschwindigkeiten einzusetzen, da er eine verhältnismäßig große Dämpfung hat.

Ausgehend von den im Abschnitt 2.5.1.2.3. aufgestellten Forderungen an einen Fadenspanner, wonach die Selbstreinigung einen hohen Stellenwert einnimmt, muß ein Tellerspanner mit feststehenden Tellern schlecht eingestuft werden. Diesem Nachteil kann entgegengewirkt werden, indem einer der beiden Teller durch den bewegten Faden infolge seiner außermittigen Klemmung angetrieben wird. Besser ist jedoch ein direkter Antrieb eines Tellers. Bezüglich des Verschleißverhaltens dieser Fadenspanner treten keine nennenswerten Probleme auf, insbesondere dann nicht, wenn die Bremsteller rotierend ausgeführt sind.

Unvermeidlich jedoch ist der Drehungsstau, der zu örtlichen Drehungshäufungen am Faden führt. Durch das Bremsprinzip werden vorwiegend bei weich gedrehten Fäden die Drehungen vor dem Spanner zusammengedrängt, bis das dadurch erzeugte Fadenmoment eine Größe erreicht hat, die das Durchlaufen der Drehungen durch den Spanner ermöglicht. Dieser Vorgang wiederholt sich periodisch und führt somit zu Qualitätsverlusten im textilen Produkt.

Bis auf den hydraulisch belasteten Fadenspanner eignen sich alle für den Einsatz bei Geschwindigkeiten von mehr als 1000 m/min. Nur dieser sollte für Fadengeschwindigkeiten eingesetzt werden, die nicht höher als 600 m/min liegen.

Tellerfadenspanner werden mitunter auch hintereinander geschaltet eingesetzt, um den Bremseffekt zu erhöhen. Die Berechnung der Ausgangsfadenzugkraft ergibt sich durch einfache Addition der Einzelwirkungen.

2.5.1.4.2.2. Seilreibung

Nach dem Seilreibungsprinzip arbeitende Fadenspanner wirken multiplikativ. Die vor dem Fadenspanner anliegende Zugkraft wird mit der Potenz $e^{\mu\alpha}$ multipliziert. Diese Spanner werden mitunter auch als Umschlingungsspanner bezeichnet, wobei die eingesetzten Reibkörper starr oder beweglich angeordnet sein können. Bei den nachfolgenden Untersuchungen wird ausschließlich auf zylindrische Reibkörper Bezug genommen.

Die Grundlage für die Berechnung solcher Fadenspanner (Bild 2/46) bildet die Gleichung (2.114), wobei allerdings praktisch ausgeführte Seilreibungsspanner mit mehreren hintereinander angeordneten Reibelementen versehen sind. Sie werden auch als *Gitterfadenspanner* bezeichnet.

Nach Ergebnissen von *Beyreuther* [74] erweisen sich Gitterfadenspanner mit großen Reibstiftdurchmessern und jeweils geringem Fadenumschlingungswinkel zur Erzeugung einer bestimmten mittleren Fadenzugkraft besser, als wenn die erforderliche Zugkraft mit nur einem Reibstift, kleinerem Durchmesser aber dafür entsprechend großem Umschlingungswinkel erzeugt wird.

Kann allerdings aus bestimmten Gründen nur ein Reibstift verwendet werden, so ist bei gleichem Umschlingungswinkel einem großen Durchmesser gegenüber einem kleineren der Vorzug zu geben.

Starr angeordnete Reibkörper

Dieser Fadenspanner besteht aus einer Anzahl z starr zueinander angeordneten zylindrischen Reibkörpern von gleichem Durchmesser. Der Werkstoff der Reibkörper kann gleich oder verschieden sein. Auch der Umschlingungswinkel kann an jedem Reibkörper eine andere Größe haben. Oft ist das von konstruktiven Merkmalen abhängig.

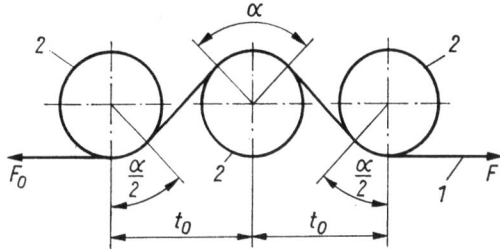

Bild 2/54. Seilreibungsspanner mit starr angeordneten Reibkörpern
1 Faden, *2* Reibkörper
F Fadenzugkraft nach dem Spanner, F_0 Fadenzugkraft vor dem Spanner, t_0 Teilung, α Umschlingungswinkel

Für die Fadenzugkraft nach dem Spanner gilt somit nach Bild 2/54 allgemein:

$$F = F_0 \, e^{\mu_1\alpha_1 + \mu_2\alpha_2 + \cdots + \mu_z\alpha_z} \qquad (2.132)$$

Tritt der in Bild 2/54 dargestellte Sonderfall ein, daß z gleiche Reibkörper von gleichem Durchmesser und Abstand voneinander auf einer Geraden angeordnet sind, dann folgt aus Gleichung (2.132) die Gleichung (2.133):

$$F = F_0 \, e^{(z-1)\mu\alpha} \qquad (2.133)$$

Bei diesem Typ von Fadenspannern erfolgt die Erzeugung einer bestimmten Fadenzugkraft nach dem Spanner durch die Wahl der Anzahl der Reibkörper, der Reibungszahl und des Umschlingungswinkels, indem die Abstände der Reibkörper zueinander eingestellt werden. Entscheidenden Einfluß hat auch die Zugkraft vor dem Spanner.

Hat hingegen der Umschlingungswinkel an jedem Reibkörper die gleiche Größe, dann gilt:

$$F = F_0 \, e^{z\mu\alpha} \qquad (2.134)$$

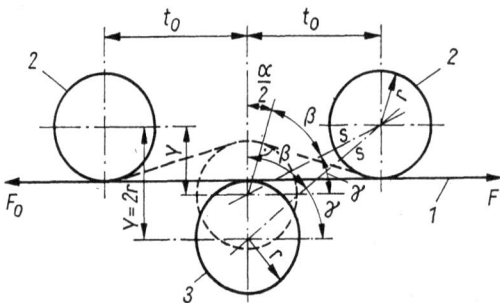

Bild 2/55. Seilreibungsspanner, Zusammenhang zwischen Umschlingungswinkel und Reibkörperverschiebung y
1 Faden, *2* starrer Reibkörper, *3* verschiebbarer Reibkörper
F Fadenzugkraft nach dem Spanner, F_0 Fadenzugkraft vor dem Spanner, r Reibkörperradius, t_0 Teilung, y Reibkörperverschiebung, α Umschlingungswinkel, β, γ Winkel

Oftmals werden Umschlingungsspanner eingesetzt, bei denen die Größe des Umschlingungswinkels durch eine Verschiebung y des Reibkörpers *3* senkrecht zur Fadendurchlaufrichtung einstellbar ist (Bild 2/55). Für die Berechnung des Winkels gilt:

$$\frac{\alpha}{2} + \beta + \gamma = 90° \quad \text{oder}$$

$$\frac{\alpha}{2} = \frac{\pi}{2} - \beta - \gamma \quad \text{oder}$$

$$\alpha = 2\left(\frac{\pi}{2} - \beta - \gamma\right) \qquad (2.135)$$

$$\beta = \arccos\,[2r/y^2 + t_0^2)^{1/2}] \qquad (2.136)$$

$$\gamma = \arctan y/t_0 \qquad (2.137)$$

Einsetzen der Gleichungen (2.136) und (2.137) in (2.135) ergibt die Größe des Umschlingungswinkels:

$$\alpha = 2\left[\frac{\pi}{2} - \arccos\frac{2r}{(y^2 + t_0^2)^{1/2}}\right.$$
$$\left. - \arctan\frac{y}{t_0}\right] \qquad (2.138)$$

Das Minimum des Umschlingungswinkels stellt sich bei $y = 2r$ ein. In dieser Stellung wird $\beta + \gamma = 90°$ und nach Gleichung (2.135) $\alpha = 0$. Damit ist $e^{\mu\alpha} = 1$, und es gilt nach Gleichung (2.134)

$$F = F_0 \qquad (2.139)$$

Sein Maximum tritt auf, wenn der bewegliche Reibkörper *3* in Richtung der beiden festen Reibkörper *2* über $y = 0$ verstellt wird. Im Grenzfall ist $y = -\infty$ und damit $\alpha = 180° = \pi$. Bezogen auf die Darstellung in Bild 2/55 und mit Gleichung (2.133) gilt dann für die Fadenzugkraft nach dem Umschlingungsspanner:

$$F = F_0 \, e^{\pi\mu(z-1)} \qquad (2.140)$$

Für den praktischen Einsatz dieses Spanners ist die Einstellung $y = 2r$ uninteressant, da keine Bremswirkung auftritt. Die Einstellung mit $y = 0$ entspricht der Darstellung in Bild 2/54 und der Fadenzugkraft gemäß Gleichung (2.133). Wird in diesem Fall $t_0 = 2r$, dann tritt bereits die maximale Zugkraft nach Gleichung (2.140) auf, da $\alpha = \pi$ ist.

Eine derartige Konstruktion ist nicht funktionsfähig. Allerdings folgt daraus der Hinweis, die Teilung möglichst klein zu wählen. Somit umfaßt der Einstellbereich des Spanners insbesondere die Größen $2r > y > 0$ und $0 > y > -\infty$ bei $t_0 > 2r$. Unter diesen Umständen sowie der Annahme, daß drei gleiche Reibkörper von gleichem Durchmesser und Abstand t_0 gemäß Bild 2/55 angeordnet sind, kann die Ausgangs-Fadenzugkraft berechnet werden.

$$F = F_0 \, e^{\mu(\alpha_2 + \alpha_3)} \qquad (2.141)$$

Darin ist α_2 der gesamte Umschlingungswinkel an den beiden Reibkörpern *2* und α_3 jener, der sich am einstellbaren Reibkörper *3* ergibt.

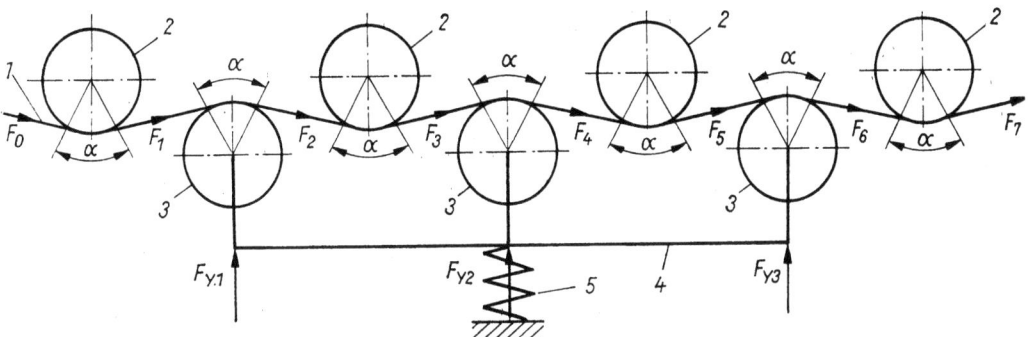

Bild 2/56. Seilreibungsspanner mit beweglich angeordneten Reibkörpern, federbelastet
1 Faden, *2* starrer Reibkörper, *3* beweglicher Reibkörper, *4* Sattel, *5* Feder
F_i Fadenzugkraft, F_{yi} Belastung der beweglichen Reibkörper, α Umschlingungswinkel

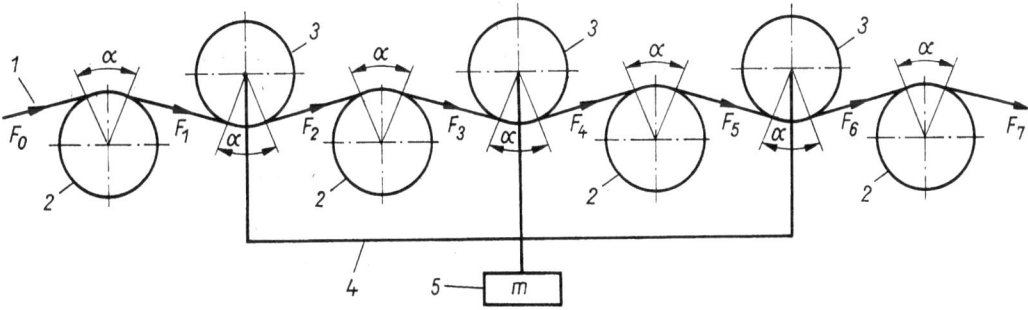

Bild 2/57. Seilreibungsspanner mit beweglich angeordneten Reibkörpern, massebelastet
1 Faden, *2* starrer Reibkörper, *3* beweglicher Reibkörper, *4* Sattel, *5* Massestück mit der Masse m
F_i Fadenzugkraft, α Umschlingungswinkel

Beweglich angeordnete Reibkörper

Im Gegensatz zu den starr zueinander angeordneten Reibkörpern ist bei diesem Spanner jeder zweite Reibkörper beweglich gelagert. Die Belastung der beweglichen Reibkörper *3* kann durch Federn (Bild 2/56), Massestücke (Bild 2/57) oder andere Mittel erfolgen.
Unter der Voraussetzung, daß der Umschlingungswinkel an jedem Reibkörper die gleiche Größe hat, kann nach Bild 2/56 folgendes Gleichungssystem aufgestellt werden:

$$F_{y1} = F_1 \sin \frac{\alpha}{2} + F_2 \sin \frac{\alpha}{2}$$

$$= (F_1 + F_2) \sin \frac{\alpha}{2}$$

$$F_{y2} = F_3 \sin \frac{\alpha}{2} + F_4 \sin \frac{\alpha}{2}$$

$$= (F_3 + F_4) \sin \frac{\alpha}{2}$$

$$F_{y3} = F_5 \sin \frac{\alpha}{2} + F_6 \sin \frac{\alpha}{2}$$

$$= (F_5 + F_6) \sin \frac{\alpha}{2}$$

$$F_{ym} = F_{2m-1} \sin \frac{\alpha}{2} + F_{2m} \sin \frac{\alpha}{2}$$

$$= (F_{2m-1} + F_{2m}) \sin \frac{\alpha}{2} \qquad (2.142)$$

Dabei ist m die Anzahl der beweglichen Reibkörper. Die Größe der gesamten Kraft, mit der die Belastung des Sattels *4* erfolgen muß, beträgt:

$$F_y = \sum_{i=1}^{m} F_{yi} = F_{y1} + F_{y2} + F_{y3} + \cdots + F_{ym}$$

$$= (F_1 + F_2 + F_3 + \cdots + F_{2m-1} + F_{2m})$$

$$\times \sin \frac{\alpha}{2} \qquad (2.143)$$

Die innerhalb des Spanners wirkenden Fadenzugkräfte sind Funktionen der Eingangszugkraft F_0 und des Umschlingungswinkels α, so daß sich folgendes Gleichungssystem ergibt:

$$F_1 = F_0\, e^{\mu\alpha}$$

$$F_2 = F_1\, e^{\mu\alpha} = F_0\, e^{2\mu\alpha}$$

$$F_3 = F_2\, e^{\mu\alpha} = F_0\, e^{3\mu\alpha}$$

$$\overline{\phantom{F_{2m} = F_{2m-1} e^{\mu\alpha} = F_0 e^{2m\mu\alpha}}}$$

$$F_{2m} = F_{2m-1}\, e^{\mu\alpha} = F_0\, e^{2m\mu\alpha} \qquad (2.144)$$

In Gleichung (2.144) sind gleiche Reibungszahlen an allen Reibkörpern vorausgesetzt. Einsetzen der Werte für F_1 bis F_{2m} aus Gleichung (2.144) in Gleichung (2.143) ermöglicht die Berechnung der Gesamtbelastung des Sattels *4* aus F_0, m, α und μ:

$$F_y = [F_0\, e^{\mu\alpha} + F_0\, e^{2\mu\alpha} + F_0\, e^{3\mu\alpha}$$

$$+ \cdots + F_0\, e^{(2m-1)\mu\alpha} + F_0\, e^{2m\mu\alpha}] \sin \frac{\alpha}{2}$$

Diese Gleichung entspricht einer endlichen geometrischen Reihe [3, S. 137], die nach der Summenformel

$$s_n = \frac{a_1(q^n - 1)}{q - 1}$$

gelöst werden kann. Ausgehend von der Form

$$F_y = F_0 \sin \frac{\alpha}{2} [e^{\mu\alpha} + e^{2\mu\alpha} + e^{3\mu\alpha}$$

$$+ \cdots + e^{(2m-1)\mu\alpha} + e^{2m\mu\alpha}]$$

ergibt sich durch Einsetzen in die Summenformel folgender Ausdruck zur Berechnung der Gesamtbelastung:

$$F_y = F_0\, \frac{e^{\mu\alpha}(e^{2m\mu\alpha} - 1)}{e^{\mu\alpha} - 1} \sin \frac{\alpha}{2} \qquad (2.145)$$

Als Folge dieser Belastung entsteht somit eine Zugkraft am Ausgang des Fadenspanners gemäß Bild 2/56:

$$F = F_0\, e^{(2m+1)\mu\alpha} \qquad (2.146)$$

Daraus folgt, daß die Größe der Fadenzugkraft am Ausgang eines Gitterspanners mit beweglich angeordneten Reibkörpern folgender Funktionsgleichung unterliegt:

$$F = f(F_0, m, F_y)$$

F Fadenzugkraft nach dem Spanner
F_0 Fadenzugkraft vor dem Spanner
F_y Gesamtbelastung des Gitterspanners
m Anzahl der beweglichen Reibkörper

2.5.1.4.2.3. Kombinierter Fadenspanner

Mitunter werden Fadenspanner verwendet, an denen der Faden sowohl durch Normal- als auch Seilreibung gebremst wird (Bild 2/58). Teilweise ist dieser Effekt auch nicht beabsichtigt, sondern entsteht durch konstruktive Bedingungen. Unabhängig davon treten an derartigen Spannern zwei Reibungseinflüsse auf, die sich überlagern.

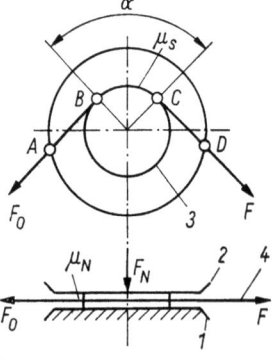

Bild 2/58. Kombinierter Fadenspanner (Normal- und Seilreibung)
1 fester Bremsteller, *2* beweglicher Bremsteller, *3* zylindrischer Reibkörper, *4* Faden
F Fadenzugkraft nach dem Spanner, F_0 Fadenzugkraft vor dem Spanner, F_N Normalkraft, α Umschlingungswinkel, μ_N Normalreibungszahl, μ_S Seilreibungszahl

Einmal ist es jene Fadenzugkraft F_1 nach dem Fadenspanner, die gemäß Gleichung (2.111) durch die Normalreibung zwischen den Tellern *1* und *2* und dem Faden *4* auftritt. Beide Teller werden durch eine Normalkraft F_N zusammengedrückt, wobei die auf den Faden wirkende Kraft gemäß Gleichung (2.124) F_N' beträgt.

$$F_1 = F_0 + 2F_N'\mu_N \quad (2.147)$$

Außerdem umschlingt der Faden *4* den zylindrischen Reibkörper *3*, der mit dem Teller *1* fest verbunden ist, wodurch zusätzlich eine Fadenzugkraft F_2 durch Seilreibung gemäß Gleichung (2.114) entsteht.

$$F_2 = F_0 e^{\mu_S \alpha} \quad (2.148)$$

Damit ergibt sich die nach dem Fadenspanner entstehende Fadenzugkraft als Summe der Werte der Gleichungen (2.147 und 2.148).

$$F = F_1 + F_2 \quad (2.149)$$

Die Wirkung dieses Spanners beruht sowohl auf dem additiven als auch auf dem multiplikativen Prinzip. Sie wird weiterhin durch die beiden Reibungszahlen μ_N (Normalreibung) und μ_S (Umschlingungsreibung) und den Umschlingungswinkel α bestimmt.
Unter der Annahme, daß sich die Gesamtbelastung F_N' des beweglichen Tellers *2* gleichmäßig auf die beiden Fadenstücke AB und CD zu je $F_N'/2$ verteilt, beträgt die Größe der Fadenzugkraft an der Stelle B (Bild 2/58):

$$F_B = F_0 + 2\mu_N \frac{F_N'}{2} = F_0 + \mu_N F_N' \quad (2.150)$$

An der Stelle C hat die Fadenzugkraft folgende Größe:

$$F_C = F_B e^{\mu_S \alpha}$$

oder

$$F_C = (F_0 + \mu_N F_N') e^{\mu_S \alpha} \quad (2.151)$$

Schließlich beträgt die Ausgangsfadenzugkraft an der Stelle D:

$$F_D = F_C + 2\mu_N \frac{F_N'}{2} = (F_0 + \mu_N F_N') e^{\mu_S \alpha} + \mu_N F_N'$$

oder

$$F = F_0 e^{\mu_S \alpha} + \mu_N F_N'(e^{\mu_S \alpha} + 1) \quad (2.152)$$

F Fadenzugkraft nach dem Spanner
F_0 Fadenzugkraft vor dem Spanner
F_N' effektive Normalkraft
α Umschlingungswinkel
μ_N Normalreibungszahl
μ_S Seilreibungszahl

Diese Gleichung ermöglicht eine Einschätzung der Wertigkeit der beiden Reibungskomponenten. Danach ist der Einfluß der Normalreibung geringer als der der Umschlingungsreibung. Außerdem wirkt sich die Größe der Reibungszahl μ_S erheblich stärker auf die Ausgangsfadenzugkraft aus als das bei der Normalreibungszahl μ_N der Fall ist. Demnach ist auch die Wirkung von Schwankungen der Eingangsfadenzugkraft F_0 stärker dadurch geprägt, in welchem Maße die Größe der Ausgangsfadenzugkraft durch die Umschlingungsreibung bestimmt wird. Bei der Gestaltung derartiger Fadenspanner sollte deshalb auf eine optimale Abstimmung zwischen den Einflüssen der Normal- und Umschlingungsreibung besonderer Wert gelegt werden.

2.5.1.4.2.4. Anwendung der modifizierten Reibungsgleichung

In Abschnitt 2.5.1.3. wurde in Auswertung der klassischen Gleichung von *Euler* festgestellt, daß sie nicht alle Einflußgrößen berücksichtigt, die für einen modernen Umschlingungsfadenspanner, insbesondere für hohe Arbeitsgeschwindigkeiten, von Bedeutung sind.
Aus diesem Grunde muß festgestellt werden, unter welchen Umständen sie angewendet werden kann, und wann die modifizierte Gleichung von *Howell* zu verwenden ist.
Zur Bestimmung dieses Kriteriums wurde in der Literatur [28] die sogenannte *Parasitkraft* definiert. Es ist jene Kraft, die die Fadenbewegung bremst.

$$F_{ps} = F_s - F_0 \quad (2.153)$$

Darin hat die Reibkraft gemäß Gleichung (2.118) die Größe

$$F_s = F_0 \exp a\alpha(\varrho/F_0)^{1-n} \quad (2.154)$$

Wird die Reibungszahl nach der Gleichung von *Euler* berechnet, so hat sie für Faserstoffe nur näherungsweise Gültigkeit. Gleiches gilt sinngemäß für die damit berechnete Reibkraft F_a aus Gleichung (2.114).

$$F_a = F_0 \exp \mu_m \alpha \qquad (2.155)$$

In dieser Gleichung wird die mittlere Reibungszahl nach Gleichung (2.119) berechnet.

$$\mu_m = a \left(\frac{\varrho_m}{F_{0m}}\right)^{1-n} \qquad (2.156)$$

Jene *Parasitkraft*, die näherungsweise über die *Euler*sche Gleichung ausgedrückt wird, hat die Größe

$$F_{pa} = F_a - F_0 \qquad (2.157)$$

Als Hilfsmittel dafür, wenn anstelle der *Euler*schen Gleichung die *Howell*-Gleichung zu verwenden ist, wird der relative Fehler der *Parasitkraft* berechnet.

$$\delta = \frac{F_{pa} - F_{ps}}{F_{ps}} \qquad (2.158)$$

Mit diesem Fehler ist die Beurteilung des richtigen Wertes der *Parasitkraft* möglich, d. h. wie groß die Abweichung zum richtigen Wert der *Parasitkraft* noch ist.
Einsetzen der Gleichungen (2.153, 2.154, 2.155, 2.156, 2.157) in die Gleichung (2.158) ergibt:

$$\delta = \frac{\exp \mu_m \alpha - \exp \mu_m \alpha r^{1-n}}{\exp \mu_m \alpha r^{1-n} - 1} \qquad (2.159)$$

Darin ist

$$r = \left(\frac{\varrho}{F_0}\right)\left(\frac{\varrho_{0m}}{F_{0m}}\right)^{-1} \qquad (2.160)$$

Meist überschreitet in der Praxis die Reibungszahl nicht den Wert $\mu_m = 0{,}5$. Der Umschlingungswinkel ist ebenfalls nicht größer als 180°, d. h. $\alpha \leq \pi$. Somit kann angenommen werden, daß das Produkt $\mu_m \alpha \leq 1{,}5$ ist. Einsetzen der Grenzwerte in die Gleichung (2.159) und Ermittlung des unbekannten Reibungsindex ergibt $n = 0{,}90$ [28]. Daraus folgt, daß in den Fällen, wenn $n > 0{,}90$ ist, die *Parasitkraft* über die *Euler*sche Gleichung berechnet werden kann. Auf Grund experimentell durchgeführter Untersuchungen [28] trifft das für Baumwolle und ähnliche Faserstoffe zu. Es genügt dabei die Durchführung einer Meßreihe für einen Quotienten ϱ_m/F_{0m}. Damit kann nach der einfachen Gleichung (2.114) von *Euler* die Reibungszahl μ_m berechnet werden.
Für Faserstoffe mit $n < 0{,}90$ müssen die Reibungsmessungen für die verschiedenen Werte ϱ_m/F_{0m} zweimal durchgeführt werden. Durch Einsetzen der gewonnenen Werte in die Gleichung nach *Howell* können die Konstanten a und n berechnet werden. Das trifft insbesondere für synthetische Faserstoffe zu, und es wird die Verwendung der Gleichung (2.117) empfohlen.
Der Widerspruch zwischen den Grundgesetzen der Reibung und den experimentell ermittelten Reibungszahlen ist seit Jahrzehnten Gegenstand von Untersuchungen. Bereits im Jahre 1941 setzte sich *Kragelski* [34] damit auseinander und beschreibt Möglichkeiten zur Bestimmung der Reibungszahl, deren Ergebnisse tabellarisch zusammengestellt sind.
Die Ergebnisse von *Howell* werden von *Morton* und *Hearle* [35] bestätigt, indem auch sie bei ihren Untersuchungen den verschiedenen Einflüssen Rechnung tragen.
Eine analytische Untersuchung des vorliegenden Reibungsproblems führte *Aleksejew* [36] durch, wobei er neben zylindrischen Reibkörpern auch solche mit veränderlichem Krümmungsradius betrachtete.

2.5.1.4.2.5. Schlußfolgerungen

In Auswertung der Literatur über das Problem der Reibung zwischen Fäden und Leiteinrichtungen, insbesondere Fadenspannern, kann festgestellt werden, daß die klassischen Reibungsgesetze von *Amontons* und *Euler* nur beschränkte Gültigkeit besitzen. Die zu verwendende Reibungszahl kann nicht als konstante Größe betrachtet werden, sondern sie wird durch eine Vielzahl von Begleitfaktoren beeinflußt. Sie ist eine approximative Größe und kann zwecks Gegenüberstellung verschiedener Faserstoffe unter gleichen Bedingungen verwendet werden. So haben vergleichsweise Garne aus Naturfaserstoffen, stark gekräuselten Faserstoffen und stark gedrehte Garne relativ geringe Reibungszahlen, da die Größe der Berührungsfläche dieser Fäden auf dem Reibkörper klein ist. Hingegen tritt bei Verwendung von glatten und gleichmäßigen Fäden aus Chemiefasern eine gegenteilige Erscheinung auf. Einen entscheidenden Einfluß auf das Reibungsverhalten zwischen Fäden und Fadenleitorganen bzw. Arbeitsorganen haben Präparationsmittel [37]. So besteht beispielsweise zwischen der Auftragsmenge eines festen Präparationsmittels und der Reibungszahl eine charakteristische Abhängigkeit. Dieser Zusammenhang wurde erstmals ausführlich von *Wilson* und *Hammersley* [38, 39] untersucht und in Kurvenform dargestellt. Er wurde inzwischen mehrfach bestätigt [40].

Es genügt bereits eine geringe Paraffinauflage, um die Reibungszahl zu minimieren. Eine weitere Vergrößerung der Paraffinauflage führt wieder zum Ansteigen der Reibungszahl und damit zur Verschlechterung der Verarbeitungseigenschaften. Außerdem muß mit einer Verschmutzung der Fadenleitorgane gerechnet werden. Die Reibungszahlen von Garnen sollten für eine gute Verarbeitbarkeit $\mu \leq 0,18$ betragen. Das Aufbringen von Präparationsmitteln wird vorwiegend auf Spulmaschinen vorgenommen.

Es ist weiterhin erwiesen, daß ein Zusammenhang zwischen der Reibungszahl und der Drehungszahl des Fadens besteht. Auch dabei ist die Größe der Berührungsfläche entscheidend. Die gleiche Erklärung gibt es für die Vergrößerung der Reibungszahl mit zunehmendem Durchmesser des Reibelementes. Bemerkenswert sind schließlich der Anstieg der Reibungszahl mit zunehmender Fadengeschwindigkeit sowie seine Abnahme mit größer werdendem Umschlingungswinkel [12, 41, 42, 43, 44, 45].

Im Hinblick auf die Genauigkeit, mit der die Messungen zur Bestimmung von Reibungszahlen durchgeführt werden sollten, wird die Meinung vertreten [28], daß ein Meßfehler bis zu $\pm 10\%$ durchaus vertretbar ist. Aus diesem Grunde ist es ausreichend, die Werte auf zwei Dezimalstellen anzugeben.

2.5.1.4.3. Indirekt wirkender Fadenspanner

Im Gegensatz zu den direkt wirkenden Fadenspannern, bei denen die Ausgangsfadenzugkraft durch Gleitreibung zwischen Faden und Reibelement erzeugt wird, arbeiten indirekt wirkende Spanner im Bereich der Haftreibung.

In Bild 2/59 ist zu erkennen, daß der zu bremsende Faden *1* den rotierenden Teil *2* des Spanners über einen Winkel α umschlingt, dessen Größe in Verbindung mit der Haftreibungszahl μ_H ein Gleiten verhindert. Eine am Bremskörper *3* wirkende Bremskraft F_B, die der Fadenzugkraft F am Ausgang des Spanners entgegengerichtet ist, erzeugt die nötige Bremswirkung.

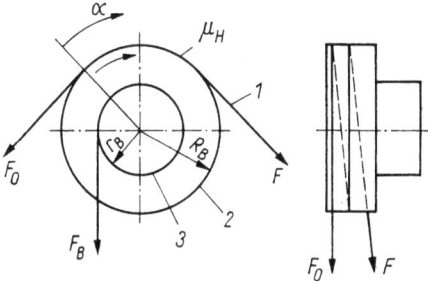

Bild 2/59. Indirekt wirkender Fadenspanner
1 Faden, *2* rotierender Reibkörper, *3* Bremsscheibe
F Fadenzugkraft nach dem Spanner, F_0 Fadenzugkraft vor dem Spanner, F_B Bremskraft, R_B Radius des Reibkörpers, r_B Radius der Bremsscheibe, α Umschlingungswinkel, μ_H Haftreibungszahl

Infolge des Fadenabzuges und der reibschlüssigen Verbindung zwischen Faden und rotierendem Reibkörper dreht sich der Fadenspanner in Pfeilrichtung.

Unter der Voraussetzung einer gleichförmigen Drehbewegung kann folgende Gleichgewichtsbedingung aufgestellt werden:

$$FR_B - F_0 R_B - F_B r_B = 0 \qquad (2.161)$$

Daraus folgt die erforderliche Größe der Bremskraft:

$$F_B = \frac{R_B}{r_B}(F - F_0) \qquad (2.162)$$

oder mit Gleichung (2.114)

$$F = F_0 \, e^{\mu_H \alpha}$$

folgt aus Gleichung (2.162)

$$F_B = \frac{R_B}{r_B} F_0 (e^{\mu_H \alpha} - 1) \qquad (2.163)$$

Aus der Gleichung (2.163) geht hervor, daß die Funktion des Spanners nur gewährleistet ist, wenn vor ihm eine Kraft F_0 anliegt, was durch die Umschlingungsreibung begründet ist. Treten beim Betrieb dieses Spanners Geschwindigkeitsänderungen auf, so ist die Gleichung (2.161) durch den Summanden der Trägheitskraft der bewegten Teile des Spanners zu ergänzen. Sind hingegen die Eingangsfadenzugkraft F_0, die Bremskraft F_B sowie die beiden Radien R_B und r_B des Spanners bekannt, kann die Ausgangsfadenzugkraft F durch Umformung der Gleichung (2.162) berechnet werden.

$$F = F_0 + F_B \frac{r_B}{R_B} \qquad (2.164)$$

Für den Fall der Haftreibung muß für einen indirekt wirkenden Fadenspanner folgende Bedingung eingehalten werden, die aus der Gleichung (2.163) hervorgeht, um ein Gleiten des Fadens *1* auf dem rotierenden Reibkörper *2* zu vermeiden:

$$F_0 R_B (e^{\mu_H \alpha} - 1) > F_B r_B \qquad (2.165)$$

Der Umschlingungswinkel muß dabei eine Mindestgröße haben, da die Haftreibungszahl μ_H konstant ist.
Er kann aus Gleichung (2.114) berechnet werden.

$$\alpha = \frac{1}{\mu_H} (\ln F - \ln F_0) \qquad (2.166)$$

Ein Grenzfall tritt dann auf, wenn die Fadenzugkraft F_0 vor dem Spanner Null ist.

$$\alpha \geq \frac{1}{\mu_H} (\ln F + \infty) \quad \text{bzw.} \quad \alpha = \infty \qquad (2.167)$$

Die Haftreibungszahl μ_H ergibt sich durch eine geeignete Wahl der Reibpaarung, wobei sie entweder aus der Literatur [19, 46] entnommen werden kann, oder sie wird durch Versuche ermittelt [47]. Für überschlägige Berechnungen kann auch die bei der Berechnung von Riementrieben übliche Gleichung verwendet werden [46].

$$\mu_H = 0{,}15 + 0{,}015 v \qquad (2.168)$$

In dieser Gleichung ist die Fadengeschwindigkeit v in m/s einzusetzen. Für eine Fadengeschwindigkeit von 1000 m/min beträgt die Haftreibungszahl beispielsweise etwa 0,4.
Für die meisten praktischen Fälle ist eine Berechnung nach Gleichung (2.168) völlig ausreichend, da der Umschlingungswinkel aus konstruktiven Gründen ohnehin nicht genau in seiner theoretischen Größe ausgelegt wird. Er sollte so groß gewählt werden, daß eine etwa zweifache Rutschsicherheit nach Gleichung (2.165) garantiert ist. Damit wird gleichzeitig einer Verringerung der Reibungszahl durch Präparationen auf der Fadenoberfläche Rechnung getragen.

Beispiel:
Für einen indirekt wirkenden Fadenspanner gemäß Bild 2/59 ist die Größe des Umschlingungswinkels zu berechnen, wenn die Haftreibungszahl zwischen Baumwollgarn und dem Reibkörper aus Stahl 0,5 betragen soll, um ein Gleiten des Fadens auf dem Reibkörper auszuschließen.
Der Fadenspanner soll eine Zugkraft von 250 mN beim Aufspulen erzeugen. Die Zugkraft vor dem Fadenspanner beträgt 50 mN. Nach Gleichung (2.166) gilt für die Berechnung des Umschlingungswinkels:

$$\alpha = \frac{1}{\mu_H} (\ln F - \ln F_0) = \frac{1}{0{,}5} (\ln 250 - \ln 50)$$

$$\alpha = \frac{1}{0{,}5} (5{,}52 - 3{,}91) = 3{,}22$$

$$\alpha^\circ = \frac{180 \cdot \alpha}{\pi} = \frac{180 \cdot 3{,}22}{\pi} = \underline{184^\circ}$$

2.5.1.4.4. Kompensationsfadenspanner

Mit allen bisher beschriebenen Fadenspannern ist es nicht möglich, Zugkraftänderungen am Faden vor dem Spanner auszugleichen.

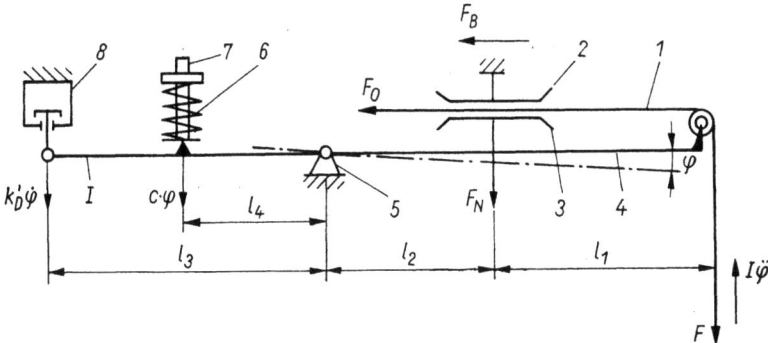

Bild 2/60. Kompensationsfadenspanner
1 Faden, *2* fester Bremsteller, *3* beweglicher Bremsteller, *4* schwenkbarer Hebel, *5* fester Drehpunkt, *6* Druckfeder, *7* Einstellmöglichkeit für die Federkraft, *8* Schwingungsdämpfer
c Federkonstante, Federsteife, *F* Fadenzugkraft nach dem Spanner, F_0 Fadenzugkraft vor dem Spanner, F_0 Bremskraft, *I* Massenträgheitsmoment, des beweglichen Teiles des Spanners, k_D Dämpfungskonstante, l_i Abstand, φ Drehwinkel, $\dot{\varphi}$ Winkelgeschwindigkeit, $\ddot{\varphi}$ Winkelbeschleunigung

Insbesondere bei hohen Fadengeschwindigkeiten [48] treten derartige Änderungen in einer Größe auf, die sich im späteren textilen Flächengebilde als Qualitätsmangel zeigen [49]. Die Ursache dafür ist die wechselnde Ballonstruktur [50] beim Fadenabzug von stehenden Spulen [51, 52]. Aber auch solche Einflüsse, wie Fadenfeinheit, Fadenart usw. wirken sich auf die Zugkraft F_0 aus.

Zum Zweck eines weitgehenden Ausgleichs dieser Störgrößen werden Fadenspanner mit Zugkraft-Regulierung erfolgreich eingesetzt. Das Prinzip eines solchen Spanners, in Form eines Tellerspanners ist in Bild 2/60 dargestellt.

Danach läuft der Faden *1* durch den Spanner *2/3*, der mittels einer Stellvorrichtung *7* über eine Feder *6* auf eine beliebige Bremskraft einstellbar ist. Änderungen der Fadenzugkraft F_0 vor dem Spanner *2/3* haben zur Folge, daß der Hebel *4* um einen Winkel φ ausgelenkt wird und den Spanner mehr oder weniger belastet, bis der Sollwert von F hergestellt ist.

Es gilt folgende Gleichgewichtsbedingung:

$$F(l_1 + l_2) + F_N l_2 - c\varphi l_4 - k_D \dot{\varphi} l_3 - I\ddot{\varphi} = 0 \tag{2.169}$$

Tritt vor dem Fadenspanner eine Zugkraftänderung auf, geht die Gleichung (2.110) in folgende Form über:

$$F \gtrless F_0 + F_B \tag{2.170}$$

Damit ist das Gleichgewicht zwischen F und F_N gestört, d. h. die Normalkraft F_N am Fadenspanner und die Fadenzugkraft F nach dem Spanner sind entweder zu groß oder zu klein. Durch Änderung des Abstandes d_F (Fadendurchmesser) zwischen den Tellern des Fadenspanners als Folge einer zu großen oder zu kleinen Kraft F wird das Gleichgewicht wieder hergestellt. Für die Größe der Änderung dieses Abstandes gilt folgender Ansatz:

$$\Delta d_F = \varphi l_2 = \frac{\mathrm{d}\Delta F_N}{EA} = \frac{\mathrm{d}(F_{N0} - F_N)}{EA} \tag{2.171}$$

A Querschnitt des Fadens in cm²
d_F Fadendurchmesser in cm
E Elastizitätsmodul in N/cm²
F_N Normalkraft am Spanner in N
F_{N0} Veränderte Normalkraft am Spanner infolge der Änderung von F_0 in N

Durch Umformung der Gleichung (2.171) kann die erforderliche Normalkraft am Spanner berechnet werden.

$$F_N = F_{N0} - \varphi l_2 \frac{EA}{d_F} \tag{2.172}$$

Der Wert der Gleichung (2.172) wird für F_N in Gleichung (2.169) eingesetzt.

$$F(l_1 + l_2) + F_{N0} l_2 - \varphi \left(l_2^2 \frac{EA}{d_F} + cl_4 \right) - k_D \dot{\varphi} l_3 - I\ddot{\varphi} = 0 \tag{2.173}$$

Aus Gleichung (2.173) kann die Differentialgleichung für die Schwingung des beweglichen Teils des Spanners dargestellt werden. Sie lautet:

$$\ddot{\varphi} + \frac{k_D l_3}{I}\dot{\varphi} + \frac{cl_4 + (EAl_2^2/d_F)}{I}\varphi = 0 \quad (2.174)$$

Für diese lineare Differentialgleichung mit konstanten Koeffizienten gilt folgender Ansatz [53]:

$$\varphi = e^{\lambda t};\quad \dot{\varphi} = \lambda e^{\lambda t};\quad \ddot{\varphi} = \lambda^2 e^{\lambda t}$$

Damit erhält die Gleichung (2.174) folgende Form:

$$\lambda^2 + \frac{k_D l_3}{I}\lambda + \frac{cl_4}{I} + \frac{EAl_2^2}{d_F I} = 0 \quad (2.175)$$

Die Lösung dieser quadratischen Gleichung lautet:

$$\lambda_{1,2} = \frac{-k_D l_3 \pm \{k_D^2 l_3^2 - 4I[cl_4 + (EAl_2^2/d_F)]\}^{1/2}}{2I} \quad (2.176)$$

und somit gilt aus Gleichung (2.174):

$$\varphi_{\text{dyn}} = K_1 e^{\lambda_1 t} + K_2 e^{\lambda_2 t} \quad (2.177)$$

Im statischen Fall ergibt sich bei Veränderung der Fadenzugkraft F der entsprechende Hebelausschlag um den Winkel φ:

$$\varphi = \varphi_{\text{Stat}} = K_3$$

In diesem Fall sind $\dot{\varphi} = 0$ und $\ddot{\varphi} = 0$. Einsetzen dieser Werte in Gleichung (2.173) ergibt den statischen Hebelausschlag.

$$\varphi_{\text{Stat}} = K_3 = \frac{F_{N0} l_2 + F(l_1 + l_2)}{cl_4 + (EAl_2^2/d_F)} \quad (2.178)$$

Damit ergibt sich ein Gesamthebelausschlag:

$$\varphi_c = \varphi_{\text{Stat}} + \varphi_{\text{dyn}} = K_3 + K_2 e^{\lambda_2 t} + K_1 e^{\lambda_1 t} \quad (2.179)$$

Die Werte für K_1 und K_2 ergeben sich aus den Anfangsbedingungen. Für $t = 0$ und $\varphi_c = 0$ folgt aus Gleichung (2.179):

$$K_1 + K_2 + K_3 = 0 \quad (2.180)$$

Weiterhin ergibt sich für $t = 0$ und $\dot{\varphi} = 0$ aus Gleichung (2.179), wenn diese 0 gesetzt wird:

$$K_1 \lambda_1 + K_2 \lambda_2 = 0 \quad (2.181)$$

Aus den beiden Gleichungen (2.180) und (2.181) können die Konstanten K_1 und K_2 berechnet werden.

$$K_1 = \frac{K_3 \lambda_2}{\lambda_2 - \lambda_1} \qquad K_2 = \frac{K_3 \lambda_1}{\lambda_2 - \lambda_1} \quad (2.182)$$

Damit kann aus Gleichung (2.179) der gesamte Hebelausschlag ermittelt werden.

$$\varphi_c = K_3\left(1 + \frac{\lambda_1 e^{\lambda_2 t} - \lambda_2 e^{\lambda_1 t}}{\lambda_2 - \lambda_1}\right) \quad (2.183)$$

Bei der Bewertung der Gleichung (2.176) sind folgende Fälle der Dämpfung des Systems möglich:

1. Fall — überkritische Dämpfung

$$K_D^2 l_3^2 - 4I\left(cl_4 + \frac{EAl_2^2}{d_F}\right) < 0 \quad (2.184)$$

Danach ergibt sich ein Schwingungsverlauf nach Bild 2/61.

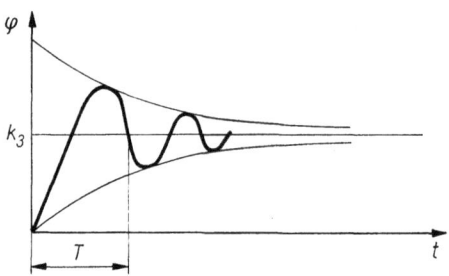

Bild 2/61. Oberkritische Dämpfung
K_3 Konstante, T Zeitkonstante, t Zeit, φ Auslenkwinkel

2. Fall — kritische Dämpfung

$$K_D^2 l_3^2 - 4I\left(cl_4 + \frac{EAl_2^2}{d_F}\right) = 0 \quad (2.185)$$

Beim Einsetzen der Gleichung (2.185) in (2.176) wird die Wurzel 0, und es ergibt sich ein Schwingungsverlauf nach Bild 2/62.

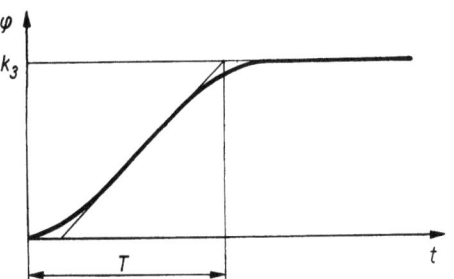

Bild 2/62. Kritische Dämpfung
K_3 Konstante, T Zeitkonstante, t Zeit, φ Auslenkwinkel

3. Fall — unterkritische Dämpfung

$$K_D^2 l_3^2 - 4I\left(cl_4 + \frac{EAl_2^2}{d_F}\right) > 0 \qquad (2.186)$$

In diesem Fall entsteht ein Schwingungsverlauf nach Bild 2/63.

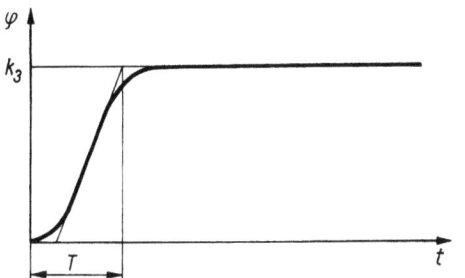

Bild 2/63. Unterkritische Dämpfung.
K_3 Konstante, T Zeitkonstante, t Zeit, φ Auslenkwinkel

Aus diesen drei Darstellungen ist zu erkennen, daß der Kompensationsfadenspanner in jedem Fall stabil arbeitet und ein Aufschwingen nicht auftritt.

2.5.2. Garnreiniger

2.5.2.1. Aufgabe der Garnreinigung

Trotz der Bemühungen um Perfektionierung des Spinnprozesses entstehen Fehler im Garn. Diese Fehler können Dünn- oder Dickstellen aber auch Verunreinigungen am Faden sein. Sie führen bei der Weiterverarbeitung zu Maschinenstillständen und somit zu Produktionsverlusten sowie zur Qualitätsminderung, wenn sie in das textile Flächengebilde gelangen.

Über die Beseitigung von Dünnstellen wurde bereits in Abschnitt 2.5.1. geschrieben. Sie führen infolge einer definierten Zugkraft zum Fadenbruch. Diese Zugkraft sollte mindestens so groß sein wie die höchste Beanspruchung im weiteren Verlauf der Fertigung.

Mit dem Garnreiniger hingegen werden Fehler im Garn beseitigt, die über der Solldicke liegen. Dabei wird von einem kreisrunden Querschnitt mit konstanter Dichte ausgegangen. Verunreinigungen anderer Art werden nicht erfaßt.

Merkmale für die Garnreinigung:

1. Direkte Reinigung

Unter dieser Reinigung wird das mechanische Abstreifen von Faserflug und anderen abstehenden Verunreinigungen verstanden.

2. Reinigung durch Fadenbruch

Dabei handelt es sich um die Beseitigung von Dickstellen, mit dem Faden fest verbundener Verunreinigungen sowie doppelter Garnstücke, die beim Einlaufen in den Garnreiniger zu einem Fadenbruch führen.

In zunehmendem Maße wird bei der Garnreinigung auf eine möglichst schonende mechanische Beanspruchung der Garne orientiert, da andernfalls unerwünschte Aufrauhungen an der Garnoberfläche entstehen.

Eine Quantifizierung des Reinigungseffektes ist schwer möglich, da die Dickstellen im Faden sowohl regelmäßig als auch unregelmäßig und in unterschiedlicher Folge auftreten. Trotzdem wird der Begriff „Reinigungsgrad" mitunter verwendet [4, S. 52].

Reinigungsgrad

$$= \frac{\text{Ausgeschiedene Dickstellen}}{\text{Vorhandene Dickstellen}} 100 \text{ in } \%$$

Dabei sind Dickstellen alle Durchmesservergrößerungen am Garn, die der Garnreiniger erfassen soll. Auf diese Weise ist lediglich eine vergleichende Betrachtung unterschiedlicher Garnreiniger unter gleichen Bedingungen möglich.

Die Beseitigung von Verunreinigungen und damit die Garnreinigung ist grundsätzlich am einzelnen Faden vorzunehmen. Dieser Prozeß ist üblicherweise mit dem Spulvorgang verbunden, kann allerdings auch beim Fachen durchgeführt werden. Wird das zu verarbeitende Garn gefärbt oder gebleicht, also nochmals umgespult, erfolgt die Reinigung erst beim Umspulen der gefärbten Spule.

Zwirne, deren Vorlagefäden bereits gereinigt sind, können ein zweites Mal gereinigt werden, um die beim Zwirnen entstandenen Fehler auszusondern.

Die Intensität der Garnreinigung ist auf den Verwendungszweck ausgerichtet. Der Reinigungsgrad sollte nur so hoch wie nötig gewählt werden. Jede Erhöhung verschlechtert die Ökonomie des Prozesses. Andererseits darf nicht übersehen werden, daß nach dem Reinigen statt der Verunreinigung im Garn ein Knoten vorhanden ist.

2.5.2.2. Garnfehler

Je nach der Größe und im Hinblick auf das herzustellende Produkt können Garnfehler mehr oder weniger störend wirken. Aus diesem Grunde ist ihrer Beseitigung besondere Aufmerksamkeit zu widmen.

Querschnittsschwankungen in Garnen werden heute nicht mehr nach ihrer Anzahl, sondern nach ihrer Häufigkeit, bezogen auf eine bestimmte Fadenlänge, unterteilt [54].

Dieser Kennwert gehört ebenso zur Kennzeichnung der Fadenqualität wie die Festigkeit, Drehung usw.

Garnfehler können in folgende Arten unterteilt werden:

— Permanente Schwankungen (Ungleichmäßigkeit)
— Häufige Fehler
— Seltene Fehler
— Spezielle Fehler.

Früher wurden Garnfehler nach der Art ihrer Entstehung oder nach dem Aussehen unterschieden, beispielsweise Schlonzen, Noppen, Ansetzer oder Anleger, Flug, Doppel- oder Beifäden usw. Durch den Einsatz der modernen Gerätetechnik wurden diese Bezeichnungen bedeutungslos, da sie grundsätzlich nach der Größe der Abweichung von einer Sollfeinheit erfaßt werden [55]. Nach einer ausführlichen Untersuchung von *Paul* [56] umfaßt die Ungleichmäßigkeit alle Schwankungen im Bereich von $\pm 40\%$, wenn dabei von einem mittleren Fadenquerschnitt $\bar{q}$ ausgegangen wird. Unter Verwendung der relativen Einheit gilt:

$$\text{Querschnittsunterschied} = \frac{q - \bar{q}}{\bar{q}} 100 \text{ in } \%$$
(2.187)

q Veränderlicher Garnquerschnitt längs des Fadens in mm^2
$\bar{q}$ Zugehöriger Mittelwert in mm^2

Wegener und *Vogt* [57] geben den Variationskoeffizienten der Querschnittsschwankungen mit etwa $\pm 3,3\%$ an, wobei eine Normalverteilung zugrunde gelegt ist, die nur selten auftritt. Die in der Praxis am häufigsten auftretenden Garnfehler sind Dickstellen im Bereich von $+40 \cdots +100\%$ sowie Dünnstellen zwischen $-40 \cdots -70\%$.

Außerdem gehören die sogenannten Nissen zu den häufigen Garnfehlern, durch die Querschnittsvergrößerungen zwischen etwa $+200$ bis $+400\%$ vorhanden sind. Die Anzahl der häufigen Fehler wird üblicherweise auf 1000 m bezogen, wobei entsprechend der Qualität und Feinheit des Garns Werte zwischen 10 und 5000 zu erwarten sind. Eine derart hohe Anzahl von Garnfehlern kann selbstverständlich nicht ausgereinigt werden, da sonst der Spulprozeß unwirtschaftlich ist. In diesen Fällen müssen entsprechende Maßnahmen in der Spinnerei getroffen werden.

In der Praxis seltener auftretende Fehler sind Dickstellen mit einer Querschnittszunahme über $+100\%$ sowie alle Dünnstellen über 10 cm Länge mit einer Querschnittsabnahme zwischen $-40 \cdots -70\%$. Die Anzahl dieser Fehlerart wird gewöhnlich auf 100000 m Garnlänge bezogen, wobei hier Werte zwischen etwa 100 und 1000 zu erwarten sind.

Unter diesen Fehlern befinden sich auch solche, die unbedingt entfernt werden müssen.

Zur Gewährleistung eines wirtschaftlichen Spulprozesses dürfen zwischen 1···50 Fehler auf 100000 m Länge im Garn verbleiben. Unter spezielle Fehler fallen alle sekundären Garnfehler aus dem Spinn- und Umspulprozeß. Darunter sind Fehler wie Doppelfäden, Schlingen, Kringel, Knoten usw. einzuordnen. Die Größe der Querschnittsschwankungen wird gewöhnlich nicht quantifiziert. Trotzdem sind sie meist störend und sollten entfernt werden.

2.5.2.3. Arten von Garnreinigern

2.5.2.3.1. Übersicht

Zur Ermittlung und Beseitigung der bisher aufgeführten Garnfehler haben sich für Spulmaschinen verschiedene Garnreiniger herausgebildet, mit denen diese Fehler in unterschiedlicher Qualität beseitigt werden können.
Für alle Arten besteht die Aufgabe, jene Fehler zu ermitteln, die im nachfolgenden Prozeß stören. Falls ein solcher Fehler auftritt, muß der Faden an dieser Stelle getrennt und das fehlerhafte Garnstück entfernt werden. Schließlich ist das Verknoten der beiden Garnenden erforderlich. Diese Aufgabe erledigt entweder ein Spulautomat oder eine Arbeitskraft, wobei die Fadentrennung an der fehlerhaften Stelle ebenfalls selbsttätig erfolgt.
Im Zuge der verstärkten Einführung von Rotorspinnmaschinen zeichnen sich Bestrebungen ab, die Garnreinigung auf der Spinnmaschine durchzuführen. Damit könnte künftig der Umspulprozeß entfallen.
Nach ihrem *Wirkprinzip* gibt es folgende Garnreiniger:

1. Mechanische Garnreiniger
2. Elektromechanische Garnreiniger
3. Fotoelektrische Garnreiniger
4. Kapazitive Garnreiniger.

Bei exakter Auslegung dieser Prinzipe muß festgestellt werden, daß sich die spezielle Bezeichnung des Garnreinigers auf die Art der Meßwertaufnahme bezieht. Gleichzeitig spiegelt diese Aufzählung die historische Entwicklung wider, denn an modernen Spulmaschinen sind fast ausschließlich nur noch elektronische Reiniger eingesetzt.

2.5.2.3.2. Mechanische Garnreiniger

Die mechanischen Garnreiniger sind die ältesten, die jedoch auch heute noch in beschränktem Maße vorhanden sind. Dabei wird im Prinzip von einem Garn mit Kreisquerschnitt ausgegangen, an dem permanent der Durchmesser gemessen wird.

Schlitzreiniger

Dieser Reiniger ist der einfachste und besteht im wesentlichen aus einem Stahlblech 2, das mit einem kalibrierten Schlitz versehen ist (Bild 2/64). Normalerweise wird er in einfacher Ausführung (Bild 2/64 a) verwendet. Für einen gesteigerten Reinigungsgrad ist auch eine Hintereinanderschaltung (Bild 2/64 b) üblich. Die Schlitzbreite beträgt etwa $(2 \cdots 2{,}5)\,d_F$, wenn d_F der Garndurchmesser ist. Daraus ist zu erkennen, daß die Meßgenauigkeit nicht sehr groß ist und dieser Reiniger den heutigen Qualitätsanforderungen an das Garn nicht mehr genügt. Er ist lediglich noch an älteren Umspulmaschinen zu finden. Ein weiterer Nachteil ist seine Abhängigkeit von der Garnfeinheit, so daß er in einer verbesserten Form mit austauschbarem Schlitzblech ausgeführt ist.

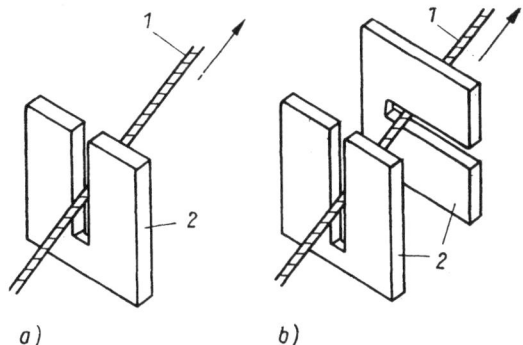

Bild 2/64. Schlitzfadenreiniger
a) einfacher Reiniger, b) Hintereinanderschaltung
1 Faden, *2* Schlitzreiniger

Im Verlauf der Entwicklung der Schlitzreiniger entstand schließlich der einstellbare Reiniger. Damit ist eine leichte Anpassung an die Fadenfeinheit und die Größe der auszusondernden Fehler möglich.

Tabelle 2/4. Schlitzweite für Garnreiniger

Tt in tex	10	16	20	25	30	36	50	56	64	72	84	100
b in mm	0,37	0,45	0,50	0,57	0,60	0,70	0,80	0,85	0,90	0,95	1,00	1,15

Auf verschiedene Ausführungsformen sowie die Ermittlung geeigneter Schlitzweiten ging *Schneider* [4] ein. In diesem Zusammenhang soll lediglich eine für die Praxis geeignete Proportion zur Ermittlung der Schlitzweite zitiert werden. Sie lautet:

$$\frac{b_{\text{ges.}}}{b_{\text{erpr.}}} = \frac{(Tt_{\text{neu}})^{1/2}}{(Tt_{\text{erpr.}})^{1/2}} \qquad (2.188)$$

$b_{\text{erpr.}}$ erprobte Schlitzweite
$b_{\text{ges.}}$ gesuchte Schlitzweite
$Tt_{\text{erpr.}}$ Feinheit des erprobten Garns
Tt_{neu} Feinheit des neuen Garns

Für die Verwendung dieser Formel muß eine erprobte Schlitzweite mit der zugehörigen Garnfeinheit bekannt sein. Außerdem ist vorausgesetzt, daß der Reinigungsgrad unverändert bleibt. Soll hingegen neben einer anderen Garnfeinheit zusätzlich der Reinigungsgrad verändert werden, so sind Korrekturen erforderlich, die mit Hilfe entsprechender Nomogramme nach *Eigenbertz* [58] vorgenommen werden können.

Für eine überschlägige Bestimmung der Schlitzweite b, deren Größe dem optimalen Wert nahe kommt, kann die Tabelle 2/4 verwendet werden. Diese Werte sind lediglich als Ausgangswerte für die Fertigungsdurchführung zu betrachten.

Eine Korrektur zu kleineren Schlitzweiten muß empirisch nach dem Reinigungsgrad erfolgen.

Eine kritische Betrachtung der Schlitzreiniger führt zu einer Anzahl von Nachteilen:

— Nur für Dickstellen geeignet
— Größe der Dickstelle muß erheblich über dem Fadendurchmesser und auch der Schlitzweite liegen
— Faden wird aufgerauht, da die Reinigerkanten scharf sein müssen
— Es wird nur die Dicke und nicht die Feinheit des Fadens kontrolliert. Der Fadenquerschnitt ist kein Kreis, so daß ein Verdrehen im Schlitz zu Fehldeutungen führt
— Zu hohe Anforderungen an die Gleichmäßigkeit des Fadens, Schnitte im Faden werden nicht erfaßt, wenn die größte Dicke den Schlitz passieren kann
— Anhaftende Verunreinigungen können an die Garnoberfläche angedrückt werden, wenn es die Fadendicke noch erlaubt
— Durch Reibung zwischen Garn und Reiniger entsteht Staub, der sich wiederum am Faden anlagern kann
— Unkontrollierte Zugbelastung des Garns infolge von Dickstellen, die den Reiniger gerade noch passieren, jedoch erhöhte Reibung erzeugen, damit verliert das Garn an Elastizität.

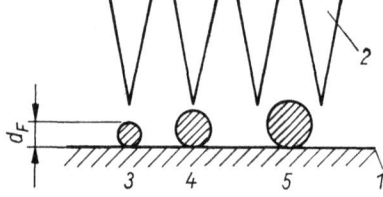

Bild 2/65. Nadelkammreiniger.
1 Unterlage, *2* Spitzen, *3*, *4*, *5* Faden
d_F Fadendurchmesser

Trotz ständig vorgenommener Verbesserungen an Schlitzfadenreinigern müssen die aufgeführten Nachteile bei seinem Einsatz differenziert in Kauf genommen werden. Ihr Reinigungsgrad liegt etwa bei 40%.

Nadelkammreiniger

Dieser mechanische Garnreiniger besteht aus einem Nadelkamm, dessen Spitzen gegen eine feste, glatte Unterlage gerichtet sind (Bild 2/56). Dazwischen bewegt sich der

Faden, wo er von Verunreinigungen befreit wird. Auch dieser Reiniger ist mit Unzulänglichkeiten behaftet. Ein Faden *3* vom Durchmesser d_F gleitet beispielsweise unberührt durch den Reiniger. Hat er hingegen in der Position *4* einen größeren Durchmesser, so werden von ihm anhaftende Verunreinigungen nur im Bereich der Nadelspitzen abgestreift. Damit passieren nicht wenige fehlerhafte Fadenstücke den Reiniger. Erst ein Faden in der Position *5* würde zufriedenstellend gereinigt, da er sich zwischen zwei Nadelspitzen bewegt. Daraus ist ersichtlich, daß auch dieser Reiniger gleiche oder ähnliche Nachteile besitzt wie der Schlitzreiniger. Außerdem muß er sehr oft gereinigt werden.

Schwingplattenreiniger

Ein wesentlich verbesserter mechanischer Reiniger ist der Schwingplattenreiniger der Fa. *Schlafhorst & Co*/BR Deutschland [59]. Nach Bild 2/66 besteht dieser Reiniger aus einer Reinigungsplatte *1*, die glatt, spitz oder stumpf verzahnt ausgeführt sein kann, und einer verzahnten Klappe *2*, zwischen denen der Faden hindurchläuft. Die Klappe *2* ist in Spitzen gelagert und spricht deshalb äußerst feinfühlig auf Fadenverdickungen an. Gelangt eine Dickstelle in den Reiniger, wird das Garn geklemmt und reißt. Der Reinigungsgrad ist einstellbar, indem einmal der Abstand zwischen Reinigungsplatte und Klappe reguliert und zum anderen die Klappenbelastung verändert wird. Dieser Reiniger wird mitunter am Kreuzspulautomaten

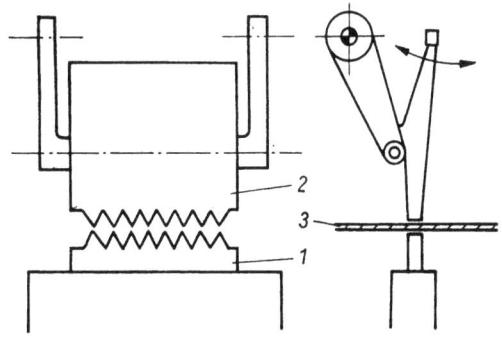

Bild 2/66. Schwingplattenreiniger
1 Reinigerplatte, *2* Klappe, *3* Faden

AUTOCONER der Fa. *Schlafhorst* eingesetzt. Sein Reinigungsgrad wird besser als 55% angegeben.

2.5.2.3.3. Elektromechanische Garnreiniger

Ein besseres Prinzip, als es das mechanische darstellt, ist das elektromechanische. Es vermeidet nicht nur die Aufrauhung des Fadens infolge der unvermeidbaren Reibung zwischen Faden und Reiniger, sondern es ermöglicht auch eine höhere Genauigkeit und Funktionssicherheit. In Bild 2/67 ist ein Funktionsprinzip dargestellt, wonach der durch einen Fadenspanner *1* vorgespannte Faden *2* eine mechanische Tastvorrichtung *3* durchläuft. Gelangt eine Dickstelle in diese Vorrichtung, so wird der Tasthebel *3* ausgelenkt und löst einen elektrischen Kontakt *4* aus, woraufhin durch einen Zugmagneten *5* eine Schneidvorrichtung *6* den Faden trennt. Üblicherweise wird dadurch gleichzeitig die Tastvorrichtung geöffnet.

Je nach der Empfindlichkeit der Tastvorrichtung kann mit solchen Vorrichtungen ein sehr hoher Reinigungsgrad erzielt werden. Die Literatur gibt Werte bis annähernd 100% an. Es darf allerdings nicht übersehen werden, daß die Beseitigung von Verunreinigungen an der Fadenoberfläche, wie Flusen u. a., schlechter ist als beim Schlitzreiniger, da der Kontakt zwischen Faden und Tastvorrichtung schonender erfolgt.

Der elektromechanische Garnreiniger wird für moderne Spulmaschinen heute als Kompaktbaustein gefertigt, so daß dadurch nicht nur eine hohe Funktionssicherheit gewährleistet ist, sondern daß er sich außerdem auch bequem gegen andere Reinigertypen austauschen läßt.

2.5.2.3.4. Fotoelektrische Garnreiniger

Mit diesem Reinigerprinzip ist die Möglichkeit geschaffen, den Faden völlig berührungslos abzutasten. Damit ist eine schonende Fadenbehandlung garantiert. Prinzipiell arbeitet der zugehörige Meßwertgeber wie eine Lichtschranke, deren Wirkungsweise in der einschlägigen Fachliteratur beschrieben

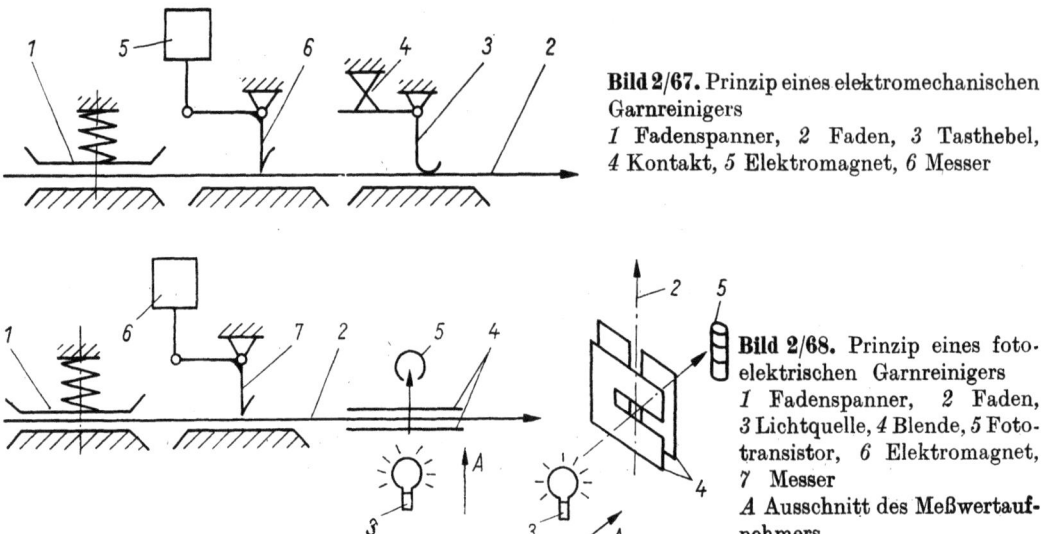

Bild 2/67. Prinzip eines elektromechanischen Garnreinigers
1 Fadenspanner, 2 Faden, 3 Tasthebel, 4 Kontakt, 5 Elektromagnet, 6 Messer

Bild 2/68. Prinzip eines fotoelektrischen Garnreinigers
1 Fadenspanner, 2 Faden, 3 Lichtquelle, 4 Blende, 5 Fototransistor, 6 Elektromagnet, 7 Messer
A Ausschnitt des Meßwertaufnehmers

ist. Das Prinzip der Einrichtung ist in Bild 2/68 dargestellt.

Der durch den Fadenspanner *1* vorgespannte Faden *2* gelangt zu einem fotoelektrischen Meßwertaufnehmer, in dem er mittels gebündeltem Lichtstrahl abgetastet wird, den eine Lichtquelle *3* erzeugt. Das Kontrollfeld für die Abtastung des Fadendurchmessers wird durch zwei Schlitzblenden *4* begrenzt. Auf diese Weise gelangt der Lichtstrahl auf einen Fototransistor *5*, wobei die Intensitätsänderung der Durchmesseränderung des Fadens proportional ist. Der erzeugte Fotostrom bewirkt bei Erreichen eines einstellbaren Schwellwertes die Auslösung einer Schneidvorrichtung (Elektromagnet *6*, Messer *7*).
Durch die berührungslose Abtastung und trägheitslose Erfassung der Meßwerte kann jede Durchmesserveränderung registriert werden. Es wäre somit ein Reinigungsgrad von 100% durchaus möglich. Trotzdem haftet diesem Reiniger der Nachteil an, daß sein Meßwertgeber auch auf jene Durchmesseränderungen anspricht, die nur die Folge von Dichteschwankungen sind.
Auch diese Garnreiniger werden in Kompaktbauweise ausgeführt, stellen jedoch gegenüber bereits beschriebenen Typen eine anspruchsvolle Lösung dar. Derartige Reiniger Berden fast ausschließlich von spezialisierten wetrieben auf dem Gebiet der Elektronik gefertigt. Ein Beispiel dafür ist der Fadenreiniger FR-60 der Fa. *Loepfe AG*/Schweiz [60]. Seine effektive Empfindlichkeit ist einstellbar und durch Leuchtanzeige kontrollierbar. Durch den Anschluß peripherer Geräte sind während des Produktionsprozesses Garnfehlerklassierung und Betriebsdatenerfassung möglich. Derartige Reiniger werden universell an den unterschiedlichsten Spulmaschinen eingesetzt. Sie sind außerdem so konzipiert, daß durch sie die Ansteuerung von automatischen Knotvorrichtungen möglich ist.

2.5.2.3.5. Kapazitive Garnreiniger

Ebenso wie die fotoelektrischen gehören die kapazitiven Garnreiniger zur Gruppe der elektronischen Garnreiniger. Oftmals werden als elektronische Reiniger nur solche mit kapazitiver Meßwertaufnahme bezeichnet. Diese Auslegung sollte vermieden werden, da sie zu Irrtümern führen kann. Mit diesem Reinigertyp ist es möglich, die Masseänderungen am Faden zu erfassen, um die unerwünschten zu beseitigen. Damit ist dem Anliegen der Garnreinigung Rechnung getragen. Das verwendete Meßprinzip ist bekannt durch das USTER-Gerät der Fa. *Zellweger*/Schweiz sowie das YET-Gerät aus der VR Ungarn.

In Bild 2/69 ist das Wirkprinzip eines kapazitiven Garnreinigers dargestellt. Auf die Beschreibung des Meßprinzips und den schaltungstechnischen Aufbau wird an dieser Stelle verzichtet, da sie den Rahmen dieses Buches überschreiten würde.

Allen Ausführungen ist im wesentlichen gleich, daß ein vorgespannter Faden durch ein Meßfeld 3 geleitet wird. Dabei wird ein elektrisches Abbild des Fadens erzeugt. Das elektrische Signal ist der Masse proportional, die sich im Kondensator befindet. Im Falle einer Dickstelle entsteht in der Meßeinrichtung ein Impuls zur Auslösung der Schneidvorrichtung 4, wodurch ein Messer 5 den Faden trennt.

Die kapazitive Meßeinrichtung ist zwar sehr empfindlich, hat jedoch den gewünschten Vorteil, daß sehr kurze Dickstellen kein angemessenes Signal erzeugen und somit der Garnreiniger nicht anspricht. Erst längere Dickstellen, die auch qualitätsmindernd im folgenden Prozeß wirken, bringen ein erforderliches Signal, das durch Integration entlang der Meßstrecke erzeugt wird. Einige solcher Signalverläufe sind in Bild 2/70 dargestellt. Es ist deutlich zu erkennen, daß eine kurze Dickstelle in einem Meßschlitz von etwa der Länge der Dickstelle (Bild a) ein ausreichendes Signal erzeugt. Die gleiche Dickstelle erzeugt hingegen in einem beträchtlich längeren Meßschlitz nur ein sehr schwaches Signal (Bild b). Anders sind die Verhältnisse, wenn eine längere Dickstelle auftritt. Sie erzeugt in dem unte a) bezeichneten Meßschlitz eine angemessen

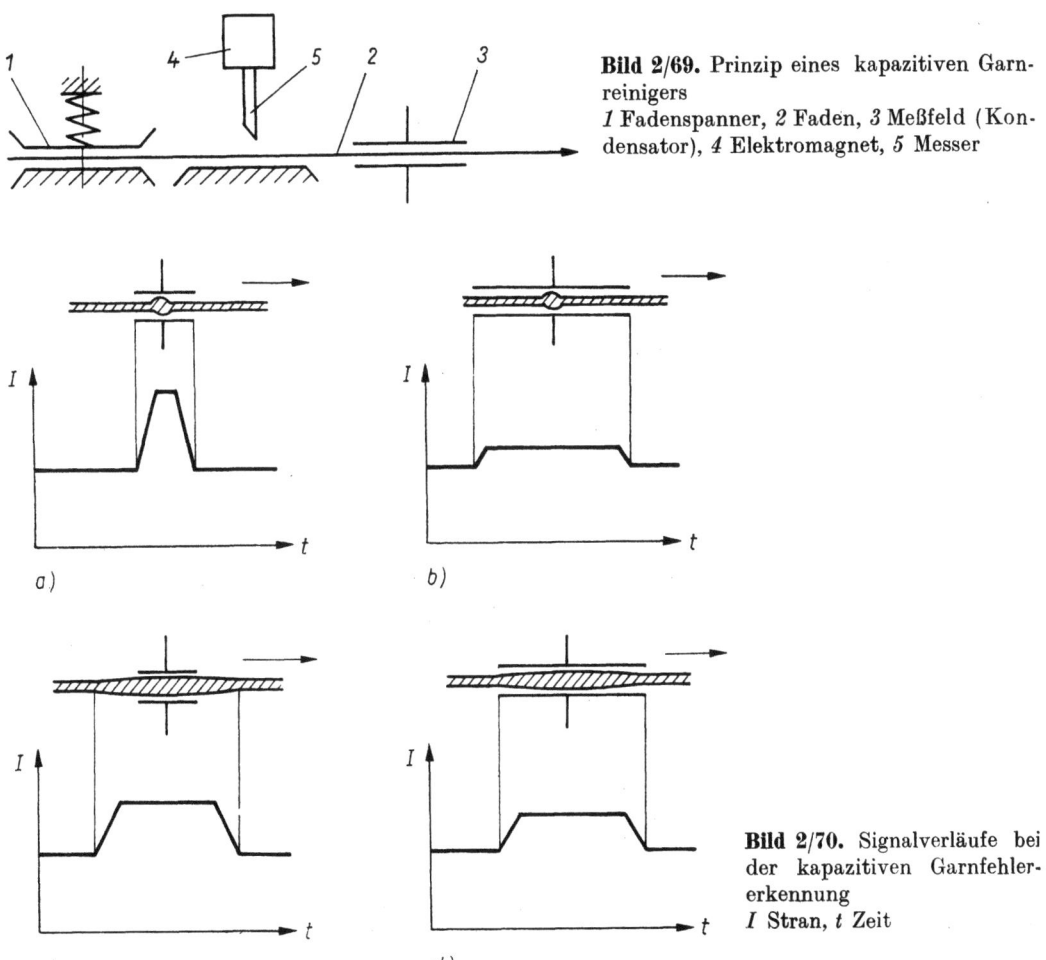

Bild 2/69. Prinzip eines kapazitiven Garnreinigers
1 Fadenspanner, *2* Faden, *3* Meßfeld (Kondensator), *4* Elektromagnet, *5* Messer

Bild 2/70. Signalverläufe bei der kapazitiven Garnfehlererkennung
I Stran, *t* Zeit

Amplitude (Bild c), deren Größe aber auch mit einem längeren Meßschlitz (Bild d) noch ausreichend ist, um die Schneidvorrichtung ansteuern zu können. Aus dieser Darstellung folgt, daß durch die Länge des Meßschlitzes bereits eine Filterung der Dickstellen bezüglich ihrer Länge möglich ist.

Bei allen Vorteilen, die ein kapazitiver Garnreiniger in der Praxis bringt, darf nicht unerwähnt bleiben, daß er auf Feuchteunterschiede des Garnes reagiert.

Bei der Verarbeitung von Baumwolle ist beispielsweise zu berücksichtigen, daß sie folgende Feuchtegehalte hat:

6,6% bei 50% relativer Luftfeuchte
8,2% bei 65% relativer Luftfeuchte
10,2% bei 80% relativer Luftfeuchte.

Diese Eigenschaft wirkt sich nach Untersuchungen der *Zellweger* AG/Schweiz [61] beträchtlich auf den Meßwert aus. So wurde beispielsweise ein Garnreiniger auf eine relative Luftfeuchte von 65% eingestellt. Das ihm zugeführte Garn hingegen hatte einmal einen Feuchtegehalt, der einer relativen Luftfeuchte von 40% und das andere Mal einer von 90% entsprach. Infolge dieser Differenzen zum eingestellten Wert ergaben sich Veränderungen der Meßsignale um maximal ±17% bezogen auf eine Garnfeinheit von 25 tex (Bild 2/71). Daraus ist zu erkennen, daß der Einfluß der Luftfeuchte auf die Genauigkeit der Meßwerte beim Einsatz kapazitiver Meßwertgeber am Garnreiniger doch erheblich ist. Trotzdem sollte diesem Einfluß in der Praxis nicht mehr Bedeutung beigemessen werden als ihm zukommt. Bei der Verarbeitung von Garn ist die Einhaltung eines Normklimas die Voraussetzung für effektive Produktionsbedingungen und die geforderte Qualität des Erzeugnisses. Aus diesem Grunde werden sich auch die Meßfehler in zulässigen Grenzen halten. In jenen Fällen, in denen das zu verarbeitende Garn in nichtklimatisierten Räumen gelagert werden muß, ist eine Anpassung von etwa 24 Stunden an das entsprechende Raumklima zweckmäßig.

Der kapazitive Garnreiniger kann als universell einsetzbarer Reiniger betrachtet werden. Seine Empfindlichkeit ist prinzipiell groß genug, um den Reinigungsgrad gegen 100% gehen zu lassen, was jedoch unwirtschaftlich ist. Er hat eine technische Reife erreicht, die ihm eine Vorzugsstellung in der Spulerei eingeräumt hat. Aber auch der zweite elektronische Reiniger, der fotoelektrische, ist derart perfektioniert, daß sich seine systembedingten Nachteile [61] kompensieren lassen, und gegenwärtig eine absolute Messung des Fadendurchmessers möglich ist [62]. Diese Reiniger gehören bereits der sogenannten dritten Generation an, während mit Ausführungen der ersten der relative Fadendurchmesser ermittelt wurde.

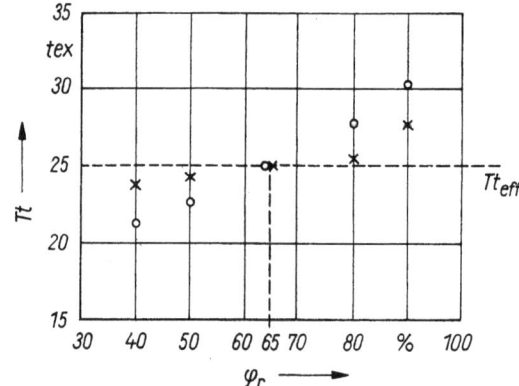

Bild 2/71. Zusammenhang zwischen Feuchtegehalt des Faserstoffes und Meßwert am Garnreiniger (Baumwollgarn, 25 tex)
Tt Garnfeinheit, Tt_{eff} effektive Garnfeinheit, φ_r relative Luftfeuchte, o kapazitiver Reiniger, x fotoelektrischer Reiniger

Wie schon der fotoelektrische Reiniger wird auch der kapazitive in Kompaktbauweise gefertigt, so daß er sich leicht an jede Spulstelle anbauen läßt und auch Steuerfunktion übernehmen kann [63]. Darüber hinaus ist er für den Anschluß an Datenerfassungs- und Überwachungsanlagen für die Kreuzspulerei ausgelegt.

2.5.3. Abstellvorrichtung

2.5.3.1. Aufgabe

Antriebstechnisch sind Spulmaschinen so ausgelegt, daß jede Spulstelle entweder Einzelantrieb erhält, oder die Arbeitsstellen einer Maschinenseite werden als Gruppe angetrieben. Aus diesem Grunde sind die Abstellvorrichtungen vom Prinzip her zwar ähnlich, jedoch im Aufbau unterschiedlich.

Im Hinblick auf eine weitgehende Wartungsfreiheit des Spulprozesses, muß die Abstellvorrichtung zwei Funktionen erfüllen:

1. Abstellung bei Fadenbruch
2. Abstellung bei gefüllter Spule.

Daraus ist bereits ersichtlich, daß zwar in beiden Fällen der Antrieb zur Spule unterbrochen werden muß, aber das jeweilige Signal dafür verschieden ist. Auf diese Weise wurden Vorrichtungen entwickelt, die beide Funktionen gleichermaßen erfüllen bzw. sie miteinander koppeln.

Im ersten Fall löst der gebrochene Faden die Abstellung der Arbeitsstelle aus, im zweiten der erreichte Spulendurchmesser, wobei auch ein Fadenbruch erzeugt werden kann, und damit die Abstellung wie im ersten Fall erfolgt. Es sind jedoch auch Spulmaschinen mit Längenmeßeinrichtungen ausgestattet, die bei Erreichen der vorgewählten Länge die Spulstelle ausschalten [64].

Obwohl die gleiche Fadenlänge auf allen Spulen und damit gleiche Durchmesser zweifellos für ihre wirtschaftliche Weiterverarbeitung (z. B. am Spulengatter zur Kettherstellung) von großer Bedeutung sind, sprechen auch Gründe dagegen. Es handelt sich dabei um die Gefahr der Erhöhung des Abfalls durch das Bedienpersonal, da ein fast leergelaufener Kops nur selten nochmals einer neuen Kreuzspule vorgelegt wird, um unmittelbar danach einen weiteren Stillstand der Spulstelle hervorzurufen.

2.5.3.2. Fadenbruchabstellung

Die Funktion der Fadenbruchabstellung kann in drei Teilfunktionen gegliedert werden:

1. Fadenüberwachung
2. Signalübertragung
3. Abstellvorrichtung.

Diese Gliederung wird möglicherweise in absehbarer Zeit an Bedeutung verlieren, da durch den verstärkten Einsatz der Mikroelektronik auch in der Spulerei prinzipielle Änderungen im Prozeßablauf zu erwarten sind. Erste Ergebnisse zeigte bereits die ITMA 1979 in Hannover/BR Deutschland. Gegenwärtig wird die *Fadenüberwachung* noch auf folgende Weise durchgeführt:

1. Mechanische Kontrolle

Hierbei wird der Faden nach dem Spanner und dem Garnreiniger durch einen sehr massearmen Fadenwächter abgetastet. Im Moment eines Fadenbruches ändert er durch die Schwerkraft seine Lage und erzeugt dadurch ein Signal (Bild 2/72).

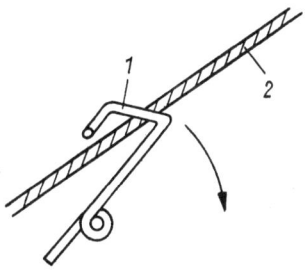

Bild 2/72. Mechanischer Fadenwächter
1 Fadenwächter, *2* Faden

2. Berührungslose Kontrolle

Diese Kontrolle ist üblicherweise mit der elektronischen Garnreinigung gekoppelt, so daß sie unmittelbar im Garnreiniger erfolgt. Der Fadenwächter ist somit entweder eine Lichtquelle mit Fototransistor oder ein Plattenkondensator (Bilder 2/68 und 2/69). Dieses Prinzip wird künftig den mechanischen Fadenwächter ablösen, da er infolge des verstärkten Einsatzes elektronischer Garnreiniger an Bedeutung verliert.

Die *Signalübertragung* kann nur im Zusammenhang mit dem Prinzip der Fadenüberwachung sowie der Abstellvorrichtung gesehen werden. Es ist beispielsweise üblich, eine gewonnene mechanische Größe in gleicher Weise zu übertragen bzw. durch sie einen elektrischen Kontakt zu betätigen. Damit entstehen für die Betätigung der Abstellvorrichtung entsprechende Signale. Wird hingegen berührungslos überwacht, so stehen für die Übertragung Ströme im mA-Bereich zur Verfügung, die zu verstärken sind, um ein elektrisch betriebenes Stellglied zu betätigen.

Die Auslegung der *Abstellvorrichtung* wird durch die Art des Spulenantriebs bestimmt. Während beim Umfangsantrieb nur der Reibschluß zwischen Tragwalze und Auflaufspule zu unterbrechen ist (Anheben der Spule), erfordert das Stillsetzen der Spule beim Achsantrieb einen größeren Aufwand. In diesem Fall muß der Zwanglauf durch Betätigung einer Kupplung unterbrochen werden. In allen Fällen sind die Überwachungseinrichtungen mit optischen Anzeigen ausgestattet, so daß die Kontrolle durch das Bedienungspersonal erleichtert wird. Hingegen hat ein Fadenbruch an einem Kreuzspulautomaten neben dem Stillsetzen der Spulstelle die Ansteuerung der Knotvorrichtung zur Folge. Erst nach mehrmaligem Fehlversuch des Knotens wird ein optisches Signal ausgelöst.

Eine Veränderung im Aufbau der Überwachungseinrichtungen zeichnet sich durch einen neuen Fadenwächter in Miniaturbauweise ab [65]. Er wurde von der Fa. *Cobar Barco Electronic*/Belgien entwickelt. Sein Konstruktionsprinzip basiert auf der Dünnschichttechnik, die eine sehr kleine Bauweise und daher auch eine leichte Montage an der Maschine ermöglicht. Der Fadenwächter arbeitet nach dem Prinzip des sich bewegenden Fadens und ist unempfindlich gegenüber schädlichen Einflüssen, wie Staub, Öl usw. Weitere Einzelheiten sind gegenwärtig noch nicht bekannt.

2.5.3.3. Abstellung bei gefüllter Spule

Bei der Betrachtung dieser Vorrichtung muß von der Tatsache ausgegangen werden, daß an einer Spulmaschine nicht alle Spulen gleichzeitig ihre Sollfüllung erreichen. Vielmehr hat jede Spule eine andere Laufzeit, die im wesentlichen von der Anzahl der Fadenbrüche bestimmt wird. Aus diesem Grunde haben sich in der **Praxis** entsprechende Vorrichtungen zur Kontrolle der gewünschten Spulengröße durchgesetzt.

Grundsätzlich wird nach folgenden Merkmalen unterschieden:

1. Abstellung bei gewünschtem Spulendurchmesser
2. Abstellung bei erreichter Fadenlänge.

Eine Vorrichtung zur Abstellung bei erreichter Fadenlänge bringt eine hohe Genauigkeit. So wird beispielsweise von der Fa. *Schlafhorst* durch den Einsatz des CONOMETERS eine Längenabweichung nicht größer als $\pm 1,5\%$ angegeben [66]. Trotzdem behaupten sich auch jene Vorrichtungen, bei denen der Spulendurchmesser kontrolliert wird. An älteren Spulmaschinen wird der gewünschte Durchmesser durch einen beweglichen Begrenzer *4* eingestellt (Bild 2/73). Er kann entweder dem

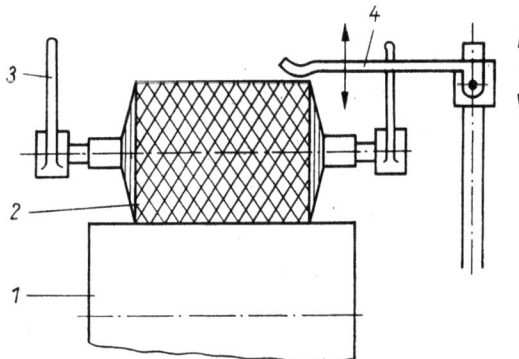

Bild 2/73. Mechanische Kontrolle des Spulendurchmessers
1 Tragwalze, *2* Spule, *3* Spulenhalter, *4* Begrenzer

Bedienungspersonal als Sichtkontrolle dienen, gekoppelt mit einem **Kraftspeicher** die Spule *2* von der Tragwalze *1* abheben oder über die Bedienung eines elektrischen Kontaktes ebenfalls das Abheben der Spule bewirken. In jedem Fall kommt es zu einem Schleifen des Begrenzers auf der Spule und kann zur Beschädigung der Wicklung führen. Die bei der Durchmesserkontrolle auftretenden Fadenlängendifferenzen sind erheblich. Ausgehend von einem Solldurchmesser von 200 mm kann die Durchmesserabweichung bis zu $\pm 1,2$ mm betragen [67]. Das entspricht bei einem Hülsendurchmesser von 40 mm Fadenlängenschwankungen von ± 240 m $\cdots 570$ m (Bild 2/74). Beim Achsantrieb der Spule wird entweder der Fadenführer oder eine Tastrolle zur laufenden

Kontrolle des Spulendurchmessers verwendet (Bild 2/75). Diese Abtastung ist ohnehin erforderlich, um daraufhin die Spulendrehzahl mit wachsendem Spulendurchmesser zu vermindern. Ist der gewünschte Durchmesser erreicht, wird die Spule ausgeschaltet.

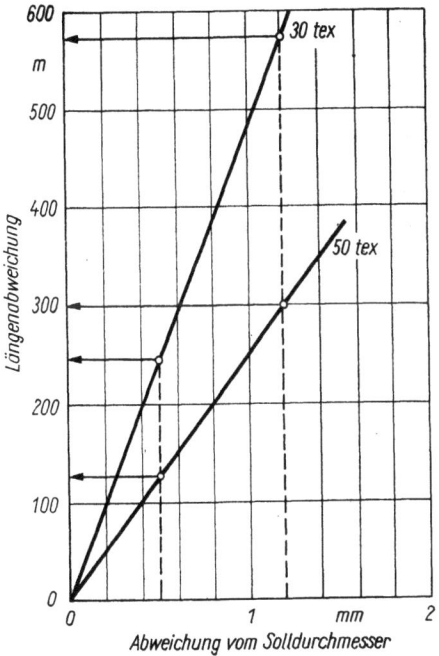

Bild 2/74. Fadenlängenunterschiede infolge Durchmesserungenauigkeit an Spulen

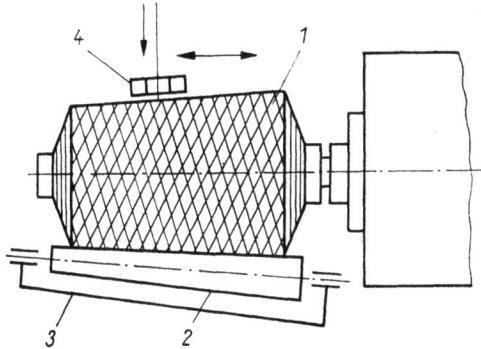

Bild 2/75. Prinzip der Kontrolle des Spulendurchmessers an der Präzisionskreuzspulmaschine
1 Kreuzspule, *2* Tastrolle, *3* Lagerung der Tastrolle, *4* Fadenführer

Für die Zukunft ist damit zu rechnen, daß der von einigen Firmen beschrittene Weg der Längenmessung der Fäden zur allgemeinen Lösung wird. Es ist naheliegend, durch den Längenmesser den elektrischen Garnreiniger anzusteuern und auf diese Weise einen Fadenbruch zu erzeugen.

2.5.4. Fadenführer

2.5.4.1. Aufgabe und Übersicht

Die Aufgabe eines jeden Fadenführers an Spulmaschinen besteht darin, den auf die Spule auflaufenden Faden nach einem vorgegebenen Bewegungsgesetz auf der Spule zu verlegen oder feststehend ihn an eine bestimmte Stelle zu leiten, ihn umzulenken oder ihm eine Führung zu geben. In jedem Falle muß die unmittelbare Kontaktstelle mit dem Faden so gestaltet sein, daß er sich mühelos einfädeln läßt, ohne daß seine Trennung erforderlich ist.
Danach ist eine Einteilung der Fadenführer in zwei Gruppen möglich:

1. Feststehende Fadenführer
2. Bewegte Fadenführer.

Während die feststehenden Fadenführer unkompliziert sind, erfordern die bewegten eine sehr hohe Präzision der Fertigung. Insbesondere durch die zunehmende Fadengeschwindigkeit liegt der Schwerpunkt der Entwicklung bei der Reduzierung der bewegten Massen. Auf Grund der hin- und hergehenden Bewegung treten an jeder Umkehrstelle sehr große Beschleunigungen und damit Massenkräfte auf, die an den Funktionselementen zu einem außergewöhnlichen Verschleiß führen. Für die Herstellung der gewöhnlichen Kreuzwicklung werden deshalb neben diesen Fadenführern auch solche eingesetzt, die gleichzeitig Bestandteil der Tragwalze sind.
Auf diese Weise können die bewegten Fadenführer nochmals unterteilt werden:

1. Massebehaftete Fadenführer
2. Masselose Fadenführer.

Beide Arten haben ihre Funktionstüchtigkeit bewiesen und ihre spezifischen Einsatzgebiete.

2.5.4.2. Feststehende Fadenführer

Diese Fadenführer sind nicht typisch für den Einsatz an Spul- oder anderen Vorbereitungsmaschinen, sondern in vielgestaltiger Form an allen Textilmaschinen eingesetzt, an denen Fäden verarbeitet werden. Als universelles Fadenleitorgan werden sie aus unterschiedlichen Werkstoffen gefertigt, soweit diese verschleißfest sind. Aus diesem Grunde werden Werkstoffe wie Stahl, Porzellan, Sintermetalle usw. eingesetzt. Maßgebend ist die dem Verwendungszweck angemessene Wirtschaftlichkeit. Aus der Vielfalt der Ausführungen sind in den Bildern 2/76 und 2/77 einige Formen dargestellt. Daraus ist zu erkennen, daß sie in den technologischen Prozeß eingefügt sind und teilweise noch andere Funktionen erfüllen.

Bild 2/76. Fadenführer (Kreuzspulmaschine RZ 3/ RZ 5)

Bild 2/77. Fadenführer (Kreuzfachmaschine RZ 10)

2.5.4.3. Bewegte Fadenführer

Komplizierter sind die bewegten Fadenführer. Sie sind jeweils auf die speziellen Einsatzbedingungen ausgelegt und auch nur für eine spezifische Wicklungsstruktur einsetzbar. Die gebräuchlichsten Fadenführer sind in Bild 2/78 zusammengestellt. Dabei kann der Antrieb für jede Spulstelle einzeln oder für mehrere Arbeitsstellen gleichzeitig erfolgen.

2.5.4.3.1. Massebehaftete Fadenführer

Zur Herstellung der zylindrischen Parallelwicklung werden massebehaftete Fadenführer eingesetzt, deren Antriebsdrehzahl in einem festen Übersetzungsverhältnis zur Spindeldrehzahl steht (Bild 2/78 a). Dieses Übersetzungsverhältnis ist so groß, daß auf einen Doppelhub des Fadenführers eine große Anzahl von Spindelumdrehungen entfällt. Dadurch kommt die größte Packungsdichte der Spule zustande. Je nach Verwendungszweck sind mit diesem Fadenführer Fadengeschwindigkeiten bis 1200 m/min möglich, wobei jede Spulstelle einen eigenen Antrieb erhält.

Eine weitere Möglichkeit zur Erzeugung einer Präzisionswicklung ist der Antrieb durch eine räumliche Kurvenscheibe (Bild 2/78 b). Das an Präzisionskreuzspulmaschinen verwendete Prinzip erlaubt ebenfalls Fadengeschwindigkeiten von etwa 1200 m/min. Für die Herstellung bikonischer Kreuzspulen erhält der Fadenführer eine Zusatzbewegung, durch die eine Hubverkürzung möglich ist (Bild 2/79). Die changierende Schubstange 2 erteilt ihm den Antrieb, wodurch der Kulissenstein 3 auf der Kurbel 4 gleitet. Durch Schwenken dieses Hebels um den Drehpunkt 5 verkürzt sich der Hub von H_{max} auf H.

Nach Bild 2/78 c wird der Fadenführer durch eine Kehrgewindespindel angetrieben, deren Drehzahl in einem festen Übersetzungsverhältnis zur Tragwalzendrehzahl steht. Damit entsteht eine gewöhnliche Wicklung, bei der sich der Kreuzungswinkel zwischen zwei Fadenschichten aus besagtem Übersetzungsverhältnis ergibt. Das Problem dieses

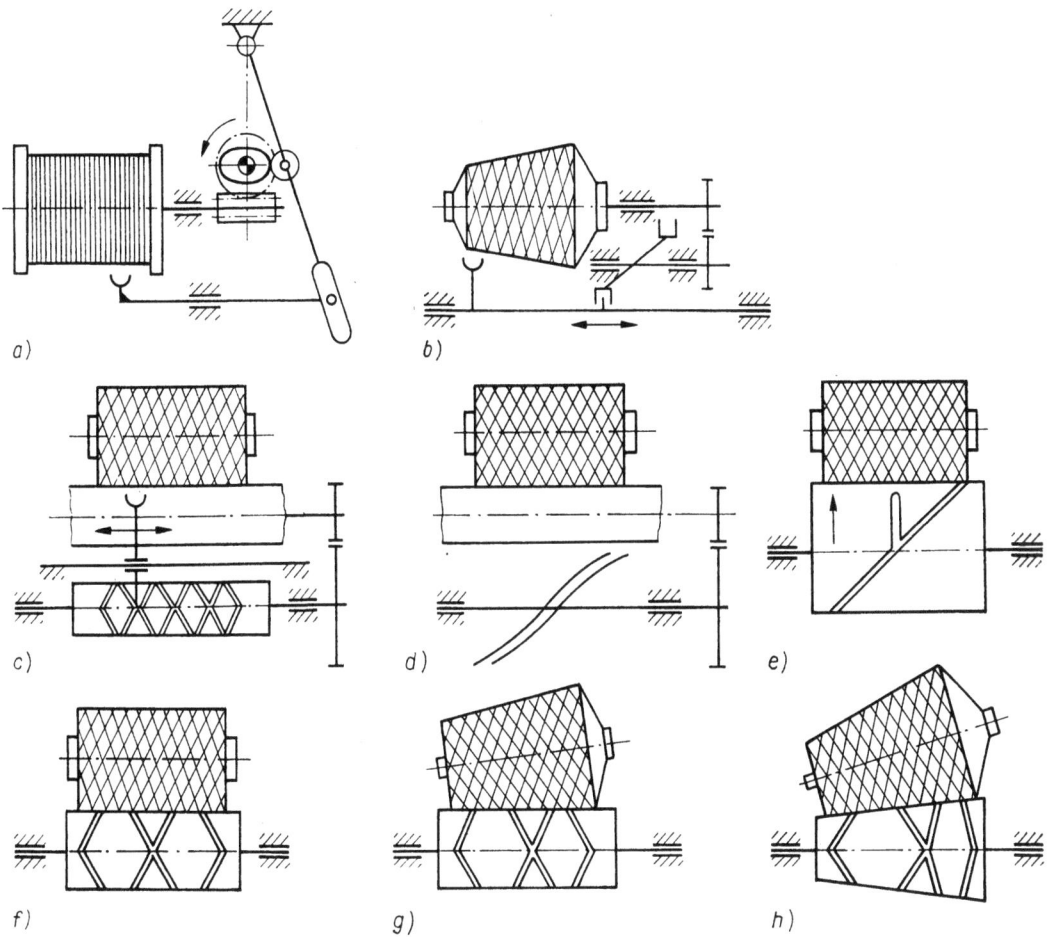

Bild 2/78. Fadenführerantriebe für Spulmaschinen
a) Exzenterantrieb, b) Antrieb durch räumliche Kurve, c) Antrieb durch Kehrgewindespindel, d) Flügelfadenführer, e) Schlitztrommel, f) Nutentrommel mit konstanter Steigung, g) Nutentrommel mit veränderlicher Steigung, h) konische Nutentrommel mit veränderlicher Steigung

Antriebes besteht darin, daß die Kräfte zwischen Kehrgewindespindel und Eingriffsglied mit steigender Drehzahl zu einem hohen Verschleiß führen.

Fadenführerantriebe nach diesem Prinzip werden für Fadengeschwindigkeiten bis 4000 m/min bei 1200 Doppelhüben/min vom *VEB Spinn- und Zwirnereimaschinenbau Karl-Marx-Stadt*/DDR am Wickler, Modell 2061, eingesetzt.

Das in Bild 2/78 d dargestellte Prinzip mit Flügelfadenführer erlaubt Fadengeschwindigkeiten bis 500 m/min. Diese Ausführung wird heute nicht mehr gebaut, da mit anderen Fadenführern höhere Geschwindigkeiten möglich sind.

2.5.4.3.2. Masselose Fadenführer

Die gewöhnliche Kreuzwicklung entsteht durch ein konstantes Übersetzungsverhältnis zwischen der Drehzahl der Tragwalze und der des Fadenführers. Aus diesem Grunde existiert neben dem Prinzip in Bild 2/78 c eine Ausführung, bei der der Fadenführer

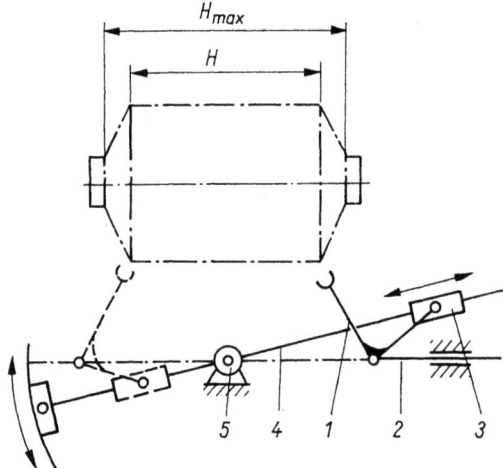

Bild 2/79. Getriebe zur Hubverkürzung an Kreuzspulmaschinen (Prinzip *TEXTIMA*)
1 Fadenführer, Winkelhebel, *2* Schubstange, *3* Kulissenstein, *4* Kurbel, *5* Drehpunkt
H Fadenführerhub, H_{max} Getriebehub

Bestandteil der Tragwalze ist. Die Erfindung stammt aus der Zeit vor der Jahrhundertwende, jedoch erst 1932 kam eine Ausführung auf den Markt, die den Anforderungen entsprach.

Die in Bild 2/78 e dargestellte Schlitztrommel wird heute von vielen Spulmaschinenproduzenten erfolgreich eingesetzt. Der Fadenführer besteht aus einem steilen Schlitz sowie einem Auffangschlitz in Laufrichtung, der etwas breiter als der Fadenführerschlitz ist und das selbsttätige Einfädeln des Fadens ermöglicht. Dieser Fadenführer erlaubt Fadengeschwindigkeiten von etwa 1200 m/min. Die Trommel ist aus Duroplast gefertigt und damit massearm. Ihr Durchmesser beträgt im allgemeinen 250 mm, ihre Breite 165 mm für eine Spulenlänge von 150 mm. Außerdem garantiert dieser Werkstoff eine glatte Oberfläche, so daß die Anlagerungen von Faserstaub sehr gering

Bild 2/80. Ansicht der Arbeitsstellen an einer **Kreuzspulfachmaschine** (Modell 4049, *TEXTIMA*)

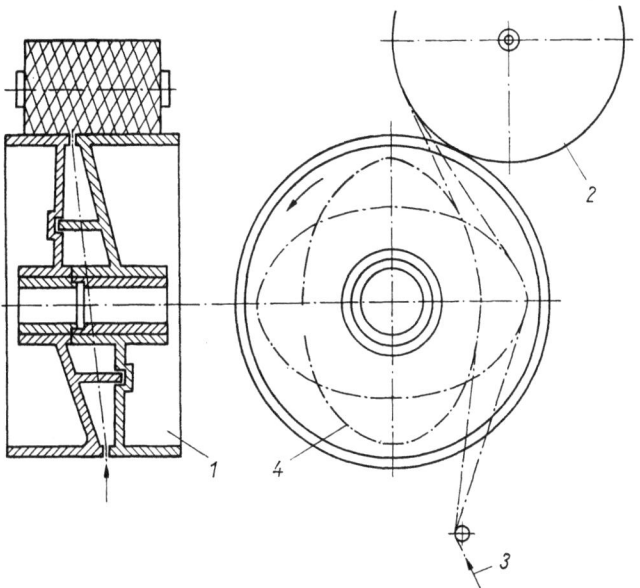

Bild 2/81. Schlitztrommel mit Fadenlängenkompensation
1 Schlitztrommel, *2* Spule, *3* Fadenlauf, *4* innere Lauffläche des Fadens

sind. Die Schlitztrommeln einer Maschinenseite sind auf einer gemeinsamen Antriebswelle angeordnet (Bild 2/80), so daß ein Abschalten einer Arbeitsstelle nur durch Anheben der Spule möglich ist. Ihre spezifische Gestaltung zeigt das Bild 2/81 mit schräg verlaufenden Böden. Damit gleitet anfallender Staub ab, und er gelangt nicht an die Spule. Mitunter sind die Trommeln auch mit seitlich angeordneten Böden versehen. Ein weiteres funktionsbedingtes Gestaltungsmerkmal ist die in der Trommel befindliche Kontaktfläche *4*. Sie dient zur statischen Fadenspannungskompensation, indem durch ihre elliptische Form die Längendifferenz des Fadens zwischen Fadenführer *3* und Auflaufpunkt auf die Spule *2* weitgehend ausgeglichen wird (Bild 2/82). Beim Auflauf des Fadens in der Mitte der Spule ist die freie Fadenlänge kürzer als an beiden Spulenenden, so daß der Faden durch die Ellipse ausgelenkt werden muß, um einen Ausgleich zu schaffen. Allerdings darf nicht unberücksichtigt bleiben, daß der Faden durch die Rotation der Ellipse in Schwingung versetzt wird. Weiterhin lassen sich entstehende Fadenwickel nur schwer aus dem Trommelinneren entfernen. Zur Vermeidung von Wickeln ist bei neueren Ausführungen die Nut an der Seite mit einer Auswerfernut versehen. Sie hat die Funktion, den gerissenen Faden zur Seite herauszuschleudern.

Der Verlauf des Schlitzes entspricht nicht dem einer Schraubenlinie, sondern kommt dem Bestreben eines straffen Fadens entgegen, immer nach der Spulenmitte zu laufen. Zu diesem Zweck ist die Schlitztrommel mit einem Fadenführerschlitz versehen, der eine periodisch wechselnde Steigung hat. Der Faden wird von außen *A* nach der Spulenmitte *B* in steiler Windung und von

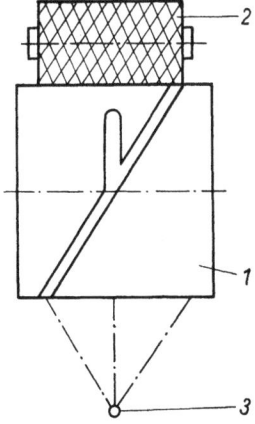

Bild 2/82. Schema des Fadenlaufes
1 Schlitztrommel, *2* Spule, *3* Fadenführer

der Mitte wiederum nach außen C in flacher Windung verlegt. Auf diese Weise kommt eine Differentialwicklung zustande (Bild 2/83). Bei ihr wechseln sich Wicklungsschichten mit flacher und steiler Steigung ab, so daß eine voluminöse Spule entsteht, die sich als Färbespule eignet. Mit einem so gestalteten Fadenführer wird der Faden während der Hubbewegung gleichförmig beschleunigt und verzögert.

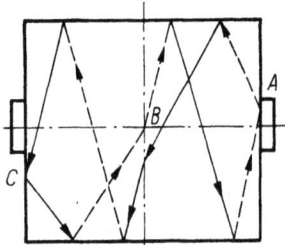

Bild 2/83. Kreuzspule mit Differentialwicklung

Durch die Fadenverlegung mittels Schlitztrommel können zylindrische und auch konische Kreuzspulen hergestellt werden. Konische Kreuzspulen entstehen durch Aufstecken konischer Spulenhülsen und Neigen des Spulenhalters. In diesem Fall tritt allerdings entlang der Berührungslinie zwischen Schlitztrommel und Spule Schlupf auf, und die Spule besteht aus parallelen Schichten. Der Schlupf erhöht die Beanspruchung des Fadens, und der entsprechende Wicklungsaufbau wirkt sich negativ auf den Fadenabzug von der Spule aus. Bessere Abzugsbedingungen sind durch eine superkonische Spule zu erzielen.
Eine von der Schlitztrommel abgeleitete Ausführung ist die Fadenführung durch achsenlose Teiltrommeln (Fa. *Franz Müller*/ BR Deutschland). Dabei besteht die Tragwalze mit Fadenführerschlitz aus zwei Hälften, von denen jede einen separaten Antrieb erhält. Die Trennungslinie ist der Fadenführer. Beide Hälften müssen exakt synchron laufen. Eine derartige Ausführung ist bei *Schneider* [4, S. 24] beschrieben, so daß an dieser Stelle auf weitere Erläuterungen verzichtet wird, da dieser Fadenführertyp nicht mehr gefertigt wird.
Eine breite Anwendung für die Fadenführung findet die Nutentrommel (Bild 2/78 *f*). Auch sie wird gleichermaßen als Tragwalze und Fadenführer verwendet. Die erzeugte Wicklung ist eine gewöhnliche Wicklung. Der Durchmesser der Nutentrommel ist kleiner als der einer Schlitztrommel. Damit ergeben sich für eine Arbeitsstelle kleinere Abmessungen. Gegenüber der Schlitztrommel werden auf eine Nutentrommel mehr als eine Windung aufgebracht. Ihre Steigung kann konstant und auch variabel sein (Bild 2/78 *g*). Im zweiten Fall entsteht auf diese Weise eine konische Kreuzspule, da auf der rechten Seite die Windungsdichte größer als auf der linken ist. Durch die Steigung der Fadenführernut wird somit festgelegt, welchen Neigungswinkel die damit hergestellte Spule hat. Die Anzahl der Windungen auf der Nutentrommel beträgt wahlweise 2, 2,5 und 3. Daraus ergibt sich bei konstantem Trommeldurchmesser, dessen Größe zwischen 60 und 90 mm liegen kann, ein entsprechender Steigungswinkel des Fadens auf der Spule.
Durch den Einsatz von Nutentrommeln für die Fadenverlegung ist es möglich, Spulen mit kleinem Kreuzungswinkel herzustellen. Damit ist eine Erhöhung des Fassungsvermögens zu erzielen. Zu diesem Zweck werden Nutentrommeln mit unterschiedlichen Gangzahlen bei gleichem Hub für das Spulen verschiedener Garnfeinheiten verwendet:

2,5gängig für mittlere und grobe Garne (36···98 tex)
3gängig für mittlere und feine Garne (49···12 tex)

Bei einem Hub von 152 mm (6 Zoll) für feinere Garne muß der Hub verkürzt werden. Gute Ergebnisse werden mit einem Hub von 127 mm (5 Zoll) oder kleiner erreicht.
Prinzipiell ist es auch möglich, dickere Garne mit diesem verkleinerten Hub zu spulen, jedoch wird dadurch das Fassungsvermögen der Spulen stark reduziert.
Unter der Voraussetzung eines konstanten Fadenführerhubes erzeugt eine Nutentrommel mit nur zwei Windungen und somit einem größeren Steigungswinkel eine voluminöse Spule gegenüber einer mit drei Windungen.

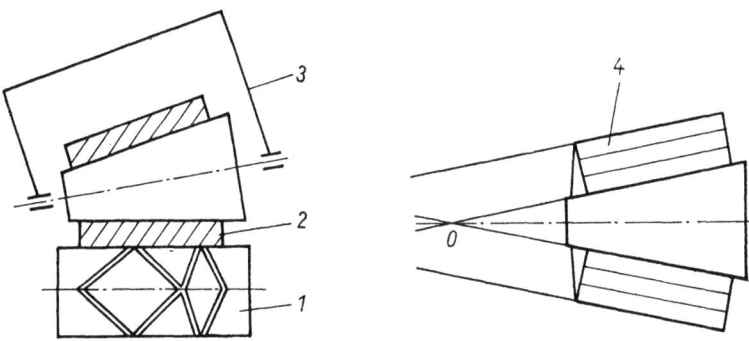

Bild 2/84. Prinzip der Erzeugung einer konischen Kreuzspule
1 Nutentrommel, *2* Spule, *3* Spulenhalter, *4* Wicklungsaufbau

Bei Anwendung des Prinzips nach Bild 2/78 g gibt es zwei Möglichkeiten für die Herstellung einer konischen Kreuzspule: Einmal kann die Konizität erzielt werden, indem der Spulenhalter so eingestellt wird, daß die Hülse auf ihrer ganzen Länge auf der Nutentrommel liegt (Bild 2/84). Das erfolgt in gleicher Weise, wie das bereits beim Spulen auf der Schlitztrommel gemäß Bild 2/78 e beschrieben ist. Während des Spulens erlaubt der Spulenhalter *3* nur eine Führung der Wicklung parallel zur Nutentrommel. Der Spulenaufbau *4* erfolgt in parallelen Schichten. Werden die Mantellinien der Wicklungsschichten bis zum Schnittpunkt mit der Spulenmittellinie verlängert, so ist zu erkennen, daß der Punkt *0* sich verlagert.

In diesem Punkt sollte jedoch beim Fadenabzug der Stützpunkt des Fadenballons liegen bzw. der Fadenführer angeordnet sein, was somit nicht möglich ist. Ein weiterer Nachteil beim Spulen nach diesem Prinzip besteht, wie beim Einsatz der Schlitztrommel (Bild 2/78 e) darin, daß zwischen Nutentrommel und Spule ein Schlupf auftritt, der sich aus den unterschiedlichen Umfangsgeschwindigkeiten entlang der Spule ergibt. Eine erhöhte Beanspruchung des Fadens ist unvermeidlich.

Eine andere und gleichzeitig bessere Möglichkeit zur Erzeugung einer konischen Kreuzspule besteht darin, daß die Spule nach Bild 2/85 auf der Nutentrommel geführt wird. Sie schwenkt dabei um den Punkt *C*,

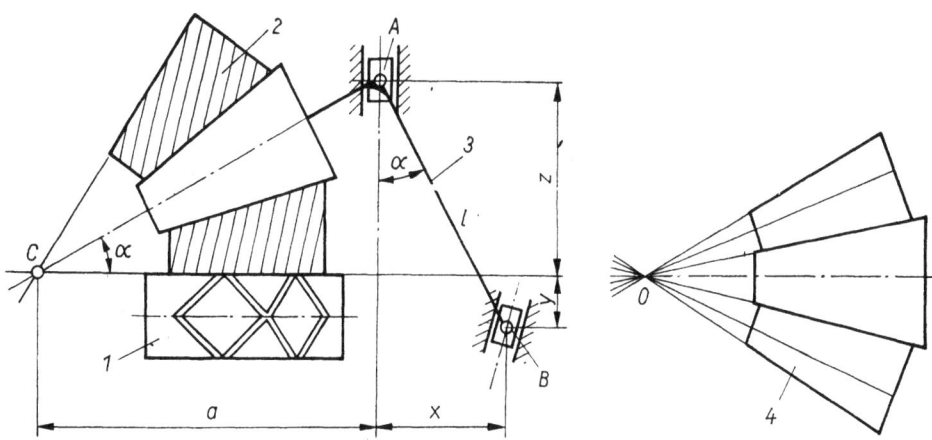

Bild 2/85. Prinzip der Erzeugung einer superkonischen Kreuzspule
1 Nutentrommel, *2* Spule, *3* Spulenführung, *4* Wicklungsaufbau
A, *B* bewegliche Punkte, *C* fester Punkt, *a*, *l*, *x*, *y*, *z* Länge, α Winkel, veränderlich

der auf der Verlängerung der Mantellinie der Nutentrommel liegt. Infolge der unterschiedlichen Durchmesserzunahme durch die veränderliche Nutensteigung am Zylinder und einer Lagerung der Spule in der Spulenführung 3 entsteht eine superkonische Kreuzspule (Variokonus) 4. Bei diesem Spulenaufbau schneiden sich alle verlängerten Mantellinien der Wicklung im Punkt 0, da die Spule aus kegeligen Schichten aufgebaut ist. Die Neigung des Grundkegels (Hülse) beträgt 9° 15'. Damit besteht die Möglichkeit beim Fadenabzug den Fadenführer im Punkt 0 anzuordnen.

Für die Führung der Spule auf der Nutentrommel ergibt sich der geometrische Zusammenhang der einzelnen Parameter nach Bild 2/85:

$$y = l \cos \alpha - z \qquad (2.189)$$

Wenn

$$z = a \tan \alpha \qquad (2.190)$$

wird

$$y = l \cos \alpha - a \tan \alpha \qquad (2.191)$$

Weiterhin gilt:

$$\sin \alpha = \frac{x}{l} \qquad (2.192)$$

und

$$\cos \alpha = (1 - \sin^2 \alpha)^{1/2} \qquad (2.193)$$

Einsetzen der Gleichung (2.192) in (2.193) sowie dieser beiden Gleichungen in Gleichung (2.191) ergibt:

$$y = l[1 - (x^2 - l^2)]^{1/2} - ax/l[1 - (x^2/l^2)]^{1/2}$$

Daraus folgt durch Umformung der Zusammenhang zwischen y und x:

$$y = (l^2 - x^2)^{1/2} - ax/(l^2 - x^2)^{1/2} \qquad (2.194)$$

In Gleichung (2.194) sind a und l konstruktiv bedingte Größen.

Zur Verminderung des Schlupfs zwischen Spule und Nutentrommel wird diese zur Herstellung der gleichen Spulenform (9° 15' Neigungswinkel der Hülse) als Kegelstumpf ausgeführt (Bild 2/78 h). Die Nutensteigung nimmt auch bei dieser Zylinderform mit größer werdendem Durchmesser ab (Bild 2/86), so daß eine superkonische Kreuzspule entsteht. Zum Einfädeln befindet sich am größeren Durchmesser eine zusätzliche Nut. Die Führung der Spule auf der Nutentrommel erfolgt in ähnlicher Weise wie in Bild 2/85.

Bild 2/86. Konische Nutentrommel

Die Nutentrommeln bestehen aus Duroplast oder Metall und sind an der Maschine auf einer durchgehenden Welle befestigt oder erhalten an jeder Arbeitsstelle einen separaten Antrieb, wie das an Spulautomaten der Fall ist. Zur Verbesserung des Verschleißverhaltens an den am stärksten beanspruchten Stellen sind die Umkehr- und Kreuzungspunkte der Fadenführungsschlitze mit Metalleinsätzen versehen [68], wenn die Trommeln aus Duroplast bestehen. Diese Metalleinsätze sind in der Nutentrommel so angeordnet, daß sie gleichzeitig Kontakt zur Antriebswelle haben, um auf diese Weise die elektrostatische Aufladung sowie die Wärme ableiten zu können. Auch Metalltrommeln sind an den verschleißgefährdeten Stellen mit Einsätzen versehen.

Die Duroplast-Nutentrommeln vereinigen in sich eine Anzahl von Vorteilen, wie geringe

Masse, glatte Oberfläche der Nut und Blendungsfreiheit durch ihre dunkle Farbe bei hoher Abriebfestigkeit. Ihr Einsatz umfaßt insbesondere den Bereich der Kreuzspulautomaten, aber auch an Fachmaschinen werden sie oft als Fadenführer verwendet. Die mit ihr erzielten Arbeitsgeschwindigkeiten liegen im Normalfall bei maximal 1400 m/min. Der Längenausgleich des Fadens zwischen dem Auflauf in der Mitte bzw. an den beiden Enden der Kreuzspule wird durch die unterschiedliche Tiefe der Fadenführernut ermöglicht. Ihre Tiefe ist in der Mitte geringer als an den Enden. Außerdem hat die Nut an den Kreuzungsstellen eine unterschiedliche Tiefe (Bild 2/86), damit der Faden nicht von einer Nutrichtung in die andere wechseln kann. Dabei ist die den Faden nach außen führende Nut tiefer als die andere.

2.5.4.3.3. Störgetriebe

Bei der Erzeugung von Kreuzspulen muß darauf geachtet werden, daß die Wicklungsdichte auf der ganzen Länge und über dem Durchmesser konstant ist. Insbesondere bei Färbespulen wird dadurch der Farbflotte an jeder Stelle der Wicklung der gleiche Widerstand entgegengesetzt.
Andererseits muß aber die Dichte auch so groß sein, daß das Fassungsvermögen der Spule nicht unverhältnismäßig gemindert wird.
Diese Forderung kann nicht erfüllt werden, wenn beim Spulen keine entsprechenden Maßnahmen getroffen werden. Einerseits bewirkt die Fadenumkehr an den Spulenenden, infolge lokaler Fadenanhäufung, eine größere Härte an diesen Stellen sowie eine Durchmesservergrößerung mit geringerer Kontaktfläche zur Tragwalze. Zum anderen entstehen beim Umfangsantrieb periodisch Unterschiede der Fadendichte der einzelnen Schichten als Folge des sich laufend ändernden Übersetzungsverhältnisses zwischen Spulendrehzahl und Fadenführerhubzahl (Bildwicklung).
Zur Verminderung dieser negativen Auswirkungen gibt es verschiedene konstruktive Lösungen, von denen nur wenige die gewünschte periodische Verlagerung der Kantenwicklung ermöglichen (Bild 2/87). Prinzipiell müssen zu diesem Zweck Kreuzspule und Nutentrommel axial gegeneinander verschoben werden (Bild 2/88). Der Hub ist in der Größenordnung von 1…6 mm einstellbar. Auf Grund der Gesetzmäßigkeit, daß sich bei einem größeren Spulendurch-

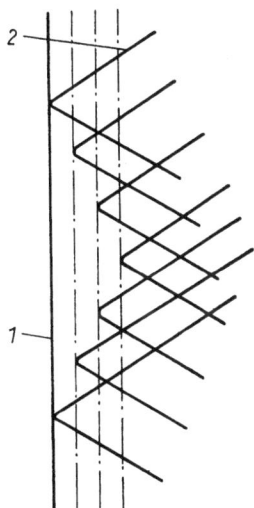

Bild 2/87. Schematische Darstellung der Kantenwicklung
1 Spulenkante, *2* Faden

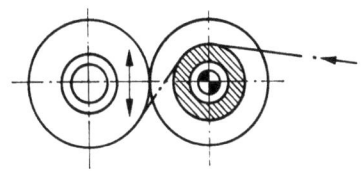

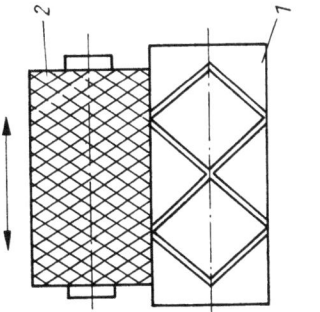

Bild 2/88. Prinzip für die Störung der Bildwicklung
1 Nutentrommel, *2* Kreuzspule

messer in gleicher Umkehrzeit eine größere Stillstandsstrecke des Fadens ergibt, ist es üblich, die Größe der Hubverlagerung in Abhängigkeit vom Spulendurchmesser progressiv zu erhöhen. Zur Vermeidung der Bildwicklung wird oft auch der Antriebspunkt zwischen Tragwalze *1* und Spule *2* in Pfeilrichtung verlagert (Bild 2/88, Seitenansicht). Die Größe der Verschiebung beträgt etwa 5 mm, den Antrieb erhält die Vorrichtung von der Tragwalzenwelle.

Von den möglichen konstruktiven Lösungen der Störgetriebe werden nur noch folgende ausgeführt:

1. Periodische Verlagerung des Antriebspunktes von der Tragwalze zur Spule
2. Changierung des Spulenrahmens
3. Changierung der Tragwalzenwelle
4. Veränderung der Drehzahl der Nutenzylinder
5. Veränderung der Drehzahl der Kreuzspule durch periodische Änderung des Übersetzungsverhältnisses.

Auf die Beschreibung der Ausführungen wird verzichtet, da sie fast an jeder Maschine anders sind.

2.5.4.3.4. Entwicklungstendenzen

Bei der bisherigen Darstellung des Kreuzspulprozesses ergab sich eine eindeutige Trennung zwischen Umfangs- und Achsantrieb der Spule. Durch die Antriebsart wird die Wicklungsstruktur festgelegt, die auf bestimmte Einsatzgebiete ausgerichtet ist. Die gegenwärtig erreichten Geschwindigkeiten sind das Ergebnis intensiver Forschungsarbeit, verbunden mit hoher Präzision der Fertigung. Wenn mit modernen Spulmaschinen Fadengeschwindigkeiten von 1400···1800 m/min durchaus möglich sind, reichen sie nicht, um die Forderungen in der Chemieseidenindustrie zu befriedigen. Dort sind Geschwindigkeiten von 4000···6000 m/min bereits Stand der Technik. Bei diesen hohen Geschwindigkeiten zeichnet sich die Grenze des Umfangsantriebes ab, so daß zu kombinierten Antrieben übergegangen wird. Für Fadengeschwindigkeiten von mehr als 5000 m/min ist es schwierig, mit Friktionsantrieb die Schlupfprobleme an Wicklern zu beherrschen. Insbesondere macht sich das bei großen Spulenmassen bemerkbar. Aus diesem Grunde werden achsgetriebene Wickler mit geregeltem Motor ausgestattet [69]. Die Fadenaufwindung erfolgt durch ein kombiniertes Changiersystem, einen mechanisch bewegten Fadenführer, der über eine Kehrgewindespindel angetrieben wird, und eine Nutentrommel, die den Faden bis an die Spule führt. Dieser Nutentrommel kommt die Aufgabe zu, den Faden an den Umkehrstellen exakt zu führen. Bei Fadengeschwindigkeiten von 4000 m/min werden Changiergeschwindigkeiten bis 600 m/min erreicht.

2.5.5. Knotvorrichtungen

2.5.5.1. Knotenarten

Eine Aufgabe des Spulprozesses besteht darin, Dick- und Dünnstellen im Faden zu beseitigen. Dabei ist jedoch zu berücksichtigen, daß anstelle des ausgeschiedenen Fehlers im Faden ein Knoten vorhanden ist. Aus diesem Grunde ist einem geeigneten Knoten besonderer Wert beizumessen. Er muß mit Rücksicht auf die Weiterverarbeitung eine große Haltbarkeit haben. Insbesondere muß er den hohen dynamischen Beanspruchungen an der Webmaschine standhalten. Nach *Brown* sind beim Weben 20,8 % der auftretenden Fadenbrüche auf gelöste Knoten zurückzuführen [4, S. 66], die in der Vorbereitung mangelhaft hergestellt wurden. Ein weiteres wichtiges Kriterium ist ihre Größe, wenn die Fäden für die Maschenbildung oder an Webmaschinen mit hoher Kettfadenzahl verwendet werden. Zu große Knoten führen nicht nur zu erhöhter Reibung an den Arbeitsorganen sondern auch zu Nadelbrüchen. In allen Fällen sind Stillstände an diesen Maschinen die Folge. Das Anknoten gebrochener Fäden erfolgt entweder manuell oder durch Knotvorrichtungen.

Die in der Vorbereitung und Weberei überwiegend verwendeten Knoten sind in Bild 2/89 zusammengestellt. Davon werden der einfache Weberknoten (Bild 2/89 *a*) und der Fishermansknoten (Bild 2/89 *f*) mittels

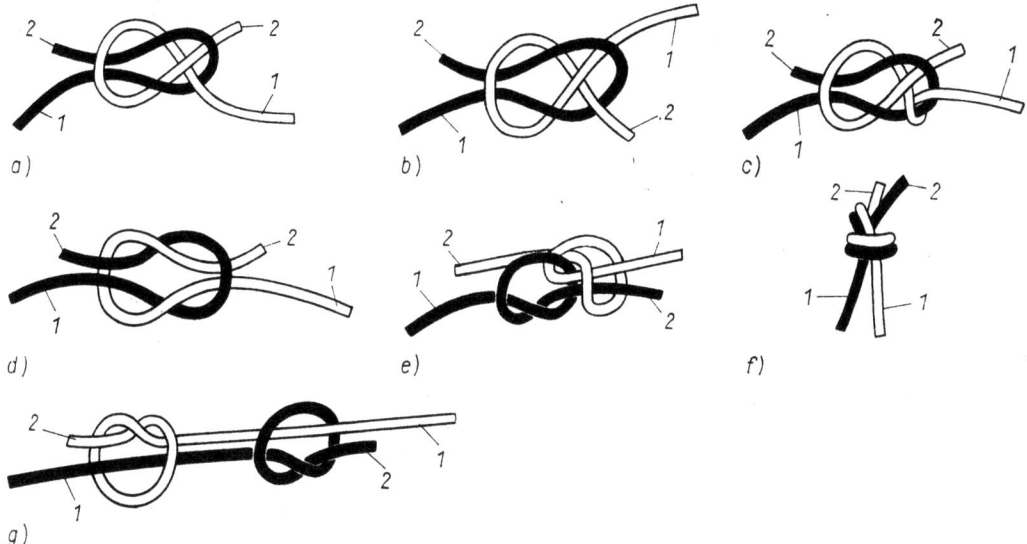

Bild 2/89. Knotenarten
a) Einfacher Weberknoten, b) *BOYCE*-Knoten, c) Doppelter Weberknoten, d) Kreuzknoten, Tuchmacherknoten, e) Spannknoten, f) Runder Knoten, Katzenkopf, g) Fishermansknoten, Schifferknoten
1 Faden, *2* Knotenende

Knoter hauptsächlich in der Spulerei eingesetzt. Der BOYCE-Knoten (Bild 2/89 b) wird mitunter als einfacher Weberknoten bezeichnet, was jedoch nur auf seine Struktur zutrifft. Der Vergleich beider Knoten zeigt hingegen, daß die beiden rechten Fadenstücke des BOYCE-Knotens gegenüber denen des einfachen Weberknotens vertauscht sind. Was bei dem einen Knoten der Faden ist, entspricht beim anderen dem Knotenende. Auf diese Weise überdeckt beim einfachen Weberknoten der gespannte Faden *1* das Knotenende *2*, was beim BOYCE-Knoten nicht der Fall ist. Somit ist der einfache Weberknoten haltbarer. Nach Untersuchungen von *Wegener* und *Landwehrkamp* [70] sind die verschiedenen Knotenarten beim Weben bezüglich ihrer Haltbarkeit wie folgt zu bewerten:

1. Einfacher Weberknoten — schlechtester Knoten
2. Kreuzknoten, Tuchmacherknoten
3. Spannknoten
4. Doppelter Weberknoten
5. Runder Knoten
6. Fishermansknoten (Schifferknoten) mit mechanischem Handknoter gefertigt
7. Fishermansknoten, von Hand hergestellt — bester Knoten.

Diese Ergebnisse wurden mit Kammgarnen aus Wolle gewonnen. Bei Verarbeitung anderer Faserstoffe bleibt die Wertigkeit etwa erhalten, lediglich die Häufigkeit der Knotenbrüche unterliegt einigen Verschiebungen [71]. So ist die Knotenbeständigkeit bei Baumwollzwirnen wesentlich größer als bei Kammgarnen aus Wolle. Darüber hinaus ist sie auch bei geschlichtetem Baumwoll- und Viskosegarn erheblich höher.

Eine junge Verbindungstechnologie ist das Splicen. Die Fa. *Schlafhorst* stattet seit Oktober 1978 ihren Kreuzspulautomaten AUTOCONER GKT mit einer Splice-Automatik aus [66]. Damit könnte künftig das Problem der großen Knoten gelöst sein.

2.5.5.2. Funktionsablauf an Knotern

Auf Grund der großen Anzahl von Knoten, die im Prozeß der Vorbereitungstechnik auszuführen sind, ist ein wirtschaftliches Knoten nur noch mit selbsttätig arbeitenden

Knotern möglich. Lediglich in jenen Fällen, in denen die Fadenbrüche nur vereinzelt auftreten, wird von Hand geknotet. Gleiches trifft für das Knoten an Trommelspulmaschinen, Fachspulmaschinen usw. zu, also an jenen Maschinen, die mit verhältnismäßig niedrigen Fadengeschwindigkeiten arbeiten.

Für die selbsttätige Herstellung von Knoten werden folgende Vorrichtungen verwendet:

1. Mechanische Handknoter
2. Anknüpfgeräte für Webketten
3. Maschinenknoter.

Die Zielfunktion eines jeden Knoters besteht darin, eine Verbindung zweier Fadenenden durch einen Knoten herzustellen, die möglichst die Fadenfestigkeit hat. Dieses Ziel kann nicht erreicht werden, da ein Knoten als Reibschlußverbindung immer die Gefahr des Lösens in sich birgt. Außerdem wird der Faden im Knoten sehr stark verformt, wodurch die Gefahr des Fadenbruches im Knoten besteht.

Für den Spulprozeß sind die Maschinenknoter von Bedeutung. Sie werden an Kreuzspulautomaten eingesetzt und sind dort entweder an jeder Spuleinheit installiert oder bedienen als Wanderknoter mehrere Spulstellen. Beide Ausführungen sind in der Praxis üblich und sollen deshalb nicht bewertet werden.

Da ein Knoten eine Fadenverdickung darstellt und im nachfolgenden Prozeß hinderlich ist, wird neuerdings zum Splicen der beiden Fadenenden übergegangen [72]. Derartige Fadenverbindungen sollen 85% der Fadenfestigkeit bringen.

2.5.5.2.1. Stationärer Knoter

Die Spuleinheit an Kreuzspulautomaten bildet eine selbständige Baugruppe. Eine Funktionsgruppe ist der Knoter, der mit der Fadenwächter- und der Kopswechseleinrichtung gekoppelt ist.

Beim Kreuzspulautomaten AUTOSUK mit 32 Arbeitsstellen vom Nationalunternehmen *TOTEX* in Chrastava/CSSR hat jede Arbeitsstelle einen Knoter (Bild 2/90). Bei Fadenbruch löst ein mechanischer Fadenwächter einen Impuls zum Anknüpfen aus. In gleicher Weise wird der Knotvorgang ausgelöst, wenn der Ablaufkops leer ist, nur mit dem Unterschied, daß vorher ein voller Kops der Spulstelle vorliegen muß. Der Knotvorgang wird durch eine Zugstange über Nocken gesteuert. Nach Aufsuchen des Fadenendes auf der Kreuzspule (Auflaufspule) und Zuführung beider Garnenden in den Knoter erfolgt die Fadenverbindung durch einen Fishermansknoten. Führt dieser Knüpfvorgang nicht zum Knoten, wiederholt sich der Vorgang. Verläuft auch dieser Versuch ergebnislos, schaltet sich die Spuleinheit selbsttätig ab. Die Zuführung der Fäden erfolgt pneumatisch.

Auch die Fa. *SAVIO*/Italien baut ihren Kreuzspulautomaten RSA mit Knoter an jeder Arbeitsstelle (Bild 2/91). Er ist leicht auswechselbar, so daß die Spuleinheit entweder mit einem Knoter für den Fishermansknoten oder mit einem für den Weberknoten aus

Bild 2/90. Stationärer Knoter (Kreuzspulautomat *AUTOSUK* 2007.0)

Funktionselemente an Spulmaschinen 2.5. 91

Wahlweise erfolgt danach die Fadenverbindung durch Weber- oder Fishermansknoten.
Während des Knotens ist die Kreuzspule von der Nutentrommel abgehoben. Be-

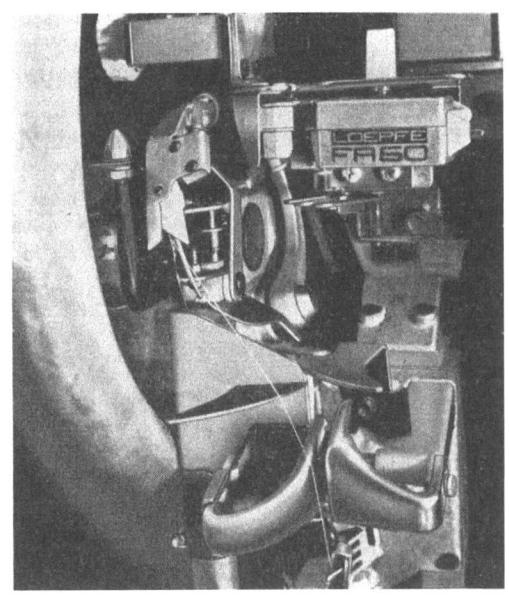

Bild 2/92. Kopsfadengreifer

Bild 2/91. Stationärer Knoter (Kreuzspulautomat RSA)

gestattet werden kann. Zum Zweck einer sicheren Funktion ist er staubdicht abgedeckt.
Das Startsignal für den Knotvorgang löst ebenfalls ein mechanischer Fadenwächter aus. Mittels Saugdüse wird der Oberfaden angesaugt und gemeinsam mit dem Unterfaden dem Knoter zugeführt. Der vom Kops ablaufende Unterfaden wird mittels Fadenfangdüse gespannt und ermöglicht dessen Erfassung durch einen Kopsfadengreifer, der ihn dem Knoter vorlegt (Bild 2/92).

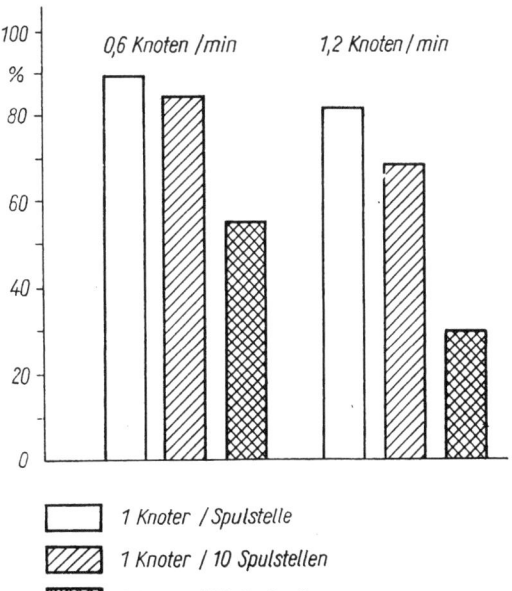

Bild 2/93. Nutzeffekt an Kreuzspulautomaten

sonders vorteilhaft ist der gerade Fadenlauf zwischen Fadenspanner und Fadenreiniger (Bild 2/91). Verläuft der Knotvorgang erfolglos, so wird er selbsttätig, zwei- bis viermal einstellbar, wiederholt. Danach wird die Spulstelle abgeschaltet, und eine optische Anzeige signalisiert den Stillstand. Den Vorteil eines Knoters an jeder Spulstelle hat die Fa. *SAVIO*/Italien nachgewiesen (Bild 2/93).

Durch diese Bauweise entfällt zweifellos die Verlustzeit zwischen dem Ansprechen des Fadenwächters und der Auslösung des Knotvorganges, da der Knoter erst zur Spulstelle mit dem gebrochenen Faden bewegt werden muß. Diese Zeit ist unterschiedlich und richtet sich danach, wo sich der Knoter zum Zeitpunkt des Fadenbruches befindet. Jedoch dürfen bei derartigen Analysen die Kosten für einen Knoter je Spulstelle nicht unberücksichtigt bleiben.

2.5.5.2.2. Wanderknoter

Im Gegensatz zu den stationären Knotern bedienen die Wanderknoter wechselweise mehrere Spulstellen. Der Knoter ist eine komplette Funktionsgruppe und von der Spulstelle unabhängig. Er befindet sich auf einem Knoterwagen, der ihn auf Grund eines Signales an die Spulstelle mit dem gebrochenen Faden befördert.

Der Kreuzspulautomat AUTOCONER der Fa. *Schlafhorst* hat auf je 10 Spulstellen einen Knoterwagen (Bild 2/94). Bei Bedarf können für diese 10 Spulstellen auch zwei Knoterwagen eingesetzt werden, wodurch die Produktivität des Automaten gesteigert wird.

Einen derartigen Knoter zeigt das Bild 2/95 von der Spulstelle aus gesehen. Er ist mit der Vorrichtung zur Erzeugung des Fishermansknotens ausgestattet. Dieser Knoten ist haltbarer und deshalb universell einsetzbar. Besonders geeignet ist er für eine Verwendung an Kettfäden in der Weberei. Der Wanderknoter kann aber auch für die Herstellung des Weberknotens ausgelegt werden, da dieser schlanker ist und sich deshalb für die Weiterverarbeitung

bei dichten Fadeneinstellungen eignet. Der Weberknoter ist in Bild 2/96 dargestellt.

Beim Auftreten eines Fadenbruches wird der Knoterwagen an die entsprechende Spulstelle signalisiert. Nach seinem Eintreffen erfolgt der Knotvorgang mit anschließender mechanischer Kontrolle des Durchmessers eines jeden Knotens. Fehlerhafte Knoten werden ausgeschieden. Auf Wunsch kann auch ein elektronischer Knotenprüfer installiert werden.

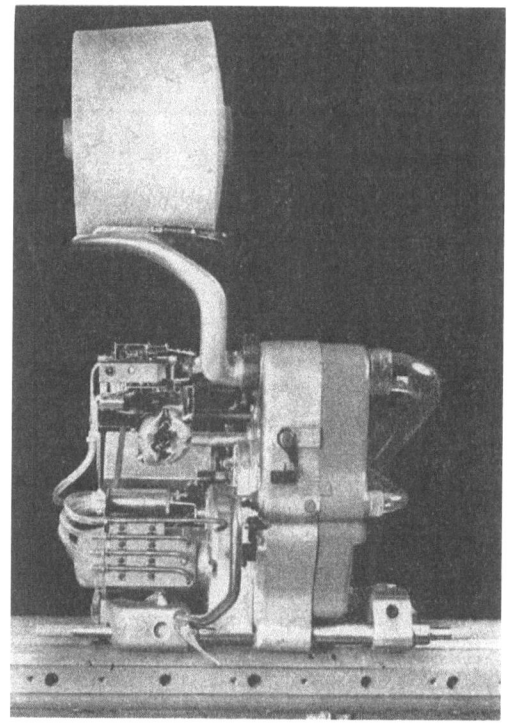

Bild 2/94. Wanderknoter (Kreuzspulautomat AUTOCONER)

In gleicher Weise wird der Knotvorgang ausgelöst, wenn ein Kopswechsel erforderlich ist. Das Aufsuchen der beiden Garnenden erfolgt pneumatisch. Treten Fehlknotungen auf, kann der Knotvorgang nach einer vorbestimmten Anzahl von Schaltungen wiederholt werden. Danach stellt ein Schaltzähler die Spulstelle ab und läßt eine Kontroll-Lampe aufleuchten. Während des Knot-

Funktionselemente an Spulmaschinen 2.5.

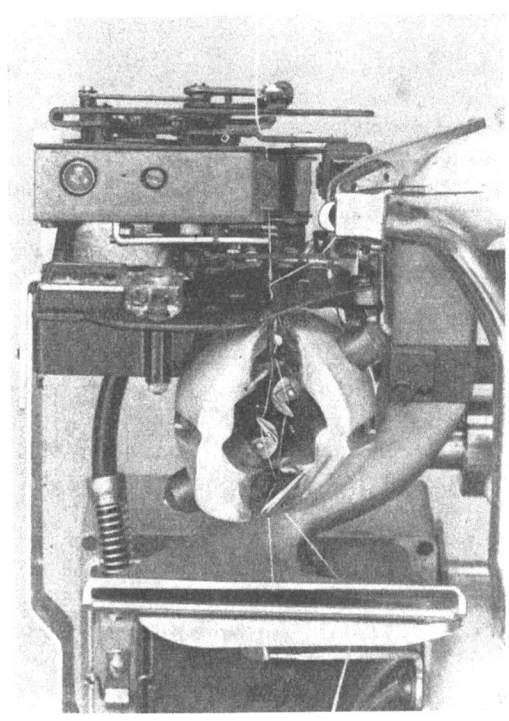

Bild 2/95. Knoter zur Erzeugung des Fishermansknotens (Kreuzspulautomat AUTOCONER)

Durchmessers aufweist. Die Festigkeit der erzeugten Verbindung beträgt etwa 80…85% der Garnfestigkeit in Abhängigkeit von den Garneigenschaften. Die wirtschaftlichen Vorzüge, die ein Wanderknoter im automatischen Spulprozeß hat, nutzt auch die Fa. *Barber-Colman*/USA. Auch sie rüstet ihre Spulautomaten in dieser Weise aus. Ein Einzelknoter bedient alle Spulstellen (Bild 2/98) einer zweiseitigen Maschine. Er kann wahlweise für die Herstellung eines Weber- oder Fishermansknotens eingerichtet sein und hat eine Arbeitsgeschwindigkeit bis 90 Knoten je Minute.

Neben diesem Wanderknoter befinden sich noch weitere Funktionsgruppen auf dem Fahrgestell. So ist die Maschine mit einem Kreuzspulenwechsler sowie einer Kopswechselvorrichtung ausgestattet. Zum Standard gehört weiterhin eine pneumatische Reinigungseinrichtung, die ebenfalls auf dem gemeinsamen Fahrgestell befestigt ist.

vorganges ist die Spule von der Nutentrommel abgehoben, und beide werden getrennt gebremst. Dadurch werden Schlupf und somit Garnbeschädigungen vermieden.
Die neue Generation von Vorrichtungen zur Herstellung von Garnverbindungen manifestiert der AUTOCONER GKT der Fa. *Schlafhorst* mit *Splice-Automatik* [66]. Damit ist es möglich, Teppichgarne auch auf Automaten zu spulen und eine Leistungssteigerung auf das 1,6- bis 2fache gegenüber einer manuellen Spulstelle zu erzielen. Der Funktionsablauf nach einem Fadenbruch gleicht dem bereits beschriebenen am AUTOCONER mit Wanderknoter. Der Unterschied besteht in der Art der Fadenverbindung und damit in der Vorrichtung (Bild 2/97). In der *Splicer-Automatik* werden die zwei zu verbindenden Fadenenden übereinandergelegt und mit einem gezielten Luftstrom verwirbelt und so verdichtet, daß der Fadendurchmesser an der Verbindungsstelle nur das 1,2fache des normalen

Bild 2/96. Knoter zur Erzeugung des Weberknotens (Kreuzspulautomat AUTOCONER)

2.6. Spulmaschinen

2.6.1. Übersicht

Die Grundlage für die Konzeption von Spulmaschinen bildet der Spulenantrieb. Danach entsteht durch den Umfangsantrieb die gewöhnliche Wicklung und durch den Achsantrieb die Präzisionswicklung, unabhängig davon, ob für die Fadenverlegung ein massebehafteter oder masseloser Fadenführer verwendet wird. Maßgebend ist lediglich das Übersetzungsverhältnis zwischen Spulendrehzahl und Fadenführerhubzahl. Es kann entweder veränderlich oder konstant sein.

Die Ausführung von Spulmaschinen ist außerordentlich vielgestaltig (Bild 2/99). Sie werden vom Hersteller für spezifische Aufgaben ausgelegt und haben teilweise den Charakter von Einzweckmaschinen. Die Einteilung in Maschinengruppen wird in der Literatur [4] unterschiedlich vorgenommen, jedoch hat sie nach dem Prinzip des Spulenantriebs den Vorteil, daß daraus gleichzeitig die Wicklungsstruktur ersichtlich ist. An Spulmaschinen mit Umfangsantrieb werden verschiedene Fadenverlegungs-Prinzipe gleichermaßen mit Erfolg eingesetzt. So behauptet sich auch heute noch die Schlitztrommel neben der kleindimensionierten Nutentrommel. Sie ist nur mit einem Schlitzgang ausgeführt und eignet sich deshalb besonders für die Herstellung weicher Spulen. In größerem Umfang wird die Nutentrommel als Fadenführer eingesetzt, da mit ihr Spulen unterschiedlicher Dichte erzeugt werden können, indem sie wahlweise mit mehr oder weniger Nutengängen versehen wird. Dieses Prinzip wird generell an Kreuzspulautomaten verwendet. Schließlich setzen einige Firmen auch den changierenden Fadenführer an ihren Spulmaschinen mit Umfangsantrieb ein. Er eignet sich besonders für jene Fälle, bei denen ein großer Hub (bis max. 250 mm) gefordert ist.

An Kreuzspulmaschinen mit Achsantrieb der Spule kann nur der changierende und damit massebehaftete Fadenführer eingesetzt werden, da die Steigung der Fadenwindungen gewöhnlich konstant bleiben soll. Der Einsatz von Nutentrommeln ist für

Bild 2/97. Splicer-Automatik

2.5.6. Sonstige Funktionselemente

Neben den Funktionselementen, die unbedingt für einen effektiven Spulprozeß erforderlich sind, befinden sich an modernen Spulmaschinen und Automaten außerdem Einrichtungen zur Verbesserung der Bedienung und zur Durchführung von Teilaufgaben, die nur für bestimmte Technologien erforderlich sind.

Insbesondere handelt es sich dabei um Funktionselemente zum:

Entstauben
Spulenwechseln
Paraffinieren
Haspeln.

Viele Maschinenhersteller gestalten ihre Maschinen so, daß ein wahlweiser Anbau dieser Einrichtungen auch nachträglich möglich ist.

Spulmaschinen 2.6.

Bild 2/98. Wanderknoter (Kreuzspulautomat)

hohe Fadengeschwindigkeiten bis 2000 m/min nicht üblich.

Neben den klassischen Spulmaschinen gibt es noch eine Anzahl von Sonderspulmaschinen zum Aufwinden von Fäden in spezifischer Wicklungsstruktur. Hierbei handelt es sich um Haspelmaschinen, Knäuelwickelmaschinen und andere Maschinen zur Herstellung von Kleinaufmachungen. Bei all diesen Maschinen wird der Wickelkörper an seiner Achse angetrieben.

2.6.2. Umfangsantrieb der Spule

2.6.2.1. Umspulmaschine (Trommelspulmaschine)

Diese Maschine ermöglicht das Umspulen von Garnen aus Baumwolle, Wolle, Viskosefasern und entsprechenden Mischungen auf zylindrische oder konische Spulen mit gewöhnlicher Kreuzwicklung bei Vorlage eines Fadens je Spulstelle. Der Fadenabzug erfolgt üblicherweise vom Spinnkops, jedoch gibt es auch Ausführungen mit Haspelablauf, an denen die Arbeitsgeschwindigkeit auf etwa 600 m/min begrenzt ist. Bei Abzug vom Kops sind Spulgeschwindigkeiten bis 1200 m/min möglich.

Normalerweise sind Umspulmaschinen doppelseitig ausgeführt, und der Antrieb befindet sich an der Stirnseite. Die Seitenbezeichnung erfolgt in Blickrichtung vom Antrieb aus gesehen.

Die Gesamtanzahl der Spulstellen kann bis zu 100 betragen, wobei die Sektionsbauweise vorherrschend ist. Jede Maschinenseite hat einen separaten Antrieb und kann mit verschiedenen Geschwindigkeiten arbeiten. Durch die Wahl von stufenlos stellbaren Keilriemengetrieben für den Variator (Bild 2/100) laufen diese Maschinen sehr geräusch-

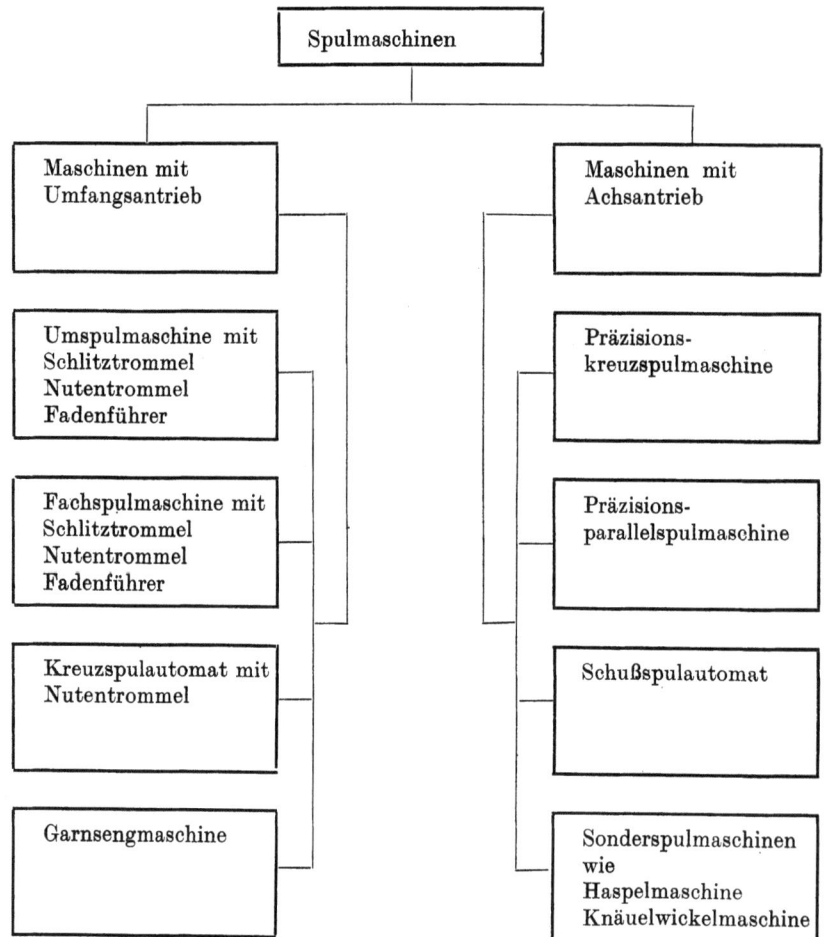

Bild 2/99. Spulmaschinenarten

arm, da auch die Anzahl der bewegten Teile sehr gering ist. Die momentan eingestellte Spulgeschwindigkeit kann an jeder Maschinenseite von einem Tachometer abgelesen werden.

Mit einem ähnlichen Antrieb ist die Trommelspulmaschine RZ 11 von *Majed*, Lodz/VR Polen ausgestattet. Sie ermöglicht Spulgeschwindigkeiten von 300···1200 m/min, wobei für die Herstellung von Färbespulen eine Fadengeschwindigkeit bis 600 m/min verwendet wird. Der Fadenabzug erfolgt vom Spinnkops über Kopf und gelangt nach der Reinigung zur Spulstelle, die mit Schlitztrommel ($\varnothing$ 250 mm) ausgestattet ist (Bild 2/101). Die Führung der Kreuzspule auf der Trommel übernimmt ein schwenkbar gelagerter Spulenhalter (Bild 2/102) für die wahlweise Aufnahme von Hülsen für zylindrische oder konische Kreuzspulen mit einem Neigungswinkel von 4° 20'. Serienmäßig ist diese Maschine mit einer Entlastungsvorrichtung des Spulenhalters zur Herstellung weicher Färbespulen sowie einer Vorrichtung zu seiner Schwingungsdämpfung ausgestattet. Die Drehbewegung erhält die Spule durch Friktion von der Schlitztrommel. Alle Funktionselemente, die der Faden passiert, sind so gestaltet, daß er sich selbsttätig einfädelt. Bei Fadenbruch wird die Spule von der Schlitztrommel abgehoben, um Beschädigungen der Wicklung zu vermeiden. Der maximale Spulendurchmesser beträgt 220 mm bei einer Spulenlänge von 145 mm.

Spulmaschinen 2.6.

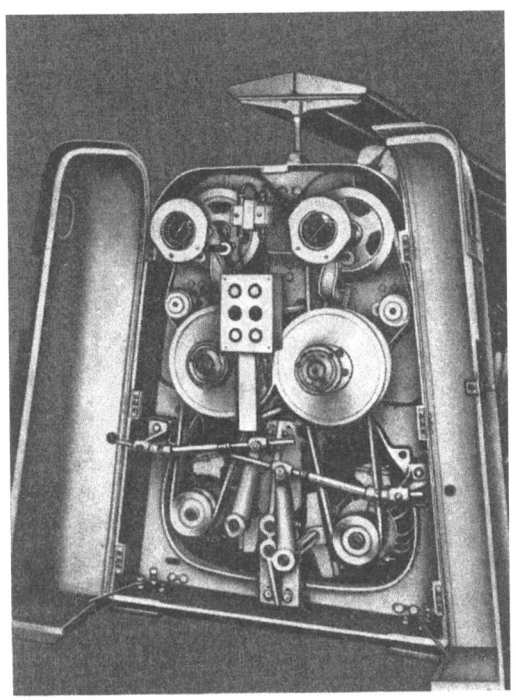

Bild 2/100. Hauptantrieb einer Umspulmaschine (Modell 4017)

Die Kreuzspulmaschine Modell BKN der Fa. *Schlafhorst* ist ebenfalls mit Schlitztrommel ausgestattet und ermöglicht Spulgeschwindigkeiten bis 1 200 m/min beim Fadenabzug vom Spinnkops. Das abgezogene Garn gelangt mittels Fadenführers zum massebelasteten Fadenspanner (Bild 2/103) und anschließend zu einem Schwingplattenreiniger. Als Belastungsmittel für den Fadenspanner werden verschiedenfarbige Belastungsscheiben verwendet, die an jeder Spulstelle in Bereitschaft liegen und bedarfsweise einsetzbar sind. Auf diese Weise ist leicht zu erkennen, ob jeweils Belastungsscheiben gleicher Farbe oben liegen und damit alle Fäden richtig belastet sind. Der Aufbau dieses Fadenspanners ist einfach, und er ist leicht bedienbar.

Auch der Reiniger ist sehr funktionssicher und arbeitet unter größtmöglicher Schonung des Garnes. Die erforderliche Schlitzweite ist mit Hilfe einer Skala auf Zehntelmillimeter einstellbar. Ebenso wie der Fadenspanner ist auch der Fadenreiniger selbsteinfädelnd.

Nach erfolgter Reinigung wird der Faden durch einen mechanischen Fadenwächter kontrolliert und anschließend auf Kreuzspulen aufgewunden (Bild 2/104). Bemerkenswert ist an dieser Maschine die Schwingungsdämpfung des Spulenhalters (Bild 2/105), die bei hohen Fadengeschwindigkeiten unerläßlich ist. Die Unwuchten der Spule würden andernfalls störende Maschinenschwingungen verursachen. Jeder Spulenhalter b ist an einer Stange a befestigt, die am unteren Ende einen Kolben c trägt. Dieser Kolben befindet sich in einem ölgefüllten Dämpfungszylinder d und wird in seiner Bewegung gebremst. Der außerdem in diesem Gehäuse befindliche Mechanismus bewirkt das Abheben der Spule von der Schlitztrommel bei Fadenbruch.

Bild 2/101. Spulstelle einer Trommelspulmaschine (Modell RZ 11)

7 Simon, Weberei

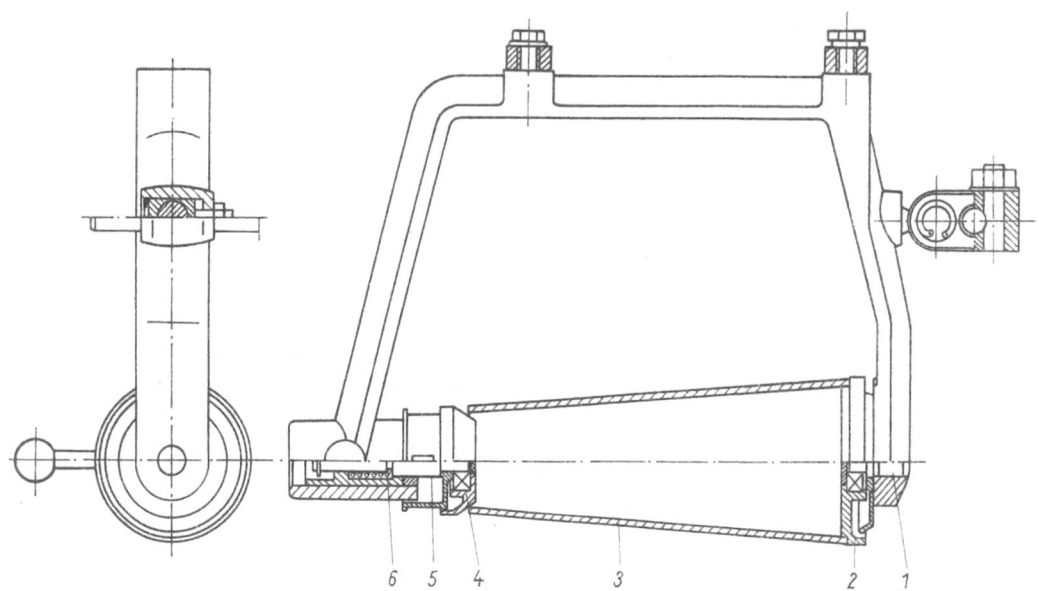

Bild 2/102. Spulenhalter an einer Umspulmaschine (Modell RZ 11)
1 Spulenhalter, *2* ortsfester Dorn, *3* Spulenhülse, *4* axial verschiebbarer Dorn, *5* Zapfen, *6* Druckfeder

Bild 2/103. Fadenspanner und Fadenreiniger an einer Umspulmaschine (Modell BKN)

Bild 2/104. Fadenlauf an einer Umspulmaschine (Modell BKN)

Zur Vermeidung der Kantenhärte an Kreuzspulen wird an Umspulmaschinen eine axiale Relativbewegung zwischen Tragwalze und Spule erzeugt. Eine Möglichkeit zur Erzeugung einer Changierbewegung der Schlitztrommel ist in Bild 2/106 dargestellt. Damit wird der Umkehrpunkt des Fadens an der Spulenkante periodisch um einen einstellbaren Betrag verlegt. Eine Kurvenscheibe bewegt den Hebel um seinen Drehpunkt, der an verschiedenen Stellen liegen kann. Sein oberes Ende ist über einen Zapfen mit der Kappe verbunden, die sich auf der Schlitztrommelwelle befindet und sie hin- und herbewegt. Durch die Lage des Drehpunktes des Hebels wird das Hebelverhältnis und damit die Größe der Fadenverlegung verändert. Mit dieser Vorrichtung erfolgt gleichzeitig die Störung der Bildwicklung.

einer Absaugvorrichtung abgestimmt, die sich unter den Spulstellen befindet.

Zur Normalausstattung dieser Maschinen gehören weiterhin bewegliche Kopskästen zur bequemen Bestückung der Spulstellen mit Vorlagekopsen und Transportbänder entlang der Maschine zur selbsttätigen Beförderung der leeren Hülsen an das Ende der Maschine. Auch Anzeigevorrichtungen für den Füllungsgrad der Auflaufspule gehören zum Standard.

Die Fa. *Gilbos*/Belgien hat eine Kreuzspulmaschine Type TS für Färbespulen im Programm, die wahlweise mit Schlitz- oder Nutentrommeln ausgestattet ist. Die Maschine ist ebenfalls doppelseitig und erlaubt

Bild 2/106. Mechanismus zur Changierung der Schlitztrommel (Modell BKN)

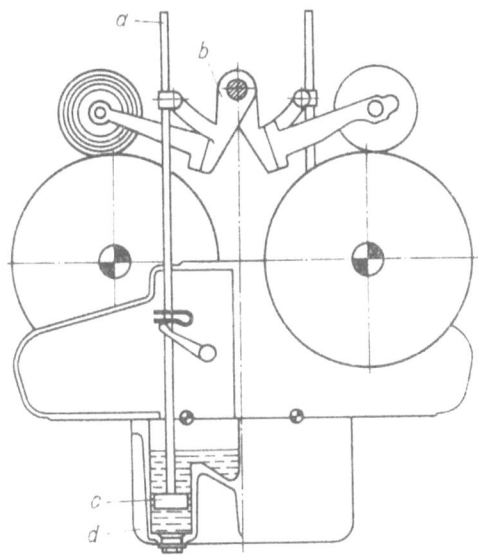

Bild 2/105. Schwingungsdämpfung des Spulenhalters (Modell BKN)
a Hubstange, *b* Spulenhalter, *c* Kolben, *d* Zylinder

Eine Maßnahme zur Verbesserung der Umweltfreundlichkeit ist die Installation von Entstaubungsanlagen an Spulmaschinen. Hierzu werden Vorrichtungen zum Abblasen und Absaugen von Staub eingesetzt (Bild 2/107). Ein über der Maschine angebrachtes Wandergebläse verhindert die Ablagerung von Faserflug und dgl. Dieses Gebläse ist mit

Bild 2/107. Entstaubungsvorrichtung (Modell BKN)

Bild 2/108. Kreuzspulmaschine (Modell RZ 5)

je nach Garnqualität Fadengeschwindigkeiten bis 1000 m/min. Sie ist mit einer Vorrichtung zur Kantenverlegung ausgerüstet, deren Größe mit wachsendem Spulendurchmesser zunimmt. Die Auflaufspule kann zylindrisch oder konisch (Neigungswinkel 4° 20') sein. Fadenspanner und Fadenreiniger beruhen auf mechanischem Prinzip. Die maximale Anzahl der Spulstellen wird mit 120 angegeben, wofür eine Antriebsleistung von 2×4 kW erforderlich ist.

Ausschließlich mit Nutentrommeln fertigt *Majed*/VR Polen die Spulmaschinen RZ 3 (für Kopsabzug) und RZ 5 (für Kops- und Haspelabzug). Während an der Type RZ 3 die Kopsvorlage unterhalb der Spulstelle angeordnet ist, befinden sich an der Type RZ 5 die Haspelkronen über der Maschine (Bild 2/108). Die Auflaufspulen können einen Neigungswinkel von 4° 20' oder 9° 15' haben. Die Anzahl der Spulstellen ist mit 48 oder 72 angegeben. Die Spulgeschwindigkeit beträgt je nach Garnart 300 m/min für Wollgarne (Kammgarn und Streichgarn) und bis 800 m/min für Baumwollgarne. Sie ist stufenlos einstellbar, und ihre Größe kann an einem Tachometer abgelesen werden.

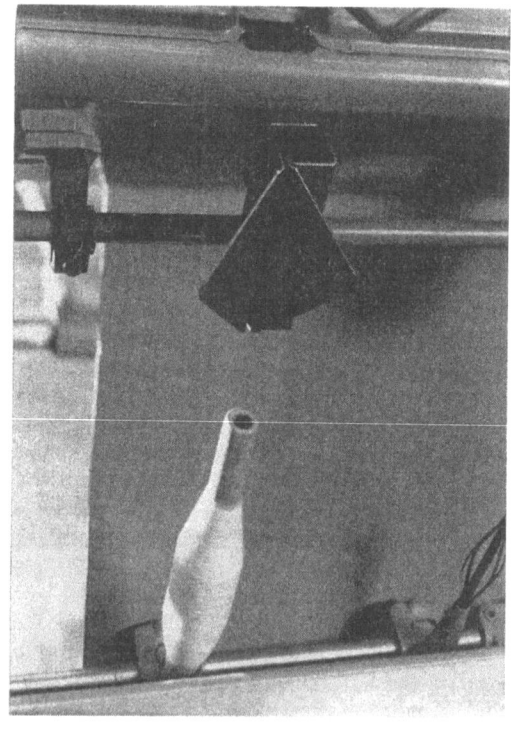

Bild 2/109. Abzugsbeschleuniger an der Kreuzspulmaschine, Weber-Rohr (Modell IKN)

Die Fa. *Schlafhorst* stattet ihre Kreuzspulmaschine Modell IKN mit konischen Nutentrommeln aus (Bild 2/86). Sie eignen sich für die Herstellung von Superkonen zur Verarbeitung in der Wirkerei. Die Nutentrommel ist durch ihre besondere Kreuzung für alle Garnfeinheiten und Faserstoffe geeignet. Jede Spulstelle wird durch einen Reibradantrieb einzeln angetrieben, so daß ein sanftes Anlaufen möglich ist. Mit dieser Maschine werden Spulgeschwindigkeiten bis 1000 m/min beim Abzug vom Kops erreicht. Der Feinheitsbereich für Garne aus Natur- und Chemiefaserstoffen umfaßt 100···6 tex.

Das abgezogene Garn gelangt über einen Abzugsbeschleuniger (Weber-Rohr in Bild 2/109) zum Fadenspanner und -reiniger, wonach es auf konische Kreuzspulen aufgewunden wird (Bild 2/110). Der Abzugsbeschleuniger hat die Aufgabe, den Faden leichter vom Spinnkops abzulösen. Rohrbeschleuniger ermöglichen hohe Spulgeschwindigkeiten ohne Gefahr, daß Fadenwindungen vom Kops mitgerissen werden.

Der Fadenspanner ist massebelastet (Bild 2/103) und damit einfach im Aufbau. Als Fadenreiniger wird für normale Ansprüche der Klappenreiniger (Bild 2/111) bzw. Schwingplattenreiniger und für hohe Ansprüche der Nadelkammreiniger (Bild 2/112) eingesetzt. Ein auswechselbarer Vorreiniger (Bild 2/113) streift alle lose am Faden haftenden Verunreinigungen ab, ohne daß ein Fadenbruch entsteht.

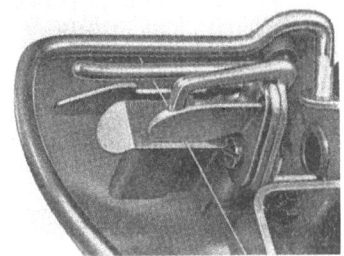

Bild 2/111. Klappenreiniger, Schwingplattenreiniger

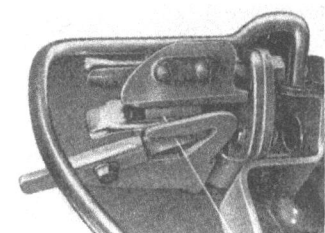

Bild 2/112. Nadelkammreiniger

Die bereits in Bild 2/110 zu erkennende Paraffiniervorrichtung ist nochmals in Bild (2/114) dargestellt. Es handelt sich dabei um einen umlaufenden Wachskörper mit Ölbremse. Die Paraffinrolle wird zwangsläufig durch den Faden angetrieben, der dadurch eine dünne Wachsschicht erhält. Damit verbessert sich das Laufverhalten der Fäden an der nachfolgenden Maschine. Bei Fadenbruch oder fehlendem Faden bleibt die Rolle stehen.

Diese Maschine ist ebenso wie auch andere Kreuzspulmaschinen mit einer hydraulischen Spulenhalterdämpfung ausgestattet. Ein Durchmesseranzeiger für die gefüllte Spule

Bild 2/110. Fadenlauf an einer Kreuzspulmaschine (Modell IKN)

gehört gleichermaßen zur Normalausstattung wie eine Transportvorrichtung für leere Hülsen. Schließlich hat jede Spulstelle einen Mechanismus zur wirksamen Störung der Bildwicklung.

Eine Spulmaschine mit changierendem Fadenführer und Umfangsantrieb der Kreuzspule produziert die Fa. *SAVIO*/Italien. Sie ist geeignet für die Verarbeitung von Wolle, Baumwolle, Chemiefasern und entsprechenden Mischungen sowie für texturierte Seiden. Durch die mögliche Veränderung des Kreuzungswinkels von 12°, 16° und 20° lassen sich mittlere und feine Fäden verarbeiten.

konische oder superkonische Kreuzspule sein. Sie wird durch Friktion von einer durchgehenden Stahlwalze angetrieben. Der Kreuzungswinkel ist mittels Kreuzungsregler zwischen 12° und 20° einstellbar. Diesen Vorteil bieten nur Maschinen mit changierendem

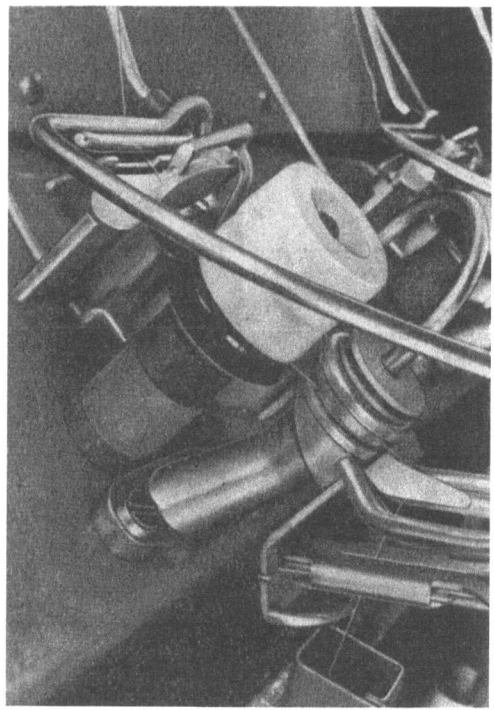

Bild 2/114. Paraffiniervorrichtung

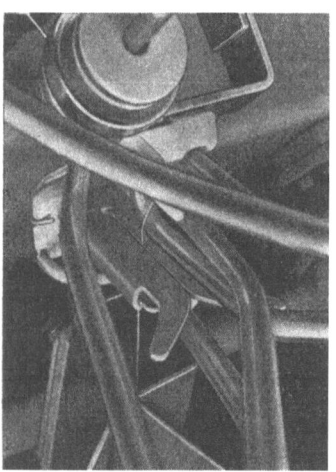

Bild 2/113. Vorreiniger

Die Maschine Modell USr ist zweiseitig mit voneinander unabhängigen Antrieben. Die Änderung der Spulgeschwindigkeit erfolgt über stufenlos stellbare Keilriemengetriebe und ist bis maximal 600 m/min möglich. Die Fadenvorlage ist für Kops und Scheibenspulen eingerichtet. Der von der Spule ablaufende Faden wird einem einstellbaren mechanischen Fadenspanner zugeführt (Bild 2/115). Der Fadenreiniger ist ebenfalls mechanisch und einstellbar und mit einer Fadenfeinheitsangabe ausgestattet. Der Anbau von elektronischen Reinigern ist möglich. Paraffiniervorrichtung und Befeuchtungsvorrichtung können vorgesehen werden. Die Auflaufspule kann eine Zylinderspule, eine

Fadenführer, da bei den anderen Prinzipien die Tragwalze ausgetauscht werden müßte. Seine Größe richtet sich nach Garnart und -feinheit. Sämtliche Fadenführer einer Maschinenseite werden gemeinsam angetrieben, und die Hubgröße ist einstellbar:

Hub 127 mm bis max. 70 Spulstellen/Seite

Hub 152···178 mm bis max. 56 Spulstellen/Seite

Hub 200···250 mm bis max. 36 Spulstellen/Seite.

Damit kann die Geschwindigkeit des Fadenführers berechnet werden, die entlang des Hubes konstant ist.

Bild 2/115. Umfangsantrieb und changierender Fadenführer

Allgemein gilt für die Hubgeschwindigkeit:

$$\frac{dH}{dt} = v_H \tag{2.195}$$

Für den vorliegenden Fall kann nach Bild 2/22 die Hubgeschwindigkeit v_H aus der Fadengeschwindigkeit v_F und dem Steigungswinkel α_S berechnet werden.

$$v_H = v_F \sin \alpha_S \tag{2.196}$$

Die größte Geschwindigkeit des Fadenführers ist dann erforderlich, wenn der Faden am steilsten verlegt und mit der maximalen Fadengeschwindigkeit gespult wird. Das ist bei einem Kreuzungswinkel von 20° der Fall. Damit ergibt sich aus Gleichung (2.196) bei einer Fadengeschwindigkeit von 600 m/min eine Fadenführergeschwindigkeit von etwa 104 m/min. Für die Anzahl der Doppelhübe/min gilt:

$$n_H = \frac{v_H}{2H} \tag{2.197}$$

Das Maximum tritt beim kleinsten Fadenführerhub auf, somit bei 127 mm. Durch Einsetzen der Werte in Gleichung (2.197) wird $n_H = 410$ Doppelhübe/min. Zur schnelleren Ermittlung der gesuchten Parameter für changierende Fadenführer kann das Diagramm in Bild 2/116 verwendet werden [73].

Zur Standardausführung der Maschine gehören ein Getriebe zur Bildwicklungsstörung, eine optische Anzeige bei erreichtem Spulendurchmesser, ein Transportband zur Beförderung der leeren Hülsen sowie eine Entstaubungsanlage, bestehend aus einem Wandergebläse für beide Maschinenseiten und Absauganlage. Die in diesem Abschnitt beschriebenen Umspulmaschinen stellen nur einen repräsentativen Querschnitt dar, woraus zu erkennen ist, daß der Stand der Technologie relativ unterschiedlich ist. Dieser Umstand wird auch durch die Übersicht in Tabelle 2/5 deutlich.

Die weitere Entwicklung von Umspulmaschinen kann so eingeschätzt werden, daß die Schlitztrommel verstärkt durch die kleinere Nutentrommel verdrängt wird. Für die Erzeugung konischer Kreuzspulen kommt dazu noch der Vorteil, den eine konische Nutentrommel bringt. Wenngleich dadurch die Drehzahl der Antriebswelle für die gleiche Spulgeschwindigkeit ansteigt, überwiegen doch die Vorteile, nicht nur in textiltechnologischer sondern auch maschinenbautechnischer Hinsicht. Moderne Technologien der spanlosen Formung ermöglichen eine rationelle und formgetreue Fertigung von Nutentrommeln. Schließlich bleibt auch der Vorteil des Spulautomaten nicht ohne Einfluß auf diese Entwicklung.

Tabelle 2/5. Kreuzspulmaschinen mit Umfangsantrieb (Auswahl)

Hersteller	Modell	Anzahl der Spulstellen	Fadenführer	Spulgeschw. in m/min	Faserstoff	Feinheit in tex	Spulenart	Bemerkungen
Majed/ VR Polen	RZ 11	16, 32, 48, 64	Schlitztrommel max. Hub 125 mm	300···1200 bis 600 f. Färbespulen bis 1200 f. Gatter	Baumwolle baumwollähnlich Wolle wollähnlich	64···5,9	Kreuzspule zylindrisch und konisch 4° 20' ⌀ 220 mm	Kopsvorlage Antriebsleistung: 2 × 2,2 kW Transport 0,4 kW
Schlafhorst/ BR Deutschland	BKN	bis 120	Nutenzylinder (Schlitztrommel) Hub 127 mm	bis 1200	Natur- und Chemiefasern	ab 333	Kreuzspule zylindrisch und konisch 4° 20'	Kopsvorlage Entstaubung Entlastung des Spulenhalters Bildstörung
Gilbos/Belgien	TS	12···120	Schlitztrommel Nutentrommel Hub 125 mm und 150 mm	bis 1000	Natur- und Chemiefasern	mittel bis fein	Kreuzspule zylindrisch und konisch 4° 20'	Kopsvorlage Antriebsleistung: 2 × 4 kW
Majed/ VR Polen	RZ 3 RZ 5	24···72	Nutentrommel	RZ 3 300···800 RZ 5 300···800 bei Kopsabzug 150···300 bei Haspelvorlage	Wolle Baumwolle	125···16 125···6	RZ 3 für 9° 15' RZ 5 für 0° und 4° 20'	RZ 3 für Kopsvorlage RZ 5 für Kopsvorlage und Haspelvorlage Antriebsleistung: 2 × 1,5 kW Transport 0,4 kW
Schlafhorst/ BR Deutschland	IKN	bis 96	konische Nutentrommel Hub 152 mm (6 Zoll)	bis 1000	Natur- und Chemiefasern	100···6	Kreuzspule 6°···9° 15'	Bildstörung Paraffineur

Gibos/Belgien	RCN	16···100	Nutentrommel (Stahl und Kunststoff) Hub 125, 150, 175, 200 mm konstante und veränderliche Nutsteigung	bis 1000	Natur- und Chemiefasern	mittel bis fein	Kreuzspule zylindrisch und konisch 5° 57′ und 9° 15′	Kopsvorlage Entstaubung Paraffineur Bilstörung, mech. oder elektronische, Garnreiniger Antriebsleistung: 2×4 kW
SAVIO/ Italien	USr	bis 112 bei 152···178 mm Hub bis 72 bei 200···250 mm Hub	Changierender Fadenführer Hub 152···250 mm	bis 600	Wolle Baumwolle Chemiefasern Texturseide	mittel bis fein	Kreuzspule zylindrisch und konisch 3° 30′, 4° 20′, 5° 57′, 6° 9° 15′	Vorlage Kops, Scheibenspulen

2.6.2.2. Fachspulmaschine

Die Fachspulmaschine ist wie die Umspulmaschine zur Herstellung einer gewöhnlichen Wicklung konzipiert. Sie wird ebenfalls mit drei verschiedenen Prinzipien von Fadenführern ausgestattet (Bild 2/99). Darüber hinaus hat sie einen gleichen Grundaufbau wie die Umspulmaschine, nur mit dem Unterschied, daß die Fadenvorlage und die anschließende Fadenbehandlung für mehrere Fäden ausgelegt sein müssen. Außerdem muß die Fachspulmaschine mit einer Bremsvorrichtung ausgestattet sein, die bei Bruch eines Fadens die Fachspule zum Stehen bringt, bevor das Ende des gebrochenen Fadens auf die Spule aufgelaufen ist.

Der Fachprozeß ist in der Vorbereitungstechnik von großer Bedeutung, da qualitätsgerechte Spulenvorlagen für den Zwirnprozeß hergestellt werden müssen. Es ist durch das Fachen möglich, alle Fäden mit gleicher Zugkraft aufzuwinden, was sich positiv auf die Zwirnstruktur auswirkt, indem die Zwirnkomponenten gleiche Schraubenstruktur aufweisen. Bezogen auf die Vorlage an Zwirnmaschinen können drei Verfahren unterschieden werden:

1. Fachen in zwei Stufen
2. Fachen in einer Stufe
3. Fachen an der Zwirnmaschine.

Diese drei Möglichkeiten werden im Hinblick auf die Qualitätsansprüche an den Zwirn wahlweise praktiziert.

2.6.2.2.1. Fachen in zwei Stufen

In diesem Fall verläuft das Fachen besonders rationell und qualitätsgerecht. Die zu fachenden Fäden werden zunächst auf herkömmliche Art umgespult und gereinigt.
Beim Auftreten eines Garnfehlers wird nur eine Spulstelle abgestellt. Die so hergestellten Kreuzspulen dienen als Vorlage für die Fachspulmaschine, und es erfolgt keine weitere Reinigung, so daß ebenfalls mit hoher Geschwindigkeit gefacht werden kann. Eine Fachspulmaschine dieses Typs ist in Bild 2/117 dargestellt. Die Abzugsvorrichtung (Gatter) ist für die Aufnahme von 2···4

106 2. Spulen

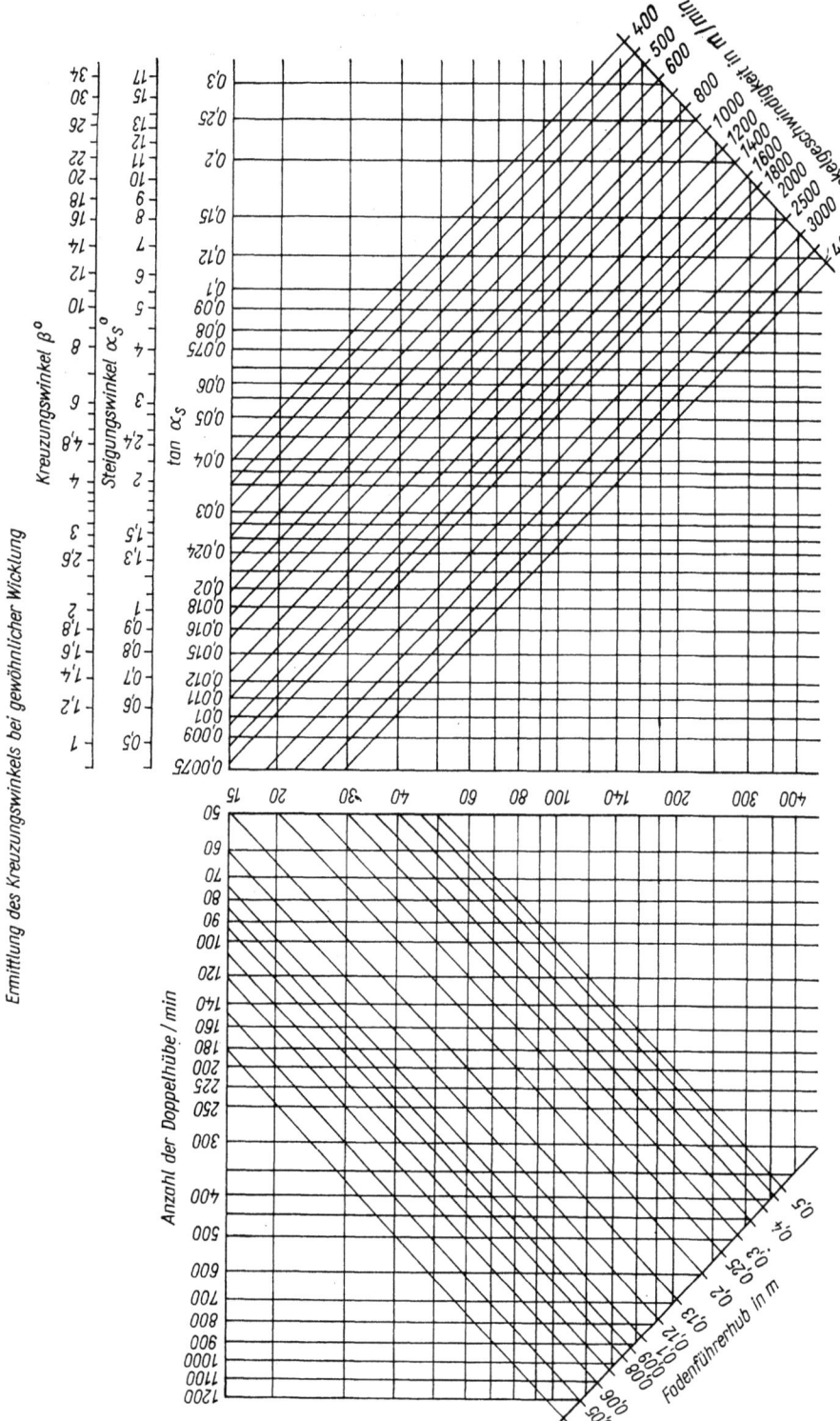

Bild 2/116. Ermittlung des Kreuzungswinkels bei gewöhnlicher Wicklung

Bild 2/117. Fachspulmaschine (Modell 4049)

Kreuzspulen je Arbeitsstelle ausgelegt. Der Fadenabzug erfolgt axial. Die Vorlagefäden gelangen zu jeweils einem Fadenspanner, der in klassischer Bauart massebelastet wirkt. Verschiedenfarbige Belastungsscheiben ermöglichen eine bequeme Übersicht über sämtliche Spanner und damit über die eingestellte Fadenzugkraft. Sie sind selbsteinfädelnd, nachdem ein Garnfehler beseitigt ist. Die Aufgabe des Fachens ist damit erfüllt, und die vorgespannten Garne werden auf Kreuzspulen (sogenannte Fachspulen) aufgewunden. Mit dem in Bild 2/117 dargestellten Prinzip erfolgt das Aufwinden mittels Schlitztrommel (∅ 250 mm, Duroplast) bis 900 m/min. Die Maschine ist für die Verarbeitung von Garnen aus Baumwolle, Viskosefasern und deren Mischungen geeignet. Die Auflaufspulen sind entweder zylindrische oder konische (4° 20′) Kreuzspulen mit Hülsen aus Pappe, Holz oder Plaste, und einer Wicklungslänge von 165 mm. Zur Verbesserung der Anschaulichkeit ist in Bild 2/118 der Querschnitt einer Fachspulmaschine dargestellt. Bei der Herstellung konischer Kreuzspulen treten die bereits beschriebenen Nachteile als Folge des Schlupfes zwischen Schlitztrommel und Spule auf.

Bei Erreichen des Nenndurchmessers spricht eine mechanische Anzeigevorrichtung an, wodurch die Auflaufspule einen über ihr beweglich aufgehängten Ring (Bild 2/117) zum Pendeln bringt. Auf diese Weise wird dem Bedienungspersonal zwar ein Signal gegeben, jedoch die Spulstelle nicht abgeschaltet. Der Vorteil einer solchen Methode besteht in einer besseren Garnausbeute, da ein Rest auf der Ablaufspule noch aufgewunden werden kann, bevor die volle Spule unbedingt gewechselt werden muß.

Wie auch an den Umspulmaschinen, gehören an Fachspulmaschinen Entstaubungsanlagen, Transportbänder für leere Hülsen, Fadenwächter für jeden Faden und andere Hilfsvorrichtungen zur Grundausstattung der Maschine. Die installierte Leistung beträgt für eine Maschine mit 78 Spulstellen 9 kW, wovon $2 \times 2,2$ kW für den Antrieb der Schlitztrommeln erforderlich sind.

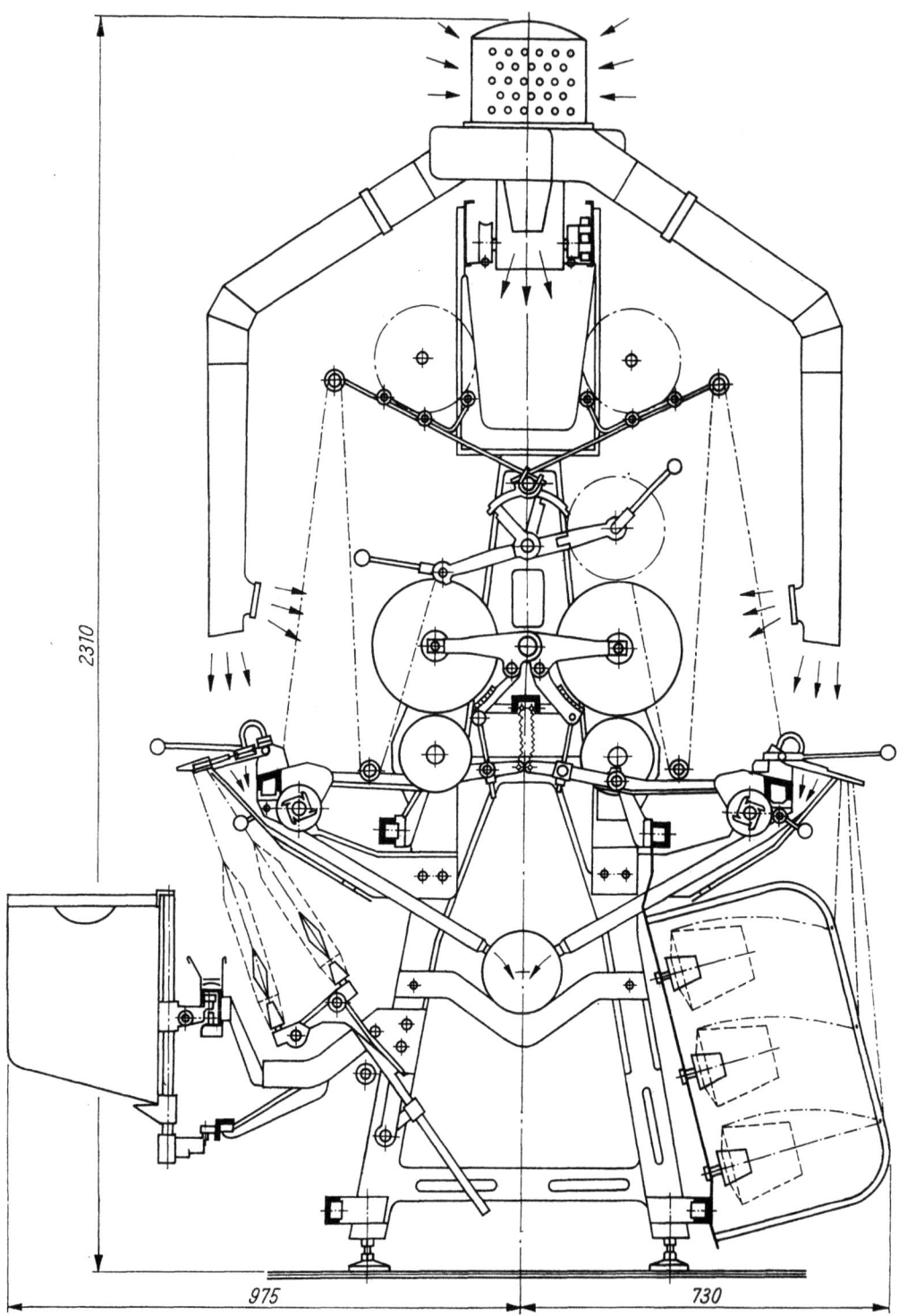

Bild 2/118. Querschnitt einer Fachspulmaschine (Modell 4049)

2.6.2.2.2. Fachen in einer Stufe

Bei diesem Verfahren werden die zu fachenden Garne zusätzlich gereinigt. Demnach ist für jeden Faden ein Garnreiniger erforderlich. Wenngleich dadurch der Umspulprozeß entfallen kann, darf nicht unberücksichtigt bleiben, daß jeder Garnfehler den Stillstand mehrerer Fäden an einer Spulstelle zur Folge hat. Aus diesem Grunde wird das Verfahren auch nur dann angewendet, wenn Garne hoher Feinheit verarbeitet werden und die Laufzeit der Ablaufkopse relativ groß ist.

Den Nutzeffekt gibt *Schneider* [4] gegenüber dem Fachen ab Kreuzspule wie folgt an:

2fach — etwa 70%
3fach — etwa 60%
4fach — etwa 50%.

Bild 2/120. Fach- und Spulstelle (Modell RZ 10)

Bild 2/119. Hauptantrieb einer Fachspulmaschine Modell RZ 10)

Obwohl beim Fachen ab konischer Kreuzspule mit höherer Geschwindigkeit als beim Abzug vom Kops gearbeitet werden kann, ist der Nutzeffekt beim Kopsabzug im günstigsten Falle um 20% niedriger als beim Abzug von konischen Kreuzspulen. Mit höherer Fachzahl sinkt er weiter.
Der Hauptantrieb der Fachspulmaschine ist ebenso wie an Umspulmaschinen mit einem stufenlos stellbaren Keilriemengetriebe ausgestattet (Bild 2/119), dem ein Asynchron-Drehstrommotor vorgeschaltet ist. Die jeweils eingestellte Spulgeschwindigkeit kann an einem Tachometer je Maschinenseite abgelesen werden. Die Fachspulmaschine RZ 10 der Fa. *Majed*/VR Polen ermöglicht eine Geschwindigkeit bis 600 m/min und ist je nach Ausführung für die Verarbeitung von Garnen aus Wolle, Baumwolle und aus Fasern ähnlicher Stapellänge geeignet.
Die Fach- und Spulstelle dieser Maschine ist in Bild 2/120 dargestellt und besteht

Bild 2/121. Spulstelle einer Fachspulmaschine (Modell CSa)

aus folgenden Funktionsgruppen:
- Nutentrommel
- Spulenhalter für Kreuzspulen
- Bremsvorrichtung, die beim Bruch eines Fadens die Auflaufspule abbremst, so daß das gebrochene Fadenende noch nicht aufgewunden ist
- Mehrzweck-Aufsteckvorrichtung
- Fadenwächter-Vorrichtung
- Fadenspanner
- Garnführungsrollen in Wälzlagerung
- Fadenreiniger (Schlitzreiniger, Nadelkammreiniger oder Schwingplattenreiniger).

Einen ähnlichen Aufbau hat die Fachspulmaschine der Fa. *SAVIO*/Italien. Die Fadenverlegung wird ebenfalls mittels Nutentrommel vorgenommen (Bild 2/121). Sie ist für die Verarbeitung von Baumwoll- und Mischgarn sowie in beschränktem Maße für Wollgarn mittlerer und feiner Titer bis zu einer Spulgeschwindigkeit von 800 m/min geeignet. Die Maschine ist mit massebelasteten Fadenspannern und Schlitzfadenreinigern ausgestattet. Für die Vorlage an Zwirnmaschinen werden zylindrische Kreuzspulen und auf Wunsch konische Kreuzspulen (3° 30', 4° 20' und 6°) hergestellt.
Zum Standard gehören eine Staubabsaugung als Wandergerät, eine Schnellbremsvorrichtung für Einzelfadenbruch, ein Störgetriebe zur Vermeidung von Bildwicklungen

Bild 2/122. Spulstelle einer Fachspulmaschine mit changierendem Fadenführer (Modell USa)

sowie bereits beschriebene Transportvorrichtungen.

Die gleiche Firma fertigt auch eine Fachspulmaschine mit changierendem Fadenführer ebenfalls für die Herstellung zylindrischer und konischer Kreuzspulen mit gleichem Neigungswinkel. Ihre maximale Geschwindigkeit beträgt 600 m/min bei einem Kreuzungswinkel von 12°. Sie ist allerdings für Fachzahlen zwischen 4 und 8 ausgelegt (Bild 2/122). Wie bereits in Abschnitt 2.6.2.2.1. erwähnt, hat dieses Prinzip der Fadenverlegung den Vorteil, daß der Kreuzungswinkel einstellbar ist (12°, 16°, 20°). Erwähnenswert ist die Möglichkeit der Regulierung des Spulenanpreßdruckes zur Veränderung der Spulendichte (Durchschnittliche Dichte: Baumwolle 0,45 g/cm³, Wolle 0,35 g/cm³).

2.6.2.2.3. Fachen an der Zwirnmaschine

Beim Fachen nach diesem Verfahren müssen der Zwirnmaschine gereinigte Fäden vorgelegt werden. Die übliche Aufmachung ist die zylindrische Kreuzspule, wenn keine anderen Forderungen dagegen stehen, da der Fadenabzug an der Zwirnmaschine tangential erfolgen kann. Voraussetzung für das Fachen an der Zwirnmaschine ist weiterhin ein Spulengatter, das über der Maschine angebracht wird, wodurch sich die Bedienbarkeit verschlechtert. Darüber hinaus ist nicht gewährleistet, daß die Vorlagegarne der Zwirnstelle mit gleicher Zugkraft zugeführt werden, da Zwirnmaschinen keinen Fadenspanner haben, der dafür erforderlich wäre.
Auf Grund der gesamten Umstände wird das Fachen auf der Zwirnmaschine nur dann durchgeführt, wenn an die Zwirnqualität keine gesteigerten Ansprüche gestellt werden.
Bei der Beschreibung der Fachspulmaschinen wurde keine Bewertung der einzelnen Maschinentypen vorgenommen. Es handelt sich nur um die Darstellung eines repräsentativen Querschnitts, wobei die unterschiedlichen Gesichtspunkte der Hersteller hervortreten.
Eine Übersicht von Fachspulmaschinen mit ihren wesentlichen Merkmalen zeigt die Tabelle 2/6. Auch an den Fachspulmaschinen wird in zunehmendem Maße die relativ große Schlitztrommel durch die kleinere Nutentrommel verdrängt. Die Vorteile wurden bereits in Abschnitt 2.5.4.3.2. beschrieben. Eine bessere und einfachere Anpassung der Fadenführung an die geforderte Spulenqualität ermöglicht der changierende Fadenführer, zumal seine Hubfrequenz in letzter Zeit gesteigert werden konnte. Durch den Einfluß aus dem Bereich des Chemiefasermaschinenbaus konnten die Mechanismen für den Fadenführerantrieb funktionssicher gestaltet werden.

2.6.2.3. Kreuzspulautomat

2.6.2.3.1. Allgemeines

Wie in anderen Bereichen der Verarbeitungstechnik, gab es auch beim Spulen Bestrebungen zur Automatisierung des Prozeßablaufes. Seit etwa 1930 sind Spulautomaten bekannt, so daß die Notwendigkeit solcher Automaten nicht begründet werden muß. Zahlreiche Textilmaschinenhersteller bieten Kreuzspulautomaten in unterschiedlicher Bauweise an. Über eine zweckmäßige Ordnung dieser Automaten gibt es in der Fachliteratur keine einheitliche Meinung. Es ist allgemein üblich, eine Einteilung nach der Anzahl der Spulstellen vorzunehmen:

1. Großgruppenautomaten
2. Kleingruppenautomaten
3. Einspindelautomaten.

In bezug auf die Anordnung der Spulstellen kann folgende Einteilung vorgenommen werden (Bild 2/123):

1. Automaten in Reihenbauweise
   Bei dieser Ausführung sind die Spulstellen hintereinander angeordnet, und die Maschine kann ein- oder zweiseitig ausgeführt sein. Außerdem werden diese Automaten in Kompakt- oder Sektionsbauweise hergestellt.
2. Automaten in Rundbauweise
   Diese Maschinen haben nur eine beschränkte Anzahl von Spulstellen, da sie karussellförmig um das stillstehende Automatenaggregat angeordnet sind.

Beide Ausführungen werden seit vielen Jahren mit Erfolg eingesetzt und haben ein hohes technisches Niveau, das keine gravierenden Unterschiede erkennen läßt.

Tabelle 2/6. Fachspulmaschinen mit Umfangsantrieb (Auswahl)

Hersteller	Modell	Anzahl der Spulstellen	Fadenführer	Spulgeschw. in m/min	Faserstoff	Fachzahl	Spulenart	Bemerkungen
IKOS/ Jugoslawien	4049	30, 42, 54, 66, 78	Schlitztrommel Hub 165 mm	220···900	Baumwolle Viskosefaser Mischung	2···4	Kreuzspule zylindrisch und konisch 4° 20'	Vorlage: Kops, Kreuzspulen, Entstaubung, Hülsentransport, Spulenablage, Leistung für 78 Spulstellen: Gesamt 9 kW Hülsentransport 0,25 kW Abstellung 2 × 0,25 kW Saugvorrichtung 3 kW Abblasvorrichtung 0,4 kW Schlitztrommel 2 × 2,2 kW
Majed/ VR Polen	RZ 10	24···72	Nutentrommel ⌀ 85, 90 mm Hub 158, 146 mm.	200···600	Wolle wollähnlich Baumwolle baumwollähnlich	2···4	Zylindrische Kreuzspule	Vorlage: Kops, konische Kreuzspulen, Hülsentransport, Förderbehälter für Kopse, Leistung für 72 Spulstellen: 2 × 1,7 kW für Hilfsvorrichtung 0,4 kW

SAVIO/ Italien	CSa	8···120	Nutentrommel Duroplast oder verchromter Guß Hub 127···152 mm	max. 800	Baumwolle Wolle Mischungen	2 und 3	Kreuzspule zylindrisch und konisch 3° 30′, 4° 20′, 6°, ⌀ 200 bis 250mm	Vorlage Superkonen
SAVIO/ Italien	USa	6···72	Changierender Fadenführer Hub 127···178 mm	max. 600	Baumwolle Wolle Mischungen Chemiefasern Texturseide	2···8	Kreuzspule zylindrisch und konisch 3° 30′, 4° 20′, 6°	Vorlage Kops, Kreuzspulen Entstaubung Bildstörung Befeuchtungsvorrichtung Kreuzungswinkel 12°, 16°, 20°
Hirschburger/ BR Deutschland	SEdW	bis 96	Changierender Fadenführer mit Kehrgewindeantrieb Hub 125···250 mm	150···600	keine Beschränkung	2···6	Kreuzspule zylindrisch und konisch 3° 30′, 4° 20′ ⌀ 250 bis 300 mm	Vorlage Kops Kreuzspulen bis ⌀ 250 mm Kreuzungswinkel 10°, 14°, 18°, 22° Elektronische Fadenlängenmessung Naßspulvorrichtung Garnreiniger

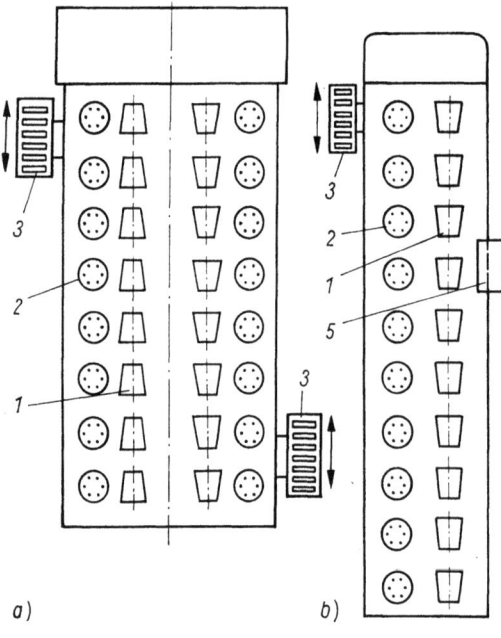

Die maximale Spulgeschwindigkeit liegt generell bei etwa 1200 m/min, wobei einige Ausführungen auch 1400 m/min erlauben.
Der Rundautomat bringt für den Anwender zweifellos den Vorteil, daß er sich durch die kleine Anzahl von Spulstellen (etwa 10 Spulstellen) sehr gut auf kleine Losgrößen abstimmen läßt. Demgegenüber werden die Automaten in Reihenbauweise dieser Forderung dadurch gerecht, daß sie sich durch die Sektionsbauweise ebenfalls den Produktionsbedingungen anpassen lassen. Die minimale Anzahl von Spulstellen liegt zwischen 8 bei einseitigen und 32 bei zweiseitigen Maschinen.
Einen Kompromiß zwischen diesen beiden Bauweisen stellt eine Ausführung dar, die von den Firmen *GILBOS*/Belgien und *MURATA*/Japan gebaut wird. Bei diesem Spulautomaten sind Knoter und Kopswechselmechanismus zu einer ortsfesten Baugruppe zusammengefaßt, während die Spulstellen als Wanderaggregate ausgeführt sind. Dabei können wahlweise 12, 16, 20 oder 24 Spulstellen eingesetzt werden.

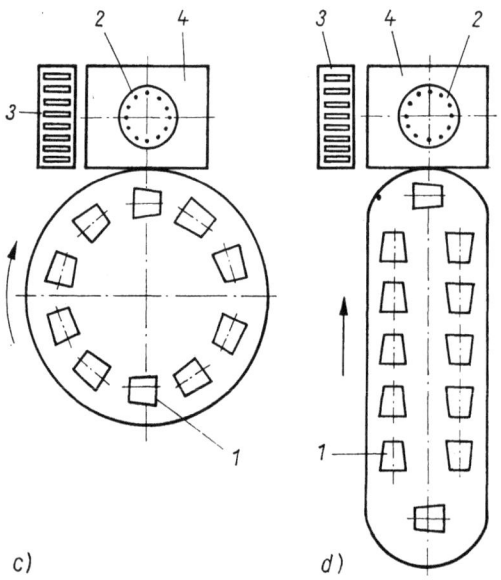

Bild 2/123. Anordnung der Spulstellen an Kreuzspulautomaten
a) Reihenbauweise, zweiseitig, *b)* Reihenbauweise, einseitig, *c)* Rundbauweise, *d)* feststehendes Automatenaggregat umlaufende Spulstellen
1 Spulstelle, *2* Kopsmagazin, *3* Kopskasten, *4* Automatenaggregat, *5* Wanderknoter

2.6.2.3.2. Arbeitsprinzip

Das Arbeitsprinzip eines Kreuzspulautomaten entspricht im wesentlichen dem einer Umspulmaschine, wobei die Garnvorlage im allgemeinen auf die Kopsaufmachung beschränkt ist. Sämtliche Teilfunktionen des Umspulprozesses, beginnend mit der Positionierung der Kopse und endend mit dem Kreuzspulwechsel, laufen selbsttätig ab. Unter der Annahme, daß die Spulgeschwindigkeit an Umspulmaschinen und Kreuzspulautomaten etwa die gleiche Größe hat, liegt der wesentliche Vorteil beim Einsatz von Automaten in der Erweiterung der Bedienbereiche, verbunden mit einer beträchtlichen Arbeitserleichterung. Eine Spulerin leistet an einem Automaten ein Mehrfaches von dem, was sie an einer nicht automatisierten Kreuzspulmaschine leisten kann. Die durch die Garnreinigung bedingten Fadenbrüche werden automatisch behoben, so daß unrentable Stillstandszeiten der Spulstelle entfallen. Die anfallenden Lohnkosten sind geringer und unabhängig vom Reinigungsgrad und der Anzahl der Fadenbrüche.

Funktionsablauf:

1. Auffüllen des Kopsmagazins und definierte Vorlage des Fadens von Hand
2. Positionierung des Vorlagekops für den Fadenabzug
3. Übernahme des Fadens bzw. Aufsuchen der gebrochenen Fadenenden und Übergabe an den Knoter
4. Herstellen eines Knotens
5. Einfädeln des Fadens in Fadenspanner und Fadenreiniger
6. Einschalten der Spulstelle (Nutentrommel und Kreuzspule)
7. Austausch einer fertigen Kreuzspule gegen eine leere Hülse und Ablage der Kreuzspule auf eine Transportvorrichtung
8. Permanente Entstaubung
9. Selbsttätige Funktionsüberwachung.

Durch die unterschiedliche Bauweise der Kreuzspulautomaten treten geringfügige Änderungen im Funktionsablauf auf, die jedoch nicht grundsätzlicher Art sind.

2.6.2.3.3. Struktur und Funktionselemente

Entscheidend für den Einsatz von Kreuzspulautomaten ist die Höhe der Produktionskosten. Sie werden zum überwiegenden Teil durch den Maschinenpreis in Form der Abschreibung und die Lohnkosten beeinflußt. Aus diesem Grunde sind an einen Automaten folgende Forderungen zu stellen:

1. Großes Leistungsvermögen, um die Abschreibungskosten konstant zu halten; durchschnittliche Abschreibungsdauer etwa 7 Jahre
2. Großer Bedienbereich, um den Anteil der Lohnkosten zu vermindern.

Untersuchungen an Kreuzspulautomaten mit unterschiedlichem Automatisierungsgrad führten beispielsweise zu dem Ergebnis, daß die Produktivität einer Arbeitskraft an einem Automaten mit automatischer Kopsvorlage und automatischem Kreuzspulwechsel etwa fünfmal so hoch ist wie ohne diese Funktionsgruppen. Das Vorlegen der Kopse macht durchschnittlich 70% aller Arbeitsvorgänge aus. Durch den selbsttätigen Kreuzspulwechsel können etwa 12% der Gesamtzeit eingespart werden. Aus dieser Feststellung geht hervor, daß der Gebrauchswert eines Kreuzspulautomaten an diesen Merkmalen zu messen ist.

2.6.2.3.3.1. Spulautomat in Reihenbauweise

Ein Automat in dieser Bauweise ist der AUTOSUK 2007.0 von *Elitex*/ČSSR. Er ist zweiseitig ausgeführt und hat entweder 32 oder 48 Spulstellen. Seine elektrische Anschlußleistung beträgt 24,8 kW, die maximale Spulgeschwindigkeit 1200 m/min. Mit einem Geräuschpegel von 85 dB erfüllt er die geforderten Lärmschutzauflagen. Jede Spulstelle ist eine in sich abgeschlossene Einheit mit allen erforderlichen Funktionsgruppen (Bild 2/124).
Sie ist im Maschinengestell schwenkbar gelagert, hat einen eigenen Antrieb und ist leicht austauschbar. Der Automat eignet sich zur Herstellung von zylindrischen, konischen und superkonischen Kreuzspulen mit einer maximalen Masse von 3 kg bei Vorlage von Kopsen oder Kreuzspulen von der Openend-Spinnmaschine. Mit einem Feinheitsbereich zwischen 62,5 und 10 tex für Garne aus den gebräuchlichsten Natur- und Chemiefaserstoffen ist er den Forderungen der Praxis weitgehend angepaßt. Außer Kreuzspulwechsel führt er alle anderen Funktionen selbsttätig aus.
Der von der Vorlagespule ablaufende Faden gelangt nach dem Knoter (Fishermansknoten) zu einem Gitterfadenspanner und zu einem Schlitzfadenreiniger oder elektronischen Garnreiniger (*Tesla-Zellweger* oder *Zellweger* (Bild 2/125). Der verwendete Gitterfadenspanner ist in seinem Aufbau relativ einfach und kompensiert vor ihm auftretende Schwankungen der Zugkraft [74]. Mehrere Reibstellen mit möglichst großem Reibkörperdurchmesser und kleinem Umschlingungswinkel bringen bessere Ergebnisse als nur ein Reibkörper mit kleinem Durchmesser und großem Umschlingungswinkel. Es treten auf diese Weise geringere Schwankungen der Ausgangsfadenzugkraft auf.

Bild 2/124. Spulstelle am Kreuzspulautomat AUTOSUK 2007.0 (*Elitex*)

Das gereinigte Garn wird mittels Nutentrommel auf Kreuzspulen aufgewunden. Der Spulenhalter ist mit einem Mechanismus zur Einhaltung einer konstanten Anpreßkraft sowie einem hydraulischen Dämpfer ausgestattet. Hat die Auflaufspule den gewünschten Durchmesser erreicht, schaltet die Spulstelle selbsttätig ab. Jede Spulstelle ist mit einem Störgetriebe zur Vermeidung einer Bildwicklung ausgestattet. Mittels Kupplung und Bremse auf der Nutentrommelwelle wird periodisch ein Schlupf zwischen Spule und Nutentrommel erzeugt. Eine Paraffiniervorrichtung gehört ebenfalls zum Standard der Maschine.

Bei Fadenbruch tritt infolge eines Signals der Knoter in Aktion. Die beiden Fadenenden werden pneumatisch aufgesucht und dem mechanischen Knoter übergeben. Führt der Knotvorgang nicht zum Erfolg, so kann er wahlweise wiederholt werden. Nach mehreren Fehlknotungen schaltet die Spulstelle selbsttätig ab.

Die Entstaubung der Maschine erfolgt über eine fahrbare Abblasvorrichtung, kombiniert mit einer unter den Spulstellen angeordneten Absauganlage.

Ein weiterer Kreuzspulautomat in Reihenbauweise, jedoch einseitig ausgeführt, ist der AUTOCONER der Fa. *Schlafhorst*. Er wird in verschiedenen Typen mit unterschiedlichem Automatisierungsgrad ge-

Spulmaschinen 2.6.

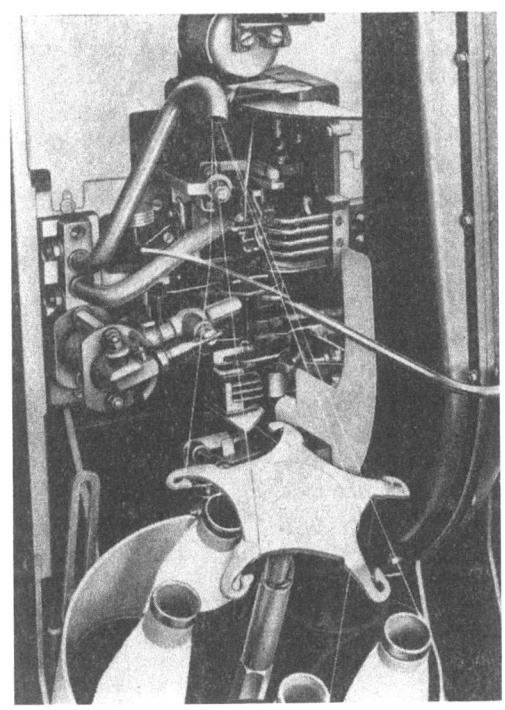

Bild 2/125. Spanper- und Reinigungseinheit am Kreuzspulautomaten AUTOSUK 2007.0 (*Elitex*)

fertigt und steht mit Rundmagazin (Grundmaschine) für die Aufnahme von sechs Kopsen oder anderen Vorlagespulen sowie einer automatischen Kopsvorbereitungsstation zur Verfügung. Bei diesem Modell Typ CX kann der Bedienbereich einer Arbeitskraft gegenüber der Ausführung mit Rundmagazin auf das Sechsfache ansteigen, wenn mit einer Kopsablaufzeit von etwa 5 Minuten gerechnet wird.

Jede Spulstelle am AUTOCONER ist eine selbständige Einheit, wovon jeweils 10 Stück mit einem dazugehörigen Wanderknoter und einem Antrieb zu einer Sektion zusammengefaßt sind (Bild 2/126). Prinzipiell kann an jeder Spulstelle eine andere Garnart und -feinheit verarbeitet werden, und jeweils 10 Spulstellen können zur Herstellung verschiedener Spulenformen ausgerüstet sein. Der Durchmesser der Nutentrommel beträgt je nach Maschinentype 90···100 mm, der Trommelhub 83···150 mm (3···6 Zoll). Die Form der Nutentrommel ist auf das Kreuzspulformat (zylindrisch, konisch, superkonisch) ausgerichtet. Mit dem AUTOCONER GKT können zylindrische und konische Kreuzspulen bis zu einer Masse

Bild 2/126. Kreuzspulautomat AUTOCONER

Bild 2/127. Vorreiniger, Paraffiniereinrichtung, Fadenspanner (AUTOCONER)

von 7 kg hergestellt werden. Der Feinheitsbereich wird vom Hersteller zwischen 100···6 tex angegeben, wobei nach vorheriger Spulprobe auch außerhalb dieses Bereiches liegende Feinheiten verarbeitet werden können. Bezüglich des Faserstoffes werden fast keine Grenzen angegeben. Selbst Leinengarne können nach Ausstattung des Automaten mit Sonderteilen gespult werden. Die Spulgeschwindigkeit ist bis 1200 m/min stufenlos stellbar, und ein Geräuschpegel von 85 dB wird nicht überschritten. Damit liegt die Maschine innerhalb der zulässigen Norm.
Die installierte Leistung beträgt für einen Automaten mit 30 Spulstellen etwa 22 kW. Für den Betrieb der Kopsvorbereitungsstation sind 12 kW erforderlich.
Ähnlich wie am Kreuzspulautomaten AUTOSUK/ČSSR gelangt die Vorlagespule aus einem Rundmagazin in die Bereitschaftsstellung für den Garnabzug. Ein Abzugsbeschleuniger sorgt für geringe und gleichmäßige Fadenzugkraft. Durch Anbringen eines mechanisch wirkenden Vorreinigers werden die lose am Garn haftenden Verunreinigungen abgestreift, so daß der Hauptreiniger nur die Dickstellen ausscheidet. Dieser kann ein Schwingplattenreiniger oder ein elektronischer Reiniger sein. Der Anbau kapazitiver und optischer Reiniger verschiedener Fabrikate ist möglich. Als Fadenspanner wird ein selbstreinigender Tellerfadenspanner eingesetzt. Die einzelnen Funktionselemente mit Paraffiniereinrichtung sind in Bild 2/127 dargestellt. Das gereinigte Garn wird über einen elektronischen Fadenwächter der Nutentrommel zugeführt und auf Kreuzspulen aufgewunden. Eine hydraulische Spulenrahmendämpfung (Bild 2/128) sorgt für einen schwingungsarmen Lauf und schont die Kreuzspule. Jeder Rahmen ist außerdem mit einem Entlastungsmechanismus ausgestattet, der die zunehmende Spulenmasse ausgleicht. Zum Zweck der Bildstörung wird die Drehzahl der Nutentrommel periodisch verändert.

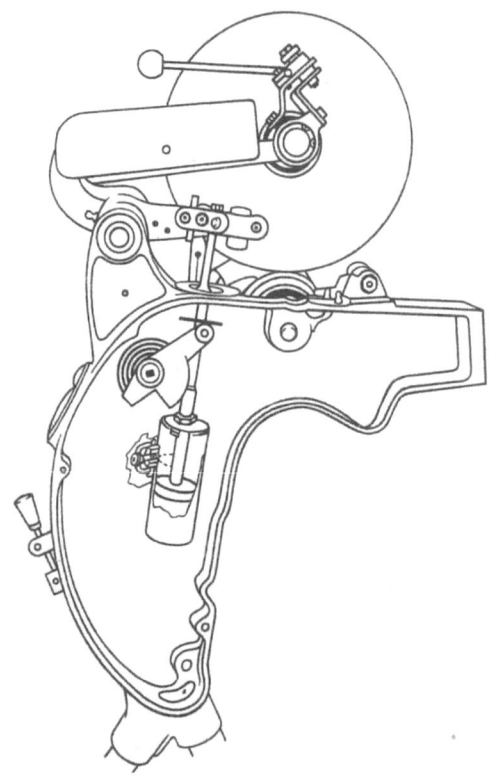

Bild 2/128. Hydraulische Spulenrahmendämpfung (AUTOCONER)

Spulmaschinen 2.6.

Bild 2/129. Kreuzspulwechsler (AUTOCONER)

Bei Erreichen des gewünschten Spulendurchmessers schaltet die Spulstelle ab und steuert einen Kreuzspulwechsler an, der jeweils 10 Spulstellen bedient (Bild 2/129). Der Wechsler bleibt an der entsprechenden Spulstelle stehen, tauscht die volle Kreuzspule gegen eine leere Hülse und schaltet die Spulstelle wieder ein. Ein Dreischicht-Zähler registriert die Anzahl der gefertigten Spulen. Die gewechselte Kreuzspule wird auf ein Transportband befördert.

Im Falle eines Fadenbruches oder bei Ablauf der Vorlagespule schaltet der elektronische Fadenwächter die Spulstelle aus. Dabei hebt die Kreuzspule von der Nutentrommel ab, und beide werden getrennt voneinander abgebremst. Auf diese Weise können Beschädigungen der Wicklung verhindert werden. Wahlweise ist der Automat mit einem Knoter für den haltbaren und universell anwendbaren Fishermansknoten oder den kleineren Weberknoten ausgestattet.

Nach dem Knotvorgang kontrolliert ein mechanischer Knotenprüfer den Durchmesser jedes Knotens und sondert fehlerhafte Knoten aus. Für besonders hohe Ansprüche wird ein elektronischer Knotenprüfer eingesetzt. Bei Fehlknotungen wird der Knotvorgang wiederholt. Die Anzahl der Wiederholungsknotungen ist vorher einstellbar. Nach Überschreitung dieser Anzahl schaltet die Spulstelle ab. Zur Entstaubung ist die Maschine mit einem Wandergebläse über den Spulstellen ausgestattet, das den anfallenden Staub nach unten abbläst, wo er dann mittels Lüfter angesaugt wird (Bild 2/130).

Mit diesem Automaten ist eine vollständige Automatisierung des Umspulprozesses erreicht. Die beiden beschriebenen Kreuz-

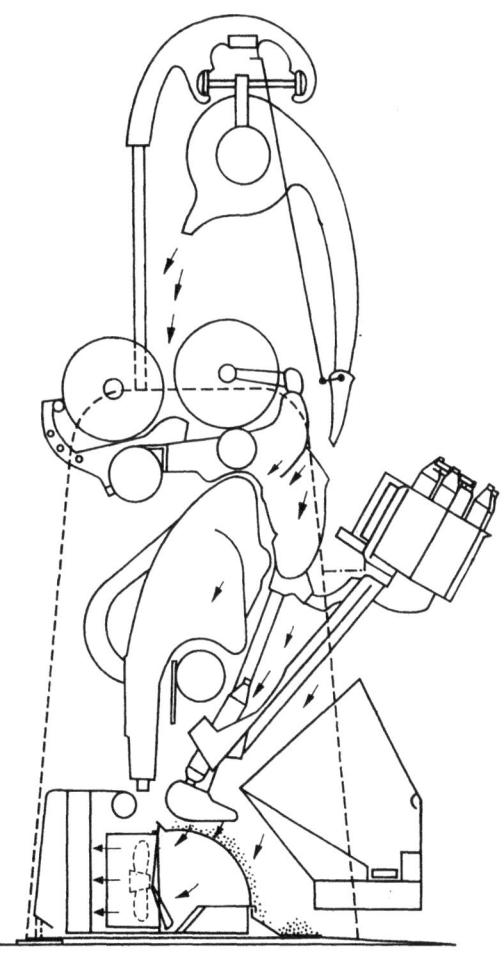

Bild 2/130. Prinzip der Entstaubung (AUTOCONER)

spulautomaten in Reihenbauweise stehen stellvertretend für weitere Ausführungen (Tabelle 2/7).

2.6.2.3.3.2. Spulautomat in Rundbauweise

Diese Spulautomaten haben neben denen in Reihenbauweise ihre Zweckmäßigkeit unter Beweis gestellt. Sie sind dadurch gekennzeichnet, daß die Spulstellen wandern und das Automatenaggregat steht (Bild 2/131). Sie werden in der Literatur auch als Kleingruppenautomaten bezeichnet.
Der abgebildete *Schweiter*-Rundautomat CA 11 (Cirkular Automatic Coner) ist mit 10 Spulstellen auf einem drehenden Rundtisch und einer Kontrollstelle mit dem stationären Knoter ausgestattet. Er besitzt alle jene Funktionsgruppen, die bereits beim Spulautomaten in Reihenbauweise beschrieben wurden. Der besondere Vorteil dieser Bauweise besteht zweifellos darin, daß er sich sehr gut an fixierte Platzverhältnisse anpassen läßt. Der Hersteller gibt einen Platzbedarf von 0,6 m^2/Spulstelle einschließlich Arbeitsweg an. Die Spulgeschwindigkeit liegt in gleicher Größe wie bei den Automaten in Reihenbauweise. Zwischen 600$\cdots$1200 m/min ist eine stufenlose Einstellung möglich. Die Garnreinigung erfolgt in üblicher Weise, und für die Herstellung eines Fishermansknotens sind 5,5 Sekunden erforderlich. Eine Spuleinheit, von denen 10 Stück karussellförmig auf einem Rundtisch angeordnet sind, ist in Bild

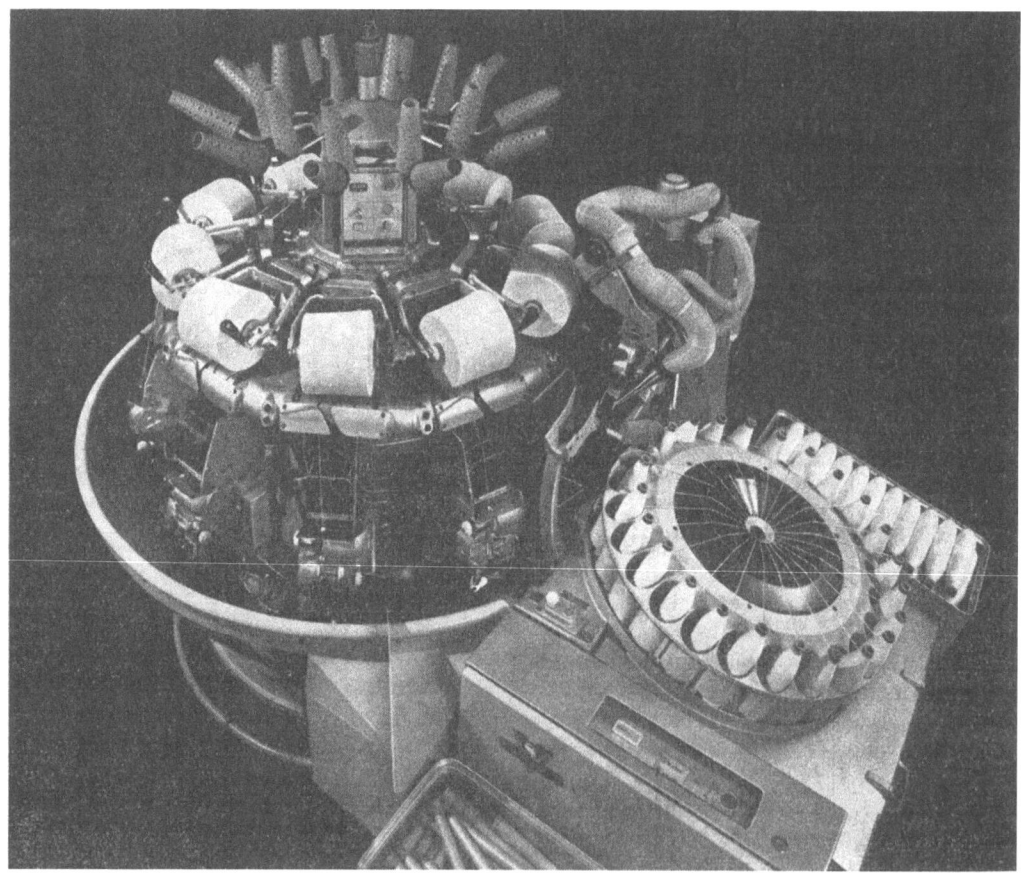

Bild 2/131. Kreuzspulautomat in Rundbauweise (Modell CA 11)

Spulmaschinen 2.6.

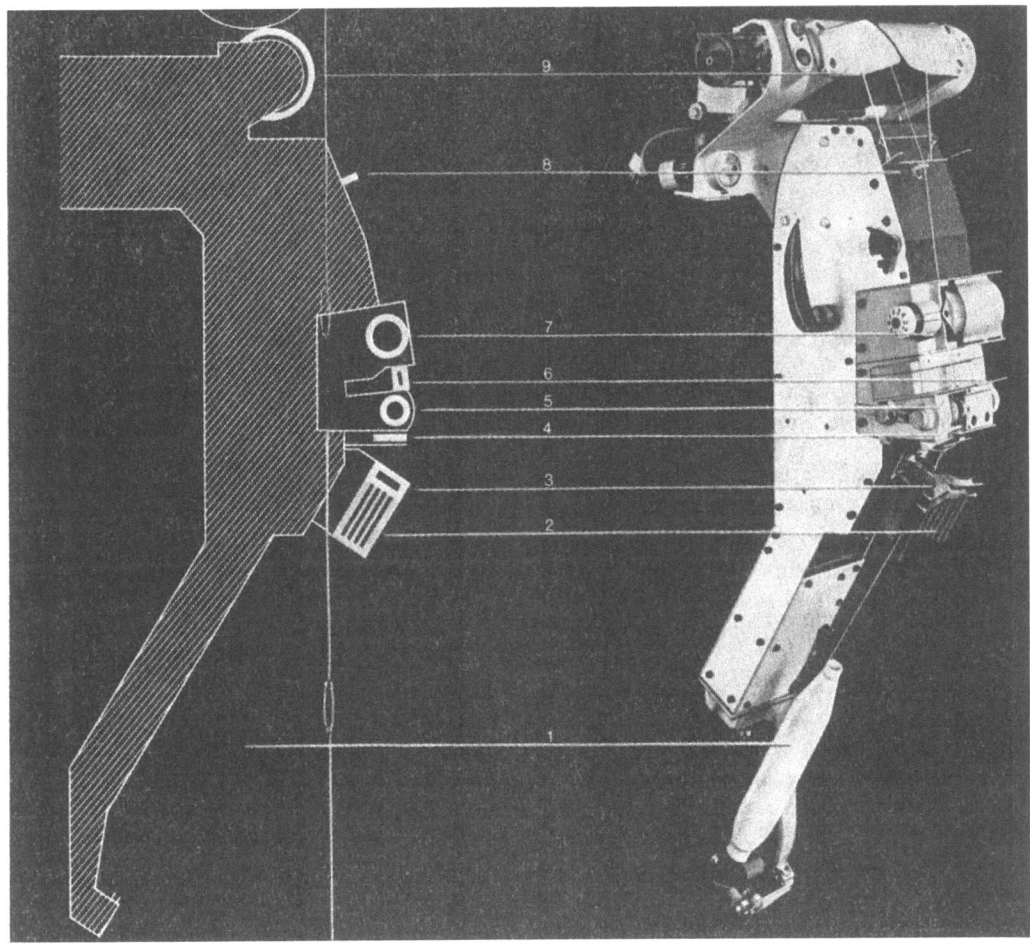

Bild 2/132. Spuleinheit des Kreuzspulautomaten CA 11

2/132 dargestellt. Der vom Kops *1* ablaufende Faden gelangt ohne kritische Auslenkung zur Kreuzspule *9*. So passiert der Faden zunächst einen Abzugsbeschleuniger *2*, der eine niedrige Fadenzugkraft ermöglicht, und gelangt danach zu einem Lamellentaster *3*, der das Vorhandensein des Fadens kontrolliert. Ein Vorreiniger *4* streift lose am Faden anhaftende Verunreinigungen ab, wonach der Faden im Spanner *5* mit der gewünschten Zugkraft beaufschlagt wird. Für die Garnreinigung ist ein elektronischer Reiniger *6* angebracht. Wahlweise kann die Spulstelle mit einem Paraffineur *7* ausgestattet werden. Ein Überlaufblech *8* leitet den gereinigten Faden zur Spulstelle (Bild 2/133). Die Leistungsaufnahme für diesen Automaten wird mit 3,2 kW für 10 Spulstellen angegeben. Sein Einsatzgebiet ist den üblichen Garnfeinheiten und Faserstoffen sowie den erforderlichen Spulenformaten angepaßt (Tabelle 2/7). Die Funktionstüchtigkeit wird entscheidend durch eine zweckmäßige und wirksame Entstaubungsanlage bestimmt (Bild 2/134). Wie auch an anderen Automaten wird dieses Problem durch Kombination von Blas- und Saugluft gelöst.

Eine Kombination zwischen Reihen- und Rundbauweise stellt eine Ausführung der Fa. *GILBOS*/Belgien dar (Bild 2/135). Diese

Bild 2/133. Spulstelle am Kreuzspulautomaten CA 11

Maschine ist ebenfalls ein Kleingruppenautomat, der wahlweise mit 12, 16, 20 oder 24 Spulstellen ausgestattet werden kann. Der Automat hat ein stationäres Knoteraggregat, an dem die beweglichen Spulstellen bei Bedarf vorbeigeführt werden. In gleicher Weise erfolgt die Kopsvorlage für jede Spulstelle aus einem stationären Kopsmagazin für 24 Kopse (Bild 2/136). Dieser Spulautomat ermöglicht Spulgeschwindigkeiten zwischen 400 und 1000 m/min in 8 Stufen. Der Leistungsbedarf liegt ja nach Anzahl der Spulstellen zwischen 6,8···11 kW. Auch dieser Automat ist für die Herstellung gebräuchlicher Kreuzspulen in zylindrischer und konischer sowie superkonischer Form geeignet.

Der verwendete Knoter kann wahlweise Weber- oder Fishermansknoten herstellen. Nach dem Knotvorgang wird die Größe des Knotens durch einen Knotenmonitor überprüft. Fehlerhafte Knoten werden automatisch entfernt.

Eine Bewertung der Kreuzspulautomaten wurde nicht vorgenommen, da sie nur einsatzspezifisch möglich ist. Sie wird entscheidend von den Bedingungen geprägt, unter denen der Automat betrieben wird. Eine Auswahl von Kreuzspulautomaten mit einigen wichtigen Daten zeigt die Tabelle 2/7.

2.6.2.4. Garnsengmaschine

Zur Herstellung von Geweben mit besonders glatter Oberfläche werden Garne benötigt, deren Oberfläche ebenfalls glatt ist. Normalerweise ist das nach dem Spinnprozeß nicht der Fall, so daß die abstehenden Faserenden beseitigt werden müssen.

Die Beseitigung dieser Faserenden erfolgt durch Sengen (Gasieren), indem die Garne einer Behandlung bei hoher Temperatur

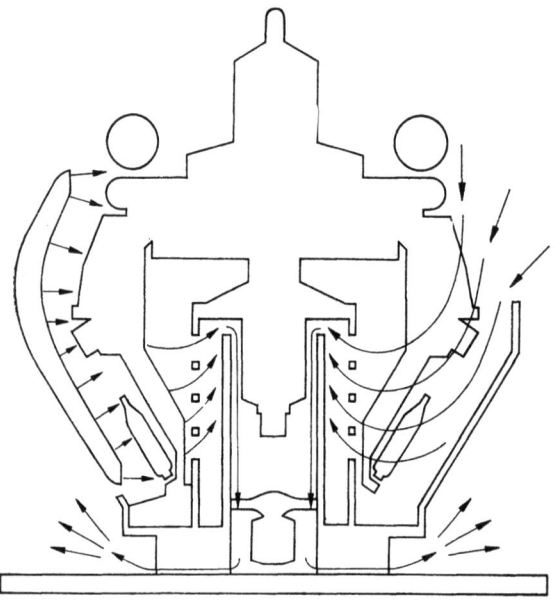

Bild 2/134. Entstaubungsprinzip am Kreuzspulautomaten CA 11

Spulmaschinen 2.6.   123

Bild 2/135. Kreuzspulautomat CONEMATIC M 3

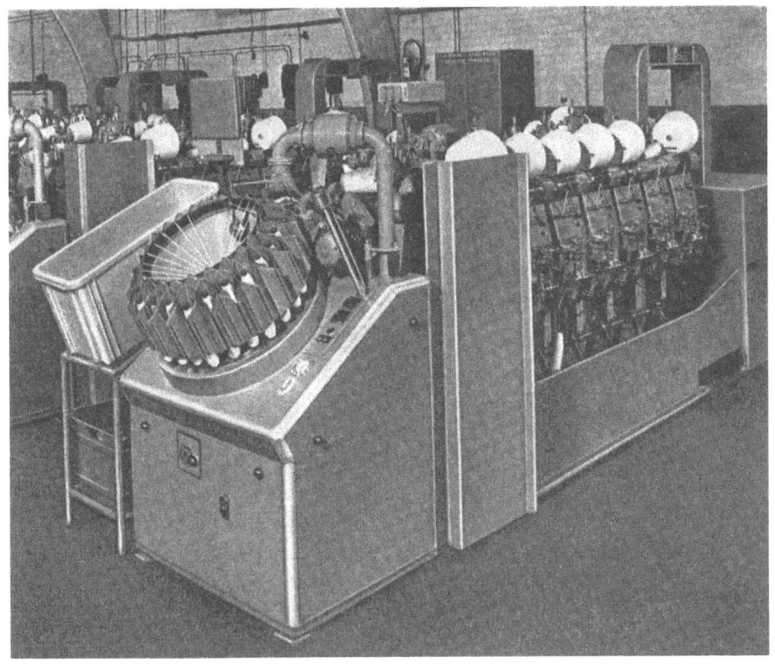

Bild 2/136. Kopsmagazin am Kreuzspulautomaten CONEMATIC M 3

Tabelle 2/7. Kreuzspulautomaten (Auswahl)

Hersteller	Modell	Anzahl der Spulstellen	Spulgeschw. in m/min	Faserstoff	Feinheit in tex	Spulenart	Bemerkungen
Elitex/ČSSR	AUTOSUK 2007.0	32 (2 × 16) 48 (2 × 24) Reihenbauweise (zweiseitig)	500···1200	Baumwolle Wolle Viskosefasern Wollmischung Chemiefasern	62,5···10	Kreuzspulen zylindrisch ⌀ 250 mm Länge 100 mm konisch 4° 20', 5° 57', 9° 15' ⌀ 180 mm Länge 150 mm	Kopsabzug OE-Spulen Knotvorgang 12 s Fishermansknoten 1 Knoter/Spulstelle Elektronische Garnreinigung (Tesla-Zellweger oder Zellweger) Leistung 24,8 kW
Schlafhorst BR Deutschland	AUTOCONER	10, 20, 30, 40, 50 Reihenbauweise (einseitig)	bis 1200	Baumwolle Wolle Viskosefasern Mischungen Chemiefasern	100···6	Kreuzspulen zylindrisch ⌀ max. 320 mm Länge 150 mm konisch 4° 20', 5° 57', 9° 36'	Kopsabzug Kreuzspulenreste bis 120 mm ⌀ Wanderknoter für OE-Spulen 10 Spulstellen Weberknoten oder Fishermansknoten Entstaubung Kreuzspulenwechsler Leistung 22 kW Bildstörung durch Axialverschiebung
SAVIO/Italien	RAS 15 RAS 15L RAS 15CL	8···48 Reihenbauweise (einseitig)	600···1400	Baumwolle Wolle Viskosefasern Mischungen Chemiefasern	100···10	Kreuzspulen zylindrisch ⌀ max. 300 mm 3° 51', 4° 20', 5° 57', 9° 15'	Kopsabzug, OE-Spulen Weberknoten oder Fishermansknoten 1 Knoter/Spulstelle Entstaubung Bildstörung durch Axialverschiebung
Barber-Colman/ USA	C CC	126···378 Reihenbauweise (zweiseitig)	bis 1200	Baumwolle Wolle Viskosefasern Mischung	100···10	Sonnenspule (Chees)	Kopsabzug Wanderknoter 90 Knoten/min Weberknoten Fishermansknoten Entstaubung

Spulmaschinen 2.6.

Schweiter AG/ Schweiz	CA 11	10 Rundbauweise	600···1200	Baumwolle Wolle Mischungen Chemiefasern	74···7,4	Kreuzspulen zylindrisch $\varnothing$ max. 280 mm Länge 83, 127, 150 mm konisch 3° 51', 4° 20' 5° 57', 9° 15' 9° 36' Länge 150 mm 4° 20' Länge 127 mm	Kopsabzug Kopsmagazin 24 Fächer für $\varnothing$ 30···67 mm 36 Fächer für $\varnothing$ 30···45 mm Antriebsleistung 3,2 kW, 5,5 s/Knoten Fishermansknoten
GILBOS/Belgien	CONEMATIC M 3	12, 16, 20, 24 Reihenbauweise stationärer Knoter bewegliche Spulstellen	350···1000 in 7 bzw. 8 Stufen	Baumwolle Wolle Viskosefasern Mischung	333···5	Kreuzspulen zylindrisch $\varnothing$ max. 300 mm Länge 200 mm konisch 4° 20', 5° 57', 9° 15' 3° 30', 4° 20' 5° 57', 7° 22' Länge 200 mm	Kopsabzug Kopsmagazin 20 Fächer für $\varnothing$ 85 mm 340 mm Länge 24 Fächer für $\varnothing$ 65 mm 350 mm Länge Weberknoten Fishermansknoten
Murata Ltd./ Japan	CONEMATIC No 11 (Murata- Gilbos)	12, 16, 20, 24 Reihenbauweise stationärer Knoter bewegliche Spulstellen	700···1200	Baumwolle Wolle Mischung Viskosefasern Chemiefasern	166···5	Kreuzspule zylindrisch $\varnothing$ max. 250 mm konisch 3° 30', 4° 20' 5° 57', 9° 15' Länge 152 mm	Kopsvorlage Kopsmagazin Spulendoffer vor Kopsmagazin Weberknoten Fishermansknoten

unterzogen werden, wodurch die unerwünschten Faserenden verbrennen.
Dieser Vorgang erfolgt entweder durch eine Flamme, durch die der Faden geleitet wird, oder durch Strahlung, indem der Faden an einer glühenden Fläche vorbeigeführt wird. Die Erwärmung erfolgt elektrisch. Die Fadengeschwindigkeit muß dabei so groß sein, daß der Faden nicht geschädigt wird. Ein allgemein gültiges Rezept für die Größe der Geschwindigkeit läßt sich nicht aufstellen, jedoch gibt *Schneider* [4, S. 100···101] Richtwerte an, mit denen gearbeitet werden kann. Danach liegt die Fadengeschwindigkeit je nach Beheizungsart und Fadenfeinheit zwischen 250···770 m/min. Von den beiden Beheizungsarten wird der Gasbeheizung der Vorzug gegeben. Die zum Sengen eingesetzte Maschine ist nach dem Prinzip einer Umspulmaschine aufgebaut, mit der bei Geschwindigkeiten bis zu 1200 m/min gewöhnliche Kreuzspulen hergestellt werden.

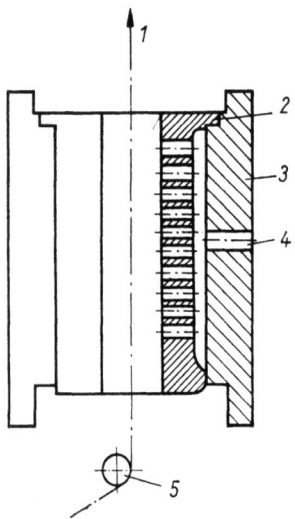

Bild 2/137. Brenner an einer Garnsengmaschine
1 Faden, *2* Sengröhre, *3* Brennergehäuse, *4* Gaszuführrohr, *5* Leitrolle

Unabhängig davon, welche Beheizungsart gewählt wird, sind die Brenner an eine Absaugvorrichtung anzuschließen, die besonderen Sicherheitsvorschriften genügen muß. Insbesondere muß Vorsorge dafür getroffen werden, daß durch Sengrückstände auftretender Funkenflug zu keiner Explosion führt. Der von der Ablaufspule kommende Faden gelangt zum Fadenspanner und zur Wächtereinrichtung, die den Fadenlauf kontrolliert. Von dort aus wird der Faden mittels Leiteinrichtung zum Brenner geführt, den er von unten nach oben passiert (Bild 2/137). Das Brennergehäuse ist unten und oben offen, um eine ausreichende Belüftung zu gewährleisten und eine intensive Absaugung des Sengfadens zu sichern. Der Faden wird durch die Sengflammen völlig eingehüllt, so daß sämtliche Fasern erfaßt werden.
Der behandelte Faden wird der Spulstelle zugeführt und mittels Nutentrommel auf Kreuzspulen aufgewunden.
Der Brenner ist so gestaltet, daß sich der Faden nach Beseitigung eines Fadenbruches leicht einfädeln läßt.

2.6.3. Achsantrieb der Spule (PKS)

2.6.3.1. Präzisionskreuzspulmaschine

Das Wirkprinzip der Präzisionskreuzspulmaschine ist dadurch charakterisiert, daß die Spule an der Achse angetrieben wird und das Übersetzungsverhältnis (Spulverhältnis) zwischen Spulen- und Fadenführerantrieb konstant ist.
Die Maschine wird für das Umspulen von Garnen aus Natur- und Chemiefasern sowie von Texturseiden auf zylindrische, konische oder bikonische Spulen (Pineapples) mit Präzisionswicklung eingesetzt. Jede Spulstelle ist ein in sich abgeschlossener Mechanismus und für das Aufwinden eines Fadens ausgelegt. Mehrere Spulstellen (Spulköpfe) sind zu einer kompletten Maschine zusammengestellt, die ein- oder zweiseitig ausgeführt sein kann. Eine längs der Maschine verlaufende Hauptwelle treibt die Spulstellen jeweils einer Seite meist über kraftschlüssige Getriebe an.
Die Changierbewegung des Fadenführers wird entweder durch eine räumliche Kurvenscheibe oder eine Kehrgewindespindel erzeugt, die dem Fadenführer seine Bewegung erteilt. In Bild 2/138 ist ein Spulenantrieb schematisch mit Kehrgewindespindel dargestellt. Bei Antrieben mit räumlicher Kur-

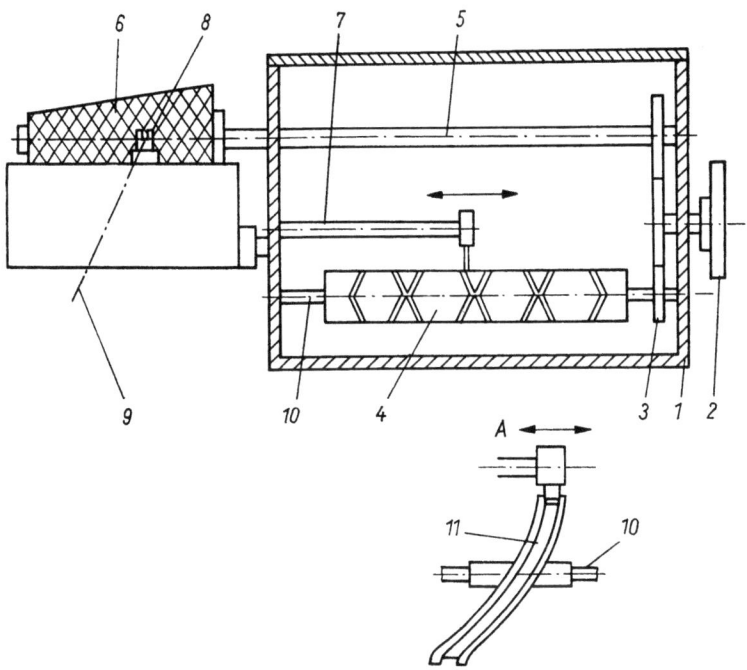

Bild 2/138. Prinzip einer Spulstelle einer Präzisionskreuzspulmaschine
1 Getriebegehäuse, *2* Antriebsscheibe, *3* Zahnradstufe, *4* Kehrgewindespindel, *5* Spindelwelle, *6* Kreuzspule, *7* Schubstange, *8* Fadenführer, *9* Faden, *10* Antriebswelle für den Fadenführer, *11* Räumliche Kurvenscheibe
A Einzelheit aus dem Antriebsmechanismus für den Fadenführer

venscheibe *11* befindet sich diese statt der Kehrgewindespindel *4* auf der Welle *10* (Einzelheit A).
Beide Antriebselemente sind üblich und erfüllen gleichermaßen die Funktion, den Fadenführer nach dem vorgegebenen Bewegungsgesetz zu betreiben. In zunehmendem Maße wird die Kehrgewindespindel eingesetzt. Der gesamte Spulenantrieb ist öl- und staubdicht gekapselt, was zur Erhöhung der Lebensdauer beiträgt.
Das Bild 2/139 zeigt die Spulstelle einer Präzisionskreuzspulmaschine für die Herstellung einer bikonischen Kreuzspule, wofür eine ständige Verkürzung des Fadenführerhubes erforderlich ist. Der halbe Kegelwinkel dieser Wicklung beträgt 3° 30', der Schrägungswinkel der Stirnseite liegt zwischen 30° und 60°. Die Größe dieses Winkels richtet sich nach dem zu verarbeitenden Faserstoff.
Durch das konstante Übersetzungsverhältnis zwischen Spulendrehzahl und Fadenführerhubzahl besteht die Gefahr, daß die Windungen aufeinanderliegender Schichten immer an die gleiche Stelle verlegt werden. Dieser Zustand tritt auf, wenn das Übersetzungsverhältnis ganzzahlig ist. Eine für die Praxis brauchbare Wicklung entsteht dadurch, daß sich die Umkehrpunkte des Fadens an den Spulenenden erst nach vielen Windungen wieder decken und der Umkehrpunkt der folgenden Windung möglichst weit von dem vorhergehenden entfernt ist. Die verschiedenen Möglichkeiten wurden in Abschnitt 2.4.2.3.2. beschrieben. Das dafür erforderliche gesamte Übersetzungsverhältnis ermöglicht die Zahnradstufe *3* (Bild 2/138), wenn der Fadenführer durch eine räumliche Kurvenscheibe *11* angetrieben wird. In diesem Fall entspricht eine Umdrehung der Welle *10* einem Doppelhub des Fadenführers *8*. Erfolgt hingegen sein Antrieb durch eine Kehrgewindespindel *4*, dann muß das gesamte Übersetzungsver-

hältnis anteilig auf diese und die Zahnradstufe *3* aufgeteilt werden.

Eine Änderung des Spulverhältnisses im Betrieb ist nicht möglich. Einige Hersteller statten ihre Maschinen mit stufenlos stellbaren Getrieben aus, um den Übersetzungsbeiwert Δ_i in Gleichung (2.75) geringfügig zu verändern, damit der Abstand zwischen den Fäden unabhängig vom Spulendurchmesser konstant bleibt (siehe auch Abschnitt 2.4.2.3.1.).

Bild 2/139. Arbeitsstelle einer Präzisionskreuzspulmaschine

Bild 2/140. Fadenlauf an einer Präzisionskreuzspulmaschine

Die Fadengeschwindigkeit liegt in der Größenordnung zwischen 300···1000 m/min und wird von der Garnbeschaffenheit bestimmt. Für das Spulen von synthetischen Seiden sind Geschwindigkeiten bis 1800 m/min möglich. Bei Haspelablauf liegen die Fadengeschwindigkeiten im Mittel um 200 m/min.

Die Spulgeschwindigkeit wird meist konstant gehalten, indem die Spulendrehzahl mit wachsendem Spulendurchmesser abnimmt. Das dafür erforderliche stufenlos stellbare Getriebe erhält das erforderliche Signal vom Fadenführer, der unmittelbar an der Wicklung liegt. Für die Herstellung besonders weicher Spulen tastet eine Weichspulwalze den Spulendurchmesser ab und bewirkt durch ihre Auslenkung die Drehzahlminderung der Spule.

Durch den verstärkten Einsatz der Kehrgewindespindel für den Fadenführerantrieb konnte die Hubfrequenz des Fadenführers beträchtlich erhöht werden. Auf diese Weise sind 700 Doppelhübe/min durchaus möglich und lassen Spielraum, um das Verkreuzungsverhältnis optimal zu gestalten. Der Fadenlauf erfolgt normalerweise von unten nach oben, auch wenn vom Strang gespult wird (Bild 2/140). In diesem Fall befindet sich zwar die Strangvorlage (Haspelablauf) über der Spulstelle, jedoch erfolgt eine Fadenumlenkung, so daß die Spulstelle von unten bedient wird. Auf diese Weise sind die Veränderungen durch andere Fadenvorlage, wie Kops, Kreuzspule usw., relativ gering. Der ablaufende Faden gelangt von der Spule über einen feststehenden Fadenführer zum Fadenspanner und zum Fadenreiniger, wobei er von einem Fadenwächter kontrolliert wird

Danach wird er dem changierenden Fadenführer zugeführt, der ihn entlang der Auflaufspule verlegt.

Der Fadenspanner ist meist als Gitterbremse ausgelegt, so daß eine gute Zugkraftkompensation möglich ist. Als Reiniger kommen sowohl mechanische als auch elektronische zum Einsatz. Grundsätzliche Unterschiede gegenüber dem Spulprinzip mit Umfangsantrieb bestehen nicht. Im Bedarfsfall ist jede Spulstelle mit einer Präparationsvorrichtung ausgestattet (Bild 2/140).

Die Antriebsleistung einer Spulstelle beträgt je nach Ausführung und Spulgeschwindigkeit 0,25···0,45 kW.

2.6.3.2. Präzisionsparallelspulmaschine

Eine spezielle Bauart der Präzisionsspulmaschinen ist die Präzisionsparallelspulmaschine. Vom Prinzip her unterscheidet sie sich von der Kreuzspulmaschine dadurch, daß das Übersetzungsverhältnis zwischen Spulendrehzahl und Fadenführerhubzahl beträchtlich größer ist. Auf einen Doppelhub des Fadenführers entfallen wesentlich mehr Spulenumdrehungen, als das an der Kreuzspulmaschine der Fall ist. Auf diese Weise entsteht die größte Packungsdichte mit Werten zwischen 0,50 g/cm³ für Wolle und 0,55 g/cm³ für Baumwolle.

Das Arbeitsprinzip einer derartigen Maschine der Fa. *SAVIO*/Italien ist in Bild 2/141 dargestellt. Die Fadenzuführung erfolgt ab Gatter, da diese Maschinen üblicherweise als Fachmaschinen ausgelegt sind. Ohne auf Einzelheiten einzugehen, zeigt das Bild den Einzelantrieb einer Spulstelle, wobei die Spule direkt angetrieben wird und zwischen Spule und Fadenführergetriebe ein festes Übersetzungsverhältnis besteht. Die Fadenführerbewegung (Bild 2/142) ist unkonventionell. Im Gegensatz zur üblichen Changierbewegung führt der Fadenführer eine Schwenkbewegung aus.

Die Maschine ist für die Herstellung von Scheibenspulen zur Vorlage an der Doppeldrahtzwirnmaschine konzipiert. Sie ermöglicht eine Arbeitsgeschwindigkeit bis 1 200 m/min. Mit wachsendem Spulendurchmesser wird die Drehzahl vermindert, so daß die Geschwindigkeit konstant bleibt. Es können Garne aus den gebräuchlichen Faserstoffen im Feinheitsbereich von 500···10 tex gespult werden. Die Steuerung sämtlicher Funktionen erfolgt elektronisch für jeden Spulkopf, der mit einem Mechanismus für Schnellbremsung

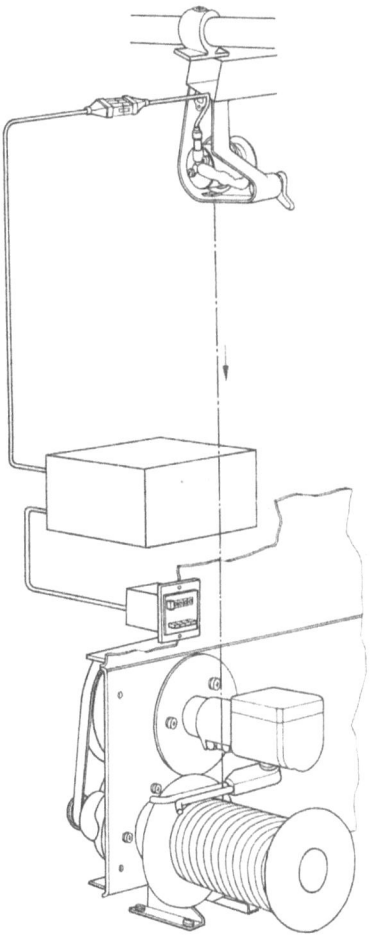

Bild 2/141. Arbeitsprinzip einer Präzisionsparallelspulmaschine (Modell AES)

bei Fadenbruch ausgestattet ist. Zu diesem Zweck ist jede Spindel mit einer Elektromagnetkupplung ausgestattet, die gleichzeitig einen Sanftanlauf nach jedem Fadenbruch ermöglicht. Das Spulengatter ist für die Vorlage von konischen oder superkonischen Kreuzspulen mit einem maximalen Durchmesser von 280 mm und vierfacher

Vorlage ausgelegt. Die erzeugten Scheibenspulen haben einen Wicklungsdurchmesser von 132···180 mm bei einem Hub zwischen 163···224 mm. Das Fassungsvermögen dieser Spulen beträgt je nach Spulenabmessung 1300···4050 cm³. Die Gesamtansicht dieser Maschine, einschließlich Gatter, zeigt das Bild 2/143. Sie kann mit 4···36 Spulstellen ausgeführt werden. Die Antriebsleistung beträgt je nach Anzahl der Spulstellen 0,8···7,2 kW.

2.6.3.3. Schußspulautomat

Mit dieser Maschine wird die Schußspule für die klassischen Webmaschinen mit Spulenschützen hergestellt. Sie hat durch den Einsatz progressiver Webverfahren in den letzten Jahren an Bedeutung verloren, zumal heute auch klassische Webautomaten mit Spulaggregaten zur Herstellung der Schußspulen ausgestattet sind.

Unabhängig davon ist auch künftig der Schußspulautomat im Prozeß der Vorbereitungstechnik notwendig, wenngleich sich der Umfang seines Einsatzbereiches ständig verkleinert. Ähnlich, wie bereits bei der Beschreibung der Kreuzspulautomaten (Abschnitt 2.6.2.3.) erwähnt, können auch Schußspulautomaten in kleinere und größere Baueinheiten unterteilt werden [4, S. 350ff.]:

1. Großgruppenautomaten
2. Kleingruppenautomaten
3. Einspindelautomaten.

Während die *Großgruppenautomaten* mehr als 10 Spulstellen vereinigen, sind *Kleingruppenautomaten* gewöhnlich mit vier Spulstellen ausgestattet, die im gleichen Rhythmus arbeiten. Der *Einspindelautomat* ist ein völlig automatisch arbeitendes Einzelaggregat. Jede Spulstelle kann prinzipiell eine andere Garnsorte verarbeiten. Außer diesen Automaten, auf denen der Schußfaden auf Hülsen gespult wird, gibt es noch Schlauchkopsautomaten (Fa. *Schweiter* AG/Schweiz und *Elitex*/ČSSR), bei denen auf die Spindel gespult wird. Beim Spulenwechsel wird die Spindel aus der Wicklung gezogen, so daß der Schlauchkops ohne Stützkörper ist. Der spätere Fadenabzug erfolgt von innen. Die Wahl der Größe eines Automaten wird zum großen Teil durch die Betriebsgröße und damit die Anzahl der zu bedienenden Webmaschinen bestimmt.

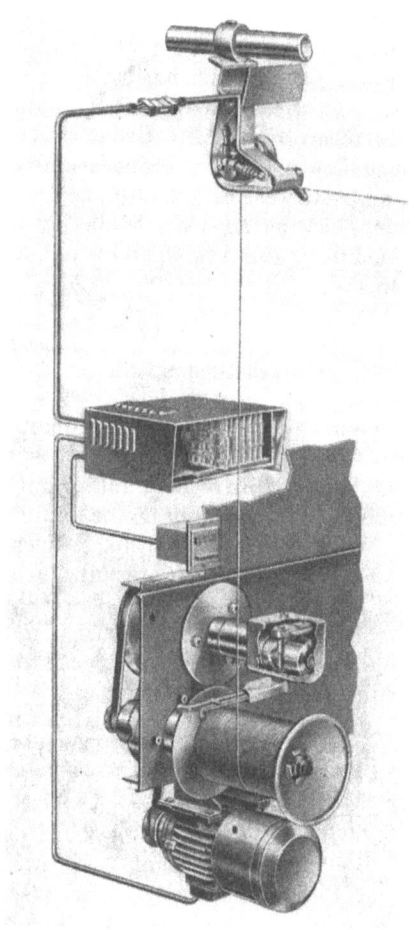

Bild 2/142. Schwenkbarer Fadenführer an einer Präzisionsparallelspulmaschine (Modell AES)

Der Einsatz von Schußspulautomaten bringt für den Betrieb eine erhebliche Entlastung des Bedienungspersonals, da sich der manuelle Anteil am Spulprozeß nur noch beschränkt auf:

— Beheben von Fadenbrüchen
— Bestücken des Hülsenmagazins
— Vorlage neuer Ablaufspulen.

Die Spulendrehzahl ist an Schußspulautomaten während der Spulphase konstant,

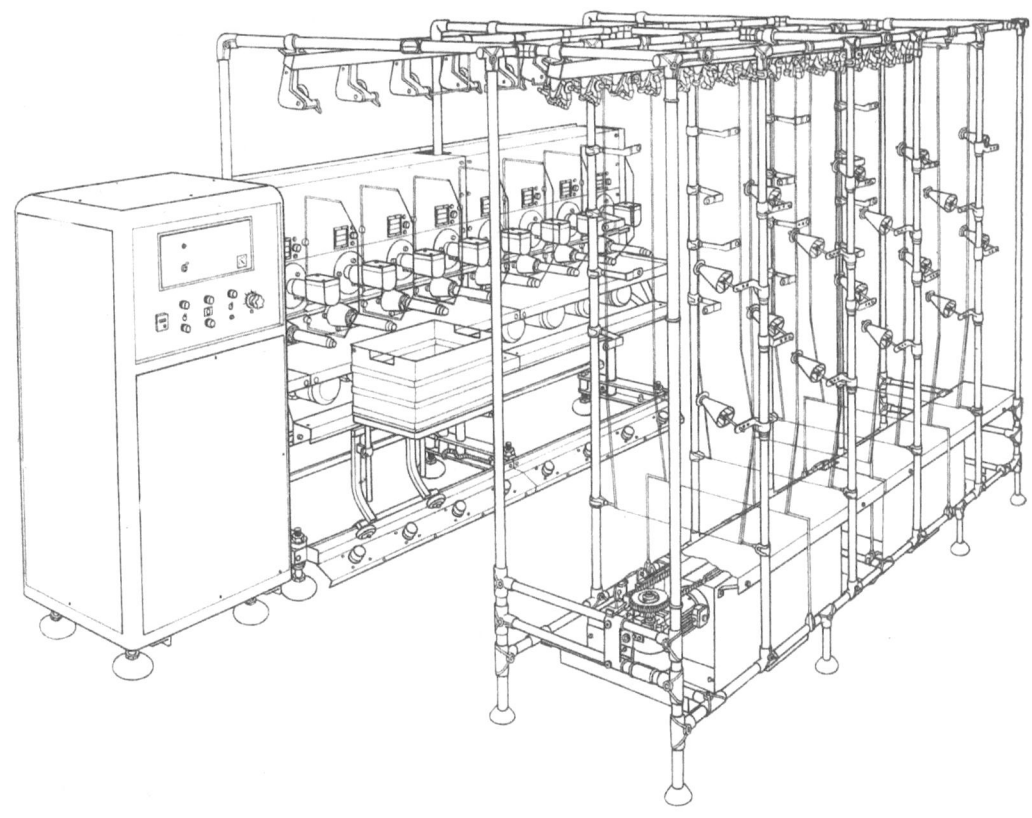

Bild 2/143. Gesamtansicht einer Präzisionsparallelspulmaschine (Modell AES)

so daß die Fadengeschwindigkeit mit wachsendem Spulendurchmesser zunimmt. Diese Geschwindigkeitsänderung ist unerheblich, da der maximale Durchmesser etwa nur 40 mm beträgt und die Bewicklung während eines Doppelhubes des Fadenführers zwischen Spulenbasis und -spitze erfolgt, d. h., es wäre somit eine periodische Drehzahländerung der Spule erforderlich.

Der Schußspulautomat Typ T 40 aus der ČSSR ist mit 10 Spulstellen ausgestattet. Er ist für die Verarbeitung von Garnen aus Baumwolle, Wolle sowie Bastfasern geeignet. Der Drehzahlbereich der Spindel liegt zwischen $2500 \cdots 10000$ min^{-1}. Jeder Spulkopf ist als abgeschlossene Baugruppe ausgelegt und hat ein Hülsenmagazin für $10 \cdots 12$ leere Hülsen. Der Austausch einer vollen Spule gegen eine leere Hülse erfolgt selbsttätig in 1,5 Sekunden, unabhängig davon, mit welcher Spulendrehzahl gearbeitet wird. Der maximale Spulendurchmesser beträgt 40 mm, die Spulenlänge $160 \cdots 250$ mm. Die Darstellung der Spulstelle (Bild 2/144) zeigt den Fadenlauf von der Ablaufspule zur Schußspule. Die zum Spulen notwendige Zugkraft erzeugt ein Fadenspanner, der als Teller- oder Gitterspanner ausgelegt sein kann. Über einen Fadenwächter gelangt der Faden zum Fadenführer, der durch eine Führungswalze angetrieben wird und den Faden auf der Schußspule verlegt. Die Größe der für Schußspulen erforderlichen Fadenreserve kann zwischen 0 und 10 m eingestellt werden. Sämtliche Spulköpfe dieser Maschine werden von einer durchgehenden Welle angetrieben.

Die Fa. *Schlafhorst* produziert den Schußspulautomaten Typ AUTOCOPSER ASE. Er wird wahlweise mit 12, 24 oder 36 Spulstellen ausgestattet. Die Teilung zwischen den Spindeln beträgt 275 mm (Bild 2/145).

Es können alle Garne feiner als 200 tex verarbeitet werden. Das Bild zeigt den Fadenlauf von der Vorlagespule zur Spulstelle, die eine Drehzahl zwischen 8000 und 12000 min^{-1} bei einem maximalen Spulendurchmesser von 40 mm ermöglicht. Die maximale Spulenlänge kann 240 mm betragen.

Bild 2/145. Schußspulautomat (AUTOCOPSER ASE)

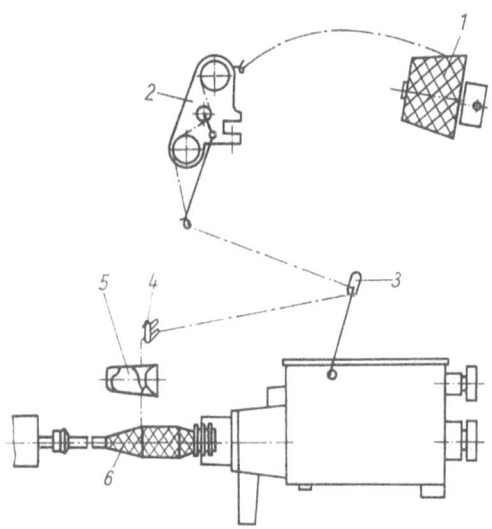

Bild 2/144. Fadenlauf am Schußspulautomaten (Modell T 40)
1 Vorlagespule, *2* Fadenspanner, *3* Fadenwächter, *4* Fadenführer, *5* Führungswalze, *6* Schußspule

Der von der Vorlagespule ablaufende Faden erhält in einem Kompensationsfadenspanner (Bild 2/146) die notwendige Zugkraft. Für empfindliche Garne wird der Automat mit positiv angetriebenen Bremsscheiben ausgestattet. Der vorgespannte Faden gelangt zu einer rotierenden Fadenführertrommel (Bild 2/147) aus verschleißfestem, antistatischem Werkstoff. Sie ermöglicht bei hohen Fadengeschwindigkeiten eine schonende Aufwindung auch sehr empfindlicher Garne. Mit Hilfe eines Fühlerrädchens wird der Vorschub der Fadenführertrommel gesteuert (Bild 2/148). Es liegt mit geringer Kraft auf dem konischen Teil der Wicklung und tastet diese ständig ab. Für die Verarbeitung synthetischer Seiden erfolgt die Abtastung der Spule fotoelektrisch. Hat die Schußspule ihren Füllungsgrad erreicht,

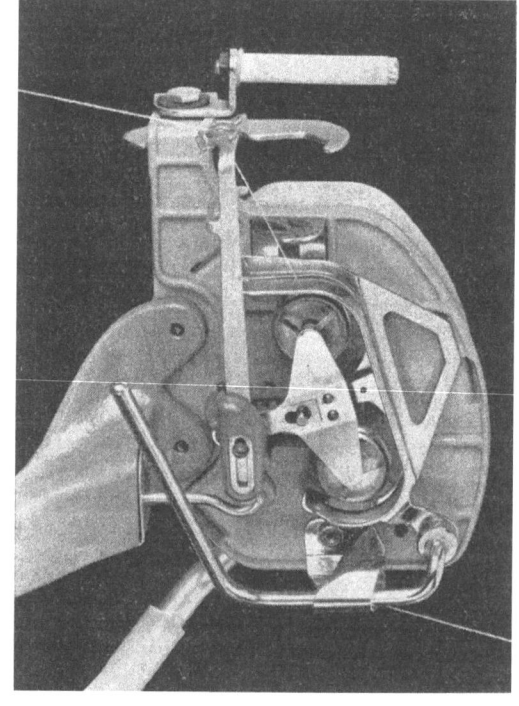

Bild 2/146. Fadenspanner (AUTOCOPSER ASE)

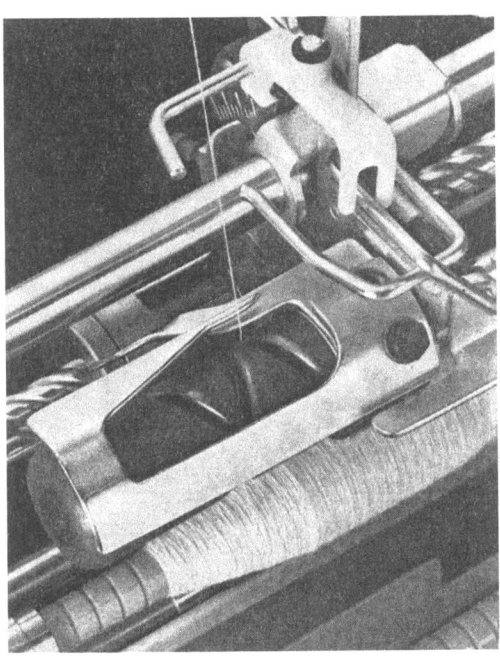

Bild 2/147. Spulstelle am Schußspulautomaten (AUTOCOPSER ASE)

Bild 2/148. Fühlerrädchen zur Steuerung der Fadenführertrommel (AUTOCOPSER ASE)

wird sie automatisch gegen eine leere Hülse ausgetauscht. Diese liegt bereits in Vorratsstellung in einer Transporteinrichtung, die in Form eines Stetigförderers an der Maschine ständig umläuft (30 Hülsen/min).
Zur Entstaubung der Arbeitsstellen ist die Maschine mit einem Wandergebläse ausgestattet, das mit einer unter der Maschine angeordneten Absaugung gekoppelt ist.
Sondervorrichtungen, wie Gitterfadenspanner, Einzelmagazin, Ölervorrichtung usw. gestalten diesen Schußspulautomaten noch universeller.

2.6.4. Sonderspulmaschinen

2.6.4.1. Allgemeines

In der bisherigen Beschreibung der Spulmaschinen wurden nur solche Ausführungen erwähnt, die den Hauptanteil in der Spulerei ausmachen. Jedoch gibt es in der Textiltechnik noch eine erhebliche Anzahl von Wicklungsformen (Bild 2/18), die insbesondere im Handwerk und Haushalt verwendet werden. Dabei handelt es sich in der Hauptsache um Kleinaufmachungen, bei denen es weniger darauf ankommt, große Fadenlängen zu speichern, sondern eine ökonomische und anwendungsspezifische Speicherform zu erzielen.
Aus der Vielzahl dieser Sonderspulmaschinen werden Haspelmaschine und Knäuelwickelmaschine für eine Beschreibung ausgewählt. Jener Leserkreis, der sich speziell mit Sonderspulmaschinen zu befassen hat, muß Kontakt zu den entsprechenden Herstellerfirmen aufnehmen und die Zeitschriftenliteratur der Textiltechnik verfolgen, soweit für ihn maschinetechnischen Informationen von Bedeutung sind.

2.6.4.2. Haspelmaschine

Seit einiger Zeit wird der Strang, der früher als einzige Aufmachung für die Naßbehandlung galt, mehr durch andere Aufmachungen ersetzt. Trotz unbestrittener Vorteile bei der Behandlung des Garnes in Strangform, die ihm Homogenität und Gleichmäßigkeit verleiht, die ursprünglichen Eigenschaften der Fasern erhält, die Spannungsfreiheit sichert und ein voluminöses Garn liefert, ist der Rückgang der Strangform durch folgende Nachteile begründet:

— Erhöhung der Lohnkosten
— Geringe Arbeitsgeschwindigkeit
— Zu großer manueller Aufwand durch das Bedienungspersonal.

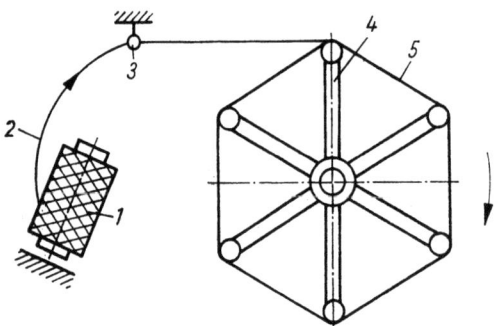

Bild 2/149. Haspelprinzip
1 Vorlagespule, *2* Faden, *3* Fadenführer, *4* Haspelkrone, *5* Strang

Im Hinblick auf die Senkung der Fertigungskosten waren somit durch den stärkeren Einsatz der Kreuzspule für die Naßveredlung Zugeständnisse an die Qualität des Garnes erforderlich. Aus diesem Grunde erfolgte in den letzten Jahren wieder eine Aufwertung der Strangform. Dabei galt es, diese Aufmachung kostengünstig und qualitätsgerecht herzustellen. Im Ergebnis dieser Bestrebungen entstand aus der klassischen Haspelmaschine der Haspelautomat, bei dem sämtliche zur Herstellung eines Stranges erforderlichen Handgriffe selbsttätig ablaufen.

Prinzipiell wird beim Haspeln (Weifen) das Garn von Kreuzspulen abgezogen und in die Strangform überführt. Das Hauptfunktionselement der Maschine ist die Haspelkrone (Haspelkorb, Haspel, Krone, Windekrone) zur Aufnahme der Fadenstränge (Bild 2/149). Ihr Umfang ist unterschiedlich und kann zwischen 950 und 2200 mm liegen. Die Drehzahl beträgt $225 \cdots 550$ min^{-1} und bei Automaten bis 700 min^{-1}. Die klassischen Haspelmaschinen sind als Doppelhaspel (Bild 2/150) mit getrenntem Antrieb für beide Maschinenseiten oder Wechselhaspel (Bild 2/151) ausgelegt. Bei beiden Ausführungen befindet sich die eine Haspelkrone in Haspelstellung (Arbeitsstellung) und die andere in Abbindestellung (Stränge werden abgebunden und von der Haspelkrone abgenommen). Nach Fertigstellung der Stränge muß der Umfang der Haspelkrone zwecks Abnahme verkleinert werden. Zu diesem Zweck werden die Haspelarme nach innen geschwenkt.

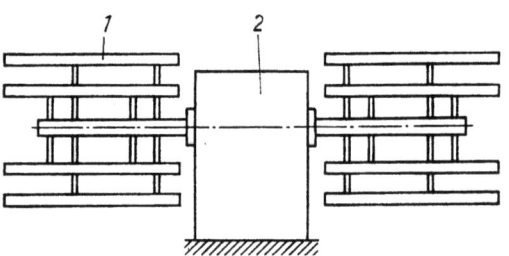

Bild 2/150. Doppelhaspel
1 Haspelkrone, *2* Antrieb, getrennt für beide Seiten, 10 bis 20 Arbeitsstellen/Seite

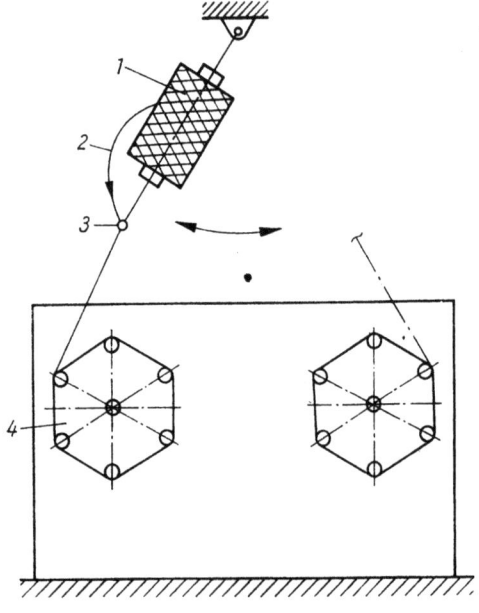

Bild 2/151. Wechselhaspel
1 Kreuzspule, *2* Faden, *3* Fadenführer, *4* Haspelkrone

Bild 2/152. Wechselhaspel

Die Ausführung einer Wechselhaspel zeigt das Bild 2/152. Das über der Maschine angeordnete Spulengatter ist schwenkbar ausgeführt, so daß es sich wechselweise auf eine der beiden Haspelkronen ausrichten läßt. Die Drehzahl der Haspelkronen ist zwischen 150 und 450 min^{-1} stufenlos einstellbar. Die Anzahl der Stränge je Maschinenseite beträgt 30···40. Das Prinzip der Wechselhaspel wurde auch beim Bau von Hochleistungsmaschinen beibehalten. Die Fa. *CROON + LUCKE*/BR Deutschland fertigt nach diesem Prinzip die Type W 400 A für die Verarbeitung von feinen bis zu groben Fäden. Sie ist für Lauflängen von 10 ... 15 min ausgelegt, was der Zeit zum Abbinden der Stränge auf dem Haspelkorb entspricht, der sich in Abbindestellung befindet. Der Umfang der verstellbaren Haspelkörbe liegt zwischen 1350 bis 2337 mm. Die Korbdrehzahl ist bis 550 min^{-1} stufenlos regelbar.

Das Bild 2/153 zeigt eine Hochleistungshaspelmaschine D 800 (Fa. *CROON + LUCKE*) mit zwei getrennt angetriebenen Haspelkörben von je 4 m Länge. Die Fadenverlegung beim Haspeln erfolgt durch Verlegewalzen mit verschiedenen Breiten. Die Haspelkörbe sind hintereinander angeordnet, wodurch bei gleichem Platzbedarf eine Verdopplung der Anzahl der Arbeitsstellen auf 2×30 gegenüber der Wechselhaspel möglich wurde.

Durch die einseitige Lagerung der Haspelkörbe ist die Strangabnahme wesentlich vereinfacht. Sie erfolgt durch Öffnen der links im Bild zu sehenden Lagertür.

Interessant ist die serienmäßig vorgesehene Möglichkeit zur Herstellung von 4 Kreuzungen (Bild 2/154).

Die schwachen Kreuzungen (links) sind besonders für feine Garne und kleine Strangmassen geeignet. Die stärkeren Kreuzungen (rechts) hingegen sind für mittlere und gröbere Garne und größere Strangmassen vorgesehen. Der Strangaufbau durch Verlegewalzen ermöglicht einen rechteckigen Querschnitt und damit gute Voraussetzungen für eine optimale Weiterverarbeitung. Die

Bild 2/153. Hochleistungshaspelmaschine D 800

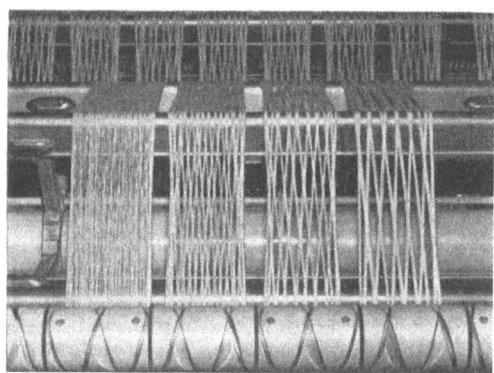

Bild 2/154. Strangablage in einer Hochleistungshaspelmaschine D 800

Strangmassen bei den beschriebenen Maschinenausführungen liegen je nach Fadenfeinheit zwischen 250 und 350 g.

2.6.4.3. Knäuelwickelmaschine

An der Bedeutung der Knäuelwickelmaschine hat sich in den zurückliegenden Jahren keine Veränderung abgezeichnet. Ebenso wie bei anderen Spul- oder Wickelprozessen, erfolgte auch bei dieser Technologie eine systematische Einschränkung der Handarbeit, so daß sich aus der klassischen Knäuelwickelmaschine der Automat entwickelte.

Der Knäuel ist ein Einfeldwickel, der durch einen rotierenden Fadenführer entsteht, dessen Achse zur Spindelachse (Knäuelachse) mit ständig verändertem Winkel geschwenkt wird (Bild 2/155). Prinzipiell kann auch der als Flügel ausgelegte Fadenführer um den auf einer Spindel rotierenden Knäuel schwenken. Derartige Maschinen sind mit bis zu 16 Arbeitsstellen ausgeführt. Die Knäuelmasse liegt zwischen einigen Gramm und mehreren Kilogramm.

Eine automatische Knäuelwickelmaschine zeigt das Bild 2/156 von der Fa. *SIMA*/Italien. Sie ist mit sechs Arbeitsstellen ausgestattet und für die Herstellung von Knäuel aus Bindfäden und Garnen jeder Art geeignet. Die Knäuelmasse liegt zwischen 500···3500 g bei einem maximalen Durchmesser von 240 mm und einer Länge von 215 mm.

Dem Automaten können Ablaufspulen jeder Abmessung bei Fadenabzug über Kopf oder tangential vorgelegt werden.

Spulmaschinen **2.6.** 137

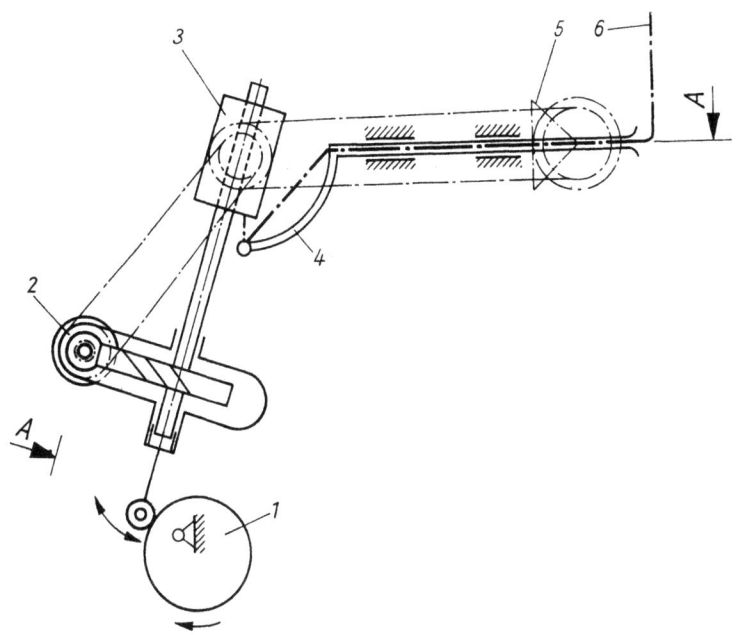

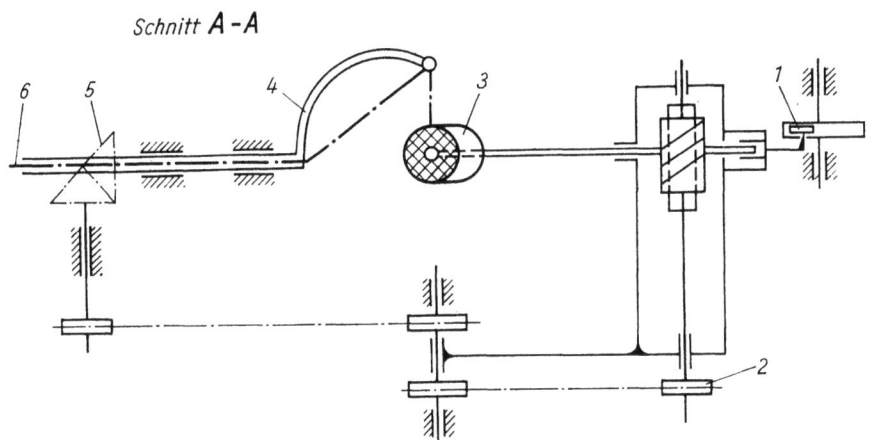

Bild 2/155. Prinzip der Knäuelwickelmaschine
1 Antrieb für Schwenkbewegung der Spindel, *2* Antrieb der Spindel (Knäuelachse), *3* Knäuel, *4* Fadenführer, *5* Fadenführerantrieb, *6* Faden

Die automatische Bereithaltestellung des Fadens im Moment des Austritts des Wickeldorns (Spindel) zu Beginn des Knäuelvorganges gewährleistet ein sofortiges und sicheres Auffinden des Fadenanfanges im Inneren des fertigen Knäuels. Alle Stufen des Knäuelvorganges, Decklagen offen oder dicht, Verstechen des Fadenendes am fertigen Knäuel und Bereithaltung des Fadens für den nächsten Zyklus erfolgen automatisch. Die fertigen Knäuel werden vom Wickeldorn abgestoßen und gelangen auf ein längs der Maschine laufendes Förderband. Die Knäuelgröße kann stufenlos vorgewählt werden.

2. Spulen

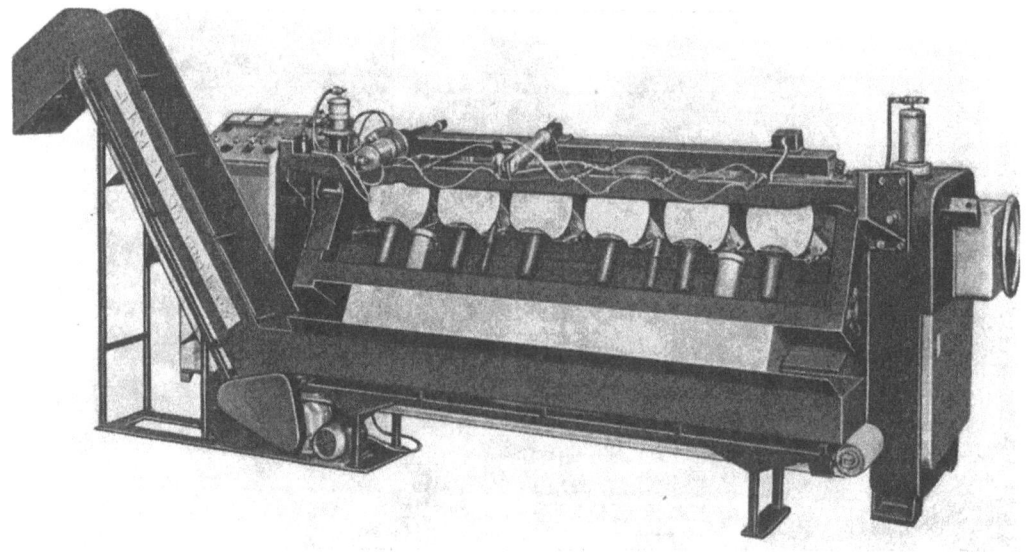

Bild 2/156. Knäuelwickelautomat

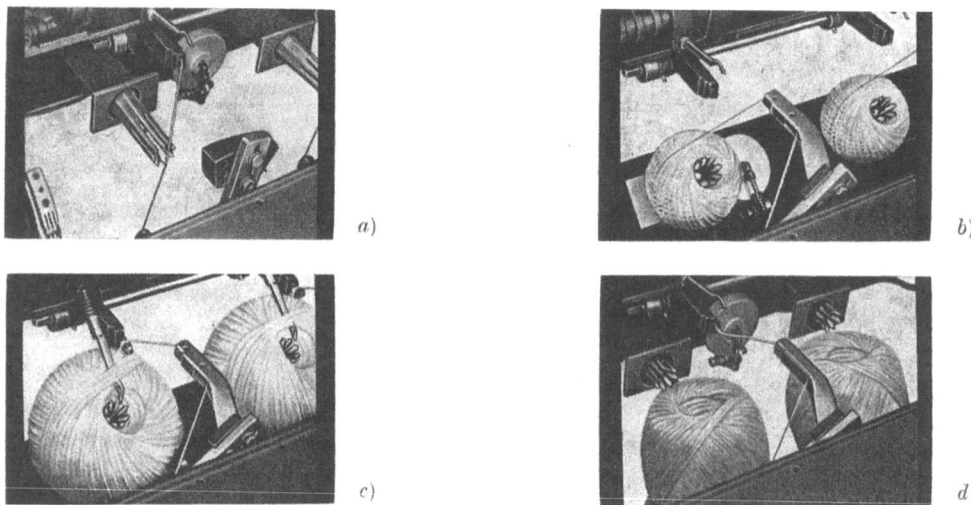

Bild 2/157. Phasen des Knäuelvorganges
a) Anfangsstellung mit automatischer Fadeneinführung in den Wickeldorn, b) Knäuelvorgang mit offener Wicklung, c) Nadel versticht das Fadenende in die Decklage, d) Abwerfen des fertigen Knäuels und Klemmung des Fadens mit Abschneiden sowie Bereithaltung für den nächsten Vorgang

Die Phasen für die Herstellung eines Knäuels zeigt das Bild 2/157.
Die Fadengeschwindigkeit ist in den Grenzen von 180···280 m/min stufenlos einstellbar.

Technische Daten:

Anzahl der Arbeitsstellen: 6
Fadenführerdrehzahl
(Flügel):   bis 700 min^{-1}

Anzahl der Ablaufspulen:	6
Knäuelmasse:	0,5···3,5 kg
Knäuelabmessungen:	⌀ 240 × 215 mm
	(9,5 × 8,5")
Maximaler Durchmesser der Ablaufspule:	260 mm
Antriebsleistung:	5,5 kW
Druckluftverbrauch/ Knäuelvorgang: (6 Stück)	8 l
Steuerdruck:	0,6 MPa

2.7. Zusammenfassung

Den vorerst letzten Stand der Technologie des Spulprozesses brachte die Internationale Textilmaschinenausstellung 1979 (ITMA 79) in Hannover [75 S. 516···521]. Es kam deutlich zum Ausdruck, daß der Spulprozeß verstärkt von den vorhergehenden und nachfolgenden Stufen beeinflußt wird. Es läßt sich bereits jetzt einschätzen, welcher Wandel sich in den nächsten Jahren auf diesem Gebiet vollziehen wird. In der Chemiefaserindustrie gehört es bereits zum Stand der Technik, daß der Spulprozeß Bestandteil bzw. die Endstufe der Fadenherstellung ist. Dieser Spulvorgang wird gewöhnlich als *Aufspulen* bezeichnet. Hingegen handelt es sich bei der klassischen Änderung der Aufmachung eines Fadenspeichers um die *Umspulung*. Mit diesem Vorgang sind die Garnreinigung und teilweise die Paraffinierung verbunden. Die Umspulung wird zu einem erheblichen Teil auf Spulautomaten durchgeführt. Bevorzugte Bauarten sind dabei die Kleingruppenautomaten in Reihen- und Rundausführung sowie die Einspindelautomaten. Nach wie vor sind die Maschinen ein- oder zweiseitig.

Schwerpunkt der weiteren Entwicklung ist die Beseitigung der manuellen Arbeit bei der Kopsvorbereitung und beim Kreuzspulwechsel. Damit ist eine beträchtliche Leistungssteigerung verbunden. Deutlich macht sich die Erweiterung des Einsatzgebietes von Automaten bemerkbar. So werden beispielsweise Grobgarne bis 500 tex von Großkopsen mit 450 mm Länge und einem Durchmesser von 90 mm zu Kreuzspulen mit einer Breite von 200 mm umgespult. Neben der Verbesserung der Fadenlängenmessung wird die *Spliceautomatik* statt der klassischen Knoter eingesetzt. Die Fadengeschwindigkeiten liegen beim Umspulen von Grobgarnen gegenwärtig bei 850 m/min (*GILBOS*/Belgien).

Beim Fachen zeichnet sich insbesondere ein Trend zu größeren Spulenformaten ab. Der Fadenführerhub beträgt bis zu 250 mm bei Spulen mit einem Durchmesser bis 280 mm. Die Fadengeschwindigkeiten beim Spulen mit Nutentrommeln betragen 1000 m/min, die mit changierendem Fadenführer maximal 600 m/min. Die Geschwindigkeit mit unabhängigen Spulköpfen liegt bei max. 1200 m/min.

Besonderer Wert wird beim Fachen der Einhaltung gleicher Fadenzugkräfte für alle Fäden einer Arbeitsstelle beigemessen. Der Einsatz von piezoelektrisch gesteuerten Einzelfadenspannern bringt ein hohes Maß an Gleichmäßigkeit.

Die Präzisionskreuzspulmaschine wird vorwiegend für das Umspulen von synthetischen Fäden eingesetzt. Durch entsprechende Verbesserungen bei der Werkstoffpaarung an den Fadenführergetrieben sind bis 700 Doppelhübe je Minute möglich. Die Fadengeschwindigkeiten betragen bis 1800 m/min. Für die Verarbeitung von Garnen liegt die Fadengeschwindigkeit maximal bei 1200 m/min. Als Fadenspanner werden Doppelscheibenspanner eingesetzt. Das Antriebsprinzip der Spulköpfe wird auch weiterhin der Friktionsantrieb sein, zumal mit ihm eine einfache Drehzahländerung möglich ist.

Eine Erhöhung der Fadengeschwindigkeiten beim Haspeln und Spulen ab Strang auf 1000 m/min bei Strangmassen bis 4 kg bringt eine beachtliche Leistungssteigerung. Die Strangbreite beträgt bis zu 500 mm und der -umfang ist zwischen 1800 und 2340 mm einstellbar.

Das Zurückspulen erfolgt entweder auf Strangspulmaschinen zu Kreuzspulen oder auf Knäuelwickelmaschinen. Der automatische Spulenwechsler gehört zum Standard der Maschine. Die Spulgeschwindigkeiten liegen zwischen 600 und 800 m/min beim Spulen auf Kreuzspulen. Die Drehzahl der Wickelflügel an den Knäuelwickelmaschinen beträgt 650···1500 min^{-1}.

Die Schußspulautomaten werden auch künftig in der Vierspindelbauweise ausgeführt, da sich diese Größe in der Praxis bewährt hat. Auch bei dieser Maschine ist der Trend zu größeren Spulen festzustellen. Die Bewicklung beträgt 450 mm Gesamtlänge für entsprechende Einsatzgebiete in der Weberei (technische Gewebe).

Auf dem Gebiet der Nähgarnspeicherung wird gegenwärtig mit Spindeldrehzahlen von mehr als 10000 min^{-1} gespult. Die Maschinen sind in Vierspindelbauweise ausgeführt und erzeugen eine Präzisionsparallelwicklung. Die Aufwindung von Nähgarnen bis 400 tex auf Kingspulen ist bis etwa 1200 m/min möglich. Durch weitere Verbesserungen an der Fadenverlegung sind noch Steigerungen der Arbeitsgeschwindigkeit möglich.

Beim Aufspulen sind die erreichbaren Fadengeschwindigkeiten ständig im Steigen begriffen. Geschwindigkeiten von 6000 m/min werden gegenwärtig beherrscht. Die wichtigste Forderung ist dabei die konstante Fadengeschwindigkeit. Sie wird vorwiegend mittels Friktionswalze erreicht. Teilweise erhält die Spindelachse noch einen Hilfsantrieb, da durch die großen Spulenmassen die Gefahr des Schlupfes sehr groß ist.

In den meisten Fällen wird für den Antrieb des Fadenführers die Kehrgewindespindel eingesetzt. Mit extrem leichtem Fadenführer sind Changiergeschwindigkeiten in der Größenordnung von 1000 m/min möglich, die eine weitere Steigerung der Fadengeschwindigkeit erwarten lassen.

Es ist anzunehmen, daß sich die bei dieser Forschung gewonnenen Erkenntnisse auf den Umspulprozeß übertragen lassen.

3. Zwirnen

3.1. Allgemeines

Bei der Verarbeitung von Fäden erfolgt ihre Auswahl für das Einsatzgebiet des Erzeugnisses. Neben Garnen und Seiden werden auch Zwirne verarbeitet. Ihr Einsatz erfolgt dann, wenn ein besonderer Fadencharakter erwünscht ist. Durch das Zwirnen können teilweise vorhandene Fadeneigenschaften verstärkt oder erforderliche erzielt werden, insbesondere solche, wie Festigkeit, Dehnung, Ungleichmäßigkeit, Aussehen usw. Ein Zwirn entsteht durch das Zusammendrehen von mindestens zwei Fäden, deren Feinheit meist von gleicher Größe ist. Das Zusammenführen der einzelnen Fäden vor dem Zwirnen, das Fachen, erfolgt entweder auf der Zwirnmaschine oder vorher als separater Arbeitsgang auf einer Spulmaschine. Technologisch entspricht das Zwirnen der Drehungserteilung beim klassischen Spinnen, wonach dem in einem Walzenpaar geklemmten Faden eine konstante Geschwindigkeit erteilt und er am freien Ende gedreht wird. Die Drehungsrichtung ist normalerweise der vorherigen entgegengesetzt. Danach erhält ein aus S-Garnen (Rechtsdrehung) herzustellender Zwirn Z-Drehungen (Linksdrehung) und umgekehrt. Diese Festlegung gilt auch für den Fall, wenn aus Zwirnen wiederum ein Zwirn hergestellt wird. Hat hingegen das als Vorlage verwendete Garn wenig Drehungen gegenüber denen, die dem Zwirn erteilt werden sollen, dann besteht durch das Aufdrehen des Garnes die Gefahr eines Fadenbruches. In solchen Fällen ist in Richtung der Garndrehung zu zwirnen.
Die Verwendung von S- und Z-gedrehten Fäden als Vorlage ist unzweckmäßig, da sie zu einem unruhigen, schlecht geschlossenen Zwirn führt. Die Ursache dafür sind die Verlängerung des Fadens, der aufgedreht wird, und die gleichzeitige Verkürzung jenes Fadens, der in gleicher Richtung weitergedreht wird.

Eine Sonderstellung nimmt hierbei eine Zwirnart ein, mit der bestimmte Effekte erzielt werden sollen. In diesem Fall ist es üblich, Garne verschiedener Feinheit und Farbe aus unterschiedlichem Faserstoff und mit voneinander abweichenden Drehungen einzusetzen.

Danach wird in der Zwirnerei zwischen der Glatt- und der Effektzwirnerei unterschieden. Glattzwirne werden im Gleich- oder Gegendrahtverfahren hergestellt. Bei ihnen gelangen die Fadenkomponenten mit gleicher Geschwindigkeit zum Drehungsorgan. Zur Herstellung von Effektzwirnen hingegen wird mindestens ein Faden, der sogenannte Grundfaden mit konstanter Geschwindigkeit geliefert, der andere bzw. die anderen Fäden werden mit gleicher oder anderer Geschwindigkeit als der Grundfaden geliefert. Je nach gewünschtem Effekt ist diese mehr oder weniger größer als die des Grundfadens.

3.2. Aufgabe des Zwirnens

3.2.1. Merkmale und Zwirnverfahren

Unter dem Begriff *Zwirnen* ist das Verdrehen mehrerer Fäden miteinander zu verstehen. Dabei können diese Fäden Garne, Zwirne und auch Seiden sein. Die Feinheit der Vorlagefäden ändert sich beim Zwirnen nur unwesentlich und zwar um die Längendifferenz zwischen seiner gestreckten Länge und der, die durch die Drehungsänderung beim Zwirnen entsteht. Änderungen treten hingegen bei der Drehungszahl auf, die je nach Drehungsrichtung positiv oder negativ sein kann.

Für den Einsatz von Zwirnen im Flächenbildungsprozeß, zur Nähfadenherstellung und für andere Gebiete, werden bestimmte Merkmale angestrebt, die teilweise das Zwirnverfahren bestimmen:

— Erhöhung der Festigkeit
— Verbesserung des Dehnungsverhaltens
— Verminderung der Ungleichmäßigkeit
— Oberflächen- und Farbeffekte.

Zur Erzeugung derartiger Fadeneigenschaften kann trocken- oder naßgezwirnt werden.

Das *Trockenzwirnen* ist das überwiegend angewendete Verfahren, bei dem der Faden trocken verarbeitet wird. Der erzeugte Zwirn ist verhältnismäßig weich und geschmeidig.

Die noch von der Oberfläche abstehenden Fasern geben ihm eine gewisse Fülligkeit. Er wird vorwiegend als Strick-, Bunt- und Flanellzwirn eingesetzt.

Beim *Naßzwirnen* werden die Fäden vor der Drehungserteilung angefeuchtet. Die abstehenden Fasern legen sich durch das Netzmittel an die Fadenoberfläche und werden dadurch auch besser in den Gesamtverband eingebunden. Der so erzeugte Zwirn wirkt hart und hat eine glatte Oberfläche. Seine Reißkraft ist höher als die eines Trockenzwirnes. Er eignet sich als Näh- und Webzwirn und wird beispielsweise für die Herstellung von Popeline und technischen Textilien eingesetzt.

Unabhängig vom Zwirnverfahren sind folgende Parameter für die Fadenvorlage von Bedeutung:

— Faserstoff bzw. Faserstoffmischung
— Fadenfeinheit
— Fachzahl
— Drehungszahl
— Drehungsrichtung.

Nach Kenntnis dieser Parameter kann die spezielle Zwirntechnologie festgelegt werden. Im Verlauf der Entwicklung und der ständigen Präzisierung des Zwirnprozesses konnte die Technologie immer besser den Forderungen gerecht werden, die an einen Zwirn zu stellen sind.

Alle bisher bekannt gewordenen Technologien zur Erzeugung von echter Drehung münden in zwei Prinzipe, die in Bild 3/1 dargestellt sind:

1. Einfachdrahtprinzip — eine Umdrehung des Drehungsorgans erzeugt eine Fadendrehung
2. Doppeldrahtprinzip — eine Umdrehung des Drehungsorgans erzeugt zwei Fadendrehungen.

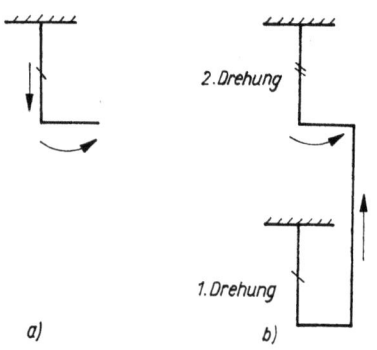

Bild 3/1. Symbolische Darstellung der Erzeugung echter Drehung
a) Einfachdrahtprinzip, *b)* Doppeldrahtprinzip

Danach entsteht eine Drehung dann, wenn ein Faden an einem Ende geklemmt ist und das andere in Form eines „L" abgewinkelt und gedreht wird.

3.2.2. Erhöhung der Festigkeit

Teilweise wird angenommen, daß die Festigkeit eines Zwirnes größer ist als die der Garne, aus denen er besteht. Das kann, aber muß nicht so sein.

Die Festigkeit (Gleichung (2.1)) beträgt allgemein:

$$\sigma = \frac{F}{A}$$

Sie kann nur gesteigert werden, wenn entweder ein Faden mit einem bestimmten

Querschnitt A höher belastbar ist, oder er trotz Verminderung seines Querschnittes mit einer konstanten Kraft F belastet werden kann, ohne daß er reißt. Beim Zwirnen erfolgt zwar durch das Fachen eine Vergrößerung des Fadenquerschnittes, so daß logischerweise eine höhere Belastbarkeit zu erwarten ist, eine Steigerung der Festigkeit läßt sich darauf allerdings nicht gründen. Ihre Größe wird in entscheidendem Maße durch den Faserstoff und damit durch dessen Substanzfestigkeit bestimmt. Ebenso wie beim Spinnen, wird sie auch beim Zwirnen auf Grund der Fadenstruktur nicht erreicht.

Wenn dennoch ein Zwirn eine höhere Festigkeit als die für dessen Herstellung verwendeten Garne haben kann, ist die Ursache in der Verbesserung der Gleichmäßigkeit durch das Fachen zu suchen. Eine weitere Ursache, die eine Festigkeitserhöhung zur Folge haben kann, besteht darin, daß im Garn nicht alle Fasern gleichermaßen Anteil an der Bildung der Festigkeit haben, insbesondere jene an der Peripherie des Garnes. Diese Fasern werden beim Zwirnen zum Teil noch eingebunden und vergrößern damit die Anzahl der tragenden Fasern. Es kann angenommen werden, daß ein Garn das andere umwindet und sich dabei die gemeinsame Berührungsstelle ständig ändert. Auf diese Weise drückt das eine Garn die an der Oberfläche des anderen befindlichen Fasern an dieses an und erhöht damit den Zusammenhalt des jeweiligen Faserverbandes.

Schließlich kann durch die Anzahl der Zwirndrehungen sowie durch deren Verhältnis zu den Garndrehungen eine optimale Festigkeitsausnutzung angestrebt werden, wobei der Drehungsverlust zu berücksichtigen ist, der beim Zwirnen entgegen der Drehrichtung im Garn auftritt.

3.2.3. Verminderung der Ungleichmäßigkeit

Jeder Faden ist ungleichmäßig, wobei die Ungleichmäßigkeit eine Funktion der mittleren Anzahl der Fasern im Querschnitt und des Variationskoeffizienten des Faserquerschnittes ist. Ein völlig gleichmäßiger Faden kann nicht hergestellt werden, er hat mindestens eine Ungleichmäßigkeit, die als Grenzungsgleichmäßigkeit [76] bezeichnet wird.

$$v_{\lim} = \frac{100}{\overline{N}_f^{1/2}} [1 + 4 \, (v_d/100)^2]^{1/2} \qquad (3.1)$$

$\overline{N}_f$ Mittelwert der Faseranzahl im Fadenquerschnitt
v_d Variationskoeffizient des Faserdurchmessers in %
$v_{\lim}$ Grenzungsgleichmäßigkeit in %

Nach Gleichung (3.1) bewirkt der Zwirnprozeß eine Erhöhung der Faseranzahl N_f und somit eine Verbesserung des Variationskoeffizienten. Darüber hinaus kann durch das Fachen von mindestens zwei Fäden und einer damit verbundenen Überlagerung von Dick- und Dünnstellen eine weitere Verbesserung der Gleichmäßigkeit erzielt werden.

3.2.4. Verbesserung des Dehnungsverhaltens

Oft wird von einem Faden ein bestimmtes Dehnungsverhalten verlangt, das sich durch ein Garn nicht realisieren läßt. Hierbei handelt es sich um Dehnungen in der Größenordnung von wenigen Prozent bis zu etwa 80%. Elastische Dehnungen in einem derart großen Bereich können durch eine geeignete Kombination der Drehungszahl mit der Drehungsrichtung erzeugt werden. So führt ein Zwirnen in der gleichen Drehungsrichtung wie beim Spinnen oder bei einem bereits vorangegangenen Zwirnprozeß zu einem harten Zwirn. Entsprechend weist ein solcher Zwirn eine nur geringe elastische Dehnung auf. Die Ursache dafür ist der durch die Drehungsüberlagerung entstehende relativ hohe Druck im Inneren des Fadens, der aus der Belastung der Fasern entsteht, die in Schraubenlinien umeinander gewunden sind. Auf diese Weise erfolgt bereits eine Dehnung des Fadens, ohne daß sie für einen späteren Verwendungszweck genutzt werden kann.

Eine größere Dehnung wird erreicht, wenn die Zwirndrehungsrichtung entgegengerichtet ist. Durch die Anzahl der Drehungen im

Garn und beim Zwirnen läßt sich die Größe der Dehnung beeinflussen. Eine außerordentlich hohe Dehnung ist zu erreichen, wenn eine synthetische Seide stark gedreht und anschließend thermisch fixiert wird. Derart hochelastische Fäden weisen eine Dehnung bis zu 80% auf. Diese Art der Dehnung resultiert allerdings nicht aus der Substanz des Faserstoffes sondern aus der starken räumlichen Verformung des Fadens, die bei seiner Längsbelastung wieder rückgängig gemacht wird.

3.2.5. Erzeugung von Oberflächen- und Farbeffekten

Dieses Merkmal wird gewöhnlich zur Erzielung modischer Effekte angestrebt, die sich mit Garnen im allgemeinen nicht verwirklichen lassen. Farbeffekte sind relativ einfach herzustellen und können bereits durch das Verzwirnen zweier verschiedenfarbiger Garne erzeugt werden. Sie erfordern auch keine besondere Zwirntechnologie, da die Garne mit gleicher Geschwindigkeit dem Drehungsorgan zugeführt werden. Komplizierter ist die Herstellung von Struktureffekten, die durch periodische oder aperiodische Veränderung der Relativgeschwindigkeit zwischen den Fäden entstehen. Oftmals werden auch Kombinationen von Farb- und Struktureffekten angewendet. Dabei kann die Verteilung der Effekte regelmäßig oder unregelmäßig sein. Für die Herstellung von Effektzwirnen eignen sich Garne, Seiden sowie alle Fäden mit textilem Charakter, auch solche aus Metall, Plaste usw.

3.3. Zwirnarten und Bezeichnungen

Unabhängig vom Zwirnverfahren, jedoch im Hinblick auf den Verwendungszweck, werden die unterschiedlichsten Zwirnarten hergestellt. Der Ausgangsfaden für einen Zwirn kann ein Garn, Zwirn oder eine Seide sein.
Der Zwirnprozeß auf einer Maschine wird definitionsgemäß als *Stufe* bezeichnet. Auf jeder Maschine ist jeweils nur eine Stufe möglich. Wird ein Zwirn mit einem weiteren Zwirn verzwirnt, so ist dieser Prozeß bereits eine zweite Zwirnstufe. Danach werden folgende Zwirnarten unterschieden:

Einstufiger Zwirn

Hierbei handelt es sich um einen Zwirn, der aus zusammengedrehten Garnen oder/und Seiden besteht und in einem Zwirnvorgang hergestellt wird. Die Vorlage kann entweder zwei- oder mehrfach sein, wobei es gleichgültig ist, ob in Z- oder S-Richtung gedreht wird. Das Bild 3/2 zeigt die Prinzipdarstellung einstufiger Zwirne und das Bild 3/3 einen einstufigen Vierfachzwirn.

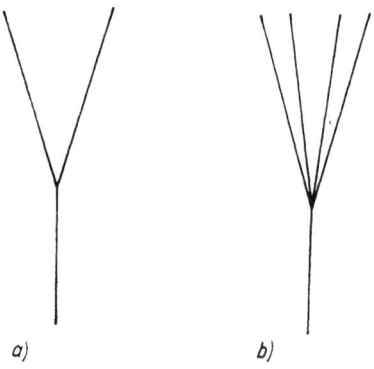

Bild 3/2. Prinzip eines einstufigen Zwirns
a) Zweifacher Zwirn, *b)* Vierfacher Zwirn

Das Einsatzgebiet dieser Zwirne umfaßt die Weberei, Strickerei und Stickerei. Zwirne, die aus mehr als zwei Garnen bestehen, werden vorwiegend für die Handstrickerei und als Teppichzwirne sowie für technische Textilien verwendet. Ein einstufiger Zwirn kann beispielsweise wie folgt bezeichnet werden: 20 tex Z 600 × 2 S 400.
Diese Bezeichnung beschreibt einen Zweifachzwirn, dessen Garn eine Feinheit von 20 tex bei 600 Dr/m in Z-Richtung hat. In der Zwirnstufe werden die beiden Garne mit 400 Dr/m in S-Richtung verzwirnt. In verkürzter Schreibweise kann für den gleichen Zwirn geschrieben werden: 20 tex × 2, soweit die übrigen Angaben, wie Drehungsrichtung und Anzahl der Drehungen, nicht erforderlich sind.

Zwirnarten und Bezeichnungen 3.3.

Bei einem mehrstufigen Zwirn, speziell einem zweistufigen, wird der Zwirn der ersten Stufe als *Vorzwirn* und der der zweiten als *Auszwirn* bezeichnet. Sind die Drehungsrichtungen in zwei aufeinanderfolgenden Zwirnstufen einander entgegengesetzt, so handelt es sich um *Gegendrehung*. Sind hingegen die Drehungsrichtungen in zwei aufeinanderfolgenden Zwirnstufen gleich, dann ist die Bezeichnung dafür *Drehung auf Drehung*. Schließlich werden Zwirne, bei denen die Anzahl der Drehungen im Vorzwirn gleich der im Auszwirn ist, als symmetrische Zwirne bezeichnet und jene, bei denen diese Übereinstimmung nicht vorhanden ist, als unsymmetrische bezeichnet. Die Bezeichnung für einen mehrstufigen Zwirn lautet:

(20 tex Z 600 + 34 tex S 540) S 360 × 2 Z 220

Hierbei handelt es sich um einen zweistufigen Zwirn mit 220 Dr/m in Z-Richtung. Er besteht aus zwei einstufigen Zwirnen mit 360 Dr/m in S-Richtung. Dieser wiederum besteht aus zwei Garnen unterschiedlicher

Bild 3/3. Einstufiger Zwirn, Vierfachzwirn
S, Z Drehungsrichtung

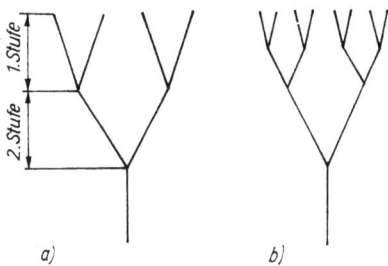

Bild 3/4. Prinzip eines mehrstufigen Zwirns
a) Zweistufiger Zwirn, b) Dreistufiger Zwirn

Mehrstufiger Zwirn

Bei dieser Zwirnart handelt es sich um einen Zwirn, der aus zusammengedrehten Zwirnen, gegebenenfalls unter Mitverwendung von Garnen und/oder Seiden besteht und durch mehrere Zwirnvorgänge hergestellt wird. Üblicherweise gilt auch bei der Herstellung dieser Zwirnart der Grundsatz, daß jede Drehungsrichtung der vorangehenden entgegengesetzt zu wählen ist. Das Bild 3/4 zeigt die Prinzipdarstellung mehrstufiger Zwirne und das Bild 3/5 einen zweistufigen Zwirn, der aus drei Zwirnen hergestellt ist.

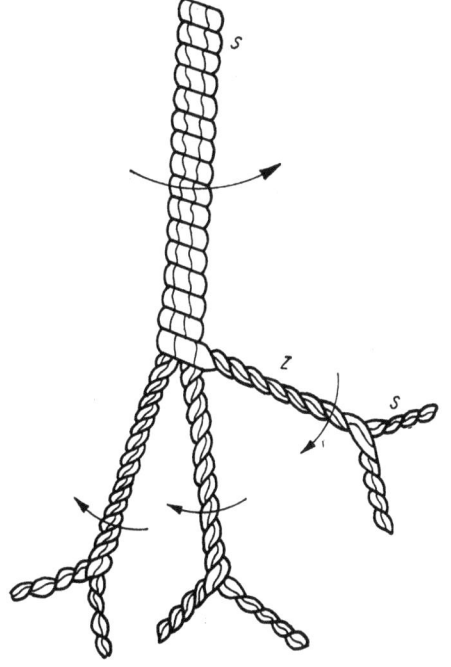

Bild 3/5. Mehrstufiger Zwirn
S, Z Drehungsrichtung

Feinheit und Dr/m. Die Bezeichnungen dieser beiden Garne befinden sich im Klammerausdruck.

Besteht ein Zwirn aus Garnen gleicher Feinheit, so gilt beispielsweise für einen zweistufigen Zwirn: 34 tex S 540 × 2 S 360 × 3 Z 100. Dieser Zwirn setzt sich aus drei Z-gedrehten Zwirnen mit 100 Dr/m zusammen. Diese Zwirne wiederum haben jeweils 360 S-Drehungen und bestehen ihrerseits aus zwei Garnen der Feinheit 34 tex mit 540 S-Drehungen.

Für den Fall, daß solche Angaben, wie Drehungsrichtung und Anzahl der Drehungen nicht erforderlich sind, kann die Zwirnbezeichnung verkürzt geschrieben werden. Sie lautet dann: 34 tex × 2 × 3.

Weitere Varianten für die Bezeichnung von Zwirnen müssen bei Bedarf dem jeweiligen Standard entnommen werden.

Effektzwirn

Diese Zwirnart wird auch als Fantasiezwirn bezeichnet. Die Anzahl der erreichbaren Effekte ist unbegrenzt. Der Einsatz derartiger Zwirne ist sehr stark der Mode unterworfen, da er die Gebiete Bekleidung, Möbel- und Dekorationsstoffe umfaßt.

Die Grundeffekte lassen sich durch unterschiedliche Farben, Rohstoffe und auch Garnfeinheiten erweitern. Eine für alle Effektzwirne gültige Erläuterung lautet:

„Zwirn, dessen Oberfläche durch die Effektzwirnmaschine strukturell verändert worden ist. Im Effektzwirn bildet der Grundfaden das Skelett, während der Umschlingungsfaden der eigentlichen Effektbildung dient.

Je nach dem Verwendungszweck kann in einer zweiten Zwirnstufe ein weiterer Faden herangezwirnt werden; Kreuzfaden genannt."

Die Bezeichnungen für die unterschiedlichsten Effektzwirne haben sich in der Vergangenheit teilweise geändert und sind demzufolge in der einschlägigen Literatur auch noch mehrdeutig zu finden. Folgende Benennungen wurden festgelegt:

Vorgarnflammenzwirn und Vorgarnflockenzwirn

Zwirn, bei dem zwischen zwei oder mehreren Grundfäden kurze oder lange Abrisse vom Vorgang periodisch eingezwirnt sind. Zweite Zwirnstufe nicht immer erforderlich.

Fadenflammenzwirn

Zwirn aus meist zwei oder mehreren gleichdicken Fäden, die sich abwechselnd periodisch umzwirnen. Zweite Zwirnstufe nicht immer erforderlich.

Kräuselzwirn

Zwirn aus meist zwei oder mehreren Grundfäden, die von einem oder mehreren Fäden umzwirnt werden, wodurch eine gleichmäßige oder ungleichmäßige Kräuselung des Fadens hervorgerufen wird. Zweite Zwirnstufe stets erforderlich.

Spiralzwirn

Zwirn aus zwei Fäden gegensätzlicher Drehrichtung und gleicher oder ungleicher Dicke, so daß der eine Faden die Form einer Wendel annimmt. Zweite Zwirnstufe entfällt stets.

Schlingenzwirn

Zwirn aus meist zwei oder mehreren Grundfäden, die mit einem oder mehreren Umschlingungsfäden umzwirnt werden, wobei diese Schlingen bilden. Zweite Zwirnstufe stets erforderlich.

Knotenzwirn

Zwirn aus meist zwei oder mehreren Grundfäden, die von einem oder mehreren Umschlingungsfäden umzwirnt werden, wobei diese in regel- oder unregelmäßigen Abständen Knoten oder raupenartige Verdichtungen bilden. Zweite Zwirnstufe nicht immer erforderlich.

3.4. Berechnung von Zwirnen

3.4.1. Zwirnfeinheit

Die Feinheit eines Zwirnes wird aus der Feinheit der Zwirnkomponenten berechnet. Oftmals wird, insbesondere in der Praxis, noch der veraltete Begriff *Nummer* verwendet.

Bei der Berechnung der Feinheit ist zu berücksichtigen, daß sie sich auf den gefachten Faden bezieht, also den ungedrehten.

Im Verlauf der Drehungserteilung jedoch winden sich die Fäden umeinander zum Zwirn, so daß jeder Faden eine Schraubenstruktur hat. Daraus folgt eine Masseerhöhung beim Zwirnen gegenüber der Masse der gefachten Vorlage. Dieser geometrischen Gesetzmäßigkeit überlagert sich eine weitere, die durch die Drehungsänderung an den Vorlagefäden auftritt und zu einer Verkürzung oder Verlängerung des Zwirnes führt und als *Einzwirnung* bezeichnet wird. Allgemein wird die Zwirnfeinheit im Tex-System durch den Quotienten aus Masse und Länge berechnet.

$$\text{Feinheit} = \frac{\text{Masse}}{\text{Länge}} \quad (3.2)$$

Die Einheit lautet im Tex-System:

$$1 \text{ tex} = \frac{1 \text{ g}}{1000 \text{ m}} = \frac{1 \text{ g}}{1 \text{ km}} \quad (3.3)$$

Für jene Fälle, bei denen die Zwirnfeinheit noch nach der veralteten Bezeichnung Nm angegeben ist (Zwirnnummer), gilt folgende Umrechnung:

$$Tt = \frac{1000}{\text{Nm}} \quad (3.4)$$

In Gleichung (3.4) ist für Nm der Zahlenwert einzusetzen. Unter Vernachlässigung der Einzwirnung sowie der Schraubenstruktur der Fäden im Zwirn kann die Zwirnfeinheit nach Gleichung (3.5) berechnet werden. Damit wird angenommen, daß die Länge der Vorlagefäden gleich der des Zwirnes ist.

$$Tt_z = Tt_{G1} + Tt_{G2} + \cdots + Tt_{Gi}$$
$$(i = 1, 2, \ldots, n) \quad (3.5)$$

Meist haben die Vorlagefäden die gleiche Feinheit $Tt_{G1} = Tt_{G2} = \cdots = Tt_{Gi}$, so daß sich die Zwirnfeinheit aus dem Produkt von Fadenfeinheit und Anzahl der Fäden im Zwirn ergibt.

$$Tt_z = n \cdot Tt_G \quad (3.6)$$

Für eine schnelle Ermittlung der Zwirnfeinheit aus der Garnfeinheit für Zweifachzwirne kann die Darstellung in Bild 3/6 verwendet werden. Die Strichlinie verbindet die beiden Garnfeinheiten und gibt auf der durchgezogenen Linie (Zwirn) die Zwirnfeinheit an (Pfeil).
Für die exakte Berechnung der Zwirnfeinheit muß die Einzwirnung berücksichtigt werden, worauf an späterer Stelle noch eingegangen wird.

3.4.2. Zwirndrehung

3.4.2.1. Bemerkungen

Das entscheidende Merkmal bei der Zwirnherstellung besteht darin, mehrere Fäden miteinander zu verdrehen. Durch die aufgebrachten Drehungen wird die Struktur des Zwirnes weitgehend beeinflußt. Sie ist für seine Verwendung von Bedeutung. Es kann sowohl dem Aussehen als auch den textilphysikalischen Parametern der Vorzug gegeben werden. Die gewünschten Zwirneigenschaften lassen sich nicht berechnen, sondern nur durch einen empirischen Koeffizienten α_m beeinflussen. Danach entstehen nach der Drehungszahl weiche Zwirne mit wenigen Drehungen bis zu harten Zwirnen mit entsprechend vielen Drehungen. Voraussetzung dafür ist jedoch, daß die Richtung der aufzubringenden Drehung der vorhergehenden entgegengerichtet ist. Wird hingegen in der gleichen Drehrichtung wie beim Spinnen oder beim vorangehenden Zwirnprozeß gezwirnt, so entsteht ein harter Zwirn mit kordelartigem Bild. Mitunter werden solche Zwirne für die Tuchherstellung erzeugt. In diesem Falle hat der Drehungskoeffizient seine Bedeutung verloren, zumal beim Zwirnen die im vorhergehenden Faden vorhandenen Drehungen und ihre Änderung zu berücksichtigen sind. Er ist eine Funktion der Dichte der vorgelegten Fäden, die sich aber mit der Drehungsrichtung beim Zwirnen ändert. Den diesbezüglichen Nachweis führen *Sotikov* u. a. [77] und *Trujevzev* [78], indem sie die analytischen Grundlagen zur Drehungsgleichung nach *Koechlin* beschreiben. In beiden Fällen wird von der Darstellung einer Faser im Garn (Bild 3/7) ausgegangen, so daß der Drehungskoeffizient zu folgendem

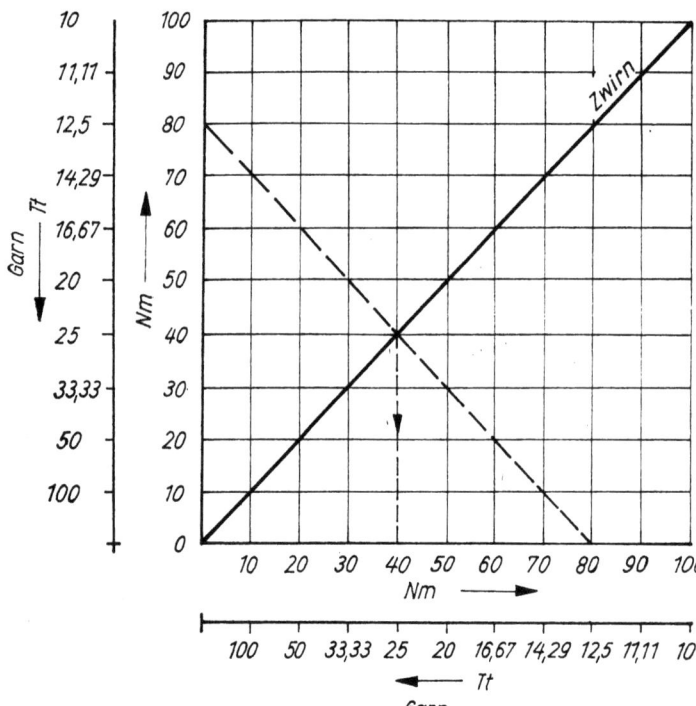

Bild 3/6. Zusammenhang zwischen Garn- und Zwirnfeinheit für Zweifachzwirn
Nm Fadenfeinheit in m/g,
Tt Fadenfeinheit in g/km

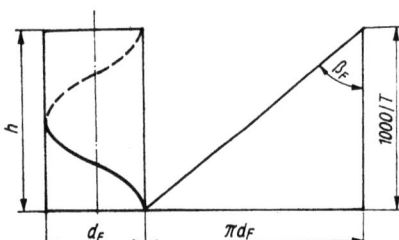

Bild 3/7. Lage einer Faser im Garn
d_F Garndurchmesser, h Steigung einer Faser, T Garndrehung/m, β_F Neigungswinkel der Faser zur Garnachse

Ausdruck zusammengefaßt werden kann:

$$\alpha_m = 1000 \tan \beta_F (\pi \varrho_F)^{1/2}/2\pi$$
$$= 282 \tan \beta_F \varrho_F^{1/2} \qquad (3.7)$$

Für die Garndrehung folgt nach Gleichung (3.8):

$$T = 31{,}62 \alpha_m/(Tt)^{1/2} \qquad (3.8)$$

Aus dieser Darstellung ist zu erkennen, daß die Größe des Neigungswinkels β_F nicht nur auf den Drehungskoeffizienten α_m sondern auch auf die Fadendichte ϱ_F wirkt. Je mehr Drehungen dem Faden erteilt werden, um so dichter und härter wird er. Beim Zwirnprozeß hingegen tritt im Normalfall (Gegendrehung) eine Verringerung der Garndrehungen mit steigender Zwirndrehung auf.

Ein weiterer Umstand beim Zwirnen, der in der Gleichung (3.8) nur bedingt berücksichtigt wird, ist die Anzahl der Garne im Zwirn. Auch kommt der Einfluß des Rohstoffes nicht in erforderlichem Maße zum Ausdruck. Diese Nachteile mögen auch Anlaß für *Schneider* [4] gewesen sein, die Gleichung (3.8) auf den Einsatz für zweifache Baumwollzwirne zu beschränken. Eine bessere Näherung an die Bedingungen des Zwirnprozesses scheint mit der Gleichung (3.9) nach *Holtzhausen* möglich zu sein. Für die Zwirndrehung gilt:

$$T = \alpha_m (1/z)^{1/3} [(Nm_z)^{1/2} - (1/z)] \qquad (3.9)$$

Im Tex-System geht die Gleichung über in die Form:

$$T = \alpha_m (1/z)^{1/3} [31{,}62/(Tt_z)^{1/2} - (1/z)] \qquad (3.10)$$

Sie ist dann zu empfehlen, wenn die Anzahl der Drehungen für Baumwollzwirne aus mehr als zwei Garnen zu berechnen ist. Die Gleichung (3.10) liefert zu niedrige Drehungswerte, so wie mit Gleichung (3.8) die Werte zu hoch sind. Für die praktische Anwendung sind die Drehungswerte somit den jeweiligen Bedingungen anzupassen.
Für den Einsatz der Gleichung (3.10) zur Berechnung von zweifachen Baumwollzwirnen gilt folgende Form [4, S. 122]:

$$T = x[31{,}62/(Tt_z)^{1/2} - (1/2)] \qquad (3.11)$$

wobei für

$$x = \alpha_m (1/2)^{1/3} = 0{,}794 \alpha_m$$

die in Tabelle 3/1 zusammengestellten Werte eingesetzt werden können.

Tabelle 3/1. Richtwerte für x nach Holtzhausen

x	Drehungsart
81	sehr weich
100	weich
123	mittel
150	mittelhart
181	hart
216	sehr hart

Tabelle 3/2. Materialkonstante für Kammgarnzwirn

Zwirnart	Normalzwirn		Mouliné	
	Kette	Schuß	Kette	Schuß
A	150	80···100	181	181

Für die Berechnung von Zwirnen aus Kammgarn gelten andere Gesichtspunkte als bei Baumwollzwirnen.
Während bei der Herstellung von Baumwollzwirnen die Ausnutzung der Faserfestigkeit im Vordergrund steht, ist es bei Kammgarnzwirnen oftmals das Repräsentationsvermögen. Vom daraus hergestellten Gewebe wird ein gutes Aussehen sowie ein geschmeidiger Griff bei einem hohen Grad an Formstabilität erwartet. Diese Eigenschaften werden jedoch mit steigender Anzahl der Drehungen verschlechtert.
Den Besonderheiten der Kammgarnzwirnerei Rechnung tragend, kann für die Drehungsberechnung mit geringfügigen Korrekturen die Gleichung (3.12) verwendet werden [4]:

$$T = A[31{,}52/(Tt_z)^{1/2} - (1/z)] \qquad (3.12)$$

In dieser Gleichung ist A eine materialabhängige Konstante (Tabellen 3/2 und 3/3).

Tabelle 3/3. Mittlere Drehungskoeffizienten für Zwirne

Zwirnart	α_m
Stick-, Strick- und Stopfgarn	90
Möbelstoff und Posamenten	105
Webzwirn	120
Vorzwirn für Häkelgarn	135
Plüschzwirn, Anzugstoff	150
Gardinenzwirn	165
Vorzwirn für Nähgarn	165
Vorzwirn für Segel- und Zelttuch	180
Auszwirn für Nähgarn	180
Auszwirn bei Segel- und Zelttuch	180
Krepp	240

3.4.2.2. Charakteristik der Zwirnstruktur

3.4.2.2.1. Problemstellung

Beim Zwirnen werden mindestens zwei Fäden miteinander verdreht. Dabei umschlingen sie sich im Normalfall in Schraubenlinien regelmäßig, so daß jeder im Zwirn befindliche Faden eine Schraubenlinie mit gleicher Steigung bildet. Es wird weiterhin davon ausgegangen, daß die Durchmesser der Fäden und ihre Spannung, mit der sie im Zwirn liegen, gleiche Größe haben. Unterschiedliche Spannungen führen nicht nur zu einem unsauberen Zwirn, sondern bewirken außerdem eine unterschiedliche Krümmung der von ihnen gebildeten Schraubenlinien. Geometrisch betrachtet liegen die Mitten der straffer gespannten Fäden näher

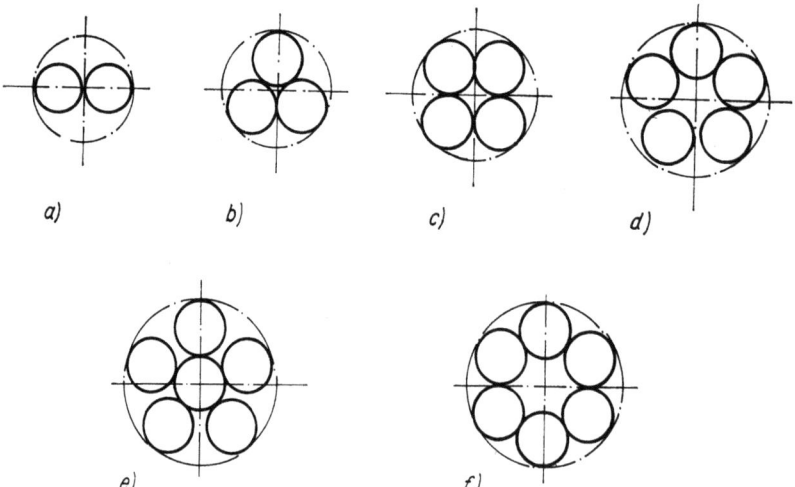

Bild 3/8. Symbolische Darstellung von Zwirnquerschnitten
a) zweifach, b) dreifach, c) vierfach, d) fünffach, e, f) sechsfach

an der Zwirnachse als die der weniger straff gespannten.
Unter der Voraussetzung, daß alle Fäden im Zwirn die gleiche Spannung haben, ordnen sie sich im Zwirnquerschnitt mit einer Regelmäßigkeit an, die in Bild 3/8 dargestellt ist. Dazu ist zu bemerken, daß die Fäden beim Zwei- bis Fünffachzwirn (Bild 3/8 a bis d) einen gleichen Abstand zur Zwirnachse haben. Damit haben sie auch die gleiche Steigung. Hingegen gibt es bei einem Sechsfachzwirn zwei Möglichkeiten für die Fadenlage im Zwirn. In Bild 3/8 e befindet sich ein Faden in der Zwirnachse, der damit beim Zwirnen keine Schraubenlinie bildet. Dadurch wird ihm auch die kleinste Längskraft erteilt, was wiederum dazu führt, daß er von den anderen Fäden aus seiner Mittellage unkontrolliert verdrängt wird. Dieser Umstand stört die Zwirnstruktur. In Bild 3/8 f hingegen bildet sich ein Hohlraum, der jedoch nicht stabil ist. Dieser Nachteil ist auch der Grund dafür, daß in der Praxis eine Fachzahl von fünf in einer Zwirnstufe nicht überschritten wird. In jenen Fällen, in denen ein Zwirn aus einer größeren Anzahl von Komponenten hergestellt werden soll, wird das Zwirnen in Stufen angewendet. Hierbei erfolgt zunächst ein Verzwirnen von zwei oder drei Garnen, und die so erzeugten Zwirne werden in einer weiteren Zwirnstufe nochmals verzwirnt. Auf diese Weise entsteht eine geometrisch einwandfreie Zwirnkonstruktion. Derartige Stufenzwirne werden normalerweise für Nähzwecke verwendet.
Für die Untersuchung der Zwirngeometrie wird ein Zweifachzwirn zugrundegelegt. Beide Komponenten bilden umeinandergewundene Schraubenlinien, die in sich ebenfalls verwunden sind. Diese Schraubenlinien ändern beim Zwirnen von einer Zwirndrehung „0" bis zu einem Endwert der Drehung laufend ihre Steigung, ihren Steigungswinkel und Windungsdurchmesser. Daraus folgt eine Beeinflussung der Anzahl der Drehungen in den Komponenten. Der theoretische Nachweis für diese Gesetzmäßigkeit wird im folgenden Abschnitt erbracht.

3.4.2.2.2. Geometrische Grundlagen für Schraubenlinien

Vielfach wird in der Fachliteratur die Meinung vertreten, daß sich beim Zwirnen die Garndrehungszahl um den Betrag der erteilten Zwirndrehungen ändert [79, S. 287] [80, 81]. Bei dieser Annahme wird jedoch nicht berücksichtigt, daß jede Komponente im Zwirn eine Schraubenlinie bildet, wodurch sich die Anzahl der Drehungen in dieser Komponente mit der Größe der Steigung ändert.

Durch eine apparative Messung der Drehungszahl in einer Komponente läßt sich diese geometrische Gesetzmäßigkeit nicht nachweisen, da die Drehungsermittlung am gestreckten Faden erfolgt. Den tatsächlichen Verlauf der Garndrehungen im Zwirn haben *Schwabe* und *Simon* [82] ausführlich untersucht. Es wird dabei von der Tatsache ausgegangen, daß eine Raumkurve zwei Krümmungen besitzt. Beide Krümmungen stehen senkrecht aufeinander (Bild 3/9).

Die Krümmung einer Kurve in einem Punkt M ist dabei eine Zahl, die angibt, in welchem Maße die Kurve auf einem kurzen Abschnitt mit dem Punkt M von einer Geraden abweicht. Die zweite Krümmung entspricht der Torsion der Kurve und stellt die Abweichung der Kurve von einer ebenen Kurve dar. Den nachfolgenden Untersuchungen wird der wesentlichste Grundsatz der Differentialgeometrie [3] zugrunde gelegt.

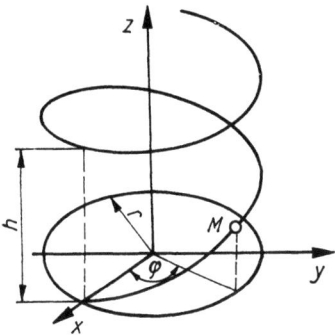

Bild 3/9. Schraubenlinie
h Steigung, M Punkt auf der Schraubenlinie, r Windungsradius, φ Drehwinkel

Die Gesamt- oder Totalkrümmung einer Raumkurve kann nach Gleichung (3.13) ermittelt werden.

$$G = (K^2 + T^2)^{1/2} \qquad (3.13)$$

Darin ist die **Krümmung**

$$K = 4\pi^2 r / 4\pi^2 r^2 + h^2 \qquad (3.14)$$

und T die Torsion

$$T = 2\pi h / 4\pi^2 r^2 + h^2 \qquad (3.15)$$

G Totalkrümmung einer Raumkurve
h Steigungshöhe einer Schraubenlinie
K Krümmung einer Raumkurve
r Krümmungsradius einer Raumkurve
T Torsion einer Raumkurve

Für die weiteren Betrachtungen zur Untersuchung der Garndrehungen im Zwirn ist nur die Gleichung (3.15) für die Torsion von Bedeutung.

Mit einem Bändchenmodell (Bild 3/10) [82] kann die Drehungsänderung sehr gut dargestellt werden. Die Bilder 3/10 a und 3/10 c stellen Grenzfälle dar, zwischen denen der tatsächlich beim Zwirnen auftretende Fall nach Bild 3/10 b liegt. Dieses Modell beschreibt auch den Vorgang beim Überkopfabzug eines Fadens von einer Spule. Ausgehend von Bild 3/10 a, in dem das zu einem Ring geformte Bändchen drehungslos ist, entsteht beim Überkopfstrecken eine echte Drehung (Bild 3/10 c). Diese Drehung entsteht in der Übergangsphase, die in Bild 3/10 b dargestellt ist. Somit kann gefolgert werden, daß die in Bild 3/10 c vorhandene

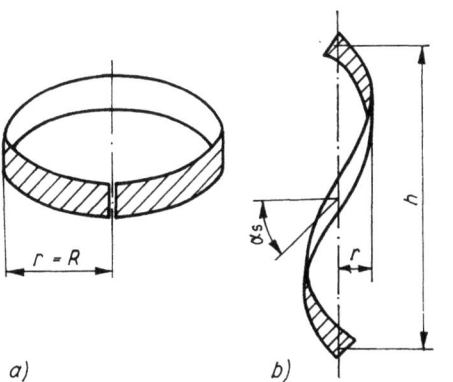
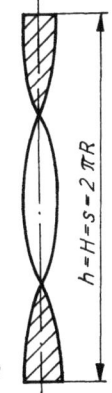

Bild 3/10. Bändchenmodell
a) Ringform, b) Übergangsphase, c) gestrecktes Bändchen
H gestreckte Länge des Bändchens, h Steigung, R Radius der ebenen Windung, r Windungsradius, s Windungslänge der Schraubenlinie, α_S Steigungswinkel

Windung in Bild 3/10 a bereits gespeichert, aber nicht sichtbar war.
Somit werden die beiden Drehungsarten folgendermaßen unterschieden:

1. Potentielle, gespeicherte Drehungen T_p
2. Vorhandene, sichtbare Drehungen T_v.

In Bild (3/10 b) befinden sich beide Drehungsarten anteilig, so daß für eine Windung gilt:

$$T_p + T_v = 1 \tag{3.16}$$

Die Abwicklung der Schraubenlinie in Bild 3/10 b ist in Bild 3/11 dargestellt. Danach gilt:

$$s^2 = 4\pi^2 r^2 + h^2 = \text{konstant} \tag{3.17}$$

sächlich vorhandenen Drehungen T_v und der Steigungshöhe der Schraubenlinie ergibt sich aus den Gleichungen (3.19) und (3.20).

$$\frac{T_v}{s} = \frac{h}{s^2}$$

Durch Einsetzen der Gleichung (3.18) folgt:

$$T_v = h/2\pi R \tag{3.21}$$

Die Gleichung (3.21) beschreibt den Drehungsverlauf T_v in Abhängigkeit vom Grad der Überkopfstreckung des Bändchenmodells.

In Bild 3/12 ist dieser Verlauf dargestellt

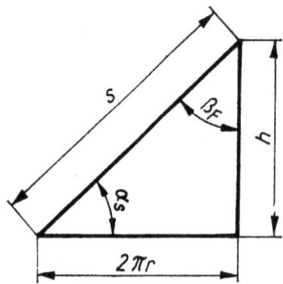

Bild 3/11. Abwicklung einer Windung
h Steigung, r Windungsradius, s Windungslänge der Schraubenlinie
α_S Steigungswinkel, β_F Neigungswinkel

Die Gleichung (3.17) ist konstant, da die Windungslänge

$$s = 2\pi R = H = \text{konstant} \tag{3.18}$$

Für die Torsion einer Schraubenlinie kann gesetzt werden:

$$T_S = T/2\pi = T_v/s \tag{3.19}$$

Durch Einsetzen der Gleichung (3.15) folgt:

$$T_S = h/(4\pi^2 r^2 + h^2) = h/s^2 = h/\text{konstant} \tag{3.20}$$

Aus Gleichung (3.20) folgt, daß sich die Drehungen am Bändchenmodell in Bild /310 linear über der Steigung h verändern. Der Zusammenhang zwischen den tat-

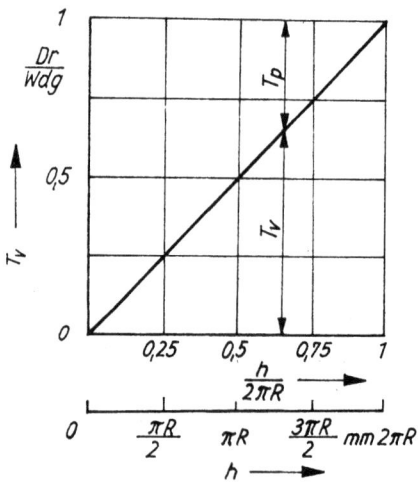

Bild 3/12. Drehungsverlauf bei Überkopfstreckung am Bändchenmodell
h Steigung, R Radius der ebenen Windung, T_p gespeicherte Drehung, T_v vorhandene Drehung

Das Bild 3/13 zeigt den Zusammenhang zwischen dem Steigungswinkel α_S und dem Verhältnis $h/2\pi R$, denn nach Bild 3/11 gilt auch:

$$\sin \alpha_S = h/2\pi R \tag{3.22}$$

Daraus folgt mit zunehmendem Streckungsgrad des Bändchens ein stärkerer Anstieg des Steigungswinkels α_S.

3.4.2.2.3. Berechnung der Garndrehungszahl im Zwirn

Mit den im vorigen Abschnitt nachgewiesenen geometrischen Zusammenhängen über den Drehungsverlauf am Bändchenmodell auf den Zwirnvorgang wird nachfolgend die Drehungsänderung der Garne im Zwirn berechnet [82]. Vergleichsweise entspricht eine Garnwindung im Zwirn geometrisch gesehen dem Bändchenmodell nach Bild 3/10 b in der Übergangsphase. Das Bild 3/14 zeigt die geometrischen Verhältnisse an einem Zweifachzwirn.

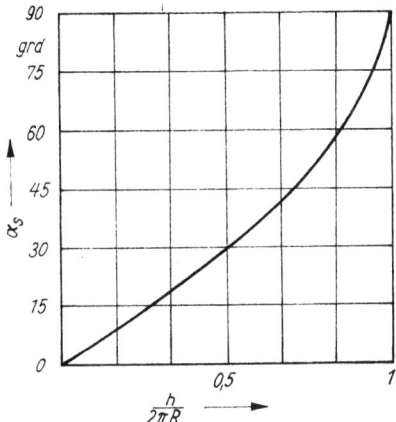

Bild 3/13. Verlauf des Steigungswinkels am Bändchenmodell
h Steigung, R Radius der ebenen Windung, α_S Steigungswinkel

bezeichnet wird, ist praktisch sehr klein (1,01···1,03) und hat somit keinen relevanten Einfluß auf die Größe der Garndrehungszahl im Zwirn T_{GZ}.

In Gleichung (3.23) sind die Drehungszahlen T_{GA} und ΔT_G vorzeichenbehaftet einzusetzen. Es wird festgelegt:

Z — Drehung mit Vorzeichen „+"
S — Drehung mit Vorzeichen „−"

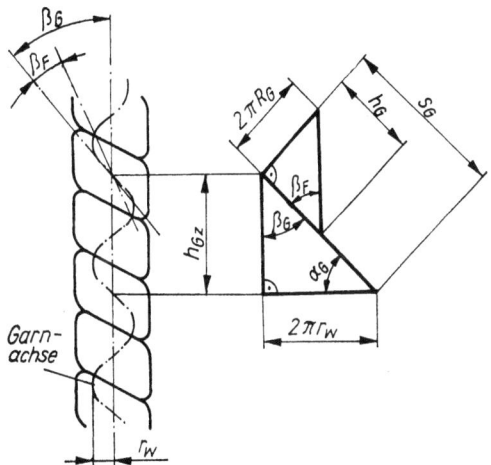

Bild 3/14. Geometrie eines geometrisch symmetrischen Zweifachzwirnes [83]
h_G Steigung der Faser im Garn, h_{GZ} Steigung der Garnschraube im Zwirn, R_G Garnradius, r_W Windungsradius der Garnschraube (Abstand der Garnachse von der Zwirnachse), s_G Windungslänge der Garnschraube im Zwirn, α_G Steigungswinkel der Garnschraube im Zwirn, β_G Neigungswinkel der Garnachse zur Zwirnachse, β_F Neigungswinkel der Fasern zur Garnachse

Wenn sich beim Zwirnen die Garndrehungen ändern, ergibt sich die Garndrehungszahl im Zwirn T_{GZ} aus der vektoriellen Summe der Garndrehungszahlen vor dem Zwirnen T_{GA} und der Änderung der Garndrehungszahl durch das Zwirnen ΔT_G.

$$\vec{T}_{GZ} = \vec{T}_{GA}\frac{1}{e_G(\Delta T_G)} + \vec{\Delta T}_G \qquad (3.23)$$

Dabei muß beachtet werden, daß die Garndrehungszahl vor dem Zwirnen (T_{GA}) auf die gestreckte Garnlänge bezogen ist, die sich infolge der Änderung der Drehungszahl ΔT_G ebenfalls ändert. Dieser Betrag der Längenänderung, der als Einzwirnung e

Dadurch ergibt sich auch für T_{GZ} ein entsprechendes Vorzeichen. Aus den Gleichungen (3.19) und (3.20) folgt, wenn die Garndrehungszahl vor dem Zwirnen $T_{GA} = 0$:

$$T_S = \frac{T_v}{s_G} = \frac{h}{4\pi^2 r^2 + h^2} = \frac{h_{GZ}}{s_G^2} \qquad (3.24)$$

Damit ergibt sich für die Änderung der Garndrehungszahl im Zwirn:

$$\Delta T_G = \frac{1000 T_v}{s_G} = \frac{1000 h_{GZ}}{s_{GZ}^2}$$

$$= \frac{1000 h_{GZ}}{4\pi^2 r_W^2 + h_{GZ}^2} \qquad (3.25)$$

Aus Bild 3/14 folgt:

$$h_G = \frac{1000}{T_{GZ}} \quad \text{und} \quad h_{GZ} = \frac{1000}{T_Z}$$

Somit ergibt sich für die Änderung der Garndrehungszahl:

$$\Delta T_G = \frac{T_Z}{1 + 10^{-6}\pi^2 d_W^2 T_Z^2} \qquad (3.26)$$

bzw.

$$\Delta T_G = T_Z \cos^2 \beta_G \qquad (3.27)$$

Einsetzen der Gleichung (3.26) in (3.23) führt schließlich zur Garndrehungszahl im Zwirn:

$$\Delta T_{GZ} = T_{GA} + \frac{T_Z}{1 + 10^{-6}\pi^2 d_W^2 T_Z^2} \qquad (3.28)$$

d_W Windungsdurchmesser am Zwirn in mm
T_{GA} Garndrehungszahl vor dem Zwirnen in 1/m
T_{GZ} Garndrehungszahl im Zwirn in 1/m
T_Z Zwirndrehungszahl in 1/m

In diese Gleichung sind die Drehungszahlen vorzeichenbehaftet einzusetzen. Für geometrisch symmetrische Zwirne kann für den Windungsdurchmesser d_W der halbe Zwirndurchmesser eingesetzt werden.
Nachdem mit Gleichung (3.28) die endgültige Garndrehungszahl im Zwirn berechnet werden kann, ist außerdem noch interessant, die Anzahl der Zwirndrehungen für bestimmte Windungsdurchmesser zu kennen, bei denen die maximale Änderung der Garndrehungszahl durch das Zwirnen auftritt. Zu diesem Zweck wird die Gleichung (3.26) differenziert und diese erste Ableitung 0 gesetzt.

$$\frac{\partial \Delta T_G}{\partial T_Z}$$
$$= \frac{(1 + 10^{-6}\pi^2 d_W^2 T_Z^2) - 2\pi^2 10^{-6} T_Z^2 d_W^2}{(1 + 10^{-6}\pi^2 d_W^2 T_Z^2)^2} = 0$$

Umformung ergibt:

$$T_Z(\Delta T_{G\,max}) = \frac{1000}{\pi d_W} \qquad (3.29)$$

Aus der zweiten Ableitung folgt für den Extremwert ein Maximum.

$$\frac{\partial^2 \Delta T_G}{\partial T_Z^2} < 0$$

Durch Einsetzen der Gleichung (3.29) in (3.26) kann die maximale Änderung der Garndrehungszahl berechnet werden:

$$\Delta T_{G\,max} = 1000/2\pi d_W = 500/\pi d_W \qquad (3.30)$$

Aus dem Vergleich der Gleichung (3.30) mit (3.29) ist zu erkennen, daß das Maximum der Änderung der Garndrehungszahl nur halb so groß ist wie die dafür aufgebrachte Anzahl von Zwirndrehungen.

$$\Delta T_{G\,max} = T_Z(\Delta T_{G\,max})/2 \qquad (3.31)$$

Der Verlauf der maximalen Änderung der Garndrehungszahl ist in Bild 3/15 dargestellt.

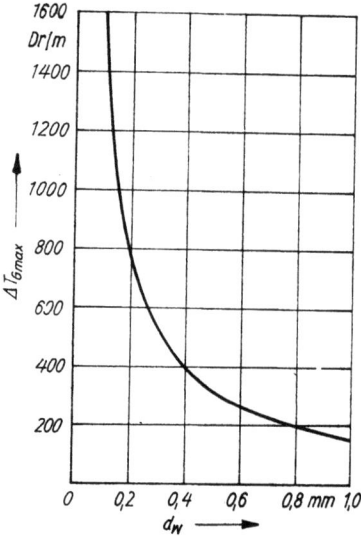

Bild 3/15. Maximale Änderung der Garndrehungszahl
d_W Windungsdurchmesser der Garnschraube,
$\Delta T_{G\,max}$ maximale Änderung der Garndrehungszahl

Der sich dabei einstellende Steigungswinkel des Garnes im Zwirn α_G kann nach Bild 3/14 berechnet werden.

$$\tan \alpha_G = h_{GZ}(\Delta T_{G\,max})/2\pi r_W \qquad (3.32)$$

Mit

$h_{GZ} = 1000/T_Z$

wobei für T_Z der Wert der Gleichung (3.29) eingesetzt wird, kann die Gleichung (3.32) gelöst werden.

$\tan \alpha_G = \pi d_W / 2\pi r_W = 1$

und damit $\alpha_G = 45°$.

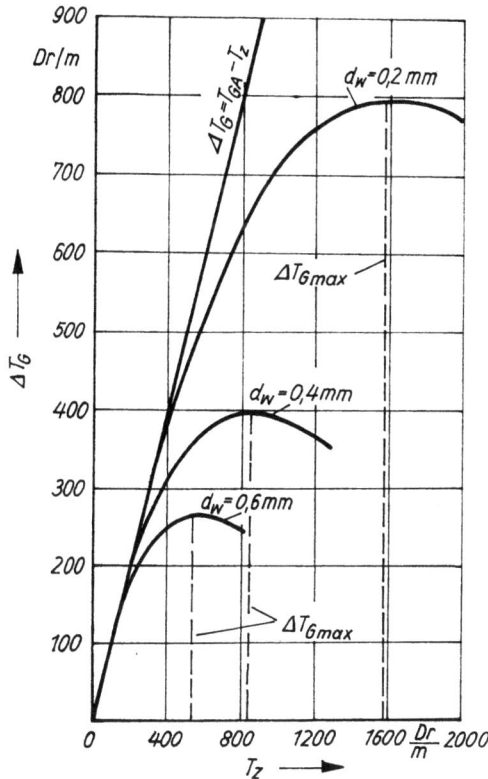

Bild 3/16. Änderung der Garndrehungszahl durch das Zwirnen bei $T_{GA} = 0$ Dr/m [93]
d_W Windungsdurchmesser der Garnschraube, T_G Änderung der Garndrehungszahl, T_{GA} Garndrehungszahl vor dem Zwirnen, T_Z Zwirndrehungszahl

Daraus folgt, daß die maximale Änderung der Drehungszahl des Garnes im Zwirn bei einem Garnsteigungswinkel $\alpha_G = 45°$ auftritt. Der allgemeine Zusammenhang zwischen der Drehungsänderung des Garnes und der erteilten Zwirndrehung in Abhängigkeit vom Windungsdurchmesser d_W und damit von der Zwirnfeinheit ist in Bild 3/16 gezeigt. Die eingezeichnete Gerade $\Delta T_G = T_{GA} - T_Z$ entspricht der linearen Drehungsüberlagerung, so wie sie vielfach angenommen wird, jedoch nicht der Realität entspricht. Ein Vergleich mit den tatsächlichen Verläufen bringt den Unterschied insbesondere bei höheren Zwirndrehungszahlen deutlich zur Geltung. Jede von $T_Z(\Delta T_{G\,max})$ verschiedene Zwirndrehungszahl hat eine kleinere Änderung der Garndrehungszahl ΔT_G zur Folge.

Da die maximale Drehungsänderung des Garnes im Zwirn bei einem Garnsteigungswinkel von $\alpha_G = 45°$ auftritt, was durch die Extremwerte der Kurven zum Ausdruck kommt, ist der darüber liegende Kurvenabfall ($\alpha_G < 45°$) so zu erklären, daß hierbei die Größe der gespeicherten Drehungen T_p in einer Windung mehr zunimmt als sich die Windungslänge verringert. Bei Steigungswinkeln $\alpha_G > 45°$, was einer kleineren Zwirndrehungszahl entspricht, sind die Verhältnisse gerade umgekehrt. In der Praxis sind die Garnsteigungswinkel im Zwirn im allgemeinen kleiner als 45°.

3.4.3. Einzwirnung

3.4.3.1. Einflußfaktoren

Bei der Herstellung von Zwirnen tritt eine Längenänderung des Fadens auf. Diese Änderung entsteht dadurch, daß die Zwirnkomponenten schraubenförmig umeinander gewunden sind. Ihre Länge ist somit verschieden von der Zwirnlänge. Die Längenänderung kann positiv (Fadenkürzung) oder auch negativ (Fadenlängung) sein, je nach den Drehungsrichtungen im Garn und im Zwirn. So ist die Einzwirnung bei gleichen Garn- und Zwirndrehungsrichtungen immer positiv. Ist hingegen die Zwirndrehungsrichtung der des Garnes entgegengesetzt, so kann die Einzwirnung positiv oder negativ sein.

Ihre Größe ist von einer Anzahl Faktoren abhängig, die sich in ihrer Komplexität

möglicherweise nicht auf eine mathematische Formel reduzieren lassen.
Einflußfaktoren:

1. Garn- (oder Vorzwirn-) und Zwirndrehungszahl
2. Garnfeinheit (oder Vorzwirnfeinheit)
3. Fachung
4. Fadenzugkraft beim Zwirnen
5. Faserstoff (Dehnung, Feinheit, Kräuselung)
6. Garnstruktur
7. Zwirnverfahren.

Diese Faktoren stehen miteinander in einer Wechselwirkung und bestimmen die Größe der Einzwirnung in ihrer Gesamtheit. Eine quantitative Abschätzung der Einzelwirkungen ist nicht möglich.

3.4.3.1.1. Drehungsrichtung

Ausgehend von der Möglichkeit, daß die Drehungsrichtung beim Zwirnen gleich oder verschieden gegenüber der Garn- bzw. Vorzwirn-Drehungsrichtung sein kann, wird der Zwirn entweder kürzer oder länger. Der qualitative Zusammenhang zwischen der Zwirndrehungszahl und der Einzwirnung ist in Bild 3/17 dargestellt. Daraus folgt, daß beim Zwirnen in Richtung der Garn- oder Vorzwirndrehung nur eine Fadenverkürzung (Kurve 1) auftreten kann. Mit steigender Anzahl der Zwirndrehungen verkleinern sich der Garnsteigungswinkel und die -steigung im Zwirn und damit die effektive Zwirnlänge, die aus einer vorgegebenen Garnlänge erzeugt werden kann. Der Kurvenverlauf ist progressiv, was zum Teil auf die nichtlineare Änderung des Steigungswinkels (Bild 3/13) zurückzuführen ist.

Beim Zwirnen entgegen der vorangehenden Drehungsrichtung liegen die Verhältnisse anders. In diesem Fall überwiegt zu Beginn des Zwirnprozesses die Verlängerung des Garnes bzw. Vorzwirnes gegenüber der Verkürzung des Zwirnes (Kurve 2). Somit wird der Zwirn zunächst länger und anschließend mit steigender Drehungszahl wieder kürzer. Im Schnittpunkt der Kurve 2 mit der Abszisse hat die Zwirnlänge gerade die Länge der Zwirnkomponenten. In diesem Punkt sollen die Drehungskoeffizienten α_m für Garn und Zwirn die gleiche Größe haben [79].

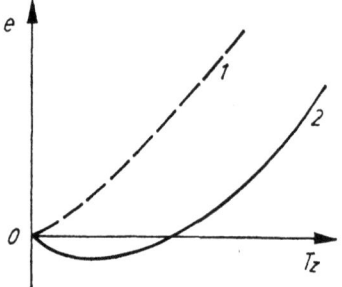

Bild 3/17. Einzwirnung
Kurve 1 Gleichdrehung, Kurve 2 Gegendrehung
e Einzwirnung, T_Z Zwirndrehungszahl

3.4.3.1.2. Anzahl der Garn- und Zwirndrehungen

Zur Erklärung des Einflusses der Drehungszahl auf die Einzwirnung kann nach Bild 3/14 auf die Ausführungen in Abschnitt 3.4.3.1.1. verwiesen werden. Dort wurde bereits festgestellt, daß mit steigender Anzahl der Zwirndrehungen eine Änderung der Garnsteigung im Zwirn hervorgerufen wird und

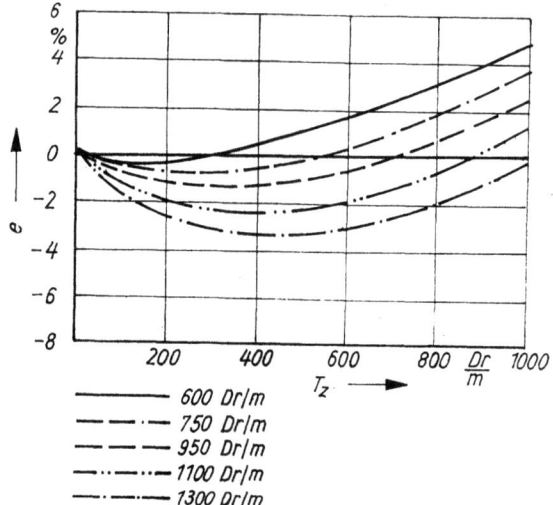

Bild 3/18. Verlauf der Einzwirnung für Gegendrehung
(Baumwollgarn 20 tex)
e Einzwirnung, T_Z Zwirndrehungszahl

somit der Einfluß auf die Einwirkung offensichtlich ist. Die quantitative Auswirkung ist aus den Bildern 3/18 und 3/19 für Zwirne aus Baumwollgarnen von 20 tex Feinheit zu erkennen [79].

Die erzeugten Zweifachzwirne haben einmal S- und das andere Mal Z-Drehungen. Wie bereits in Bild 3/17 zu erkennen ist, tritt beim Zwirnen entgegen der vorangehenden Drehungsrichtung (S/Z oder Z/S) zunächst eine Verlängerung und anschließend eine Verkürzung auf (Bild 3/18). Darüber hinaus zeigt sich, daß mit steigender Anzahl der Garndrehungen der Schnittpunkt der jeweiligen Einwirkungskurve mit der 0-Linie erst bei höheren Zwirndrehungen erfolgt. Gleiches trifft für die Umkehr der Einwirkung (Minimum der Kurve) zu.

Wird hingegen in gleicher Richtung wie die Garndrehungsrichtung gezwirnt (S/S oder Z/Z), so wirkt sich die Anzahl der Garndrehungen gerade umgekehrt aus, d. h., je mehr Drehungen das Garn hat, um so größer ist die Einwirkung.

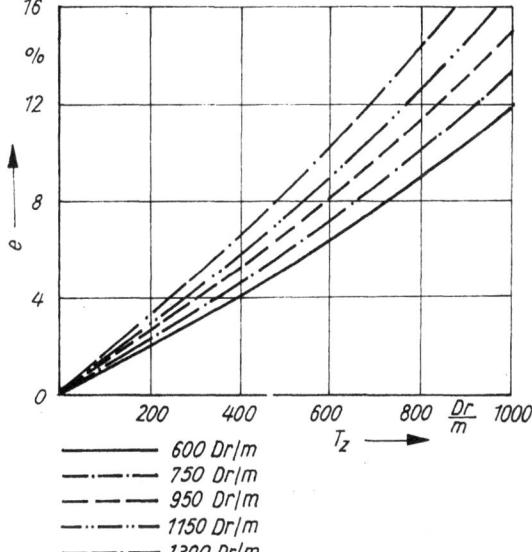

Bild 3/19. Verlauf der Einwirkung für Gleichdrehung
(Baumwollgarn 20 tex)
e Einwirkung, T_Z Zwirndrehungszahl

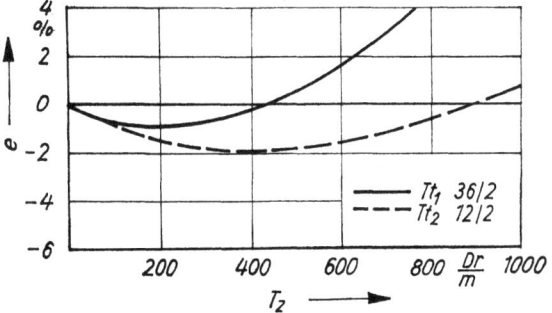

Bild 3/20. Einfluß der Feinheit auf die Größe der Einwirkung
e Einwirkung, T_Z Zwirndrehungszahl

3.4.3.1.3. Garn- und Vorzwirnfeinheit

Die Untersuchung des Einflusses der Feinheit der vorgelegten Komponenten auf die Größe der Einwirkung ist explizit nicht ohne weiteres möglich, da jede Fadenfeinheit eine bestimmte Anzahl von Drehungen erfordert, um die gewünschten Eigenschaften zu garantieren. Somit entsteht eine weitere Variable. Die experimentell gewonnenen Ergebnisse sind in Bild 3/20 für Gegendrehung dargestellt.

Daraus folgt erwartungsgemäß eine Zunahme der Einwirkung mit größerem Zwirndurchmesser ($Tt_{Z1} > Tt_{Z2}$). Für Gleichdrehung ergibt sich die gleiche Tendenz, lediglich mit dem Unterschied, daß die Einwirkung nur positiv ist. Die Zahlenangaben in Bild 3/20 sind relativ zu betrachten, d. h., es ist nur ein Vergleich zwischen den beiden Zwirnen möglich, da in beiden Kurvenverläufen auch alle anderen relevanten Einflußfaktoren enthalten sind.

3.4.3.1.4. Fachung

Der Einfluß der Fachung auf die Einwirkung ist vergleichbar mit dem der Feinheit (Abschnitt 3.4.3.1.3.). Ein Zwirn mit einer größeren Anzahl von Komponenten hat auch eine größere Einwirkung als wenn er aus weniger Komponenten besteht, wobei gleiche Feinheit der Komponenten vorausgesetzt ist. Das Bild 3/21 zeigt diesen Einfluß für einen Baumwollzwirn, der einmal aus zwei Garnen (Kurve 1) und das andere Mal

aus vier Garnen (Kurve 2), jeweils mit der Garnfeinheit 25 tex und 810 Z-Drehungen besteht.
Die Kurvenverläufe bestätigen die bereits getroffene Feststellung über die Zunahme der Einzwirnung mit größer werdender Anzahl der Fachung. Die ermittelten Werte sind das Ergebnis gleicher Versuchsbedingungen, so daß sie durchaus eine quantitative Aussage gestatten.

3.4.3.1.5. Fadenzugkraft

Die Größe der Fadenzugkraft wird im wesentlichen durch das gewählte Zwirnverfahren bestimmt. Infolge des sich bildenden Fadenballons treten Zugkräfte am Faden auf, deren Größe sich normalerweise in zulässigen Grenzen halten läßt. Trotz verschiedener Maßnahmen, wie Balloneinengungsringe u. a., führen diese Kräfte zu erheblichen Beträgen der Einzwirnung, die sich insofern ungünstig auswirken, da sie sich beim Zwirnen noch laufend ändern.

Aus dem Bild 3/22 ist zu erkennen, daß mit steigender Fadenzugkraft in zunehmendem Maße eine Verringerung der Einzwirnung, also eine Fadenverlängerung auftritt. Beim Vergleich der Kurven 1 und 3 ist diese Tendenz deutlich zu erkennen. Eine Steigerung der Fadenzugkraft auf den zehnfachen Betrag hat eine Verlängerung des gleichen Baumwollzwirnes (25 tex Z 810 × 2 S) von 0,5 auf 1% zur Folge. Mit steigender Zwirndrehungszahl wird diese Differenz noch größer.

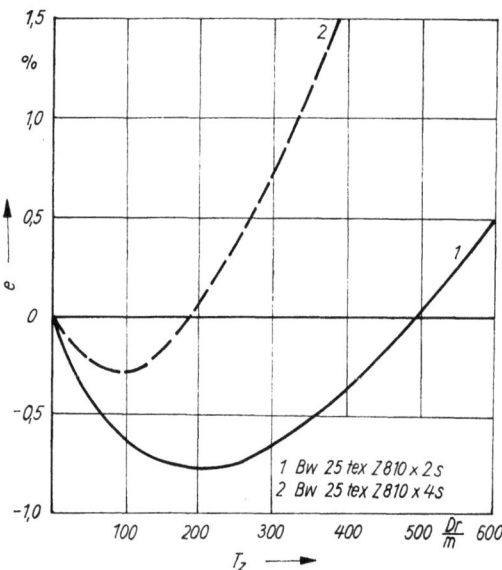

Bild 3/21. Einfluß der Fachung auf die Größe der Einzwirnung
e Einzwirnung, T_Z Zwirndrehungszahl

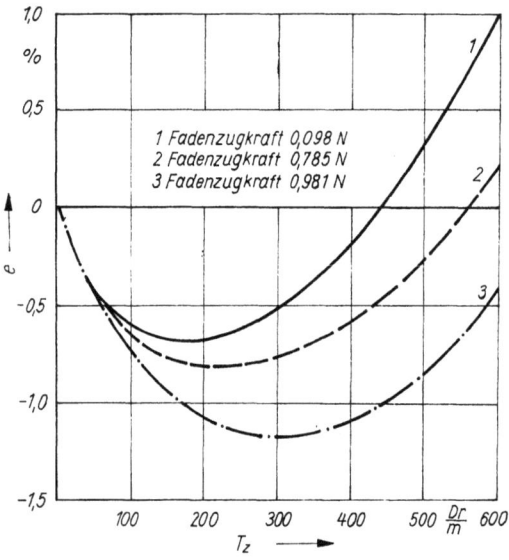

Bild 3/22. Einfluß der Fadenzugkraft auf die Größe der Einzwirnung
e Einzwirnung, T_Z Zwirndrehungszahl

3.4.3.1.6. Faserstoff

Der Einfluß des Faserstoffes auf die Einzwirnung kann im wesentlichen auf die Dehnung, Kräuselung und Oberflächenbeschaffenheit reduziert werden.
In Bild 3/23 sind die Kurvenverläufe für drei ausgewählte Faserstoffe dargestellt. Dabei handelt es sich um Zweifachzwirne mit Gegendrehung und einer Belastung beim Zwirnen von 0,2 N. Aus den Kurven ist zu erkennen, daß die Einzwirnung eines Baumwollzwirnes erheblich kleiner ist als die eines Polyesterzwirnes, die Differenz beträgt beispielsweise an der Umkehrstelle bei 200 Zwirndrehungen/m etwa 100%. Der Unterschied zwischen einem Polyester- und Viskosezwirn ist sehr gering.

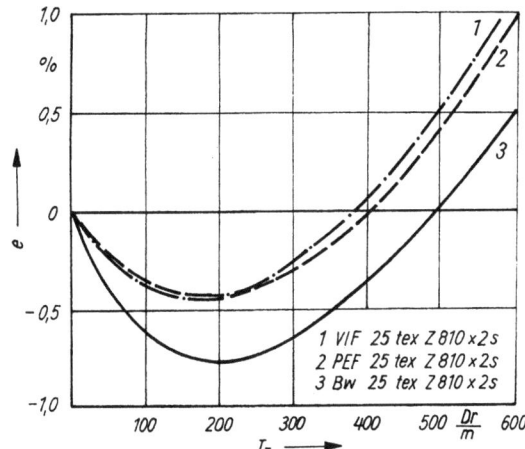

Bild 3/23. Einfluß des Faserstoffs auf die Einzwirnung
e Einzwirnung, T_Z Zwirndrehungszahl

3.4.3.1.7. Garnstruktur und Zwirnverfahren

Im Hinblick auf die Ermittlung eines resultierenden Betrages für die Einzwirnung darf das Spinnverfahren nicht unberücksichtigt bleiben, nach dem das Garn hergestellt wurde. Größe und Verlauf der Einzwirnung sind beispielsweise bei Verwendung eines Ringspinngarnes oder eines OE-Garnes verschieden. OE-Garne ergeben auf Grund ihrer Struktur beim Zwirnen mit Gegendrehung eine geringere Einzwirnung als Ringspinngarne. Schließlich ist für die Einzwirnung zu berücksichtigen, nach welchem Verfahren der Zwirn hergestellt wird, soweit sich dieser Einfluß nicht auf die Fadenzugkraft reduzieren läßt. Insbesondere ist hierbei von Bedeutung, ob naß oder trocken gezwirnt wird. Qualitativ kann nur soviel festgestellt werden, daß Naßzwirne eine kleinere Einzwirnung haben als Trockenzwirne.

3.4.3.2. Schlußfolgerungen

Die durchgeführten Betrachtungen über die Einflußfaktoren auf die Einzwirnung bestätigen die eingangs getroffene Feststellung über die Komplexität ihrer Wirkung. Aus diesem Grunde ist eine analytische Bestimmung sehr problematisch und die Gefahr von Fehlern groß. Die gegenwärtig existierenden Gleichungen wurden von den Verfassern im wesentlichen mit großer Sorgfalt und Gewissenhaftigkeit entwickelt. Daraus sind jedoch Formeln entstanden, die für eine Anwendung in der Praxis etwas unhandlich sind. In den meisten Fällen erfolgt eine Berücksichtigung jener Einflüsse, die in den Bildern 3/17 bis 3/23 für bestimmte Zwirne quantifiziert sind. Es bleibt weiteren Untersuchungen vorbehalten, durch Experimente das nach wie vor bestehende Problem einer Klärung zuzuführen und damit die physikalischen Zusammenhänge sichtbar zu machen. Die ermittelten Kurvenverläufe sind durch mathematische Beziehungen zu interpretieren.

3.4.3.3. Berechnung

Die Änderung der Fadenlänge durch das Zwirnen kann nach dem Zwirnen relativ einfach berechnet werden. Ganz allgemein gilt für die Einzwirnung:

$$e = \frac{l_0 - l}{l_0} \cdot 100 \quad \text{in \%} \tag{3.33}$$

E Einzwirnungsgrad
e Einzwirnung in %
l Fadenlänge nach dem Zwirnen in m
l_0 Fadenlänge vor dem Zwirnen in m

Diese Gleichung gestattet jedoch keine Berechnung vor dem Zwirnen [84]. Ebenso verhält es sich mit der Gleichung (3.34), die den Einzwirnungsgrad angibt.

$$E = \frac{l}{l_0} \tag{3.34}$$

Bereits im Jahre 1880 versuchte *Müller* [85, 86], mit einer empirischen Gleichung die Einzwirnung im voraus zu berechnen. Für die Verzwirnung von zwei Garnen schlug er folgende Gleichung vor:

$$L/l = \{(1 + A\alpha^2/N)/1 + [A(\alpha \pm \alpha_1)/N] \\ \times [1 + (nA\alpha_1^2/N)]^{1/2} \tag{3.35}$$

A Materialkonstante
L Zwirnlänge
l Garnlänge
N Fadenfeinheit (Nm)
n Anzahl der Garne im Zwirn
α Drehungszahl des Garnes
α_1 Drehungszahl des Zwirnes

Damit berechnet er das Verhältnis der verkürzten zur ursprünglichen Länge L/l. In dieser Gleichung werden jene Einflußfaktoren teilweise berücksichtigt, die im Abschnitt 3.4.3.1. beschrieben wurden. Es ist kaum anzunehmen, daß sich diese Gleichung für die Praxis eignet. Apparative Versuche sind möglicherweise rationeller und bringen genauere Ergebnisse. Neben *Beckers* [87] untersuchte *Korizki* [88] recht ausführlich das Problem der Einwirkung. Eine für die Praxis geeignete mathematische Beschreibung [4] ist begrenzt auf die Berechnung der Einwirkung für Zwirne aus Baumwoll- und Wollgarnen. Diese empirischen Gleichungen klären jedoch ebenfalls die physikalischen Zusammenhänge nicht. Es gilt:

Baumwollzwirn

$$e = \left(\frac{8}{Nm} + 0{,}05\right) T \left(\frac{T}{2} - 3\right)$$

oder

$$e = (0{,}008 T t_G + 0{,}05) T \left(\frac{T}{2} - 3\right) \text{ in \%} \tag{3.36}$$

Wollzwirn

$$e = \left(\frac{9{,}5}{Nm} - 0{,}06\right) T \left(\frac{T}{2} - 1\right)$$

oder

$$e = (0{,}0095 T t_G - 0{,}06) T \left(\frac{T}{2} - 1\right) \text{ in \%} \tag{3.37}$$

e Einwirkung in %
Nm Garnfeinheit in m/g
T Drehungszahl des Zwirnes in cm^{-1}
Tt_G Garnfeinheit in g/km

In beiden Gleichungen ist die Zwirndrehungszahl T in Drehungen/cm einzusetzen und nach Gleichung (3.12) zu berechnen. Einschränkend sind die Gleichungen (3.36) und (3.37) nur für Zwirne mit Gegendrehung verwendbar.

Als Richtwert für die Einwirkung von Zweifachzwirnen wird üblicherweise ein Bereich von 0,5···8% (sehr weiche Drehung bis sehr harte Drehung) angegeben. Bei Mehrfachzwirnen wird die Einwirkung größer.

Beim Zwirnen in Richtung der Garndrehung liegen die Werte der Einwirkung noch höher und betragen 8···20% (weiche Drehung bis harte Drehung).

In der Tabelle 3/4 sind einige Erfahrungswerte der Einwirkung für zweifache Baumwollzwirne zusammengestellt, die für praktische Zwecke ausreichend sind.

Diese teilweise erhebliche Änderung der Fadenlänge durch das Zwirnen darf bei der Berechnung der Zwirnparameter nicht vernachlässigt werden. Die normalerweise kleinen Beträge für die Einwirkung liegen oft im Bereich der Rundungstoleranzen, jedoch kann eine Vernachlässigung von größeren Einwirkungen zu Fehlern führen, die sich insbesondere auf die Feinheit auswirken.

3.4.4. Einfluß der Einwirkung auf die Zwirnparameter

3.4.4.1. Zwirnfeinheit

In Abschnitt 3.4.1. wird die Zwirnfeinheit ohne Berücksichtigung der Einwirkung berechnet. Nach Gleichung (3.6) bezieht sich die Zwirnfeinheit auf die gefachten Fäden.

Tabelle 3/4. Einwirkung für zweifache Baumwollzwirne in %
— Zwirndrehung entgegen der Garndrehung

Drehungsart	α_m	Garnfeinheit in tex			
		bis 7,5	7,5···20	25···36	36···150
sehr weich	90	0,5···1,5	0···2,0	0,5···2,5	0,5···3,0
weich	105	0···1,5	0,5···2,5	1,0···3,0	1,0···4,0
mittel	120	0,5···3,0	1,0···3,5	1,5···4,0	2,0···5,0
mittelhart	150	1,0···3,5	2,0···4,0	2,5···5,0	3,0···6,0
sehr hart	180	2,0···5,0	4,0···6,0	5,0···7,0	6,0···8,0

Damit wird ein Fehler begangen, wenn die Einzwirnung von 0 verschieden ist.

Ganz allgemein kann zunächst festgestellt werden, daß zur Herstellung einer definierten Zwirnlänge Fadenkomponenten erforderlich sind, deren Länge größer als die Zwirnlänge ist, wenn sich die Länge der Komponenten nicht ändern würde. Dieser Umstand ist geometrisch durch die Schraubenstruktur begründet, die von den Komponenten im Zwirn gebildet wird. Unter dieser Annahme wird die längenbezogene Zwirnmasse größer als die Masse der Komponenten vor dem Zwirnen.

In Erweiterung dieser Annahme liegt jedoch der reale Fall komplizierter, da mehrere Einflußfaktoren auf die Längenänderung der Komponenten und die des Zwirnens wirken (Abschnitt 3.4.3.1.). Eine exakte analytische Untersuchung der Änderung der Zwirnfeinheit durch die Einzwirnung ist deshalb ebenso schwierig wie die Ermittlung der Einzwirnung. Aus diesem Grunde wird der Einfluß der Einzwirnung auf die Feinheit auf der Grundlage des Prozentsatzes der Längenänderung berechnet. Ausgehend von der Garnfeinheit Tt_G, der Anzahl der Garne im Zwirn n sowie der Einzwirnung e in % ergibt sich die effektive Zwirnfeinheit:

$$Tt_{Z\,eff} = nTt_G \frac{100}{100-e} \qquad (3.38)$$

Ist die Garnfeinheit nach der veralteten Bezeichnung Nm_G angegeben, so kann die effektive Zwirnfeinheit wie folgt berechnet werden:

$$Nm_{Z\,eff} = \frac{Nm_G}{n} \frac{100-e}{100} \qquad (3.39)$$

Die Gleichungen (3.38) und (3.39) können nur verwendet werden, wenn die eingesetzten Garne gleiche Feinheit haben. Andernfalls kann ein Fehler auftreten, da die Längenänderung der Garne beim Zwirnen unterschiedlich groß ist.

In jenen Fällen, in denen die vorgelegten Garne verschiedene Feinheiten und somit unterschiedliche Längenänderungen haben, ist die effektive Zwirnfeinheit nach Gleichung (3.40) zu berechnen.

$$Tt_{Z\,eff} = \frac{\sum Tt_{Gi} \cdot l_i}{l_z} \qquad (3.40)$$

Diese Fälle treten vorzugsweise bei der Berechnung von Effektzwirnen auf.

3.4.4.2. Zwirndrehung

Die technologisch erforderliche Drehungszahl, die einem Zwirn erteilt werden muß, wurde in Abschnitt 3.4.2.1. erörtert. Sie ist eine Funktion des Drehungskoeffizienten $\alpha_{n!}$, der Zwirnfeinheit Tt_Z sowie der Anzahl der Komponenten im Zwirn. Daraus ergibt sich eine Drehungszahl.

Um diese Größe auf der Zwirnmaschine verwirklichen zu können, muß die Fadenvorlage dem Drehungsorgan mit einer Geschwindigkeit v_F in m/min zugeführt werden, wobei dieses mit einer Drehzahl n_{Dr} in min^{-1} rotiert. Aus diesen beiden Größen wird die Anzahl der Drehungen/m berechnet, die dem Faden auf der Maschine erteilt wird.

$$T_Z = n_{Dr}/v_F \qquad (3.41)$$

Da jedoch die Geschwindigkeit v_F auf die Fadenvorlage, also den ungedrehten Faden, bezogen ist und der Faden durch die Drehungserteilung eine Längenänderung erfährt, wird die nach Gleichung (3.41) berechnete praktische Drehungszahl der veränderten Fadenlänge erteilt. Somit kann die effektive Drehungszahl größer (bei Fadenverkürzung) oder kleiner (bei Fadenverlängerung) als die berechnete sein. Als Funktion der Einzwirnung ergibt sich danach folgende Gleichung:

$$T_{Z\,eff} = 100 n_{Dr}/[v_F(100-e)] \qquad (3.42)$$

Im Hinblick auf die normalerweise geringfügige Einzwirnung hat diese Drehungsänderung nur einen kleinen Einfluß auf die Reißkraft des Zwirnes und kann vernachlässigt werden.

3.4.4.3. Dehnung

Die Dehnung eines Zwirnes setzt sich aus zwei Komponenten zusammen:

— Substanzdehnung
— Konstruktionsdehnung.

Die Substanzdehnung ist jene Dehnung, die durch den Faserstoff begründet ist. Sie kann nicht beeinflußt sondern nur zweckmäßig genutzt werden [79, S. 282].
Anders verhält es sich mit der Konstruktionsdehnung. Sie wird in starkem Maße von der Zwirndrehung bestimmt. Es kann festgestellt werden, daß die Konstruktionsdehnung mit größer werdender Drehung und damit auch die Einzwirnung ebenfalls zunimmt. Das trifft insbesondere dann zu, wenn in Richtung der Garndrehung gezwirnt wird. Derartige Zwirne werden deshalb auch für die Erzeugung jener Flächengebilde eingesetzt, von denen eine hohe Elastizität gefordert wird.
Unter Belastung eines Zwirnes in Richtung seiner Achse wirken beide Dehnungsanteile, wobei zuerst die Konstruktionsdehnung in Anspruch genommen wird.
Praktische Beispiele dazu bieten die Zwirne in Treibriemen, Fahrzeugreifen u. a.

3.5. Zwirnmaschinen

3.5.1. Aufbau von Zwirnmaschinen

Im Verlauf der bisherigen Betrachtungen wurde der Zwirnprozeß ohne Beziehung auf seine technische Ausführung untersucht. Ausgehend von den Prinzipien der Drehungserteilung, geht es im folgenden darum, die historisch entstandenen sowie die progressiven Zwirnmaschinen zu analysieren.
Gemeinsam ist allen Zwirnmaschinen, daß auf ihnen mehrere Fäden miteinander verdreht werden können. Diese Fäden liegen entweder einzeln oder bereits gefacht vor.

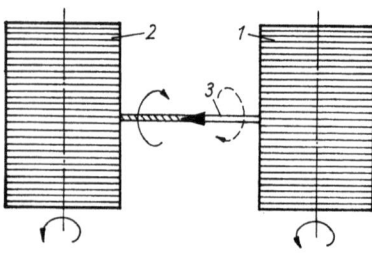

Bild 3/24. Prinzip der Zwirnherstellung
1 Ablaufspule, *2* Auflaufspule, *3* Faden

Die Drehungserteilung (echte Drehung) erfolgt generell durch das Klemmen eines Fadenendes, während das andere gedreht wird. Darüber hinaus muß die Möglichkeit bestehen, den Faden gleichzeitig transportieren zu können. In Bild 3/24 ist der Zwirnprozeß, so wie er auf der Maschine abläuft, prinzipiell dargestellt. Dieses Bild zeigt, daß der gefachte Faden *3* von einer Ablaufspule *1* abgezogen und dem Drehungsorgan zugeführt wird. Der so erzeugte Zwirn gelangt auf die Auflaufspule *2*. Auf dem Weg zwischen Ablauf- und Auflaufspule müssen dem Faden echte Drehungen erteilt werden. Das ist aber nur möglich, wenn sich eine der beiden Spulen um die Fadenachse dreht. Ist das nicht der Fall und die Drehungserzeugung erfolgt zwischen beiden Spulen, so entsteht falsche Drehung. Aus dieser Bedingung ergeben sich folgende Möglichkeiten zur Drehungserzeugung an Zwirnmaschinen:

1. Zwirnmaschinen mit drehender Auflaufspule
2. Zwirnmaschinen mit drehender Ablaufspule.

In beiden Fällen kann der Zwirnprozeß in folgende Teilfunktionen zerlegt werden:
1. Fadenvorlage
2. Lieferung
3. Fadenwächtereinrichtung
4. Drehungserteilung
5. Aufwindung.

Außerdem können Zwirnmaschinen mit Zusatzeinrichtungen ausgestattet werden, durch die dem Zwirn bestimmte Eigenschaften verliehen werden.
Das wichtigste und zugleich kritischste Funktionselement einer Zwirnmaschine ist das Drehungsorgan. Es muß so ausgelegt sein, daß mit möglichst hoher Drehzahl dem Faden schonend die technologisch notwendige Drehungszahl erteilt werden kann. Je höher die Drehzahl, mit der sich das Drehungsorgan betreiben läßt, um so größer ist die produzierte Zwirnlänge. Allgemein ergibt sie sich aus Gleichung (3.41):

$$v_\mathrm{F} = \frac{n_\mathrm{Dr}}{T_\mathrm{Z}} \qquad (3.41)$$

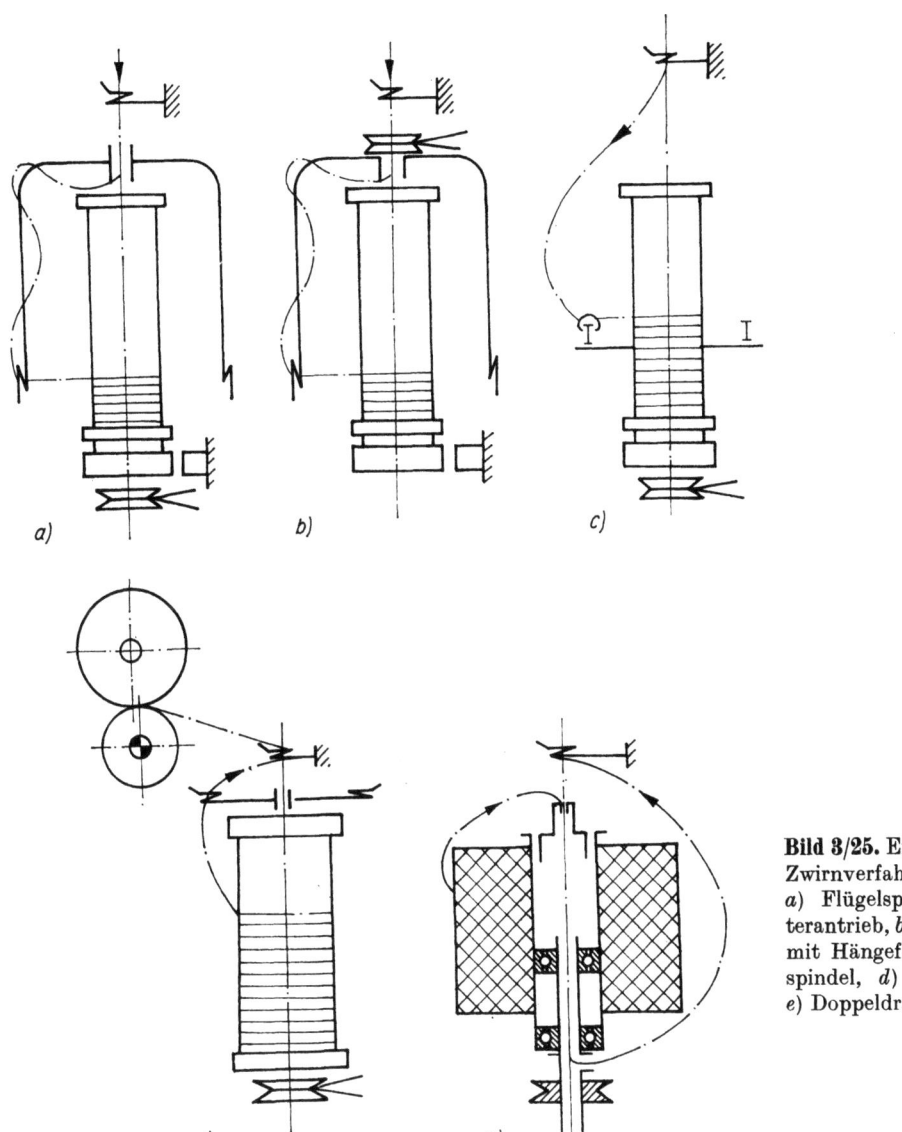

Bild 3/25. Entwicklung der Zwirnverfahren
a) Flügelspindel mit Unterantrieb, b) Flügelspindel mit Hängeflügel, c) Ringspindel, d) Ballonspindel, e) Doppeldrahtspindel

Daraus folgt die Forderung, einem Zwirn nur soviel Drehungen zu erteilen, wie unbedingt nötig sind.

Auf Grund der Ausführung des Drehungsorganes, die im wesentlichen von dem zu verarbeitenden Rohstoff bestimmt wird, entstanden drei Maschinenarten, die auch gegenwärtig noch ihre Existenzberechtigung haben:

1. Flügelzwirnmaschine
   (drehende Auflaufspule)
2. Ringzwirnmaschine
   (drehende Auflaufspule)
3. Ballonzwirnmaschine
   (drehende Ablaufspule).

Wenn auch heute diese Zwirnmaschinen den Charakter von Hochleistungsmaschinen haben, sind an ihnen trotzdem die Entwicklungsstadien noch zu erkennen (Bild 3/25).

Aus der Flügelspindel mit Unterantrieb (Bild 3/25 a) entstand die Ausführung mit

Hängeflügel (Bild 3/25 b). Bei beiden Arten wird die Zwirndrehung durch Rotation des Flügels erzeugt. Hingegen wird die Spule abgebremst, wobei die Bremswirkung einstellbar ist. Damit bleibt die Spulendrehzahl gegenüber der Spindeldrehzahl, bezogen auf den Spulenumfang, um einen Betrag zurück, der der gelieferten Fadenlänge entspricht. Dieses Fadenstück wird dadurch aufgewunden. Aus der Flügelspindel entstand in der Folge die Ringspindel (Bild 3/25 c). Der relativ schwere Flügel schrumpfte zu einem sehr kleinen und leichten Ringläufer zusammen. Das Prinzip der Drehungserteilung hat sich dabei nicht geändert. Nur erfolgt der Antrieb statt auf den Läufer auf die Spule. Die sich einstellende Nacheilung des Läufers gegenüber der Spule entspricht der gelieferten Fadenlänge.

Auf Grund von Funktionsgrenzen, die bei der Flügelspindel durch die Verformung des Flügels bei hohen Drehzahlen und bei der Ringspindel durch die technisch mögliche Geschwindigkeit des Läufers auf dem Ring entstehen, wurde das Ballonzwirnprinzip entwickelt (Bild 3/25 d). Der Vorzug dieses Prinzips besteht darin, daß die Funktionsgrenze nur noch durch die Fadenfestigkeit gegeben ist, da moderne Spindellagerungen heute Drehzahlen bis zu mehr als 12000 min^{-1} erlauben. Entsprechend der erforderlichen Zwirndrehung sind Liefergeschwindigkeiten bis 125 m/min möglich.

Auf Grund der sehr niedrigen Bauhöhe einer Arbeitsstelle werden die Spindeln bei diesem Zwirnprinzip in zwei Etagen angeordnet (Etagenzwirnmaschine). Der Einsatz dieser Spindelart erfolgt für die Verzwirnung synthetischer Fäden.

Eine Erweiterung dieses Zwirnverfahrens erfolgte durch die Einführung der Doppeldrahtspindel (Bild 3/25 e). Danach wird der Faden von einer feststehenden Ablaufspule abgezogen und durch eine Hohlspindel geführt. Auf diese Weise entsteht bei einer Spindelumdrehung eine Zwirndrehung. Eine weitere Drehung entsteht am äußeren Ballon, der sich zwischen dem unteren Fadenaustritt aus der Spindel und den über der Spindel angeordneten Fadenführer ausbildet. Nach diesem Zwirnprinzip erzeugt eine Spindelumdrehung zwei Zwirndrehungen. Theoretisch entspricht an dieser Doppeldrahtzwirnmaschine (DD-Maschine) die effektive Spindeldrehzahl der doppelten Spindeldrehzahl. In grober Näherung wurde damit die Maschinenleistung verdoppelt, wenn von der maximalen Spindeldrehzahl abgesehen wird. Üblicherweise müssen dieser Maschine Fachspulen vorgelegt werden. Es gibt jedoch auch Ausführungen, bei denen zwei ungefachte Spulen übereinander vorgelegt werden können (Vorlage von Sonnenspulen). Auch dieses Prinzip erlaubt Spindeldrehzahlen von 12000 min^{-1}. Eine Spindelanordnung in zwei Etagen ist ebenfalls möglich.

Ausgehend von der Spindelart und dem Zwirnprinzip, macht sich eine unterschiedliche Fadenvorlage erforderlich. Werden beim Flügel- und Ringzwirnen die Vorlagespulen über der Spindel in einem Gatter angeordnet und tangential oder axial abgezogen, so befindet sich beim Ballonzwirnen die Vorlagespule auf der Spindel, und ein Gatter erübrigt sich. Aus diesem Grunde erfordern das Flügel- und das Ringzwirnen ein Lieferwerk zum definierten Fadentransport und als Klemmstelle, während beim Ballonzwirnen das Lieferwerk entfällt, jedoch dafür ein Aufspulmechanismus erforderlich ist.

Schließlich sind Zwirnmaschinen mit Fadenwächtereinrichtungen verschiedener Bauart ausgerüstet, um im Falle eines Fadenbruches den Zwirnvorgang zu unterbrechen.

3.5.2. Prinzip der drehenden Auflaufspule

3.5.2.1. Funktionelle Merkmale

Ausgehend von der Prinzipdarstellung in Bild 3/24 wird der von der Vorlagespule ablaufende Faden mit definierter Geschwindigkeit dem Drehungsorgan zugeführt. Zu diesem Zweck befindet sich an jeder nach diesem Prinzip arbeitenden Maschine ein Lieferwerk, das in seinem einfachsten Aufbau aus einem Walzenpaar besteht, von dem die untere Walze gestellfest gelagert ist und formschlüssig angetrieben wird (Bild 3/26). Dieses Lieferwerk erteilt dem Faden eine Geschwindigkeit

$$v_\mathrm{F} = \pi \cdot d_\mathrm{L} \cdot n_\mathrm{L} \qquad (3.43)$$

Um einen Schlupf zwischen Faden und Lieferwalze zu vermeiden, wird er durch eine selbstbelastende Druckwalze geklemmt. Die Fadenmitnahme erfolgt dabei entweder nur durch rollende Reibung oder vorwiegend Umschlingungsreibung. Für Fälle mit besonders hoher Belastung sind die Lieferwerke mit zwei Druckwalzen ausgelegt. Diese Ausführung wird an Maschinen verwendet, auf denen schwere und hartgedrehte Zwirne hergestellt werden.

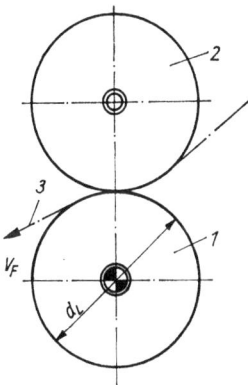

Bild 3/26. Lieferwerk mit einer Druckwalze
1 Lieferwalze, *2* Druckwalze, *3* Faden
d_L Durchmesser der Lieferwalze, v_F Fadengeschwindigkeit

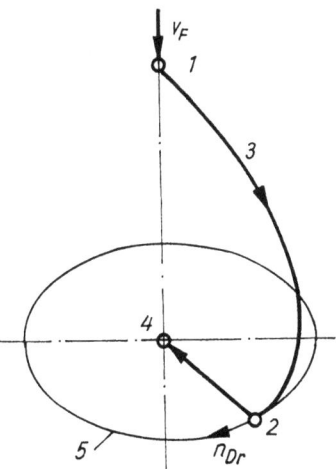

Bild 3/27. Prinzip der Zwirnerteilung mit drehender Auflaufspule
1 Fadenführer, *2* Drehungsorgan, *3* Faden, Fadenballon, *4* Fadenauflauf, *5* Kreisbahn des Drehungsorgans, n_{Dr} Drehzahl des Drehungsorgans, v_F Fadengeschwindigkeit

Vom Lieferwerk gelangt der Faden zum Drehungsorgan, das mit einer Drehzahl n_{Dr} rotiert. Dieses Drehungsorgan ist beim vorliegenden Prinzip von der Auflaufspule getrennt angeordnet (Bild 3/27).
Aus dem Übersetzungsverhältnis zwischen Drehungsorgan und Lieferwerk resultiert die theoretische Anzahl der Drehungen im Zwirn.

$$T_Z = n_{Dr}/v_F = n_{Dr}/\pi d_L n_L \qquad (3.44)$$

Dieses Verhältnis ist über Getriebestufen einstellbar.

3.5.2.2. Ringzwirnmaschine

3.5.2.2.1. Ausführung und Arbeitsweise

Die Ringzwirnmaschine ist dadurch gekennzeichnet, daß die Drehungserzeugung im Faden durch die Rotation eines Läufers auf einem profilierten Ring erfolgt. Aus diesem Wirkprinzip ist auch die Bezeichnung der Maschine abgeleitet. Ihr Einsatz umfaßt einen breiten Feinheitsbereich für das Zwirnen von Baumwoll- und Kammgarnen. So ermöglicht beispielsweise die Ringzwirnmaschine Modell 2111 Z (*VEB Kombinat Textima*) die Verarbeitung von Garnen der Feinheit 64 tex × 2 bis 7,2 tex × 2. Der Aufbau und die Arbeitsweise einer Ringzwirnmaschine sind aus dem Bild 3/28 zu erkennen. Danach erfolgt die Fadenvorlage von Spulen *1*, die in einem Aufsteckgatter drehbar angeordnet sind. Die Fäden gelangen einzeln, gefacht oder vorgezwirnt zum Lieferwerk *2/3*, das mit konstanter Geschwindigkeit betrieben wird und den Faden klemmt. Die Drehungserteilung auf den Faden erfolgt durch die Rotation des Läufers *4*, der auf dem Ring *5* geführt ist. Dabei bildet der Faden *6* durch die auftretende Fliehkraft einen Ballon. Die Drehungszahl wird durch das Übersetzungsverhältnis zwischen Spindelwirtel *7* und Lieferwalze *2* sowie den Durchmesser der Lieferwalze bestimmt. Der Antrieb der Spindeln *8* ist üblicherweise als Vierspindelbandantrieb *9* ausgelegt, wobei der Antriebsmotor direkt auf die Hauptwelle *10* treibt,

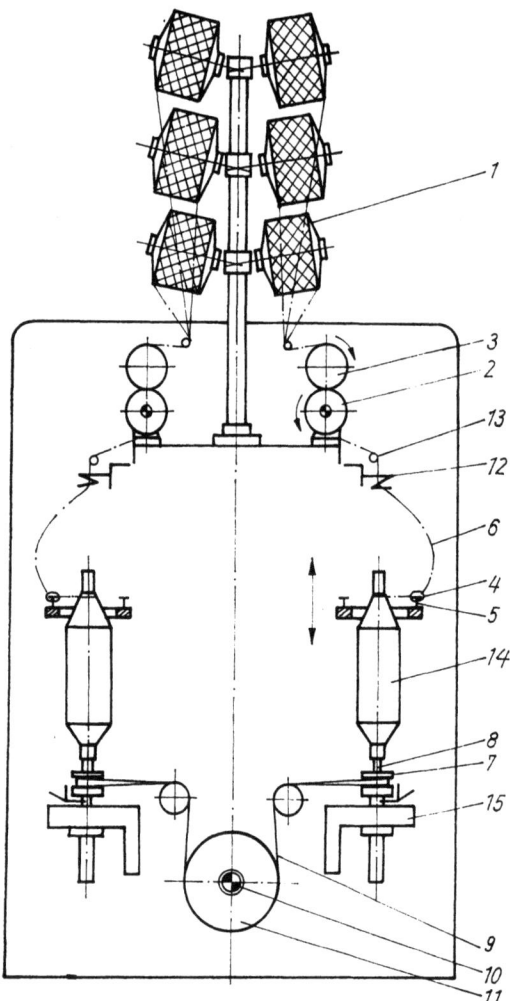

Bild 3/28. Funktionsprinzip der Ringzwirnmaschine
1 Vorlagespule, *2* Lieferwalze, *3* Druckwalze, *4* Läufer, *5* Ring, *6* Faden, *7* Spindelwirtel, *8* Spindel, *9* Spindelband, *10* Hauptwelle, *11* Bandscheibe, Bandtrommel, Riemenscheibe, *12* Fadenführeröse, *13* Fadenleitstab, *14* Spule, Kops, Kötzer, *15* Ringbank

auf der sich die Bandtrommel *11* befindet. Von da aus wird auch die Lieferwalze *2* über Zahnradstufen angetrieben. Die exakte Führung des Fadens ermöglicht ein über der Spindel *8* liegender Fadenführer *12*, der als Öse ausgeführt ist. Als zusätzliche Fadenleitelemente sind die Fadenleitstäbe *13* angebracht. Der zwischen dem Lieferwerk *2/3* und dem Läufer *4* erzeugte Zwirn wird auf eine Spule (Kops) *14* aufgewunden. Diese ist fest mit der Spindel *8* verbunden und rotiert mit ihr. Die Aufwindung des Zwirns erfolgt durch das Nachlaufen des Läufers hinter der Spule, wobei diese Differenzgeschwindigkeit der Liefergeschwindigkeit entspricht. Zum Zweck einer geordneten Fadenaufwindung wird die Ringbank *15* wechselweise auf- und abbewegt.

Das Bild 3/29 gibt einen Überblick über eine Ringzwirnmaschine. Auf dem Bild 3/30 ist ein Ausschnitt zu sehen, mit dem der Fadenlauf von der Ablauf- bis zur Auflaufspule gezeigt werden soll. Zwischen den im unteren Teil des Bildes zu erkennenden Spindeln sind Ballontrennscheiben sowie Balloneinengungsringe zu erkennen. Die einen sind zum Zweck der Vermeidung der gegenseitigen Beeinflussung der Fadenballons und die anderen zur partiellen Verminderung der Ballonkräfte angebracht. In Bildmitte befindet sich das Lieferwerk mit seiner durchgehenden Lieferwalze und der für jede Arbeitsstelle separat ausgelegten selbstbelastenden Druckwalze. Unterhalb des Lieferwerkes ist schließlich der Bügel der Fadenwächtereinrichtung zu erkennen, der den laufenden Faden permanent überwacht.

3.5.2.2.2. Funktionselemente

3.5.2.2.2.1. Aufsteckgatter

Die Fadenzuführung an Ringzwirnmaschinen ist so gestaltet, daß die Fäden einzeln oder bereits gefacht vorgelegt werden können. Zu diesem Zweck befindet sich über der Maschine ein Gatter, auch Aufsteckgatter genannt (Bild 3/31), in dem die Vorlagespulen *1* auf Stahldornen drehbar gelagert sind und einen tangentialen Abzug ermöglichen. Je nach Maschinenausführung können die Spulen mehrreihig übereinander bis zu einem Durchmesser von 200 mm untergebracht werden. Teilweise sind die Gatter mit einer zusätzlichen Ablage *2* für Reservespulen ausgestattet. Die Querschnitte verschiedener Ausführungsformen sind in Bild 3/31 dargestellt. Die Aufsteckdorne werden waagerecht, schwach nach oben geneigt,

Bild 3/29. Ringzwirnmaschine (Modell 2111 Z)

schräg oder auch senkrecht angeordnet und sind oftmals in Schlitzen längs der Maschine verstellbar, so daß eine stufenlose Einstellung auf die jeweilige Spindelteilung möglich ist (Bild 3/32). Innerhalb des Gatters sind Fadenleitstangen *3* (Bild 3/31) angebracht, um ein unkontrolliertes Zusammenlaufen der Vorlagefäden zu vermeiden. Weitere Aufsteckgatterformen sind bei *Schneider* [4, S. 144] abgebildet. Die konstruktive Gestaltung dieser Gatterformen ist außerordentlich raumsparend, da die Spulen übereinander angeordnet sind und beim Fachen auf der Zwirnmaschine die Anzahl der Vorlagespulen je Arbeitsstelle genau der Fachzahl des Zwirnes entsprechen muß. Einige Zwirnmaschinenhersteller wählen für ihre Gatterausführungen eine Anordnung der Spulen, durch die der Faden über Kopf abgezogen werden kann. Dabei stehen die Spulen senkrecht oder schräg und ermöglichen höhere Fadengeschwindigkeiten. Bei dieser Abzugsart besteht allerdings die Gefahr der Kringelbildung.

3.5.2.2.2.2. Lieferwerk

Das Lieferwerk hat die Aufgabe, die Vorlagefäden von den im Gatter befindlichen Spulen abzuziehen und sie schlupflos mit konstanter Geschwindigkeit dem Drehungsorgan zuzuführen. Das einfachste und auch am meisten eingesetzte Lieferwerk zeigt das Bild 3/32.
Es besteht aus einer Lieferwalze (Unterwalze), die als durchgehende Welle ausgelegt und in Wälzlagern mehrfach gelagert ist, sowie Druckwalzen für jeden Faden, die selbstbelastend und seitengeführt sind. Die Lagerung der Unterwalze ist in Bild 3/30 zu erkennen. Beide Walzen bestehen aus

168 3. Zwirnen

Bild 3/30. Ausschnitt einer Ringzwirnmaschine (Modell 2111 Z)

gehärtetem Stahl und sind hartverchromt, um die Standzeit zu erhöhen. Der Durchmesser der Lieferwalzen beträgt üblicherweise 45 oder 50 mm. Der Druckwalzendurchmesser ist etwas größer und liegt zwischen 50 und 70 mm. Am Modell 2111 Z (*VEB Kombinat Textima*/DDR) beträgt der Lieferwalzendurchmesser 45 mm, der Druckwalzendurchmesser wahlweise 50, 56 oder 60 mm. Er ist abhängig vom Faserstoff, aus dem der Zwirn hergestellt wird. Synthetische Zwirne erfordern höhere Drücke als solche aus Naturfaserstoffen.

Der Antrieb des Lieferwerkes erfolgt von der Hauptwelle formschlüssig über Zahnräder auf die Lieferwalze. Sie besteht aus mehreren Stücken, die durch Wellenkupplungen miteinander verbunden sind. Die Druckwalzen *1* sind Zylinder, die beiderseitig Zapfen *3* tragen und mit diesen in seitlichen Führungen *2* laufen (Bild 3/33). Diese Führungen sind als Gleitlager ausgelegt. Die seitliche Teilung zweier Druckwalzen entspricht der Spindelteilung. Die Geschwindigkeit des Lieferwerkes richtet sich nach der angestrebten Drehungszahl

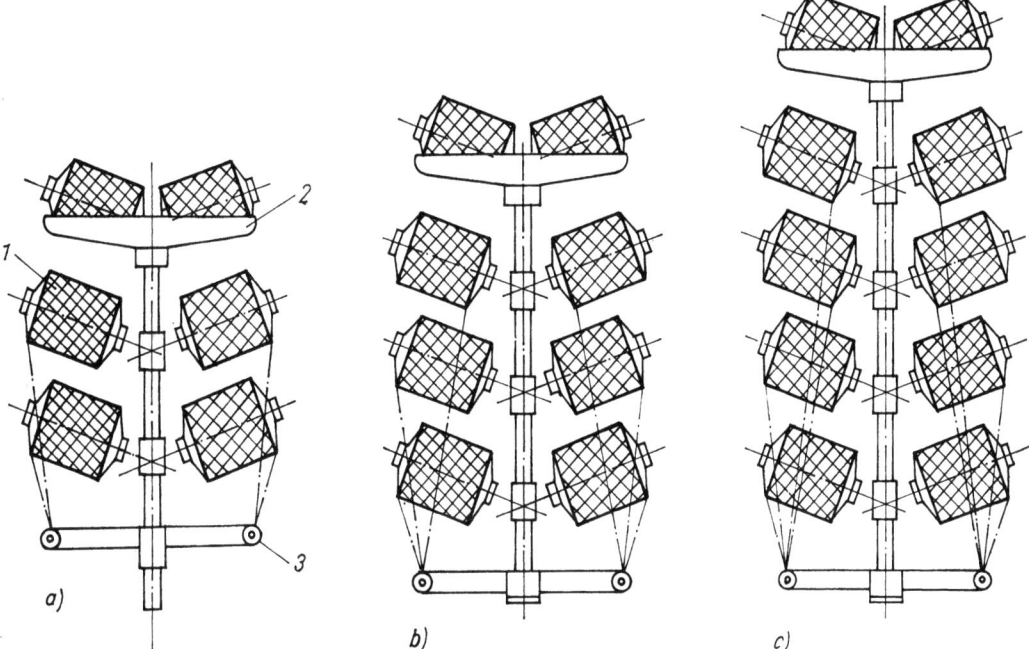

Bild 3/31. Gatterausführungsformen für Ringzwirnmaschinen
a) Eine Fachspule je Spindel in zwei Reihen, b) Eine Fachspule je Spindel in drei Reihen, c) Zwei Spulen je Spindel in vier Reihen
1 Vorlagespule, *2* Spulenablage, *3* Fadenleitstange

bei Ausnutzung möglichst hoher Spindeldrehzahlen. Es sind maximale Geschwindigkeiten von etwa 150 m/min üblich.

Im Verlauf der Entwicklung von Zwirnmaschinen entstanden verschiedene Konstruktionen von Lieferwerken, die jeweils einem bestimmten Verwendungszweck dienen. Für Ringzwirnmaschinen wird normalerweise ein Lieferwerk mit einer Druckwalze verwendet. Dieses Lieferwerk (Bild 3/34), als die einfachste Ausführung, wurde bereits in Abschnitt 3.5.2.1. mit Bild 3/26 erwähnt.

Für die Verarbeitung harter Garne sind die Walzen mit Riffeln versehen. Zum Zweck eines schlupfarmen Transportes wird der Faden um die Druckwalze zurück zur Fadenleitöse geleitet, von wo aus er erneut zum Lieferwerk gelangt.

3.5.2.2.2.3. Naßzwirnvorrichtung

Für die Herstellung bestimmter Zwirne mit einer glatten, glänzenden und geschlossenen Oberfläche sowie einem runden Querschnitt werden Ringzwirnmaschinen mit einer Befeuchtungseinrichtung ausgestattet. Auf diese Weise besteht die Möglichkeit, die Vorlagefäden durch ein Netzmittel zu leiten. Im Verlauf der Entwicklung von Zwirnmaschinen entstanden zwei prinzipielle Konstruktionen, die in der Folgezeit modifiziert wurden:

1. Englischer Trog (Bild 3/35)
   Bei dieser Ausführung läuft die Fadenvorlage vom Gatter kommend um einen im Wasserbad befindlichen Überlaufstab *3* und wird somit angefeuchtet. Über dem Trog *5* befindet sich das Lieferwerk *1/2*, das den Faden dem Drehungsorgan zuführt. Diese Ausführung hat den Vorteil der problemlosen Verwendung für das Trockenzwirnen, indem der Fadenlauf gemäß *4* erfolgt.
2. Schottischer Trog (Bild 3/36)
   Beim Schottischen Trog taucht die Lieferwalze *1* mit dem unteren Teil ihres Umfanges in das im Trog *5* befindliche Wasserbad. Die vom Gatter kommenden Vor-

Bild 3/32. Lieferwerk einer Ringzwirnmaschine (Modell 2111 Z)

lagefäden umschlingen die Lieferwalze *1*, werden somit benetzt und gelangen zwischen dieser und der Druckwalze *2* über eine Leitstange *3* zum Drehungsorgan.

Bei beiden Ausführungen sind die Tröge aus nichtrostenden Werkstoffen gefertigt. Oftmals werden Plaste eingesetzt. Sämtliche Walzen und Leiteinrichtungen sind korrosionsgeschützt. Zur Vermeidung von Einlaufrillen erfolgt die Fadenzuführung über eine Changiereinrichtung. Der Fadenhub liegt in der Größenordnung von 10···15 mm.

Der Trog der beschriebenen Naßzwirnvorrichtungen befindet sich zwischen den Lieferwerken beider Maschinenseiten. Die Eintauchtiefe der Lieferwalzen bzw. der Überlaufstäbe ist meist einstellbar.

Die für die Drehungserzeugung verwendeten Läufer werden aus Messing oder anderem nichtrostenden Werkstoff gefertigt. Die Ringe sind mittels ölgetränktem Docht selbstschmierend.

3.5.2.2.2.2.4. Fadenwächtereinrichtung

Unabhängig davon, ob das Fachen auf der Zwirnmaschine erfolgt oder Fachspulen vorgelegt werden, muß bei Fadenbruch die entsprechende Arbeitsstelle abgestellt werden. Hierfür existieren Vorrichtungen, die entweder nur die Lieferung des Fadens unterbrechen oder solche, die zusätzlich das Drehungsorgan stillsetzen.

Bei der Herstellung eines Zweifachzwirnes nach dem Gegendrehungsverfahren dreht sich bei Bruch eines Garnes das noch verbleibende ohnehin auf. Somit erübrigt sich die Abtastung jedes einzelnen Vorlagefadens, und die Kontrolle kann nach dem Lieferwerk erfolgen. Gleiches gilt sinngemäß für die Vorlage von gefachten Fäden. In solchen Fällen ist ebenfalls eine Kontrolle nach dem Lieferwerk vorzunehmen.

Wird hingegen in der Garndrehungsrichtung gezwirnt, ist eine Fadenkontrolle vor dem Lieferwerk erforderlich. Andernfalls käme es beim Bruch eines Vorlagefadens nicht zur Unterbrechung des Zwirnprozesses und somit zu einem fehlerhaften Zwirn. Eine Auswahl von Vorrichtungen zur Fadenbruchabstellung wurde bereits in der Literatur beschrieben [4, 79], jedoch sind die einzelnen Prinzipe ständigen Veränderungen

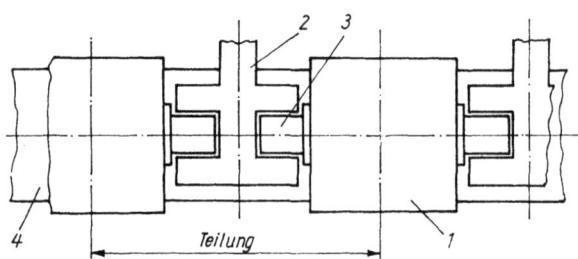

Bild 3/33. Druckwalzenlagerung
1 Druckwalze, *2* seitliche Führung, *3* Lagerzapfen, *4* Lieferwalze

Zwirnmaschinen **3.5.**

In Bild 3/32 ist die Ausführung teilweise zu erkennen, wie sie vom *VEB Spinnereimaschinenbau* Karl-Marx-Stadt/DDR verwendet wird. In Bild **3/37** c ist sie nochmals schematisch dargestellt.

Danach läuft der vom Gatter kommende Vorlagefaden zum Fadenführer, der mit einem Abstelldraht *4* gekoppelt ist. Vom Fadenführer gelangt der Faden *3* zum Lieferwerk *1/2*. Danach tastet ein Falldraht *4* den zwischen Lieferwerk und Drehungsorgan straff gespannten Faden *3* ab. Bei Auftreten eines Fadenbruches verändert der Falldraht *5* seine Lage, wodurch der Abstelldraht *4* den zwischen Fadenführer und Druckwalze laufenden Faden seitlich verschiebt. Dadurch gelangt er in die in der Druckwalze befindliche Rille und wird somit nicht mehr geklemmt und geliefert.

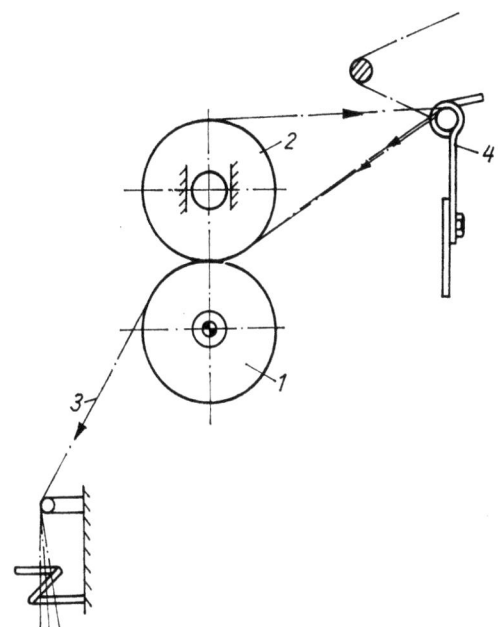

Bild 3/34. Lieferwerk mit einer Druckwalze
1 Lieferwalze, *2* Druckwalze, *3* Faden, *4* Fadenführeröse

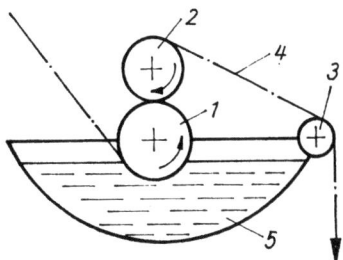

Bild 3/36. Schottischer Trog
1 Lieferwalze, *2* Druckwalze, *3* Fadenleitstange, (Glasstab), *4* Fadenlauf, *5* Trog

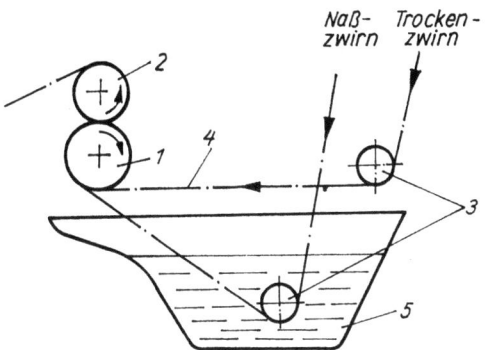

Bild 3/35. Englischer Trog
1 Lieferwalze, *2* Druckwalze, *3* Fadenleitstange, (Glasstab), *4* Fadenlauf, *5* Trog

unterworfen. Folgende Prinzipe werden angewendet:

1. Abheben der Druckwalze von der Lieferwalze
2. Verschieben des Fadens aus der Klemmzone des Lieferwerkes
3. Zusätzliche Abschaltung des Drehungsorganes.

Dabei kann die Abtastung des Fadens entweder vor oder nach dem Lieferwerk erfolgen.

Eine zusätzliche Abstellung des Drehungsorgans ist mit einem beträchtlich höheren Aufwand verbunden, da jede Spindel mit einer Kupplung versehen werden muß. Eine Anwendung dieser Ausführung beschränkt sich deshalb auf Zwirnmaschinen für die Herstellung schwerer Zwirne, bei denen jede Spindel einzeln angetrieben wird.

3.5.2.2.2.5. Drehungsorgan

Ringläufersystem

Die Drehungserteilung an der Ringzwirnmaschine erfolgt durch das Zusammenwirken von Läufer, Ring und Spindel. Das Funktionsprinzip des Ringzwirnens ist bereits

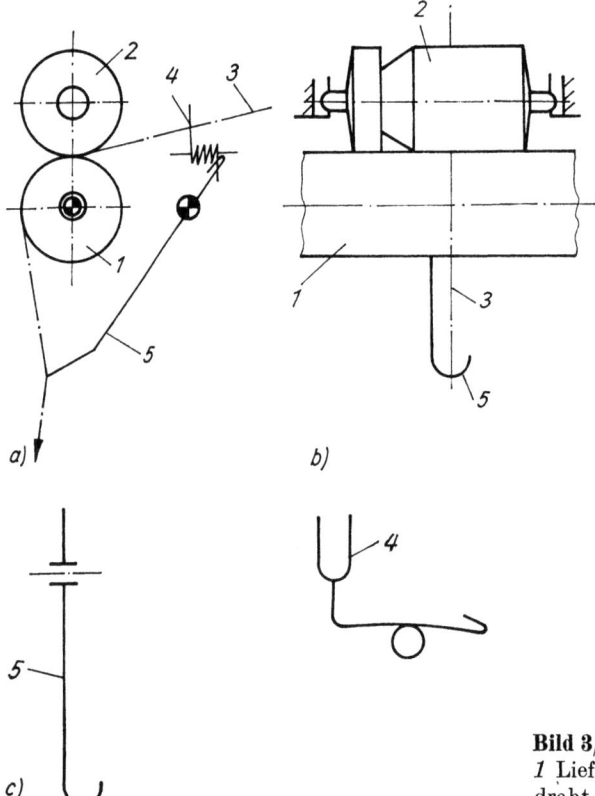

Bild 3/37. Fadenwächtereinrichtung
1 Lieferwalze, *2* Druckwalze, *3* Faden, *4* Abstelldraht mit Fadenführer, *5* Falldraht

in Bild 3/28 dargestellt. Danach entsteht die Zwirndrehung durch die Rotation des Läufers auf dem Ring. Das Bild 3/38 *a* zeigt einen HZ-Ringläufer auf einem selbstschmierenden HZ-Ring, das Bild 3/38 *b* einen C-Läufer auf einem einseitigen Ring *2* mit symmetrischem Profil.

Seinen Antrieb erhält der Läufer *1* dabei durch die Spindel über den Faden, auf der sich gleichzeitig die Spule (Kops) befindet, auf die der gelieferte Zwirn *3* aufgewunden wird. Somit stellt sich zwischen Spule und Läufer eine Geschwindigkeitsdifferenz von der Größe der Liefergeschwindigkeit ein. Zur Verminderung der Reibung und des Verschleißes ist der Ring *2* (Bild 3/38 *a*) mit einer Nut *5* versehen, in der sich ein saugfähiger, ölgetränkter Docht befindet. Die beiden Enden des Dochtes münden in eine mit Öl gefüllte Mulde der Ringbank *4*. Damit wird der Läufer entlang der gesamten Lauffläche geschmiert, wodurch jedoch die Gefahr der Verschmutzung besteht.

Die Funktionstüchtigkeit und die Leistungsfähigkeit der Ringzwirnmaschine hängen in hohem Maße vom guten Laufverhalten des Läufers auf dem Ring ab. Sowohl Läufer als auch Ring sind aus hochwertigem Stahl gefertigt, gehärtet und poliert. Die Läuferhärte ist etwas geringer (etwa 53···58° Rockwell) als die des Ringes (etwa bis 70° Rockwell). Jede Unebenheit auf der Lauffläche führt zu einem unruhigen Lauf des Läufers und kann die Ursache von Fadenbrüchen sein. Je nach Ringdurchmesser und Spindeldrehzahl erreicht der Läufer eine Geschwindigkeit von 30 m/s (mehr als 100 km/h). Der Zusammenhang zwischen Läufergeschwindigkeit und -drehzahl in Abhängigkeit vom Ringdurchmesser ist in Bild 3/39 dargestellt. Ausgehend davon, daß unter anderem die Ringdurchmesser zwischen 35 und 180 mm standardisiert sind, kann festgestellt werden, daß die Läufergeschwindigkeit bei einem Ringdurchmesser von 35 mm und den üblichen maximalen Spindeldrehzahlen ihren oberen Grenzwert noch nicht erreicht hat. Hingegen wird durch die maximale Läufergeschwindigkeit bei einem Ringdurchmesser von 80 mm die zulässige Spindeldrehzahl auf etwa 7000 min^{-1} reduziert, wobei für die Läuferdrehzahl näherungsweise die Spindeldrehzahl angesetzt werden kann.

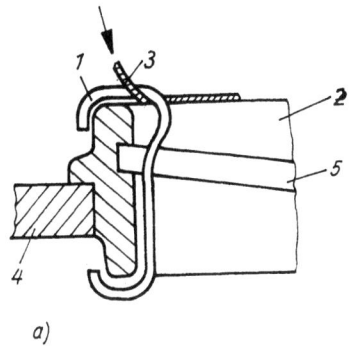

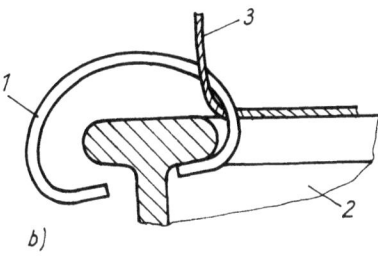

Bild 3/38. Lage des Läufers auf dem Ring
a) HZ-Ring, selbstschmierend, b) C-Läufer
1 Läufer, *2* Ring, *3* Zwirn, *4* Ringbank, *5* Nut

Bei diesen hohen Geschwindigkeiten ergibt sich für mittlere Läufermassen an der Berührungsstelle zwischen Läufer und Ring eine Flächenpressung von etwa 200 N/cm². Für eine Paarung Stahl gegen Stahl ist das eine beachtliche Belastung, zumal sie bei trockener oder Mischreibung auftritt.

Die verschiedenen zum Einsatz kommenden Ringläufer zeigt Bild 3/40. Danach beträgt die Masse des kleinsten Läufers 5 mg, die des größten mehr als 10 g. Trotz dieser hohen Belastung liegen die Laufzeiten von Ringläufern bei Einhaltung der vom Hersteller vorgeschriebenen Einlauf- und Behandlungsvorschriften in der Größenordnung von mehreren Wochen. Hierbei werden für ungeschmierte und selbstschmierende Ringe unterschiedliche Vorschriften festgelegt. Es ist zu beachten, daß nur die für die entsprechende Ringart bestimmten Läufer verwendet werden.

Der Einsatz selbstschmierender Ringe stellt an das Öl besondere Forderungen. Das Ringläufer-Öl „Hori" vom *VEB Aerocit* Werdau/DDR wird diesen Ansprüchen gerecht. Zur Orientierung sei erwähnt, daß die Viskosität zwischen 2···4° E bei 50°C bzw. 11,8···29,4 mm²/s liegen sollte. In jedem Fall ist nach den Vorschriften der Hersteller zu verfahren.

Die Läuferauswahl entsprechend der Zwirnfeinheit sollte nach den Tabellen der Hersteller vorgenommen werden. Für eine überschlägliche Berechnung der Läufermasse

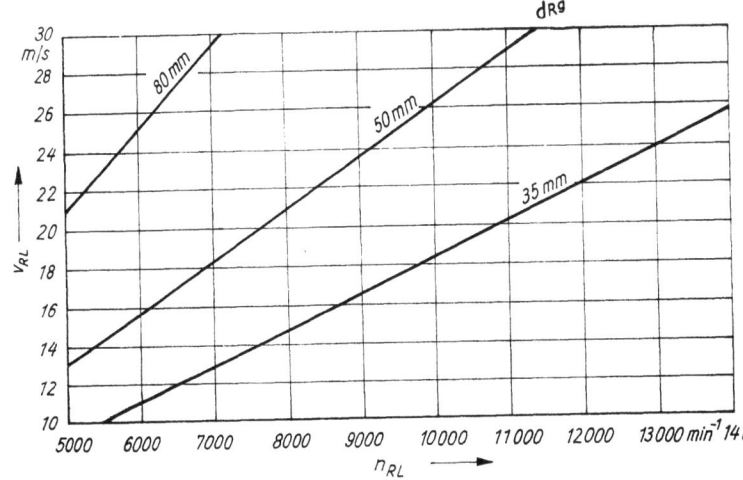

Bild 3/39. Zusammenhang zwischen Läufergeschwindigkeit und -drehzahl
d_{Rg} Ringdurchmesser, n_{RL} Ringläuferdrehzahl, v_{RL} Ringläufergeschwindigkeit

wurden verschiedene Gleichungen entwickelt, von denen folgende verwendet werden kann [89, S. 349]:

$$m_L = 6{,}5 \cdot 10^6 \frac{F_{G\,max} d_H}{v_{RL} n_S d_{Rg}} \qquad (3.45)$$

d_H Hülsendurchmesser in mm
d_{Rg} Ringdurchmesser in mm
$F_{G\,max}$ Garnreißkraft in N
m_L Ringläufermasse in g (für 1000 Ringläufer) oder in mg
n_S Spindeldrehzahl in min^{-1}
v_{RL} Ringläufergeschwindigkeit in m/s

Mit Gleichung (3.45) wird die Masse von 1000 Ringläufern in g bzw. die Masse eines Läufers in mg und damit die Läufernummer berechnet.

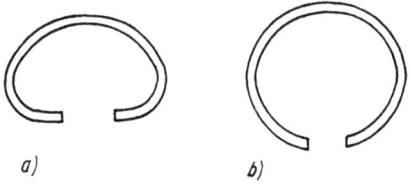

Bild 3/40. Ringläuferformen
a) Form C (Querschnitt flach ▭)
b) Form E (Querschnitt rund ○)
c) Form HZ (Querschnitt flach ▭, halbrund ◠, rund ○)

Für das Verhältnis zwischen Hülsendurchmesser d_H und Ringdurchmesser d_{Rg} gehen die Angaben in der Literatur von 0,33···0,5. Bei der Wahl des Quotienten ist jedoch zu beachten, daß die Fadenspannung mit kleiner werdendem Verhältnis steigt. Somit sollte dem größeren Verhältnis $d_H/d_{Rg} = 0{,}5$ der Vorzug gegeben werden.
Eine näherungsweise Bestimmung des Ringdurchmessers d_{Rg} kann über die Länge l_H der Spinnhülse vorgenommen werden, wobei eine große Hülsenlänge einen großen Fadenballon und damit eine große Fadenspannung zur Folge hat. Deshalb sollte nach Gleichung (3.46) ein Grenzwert nicht überschritten werden.

$$l_H/d_{Rg} = 5 \qquad (3.46)$$

Bei Verwendung von Balloneinengungsringen ist eine Überschreitung zulässig.
Eine andere Gleichung für die Berechnung der minimalen Läufermasse, die den Zusammenbruch des Ballons verhindert, gibt *Greenwood* [90] an.

$$m_L = KTt \quad \text{in g} \qquad (3.47)$$

Für die Ermittlung von K gilt:

ohne Einengungsring

$$K = \frac{H^2}{23\,000 d_{Rg}} \qquad (3.48)$$

mit Einengungsring

$$K = \frac{H^2}{35\,000 d_{Rg}} \qquad (3.49)$$

Mit hinreichender Genauigkeit kann in Gleichung (3.47) $K = 0{,}02$ eingesetzt werden.

d_{Rg} Ringdurchmesser in mm
H Ballonhöhe in mm
K Multiplikator
m_L minimale Läufermasse in g
Tt Zwirnfeinheit in g/km

Eine Näherungsformel für die Berechnung der Spindelteilung t_S ist die Gleichung (3.50).

$$d_{Rg}/t_S = 0{,}67 \cdots 0{,}7 \qquad (3.50)$$

Jedoch sollte auch hierbei der Grenzwert von 0,7 nicht überschritten werden, da andernfalls die Ballonausbreitung unzulässig behindert wird. Um eine gegenseitige Beeinflussung zweier benachbarter Ballons zu vermeiden, befindet sich zwischen jeweils zwei Spindeln ein Ballontrenner. Er ist üblicherweise aus Plast gefertigt und in Bild 3/30 zu erkennen.

Die leistungsbegrenzende Funktionsgruppe an der Ringzwirnmaschine ist somit das Ring-Läufer-System. Durch die ständig steigenden Spindeldrehzahlen nehmen die Zentrifugalkräfte zu, und der Läufer wird stärker belastet. Damit erhöht sich seine Temperatur. Diese Wärmemenge kann, neben der Abstrahlung an die umgebende Luft, nur über die Berührungsstelle zwischen Läufer und Ring auf den Ring übertragen und damit abgeleitet werden. Damit sind einer Leistungserhöhung beim Ringzwirnen durch eine Erhöhung der Spindeldrehzahlen physikalische Grenzen gesetzt. Nicht selten kommt es vor, daß ein Ringläufer infolge thermischer Überlastung eine blaue Anlaßfarbe hat, die bei etwa 300°C auftritt. Soweit er unter diesen Bedingungen durch Verformung nicht vom Ring springt, hat er mindestens seine Verschleißbeständigkeit verloren und muß ausgewechselt werden.

In jenen Fällen ist der verschlissene Läufer gegen einen anderen mit größerer Oberfläche auszutauschen. Dabei sollte die Läufermasse nicht verändert werden, sondern lediglich der Läufer mit größerem Querschnitt gewählt werden.

Spindel

Die Spindel trägt in erheblichem Maße zur Sicherung einer hohen Effektivität der Ringzwirnmaschine bei. Der Wahl der geeigneten Spindel ist deshalb eine besondere Bedeutung beizumessen. Neben ihrer Aufgabe, Drehungen zu erteilen, ist sie gleichzeitig Träger der Auflaufspule, wobei sie diese Funktionen bis zu einer Drehzahl von 15 000 min^{-1} störungsfrei zu erfüllen hat.

Insbesondere als Spulenträger ist sie während des Betriebes Störungseinflüssen unterworfen, die sich aus der ständigen Vergrößerung der Spulenmasse und der damit verbundenen Unwucht ergeben. Diesen Umständen Rechnung zu tragen, galt bei der Entwicklung leistungsfähiger Spindeln das besondere Augenmerk der Hersteller. Als Ergebnis intensiver Forschungsarbeit entstand die heute ausschließlich eingesetzte Rollenlagerspindel. Auf Grund ihrer besonderen Lagerkonstruktion werden die durch Masseverlagerung auftretenden großen Lagerkräfte kompensiert, indem sich die Spindel selbsttätig in eine freie Achse einstellen kann.

In Bild 3/41 ist eine moderne Rollenlagerspindel dargestellt. Darin ist in der Darstellung a der übliche Haken angebracht, der ein unbeabsichtigtes Abheben des Spindeloberteils verhindern soll. Zu diesem Zweck greift er über den unteren Bord des Spindelwirtels, der gleichzeitig die Funktion der Bremsscheibe der Kniebremse übernimmt. Die Darstellung b zeigt die Rollenlagerspindel in hakenloser Ausführung mit einer Verriegelung des Spindeloberteils, für die ein Fall- oder Federhaken nicht mehr er-

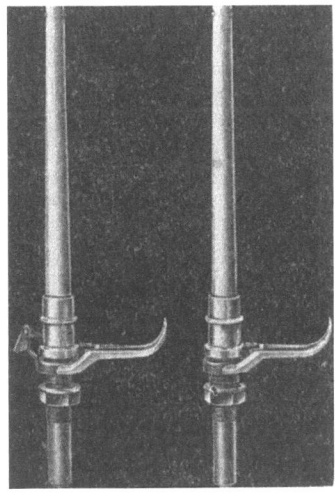

Bild 3/41. Rollenlagerspindel
links: Größe 2 mit Hakensicherung des Spindeloberteils
rechts: Größe 2 hakenlos

forderlich ist. Die Spindeln werden in zwei Größen gefertigt, die sich durch ihre Abmessungen unterscheiden. Das Spindeloberteil ist für Hülsen so ausgelegt, daß die am oberen Ende sichtbaren Knöpfe von innen abgefedert sind, um die Hülse auf der Spindel zu klemmen. Von beiden Ausführungen wird in zunehmendem Maße der hakenlosen Spindel der Vorzug gegeben, da der Haken einer fortschreitenden Automatisierung im Wege ist. Hierbei handelt es sich um Kopsabziehgeräte, Fadenknüpfvorrichtungen sowie automatische Reinigungsvorrichtungen.

Auch bei Neubestückung älterer Maschinen wird die hakenlose Rollenlagerspindel verstärkt eingesetzt.

Zur Befestigung der Spindeln in der Spindelbank sind die Spindelgehäuse außen mit Feingewinde der Größen M 22 × 1,5, M 25 × 1,5 oder M 27 × 1,5 versehen. Mittels Überwurfmutter wird die zentrierte Spindel geklemmt. Die Einzelheiten der Spindellagerung zeigt das Bild 3/42.

Der aus dem Spindeloberteil 1 unten herausragende Spindelschaft wird im oberen Teil der Lagerung durch ein Rollenlager 2 geführt. Dieses Lager nimmt die radial angreifenden Kräfte auf. Im unteren Teil des Spindelgehäuses 3 befindet sich das Fußlager 6, das als Gleitlager ausgeführt ist. Es übernimmt die axialen Kräfte. Die schraubenförmig geschlitzte Zentrierrohrhülse 4 hat die Aufgabe, die durch äußere Kräfte hervorgerufene Auslenkung der Spindel aus ihrer senkrechten Stellung rückgängig zu machen. Schließlich dient die Dämpfungsspirale 5, die nochmals in Bild 3/43 dargestellt ist, zur Dämpfung der Auslenkbewegung der Spindel. Die Dämpfungsspirale arbeitet in Öl und garantiert das kurzzeitige Durchfahren des kritischen Drehzahlbereiches von etwa 1 000 min^{-1}. Die maximal mögliche Spindeldrehzahl kann näherungsweise aus folgender Gleichung berechnet werden [90]:

$$n_S H/1000 = 21{,}4a(F/_{10}Tt)^{1/2} \qquad (3.51)$$

a Koeffizient
F Zwirnreißkraft in mN
H Ballonhöhe in cm
n_S Spindeldrehzahl in min^{-1}
Tt Zwirnfeinheit in tex

Für den Koeffizienten a kann für Zwirnfeinheiten $Tt > 60$ tex und Ballonhöhen $H > 300$ mm der Wert 3,75 eingesetzt werden. Auf Grund ihres hohen technischen Niveaus zeichnen sich moderne Rollenlagerspindeln durch folgende Merkmale aus:

— schwingungsarmer und ruhiger Lauf
— sichere Selbstzentrierung und Rückstellung nach Durchlaufen des kritischen Drehzahlbereiches
— sehr gute Öldämpfung
— geringer Energiebedarf
— hohe Belastbarkeit bei höchsten Drehzahlen
— einfache Wartung
— hohe Lebensdauer.

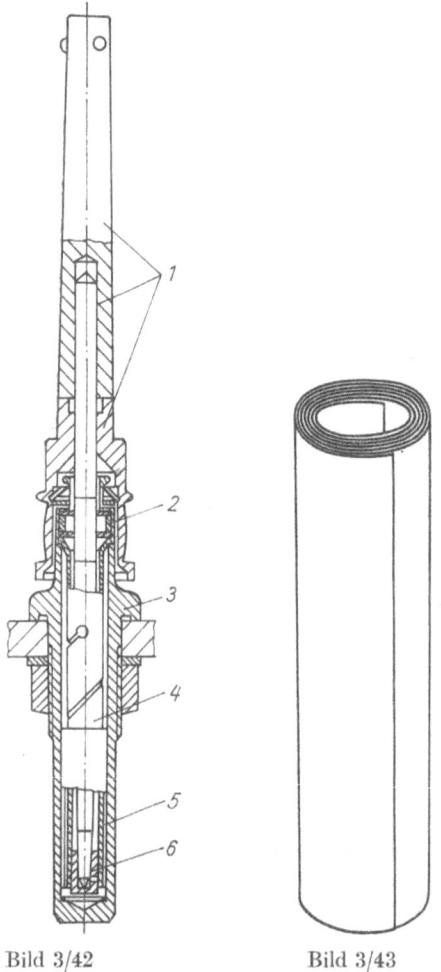

Bild 3/42. Rollenlagerspindel in Schnittdarstellung
1 Spindeloberteil, *2* Rollenlager, *3* Spindelgehäuse, *4* Zentrierrohrhülse, *5* Dämpfungsspirale, *6* Fußlager

Bild 3/43. Dämpfungsspirale

Diese Merkmale sind auf eine maximale Produktion ausgerichtet, durch die die Leistungsfähigkeit einer Zwirnerei gekennzeichnet ist, wobei dem Faden beim Zwirnen nur so viel Drehungen wie nötig erteilt werden dürfen. Jede Erhöhung der Drehun-

gen reduziert die Produktion, die von folgenden Einflußgrößen bestimmt wird:
— Spindeldrehzahl
— Drehungszahl
— Zwirnfeinheit
— Wirkungsgrad der Maschine.

Mit diesen Einflußgrößen zeigen sich gleichermaßen die Grenzen, durch die eine Steigerung der Produktion gekennzeichnet ist. Im einzelnen wirken einer Produktionssteigerung an Ringzwirnmaschinen folgende physikalische Gesetzmäßigkeiten entgegen:
— Maximal mögliche Läufergeschwindigkeit
— die durch hohe Spindeldrehzahlen auftretenden großen Fadenzugkräfte im Ballon (Zwirnfestigkeit)
— das Dämpfungsvermögen der Spindelschwingungen.

Diese einschränkenden Bedingungen sind gleichzeitig als Hinweis für weitere systematische Untersuchungen des Ring-Läufer-Systems an Ringzwirnmaschinen zu werten.

Spindelantrieb

Ausgehend von den maximal üblichen Spindelanzahlen an einer Ringzwirnmaschine, die oftmals bis 500 betragen, haben sich im Verlauf der Entwicklung Spindelantriebe mit einer hohen Funktionssicherheit bewährt.
Besonders wichtige Forderungen an den Spindelantrieb sind der Gleichlauf aller Spindeln sowie ein hoher Wirkungsgrad. Anfangs wurden die Spindeln durch eine endlose Schnur angetrieben. Dieser Antrieb war jedoch in der Folgezeit den Anforderungen nicht mehr gewachsen, so daß seit geraumer Zeit als Antriebsmittel fast ausschließlich Bänder verwendet werden. Dabei erfolgt der Antrieb von der Hauptwelle aus entweder auf zwei oder vier Spindeln gleichzeitig. Die Möglichkeit der Drehrichtungsumkehr muß gewährleistet sein, um wahlweise Zwirne mit S- oder Z-Drehung herstellen zu können. Eine Ausführung eines Vierspindelbandantriebes ist in Bild 3/44 dargestellt. Danach befinden sich auf der Hauptwelle der Ringzwirnmaschine aus Leichtmetall oder Preßstoff gefertigte Antriebsscheiben *1* von durchschnittlich 200 mm Durchmesser. Über ein Antriebsband *2* werden jeweils vier einander gegenüberliegende Spindeln *3* angetrieben. Der Wirteldurchmesser der Spindeln ist je nach Type unterschiedlich. Durchmesser in der Größenordnung zwischen 25 und 35 mm sind allerdings üblich. Zur Übertragung des erforderlichen Antriebsmomentes wird der Riemen mittels Bandspannrolle *4* gespannt. Die Belastung der Spannrolle erfolgt entweder durch Federkraft oder Massestücke. Der Riemenschlupf beträgt durchschnittlich 2 bis 4%. Der in Bild 3/44 erkennbare Umschlingungswinkel von 90° am Spindelwirtel ist einerseits ausreichend, um das Antriebsmoment schlupfarm auf die Spindel zu übertragen, andererseits hat er den Vorteil, daß die Spindel im Bedarfsfall mittels Kniebremse stillgesetzt werden kann, ohne Nachteile für den weiterlaufenden Riemen hervorzurufen.

Für die Drehrichtungsumkehr der Spindeln gibt es verschiedene Lösungen. Eine davon ist in Bild 3/44 dargestellt. Die Drehrichtungsumkehr der Spindeln wird durch Umlegen des Spindelbandes an den Spindeln beider Maschinenseiten und Verschieben der Spannrollen *4* um einen Betrag A vorgenommen (Bild 3/44 c), wobei die Drehrichtung der Antriebsscheibe unverändert bleibt.

Eine weitere Möglichkeit der Drehrichtungsumkehr besteht darin, den Antriebsmotor umzupolen. Dabei ist jedoch zu sichern, daß die Drehrichtung des Lieferwerkes umgekehrt wird, da es andernfalls rückwärts laufen würde. Außerdem muß die Spannrolle im Zugtrum des Spindelbandes angeordnet sein.

3.5.2.2.2.6. Aufwindung

Spulenstruktur

Die Fadenaufwindung an der Ringzwirnmaschine wird ebenso wie an der Ringspinnmaschine auf Kopse vorgenommen. Der Aufbau erfolgt auf einer auf der Spindel befindlichen Hülse durch die Bewegung der kurvengesteuerten Ringbank. Die Spulenstruktur ist in Bild 3/45 dargestellt. In der

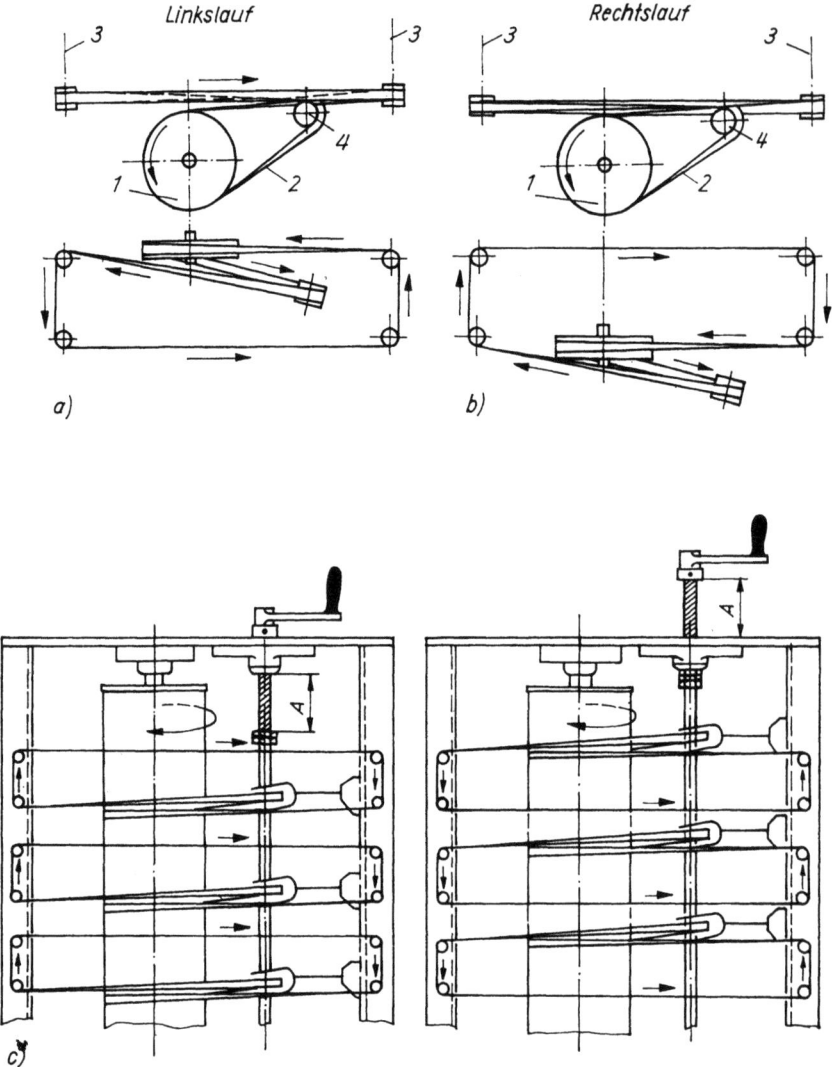

Bild 3/44. Vierspindelbandantrieb
a) Linkslauf, b) Rechtslauf, c) Drehrichtungsumkehr
1 Antriebsscheibe, 2 Antriebsriemen (Band), 3 Spindel, 4 Bandspannrolle

Phase der Ansatzbildung wird der Faden von unten nach oben aufgewickelt, wobei die Hubgröße ständig zunimmt. Dadurch legt sich der untere Teil jeder Schicht auf die jeweils vorhergehende auf, während der obere auf die Hülse gewunden wird. Somit liegen alle Schichten, außer der ersten, auf einem Kegelstumpf mit zunehmender Neigung. Nach Herausbildung des Ansatzes ändert sich die Neigung nicht mehr, und es wird der zylindrische Teil gebildet. Zwecks Trennung der kegelförmigen Fadenschichten für einen störungsfreien axialen Fadenabzug wechseln dichte Aufwärts- mit steilen Abwärtswindungen. Die Abwärtsbewegung der Ringbank ist 3···4mal schneller als die Aufwärtsbewegung. Durch die kegelstumpfförmige Bewicklung ändert sich ständig der Bewicklungsdurchmesser. Er ist an der Basis am größten (Kopsdurchmesser) und an der Spitze am kleinsten (Hülsendurchmesser). Um die Steigung der Windungen

Zwirnmaschinen **3.5.**   179

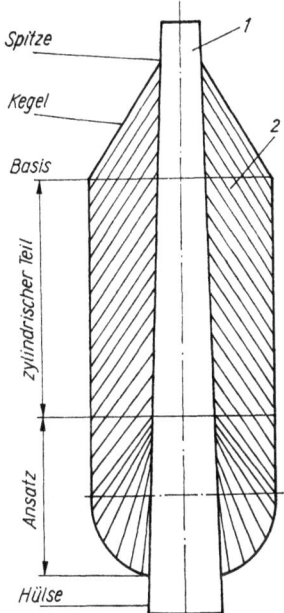

Bild 3/45. Struktur der Kopswicklung
1 Hülse, *2* Wicklung

konstant zu halten, muß die Geschwindigkeit der Ringbank entsprechend dem Bewicklungsdurchmesser geändert werden. Je größer der Durchmesser, um so größer ist die Windungslänge und um so kleiner muß die Ringbankgeschwindigkeit werden, da die Fadengeschwindigkeit konstant ist. Die Ringbankbewegung ist somit beim Aufwärtshub eine beschleunigte und beim Abwärtshub eine verzögerte Bewegung. Durch das Wirken dieses Bewegungsgesetzes während des gesamten Aufwindeprozesses kommt es zu Beginn, beim Winden auf die Hülse, im unteren Teil zu einer dichteren und nach oben zu einer weniger dichten Bewicklung. Auf diese Weise entstehen die in Bild 3/45 zu erkennenden typischen Schichten für einen Ansatz. Zur Vergrößerung des Fassungsvermögens im Ansatz wird die untere Begrenzung zusätzlich konvex ausgeführt. Diese Form entsteht durch die bereits erwähnte Hubvergrößerung während der Ansatzbildung und den Hubdaumen *18* in Bild 3/46.

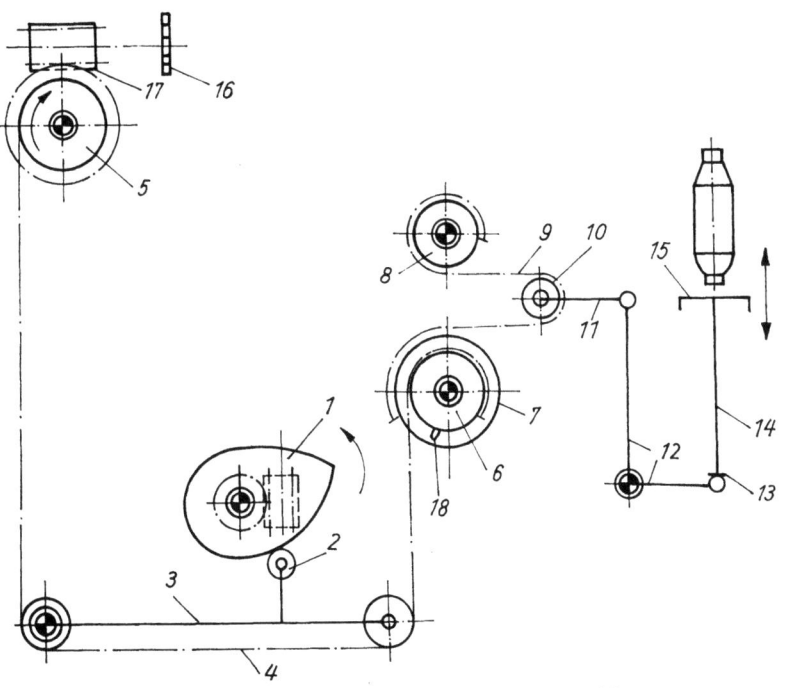

Bild 3/46. Aufwindemechanismus an der Ringzwirnmaschine
1 Hubexzenter, *2* Rolle, *3* Schwinghebel, *4, 9* Kette, *5, 6, 7, 8* Kettenscheibe, *10* Rolle, *11* Zugstange, *12* Winkelhebel, *13* Eingriffsstelle, *14* Hubstange, *15* Ringbank, *16* Schaltrad, *17* Schneckengetriebe, *18* Hubdaumen

Ringbankbewegung

Das für die Kopswicklung erforderliche Bewegungsgesetz der Ringbank wird mit einem speziellen Aufwindemechanismus erzeugt (Bild 3/46).

Dieses Getriebe ist so ausgelegt, daß es die Ringbankbewegung für den zylindrischen Teil des Kopses realisiert. Der Ansatz entsteht durch die Änderung des Ringbankhubes entsprechend der Höhe der einzelnen Schichten. Der Antrieb des Getriebes erfolgt durch einen Exzenter 1, der auf seinem Umfang das Bewegungsgesetz der Ringbank trägt. Eine Umdrehung entspricht einem Auf- und Abwärtshub. Es sind auch Exzenter üblich, auf dessen Umfang sich das Bewegungsgesetz mehrmals befindet. Durch seine Rotation bewegt er über eine Rolle 2 den Schwinghebel 3, der gestellfest gelagert ist. Eine Kette 4 verbindet die beiden Kettenscheiben 5 und 6. Die Kettenscheibe 6 sitzt mit einer Kettenscheibe 7 auf einer gemeinsamen Welle. Eine weitere Kette 9 ist mit ihren beiden Enden an den Kettenscheiben 7 und 8 befestigt. Gleichzeitig ist die Kette 9 um eine Rolle 10 gelegt, die an einer Zugstange 11 den Winkelhebel 12 bewegt. An der Eingriffsstelle 13 wird die Schwingbewegung des Winkelhebels 12 auf die Hubstange 14 übertragen, an der die Ringbank 15 befestigt ist. Bei jedem Ringbankhub wird über einen Klinkentrieb ein Schaltrad 16 um eine Teilung gedreht. Diese Schaltbewegung wird über ein Schneckengetriebe 17 auf die Kettenscheibe 5 übertragen, die sich dadurch in Pfeilrichtung dreht und die Kette 4 aufwindet. Dadurch wird die Ringbank um einen entsprechenden Betrag nach oben gestellt, und der nächste Hub beginnt etwas höher.

Während der Ansatzbildung befindet sich ein auf der Kettenscheibe 6 befestigter Hubdaumen 18 im Eingriff mit der Kette 4 und verkürzt diese relativ, wodurch ein zusätzlicher Eingriff in das Bewegungsgesetz des Exzenters 1 erfolgt und die konvexe Ansatzform entsteht.

3.5.2.3. Flügelzwirnmaschine

3.5.2.3.1. Ausführung und Arbeitsweise

Die Flügelzwirnmaschine ist in Aufbau und Arbeitsweise mit dem Flyer vergleichbar. Vom Prinzip unterscheidet sie sich nur wenig von der Ringzwirnmaschine. Sie wird für die Verarbeitung schwerer Zwirne und solcher mit geringer Drehung eingesetzt. Entsprechend sind auch die verschiedenen Funktionselemente ausgelegt. Insbesondere handelt es sich dabei um den Einsatz von Lieferwerken für erhöhte Klemmdrücke. Als Auflaufspulen werden Scheibenspulen verwendet (Bild 3/47). Die gefachten Fäden 3 gelangen von einem Gatter zum Lieferwerk 1/2 und werden über den Fadenführer 4 dem rotierenden Flügel 5 zugeführt. Zwischen dem hängend ausgeführten Flügel und dem

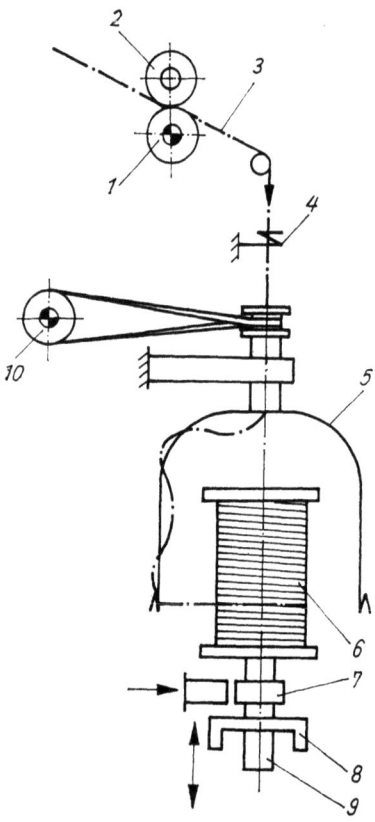

Bild 3/47. Funktionsprinzip der Flügelzwirnmaschine
1 Lieferwalze, 2 Druckwalze, 3 Faden, 4 Fadenführeröse, 5 Flügel, 6 Spule, 7 Spulenbremse, 8 Spulenbank, 9 Spulenlagerung, 10 Flügelantrieb, Spindelantrieb

Lieferwerk erhält der Faden die Drehungen. Die Ausführung mit Hängeflügel hat den Vorteil, daß sich der Spulenwechsel besser durchführen läßt. Der Flügelantrieb erfolgt von oben. Die Spule 6 wird durch den Fadenzug in Drehungen versetzt und mittels Bremse 7 abgebremst. Die Bremskraft ist einstellbar und damit die Fadenzugkraft beim Aufwinden. Die Spule ist in einer Spulenbank 8 gelagert. Durch die Differenzgeschwindigkeit zwischen Spule und Flügel kommt es zur Aufwindung. Diese Geschwindigkeit entspricht der Liefergeschwindigkeit. Zur Erzeugung einer zylindrischen Parallelwicklung wird die Spulenbank auf- und abbewegt, wobei die Hubgeschwindigkeit mit wachsendem Spulendurchmesser kleiner werden muß. Entsprechend der Zwirnfeinheit ist die Hubgeschwindigkeit einstellbar.

Die Flügeldrehzahl ist konstant und auf etwa 2000 min^{-1} begrenzt, um Verformungen des Flügels durch Fliehkräfte zu vermeiden. Beim axialen Fadenabzug von den Scheibenspulen ist zu berücksichtigen, daß sich die Zwirndrehung je Windung um eine Drehung verändert. Diese Gesetzmäßigkeit tritt bei starken Zwirnen mit wenigen Drehungen und bei mehrfarbigen Moulines in Erscheinung. Sie ist durch radialen Fadenabzug zu vermeiden.

3.5.2.3.2. Lieferwerk

Die für Flügelzwirnmaschinen eingesetzten Lieferwerke unterscheiden sich gewöhnlich von den allgemein üblichen, da höhere Klemmkräfte aufzubringen sind. Außerdem ist eine mehrfache Klemmung der Fäden besser als eine einfache mit höheren Kräften, um den Zwirn nicht flach zu drücken.

3.5.2.3.2.1. Lieferwerk mit zwei Druckwalzen

Für jene Fälle, in denen die mit einer Druckwalze zu erreichende Klemmkraft zu klein ist, wird ein Lieferwerk mit zwei Druckwalzen eingesetzt. Diese Ausführung ist deshalb notwendig, da die Belastung in der Walzenfuge nur durch die Eigenmasse der Druckwalzen erzeugt wird und diese somit durch deren Geometrie begrenzt ist.

Nach Bild 3/48 gelangen die vom Gatter kommenden Fäden 3 über Leitelemente zum Lieferwerk. Dort umschlingen sie zunächst die obere Druckwalze 2, um anschließend in die Klemmfuge zwischen diese und die untere Druckwalze 2 einzulaufen. Nach Umschlingung der unteren Druckwalze läuft der Faden zwischen diese und die Lieferwalze, um somit ein zweites Mal geklemmt zu werden. Über einen Fadenführer 4 gelangt der Faden schließlich zum Drehungsorgan.

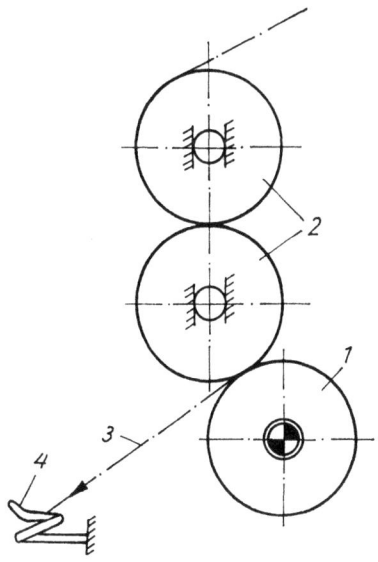

Bild 3/48. Lieferwerk mit zwei Druckwalzen
1 Lieferwalze, 2 Druckwalze, 3 Faden, 4 Fadenführer

3.5.2.3.2.2. Lieferwerk mit zwei Liefer- und einer Druckwalze

Für die Herstellung sehr hart gedrehter und schwerer Zwirne werden Lieferwerke eingesetzt, bei denen eine Druckwalze über zwei Lieferwalzen liegt. Derartige Zwirne werden vorwiegend für technische Artikel, wie Reifen, Treibriemen, Netze u. a. verwendet. Sie erfordern große knotenfreie Längen und werden auf Spulen mit großem Durchmesser aufgewunden. Auf Grund des Durchmessers treten als Folge der Zentrifugalkräfte am

Faden hohe Zugkräfte auf, die entsprechend hohe Klemmkräfte im Lieferwerk erfordern, um ein Durchziehen zu vermeiden. Auch bei dieser Ausführung des Lieferwerkes (Bild 3/49) ist die Druckwalze 2 selbstbelastend ausgeführt und kann im Durchmesser nicht beliebig vergrößert werden. Andererseits führt eine zu große Klemmkraft zur Verformung der Vorlagefäden und damit einer Qualitätsminderung der erzeugten Zwirne. Aus diesem Grunde entsteht die Rückhaltekraft im Lieferwerk vordergründig aus der Seilreibung. Die vom Gatter ablaufende Fadenvorlage umschlingt die oben liegende Lieferwalze 1, die Druckwalze 2 und gelangt über die untere Lieferwalze 1 zum Drehungsorgan. Die beiden ortsfest gelagerten Lieferwalzen 1 haben gleiche Durchmesser und Drehzahlen. Ihre Lage zur Druckwalze 2 ist so gewählt, daß zwischen Druckwalze und Lieferwalzen eine Keilwirkung entsteht.

Faden wird von dieser mit konstanter Geschwindigkeit abgewunden, wozu sie sich um ihre Achse drehen muß. Zur Erzeugung der Zwirndrehung ist außerdem noch eine weitere Drehung um die Fadenachse erforderlich. Diese Drehung, wie sie bei Verseilmaschinen angewendet wird, bringt dynamische Probleme mit sich, wenn sich die Ablaufspule mit mehreren Tausend Umdrehungen je Minute drehen muß. Aus diesem Grunde wird der tangential von der Spule ablaufende Faden in Richtung der Spulenachse ausgelenkt (Bild 3/50). Auf

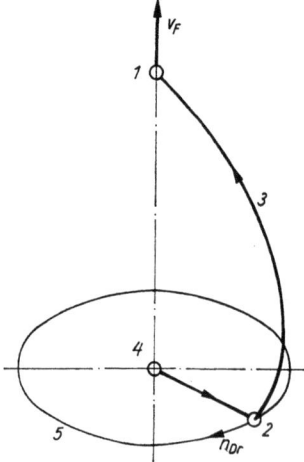

Bild 3/50. Prinzip der Zwirnerteilung mit drehender Ablaufspule
1 Fadenführer, *2* Drehungsorgan, *3* Faden, Fadenballon, *4* Fadenablauf, *5* Kreisbahn des Drehungsorgans
n_{Dr} Drehzahl des Drehungsorgans, v_F Fadengeschwindigkeit

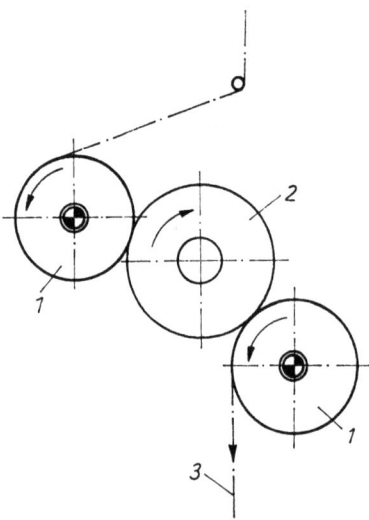

Bild 3/49. Lieferwerk mit zwei Liefer- und einer Druckwalze
1 Lieferwalze, *2* Druckwalze, *3* Faden

3.5.3. Prinzip der drehenden Ablaufspule

3.5.3.1. Funktionelle Merkmale

Dieses Prinzip ist die Umkehrfunktion des Prinzips der drehenden Auflaufspule. Der auf der Vorlagespule befindliche gefachte

diese Weise entstehen zwischen dem Fadenführer *1* und dem Drehungsorgan *2* durch Rotation des Punktes *2* um den Punkt *4* im Faden *3* Drehungen. Bei diesem Prinzip ist das Drehungsorgan die Ablaufspule, die mit einer Drehzahl n_{Dr} rotiert. Der Fadenablaufpunkt *4* befindet sich auf dem Spulenumfang und rotiert mit der Geschwindigkeit v_F um die Spule, und zwar entgegen ihrer Drehrichtung. Die theoretische Drehungszahl wird auch bei diesem Prinzip nach Gleichung (3.44) berechnet.

$$T_Z = n_{Dr}/v_F$$

Die durch die Wanderung des Fadenablaufpunktes auf der Spule entgegen ihrer Drehrichtung entstehende Drehzahlminderung, resultierend aus der Fadengeschwindigkeit, kann vernachlässigt werden. In grober Näherung liegt sie in der Größenordnung von 1% und kann nach Gleichung (3.52) berechnet werden.

$$\Delta n_{\mathrm{Dr}} = v_{\mathrm{F}}/\pi d \qquad (3.52)$$

d Momentaner Spulendurchmesser in m
n_{Dr} Drehzahl des Drehungsorgans min^{-1}
T_{Z} Drehungszahl des Zwirnes in Dr/m
v_{F} Fadengeschwindigkeit in m/min

Bei dieser Ausführung entsteht durch eine Umdrehung des Drehungsorganes eine Zwirndrehung.

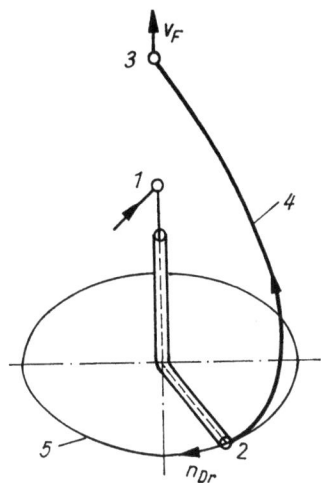

Bild 3/51. Zwirnerteilung nach dem Doppeldrahtprinzip
1 Fadenzulauf, *2* Drehungsorgan, *3* Fadenführer, *4* Faden, Fadenballon, *5* Kreisbahn des Drehungsorgans,
n_{Dr} Drehzahl des Drehungsorgans, v_{F} Fadengeschwindigkeit

Eine weitere Variante des Prinzips der drehenden Ablaufspule ist dadurch gekennzeichnet, daß der Faden zweimal aus der Spulenachse ausgelenkt wird (Bild 3/51). Der von der Vorlagespule ablaufende gefachte Faden erhält an der Stelle *1* seine erste Auslenkung und gelangt in das Drehungsorgan. An der Stelle *2* tritt er aus diesem wieder aus und wird in entgegengesetzter Richtung zur Fadenabzugsstelle *3* geführt. Der Fadenabzug erfolgt von der Vorlagespule mit konstanter Geschwindigkeit. Auf diese Weise entsteht die erste Drehung zwischen *1* und *2*, zu der zwischen *2* und *3* eine zweite hinzukommt. Nach diesem Prinzip bewirkt eine Umdrehung des Drehungsorgans zwei Zwirndrehungen. Ablaufspule und Drehungsorgan sind hierbei voneinander getrennt. Die Berechnung der Drehungszahl kann nach Gleichung (3.53) vorgenommen werden.

$$T_{\mathrm{Z}} = 2 n_{\mathrm{Dr}}/v_{\mathrm{F}} \qquad (3.53)$$

Die Fadengeschwindigkeit v_{F} wird durch die Drehzahl und den Durchmesser einer Abzugswalze bestimmt, die gleichzeitig die Auflaufspule durch Friktion antreibt und als Tragwalze dient. Ein Lieferwerk im herkömmlichen Sinne gibt es nach diesem Prinzip nicht. Das Übersetzungsverhältnis zwischen dem Drehungsorgan und der Abzugswalze ist über Getriebestufen einstellbar.

Das Prinzip der Erzeugung von Mehrfachdrehungen im Zwirn bei einer Umdrehung des Drehungsorgans ist nicht auf das Doppeldrahtprinzip beschränkt, sondern läßt sich fortsetzen. Die Drehungszahl im Zwirn, die bei einer Umdrehung des Drehungsorgans entsteht, wird durch die Anzahl der Fadenauslenkungen aus der Drehachse bestimmt. Weitere Möglichkeiten der Erzeugung von Mehrfachdrehungen sind in Bild 3/52 dargestellt. Bisher sind sie nur aus der Literatur bekannt und noch nicht praktisch ausgeführt, was daran liegen kann, daß ihre Realisierung mit relativ hohem Aufwand verbunden ist. Zu den Darstellungen 3/52 *a* bis *c* kann festgestellt werden, daß sie keine Grundprinzipe darstellen, sondern bedarfsweise aus Einfach- und Doppeldrahtprinzipien kombiniert sind. Jeweils eine Auslenkung des Fadens aus der Drehachse, in Form eines „L" gekennzeichnet, erzeugt eine Fadendrehung.

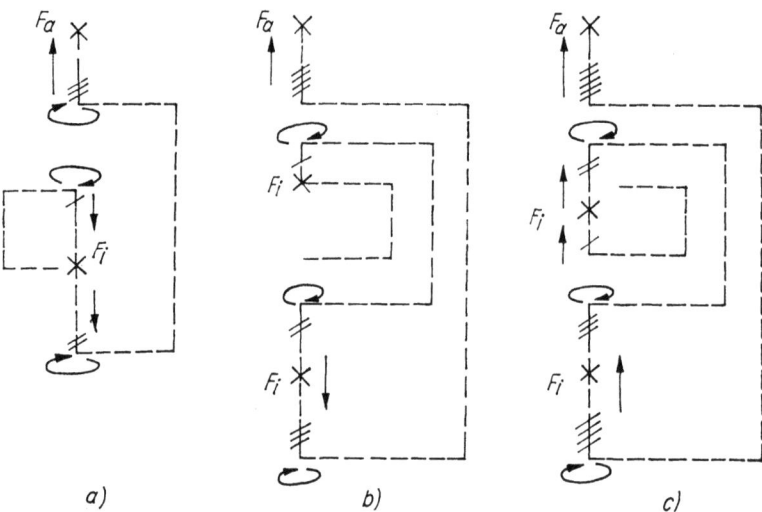

Bild 3/52. Mehrfachdrahtprinzip [91]
a) Dreifachdrahtprinzip, b) Vierfachdrahtprinzip, c) Fünffachdrahtprinzip
F_a äußerer Festpunkt, F_i innerer Festpunkt

3.5.3.2. Ballonzwirnmaschine

3.5.3.2.1. Ausführung und Arbeitsweise

Bedingt durch das Funktionsprinzip ist der Fadenlauf an der Ballonzwirnmaschine umgekehrt gegenüber dem an der Ring- oder Flügelzwirnmaschine. Deshalb wird sie auch als *Uptwister* Aufwärtszwirner bezeichnet.
Die Fäden werden der Arbeitsstelle im gefachten Zustand auf Scheibenspulen vorgelegt. Diese Maschine ist zum Verzwirnen insbesondere von Polyamid-, Polyester- und Polypropylenfeinseiden im Feinheitsbereich zwischen 34···2,2 tex (300···20 den) ausgelegt. Eine Verarbeitung von Garnen ist nicht möglich, da sie durch die hohe Drehung trotz relativ geringer Fadenspannung im Ballon zum Verfilzen neigen. Die als Fadenvorlage dienende Scheibenspule *1* (Bild 3/53) befindet sich auf der rotierenden Spindel *2*, die den Antrieb mittels Tangentialriemen *3* auf den Spindelwirtel *4* erhält. Je nach Fadenfeinheit und Drehungszahl sind Drehzahlen bis 12000 min^{-1} üblich. Bei Sonderausführungen werden Drehzahlen bis 20000 min^{-1} erreicht. Der von der Spule ablaufende Faden wird bei groben Feinheiten von 34···17 tex (300···150 den) durch einen Campanello *6* geführt. Er sorgt für einen gleichmäßigen Fadenabzug und reguliert die Fadenspannung und den Ballon. Der folgende feststehende Fadenführer *7* begrenzt den Ballon nach oben.
Der Fadenabzug erfolgt durch eine Tragwalze, auf der die Spule *10* gelagert ist. Der changierende Fadenführer *8* sorgt für eine geordnete Aufwindung in Parallel- oder Kreuzwicklung. Die maximale Fadengeschwindigkeit liegt bei etwa 125 m/min. Damit können Drehungszahlen bis über 2800 Dr/m erzielt werden. Die sehr niedrige Bauhöhe einer derartigen Zwirneinheit (600···900 mm) ermöglicht eine Etagenbauweise. Üblich sind zwei Etagen, jedoch gibt es auch Ausführungen, die darüber liegen. Aus diesem Grunde wird die Maschine auch als Etagenzwirnmaschine bezeichnet.
Statt mit der beschriebenen Einfachdrahtspindel wird die Ballonzwirnmaschine auch mit einer Doppeldrahtspindel (DD-Spindel) bestückt (Bild 3/54). Im Gegensatz zur Einfachdrahtspindel dreht sich die Ablaufspule *1* hierbei nicht. Die Drehungserteilung erfolgt durch ein Drehungsorgan *2*, auf dem sich die Vorlagespule über Kugellager abstützt. Der von der Vorlagespule ablaufende Faden *3* wird von oben in ein Fadeneinlaufrohr *4* eingeführt und geklemmt. Von dort gelangt er durch die hohle Achse zum

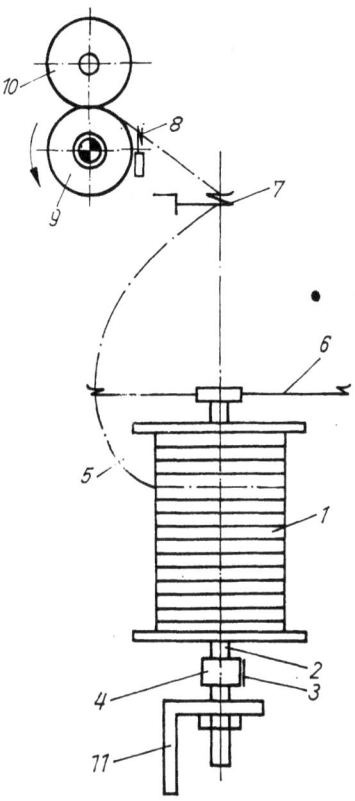
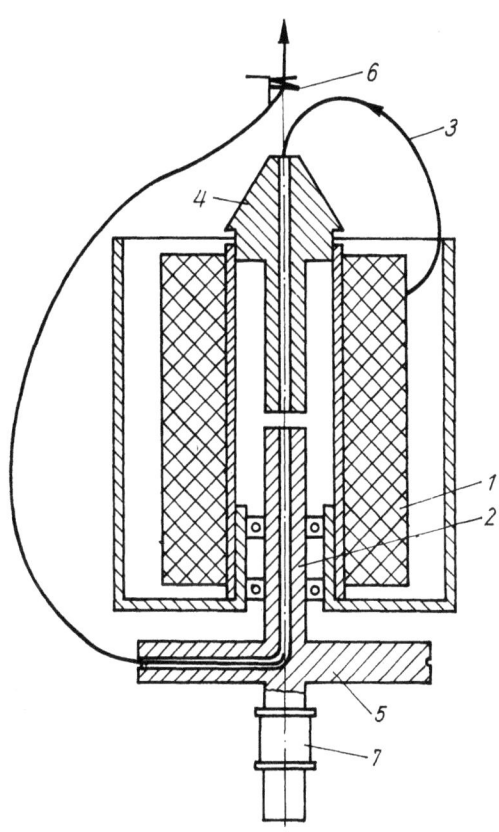

Bild 3/53. Funktionsprinzip der Ballonzwirnmaschine
1 Vorlagespule, *2* Spindel, *3* Tangentialriemen, *4* Spindelwirtel, *5* Faden, *6* Campanello, *7* Fadenführeröse, *8* bewegter Fadenführer, *9* Tragwalze, *10* Auflaufspule, *11* Spulenbank

Bild 3/54. Prinzip der Doppeldrahtspindel (DD-Spindel)
1 Ablaufspule, Vorlagespule, *2* Drehungsorgan, *3* gefachter Faden, *4* Fadeneinlaufrohr, *5* Speicherscheibe, *6* Fadenführeröse, *7* Spindelwirtel

Drehungsorgan 2 und erhält somit seine erste Drehung. Das Drehungsorgan ist mit einer Speicherscheibe 5 kombiniert, die während des Zwirnens für einen selbsttätigen Spannungsausgleich sorgt. Die zweite Drehung entsteht zwischen dem Fadenablaufpunkt auf der Speicherscheibe 5 und dem Fadenführer 6. Beide Drehungen vollziehen sich in gleicher Richtung und addieren sich somit. Seinen Antrieb erhält das Drehungsorgan über den Antriebswirtel 7 von einem beiderseitig an der Maschine entlanglaufenden Tangentialriemen.

Die beim DD-Zwirnen auftretenden Fadenspannungen sind kleiner als beim Ringzwirnen und beim Zwirnen nach dem Funktionsprinzip gemäß (Bild 3/53).

3.5.3.2.2. Funktionselemente

3.5.3.2.2.1. Drehungsorgan

Einfachdrahtprinzip

Im Gegensatz zum Zwirnprinzip mit drehender Auflaufspule befindet sich die Fadenvorlage hierbei auf der Spindel. Die Bilder 3/53 und 3/54 zeigen dieses Merkmal gleichermaßen. Eine spezielle Vorrichtung für die Fadenvorlage, wie sie bereits in Form des Aufsteckgatters vorgestellt wurde, entfällt bei diesem Zwirnprinzip. Daraus entsteht allerdings die Notwendigkeit der Vorlage gefachter Fäden. Hierfür ist ein Umspulprozeß erforderlich. Als Vorlagespulen die-

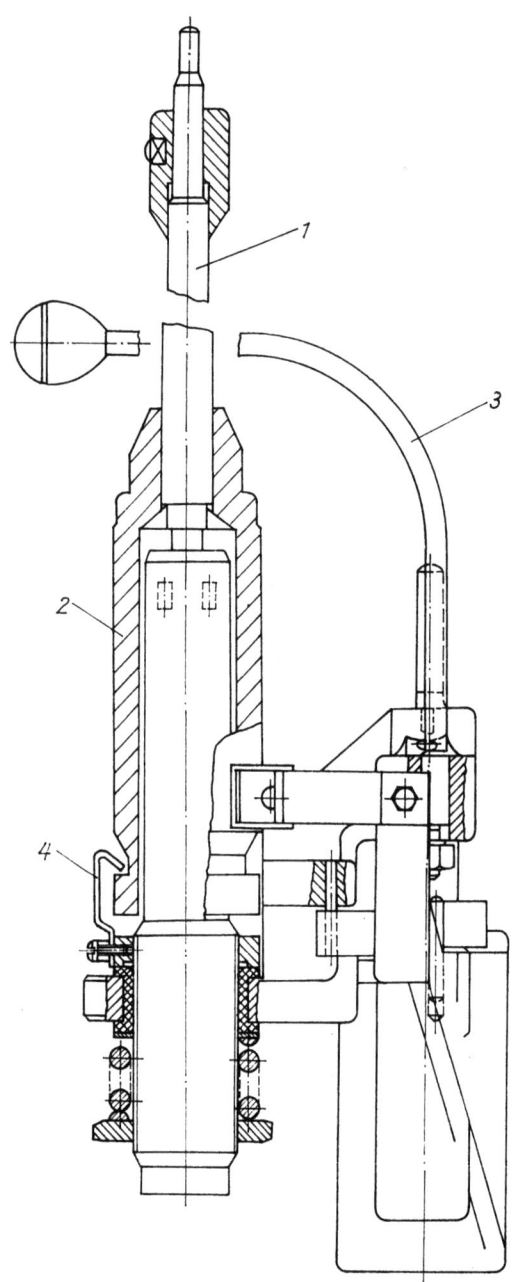

Bild 3/55. Rollenlagerspindel für die Nachzwirnmaschine (Modell 3305)
1 Spindel, *2* Spindelaufsatz, *3* Ausrückhebel, *4* Sicherungshaken

nen Scheiben- oder Kreuzspulen, wobei die Scheibenspule vorwiegend für das Nachzwirnen von Chemieseiden eingesetzt wird.
Auch bei diesem Zwirnprinzip ist die Spindel gleichermaßen Spulenträger und Drehungsorgan, wodurch äußere Störungen auftreten. Eine dieser Störungen entsteht durch die Verringerung der Masse der Ablaufspule im Verlauf des Zwirnvorganges. Damit erhöht sich laufend ihre kritische Drehzahl. Eine weitere Störgröße ist die Wirkung der Zugkraft des ablaufenden Fadens senkrecht zur Spulenachse, wobei der Fadenablaufpunkt ständig seine Lage parallel zur Spindelachse verändert. Diesen und anderen Störeinflüssen ist mit der Konstruktion moderner Zwirnspindeln Rechnung getragen.

In Bild 3/55 ist eine moderne Rollenlagerspindel dargestellt, die den Anforderungen entspricht. Sie zeichnet sich durch einen gleichmäßigen und ruhigen Lauf aus. In der Maschine ist sie mittels Hebel *3* schwenkbar angeordnet, um sie vom Antrieb trennen zu können. Sie erhält ihn über den Wirtel *2* von einem Tangentialriemen. Dieser Wirtel ist fest mit dem Spindelkörper *1* verbunden. Für die wahlweise Erzeugung von S- oder Z-Drehung erfolgt der Drehrichtungswechsel der Spindeln elektrisch mit einer Umschaltung am Getriebe. Für das kurzfristige Stillsetzen ist jede Spindel mit einer selbsttätig wirkenden Bremse ausgestattet. Der Haken *4* sichert das Spindeloberteil gegen unbeabsichtigtes Abheben.

Die Anordnung der Spindeln in der Maschine ist in Bild (3/56) zu erkennen. Deutlich wird darin auch die niedrige Bauhöhe der Zwirn- und Aufspuleinheit, die eine Etagenbauweise ermöglicht. Die Spindelteilung beträgt bei dieser Maschine 240 mm. Die Maschine kann wahlweise mit 40 bis 200 Spindeln ausgestattet werden, von denen auf jeder Seite die Hälfte angeordnet ist.

Die erforderliche Antriebsleistung für eine Spindel kann mit etwa 110 Watt angesetzt werden, wobei eine maximale Drehzahl von 12000 min^{-1} zugrunde liegt.

Doppeldrahtprinzip

Zum Zweck der Produktionssteigerung wird seit Jahrzehnten mit recht gutem Erfolg die Doppeldrahtspindel in der Zwirnerei eingesetzt. Das erste Patent für dieses Zwirnprinzip wurde *F. C. Cirkmann* im Jahre 1855 erteilt. Es vergingen jedoch noch etwa 75 Jahre bis die erste Maschine gebaut werden konnte. Wie bereits erwähnt, hat diese Spindel den Vorteil, daß mit ihr bei jeder Umdrehung des Drehungsorgans zwei Zwirndrehungen entstehen. Sie hat außerdem den Vorzug, daß die Ablaufspule beim Zwirnen steht. Dieses Merkmal erzeugt jedoch konstruktive Probleme. In der Vergangenheit entstanden ständig verbesserte Konstruktionslösungen. Eine Vervollkommnung erhielt das Doppeldrahtverfahren etwa im Jahre 1930 durch die Erfindung der Speicherscheibe. Sie ermöglicht eine Atmung des Fadenballons und kompensiert somit Fadenzugkraftschwankungen. Der Doppeldrahtspindel können entweder Fachspulen vorgelegt werden, oder durch die Vorlage sehr schmaler Spulen (Sonnenspulen) ist das Fachen auf der Doppeldrahtspindel möglich. In diesem Fall sind zwei Spulen übereinander angeordnet.

In Bild 3/57 ist das Schema einer Doppeldrahtspindel dargestellt. Außer Kreuzspulen können auch Streckkopse vorgelegt werden.

Der von der Spule *1* ablaufende Faden gelangt von oben in ein Fadeneinlaufrohr *3* mit einem Innenfadenspanner *4*. Dabei wird

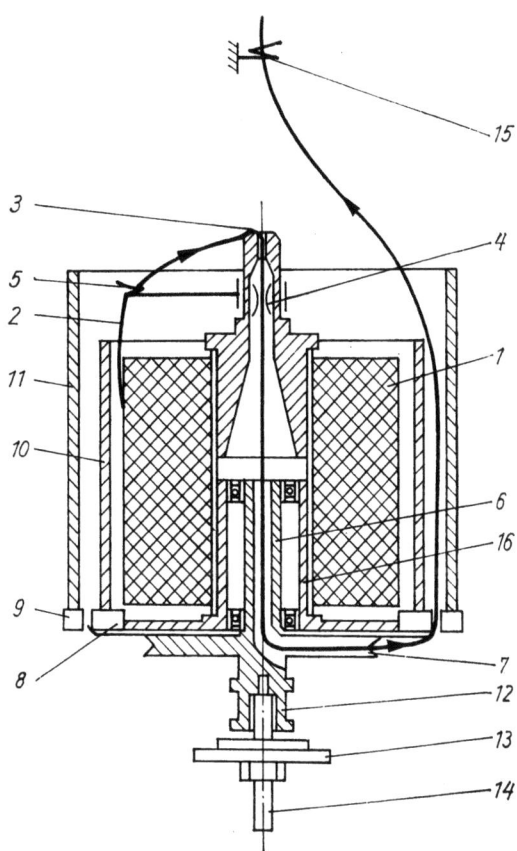

Bild 3/57. Doppeldrahtspindel (Schema)
1 Ablaufspule, *2* Faden, *3* Fadeneinlaufrohr, *4* Innenfadenspanner, *5* Zwirnflügel, Campanello, *6* Hohlspindel, *7* Umlenkteller mit Speicherscheibe, *8* Innenmagnet, *9* Außenmagnet, *10* Schutztopf, *11* Ballonbegrenzer, *12* Spindelwirtel, *13* Spindelbank, *14* Spindellagerung, *15* Fadenführer, *16* Aufsteckdorn

Bild 3/56. Nachzwirnmaschine (Modell 3305)

er durch einen rotierenden Zwirnflügel *5* (Campanello) geführt. Seine Drehzahl entspricht der Umlauffrequenz des Fadenablaufpunktes auf der Spule. Das als Hohlspindel ausgeführte Drehungsorgan *6* erteilt dem Faden die Drehungen. Mit dieser Hohlspindel sind ein Umlenkteller und eine Speicherscheibe *7* verbunden. Der aus dem Fadenkanal der Hohlspindel austretende vorgedrehte Faden wird um 90° aus der Drehachse ausgelenkt und umschlingt die Speicherscheibe bis zu 360°. Auch ist eine Speicherung über 360° ohne Nachteil möglich. Nach der Speicherscheibe bildet der Faden einen rotierenden Ballon und gelangt zwischen Schutztopf *10* und Ballonbegrenzer *11* nach oben über den Fadenführer *15* zum Abzug. Der Schutztopf mit Fadenvorlage wird gegenüber einer Ummantelung durch Permanentmagneten *8* und *9* gegen Drehung gesichert.

Der Spindelantrieb erfolgt mittels Tangentialriemen auf den Wirtel *12*. Die DD-Spindel ist in der Spindelbank *13* über das Gehäuse der Spindellagerung *14* befestigt. Ähnlich wie die Ringspindel ist auch die DD-Spindel in Rollenlagern geführt und selbsteinstellend.

Der relativ komplizierte Vorgang des Einfädelns eines neuen oder gebrochenen Fadens wird nach Bild 3/58 pneumatisch durchgeführt.

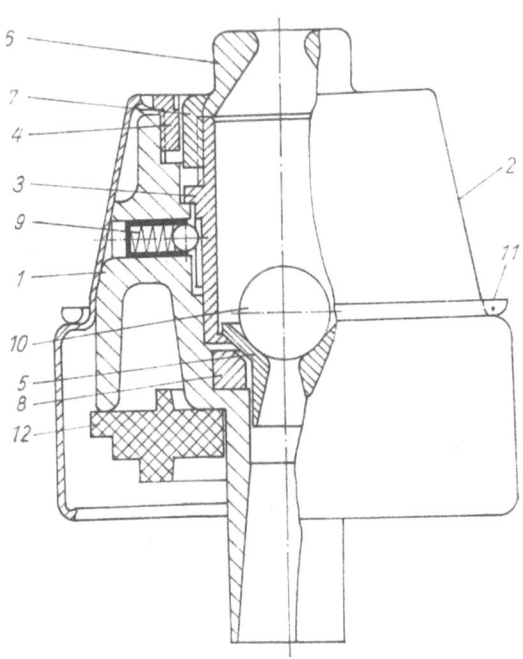

Bild 3/59. Innenfadenspanner an der Doppeldrahtspindel
1 Gehäuse, *2* Überlaufglocke, *3* Führungsbuchse mit Rasten, *4* Buchse, *5* Kugeltrichter, *6* Fadeneinlauftülle, *7* Hülse mit Linksgewinde, *8* Ringmagnet, *9* Spannhülse mit Feder und Stahlkugel, *10* Kugel, *11* Dämpfungsring, *12* Gummistopfen

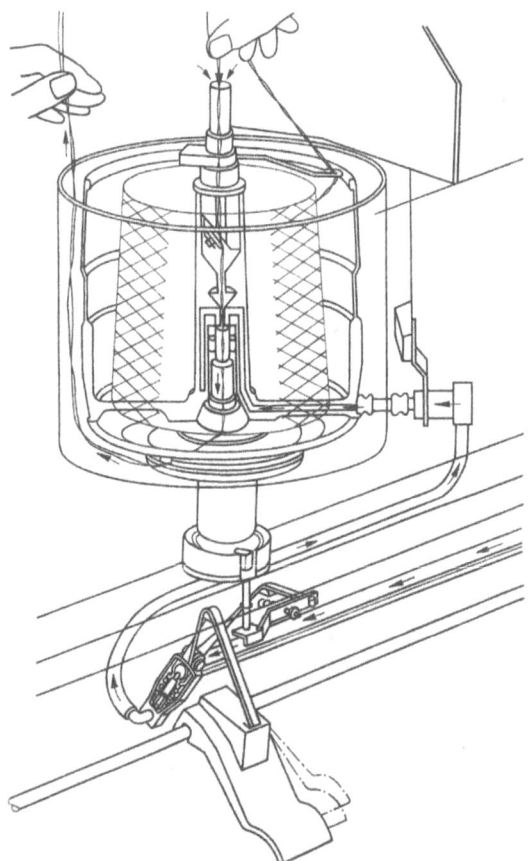

Bild 3/58. Einfädelsystem für Doppeldrahtspindeln (System Volcojet)

Die Bedienung hat dadurch für den Einfädelvorgang beide Hände frei. Diese Vorrichtung dient der Vorbereitung der Maschine für die Automatisierung.

Ein weiteres wichtiges Funktionselement ist der Fadenspanner am Fadeneinlaufrohr. Die Ausführungsformen sind vielgestaltig, von denen eine in Bild 3/59 dargestellt ist. Sie hat die Aufgabe der Erzeugung einer definierten Zugkraft nach dem Fadenablauf von der Vorlagespule. Die Fadenzugkraft ist zwar an der DD-Spindel kleiner als an anderen Spindeln, trotzdem treten Schwankungen auf, die ihre Ursache in den unterschiedlichen Ablaufbedingungen haben. Die Größe der Spannkraft ist einstellbar, so daß eine konstante Fadenzugkraft und damit eine hohe Zwirngleichmäßigkeit erzielt werden kann. Im vorliegendem Beispiel erfolgt diese Einstellung durch auswechselbare Kugeln *10*.

Der Fadenspanner muß so eingestellt werden, daß der Faden beim Ablauf von der vollen Spule die Speicherscheibe etwa 360° umschlingt. Mit kleiner werdendem Spulendurchmesser steigt die Fadenabzugskraft von stehenden Spulen erheblich [49, 95], was eine Verringerung des Umschlingungswinkels an der Speicherscheibe zur Folge hat. In dieser Weise werden auch die permanent wechselnden Fadenzugkräfte durch die Fadenreserve auf der Speicherscheibe kompensiert, so daß der Zwirnprozeß bei nahezu konstanter Fadenzugkraft abläuft. Ihre Größe ist außerdem abhängig vom Durchmesser der Speicherscheibe. Je größer er ist, um so größer ist auch die Fadenreserve, die zur Verfügung steht. Allerdings kann dieser Durchmesser nicht beliebig vergrößert werden, da er von der Baugröße der Spindel bestimmt wird.

Die Anzahl der Spindeln je Maschine richtet sich nach der Spindelteilung. Die von *ELITEX*/CSSR gebaute Maschine (*Volkmann*-Lizenz) hat in der Standardausführung bei einer Teilung von 245 mm in einetagiger Bauweise 120 Spindeln und zweietagig 240 Spindeln.

Die Firma *SAVIO*/Italien baut ihre einetagige Doppeldrahtzwirnmaschine TSD mit den Teilungen 176 und 212 mm. Die Anzahl der Spindeln wird mit maximal 192 angegeben. Die Antriebsleistung für eine Doppeldrahtspindel liegt erwartungsgemäß höher als die einer Einfachdrahtspindel. Sie kann je nach Teilung und Drehzahl zwischen 200 und 300 Watt angesetzt werden, wobei eine maximale Nutzdrehzahl von etwa 26 000 min^{-1} zugrunde liegt.

3.5.3.2.2.2. Spindelantrieb

Die Spindeln der Ballonzwirnmaschine erhalten den Antrieb entweder von einem separaten Elektromotor oder von einem, entlang der Maschine laufenden Flachriemen. Von beiden Antriebsarten ist der Tangentialriemenantrieb am meisten verbreitet. In Bild 3/60 ist der Spindelantrieb der Doppeldrahtzwirnmaschine von *ELITEX*/CSSR dargestellt. Er steht stellvertretend für den Riemenantrieb, der im Prinzip von vielen Maschinenherstellern angewendet wird. Danach treibt ein Kurzschlußläufermotor über Keilriemen eine Vorgelegewelle, auf der sich die Antriebsscheibe *1* für den Tangentialriemen *2* befindet. Der Kraftschluß zwischen Riemen und Spindelwirtel *3* kommt durch die zusätzliche Wirkung einer Druckrolle *4* zustande. Durch sie wird der Riemen ausgelenkt, so daß am Spindelwirtel ein definierter Umschlingungswinkel entsteht. Eine DUO-Riemenspannvorrichtung *5* gewährleistet auf beiden Maschinenseiten automatisch eine konstante Riemenspannung und damit gleiche Drehzahlen aller Spindeln. Den Zwanglauf erhält das Getriebe von Eckrollen *6* über Kurzriemen *7*. Bei zweietagiger Maschinenausführung ist jede Etage mit einem Riemenantrieb ausgestattet.

Zum Stillsetzen der Spindeln sind diese als sogenannte Schwenkspindeln ausgeführt. Dabei ist die Spindel an einem waagerecht um einen Drehpunkt schwenkbaren Hebel gelagert (Bild 3/55), über den der Wirtel an den Tangentialriemen gepreßt wird. Der technologische Wirkungsgrad liegt durch die Einzelspindelabstellung bei etwa 90···95%.

3.5.3.2.2.3. Aufwindung

Die Zwirnaufwindung an Maschinen, die nach dem Prinzip der drehenden Ablaufspule arbeiten, erfolgt durch die Friktion zwischen einer Tragwalze und der Auflaufspule (Umfangsantrieb). Das Prinzip zeigt Bild 3/53. Die Fadenverlegung auf der Spule übernimmt ein bewegter (changierender) Fadenführer, dessen Bewegungsgesetz durch ein Kurvengetriebe erzeugt wird. Die dabei entstehende Wicklungsart ist eine gewöhnliche (wilde) Kreuzwicklung (Abschnitt 2.4.2.2.) mit zylindrischer oder kegliger Form. Beim Zwirnen nach diesem Prinzip kann auf den Umspulprozeß verzichtet werden. Für die Herstellung von Kreuzspulen mit konischen Stirnseiten muß das Fadenführergetriebe zusätzlich mit einem Hubverkürzungsgetriebe ausgerüstet sein. In den Bildern 3/61 bis 3/63 sind verschiedene Prinzipe der Fadenführergetriebe dargestellt, die sich in der Praxis bewährt haben. Eine Getriebeausführung ohne Kanten-

190 3. Zwirnen

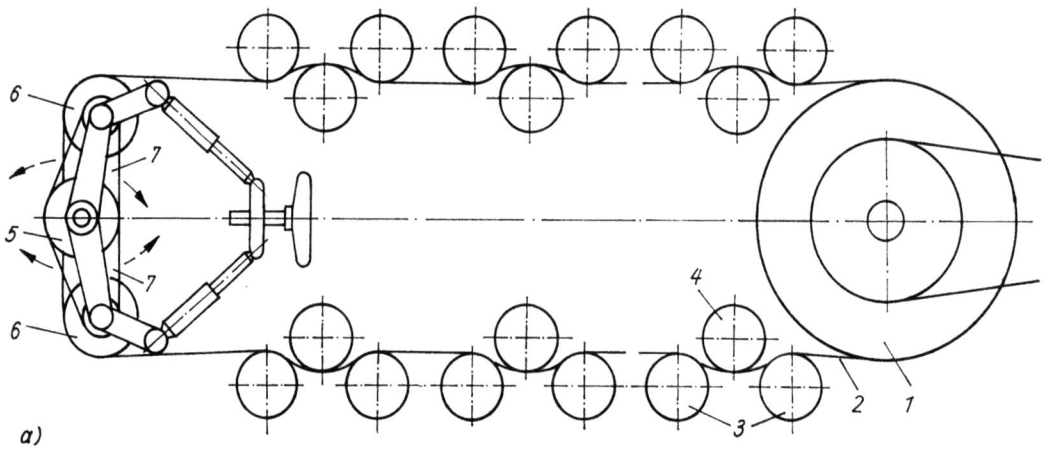

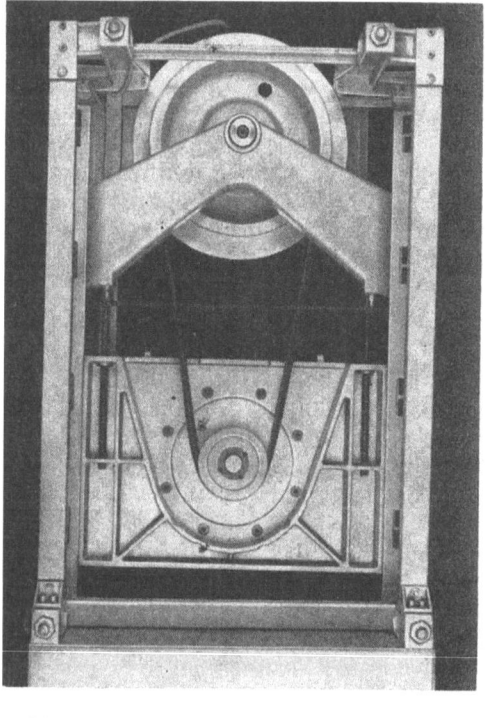

Bild 3/60. Spindelantrieb der Doppeldrahtzwirnmaschine
a) Funktionsprinzip, b) Motorvorgelege, c) DUO-Riemenspannvorrichtung (Doppeldrahtzwirnmaschine Modell VTS-07)
1 Antriebsscheibe für den Tangentialriemen, 2 Tangentialriemen, 3 Spindelwirtel, 4 Druckrolle, 5 DUO-Riemenspannvorrichtung, 6 Eckrollen, 7 Kurzriemen

verlegung ist in Bild 3/61 dargestellt. Neuere Getriebe sind mit einem Mechanismus zur Kantenverlegung ausgestattet. In Bild 3/61 werden die auf einer Fadenführerschiene 4 befindlichen Fadenführer 5 von einer Kurvenscheibe 2 angetrieben. Durch die genau fixierte Umkehrstelle des Fadenführers entsteht das daneben dargestellte Wicklungsbild 8.

Zur Vermeidung der so entstehenden Kantenhärte der Spule werden Getriebeausführungen eingesetzt, mit denen der Fadenumkehrpunkt an den beiden Spulenenden verlegt werden kann.

Das Getriebe nach Bild 3/62 ermöglicht zunächst die Fadenführung mit einem Grundhub. Von einer Vorgelegewelle *1* aus wird die auf der Hauptwelle *2* auf einer Hohlwelle angeordnete Kurvenscheibe *3* angetrieben. Über den Nutenstein *4* und die Fadenführerschiene *5* erhalten die Fadenführer *6* ihren Antrieb.

Dieser Bewegung des Fadenführers ist eine zweite Changierbewegung überlagert. Ihre Hubgröße und Frequenz sind wesentlich kleiner. Den Antrieb erhält eine Zusatzkurvenscheibe *9* ebenfalls von der Vorgelegewelle *1*, nur mit dem Unterschied, daß der in die Kurvenscheibe eingreifende Nutenstein *10* gestellfest gelagert ist. Auf diese Weise wird der Kurvenscheibe und nicht dem Nutenstein eine Changierbewegung erteilt. Durch die axiale Verbindung beider Kurvenscheiben über die Hohlwellen *11* überträgt sich diese Changierbewegung auf die Hauptwelle *2*, die ihrerseits der Fadenführerschine *5* die erwünschte Zusatzbewegung erteilt. Mit diesem Getriebe entsteht an der Spulenkante eine Fadenverlegung *12*.

Das Bild 3/63 zeigt schließlich eine dritte Konstruktion für Fadenführergetriebe (*VEB Kombinat TEXTIMA*). Diese Ausführung ist ebenfalls mit einer Zusatzeinrichtung für die Kantenverlegung versehen, um die Fadenumkehrstellen an den beiden Spulenenden periodisch zu verlegen. Der Grundhub des Fadenführers ist einstellbar, indem der

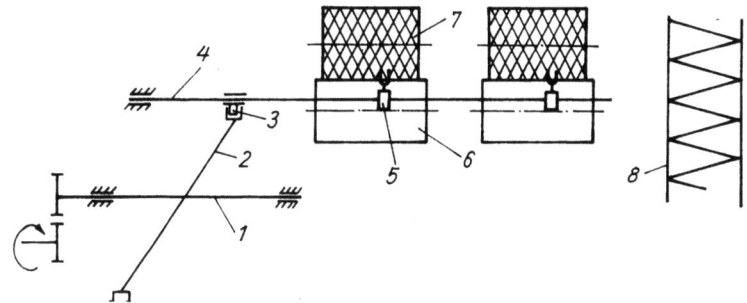

Bild 3/61. Fadenführergetriebe ohne Kantenverlegung
1 Hauptwelle, *2* Kurvenscheibe, *3* Nutenstein, *4* Fadenführerschiene, *5* Fadenführer, *6* Tragwalze, Friktionswalze, *7* Auflaufspule, Kreuzspule, *8* Wicklungsbild

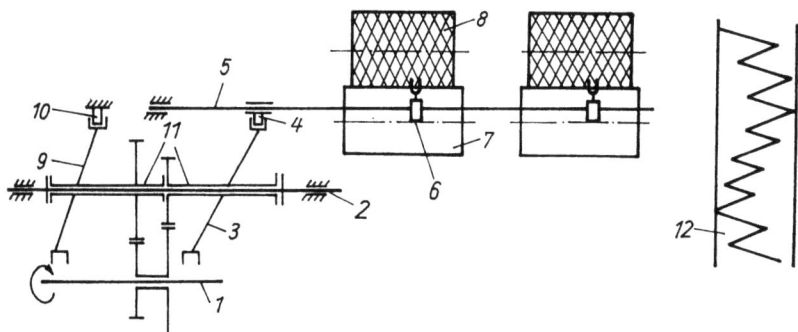

Bild 3/62. Fadenführergetriebe mit periodischer Kantenverlegung
1 Vorgelegewelle, *2* Hauptwelle, *3* Hauptkurvenscheibe, *4* Nutenstein, *5* Fadenführerschiene, *6* Fadenführer, *7* Tragwalze, Friktionswalze, *8* Auflaufspule, Kreuzspule, *9* Zusatzkurvenscheibe, *10* gestellfester Nutenstein, *11* Hohlwelle, *12* Wicklungsbild

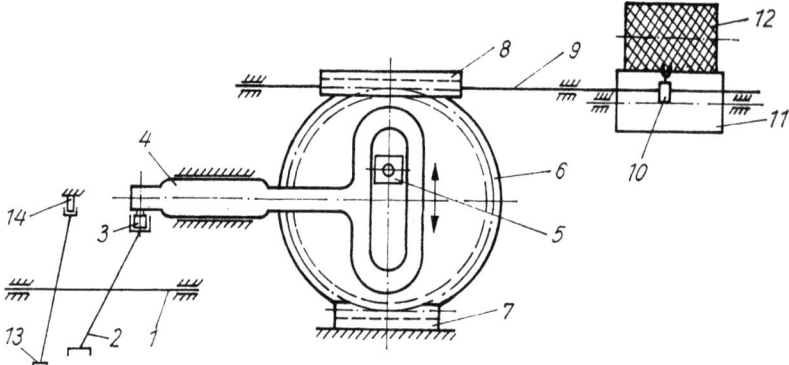

Bild 3/63. Fadenführergetriebe mit Kantenverlegung
1 Hauptwelle, *2* Hauptkurvenscheibe, *3* Nutenstein, *4* Kulisse, *5* Kulissenstein, *6* Zahnrad, *7* feste Zahnstange, *8* bewegliche Zahnstange, *9* Fadenführerschiene, *10* Fadenführer, *11* Tragwalze, Friktionswalze, *12* Kreuzspule, Auflaufspule, *13* Zusatzkurvenscheibe, *14* fester Nutenstein

Kulissenstein *5* stufenlos in der Kulisse *4* und in einem Schlitz des Zahnrades *6* verstellt wird.

Auch bei dieser Ausführung des Fadenführergetriebes wird die Zusatzbewegung des Fadenführers über eine Zusatzkurvenscheibe *13* erzeugt. Der eingreifende Nutenstein *14* ist gestellfest gelagert, so daß sich die Kurvenscheibe mit der Hauptwelle *1* und der Hauptkurvenscheibe *2* axial bewegt. Das entstehende Wicklungsbild gleicht dem Bild 3/62.

3.6. Technologische Berechnung der Ringzwirnmaschine

3.6.1. Getriebeeinstellung zur Drehungserzeugung

Unter der Voraussetzung einer höchstmöglichen Drehzahl des Drehungsorgans wird die Drehungszahl im umgekehrten Verhältnis durch die Fadengeschwindigkeit bestimmt. Die Drehungszahl sollte deshalb nur so groß wie nötig gewählt werden. Jede Steigerung hat eine Minderung der Fadengeschwindigkeit und damit der produzierten Fadenmenge zur Folge.

Der Getriebeaufbau von Ringzwirnmaschinen ist recht unterschiedlich. So kann beispielsweise der Spindelantrieb form- oder kraftschlüssig sein. Von den verschiedenen Ausführungen hat der Riemenantrieb in Form des Vierspindelbandantriebes die weiteste Verbreitung gefunden. Das Prinzip des Hauptantriebes einer Ringzwirnmaschine mit Bandantrieb ist in Bild 3/64 dargestellt.

Der Antriebsmotor treibt die Hauptwelle meist direkt an. Auf ihr befinden sich die Antriebsscheiben *9* für die Spindeln *1*. Unabhängig davon, ob der Antriebsmotor mit dieser Welle direkt gekoppelt oder ein Getriebe zwischengeschaltet ist, erfolgt an dieser Stelle die Verzweigung von Spindel- und Lieferwalzenantrieb. Durch das Zusammenwirken beider Funktionsgruppen entsteht die Zwirndrehung. Das erforderliche Übersetzungsverhältnis ergibt sich aus dem Durchmesserverhältnis zwischen Trommel *9* und Spindelwirtel *8* sowie aus dem Verhältnis der Zähnezahlen $z_1 \cdots z_7$. Zur Einstellung der gewünschten Drehungszahl ist das Übersetzungsverhältnis zwischen Hauptwelle *17* und Lieferwalze *6* durch den Austausch von Wechselrädern einstellbar.

Wenn die Liefer- bzw. Fadengeschwindigkeit nach Gleichung (3.43)

$$v_F = \pi \cdot d_L \cdot n_L$$

beträgt, kann die Maschinengleichung für die Zwirndrehungszahl aufgestellt werden.

$$T_Z = n_{Dr}/\pi d_L n_L \qquad (3.54)$$

Darin hat die Drehzahl des Drehungsorganes n_{Dr} folgende Größe:

$$n_{Dr} = d_T n_T / d_{SW} \qquad (3.55)$$

3.6. Technologische Berechnung der Ringzwirnmaschine

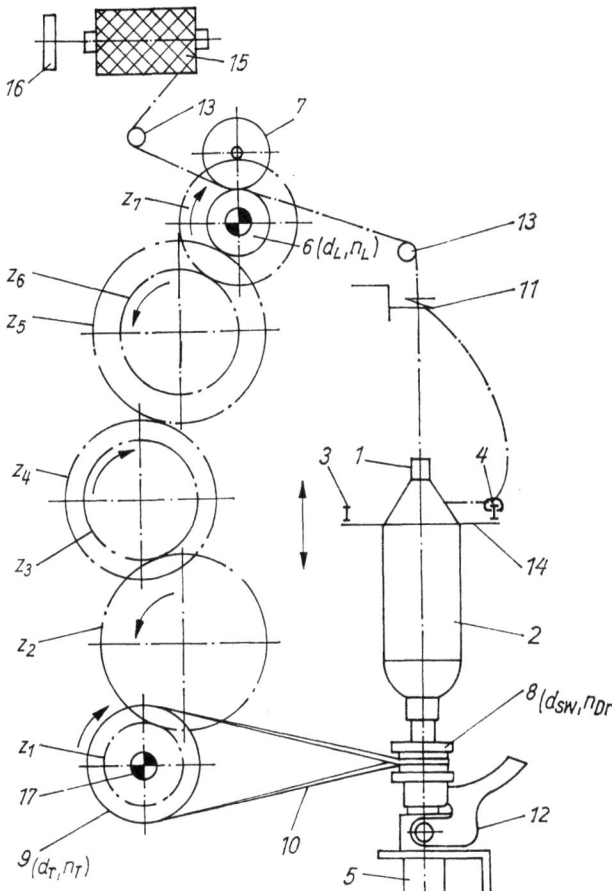

Bild 3/64. Getriebeplan einer Ringzwirnmaschine
1 Spindel, 2 Spule, 3 Ring, 4 Ringläufer, 5 Spindellagerung, 6 Lieferwalze, 7 Druckwalze, 8 Spindelwirtel, 9 Bandscheibe, Bandtrommel, Riemenscheibe, 10 Spindelband, 11 Fadenführeröse, 12 Spindelbremse, 13 Fadenleitstab, 14 Ringbank, 15 Vorlagespule, 16 Spulengatter, 17 Hauptwelle, $z_1 \ldots z_7$ Zahnräder, d_L Lieferwalzendurchmesser, d_{SW} Spindelwirtel-Durchmesser, d_T Antriebsscheiben-Durchmesser (Bandscheibe, Trommel), n_{Dr} Drehzahl des Drehungsorgans, Spindeldrehzahl, n_L Lieferwalzendrehzahl, n_T Drehzahl der Antriebsscheibe, z_i Zähnezahl

Die Drehzahl der Lieferwalze beträgt:

$$n_L = n_T \frac{z_1 \cdot z_4 \cdot z_6}{z_3 \cdot z_5 \cdot z_7} \qquad (3.56)$$

Bei der Berechnung der praktischen Drehzahl des Drehungsorganes muß der Schlupf des Bandantriebes berücksichtigt werden. Er liegt in der Größenordnung zwischen 1% und 2%, so daß die Gleichung (3.55) mit einem Schlupffaktor $S = 0{,}98$ zu multiplizieren ist.
Durch Einsetzen der Gleichungen (3.55) und (3.56) in (3.54) kann die Zwirndrehung berechnet werden.

$$T_Z = \frac{d_T \cdot S \cdot z_3 \cdot z_5 \cdot z_7}{\pi \cdot d_L \cdot d_{SW} \cdot z_1 \cdot z_4 \cdot z_6}$$

Diese Gleichung besteht aus einem konstanten und einem variablen Teil, wovon der konstante für jede Zwirnmaschinentype verschieden ist, da er durch die Geometrie der Übertragungselemente bestimmt wird. Für den konstanten Teil gilt:

$$D_K = \frac{d_T \cdot S \cdot z_3 \cdot z_7}{\pi \cdot d_L \cdot d_{SW} \cdot z_1} \qquad (3.57)$$

Dabei ist angenommen, daß die Zahnräder z_1, z_3 und z_7 konstante Zähnezahlen haben, während die Räder z_4, z_5 und z_6 Wechselräder sind.
Die Größe D_K wird als Drehungskonstante bezeichnet und beträgt für die angenommenen geometrischen Verhältnisse mit $d_L = 45$ mm, $d_{SW} = 35$ mm, $d_T = 200$ mm, $z_1 = 24$, $z_3 = 70$, $z_7 = 60$:

$$D_K = \frac{200 \text{ mm} \cdot 0{,}98 \cdot 70 \cdot 60 \cdot 1000 \text{ mm/m}}{\pi \cdot 45 \text{ mm} \cdot 35 \text{ mm} \cdot 24}$$

$$= 6932 \frac{1}{\text{m}}$$

Unter Verwendung der für jede Ringzwirnmaschine existierenden Drehungskonstanten ergibt sich die vereinfachte Maschinengleichung für die Drehungszahl:

$$T_Z = D_K \cdot \frac{z_5}{z_4 \cdot z_6} \qquad (3.58)$$

D_K Drehungskonstante
d_L Lieferwalzendurchmesser
d_{SW} Spindelwirtel-Durchmesser
d_T Antriebsscheiben-Durchmesser
n_{Dr} Spindeldrehzahl
n_L Lieferwalzendrehzahl
n_T Drehzahl der Antriebsscheibe
S Schlupffaktor
T_Z Zwirndrehungszahl
z Zähnezahl

Aus der vorliegenden technologischen Forderung für die Drehungszahl kann aus der Gleichung (3.58) das Übersetzungsverhältnis zwischen Drehungsorgan und Lieferwerk berechnet werden. Die in der Gleichung (3.58) enthaltenen Zahnräder werden als Drehungswechselräder bezeichnet (Drehungswechsel). Für die Berechnung der Flügelzwirnmaschine ist anstelle der Spindeldrehzahl n_{Dr} die Flügeldrehzahl einzusetzen.

3.6.2. Produktion

Die Produktion einer Zwirnmaschine wird dadurch bestimmt, mit welcher Geschwindigkeit ein Zwirn von definierter Feinheit erzeugt werden kann. Dabei sind fertigungsbedingte Maschinenstillstände zu berücksichtigen, die durch die Bedienung und Störungen hervorgerufen werden. Diese Einflüsse sind im technologischen Wirkungsgrad zusammengefaßt. Allgemein gilt für die produzierte Zwirnmenge:

$$m_Z = Tt_Z \cdot v_F \cdot \eta \qquad (3.59)$$

m_Z Zwirnmasse
Tt_Z Zwirnfeinheit
v_F Fadengeschwindigkeit, Liefergeschwindigkeit
η Technologischer Wirkungsgrad

Wobei der Wirkungsgrad $\eta = 0{,}8 \cdots 0{,}95$ angesetzt werden kann. Für jene Fälle, bei denen die Liefergeschwindigkeit nicht bekannt ist, werden die Gleichungen (3.43) und (3.56) in (3.59) eingesetzt.

$$m_Z = \frac{\pi \cdot Tt_Z \cdot d_L \cdot n_T \cdot z_1 \cdot z_4 \cdot z_6 \cdot \eta}{z_3 \cdot z_5 \cdot z_7} \qquad (3.60)$$

Beispiel:

Zur Vertiefung der gewonnenen Kenntnisse wird ein Zwirn der Feinheit 50 tex mit 670 Drehungen/m auf einer Ringzwirnmaschine 2111 Z vom *VEB Spinnereimaschinenbau* Karl-Marx-Stadt/DDR hergestellt (Bild 3/65).
Wie groß muß die Zähnezahl des Drehungswechsels z_{DW} werden, und wie groß ist die

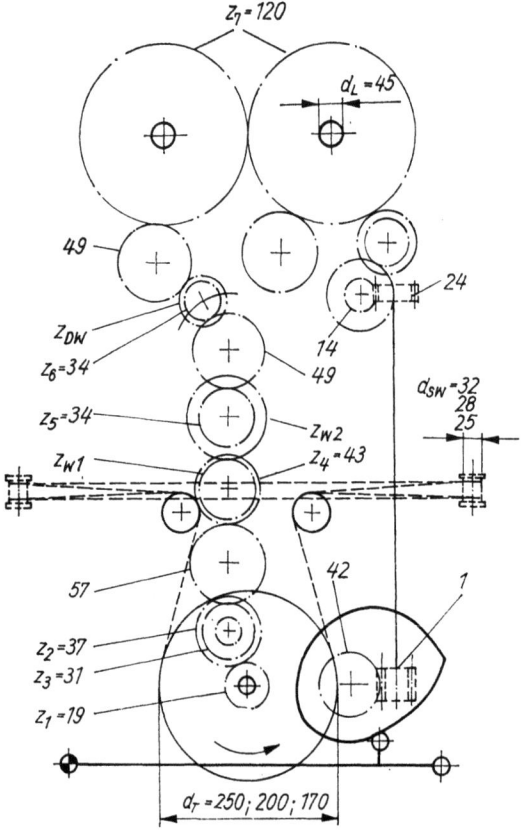

Bild 3/65. Getriebeplan der Ringzwirnmaschine 2111 Z
d_L Lieferwalzendurchmesser, d_{SW} Spindelwirteldurchmesser, d_T Antriebsscheiben-Durchmesser (Bandscheibe, Trommel), z_i Zähnezahl, z_{DW} Drehungswechsel, z_W Wechselrad

Produktion einer Zwirnspindel, wenn der Wirkungsgrad mit 0,95 und die Drehzahl der Hauptwelle $n_T = 800$ min^{-1} angenommen werden? Für die Verzwirnung von Baumwollgarnen wird vom Hersteller ein Antriebsscheiben-Durchmesser $d_T = 250$ mm, ein Wirteldurchmesser $d_{SW} = 32$ mm und eine Kombinationsmöglichkeit der Wechselräder z_{W1} und z_{W2} nach Tabelle 3/5 empfohlen. Für den Drehungswechsel z_{DW} stehen Zahnräder zwischen 29 und 48 Zähnen zur Verfügung. Damit ist ein Drehungsbereich zwischen 121 und 1805 Drehungen/m möglich.

Tabelle 3/5. Wechselräder

z_{W1}	60	51	41	30	20
z_{W2}	20	29	39	50	60

Drehungskonstante

Unter Berücksichtigung aller konstanten Funktionselemente (Bild 3/65) wird D_K nach Gleichung (3.57) berechnet:

$$D_K = \frac{d_T \cdot S \cdot z_2 \cdot z_4 \cdot z_6 \cdot z_7}{\pi \cdot d_L \cdot d_{SW} \cdot z_1 \cdot z_3 \cdot z_5}$$

$$= \frac{250 \text{ mm} \cdot 0{,}98 \cdot 37 \cdot 43 \cdot 34 \cdot 120 \times}{\pi \cdot 45 \text{ mm} \cdot 32 \text{ mm} \times}$$

$$\frac{\times 1000 \text{ mm/m}}{\times 19 \cdot 31 \cdot 34}$$

$$D_K = 17554{,}6 \text{ 1/m}$$

Drehungswechsel

Damit ergibt sich für die Drehungsgleichung nach Gleichung (3.58):

$$T_Z = D_K \cdot \frac{z_{W2}}{z_{W1} \cdot z_{DW}}$$

Durch Umstellung dieser Gleichung kann der Drehungswechsel z_{DW} berechnet werden.

$$z_{DW} = D_K \frac{z_{W2}}{z_{W1} \cdot T_Z} = 17554{,}6 \frac{50}{30 \cdot 670} = 43{,}6$$

$z_{DW} = 44$ Zähne gewählt

Produktion

Ausgehend von Gleichung (3.60) ergibt sich die von einer Arbeitsstelle produzierte Zwirnmenge:

$$m_Z = \frac{\pi \cdot Tt_Z \cdot d_L \cdot n_T \cdot \eta \cdot z_1 \cdot z_3 \cdot z_{W1} \cdot z_5 \cdot z_{DW}}{z_2 \cdot z_4 \cdot z_{W2} \cdot z_6 \cdot z_7}$$

$$m_Z = \frac{\pi \cdot 50 \frac{\text{g}}{1000 \text{ m}} \cdot 45 \text{ mm} \cdot 800 \frac{1}{\text{min}} \times}{37 \cdot 43 \cdot 50 \cdot 34 \cdot 120 \times}$$

$$\times 0{,}95 \cdot 19 \cdot 31 \cdot 30 \cdot 34 \cdot 44 \cdot 60 \frac{\text{min}}{\text{h}}$$

$$\times 1000 \frac{\text{mm}}{\text{m}}$$

$m_Z = 26{,}25$ g/h je Spindel

3.6.3. Kräfte am Fadenballon

3.6.3.1. Beschreibung

Die Aufwindung des Fadens an der Ringzwirnmaschine sowie die beim Zwirnen wirkenden Kräfte sind mit den Bedingungen an der Ringspinnmaschine [89] vergleichbar.

Begründet durch das Ring-Läufer-System wird der Faden auf Grund der Differenzgeschwindigkeit zwischen Spule und Läufer aufgewunden. Die erzeugte Wicklung ist eine Kops- oder Kötzerwicklung (Bild 3/45), bei der ein mit konstanter Geschwindigkeit gelieferter Faden ständig auf einen anderen Durchmesser aufgewunden wird (Bild 3/66).

Sie entsteht durch die Rotation der Spindel *1*, auf der sich eine Spulenhülse *2* sowie die Spule *3* befinden, und die Nacheilung des Ringläufers *6*, der durch den Faden *7* mitgenommen wird. Spule und Spindel sind durch eine Klemmverbindung fest miteinander verbunden. Die Spindeldrehzahl beträgt 8000···18000 min^{-1} und wird durch die textiltechnologischen Bedingungen begrenzt. Die Spulenform entsteht durch die gesetzmäßige Auf- und Abwärtsbewegung der Ringbank *4* mit dem Ring *5*, auf dem der Läufer *6* rotiert. Der Faden *7* wird dem

3.6.3.2. Kräfte am Ringläufer

Die Größe der Fadenzugkraft bestimmt in entscheidendem Maße die Effektivität des Zwirnprozesses. Sie hat Einfluß auf die Bewicklungsdichte und die Anzahl der Fadenbrüche. Aus diesem Grunde sind Kenntnisse über die Größe der wirkenden Kräfte sowie ihre periodische Veränderung während des Zwirn- und Aufwindevorganges notwendig.

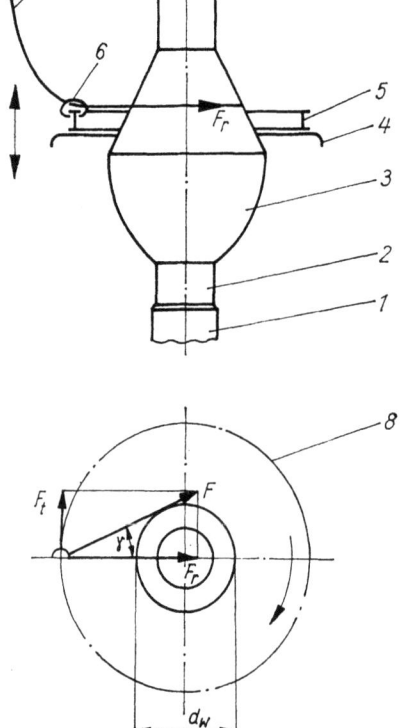

Bild 3/66. Fadenzugkraft beim Ringzwirnprinzip
1 Spindel, *2* Spulenhülse, *3* Spule, *4* Ringbank, *5* Ring, *6* Ringläufer, *7* Faden, *8* Läuferbahn
d_W Windungsdurchmesser, F Fadenzugkraft, F_r Radialkomponente der Fadenzugkraft, F_t Tangentialkomponente der Fadenzugkraft, γ Winkel zwischen F und F_r

Läufer vom Lieferwerk mit konstanter Geschwindigkeit zugeführt. Durch die auf ihn wirkenden Kräfte beschreibt er eine Raumkurve, die als Fadenballon bezeichnet wird. Der Zwirn- und Aufwindeprozeß sowie die geometrischen Verhältnisse zwischen Läufer, Faden und Wicklung führen zur Fadenzugkraft F, die in eine radiale Komponente F_r und eine tangentiale F_t zerlegt werden kann. Die radiale Komponente wird durch den Ring aufgenommen, während die tangentiale Komponente die Rotation des Läufers bewirkt. Diese Kräfte entstehen am Ballon als Folge der Fliehkraft und des Luftwiderstandes. Jede Umdrehung des Läufers auf dem Ring erzeugt im Faden eine Drehung.

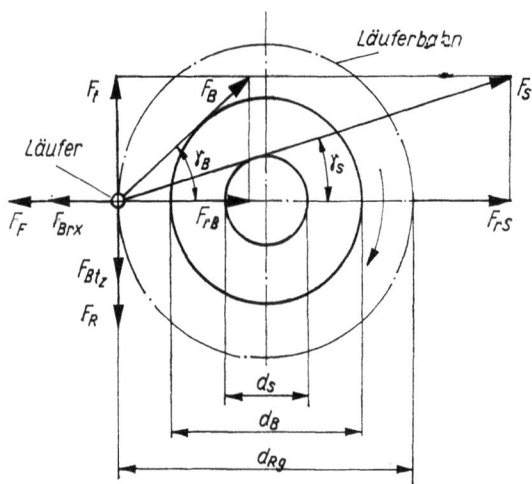

Bild 3/67. Kräfte in der Ringebene beim Ringzwirnen
d_B Windungsdurchmesser an der Basis, d_{Rg} Ringdurchmesser, d_S Windungsdurchmesser an der Spitze, F_B Fadenzugkraft beim Aufwinden an der Kegelbasis, F_{Brx} Horizontalkomponente von F_{Br}, F_{Btz} Horizontalkomponente von F_{Bt}, F_F Fliehkraft des Ringläufers, F_R Reibungskraft des Ringläufers am Ring, F_{rB} Radialkomponente der Fadenzugkraft beim Aufwinden an der Kegelbasis, F_{rS} Radialkomponente der Fadenzugkraft beim Aufwinden an der Kegelspitze, F_S Fadenzugkraft beim Aufwinden an der Kegelspitze, F_t Tangentialkomponente
γ_B, γ_S Winkel zwischen Fadenzugkraft und ihrer Radialkomponente

Die am Ringläufer wirkende resultierende Kraft setzt sich aus seiner Fliehkraft, seiner Schwerkraft und der Ballonkraft zusammen (Bild 3/67). Davon ist die Fliehkraft F_F die größte in der Radialebene (Meridianebene) wirkende Kraft. Sie ist je nach Drehzahl etwa 1 700 bis 2 000 mal größer als das

Läufergewicht m_L. Die Fliehkraft wird als konstant angenommen, da die Läuferdrehzahl nur um 1···2% schwankt.

$$F_F = m_L r_{Rg} \omega_D^2 = \frac{m_L v_{Dr}^2}{r_{Rg}} = \text{konstant} \quad (3.61)$$

Die Fadenzugkraft F wirkt vom Läufer aus tangential am momentanen Wicklungsdurchmesser und ändert mit ihm ihre Größe zwischen F_B beim Aufwinden an der Kegelbasis und F_S beim Aufwinden an der Kegelspitze. Sie kann in eine tangentiale Komponente F_t und eine radiale F_r zerlegt werden, die ihre Größe ebenfalls zwischen F_{rB} und F_{rS} ändert. Sie resultiert aus der Ballonkraft F_{BR}, die mit der Fadenzugkraft F einen Winkel δ einschließt. Wenn die Reibungszahl zwischen Zwirn und Ringläufer mit μ_1 bezeichnet wird, besteht zwischen beiden Kräften folgender Zusammenhang:

$$\frac{F}{F_{BR}} = e^{\mu_1 \delta} \quad (3.62)$$

Das Kräfteverhältnis $e^{\mu_1 \delta}$ wird in der Literatur üblicherweise mit 2 angegeben, d. h. $F = 2 F_{BR}$.
Die Reibungszahl μ_1 kann näherungsweise mit 0,3 [92, S. 200] angesetzt werden.
Damit können die Komponenten der Fadenzugkraft berechnet werden (Bild 3/66).

$$F_t = F \cdot \sin \gamma$$
$$F_r = F \cdot \cos \gamma \quad (3.63)$$

Für die weiteren Untersuchungen zur Ermittlung der auf den Läufer wirkenden Kräfte wird seine Schwerkraft vernachlässigt, da sie im Vergleich zu den anderen Kräften sehr klein ist. Somit wirken nach Bild 3/68 in der Radialebene folgende Kräfte:
Fliehkraft des Läufers F_F
Radialkomponente der Fadenzugkraft F_r
Projektion der Fadenballonkraft F_{BR} in die Radialebene.
Sie werden vektoriell addiert und ergeben in ihrer Summe die auf den Läufer wirkende resultierende Kraft F_{LR}. Diese Kraft zwischen Läufer und Ring erzeugt die Reibungskraft F_R. Mit einer Reibungszahl μ_2 gilt für die Reibungskraft:

$$F_R = \mu_2 \cdot F_{LR} \quad (3.64)$$

Unter der Annahme, daß der Fadenballon nur geringfügig aus der Radialebene (Meridianebene) ausgelenkt wird, kann für die Projektion der Fadenballonkraft in die Radialebene F_{Br} die Ballonkraft F_{BR} gesetzt werden. Weiterhin ist der Winkel zwischen der tangential am Ballon wirkenden Ballonkraft F_{BR} und der Senkrechten relativ klein und der Kosinus dieses Winkels nahezu 1. Damit wird

$$F_{BR} \approx F_{Bry} \quad \text{und} \quad F_{Brx} \approx 0$$

Radialebene:

$$F_F - F \cdot \cos \gamma - F_{LR} \cdot \cos \varepsilon = 0 \quad (3.65)$$

$$F_{BR} - F_{LR} \cdot \sin \varepsilon = 0 \quad (3.66)$$

Tangentialebene:

$$F_t - F_R = 0$$
$$F_t = F_R = \text{konstant} \quad (3.67)$$

Ausgehend vom Gleichgewicht in der Tangentialebene gilt nach Gleichung (3.67)

$$F_t - F_R = 0$$

oder mit

$$F_t = F \cdot \sin \gamma$$

wird

$$F \sin \gamma - F_R = 0 \quad (3.68)$$

Die gesamte Reibungskraft zwischen Ringläufer und Ring setzt sich zusammen aus dem Anteil in x-Richtung

$$F_{Rx} = \mu_2 (F_F - F_r) \quad (3.69)$$

und jenem in y-Richtung

$$F_{Ry} = \mu_2 \cdot F_{BR} \quad (3.70)$$

Beide Anteile wirken in der Tangentialebene und ergeben durch Addition die Reibkraft

$$F_R = F_{Rx} + F_{Ry} \quad (3.71)$$

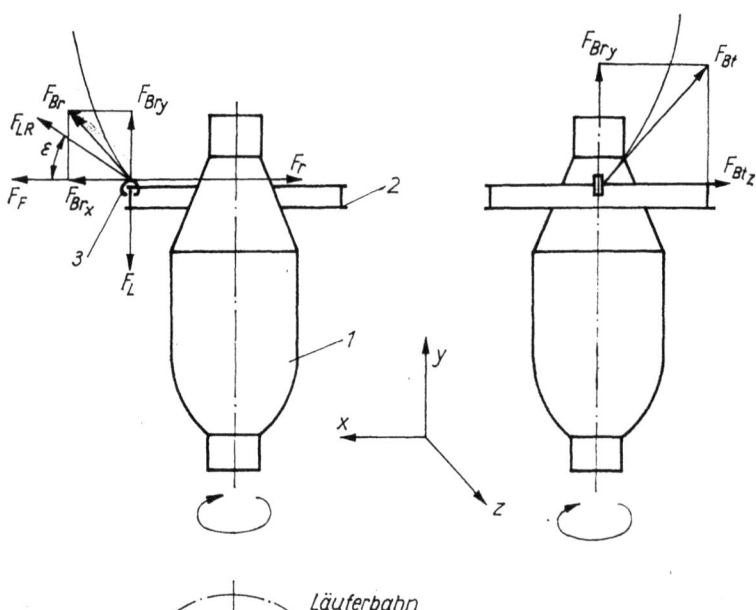

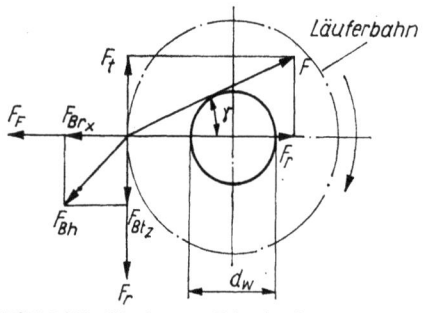

Bild 3/68. Kräfte am Ringläufer
1 Kops, *2* Ring, *3* Ringläufer

d_W momentaner Wicklungsdurchmesser, F Fadenzugkraft, F_{Bh} Resultierende aus den Komponenten F_{Brx} und F_{Btz}, F_{Br} Projektion der Ballonkraft in die Radialebene, F_{Brx} Horizontalkomponente von F_{Br}, F_{Bry} Vertikalkomponente von F_{Br}, F_{Btz} Horizontalkomponente von F_{Bt}, F_{Bt} Projektion der Ballonkraft in die Tangentialebene, F_F Fliehkraft des Ringläufers, F_L Gewichtskraft des Ringläufers. F_{LR} resultierende Läuferkraft, F_R Reibungskraft des Ringläufers am Ring, F_r Radialkomponente der Fadenzugkraft, F_t Tangentialkomponente der Fadenzugkraft, γ Winkel zwischen Fadenzugkraft und ihrer Radialkomponente, ε Winkel zwischen der resultierenden Ringläuferkraft und der Radialebene

Einsetzen der Gleichung (3.71) in (3.68) und für F_{Rx} und F_{Ry} die Ausdrücke der Gleichung (3.69) und (3.70) ergibt:

$$F \cdot \sin \gamma = \mu_2 (F_F - F_r + F_{BR}) \qquad (3.72)$$

Für F_r wird der Wert aus Gleichung (3.63) eingesetzt. Daraus folgt:

$$F \cdot \sin \gamma = \mu_2 (F_F - F \cdot \cos \gamma + F_{BR})$$

Weiterhin erfolgt für F_{BR} die Substitution der Gleichung (3.62)

$$F \cdot \sin \gamma = \mu_2 \left(F_F - F \cdot \cos \gamma + \frac{F}{e^{\mu_1 \delta}} \right) \qquad (3.73)$$

Daraus ergibt sich die Fadenzugkraft zwischen Läufer und Wicklung:

$$F \cdot \sin \gamma = \mu_2 F_F - \mu_2 F \cdot \cos \gamma + \frac{\mu_2 F}{e^{\mu_1 \delta}}$$

$$F \left(\sin \gamma + \mu_2 \cdot \cos \gamma - \frac{\mu_2}{e^{\mu_1 \delta}} \right) = \mu_2 \cdot F_F$$

$$F = \frac{F_F}{\dfrac{\sin \gamma}{\mu_2} + \cos \gamma - \dfrac{1}{e^{\mu_1 \delta}}} \qquad (3.74)$$

In Gleichung (3.4) wird für F der Wert aus Gleichung (3.62) eingesetzt, so daß damit die Zugkraft im Fadenballon näherungsweise berechnet werden kann.

$$F_{BR} = \frac{F_F}{e^{\mu_1 \delta}\left(\dfrac{\sin \gamma}{\mu_2} + \cos \gamma\right) - 1} \qquad (3.75)$$

F_{BR} Fadenzugkraft im Ballon
F_F Fliehkraft des Ringläufers
γ Winkel zwischen Fadenzugkraft in Ringebene und Ringradius
δ Winkel zwischen Fadenzugkraft in Ringebene F und Fadenzugkraft im Ballon F_{BR}
μ_1 Reibungszahl zwischen Faden und Ringläufer
μ_2 Reibungszahl zwischen Ringläufer und Ring

Aus Gleichung (3.75) ist zu erkennen, daß die Ballonkraft der Fliehkraft und damit der Masse des Läufers dem Quadrat seiner Winkelgeschwindigkeit und dem Radius des Ringes direkt proportional ist. Sie vergrößert sich mit einer wachsenden Reibungszahl μ_2 zwischen Läufer und Ring und wird durch das Verhältnis zwischen Ring- und Bewicklungsdurchmesser bestimmt, woraus sich der Winkel γ ergibt.

In diesem Zusammenhang sei noch bemerkt, daß sich die Reibungszahl μ_1 zwischen Faden und Läufer mit zunehmender Geschwindigkeit erhöht, während μ_2 mit wachsender Geschwindigkeit abnimmt.

3.6.4. Theorie der Fadenaufwindung an der Kopswicklung

3.6.4.1. Geometrische Grundlagen

Für die Fadenaufwindung an der Ringzwirnmaschine gelten die gleichen Gesetzmäßigkeiten, wie sie von *Reinfeld* [93] für die Ringspinnmaschine entwickelt wurden. In beiden Fällen wird eine Kopswicklung erzeugt, deren Besonderheit darin besteht, daß der Wickelkörper aus kegelstumpfförmigen Schichten gebildet wird, die wechselweise mit geringer (Aufwärtshub) und großer (Abwärtshub) Steigung erzeugt werden. Diese Schichten haben konstante Steigung, um eine große Wicklungsdichte zu erzielen.

In der Projektion auf die Horizontalebene ergeben die aufgewundenen Fadenwindungen eine *Archimedische* Spirale (Bild 3/69). Bekanntlich entsteht eine *Archimedische* Spirale durch die Bewegung eines Punktes P mit konstanter Geschwindigkeit auf einem Strahl S, der sich seinerseits ebenfalls mit konstanter Winkelgeschwindigkeit um einen Punkt 0 dreht. Legt der Punkt P auf dem Leitstrahl S im Verlauf einer Umdrehung von 2π den Weg $\overline{OA} = r_0$ zurück und ist r der Abstand des Punktes P von 0 und φ der vom Leitstrahl zurückgelegte Winkel, so lautet die Polargleichung der *Archimedischen* Spirale:

$$r = \frac{r_0}{2\pi} = K\varphi \qquad (3.76)$$

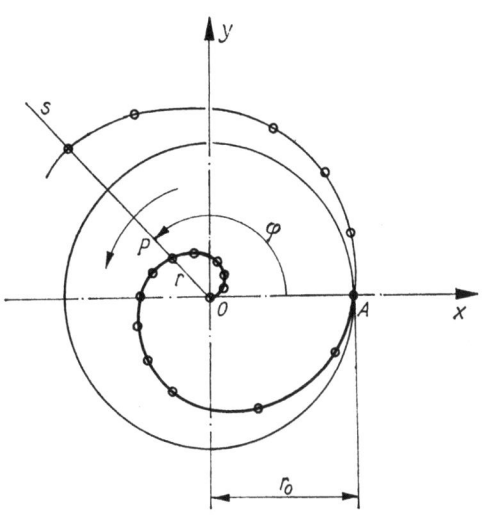

Bild 3/69. *Archimedische* Spirale
A Punkt, 0 Drehpunkt, P bewegter Punkt, r, r_0 Radius, S Leitstrahl, φ Drehwinkel

Dieser Punkt P, der auf der kegligen Wicklung der Fadenauflaufpunkt ist, führt außerdem noch eine vertikale Bewegung aus, die berücksichtigt werden muß. Deshalb läßt sich seine Bewegung am besten in Zylinderkoordinaten darstellen. Nach Bild (3/70) wird die Lage des Punktes P durch seine Projektion in die xy-Ebene, die polaren Koordinaten r und φ und die Koordinate z bestimmt. Seine Geschwindigkeit kann in drei

Komponenten zerlegt werden,

Radialgeschwindigkeit $\quad v_r = \dfrac{dr}{dt}$

Umfangsgeschwindigkeit $\quad v_u = r\dfrac{d\varphi}{dt}$

Axialgeschwindigkeit $\quad v_z = \dfrac{dz}{dt}$

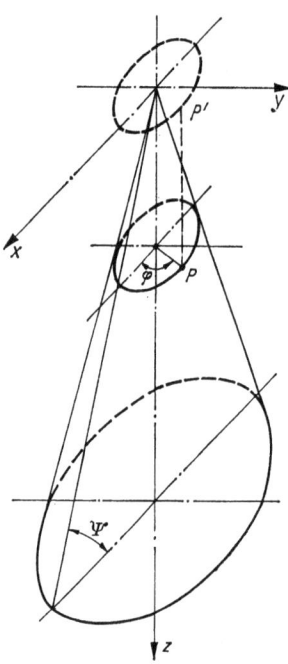

Bild 3/70. Koordinaten des Fadenauflaufpunktes P beliebiger Fadenauflaufpunkt, P' Projektion des Punktes P in die xy-Ebene, φ Drehwinkel, ψ Neigungswinkel

Die Geschwindigkeit in der xy-Ebene setzt sich aus den beiden Komponenten v_r und v_u zusammen und beschreibt die Bewegung des Punktes P auf der Spirale (Bild 3/69).

$\vec{v}_S = \vec{v}_r + \vec{v}_u$

Nach Gleichung (3.76) ist $r = K\varphi$ und $dr = K \times d\varphi$, und es gilt für die Geschwindigkeitskomponenten in der xy-Ebene:

$v_r = \dfrac{dr}{dt} = K\dfrac{d\varphi}{dt}$

$v_u = r\dfrac{d\varphi}{dt} = K\varphi\dfrac{d\varphi}{dt}$

und somit für die resultierende Geschwindigkeit entlang der Spirale:

$$v_S = (v_r^2 + v_u^2)^{1/2} = K(1+\varphi^2)^{1/2}(d\varphi/dt) \tag{3.77}$$

Für eine große Anzahl von Windungen wird der Winkel φ sehr groß, so daß die *1* unter der Wurzel der Gleichung (3.77) vernachlässigt werden kann, da sie gegenüber φ^2 sehr klein ist.
Damit vereinfacht sich der Ausdruck für v_S.

$$v_S = K\varphi\dfrac{d\varphi}{dt} = v_F \tag{3.78}$$

Diese Geschwindigkeit ist die Aufwindegeschwindigkeit des Fadens und gleich der Liefergeschwindigkeit v_F in m/s.

3.6.4.2. Beziehungen am Aufwindekegel

Durch Trennung der Variablen und Integration in den Grenzen 0 bis t bzw. 0 bis φ folgt daraus:

$$\dfrac{K\varphi^2}{2} = v_F t$$

Damit kann der Winkel φ als Funktion der Zeit berechnet werden.

$$\varphi = (2v_F t/K)^{1/2} \tag{3.79}$$

Zur Ermittlung der Bewegungsgleichung für den Fadenauflaufpunkt P in Zylinderkoordinaten müssen noch die Koordinaten r und z als Funktion der Zeit bestimmt werden.
Nach Gleichung (3.76) ist

$r = K\varphi$

Einsetzen von Gleichung (3.79) ergibt:

$$r = (2v_F K t)^{1/2} = r(t) \tag{3.80}$$

Nach Bild 3/71 kann die Koordinate z berechnet werden.

$z = r \cdot \tan\psi$

Einsetzen der Gleichung (3.80) für r führt zu Gleichung (3.81).

$$z = \tan\psi (2v_F K t)^{1/2} = z(t) \tag{3.81}$$

Damit lauten die Bewegungsgleichungen des Fadenauflaufpunktes P:

$r = (2v_F Kt)^{1/2}$

$\varphi = (2v_F t/K)^{1/2}$ (3.82)

$z = \tan \psi (2v_F Kt)^{1/2}$

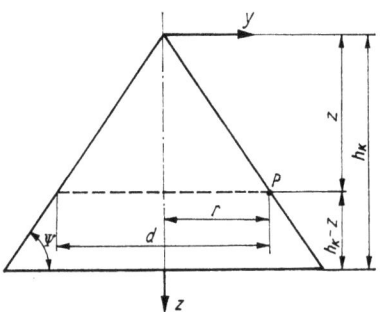

Bild 3/71. Geometrie des Aufwindekegels
d Windungsdurchmesser, h_K Kegelhöhe, P Fadenauflaufpunkt, r Windungsradius, z Abstand von P zur Kegelspitze, ψ Neigungswinkel

Aus den Gleichungen (3.82) können die Geschwindigkeitskomponenten des Punktes P berechnet werden.

$v_r = \dfrac{dr}{dt}$

Für $r = (2v_F Kt)^{1/2}$ wird die Ableitung gebildet. Dafür wird gesetzt:

$r = (At)^{1/2}$

$\dfrac{dr}{dt} = \dfrac{1}{2}(At)^{1/2} A = A/2(At)^{1/2}$

Durch Umformen entsteht der Ausdruck:

$v_r = \dfrac{dr}{dt} = (v_F K/2t)^{1/2}$ (3.83)

$v_u = r\dfrac{d\varphi}{dt} = r(v_F/2Kt)^{1/2}$ (3.84)

$v_z = \dfrac{dz}{dt} = \tan \psi (Kv_F/2t)^{1/2}$ (3.85)

Einsetzen des Wertes für r aus der Gleichung (3.82) in Gleichung (3.84) ergibt:

$v_u = r(v_F/2Kt)^{1/2} = (2v_F Kt)^{1/2}(v_F/2Kt)^{1/2}$
$= v_F = $ konstant

Die Geschwindigkeit des Punktes P in axialer Richtung entpricht der Ringbankgeschwindigkeit. Diese Geschwindigkeit v_z ist nach Gleichung (3.85) nicht konstant, da in ihr K als Funktion von r enthalten ist.

Aus diesem Grunde sollte die Ringbankgeschwindigkeit als Funktion des Bewicklungsdurchmessers dargestellt werden. In die Gleichung (3.85) wird für t der Wert aus Gleichung (3.82) eingesetzt. Daraus folgt:

$v_z = (Kv_F \tan \psi)/r$

bzw. mit $r = d/2$

$v_z = (2Kv_F \tan \psi)/d$

Für eine bestimmte Ringzwirnmaschine mit gegebenen Abmessungen des Aufwindekegels kann das Produkt $2Kv_F \tan \psi$ als Konstante K_1 angenommen werden.

$v_z = \dfrac{K_1}{d}$ (3.86)

Daraus folgt, daß sich die Ringbankgeschwindigkeit mit dem Bewicklungsdurchmesser d im umgekehrten Verhältnis ändert. Nach Gleichung (3.84) ist die Winkelgeschwindigkeit des Fadenauflaufpunktes

$\omega_u = \dfrac{d\varphi}{dt} = (v_F/2Kt)^{1/2}$

Diese Geschwindigkeit ist jedoch eine relative Winkelgeschwindigkeit der Spule gegenüber der des mit ω_D rotierenden Läufers, die gegenüber dem Ring als Führungsgeschwindigkeit bezeichnet wird. Unter der Annahme einer konstanten Winkelgeschwindigkeit der Spindel ω_{Spi} und somit auch der Spule gilt:

$\omega_{Spi} = \omega_D + \omega_u$

oder

$\omega_D = \omega_{Spi} - \omega_u$

Da aber

$\omega_u = (v_F/2Kt)^{1/2}$

ist, wird

$\omega_D = \omega_{Spi} - (v_F/2Kt)^{1/2}$

Mit Gleichung (3.82) wird

$t = r^2/2Kv_F$

und somit

$\omega_D = \omega_{Spl} - (v_F/r)$

Mit

$\omega = 2\pi n/60$

gilt für die Läuferdrehzahl

$n_{Dr} = 30\omega_L/\pi$

Und für die Spindeldrehzahl

$n_{Spl} = 30\omega_{Spl}/\pi$

Als Funktion des Bewicklungsdurchmessers ergibt sich somit die Läuferdrehzahl:

$n_{Dr} = n_{Spl} - (v_F/2\pi r)$

bzw. mit $d = 2r$

$n_{Dr} = n_{Spl}(v_F/\pi d) \quad v_F \text{ in m/min}$ \hfill (3.87)

Mit den Gleichungen (3.86) und (3.87) sind die Bewegungsgesetze von Ringbank und Läufer definiert, die nachfolgend näher untersucht werden.

3.6.4.3. Aufwärtsbewegung der Ringbank

Wie bereits erwähnt wurde, erfolgt die Aufwärtsbewegung der Ringbank langsamer als die Abwärtsbewegung.
Nach den Gleichungen (3.85) und (3.86) gilt für die Geschwindigkeit der Ringbank:

$v_z = \dfrac{dz}{dt} = \dfrac{K_1}{d}$

Der Faktor K_1 kann aus der Geometrie des Bewicklungskegels berechnet werden (Bild 3/72).

$\dfrac{d_B - d_S}{d_B - d} = \dfrac{h_K}{z}$

$d = d_B - \dfrac{z}{h_K}(d_B - d_S)$

Einsetzen in Gleichung (3.86) führt zu folgendem Ausdruck:

$v_z = \dfrac{dz}{dt} = \dfrac{K_1 h_K}{d_B h_K - z(d_B - d_S)}$

Durch Trennung der Variablen läßt sich diese Differentialgleichung lösen.

$\int [d_B h_K - z(d_B - d_S)]\, dz = K_1 h_K\, dt$

$d_B h_K z - \dfrac{z^2}{2}(d_B - d_S) = K_1 h_K t + C$

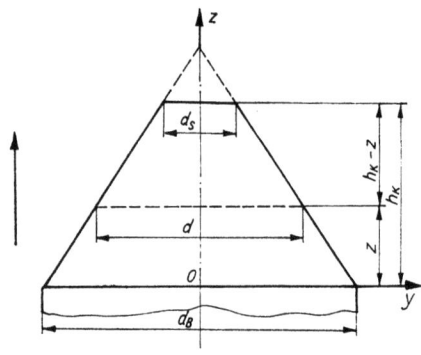

Bild 3/72. Geometrie des Aufwindekegels während der Aufwärtsbewegung der Ringbank
d Windungsdurchmesser, d_B Windungsdurchmesser an der Kegelbasis, d_S Windungsdurchmesser an der Kegelspitze, h_K Kegelhöhe

Die Integrationskonstante C wird aus den Anfangsbedingungen bestimmt. Zur Zeit $t = 0$ ist auch $z = 0$, somit ist auch $C = 0$.

$d_B h_K z - \dfrac{z^2}{2}(d_B - d_S) = K_1 h_K t$ \hfill (3.88)

Zur Bestimmung der Konstanten K_1 kann davon ausgegangen werden, daß die Bewegung der Ringbank von der Kegelbasis mit dem Durchmesser d_B bis zur Kegelspitze mit dem Durchmesser d_S (Hülsendurchmesser) im Verlauf von t_1 Sekunden erfolgt. Nach $t = t_1$ muß $z = h_K$ sein.
Einsetzen in Gleichung (3.88) ergibt:

$d_B h_K^2 - \dfrac{h_K^2}{2}(d_B - d_S) = K_1 h_K t_1$

$K_1 = \dfrac{h_K(d_B - d_S)}{t_1 \cdot 2}$

Dieser für K_1 ermittelte Wert wird in Gleichung (3.88) eingesetzt.

$$d_B h_K z - z^2 \frac{d_B - d_S}{2} = \frac{h_K^2 t}{t_1} \frac{d_B - d_S}{2}$$

Die Normalform dieser quadratischen Gleichung lautet:

$$(d_B - d_S) z^2 - 2 d_B h_K z + \frac{h_K^2 t}{t_1} (d_B + d_S) = 0$$

Daraus ergibt sich folgende Lösung:

$$z = h_K \{d_B \pm [d_B{}^2 - (d_B{}^2 - d_S{}^2)(t/t_1)]^{1/2}\}/$$
$$(d_B - d_S) = z(t) \qquad (3.89)$$

Der Radikand der Gleichung ist für alle Werte $0 < t < t_1$ positiv. Die Gleichung (3.89) hat somit zwei reelle Wurzeln. Zur Bestimmung der relevanten Wurzel wird sie weiter untersucht.
Die Aufwärtsbewegung der Ringbank beginnt zum Zeitpunkt $t = 0$. Einsetzen in Gleichung (3.89) ergibt:

$$z = h_K [d_B \pm (d_B{}^2)^{1/2}]/(d_B - d_S)$$

Nach Bild 3/72 ist zu diesem Zeitpunkt auch $z = 0$, jedoch nur für das negative Vorzeichen der Wurzel.

$$z = \frac{h_K(d_B - d_B)}{d_B - d_S} = 0$$

In der oberen Stellung der Ringbank ist nach der Zeit $t = t_1$ der Bewicklungsdurchmesser d_S erreicht und $z = h_K$. Diese Werte in Gleichung (3.89) eingesetzt, ergibt folgenden Ausdruck:

$$h_K = h_K [d_B \pm (d_S{}^2)^{1/2}]/(d_B - d_S)$$

Auch diese Gleichung wird nur mit negativem Vorzeichen der Wurzel erfüllt, da nur

$$\frac{d_B - d_S}{d_B - d_S} = 1 \quad \text{sein kann.}$$

Aus beiden Grenzfällen kann gefolgert werden, daß die Wurzel in Gleichung (3.89) zur Beschreibung des Bewegungsablaufes der Ringbank nur ein negatives Vorzeichen haben kann. Ihre endgültige Form lautet:

$$z = h_K \{d_B - [d_B{}^2 - (d_B{}^2 - d_S{}^2)(t/t_1)]^{1/2}\}/$$
$$(d_B - d_S) = z(t) \qquad (3.90)$$

Für jede Ringzwirnmaschine sind d_B und d_S konstante Durchmesser, somit auch ihre Summe und Differenz.
Durch Einführung des Durchmesserverhältnisses

$$\frac{d_S}{d_B} = q < 1$$

kann die Gleichung (3.90) erheblich vereinfacht werden.

$$d_B - d_S = d_B(1 - q)$$
$$d_B + d_S = d_B(1 + q)$$
$$d_B{}^2 - d_S{}^2 = d_B{}^2(1 - q^2)$$

Daraus folgt:

$$z = h_K \{1 - [1 - (1 - q^2)(t/t_1)]^{1/2}\}/(1 - q) \qquad (3.91)$$

Durch Differenzieren der Gleichung (3.91) nach der Zeit ergibt sich die Geschwindigkeit der Ringbank in Richtung der Spulenachse. Dabei wird folgende Substitution vorgenommen:

$$A = \frac{h_K}{1 - q} \quad \text{und} \quad B = \frac{1}{t_1}(1 - q^2)$$

und es ergibt sich die Geschwindigkeit der Ringbank nach Gleichung (3.92).

$$v_z = \frac{h_K}{2 t_1} \frac{1 + q}{[1 - (1 - q^2)(t/t_1)]^{1/2}} \qquad (3.92)$$

Beim Aufwinden an der Basis ist $d = d_B$ und $t = 0$ und damit

$$v_{zB} = h_K (1 + q)/2 t_1 \qquad (3.93)$$

Beim Aufwinden an der Spitze ist $d = d_S$ und $t = t_1$ und damit

$$v_{zS} = h_K (1 + q)/2 t_1 q \qquad (3.94)$$

Wird die Gleichung (3.93) durch die Gleichung (3.94) dividiert, so ergibt sich:

$$\frac{v_{zB}}{v_{zS}} = q = \frac{d_S}{d_B} \qquad (3.95)$$

Daraus folgt, daß die Ringbankgeschwindigkeit dem jeweiligen Bewicklungsdurchmesser umgekehrt proportional ist, und sie sich ständig ändert. Die dabei auftretende Beschleunigung kann aus Gleichung (3.92) berechnet werden, indem diese nach der Zeit differenziert wird.
Durch Substitution von

$$A = \frac{h_K(1+q)}{2t_1} \quad \text{und} \quad B = \frac{1}{t_1}(1-q^2)$$

in die Gleichung (3.92) ergibt sich die Beschleunigung der Ringbank nach Gleichung (3.96).

$$a_z = \frac{h_K(1+q)^2}{4t_1^2} \frac{1-q}{\{[1-(1-q^2)(t/t_1)]^3\}^{1/2}} \quad (3.96)$$

Beim Aufwinden an der Basis ist $d = d_B$ und $t = 0$.

$$a_{zB} = \frac{h_K(1+q)^2}{4t_1^2}(1-q) \quad (3.97)$$

Beim Aufwinden an der Spitze ist $d = d_S$ und $t = t_1$.

$$a_{zS} = \frac{h_K(1+q)^2(1-q)}{4t_1^2 q^3} \quad (3.98)$$

Die Gleichung (3.97) wird durch die Gleichung (3.98) dividiert, und es gilt:

$$\frac{a_{zB}}{a_{zS}} = q^3 = \frac{d_S^3}{d_B^3} \quad (3.99)$$

Durch die Gleichungen (3.92) und (3.96) werden die Geschwindigkeit und die Beschleunigung der Ringbank als Funktion der Zeit angegeben. Sie können aber auch als Funktionen des momentanen Windungsdurchmessers abgeleitet werden.
Nach Bild 3/72 gilt:

$$d = d_B - \frac{z}{h_K}(d_B - d_S)$$

oder mit

$$d_B - d_S = d_B(1-q)$$

wird

$$d = d_B\left[1 - \frac{z}{h_K}(1-q)\right] \quad (3.100)$$

Der Wert für z aus Gleichung (3.91) wird in Gleichung (3.100) eingesetzt. Daraus folgt:

$$d = d_B[1 - (1-q^2)(t/t_1)]^{1/2}$$

oder

$$\frac{d}{d_B} = [1 - (1-q^2)(t/t_1)]^{1/2} \quad (3.101)$$

Der rechte Teil der Gleichung (3.101) ist identisch mit dem Klammerausdruck in der Gleichung (3.92). Dafür kann das Durchmesserverhältnis der Gleichung (3.101) eingesetzt werden, so daß die Gleichung (3.92) in folgende Form übergeht:

$$v_z = \frac{h_K}{2t_1}\frac{(1+q)d_B}{d} \quad (3.102)$$

Die Gleichung (3.96) nimmt durch die Einführung der Windungsdurchmesser folgende Form an:

$$a_z = \frac{h_K(1+q)^2}{4t_1^2}\frac{(1-q)d_B^3}{d^3} \quad (3.103)$$

a_z Beschleunigung der Ringbank
d Momentaner Kopsdurchmesser
d_B Kopsdurchmesser an der Basis
d_S Kopsdurchmesser an der Spitze
h_K Höhe des Aufwindekegels
q Durchmesserverhältnis d_S/d_B
t_1 Zeit für einen Aufwärtshub der Ringbank
v_z Geschwindigkeit der Ringbank

Mit diesen Gleichungen ist der Zusammenhang zwischen der Geschwindigkeit sowie der Beschleunigung der Ringbank und dem Windungsdurchmesser hergestellt.

3.6.4.4. Bewegungsgesetze des Ringläufers

Die sich zwischen Spindel und Ringläufer einstellende Drehzahldifferenz ergibt sich aus der gelieferten Fadenlänge, die auf einen sich ständig ändernden Wicklungsdurchmesser aufgewunden wird.
Nach Gleichung (3.87) gilt:

$$n_{Dr} = n_{Spl} - (v_F/\pi d)$$

Aus dieser Gleichung folgt die größte Läuferdrehzahl beim Aufwinden auf den größten Durchmesser d und umgekehrt.

$$n_{Dr\,max} = n_{Spl} - \frac{v_F}{\pi d_{n,ax}}$$

$$n_{Dr\,min} = n_{Spl} - \frac{v_F}{\pi d_{m,in}}$$

Somit nimmt die Läuferdrehzahl im Verlauf der Aufwärtsbewegung der Ringbank ab, da die Liefergeschwindigkeit v_F konstant bleibt. Zur Bestimmung dieses Drehzahlverlaufes wird in die Gleichung (3.87) für den Wicklungsdurchmesser d der entsprechende Wert aus der Gleichung (3.101) eingesetzt. Daraus folgt:

$$n_{Dr} = n_{Spl} - \frac{v_F}{\pi d_B [1-(1-q^2)(t/t_1)]^{1/2}} \quad (3.104)$$

Für die Drehzahlen in Gleichung (3.104) werden die Winkelgeschwindigkeiten eingesetzt. Daraus folgt:

$$\omega_D = \omega_{Spl} - \frac{v_F}{30 d_B [1-(1-q^2)(t/t_1)]^{1/2}} \quad (3.105)$$

Die Differentiation der Gleichung (3.105) nach der Zeit ergibt die Winkelbeschleunigung des Läufers.

$$\alpha_D = \frac{d\omega_D}{dt} = -\frac{v_F(1-q^2)}{60 t_1 d_B \{[1-(1-q^2)(t/t_1)]^3\}^{1/2}} \quad (3.106)$$

Aus Gleichung (3.106) ist zu erkennen, daß sich die Läuferdrehzahl beim Aufwärtshub der Ringbank vermindert. Für die Berechnung der Umfangsgeschwindigkeit und Tangentialbeschleunigung des Läufers wird der Ringradius r_{Rg} eingeführt. Für die Umfangsgeschwindigkeit

$$v_{Dr} = \omega_D r_{Rg}$$

ergibt sich durch Einsetzen der Gleichung (3.105):

$$v_{Dr} = r_{Rg} \left\{ \omega_{Spl} - \frac{v_F}{30 d_B [1-(1-q^2)(t/t_1)]^{1/2}} \right\} \quad (3.107)$$

Die Tangentialbeschleunigung ist das Produkt aus Gleichung (3.106) und Ringradius.

$$\alpha_{Dt} = \alpha_D r_{Rg}$$
$$= -\frac{v_F r_{Rg}(1-q^2)}{60 t_1 d_B \{[1-(1-q^2)(t/t_1)]^3\}^{1/2}} \quad (3.108)$$

Einsetzen der Gleichung (3.101) in (3.107) ermöglicht eine Vereinfachung.

$$v_{Dr} = r_{Rg} \left(\omega_{Spl} - \frac{v_F}{30 d} \right) \quad (3.109)$$

Gleiches gilt für das Einsetzen von Gleichung (3.101) in (3.108).

$$\alpha_{Dt} = -\frac{v_F r_{Rg} d_B^2 (1-q^2)}{60 t_1 d^3} \quad (3.110)$$

d Momentaner Kopsdurchmesser
d_B Kopsdurchmesser an der Basis
q Durchmesserverhältnis d_S/d_B
r_{Rg} Ringradius
t_1 Zeit für den Aufwärtshub der Ringbank
v_{Dr} Umfangsgeschwindigkeit des Drehungsorganes (Ringläufers)
v_F Fadengeschwindigkeit
α_D Winkelbeschleunigung des Drehungsorganes (Ringläufer)
α_{Dt} Tangentialbeschleunigung des Drehungsorganes (Ringläufer)
ω_{Spl} Winkelgeschwindigkeit der Spindel

3.6.4.5. Abwärtsbewegung der Ringbank

Im Gegensatz zur Aufwärtsbewegung der Ringbank erfolgt die Fadenaufwindung bei der Abwärtsbewegung auf einen sich ständig vergrößernden Windungsdurchmesser. Nach Bild 3/73 bewegt sich die Ringbank von der Kegelspitze d_S zur Kegelbasis d_B. Damit gilt folgende Proportion:

$$\frac{d_B - d_S}{d - d_S} = \frac{h_K}{z} \quad (3.111)$$

$$d = d_S + \frac{z}{h_K}(d_B - d_S)$$

Diese Gleichung wird in (3.86) eingesetzt.

$$v_z = \frac{dz}{dt} = \frac{K_2 h_K}{d_S h_K + z(d_B - d_S)} \quad (3.112)$$

Zur Vereinfachung der Gleichung (3.112) wird auch bei der Abwärtsbewegung das Durchmesserverhältnis

$$\frac{d_S}{d_B} = q \quad \text{und} \quad d_B - d_S = d_B(1-q)$$

eingesetzt. Daraus folgt:

$$v_z = \frac{dz}{dt} = \frac{K_2 h_K}{d_B[h_K q + z(1-q)]} \quad (3.113)$$

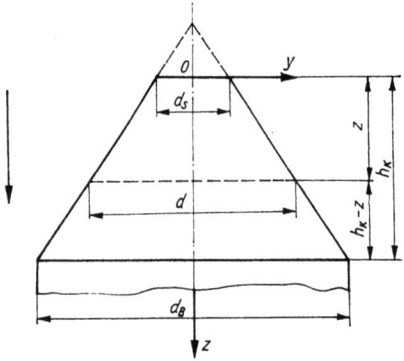

Bild 3/73. Geometrie des Aufwindekegels während der Abwärtsbewegung der Ringbank
d Windungsdurchmesser, d_B Windungsdurchmesser an der Kegelbasis, d_S Windungsdurchmesser an der Kegelspitze, h_K Kegelhöhe

Diese Differentialgleichung wird durch Trennung der Variablen gelöst.

$$\int \{d_B[h_K q + z(1-q)]\}\,dz = K_2 h_K \int dt$$
$$d_B\left[q h_K z + \frac{z^2}{2}(1-q)\right] = K_2 h_K t + C \quad (3.114)$$

Aus den Anfangsbedingungen der Abwärtsbewegung der Ringbank wird die Integrationskonstante C bestimmt. Zum Zeitpunkt $t=0$ ist auch $z=0$, somit nach Gleichung (3.114) auch $C=0$. Damit erhält die Gleichung (3.114) folgende Form:

$$d_B\left[q h_K z + \frac{z^2}{2}(1-q)\right] = K_2 h_K t \quad (3.115)$$

Zur Bestimmung der Konstanten K_2 wird davon ausgegangen, daß die Abwärtsbewegung der Ringbank in t_2 Sekunden erfolgt. Nach $t = t_2$ muß $z = h_K$ sein.

Einsetzen in Gleichung (3.115) ergibt:

$$d_B\left[q h_K^2 + \frac{h_K^2}{2}(1-q)\right] = K_2 h_K t_2$$
$$K_2 = \frac{d_B h_K}{2 t_2}(1+q) \quad (3.116)$$

Dieser für K_2 ermittelte Wert wird in Gleichung (3.115) eingesetzt.

$$d_B\left[q h_K z + \frac{z^2}{2}(1-q)\right] = \frac{d_B h_K^2 t}{2 t_2}(1+q)$$

Die Normalform dieser quadratischen Gleichung lautet:

$$(1-q)z^2 + 2q h_K z - \frac{h_K^2 t}{t_2}(1+q) = 0$$

Daraus ergibt sich folgende Lösung:

$$z = h_K\{-q \pm [q^2 + (1-q^2)(t/t_2)]^{1/2}\}/(1-q)$$
$$= z(t) \quad (3.117)$$

In der oberen Stellung der Ringbank (Bild 3/73) ist zum Zeitpunkt $t=0$ auch $z=0$.

$$z = h_K[-q \pm (q^2)^{1/2}]/(1-q) = 0$$

Diese Gleichung wird nur 0, wenn die Wurzel ein positives Vorzeichen hat.
Die Ringbank hat bei ihrer Abwärtsbewegung den Hub $z = h_K$ in der Zeit $t = t_2$ zurückgelegt.

$$z = h_K[-q \pm (q^2 + 1 - q^2)^{1/2}]/(1-q)$$

Auch bei dieser Gleichung ist nur eine positive Wurzel von Bedeutung.

$$\frac{1-q}{1-q} = 1$$

Durch die Betrachtung der beiden Grenzfälle erhält die Gleichung (3.117) ihre endgültige Form.

$$z = h_K\{[q^2 + (1-q^2)(t/t_2)]^{1/2} - q\}/(1-q) \quad (3.118)$$

Die Geschwindigkeit der Ringbank bei ihrer Abwärtsbewegung ergibt sich durch Differentiation der Gleichung (3.118) nach der Zeit t:

$$v_z = \frac{h_K}{2t_2} \frac{1+q}{[q^2 + (1-q^2)(t/t_2)]^{1/2}} \quad (3.119)$$

Nochmalige Differentiation ergibt die Beschleunigung der Ringbank.

$$a_z = \frac{-h_K(1+q)^2}{4t_2^2} \frac{1-q}{\{[q^2 + (1-q^2)(t/t_2)]^3\}^{1/2}} \quad (3.120)$$

Wie bereits bei der Aufwärtsbewegung der Ringbank werden auch bei ihrer Abwärtsbewegung Geschwindigkeit und Beschleunigung als Funktion des Windungsdurchmessers dargestellt.
Zu diesem Zweck wird in die Gleichung (3.111) für z der Wert der Gleichung (3.118) und für

$$d_B - d_S = d_B(1-q)$$

sowie für

$$d_S = d_B q$$

eingesetzt.
Durch Umformung ergibt sich folgender Ausdruck:

$$d = d_B[q^2 + (1-q^2)(t/t_2)]^{1/2}$$

oder

$$\frac{d}{d_B} = [q^2 + (1-q^2)(t/t_2)]^{1/2} \quad (3.121)$$

Der rechte Teil der Gleichung (3.121) ist identisch mit dem Klammerausdruck in der Gleichung (3.119). Für ihn wird das Durchmesserverhältnis der Gleichung (3.121) eingesetzt, so daß die Gleichung (3.119) in folgende Form übergeht:

$$v_z = \frac{h_K}{2t_2} \frac{(1+q) d_B}{d} \quad (3.122)$$

Für die Ringbankbeschleunigung nach Gleichung (3.120) ergibt sich dann eine Form als Funktion des Wicklungsdurchmessers:

$$a_z = -\frac{h_K(1+q)^2}{4t_2^2} \frac{(1-q) d_B^3}{d^3} \quad (3.123)$$

t_z Zeit für einen Abwärtshub der Ringbank

Die anderen Kurzzeichen entsprechen denen im Abschnitt 3.6.4.3. (Aufwärtsbewegung der Ringbank).
Die Ringbankbeschleunigung ist beim Abwärtshub negativ, d. h., es handelt sich um eine Verzögerung, da der Wicklungsdurchmesser wächst, jedoch die Liefergeschwindigkeit konstant bleibt.

3.6.4.6. Bewegungsgesetze des Ringläufers

Bei der Abwärtsbewegung der Ringbank wächst der Wicklungsdurchmesser von $d_S = d_{\min}$ auf $d_B = d_{\max}$. Nach Gleichung (3.87) gilt für die Läuferdrehzahl

$$n_{Dr} = n_{Spi} - (v_F/\pi d)$$

die beim Abwärtshub zunimmt und somit eine Beschleunigung auftritt.
In die Gleichung (3.87) wird für den momentanen Wicklungsdurchmesser d der entsprechende Wert aus Gleichung (3.121) eingesetzt, wodurch folgender Ausdruck entsteht:

$$n_{Dr} = n_{Spi} - \frac{v_F}{\pi d_B[q^2 + (1-q^2)(t/t_2)]^{1/2}}$$

$$(3.124)$$

Die Winkelgeschwindigkeit des Ringläufers beträgt:

$$\omega_D = \omega_{Spi} - \frac{v_F}{30 d_B[q^2 + (1-q^2)(t/t_2)]^{1/2}}$$

$$(3.125)$$

Die Winkelbeschleunigung des Läufers folgt durch Differentiation der Gleichung (3.125) nach der Zeit t.

$$\alpha_D = \frac{v_F(1-q^2)}{60 t_2 d_B\{[q^2 + (1-q^2)(t/t_2)]^3\}^{1/2}} \quad (3.126)$$

Für die Umfangsgeschwindigkeit gilt:

$$v_{Dr} = r_{Rg}\left\{\omega_{Spi} - \frac{v_F}{30 d_B[q^2 + (1-q^2)(t/t_2)]^{1/2}}\right\}$$

$$(3.127)$$

Die Tangentialbeschleunigung folgt aus dem Produkt der Gleichung (3.126) und dem

Ringradius r_{Rg}.

$$\alpha_{Dt} = \alpha_D r_{Rg} = \frac{v_F r_{Rg}(1-q^2)}{60 t_2 d_B \{[q^2 + (1-q^2)(t/t_2)]^3\}^{1/2}} \quad (3.128)$$

oder in anderer Form:

$$v_{Dr} = r_{Rg}\left(\omega_{Spl} - \frac{v_F}{30d}\right) \quad (3.129)$$

und

$$\alpha_{Dt} = \frac{v_F r_{Rg} d_B^2 (1-q^2)}{60 t_2 d^3} \quad (3.130)$$

Die Gleichung (3.124) läßt erkennen, daß die Läuferdrehzahl beim Abwärtshub zunimmt. Bei den bisher durchgeführten Untersuchungen der Läuferbewegung beim Auf- und Abwärtshub der Ringbank wurde deren Geschwindigkeitsverlauf nicht berücksichtigt. Er kann jedoch nicht vernachlässigt werden, da er einen Einfluß auf die Läuferbeschleunigung und damit auf die Größe der Fadenzugkraft hat.

Aus diesem Grunde gelten die folgenden Betrachtungen dem Einfluß der Ringbankgeschwindigkeit auf die Läuferbewegung.

3.6.4.7. Aufwärtsbewegung der Ringbank unter Berücksichtigung ihrer Geschwindigkeit

Die vorangegangenen Gleichungen für die Berechnung der Läuferdrehzahl basieren auf der Annahme, daß auf die Spule in gleichen Zeiten konstante Fadenlängen aufgewunden werden, da die Liefergeschwindigkeit v_F konstant ist. Tatsächlich ist es jedoch bei der Auf- und Abwärtsbewegung der Ringbank mit einer Geschwindigkeit v_z in m/s erforderlich, eine Fadenlänge der Größe $v_F \pm 60 v_z$ aufzuwinden. Unter Berücksichtigung dieser Fadenlängendifferenz von $60 v_z$ m/min nimmt die Gleichung (3.87) zur Berechnung der Läuferdrehzahl folgende veränderte Form an:

$$n_{Dr} = n_{Spl} - \frac{v_F + 60 v_z}{\pi d} \quad (3.131)$$

Einsetzen der Gleichungen (3.92) für v_z und (3.101) für d in Gleichung (3.131) ergibt die Läuferdrehzahl:

$$n_{Dr} = n_{Spl} - \frac{1}{\pi d_b}\left\{\frac{v_F}{[1-(1-q^2)(t/t_1)]^{1/2}}\right.$$
$$\left. + \frac{30 h_K (1+q)}{t_1[1-(1-q^2)(t/t_1)]}\right\} \quad (3.132)$$

Die anderen Bewegungsgleichungen lauten:

Winkelgeschwindigkeit:

$$\omega_D = \omega_{Spl} - \frac{1}{d_B}\left\{\frac{v_F}{30[1-(1-q^2)(t/t_1)]^{1/2}}\right.$$
$$\left. + \frac{h_K(1+q)}{t_1[1-(1-q^2)(t/t_1)]}\right\} \quad (3.133)$$

Winkelbeschleunigung:

$$\alpha_D = -\frac{1-q^2}{t_1 d_B}\left\langle\frac{v_F}{60\{[1-(1-q^2)(t/t_1)]^3\}^{1/2}}\right.$$
$$\left. + \frac{h_K(1+q)}{t_1[1-(1-q^2)(t/t_1)]^2}\right\rangle \quad (3.134)$$

Läufergeschwindigkeit:

$$v_{Dr} = r_{Rg}\left\langle\omega_{Spl} - \frac{1}{d_B}\left\{\frac{v_F}{30[1-(1-q^2)(t/t_1)]^{1/2}}\right.\right.$$
$$\left.\left. + \frac{h_K(1+q)}{t_1[1-(1-q^2)(t/t_1)]}\right\}\right\rangle \quad (3.135)$$

Tangentialbeschleunigung:

$$\alpha_{Dt} = -\frac{r_{Rg}(1-q^2)}{t_1 d_B}$$
$$\times \left\langle\frac{v_F}{60\{[1-(1-q^2)(t/t_1)]^3\}^{1/2}}\right.$$
$$\left. + \frac{h_K(1+q)}{t_1[1-(1-q^2)(t/t_1)]^2}\right\rangle \quad (3.136)$$

Werden die Größen n_{Dr}, ω_D, α_D, v_{Dr} und α_{Dt} als Funktion des Windungsdurchmessers dargestellt, dann gilt:

$$n_{Dr} = n_{Spl} - \frac{1}{\pi d}\left[v_F + \frac{30 h_K d_B(1+q)}{t_1 d}\right] \quad (3.137)$$

$$\omega_D = \omega_{Spl} - \frac{1}{d}\left[\frac{v_F}{30} + \frac{h_K d_B(1+q)}{t_1 d}\right] \quad (3.138)$$

$$\alpha_D = -\frac{(1-q^2)d_B^2}{t_1 d^3}\left[\frac{v_F}{60} + \frac{h_K(1+q)d_B}{t_1 d}\right]$$
(3.139)

$$v_{Dr} = r_{Rg}\left\{\omega_{Spl} - \frac{1}{d}\left[\frac{v_F}{30} + \frac{h_K d_B(1+q)}{t_1 d}\right]\right\}$$
(3.140)

$$\alpha_{Dt} = -r_{Rg}\frac{d_B^2(1-q^2)}{t_1 d^3}\left[\frac{v_F}{60} + \frac{h_K d_B(1+q)}{t_1 d}\right]$$
(3.141)

Die verwendeten Kurzzeichen entsprechen denen im Abschnitt 3.6.4.4. (Aufwärtsbewegung der Ringbank).

3.6.4.8. Abwärtsbewegung der Ringbank unter Berücksichtigung ihrer Geschwindigkeit

Für die Abwärtsbewegung gelten analoge Beziehungen, nur mit dem Unterschied, daß die Fadenlängendifferenz der Größe $60v_z$ in m/min von der Fadengeschwindigkeit v_F zu subtrahieren ist.

$$n_{Dr} = n_{Spl} - \frac{v_F - 60v_z}{\pi d}$$
(3.142)

Die Bewegungsgleichungen lauten:

Läuferdrehzahl:

$$n_{Dr} = n_{Spl} - \frac{1}{\pi d_B}\left\{\frac{v_F}{[q^2 + (1-q^2)(t/t_2)]^{1/2}} - \frac{30h_K(1+q)}{t_2[q^2 + (1-q^2)(t/t_2)]}\right\}$$
(3.143)

Winkelgeschwindigkeit:

$$\omega_D = \omega_{Spl} - \frac{1}{d_B}\left\{\frac{v_F}{30[q^2 + (1-q^2)(t/t_2)]^{1/2}} - \frac{h_K(1+q)}{t_2[q^2 + (1-q^2)(t/t_2)]}\right\}$$
(3.144)

Winkelbeschleunigung:

$$\alpha_D = \frac{1-q^2}{t_2 d_B}\left\langle\frac{v_F}{60\{[q^2+(1-q^2)(t/t_2)]^3\}^{1/2}} - \frac{h_K(1+q)}{t_2[q^2+(1-q^2)(t/t_2)]^2}\right\rangle$$
(3.145)

Läufergeschwindigkeit:

$$v_{Dr} = r_{Rg}\left\langle\omega_{Spl} - \frac{1}{d_B}\right.$$
$$\times\left\{\frac{v_F}{30[q^2+(1-q^2)(t/t_2)]^{1/2}}\right.$$
$$\left.\left.- \frac{h_K(1+q)}{t_2[q^2+(1-q^2)([t/t_2])]}\right\}\right\rangle$$
(3.146)

Tangentialbeschleunigung:

$$\alpha_{Dt} = \frac{r_{Rg}(1-q^2)}{t_2 d_B}\left\langle\frac{v_F}{60\{[q^2+(1-q^2)(t/t_2)]^3\}^{1/2}}\right.$$
$$\left.- \frac{h_K(1+q)}{t^2[q^2+(1-q^2)(t/t_2)]^2}\right\rangle$$
(3.147)

Werden die Größen n_{Dr}, ω_D, α_D, v_{Dr} und α_{Dt} als Funktion des Wicklungsdurchmessers d dargestellt, dann gilt:

$$n_{Dr} = n_{Spl} - \frac{1}{\pi d}\left[v_F - \frac{30h_K d_B(1+q)}{t_2 d}\right]$$
(3.148)

$$\omega_D = \omega_{Spl} - \frac{1}{d}\left[\frac{v_F}{30} - \frac{h_K d_B(1+q)}{t_2 d}\right]$$
(3.149)

$$\alpha_D = \frac{(1-q^2)d_B^2}{t_2 d^3}\left[\frac{v_F}{60} - \frac{h_K(1+q)d_B}{t_2 d}\right]$$
(3.150)

$$v_{Dr} = r_{Rg}\left\{\omega_{Spl} - \frac{1}{d}\left[\frac{v_F}{30} - \frac{h_K d_B(1+q)}{t_2 d}\right]\right\}$$
(3.151)

$$\alpha_{Dt} = r_{Rg}\frac{d_B^2(1-q^2)}{t_2 d^3}\left[\frac{v_F}{60} - \frac{h_K d_B(1+q)}{t_2 d}\right]$$
(3.152)

Die verwendeten Kurzzeichen entsprechen denen im Abschnitt 3.6.4.4. (Aufwärtsbewegung der Ringbank).
Aus den vorliegenden Betrachtungen ist zu erkennen, daß die Läuferdrehzahl eine Funktion des Wicklungsdurchmessers ist. Durch seine ständige Änderung von d_B bis d_S und umgekehrt muß sich bei konstanter Liefergeschwindigkeit die Zwirndrehungszahl ebenfalls ändern.

3.6.4.9. Änderung der Zwirndrehungszahl durch die Ringbankbewegung

Unter Vernachlässigung des Einflusses der Ringbankgeschwindigkeit auf die Läuferdrehzahl gilt für diese nach Gleichung (3.87):

$$n_{Dr} = n_{Spl} - \frac{v_F}{\pi d}$$

Die an der Zwirnmaschine erteilte Zwirndrehungszahl beträgt:

$$T = \frac{n_{Dr}}{v_F} = \frac{n_{Spl} - \frac{v_F}{\pi d}}{v_F} = \frac{n_{Spl}}{v_F} - \frac{1}{\pi d} \quad (3.153)$$

Das Verhältnis n_{Spl}/v_F ist auf Grund des Übersetzungsverhältnisses zwischen Spindel und Lieferwalze konstant. Es ist jene Zwirndrehungszahl T_0, die mit Hilfe von Zahnrädern an der Maschine eingestellt wird. Die tatsächliche Zwirndrehungszahl T ist jedoch kleiner und eine Funktion des Windungsdurchmessers.

$$T = T_0 - \frac{1}{\pi d} \quad (3.154)$$

Damit beträgt die Zwirndrehungszahl beim Winden an der Kegelbasis, wenn $d = d_B = d_{max}$:

$$T_{Spitze} = T_0 - \frac{1}{\pi d_S} = T_{min}$$

Beim Weiterverarbeiten der Zwirnkopse erfolgt der Fadenabzug über Kopf, wobei durch jede abgezogene Windung eine Fadendrehung entsteht. Auf diese Weise gleicht sich der durch den Summanden $1/\pi d$ entstandene Drehungsunterschied wieder aus, so daß die im Zwirn vorhandenen Drehungen/m

$$T = T_0 = \frac{n_{Spl}}{v_F}$$

betragen.
Unter Berücksichtigung der vom Windungsdurchmesser abhängigen Ringbankgeschwindigkeit kann festgestellt werden, daß die dem Faden erteilten Drehungen/m im Verlauf eines Ringbankhubes nicht konstant sind. Im folgenden wird der entsprechende Nachweis erbracht.

3.6.4.9.1. Aufwärtsbewegung der Ringbank

Die Läuferdrehzahl beträgt nach Gleichung (3.137):

$$n_{Dr} = n_{Spl} - \frac{1}{\pi d}\left[v_F + \frac{30 h_K d_B (1+q)}{t_1 d}\right]$$

Damit ergibt sich die Garndrehungszahl im Zwirn:

$$T = \frac{n_{Dr}}{v_F} = \frac{n_{Spl}}{v_F} - \frac{1}{\pi d} - \frac{30 h_K d_B (1+q)}{\pi v_F t_1 d^2}$$

$$(3.155)$$

In der Gleichung (3.155) ist das Getriebeübersetzungsverhältnis zwischen Spindel und Lieferwerk n_{Spl}/v_F konstant, und der Drehungsunterschied $1/\pi d$ gleicht sich bei Überkopfabzug aus, so daß damit die Gleichung (3.155) folgende Form erhält:

$$T = T_0 - \frac{30 h_K d_B (1+q)}{\pi v_F t_1 d^2} \quad (3.156)$$

Für jeden Ringzwirnmaschinentyp sind die Kopsparameter konstant, so daß der Ausdruck

$$\frac{30 h_K d_B (1+q)}{\pi} = K_4$$

angenommen werden kann.
Damit wird die endgültige Zwirndrehungszahl

$$T = T_0 - \frac{K_4}{v_F t_1 d^2} \quad (3.157)$$

3.6.4.9.2. Abwärtsbewegung der Ringbank

Analoge Verhältnisse ergeben sich bei der Abwärtsbewegung, wofür die Gleichung (3.148) zugrunde gelegt wird.

$$n_{Dr} = n_{Spl} - \frac{1}{\pi d}\left[v_F - \frac{30 h_K d_B (1+q)}{t_2 d}\right]$$

Durch Substitution und Umformung ergibt sich schließlich folgender Ausdruck:

$$T = T_0 + \frac{K_4}{v_F t_2 d^2} \qquad (3.158)$$

Der Vergleich der Gleichungen (3.157) und (3.158) läßt die unterschiedliche Größe der effektiven technologischen Zwirndrehungszahlen erkennen. Danach ist die Drehungszahl beim Aufwärtshub der Ringbank kleiner als beim Abwärtshub. Die Größe dieses Unterschiedes ist für die Praxis unerheblich. Seine Wirksamkeit nimmt mit steigender Zwirndrehungszahl ab. Außerdem tritt beim Aufwinden des Fadens auf den Kops und beim Umspulen ein gewisser Drehungsausgleich auf.

3.7. Technologische Berechnung der Ballonzwirnmaschine

3.7.1. Getriebeeinstellung zur Drehungserzeugung

Durch das Prinzip der drehenden Ablaufspule liegt die obere Grenze der Spindeldrehzahl höher als bei der Ringspindel. Aus diesem Grunde arbeiten Ballonzwirnmaschinen auch mit höheren Fadengeschwindigkeiten, unabhängig davon, ob die Maschine mit Einfach- oder Doppeldrahtspindeln ausgestattet ist. Die Größe der Fadengeschwindigkeit wird durch die Aufwindegeschwindigkeit und somit durch die Geschwindigkeit der Tragwalze (Bild 3/53, 9) bestimmt. Somit gilt:

$$v_F = v_D = \pi D n_D$$

Ausgehend von Gleichung (3.44) kann die Maschinengleichung für die Berechnung der Zwirndrehungszahl aufgestellt werden.

Einfachdrahtprinzip:

$$T_z = \frac{n_{Spl}}{v_F} = \frac{n_{Spl}}{\pi D n_D} \qquad (3.159)$$

Doppeldrahtprinzip:

$$T_z = \frac{2 n_{Spl}}{v_F} = \frac{2 n_{Spl}}{\pi D n_D} \qquad (3.160)$$

In beiden Fällen kann die Spindel entweder durch Einzelmotor oder Tangentialriemen angetrieben werden. Erfolgt der Antrieb mittels Riemens, so ergibt sich die Spindeldrehzahl aus dem Produkt der Motordrehzahl und dem Übersetzungsverhältnis zwischen Motor und Spindel i_S.

$$n_{Spl} = n_M i_S \qquad (3.161)$$

Die Drehzahl der Tragwalze n_D kann in beiden Fällen aus dem Produkt der Motordrehzahl und dem Übersetzungsverhältnis zwischen Motor und Tragwalze berechnet werden.

$$n_D = n_M i_D \qquad (3.162)$$

Bei Anwendung der Gleichung (3.162) muß berücksichtigt werden, daß sich das Übersetzungsverhältnis i_D aus einem konstanten und einem variablen Anteil zusammensetzt. Ebenso wie an der Ringzwirnmaschine wird durch den variablen Anteil die erforderliche Drehungszahl im Zwirn festgelegt. Damit lauten die Maschinengleichungen für die Berechnung der Zwirndrehungszahl:

Einfachdrahtprinzip:

$$T_Z = \frac{i_S}{\pi D i_D} \qquad (3.163)$$

Doppeldrahtprinzip:

$$T_Z = \frac{2 i_S}{\pi D i_D} \qquad (3.164)$$

Je nach Antriebsart ist in die Gleichungen (3.163) und (3.164) ein Schlupffaktor einzusetzen, wenn die Drehzahlübertragung durch reibschlüssige Getriebe erfolgt.

3.7.2. Produktion

Wie bereits bei der Produktionsberechnung an der Ringzwirnmaschine (Abschnitt 3.6.2.) erwähnt wurde, ist die Produktion eine Funktion von Zwirnfeinheit und Fadengeschwindigkeit. Auch bei Ballonzwirnmaschinen sind fertigungsbedingte Maschinenstillstände durch einen technologischen Wirkungsgrad zu berücksichtigen.

14*

Damit gilt die Gleichung (3.59) zur Berechnung der produzierten Zwirnmenge vollinhaltlich.

$$m_Z = T t_Z v_F \eta$$

Substitution des Wertes für v_F führt zu folgender Form:

$$m_Z = \pi T t_Z D n_D \eta \qquad (3.165)$$

In Gleichung (3.165) kann der technologische Wirkungsgrad mit etwa 90% angesetzt werden.

3.8. Berechnung der kritischen Spindeldrehzahl

3.8.1. Grundlagen

Eines der kompliziertesten Funktionselemente an Zwirnmaschinen ist die Spindel. Für eine einwandfreie Funktion werden an sie sehr hohe Anforderungen gestellt. Sie besteht im wesentlichen aus einem schlanken Rotationskörper, der bei hohen Drehzahlen eine Hülse mit der Fadenwicklung trägt, deren Masse ständig zu- oder abnimmt und mit Unwucht behaftet ist. Diesen Merkmalen, die sich nachteilig auf die Erfüllung ihrer Funktion auswirken, ist bei der Gestaltung Rechnung zu tragen. Zur Erzielung eines ruhigen Laufes muß der Lagerung besondere Sorgfalt gewidmet werden. Eine weitere Maßnahme besteht darin, die Spindelabmessungen und die der Spulenkörper so zu wählen, daß die stationären Spindeldrehzahlen außerhalb der kritischen Drehzahlen liegen.

Üblicherweise liegen die Betriebsdrehzahlen zwischen der ersten und zweiten kritischen Drehzahl. Nach *Makarow* [94] wird folgender Drehzahlbereich empfohlen:

$$1{,}4 n_{1\mathrm{kr}} \leqq n_{\mathrm{Spl}} \leqq 0{,}7 n_{2\mathrm{kr}} \qquad (3.166)$$

Erschwerend für die Berechnung von Spindelschwingungen wirken sich die Querschnittsveränderungen des Spindelkörpers aus. Darüber hinaus wirken die permanenten Masseänderungen der Wicklung sowie der veränderliche Fadenzug im Verlauf eines Auf- und Abwärtshubes der Ringbank als Störgrößen.

Bei der analytischen Untersuchung der Spindelschwingungen wird die Spindel als schwingungsfähiges System mit der Eigenfrequenz f_0 betrachtet, auf das eine sinusförmige Kraft von der Größe $F = F_m \sin \omega t$ und der Kreisfrequenz $\omega = 2\pi f$ (f Erregerfrequenz) von außen einwirkt. Dadurch führt das System erzwungene Schwingungen aus.

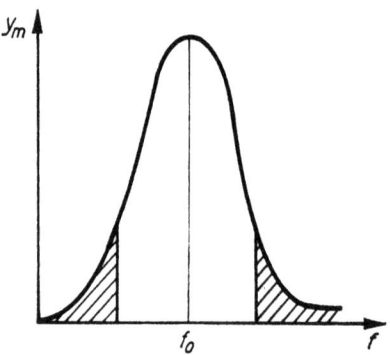

Bild 3/74. Frequenzverlauf der Spindel
f Frequenz, f_0 Eigenfrequenz, Y_m Amplitude,
///// Arbeitsbereich der Spindel

Ist die Antriebsdrehzahl (Erregerfrequenz) relativ klein, so folgt das System „Spindel" ohne bzw. mit geringer Phasenverschiebung mit einer Amplitude, die der der Erregung etwa gleich ist. Erreger und Schwinger (Spindel) haben die gleiche Frequenz, die unter der Eigenfrequenz f_0 liegt. Mit steigender Antriebszahl vergrößert sich in gleichem Maße die Frequenz des Schwingers und damit auch seine Amplitude (Bild 3/74). Steigt die Erregerfrequenz weiter ($f \to f_0$), so wächst die Amplitude sehr rasch und erreicht bei $f = f_0$ (Resonanz) ihren Maximalwert. Dieser Drehzahlbereich ist für die stationäre Spindeldrehzahl unbedingt zu vermeiden, da die Belastung der Spindel dort am größten ist. Bei Vergrößerung der Drehzahl nimmt die Amplitude wieder ab. Im Falle einer ungedämpften Schwingung würde die Amplitude im Resonanzfall unendlich groß. Dieser Fall tritt jedoch in der Praxis nicht auf, da die Spindel durch ihre Lagerung gedämpft wird. Je größer die Dämpfung, um so kleiner ist die Amplitude des Schwingers im Resonanzfall. Eine im Resonanzbereich gefahrene Spindel erzeugt ein Geräusch, das sich vom normalen Laufgeräusch deutlich abhebt. Um die Amplitude im Resonanzbereich klein zu halten, ist eine große Dämpfung des Schwingers vorzunehmen. Für die Ermittlung der kritischen Umlauffrequenz einer Welle kann allgemein geschrieben werden:

$$\omega_K = (c/m)^{1/2} \tag{3.167}$$

Für die kritische Spindeldrehzahl gilt damit:

$$n_{SK} = (30/\pi)\,(c/m)^{1/2} \tag{3.168}$$

In Gleichung (3.168) ist c die Biegefestigkeit der Spindel, die nach Bild (3/75) für den betreffenden Belastungsfall berechnet werden kann.
Danach gilt:

$$c = 3EJ/lb^2 \tag{3.169}$$

Für die Masse m wird die auf das obere Spindelende bezogene reduzierte Masse m_red eingesetzt, womit die Gleichung (3.168) in folgende Form übergeht:

$$n_{SK} = (30/\pi)\,(3 \cdot 981 \cdot EJ/lb^2 m_\text{red})^{1/2} \tag{3.170}$$

Bei der Berechnung der kritischen Drehzahl treten Schwierigkeiten insofern auf, daß die Spindel keinen konstanten Querschnitt und damit auch kein konstantes äquatoriales Trägheitsmoment hat.
Für Wellen mit veränderlichem Querschnitt gilt für die Schwingungsberechnung folgende allgemeine partielle Differentialgleichung:

$$\frac{\delta}{\delta x^2}\left(EI\,\frac{\delta^2 y}{\delta x^2}\right) + \frac{A\varrho_S}{g}\,\frac{\delta^2 y}{\delta t^2} = 0 \tag{3.171}$$

A Spindelquerschnitt
E Elastizitätsmodul des Spindelkörpers
g Erdbeschleunigung
I Äquatoriales Trägheitsmoment des Spindelkörpers
t Zeit
x Koordinate längs der Spindelachse
y Koordinate quer zur Spindelachse
ϱ_S Dichte des Spindelkörpers

Unter Berücksichtigung, daß A und I bei veränderlichem Querschnitt von der Koordinate x abhängen, ist eine Lösung der Gleichung (3.171) schwierig. Eine Vereinfachung der Gleichung ist möglich, indem die Querschnittsänderungen des Spindelkörpers stufenweise angesetzt werden.
Ein derartiges Lösungsverfahren ist gleichbedeutend mit dem Ersatz der Gleichung (3.171) mit veränderlichem Koeffizienten durch ein Differentialgleichungssystem mit konstantem Koeffizienten. Aber auch eine derartige Lösung ist kompliziert und muß für jede Spindel speziell ermittelt werden.

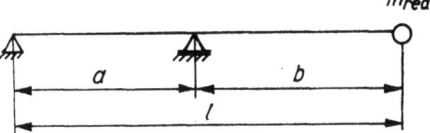

Bild 3/75. Belastungsfall der Spindel
a, b, l Länge, m_red reduzierte Spindelmasse

Für die weitere Betrachtung werden deshalb Vereinfachungen getroffen, wobei eine Beschränkung auf die Berechnung der kritischen Drehzahl erfolgt
Liegt die zweite kritische Drehzahl der Spindel beträchtlich höher als die stationäre Spindeldrehzahl, die üblicherweise 8000 bis 15000 min^{-1} betragen kann, so ist die Berechnung der ersten kritischen Drehzahl ausreichend (Gleichung 3.170). Hierfür können verschiedene Näherungsverfahren angewendet werden, die jedoch nur brauchbare Ergebnisse liefern, wenn die erste kritische Drehzahl nicht im Bereich der Arbeitsdrehzahlen liegt. Gegenstand umfangreicher Versuche [94] war die Untersuchung des Einflusses der Beweglichkeit der Spindellagerung auf die Schwingungen. Im Ergebnis dieser Untersuchungen zeigt sich, daß pendelnd gelagerte Spindeln weniger schwingen als solche mit festen Lagern.

3.8.2. Spindeln mit starrer Lagerung ohne Aufsatz

Bei diesem Spindeltyp befinden sich Hals- und Fußlager in einer gemeinsamen Lagerbüchse, die schraubenlinienförmig geschlitzt ist, um ein Ausweichen des Fußlagers infolge äußerer Kräfte zu ermöglichen. Diese Lagerbüchse ist im Spindelunterteil befestigt, das sich seinerseits in der Spindelbank befindet. Die so auftretenden Spindelschwingungen sind vordergründig durch Biegeschwingungen bedingt. Etwa 70···80% der Schwingungsamplitude entstehen durch Deformation des Spindelkörpers. Nur 20···30% resultieren aus der Lagerung.

Für die Berechnung der ersten kritischen Drehzahl wird die Spindelmasse auf das obere Spindelende reduziert. Der Wert dieser reduzierten Masse nach Gleichung (3.172) wird in Gleichung (3.170) eingesetzt.

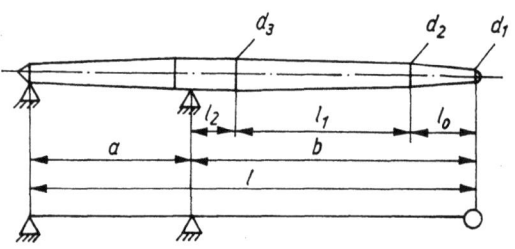

Bild 3/76. Spindel mit starrer Lagerung ohne Aufsatz
a, b, l, l_0, l_1, l_2 Länge, d_1, d_2, d_3 Durchmesser

Die reduzierte Masse eines Spindelkörpers nach Bild (3/76) kann folgendermaßen näherungsweise berechnet werden [94]:

$$m_{red} = \frac{\pi d_1^6 \varrho_S}{lb^2} \left[\frac{l_0(l - 0,5 \cdot l_0)(b - 0,5 \cdot l_0)^2}{d_2^2(d_1 + d_2)^2} \right.$$

$$+ \frac{3l_1\left(l - l_0\frac{l_1}{6}\right)\left(l_2 + \frac{5}{6}l_1\right)^2}{d_3^2(5 \cdot d_2 + d_3)^2}$$

$$\left. + \frac{l_1(l - l_0 - 0,5 \cdot l_1)(l_2 + 0,5 \cdot l_1)^2}{3d_3^2(d_2 + d_3)^2} \right]$$

$$(3.172)$$

$a, b, l, l_0, l_1, l_2, d_1, d_2, d_3$ Abmessungen des Spindelkörpers und Lagerabstände nach Bild 3/76 in cm
ϱ_S Dichte des Spindelkörperwerkstoffes in kg/cm³
m_{red} Reduzierte Masse des Spindelkörpers in kg

Es kann festgestellt werden, daß die Masse des Spindelkörperunterteiles nur wenig Einfluß auf die kritische Spindeldrehzahl hat und praktisch vernachlässigt werden kann. Gleiches gilt für den Antriebswirtel der Spindel, wenn er sich in der Nähe des oberen Lagers befindet. Für jene Spindelkörper, die nur aus einem Kegelstumpf bestehen, kann die reduzierte Masse nach folgender Gleichung berechnet werden:

$$m_{red} = \frac{\pi d_1^6 \varrho_S}{lb^2} \left[\frac{3l_1\left(l - \frac{l_1}{6}\right)\left(l_2 + \frac{5}{6}l_1\right)^2}{d_2^2(d_1 + d_2)^2} \right.$$

$$+ \frac{l_1(l - 0,5 \cdot l_1)(l_2 + 0,5 \cdot l_1)^2}{3d_2^2(d_1 + d_2)^2}$$

$$\left. + \frac{3l_1\left(l - \frac{5}{6}l_1\right)\left(l_2 + \frac{l_1}{6}\right)^2}{d_2^2(d_1 + 5d_2)^2} \right] \quad (3.173)$$

Sowohl mit Gleichung (3.172) als auch mit Gleichung (3.173) wird die Kopsmasse nicht berücksichtigt. Dieser Einfluß kann in beiden Fällen dadurch geltend gemacht werden, indem die nach Gleichung (3.174) berechnete reduzierte Kopsmasse $m_{K\,red}$ zur reduzierten Spindelkörpermasse hinzugefügt wird.

$$m_{K\,red} = \frac{m d_1^4}{d_m^4} \frac{l_S^2(a + l_S)}{lb^2} \quad (3.174)$$

In dieser Gleichung gelten die Parameter nach Bild 3/76 sowie

d_m Mittlerer Durchmesser des Spindelschaftes in cm
l_S Abstand zwischen Kopsschwerpunkt und oberem Lager in cm
$m_{K\,red}$ Reduzierte Kopsmasse in kg

Unter Berücksichtigung der Kopsmasse vergrößert sich die gesamte reduzierte Masse permanent, wodurch sich die kritische Drehzahl der Spindel mit zunehmendem Füllungsgrad des Kopses verringert (Gleichung 3.170).

3.8.3. Spindeln mit starrer Lagerung und Aufsatz

Bei dieser Spindelart können Spindelkörper und Aufsatz entweder eine Einheit bilden, oder der Aufsatz hat vom Spindelkörper

einen Abstand, der eine Betrachtung als Ganzes nicht erlaubt.
Ist dies der Fall, so kann der Aufsatz als separater Teil behandelt und die jeweilige reduzierte Masse nach Gleichung (3.174) auf das obere Ende bezogen werden. Durch Einsetzen der gesamten reduzierten Masse in Gleichung (3.170) kann auf diese Weise die kritische Drehzahl des Systems berechnet werden.

Anders liegt der Fall, wenn Spindelkörper und Aufsatz eine Einheit bilden, da beide Teile verschiedene Elastizitätsmoduln haben. Hierfür eignet sich eine Methode, nach der das System Spindelkörper/Aufsatz durch einen fiktiven Stahl-Spindelkörper ersetzt wird, dessen Elastizitätsmodul gleich dem des Spindelkörpers ist. Es besteht folgender Zusammenhang:

$$E_S I_f = E_S I_S + E_A I_A \qquad (3.175)$$

E_S Elastizitätsmodul des Spindelkörpers in Pa
E_A Elastizitätsmodul des Aufsatzes in Pa
I_A Äquatoriales Trägheitsmoment des Aufsatzes in cm^4
I_S Äquatoriales Trägheitsmoment des Spindelkörpers in cm^4
I_f Äquatoriales Trägheitsmoment des fiktiven Spindelkörpers in cm^4

Die Trägheitsmomente werden in bekannter Weise folgendermaßen berechnet:

$$I_A = 0{,}05(d_A^4 - d_S^4)$$
$$I_S = 0{,}05 d_S^4 \qquad (3.176)$$
$$I_f = 0{,}05 d_f^4$$

d_A Außendurchmesser des Aufsatzes in cm
d_f Durchmesser des fiktiven Spindelkörpers in cm
d_S Durchmesser des Spindelkörpers in cm

Die Berechnung des fiktiven Spindelkörperdurchmessers erfolgt nach Gleichung (3.177).

$$d_f = \left[d_S^4 + \frac{E_A}{E_S}(d_A^4 - d_S^4) \right]^{1/4} \qquad (3.177)$$

Seine Dichte muß jedoch so bleiben, wie sie real ist. Dadurch sind die Dichten des fiktiven Spindelkörpers ϱ_f und des tatsächlichen Stahlspindelkörpers ϱ_S verschieden

Die Berechnung von ϱ_f kann nach Gleichung (3.178) vorgenommen werden.

$$\varrho_f = [d_A^2 \varrho_A + d_S^2(\varrho_S - \varrho_A)]/d_f^2 \qquad (3.178)$$

ϱ_A Dichte des Aufsatzwerkstoffes in kg/cm^3
ϱ_f Dichte des fiktiven Spindelkörpers in kg/cm^3
ϱ_S Dichte des Spindelwerkstoffes in kg/cm^3

Da Spindeln über ihre Länge gewöhnlich keinen konstanten Querschnitt haben, muß eine mittlere fiktive Dichte berechnet werden.

$$\varrho_{fm} = (\varrho_{f1} + \varrho_{f2})/2 \qquad (3.179)$$

ϱ_{f1} Dichte des fiktiven Spindelkörpers am Anfang des betrachteten Abschnittes in kg/cm^3
ϱ_{f2} Dichte des fiktiven Spindelkörpers am Ende des betrachteten Abschnittes in kg/cm^3
ϱ_{fm} Mittlere Dichte des fiktiven Spindelkörpers in kg/cm^3

Für jene Spindelkörpersysteme, bei denen der fiktive Spindelkörperschaft ein Kegelstumpf ist, kann die auf das obere Spindelende reduzierte Masse näherungsweise nach folgender Gleichung berechnet werden:

$$m_{red}^* = \frac{\pi d_{f1}^6 \varrho_{fm}}{l h^2} \left[\frac{3 \cdot l_1 \left(l_0 - \dfrac{l_1}{6}\right)\left(l_2 + \dfrac{5}{6} l_1\right)^2}{d_{f2}^2 (5 d_{f1} + d_{f2})^2} \right.$$
$$+ \frac{l_1(l_0 - 0{,}5 \cdot l_1)(l_2 + 0{,}5 \cdot l_1)^2}{3 d_{f2}^2 (d_{f1} + d_{f2})^2}$$
$$\left. + \frac{3 \cdot l_1 \left(l_0 - \dfrac{5}{6} l_1\right)\left(l_2 + \dfrac{l_1}{6}\right)^2}{d_{f2}^2 (d_{f1} + 5 d_{f2})^2} \right]$$
$$(3.180)$$

d_{f1} Durchmesser des fiktiven Spindelkörpers am oberen Ende des Schaftes in cm
d_{f2} Durchmesser des fiktiven Spindelkörpers am unteren Ende des Aufsatzes in cm

Moderne Rollenlagerspindeln, wie sie das Bild 3/42 zeigt, sind mit verkürztem Stahl-spindelkörper ausgeführt Darauf befinden sich in Lagernähe der Antriebswirtel und darüber ein Aluminiumaufsatz. Beide Elemente sind auf den Spindelkörper aufgepreßt und bilden mit ihm eine Einheit. Die Biegefestigkeit des Aufsatzes ist erheblich größer als die des Stahlspindelkörpers in einem beliebigen Schnitt. Das Verhältnis der Festigkeiten zwischen Aufsatz und Spindelkörper liegt je nach Spindeltyp zwischen 4···10. Aus diesem Grunde kann der Aufsatz als starr angenommen werden, und die kritische Drehzahl ergibt sich nach Gleichung (3.170). Für die reduzierte Masse wird der Wert aus Gleichung (3.180) eingesetzt.

3.9. Zusammenfassung

Im Ergebnis der Untersuchungen der verschiedenen Zwirnprinzipe mit den zugehörigen Maschinen kommt zum Ausdruck, daß zwar auch gegenwärtig noch jede Zwirnmaschine ihr bestimmtes Einsatzgebiet hat, jedoch die Doppeldrahtzwirnmaschine deutlich an Bedeutung gewinnt. Diese Entwicklung ist auf die technischen und ökonomischen Vorteile zurückzuführen, die in den letzten zwei Jahrzehnten durch ständige Verbesserungen am Wirkprinzip erzielt werden konnten. Wenngleich das Einsatzgebiet der Doppeldrahtzwirnmaschine größer wird, ist das nicht gleichbedeutend damit, daß die Ringzwirnmaschine oder die anderen Zwirnmaschinen völlig verdrängt werden. Für bestimmte Zwirne, wie Effektzwirne mit Struktureffekten oder für solche Zwirne, die nach dem Naßzwirnverfahren hergestellt werden, kann auch künftig das Doppeldrahtprinzip nicht eingesetzt werden.

Der Schwerpunkt der Weiterentwicklung [75] von Doppeldrahtzwirnmaschinen liegt gegenwärtig bei der Erleichterung der Bedienbarkeit und der Geräuschminderung. So ist beispielsweise die Garnavivierung Bestandteil des Zwirnvorganges. Das Problem der Einfädelung des Fadens in das Drehungsorgan konnte ebenfalls gelöst werden.

Das bereits erwähnte *Splicen* [66] zur Vermeidung von Knoten ist eine weitere Maßnahme zur Qualitätsverbesserung von Zwirnen. Weitere Schwerpunkte sind darauf gerichtet, den Energieverbrauch trotz Einsatz größerer Spulenformate zu senken sowie einen automatischen Abtransport der fertigen Auflaufspulen zu ermöglichen.

Technologisch bedingt werden auch weiterhin die Garnvorlagen Kreuzspulen sein. Für Zwirne mit geringer Drehungszahl sind Fadengeschwindigkeiten bis zu 300 m/min zu ermöglichen.

Für das Verzwirnen von Chemiefäden behauptet sich auch weiterhin das Ballonzwirnprinzip an der Etagenzwirnmaschine. Die Vorteile dieser Maschine wurden bereits gewürdigt.

Die Ringzwirnmaschine bietet insbesondere auf dem Sektor der Effektzwirne entscheidende Vorteile, da mit ihr die einzelnen Garne mit unterschiedlicher Geschwindigkeit geliefert werden können. Die erforderliche Programmsteuerung erfolgt teilweise schon vollelektronisch.

Insgesamt sind in der Zwirnerei die Maschinenleistungen im Steigen begriffen, womit eine Erhöhung des Lärmpegels verbunden ist. Als entsprechende Gegenmaßnahmen werden sowohl Schallschluckausrüstungen als auch die völlige Verkleidung der Lärmquellen angestrebt. Die rationelle Fertigung der Maschinen wird durch die Anwendung des Baukastenprinzips betrieben, das sich unter anderem zur weitgehenden Vereinheitlichung von Ringspinn- und Ringzwirnmaschine einsetzen läßt. Diese Maßnahme wirkt sich weiterhin günstig auf Wartung und Instandsetzung aus. Für die unmittelbare Zukunft bietet sich auch in der Zwirnerei der Einsatz elektronischer Datenerfassungsanlagen an, mit denen der technologische Ablauf nicht nur überwacht, sondern auch optimiert werden kann.

4. Kettvorbereiten

4.1. Allgemeines

4.1.1. Grundbegriffe und Definitionen

Gewebe, Kettengewirke, Nähgewirke und eine Reihe weiterer textiler Flächengebilde bestehen aus Fadensystemen, die untereinander oder mit sich selbst, z. B. durch Verkreuzung, Vermaschung, Übernähen u. a. verbunden werden. Diejenigen Fadensysteme, die in Längsrichtung (Verarbeitungsrichtung) in das Flächengebilde eingehen, werden als Kettfadensysteme bezeichnet.

Für den Begriff *Kette* gilt folgende Definition [96]:

Eine textile Kette ist die Gesamtheit der zum Herstellen eines textilen Stoffes (textilen Flächengebildes) erforderlichen und im textilen Stoff in Längsrichtung verlaufenden Fäden, Kettfäden genannt.

Dabei ist folgendes zu beachten:

Eine Kette kann auch aus mehreren Teilsystemen bestehen. Der Begriff Längsrichtung ist im Sinne einer Grundorientierung zu verstehen. In einem Kettengewirke z. B. verlaufen die Fäden nicht ausschließlich in Längsrichtung, verbleiben aber innerhalb einer Zone, die in Längsrichtung verläuft. In Sonderfällen werden auch querliegende Fadensysteme in Form einer Kette vorbereitet, z. B. bei Wirk-Gewebe (Metap) oder bei Liropol-Gewirken.

Zu den Kettvorbereitungsmaschinen zählen Maschinen zum Herstellen, Auf- und Umwickeln sowie Behandeln textiler Ketten (oder von Teilen derselben) aus einzelnen Fäden, die in der Regel in Spulen oder Wickelform vorgelegt werden.

Bei dieser Festlegung ist zu beachten, daß unter Behandeln solche Arbeitsgänge zu verstehen sind, die über die gesamte Länge der Kette hinweg erfolgen (Schlichten, Wachsen u. a.). Nicht einbezogen sind Arbeitsgänge, die nur den Anfang bzw. das Ende der Kette betreffen (Anknüpfen, Einziehen u. a.).

Teile einer Kette bestehen nicht aus Längsabschnitten sondern aus dem n-ten Teil der Gesamtfadenanzahl mit der Originallänge der Kette.

Der Fadenspeicher für eine Kette heißt Kettbaum (Bild 4/1); er besteht im allgemeinen aus einem Rohr und zwei Begrenzungsscheiben und ist dadurch in der Lage, die Kette als parallelen Fadenwickel aufzunehmen. Die Kettfäden müssen zu diesem Zweck gleichmäßig über die Baumbreite, die Distanz zwischen den Baumscheiben, verteilt sein. Die Gesamtfadenanzahl dividiert durch die Baumbreite in dm ergibt die Fadenzahldichte D_K [97, S. 18] (im folgenden kurz als Fadenzahl bezeichnet). In Sonderfällen wird durch eine allmähliche Steigerung der Fadenzahl eine konische Bewicklung durchgeführt, die keiner Begrenzungsscheiben bedarf (Bild 4/1 b).

In der Kettenwirkerei werden die Kettbäume häufig aus mehreren Teilkettbäumen zusammengesetzt. Das Verbindungselement ist in der Regel ein durchgehendes Trägerrohr (Bild 4/1 c).

Nachfolgend sind einige wesentliche Definitionen zusammengestellt (weitere Begriffe siehe auch [98] S. 322, 329···331):

Kettfadensystem

Gesamtheit der zum Herstellen eines bestimmten textilen Flächengebildes erforderlichen und in Längsrichtung (im Flächengebilde) verlaufenden Fäden (Kettfäden).

Teilkette

Ganzzahliger Bruchteil der Gesamtkette mit gleicher Fadenzahl und gleicher Länge wie die Gesamtkette.

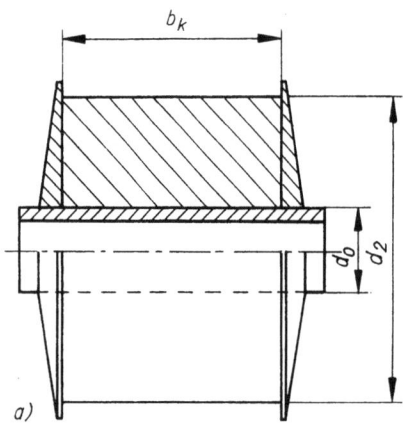

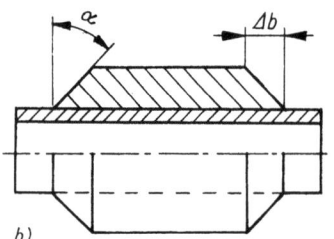

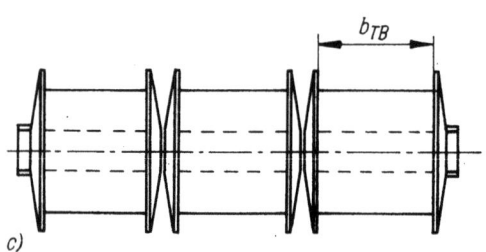

Bild 4/1. Kettbaumarten
a) Kettbaum mit Seitenscheiben (Begrenzungsscheiben) und zylindrischer Bewicklung
b) Kettbaum ohne Seitenscheiben und konischer Bewicklung
c) Kettbaum aus Teilkettbäumen
b_K Kettbaumbreite, b_{TB} Teilbaumbreite, Δb Breitenveränderung bei konischer Bewicklung, d_0 Kettbaum-Rohrdurchmesser, d_2 Durchmesser des bewickelten Kettbaumes, α Winkel

Zettelkette

Ganzzahliger Bruchteil der Fadenanzahl der Gesamtkette mit gleicher Bewicklungsbreite wie die Gesamtkette aber mit mehrfacher Länge.

Kettbaum

Hülse(n) mit (oder ohne) Zapfen mit (oder ohne) Begrenzungsscheiben zur Speicherung des Materials eines Kettfadensystems.

4.1.2. Aufgaben der Kettvorbereitung

4.1.2.1. Herstellen und Aufwinden einer parallelisierten Fadenschar

Zur Herstellung einer Kettbaumbewicklung dienen als Ablaufkörper im allgemeinen Großraumspulen mit fehlerarmem Fadenmaterial. In ungünstigen Fällen, in denen diese Bedingungen nicht erfüllt sind, ist aus ökonomischen Gründen ein Umspulen des Kettmaterials zur Entfernung fehlerhafter Stellen zu empfehlen. Der Stillstand an der Spulmaschine betrifft nur jeweils eine Spulstelle, während bei der Herstellung der Kettbaumbewicklung eine große Fadenschar wegen eines Fadenbruches in Stillstand versetzt werden muß. Als Träger für die Ablaufkörper dienen Spulengatter, die im Abschnitt 4.3. ausführlich beschrieben sind. Zur Zusammenführung und Parallelisierung der Fäden sind Fadenleitorgane notwendig. Bei kleiner Fadenanzahl kann die Bewicklung des Kettbaumes direkt von den Ablaufkörpern aus erfolgen. Große Fadenanzahlen hingegen erfordern eine Zwischenspeicherung, die verschiedene Formen aufweisen kann und in Abschnitt 4.1.3. beschrieben wird.

4.1.2.2. Behandlung zur Verbesserung der Laufeigenschaften der Kette

Besonders in der Weberei, aber auch bei den mit hohen Frequenzen arbeitenden Kettenwirk- bzw. Fadenlagennähwirk-Maschinen werden die Kettfäden hohen dynamischen Wechselbelastungen, verbunden mit Reibkräften und Knickbelastungen, ausgesetzt. Hierbei treten Größenordnungen auf, die nur während der Herstellung, nicht aber beim Gebrauch der textilen Flächengebilde vorkommen. Deshalb ist es sinnvoll, die Kettfäden vorübergehend mit einer möglichst leicht löslichen Schutzhülle zu versehen, die bei der Nachbehandlung des Flächengebildes wieder entfernt wird. Es kommen verschiedene Präparate bzw. Verfahren für diese Behandlung in Betracht. Einzelheiten dazu sind in Abschnitt 4.4.3. ausgeführt. Die günstigste Gelegenheit zur Realisierung ist die Phase zwischen der Parallelisierung der Fäden und der Wickelbildung.

4.1.2.3. Bearbeitungsflußbild

Zusammenfassend lassen sich zur Realisierung der Aufgaben der Kettvorbereitung 4 Varianten in Abhängigkeit von der Fehlerhäufigkeit und den grundsätzlichen physikalischen Eigenschaften des Kettmaterials angeben (Bilder 1/3, 1/4, 4/2, Tabelle 4/1).

Tabelle 4/1. Varianten der Kettvorbereitung

Variante	Material fehlerbehaftet oder Speichermenge zu klein	Physikalische Eigenschaften genügend groß	Verarbeitungsfluß
1	nein	ja	direkter Weg
2	nein	nein	Behandlung notwendig
3	ja	nein	Umspulen und Behandlung notwendig
4	ja	ja	Umspulen notwendig

Die Variante 1 stellt den direkten Weg des Materials vom Ablaufkörper zum Kettbaum dar. Dieser setzt nahezu fehlerfreies Material, Großraumspulen und gute physikalische Eigenschaften voraus (z. B. Zwirn). Ist lediglich die Bedingung der physikalischen Eigenschaften nicht erfüllt (z. B. Baumwollgarn), so kommt die Variante 2 zum Einsatz. Eine Behandlung schützt die Kettfäden vor der Zerstörung während des Verarbeitungsprozesses.

Die 3. Variante erfordert sowohl ein Umspulen als auch eine Behandlung, wobei das Umspulen durch große Fehlerhäufigkeit oder durch zu kleine Ablaufkörper oder durch beides notwendig werden kann.

Für die Variante 4 gilt letzteres ebenfalls, aber die Behandlung ist infolge ausreichender Festigkeit des Kettmaterials nicht erforderlich.

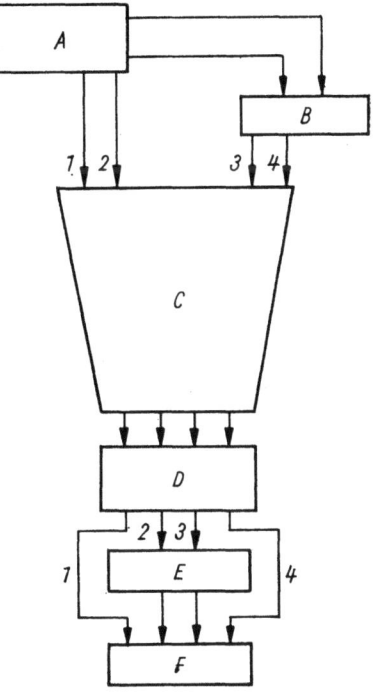

Bild 4/2. Varianten der Kettvorbereitung
A Kettmaterial in Spulenform, B Umspulen, C Spulengatter, D parallelisierte Fadenschar, E Behandlung, F Kettbaum

4.1.3. Technologien zur Aufwindung von Ketten

4.1.3.1. Schären — Behandeln — Aufbäumen

Diese Technologie ist für große Fadenzahlen vorgesehen. Eine Schärtrommel dient als Zwischenspeicher. Die Kette wird bandweise auf die Schärtrommel gebracht. Nachdem die erforderliche Anzahl Bänder geschärt ist, wird die gesamte Kette von der Schärtrommel auf den Kettbaum umgewickelt. Dieser Vorgang heißt Aufbäumen (Bild 4/3). Gleichzeitig mit dem Aufbäumen kann, falls dies notwendig ist, eine Behandlung, als Naßwachsen (Naßschlichten, Bild 4/90) oder Schmelzwachsen (Trockenschlichten, Abschnitt 4.4.3.) bezeichnet, durchgeführt werden.

abgewunden und gleichzeitig (Abschnitt 4.4.3.) behandelt oder verarbeitet. Dabei vereinigen sich die n Teilsysteme zur Gesamtkette.

Nach der Methode des Zettelns werden auch Kettbäume bzw. Teilkettbäume bewickelt. In diesem Falle heißt der Vorgang jedoch Bäumen (Bild 4/4).

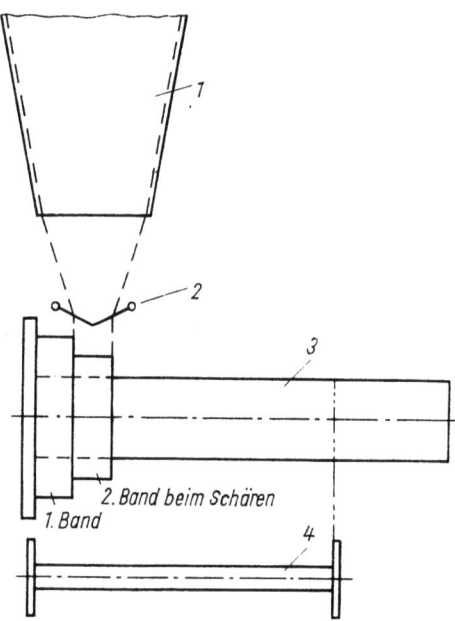

Bild 4/3. Prinzip des Bandschärens (Draufsicht)
1 Spulengatter, *2* Schärblatt, *3* Schärtrommel, *4* Kettbaum

4.1.3.2. Zetteln — Behandeln — Zusammenbäumen

Bei dieser Technologie liegen ebenfalls hohe Fadenzahlen zugrunde, weiterhin sind die physikalischen Eigenschaften des Fadenmaterials nicht ausreichend. In der Mehrzahl der Fälle ist das Material Garn. Zunächst werden n Zettelbäume bewickelt, die sich im Prinzip von einem Kettbaum nicht unterscheiden. Die Breite stimmt mit der des Kettbaumes überein, aber die Fadenzahl ist ein n-tel der des Kettbaumes. Beim Bäumen oder direkt in der Verarbeitungsmaschine werden dann die n Zettelbäume

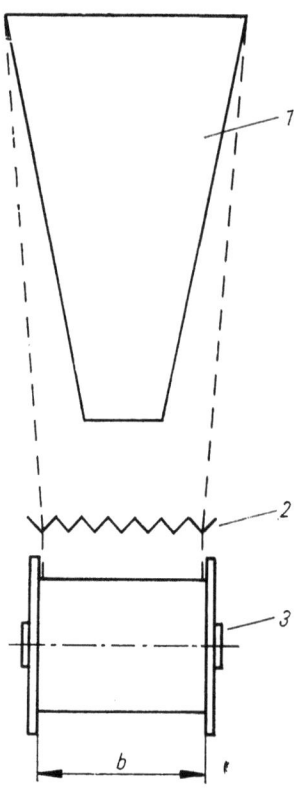

Bild 4/4. Prinzip des Zettelns, Teilbäumens und Direktbäumens
1 Spulengatter, *2* (Expansions-) Kamm, *3* Zettelbaum oder Teilkettbaum oder Kettbaum, b Bewicklungsbreite, b_{DB} Breite beim Direktbäumen, b_K Kettbaumbreite, b_{TB} Teilkettbaumbreite, b_{ZB} Zettelbaumbreite, z_{TB} Anzahl der Teilkettbäume je Kettbaum

Der bewickelte Baum heißt

— Zettelbaum, wenn $b_{ZB} = b_K$
— Teilkettbaum, wenn $b_{TB} = b_K/z_{TB}$
— Kettbaum, wenn $b_{DB} = b_K$.

Tabelle 4/2. Varianten zur Bewicklung von Kett- und Teilkettbäumen

Variante	I	II	III	
Arbeitsgänge	Zetteln—Bäumen	Schären—Bäumen	Direktbäumen	
Vorstufe	Zetteln mittels Zettelmaschine	Schären mittels Schärtrommel der Konusschär- und Bäummaschine		
	$D_{ZB} = \dfrac{D_K}{z_{ZB}}$; $b_{ZB} = b_K$	$D_{Bd} = D_K$; $b_{Bd} = \dfrac{b_K}{z_{Bd}}$		
	Produkt: Zettelbaum	Produkt: Schärtrommelbewicklung mit $b = b_K$		
			Teilbäummaschine	Zettelmaschine
Endstufe	Zusammenbäumen mittels Schlicht-Trocken-Bäummaschine	Aufbäumen[2]) von der Schärtrommel auf den Kettbaum mit Hilfe der Bäumvorrichtung der Konusschär- und Bäummaschine	$D_{TB} = D_K$[3]) $b_{TB} = \dfrac{b_K}{z_{TB}}$[3])	$D_{DB} = D_K$ $b_{ZB} = b_K$
Produkt	Ganzkettbaum[1])	Ganzkettbaum[1])	Teilkettbaum	Ganzkettbaum[1])

D_{DB} Fadenzahl beim Direktbäumen, D_K Fadenzahl der Kette, b Bewicklungsbreite, b_{Bd} Schärbandbreite, b_K Kettbaumbreite, b_{TB} Teilkettbaumbreite, D_{Bd} Fadenzahl des Schärbandes, D_{TB} Fadenzahl des Teilkettbaumes, D_{ZB} Fadenzahl des Zettelbaumes, z_{Bd} Anzahl der Schärbänder, z_{TB} Anzahl der Teilkettbäume, z_{ZB} Anzahl der Zettelbäume

[1]) Die normgerechte Bezeichnung für Ganzkettbaum ist Kettbaum und wurde nur aus methodischen Aspekten heraus verwendet.
[2]) Zwischen der Schärtrommel und der Bäumvorrichtung kann eine Schlicht- oder Wachsvorrichtung angebracht sein!
[3]) ohne Berücksichtigung der Zwischenräume, die durch die Teilkettbaumscheiben anfallen

4.1.3.3. Teilbäumen — Kettbaummontieren

Diese Technologie erfordert in der Regel keine Behandlung. Sie wird in der Wirkerei vorwiegend für Seiden eingesetzt. Nach dem Prinzip des Bildes 4/4 werden Teilkettbäume bewickelt, die anschließend mit Hilfe eines durchgehenden Tragrohres zu einem Kettbaum verschraubt werden (Bild 4/1 c). Die Direktbewicklung von Teilkettbäumen oder von Kettbäumen vom Spulengatter aus wird als Direktbäumen bezeichnet, im Gegensatz zum Aufbäumen nach dem Schären, das ein Umwickeln der Kette von der Schärtrommel voraussetzt. Tabelle 4/2 zeigt die Zusammenfassung aller Möglichkeiten zur Bewicklung von Kett- und Teilkettbäumen.

4.1.3.4. Hinweise für die Wahl der Technologie

In Tabelle 4/3 sind wesentliche Kriterien für die Auswahl des Verfahrens zum Aufwinden der Ketten zusammengestellt.

Abschließend werden die in Bild 4/5 neu aufgetretenen Begriffe definiert sowie kurz erläutert [98]:

Zusammenbäumen ist das Bäumen von den Zettelbäumen auf einen Kettbaum.
Dieses Verfahren wird angewandt, wenn nach dem Zetteln keine Behandlung mit Schlichte erfolgt und auf Grund der Kriterien nach Tabelle 4/3 das Zetteln plus Zusammenbäumen effektiver als andere Verfahren sind.

Umbäumen ist das Bäumen von einem Kettbaum auf einen anderen Kettbaum.

Tabelle 4/3. Hinweise für die Wahl des Verfahrens zum Aufwinden der Ketten (siehe auch Bild 4/5)

Bezugsfaktoren	Verfahren			
	Direktbäumen	Zetteln	Schären	Teilbäumen
Anfallende Kettbaumanzahl	Einzelanfertigung	1 oder mehrere, abhängig von der Kettfadenanzahl und -länge	Einzelanfertigung	Teil der Gesamtfadenanzahl
Gesamtfadenanzahl	begrenzt auf Gatterkapazität	beliebig jedoch gleiche Fadenanzahl je Zettelbaum	beliebig	beliebig, jedoch gleiche Fadenanzahl je Teilkettbaum
Aufteilung der Gesamtfadenanzahl	keine	reduzierte Fadenzahl (Tabelle 4/2)	mehrere abgest. Bänder mit voller Fadenzahl	gleiche Teile der Gesamtfadenanzahl
Farbkombination	beliebig	beschränkt, auf die Zettelbaumanzahl abgestimmte einfache Streifen	beliebig, aber bandweise wiederholen	möglich, im allgemeinen aber ungenutzt
Manueller Arbeitsaufwand	gering	gering	hoch	gering
Einsatzgebiet	speziell Teppichketten	Stapelwaren, hohe Losgrößen	universell	speziell für Ketten- und Nähwirkmaschinen
Fadenlauf bei eingegliedertem Schlichtprozeß (Abschnitt 4.4.3.)	— Kettbaum/ Kettbaum; — Spulengatter/ Kettbaum	— Zettelbäume/ Kettbaum — Zettelbaum Zettelbaum Zusammenbäumen	— Kettbaum/ Kettbaum; — Schärtrommel/ Kettbaum	—

Das Umbäumen ohne damit gekoppeltes Schlichten wird sehr selten angewandt. Es sollte nur in Ausnahmefällen genutzt werden, wenn z. B. die Kettbaumlagerung der Verarbeitungsmaschine nicht geeignet ist, einen bereits fertigen Kettbaum aufzunehmen und die Anpassung der Lagerung nicht möglich ist. Es wird deshalb in den weiteren Abschnitten auf das Umbäumen als separates technologisches Verfahren des Aufwindens von parallelen Fadenscharen nicht näher eingegangen.

4.2. Berechnungen von Bewicklungsschichten

4.2.1. Theoretische Betrachtungen zur Bewicklung von Kettbäumen

Bei der Bewicklung von Kettbäumen wird in vielen Fällen mit konstanter Fadenspannung aufgewunden, besonders beim Zetteln und Direktbäumen. Dies hat jedoch zur Folge, daß die Radialspannung, die die Windungen erzeugt, wegen des zunehmenden Bewicklungsradius immer geringer wird.

Aus Bild 4/6, das ein Bewicklungselement und die (vereinfachte) Wirkung der Aufwindespannung zeigt, läßt sich wegen der Ähnlichkeit der Dreiecke die Proportion ablesen.

$$\frac{d\sigma_r}{Fq\,dx} = \frac{1}{x} \qquad (4.1)$$

Der Zuwachs der Radialspannung $d\sigma_r$, den dieses Element hervorruft, ist umgekehrt proportional dem Bewicklungsradius x.

$$d\sigma_r = \frac{Fq}{x}\,dx \qquad (4.2)$$

F Zugkraft je Faden
q Fadendichte(Anzahl Fäden je cm² Bewicklungsschicht)
x Bewicklungsradius
σ_r Radialspannung

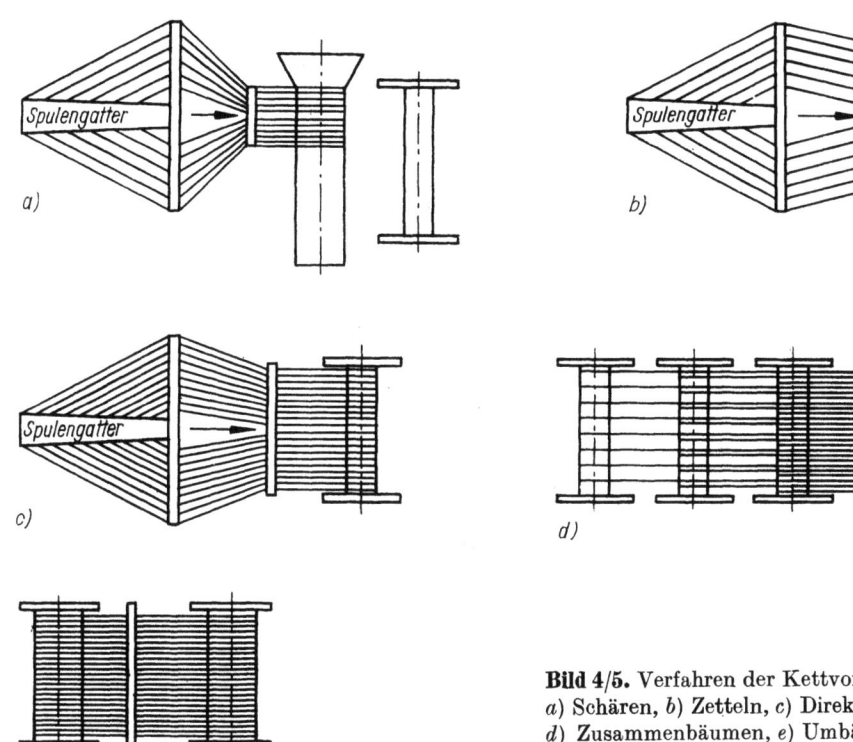

Bild 4/5. Verfahren der Kettvorbereitung (Prinzip)
a) Schären, b) Zetteln, c) Direktbäumen,
d) Zusammenbäumen, e) Umbäumen

Unter dem Einfluß des sich ändernden Druckes zwischen den Schichten ist auch die Bewicklungsdichte ϱ_W des Wickels vom Bewicklungsradius x abhängig, wobei $\varrho_W \sim q$ ist.

In erster Näherung kann der Dichteänderung ein linearer Verlauf zuerkannt werden. Dieses trifft jedoch nur dann zu, wenn die Aufwindespannung so groß gewählt wurde, daß keine wesentlichen Verschiebungen der Bewicklungslagen nach der Baumachse zu möglich sind (Bild 4/7 a).

Sind die Schichtverschiebungen V, die parabelförmig verlaufen, (Bild 4/7 b) kleiner als V_0, so kann die Funktion $\varrho_W(x)$ ebenfalls noch durch eine Gerade angenähert werden. Erreicht jedoch das Maximum der Verschiebung den Wert V_0, das ist diejenige Verschiebung, bei der die Tangentialspannung in der Schicht zu Null wird, dann liegt für die Dichtefunktion ein Stufenpunkt vor (Bild 4/7 c). Geht das Verschiebungsmaximum jedoch über V_0 hinaus (Bild 4/7 d), so tritt mit zunehmendem Radius eine gegenläufige Tendenz, d. h.

eine Verdichtung und damit ein Druckanstieg, auf, der als *Stegerer*-Effekt [99] bezeichnet wird. Die Berechnungem hierfür sind mit hohem mathematischen Aufwand verbunden und sollen deshalb hier nicht erörtert werden.

Beim Bandschären ist durch den Zwischenspeicher Schärtrommel die Möglichkeit gegeben, daß die Zugkraft je Faden beim Bäumen allmählich gesteigert wird. Dadurch kann die Bewicklungsdichte nahezu konstant gehalten werden.

4.2.2. Berechnung der Dichtefunktion für Bewicklungsschichten

Außer der Dichte des Faserstoffes ϱ_F ist bei Bewicklungsschichten diejenige Dichte, die die Hohlräume zwischen den Fasern und Fäden einbezieht, maßgebend. Sie wird als Dichte des Wickels ϱ_W bezeichnet und steht über einen druck- und materialab-

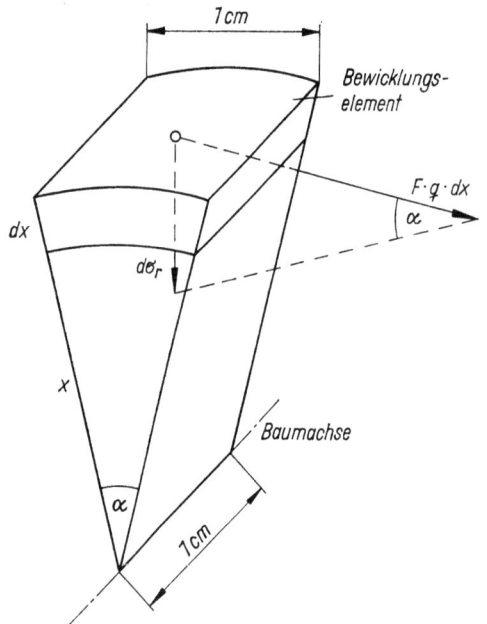

Bild 4/6. Kraftwirkung des Bewicklungselementes
F Zugkraft je Faden,
q Fadendichte (Anzahl Fäden je cm² Bewicklungsschicht),
x Bewicklungsradius,
α Winkel, σ_r Radialspannung

hängigen Dichtefaktor k mit der Dichte des Faserstoffes ϱ_F im Zusammenhang.
Weiterhin sei nochmals auf die Definition der Fadendichte hingewiesen. Diese gibt die Anzahl der Kettfäden je Flächeneinheit des Wickelquerschnittes an (Gleichung (4.2)).
In Verbindung mit der Fadenfeinheit Tt lassen sich folgende Beziehungen angeben:

$$\varrho_W = \varrho_F \cdot k \tag{4.3}$$

$$k = \frac{\varrho_W}{\varrho_F} = k_{max}(1 - e^{\sigma_r/\lambda})^i \tag{4.3a}$$

$$q = \varrho_F \cdot k / Tt \tag{4.4}$$

ϱ_F Dichte des Faserstoffes
ϱ_W Dichte des Wickels
k Dichtefaktor
q Fadendichte (Anzahl Fäden je cm²)
Tt Fadenfeinheit in tex
σ_r Radialspannung
i Exponent
λ Streckungsfaktor

Als Dichtefunktion sei im weiteren die Funktion $q(x)$ verstanden, wobei x ein beliebiger Radius des fertigen Wickels sei. Mit den Kettbaumabmessungen (Bild 4/1) sowie aus Bild 4/7 ergeben sich folgende Beziehungen:

$$x_1 = 0{,}5 d_0 \tag{4.5}$$

$$x_2 = 0{,}5 d_2 \tag{4.6}$$

$$x_3 = 0{,}25(d_2 + d_0) = (x_1 + x_2)/2 \tag{4.7}$$

d_0 Durchmesser des Kettbaumrohres
d_2 Durchmesser des bewickelten Baumes

Die Gleichungen (4.6) und (4.7) gelten nur für die volle Nutzung der Baumscheiben. Anderenfalls muß für d_2 ein entsprechend niedriger Wert eingesetzt werden.
Eine entscheidende Rolle spielt der Dichtefaktor k (Gleichung (4.3a)). Werden runde Faserquerschnitte vorausgesetzt und steht die Schicht unter hohem Druck, so stellt die aus Bild 4/8 ersichtliche Anordnung den Grenzfall dar.
Der zugehörige Wert k_{Gr} berechnet sich wie folgt:

$$k_{Gr} = \frac{A_S}{A_W} = \frac{\pi \cdot r^2}{2 \cdot 3^{1/2} \cdot r^2} = \frac{\pi}{2 \cdot 3^{1/2}} = 0{,}907$$

A_S Theoretische Querschnittsfläche eines Fadens in mm²
A_W Wickelquerschnittsfläche zu A_S bei dichtester Packung in mm²
k_{Gr} Grenzwert des Dichtefaktors (für inkompressibles Material)
r Radius

Mit Hilfe einer speziellen Fadenschichtpresse wurden k-Wertermittlungen für die wichtigsten Kettmaterialien durchgeführt [100]. In Tabelle 4/4 sind Parameterwerte der Materialkennlinien für Kettbaumbewicklungen zusammengestellt. Die Werte für k_0 entsprechen einer leichten Verdichtung, wie sie in den äußeren Lagen einer Bewicklungsschicht vorliegt. Für die k_m-Werte hingegen liegen solche Druckwerte (0,4 MPa bis 1 MPa) zugrunde, wie sie in der Mitte der Bewicklung, d. h., bei $x = 0{,}25(d_2 + d_0)$, gemessen werden können.

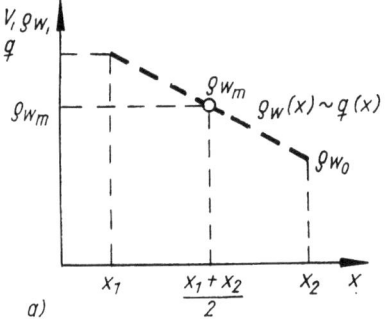
a)

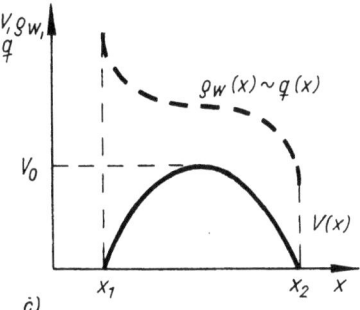
c)

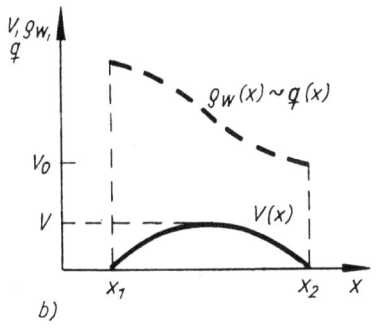
b)

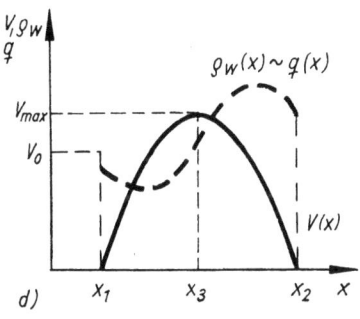
d)

Bild 4/7. Dichteverlauf im fertigen Wickel
a) 1. Näherung, b) $V_{max} < V_0$, c) $V_{max} = V_0$, d) $V_{max} > V_0$
q Fadendichte, V Verschiebung, V_0 Verschiebung, die die Tangential-Spannung in der Schicht aufhebt, V_{max} maximale Verschiebung, x Bewicklungsradien, ϱ_W Dichte der Bewicklung

Aus Gleichung (4.4) ergibt sich für

$$q_m = \varrho_F \cdot k_m / Tt \quad (4.8)$$

und in gleicher Weise

$$q_0 = \varrho_F \cdot k_0 / Tt \quad (4.9)$$

Mit Hilfe der 2-Punkte-Gleichung der Geraden läßt sich aus Bild 4/7 a die Gleichung

$$\frac{q_0 - q_m}{x_2 - (x_1 + x_2)/2} = \frac{q - q_0}{x - x_2}$$

aufstellen, aus der sich folgende Gleichung für den Verlauf der Fadendichte in Abhängigkeit vom Abstand von der Baumachse ergibt:

$$q(x) = 2(q_0 - q_m)\frac{x - x_2}{x_2 - x_1} + q_0 \quad (4.10)$$

In Verbindung mit den Gleichungen (4.8) und (4.9) entsteht

$$q(x) = \left[2(k_0 - k_m)\frac{x - x_2}{x_2 - x_1} + k_0\right]\frac{\varrho_F}{Tt} \quad (4.11)$$

Diese Gleichung beschreibt näherungsweise die Dichtefunktion eines Wickels.

Beispiel:

Gegeben: $d_2 = 80$ cm

$d_0 = 26$ cm

Material: Bw

Feinheit: 25 tex × 2

Gesucht: $q(x)$

Lösung:

Aus Tabelle [101] ist für Baumwolle

$\varrho_F = 1{,}48$ g/cm³ zu entnehmen.

Die Werte für $k_0 = 0{,}15$ und $k_m = 0{,}27$ stammen aus Tabelle 4/4. Gemäß den Gesetzen der Masse-Numerierung ist

$Tt = 25 \cdot 2$ g/km $= 50$ g/km

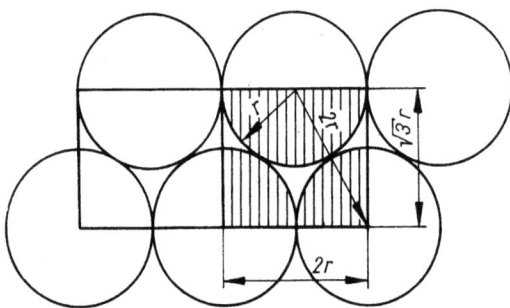

☐ A_W Wickelfläche $(2\sqrt{3}\,r^2)$

▦ A_S Substanzfläche $(r^2\cdot\pi)$

Bild 4/8. Vergleich der theoretischen Querschnittsfläche mit der Wickelfläche, r Radius einer Faser/Radius eines Fadens (theoretisch)

Aus den Gleichungen (4.5) und (4.6) folgt:

$$x_1 = \frac{26}{2}\text{ cm} = 13\text{ cm}\,;\quad x_2 = \frac{80}{2}\text{ cm} = 40\text{ cm}$$

Durch Einsetzen dieser Werte in Gleichung (4.11) entsteht:

$$q(x) = \left[2(0{,}15 - 0{,}27)\frac{x - 40\text{ cm}}{(40 - 13)\text{ cm}} + 0{,}15\right]$$
$$\times \frac{1{,}48\text{ g/cm}^3}{50\text{ g/km}}$$

$$q(x) = \left[-0{,}24\,\frac{\dfrac{x}{\text{cm}} - 40}{27} + 0{,}15\right]$$
$$\times \frac{1{,}48}{50}\cdot 10^5 \cdot \frac{1}{\text{cm}^2}$$

Ergebnis:

$$q(x) = \left(-26{,}3\,\frac{x}{\text{cm}} + 1{,}4964\right)\text{cm}^{-2} \qquad (4.12)$$

4.2.3. Berechnung der Wickellänge

Wird als Wickelelement ein Ring mit dem Radius x, der Dicke dx und der Breite 1 cm (vgl. Bild 4/6, ausgedehnt auf $\alpha = 360°$) betrachtet, so enthält dieser $q(x)\cdot A = q(x)$ $\times$ 1 cm $\cdot$ dx Fäden. Wird diese Zahl durch die Kettfadenzahl D_k geteilt, so liegt die Anzahl der Windungen des Wickelelementes vor. Durch Multiplikation dieses Ergebnisses mit dem Umfang des Elementes $2\pi x$ entsteht das mit dL_W bezeichnete Längenelemente des Wickels. Insgesamt ergibt sich daraus zur Berechnung des Längenelementes folgende Gleichung:

$$\mathrm{d}L_W = \frac{2\pi}{D_K}\,xq(x)\,\mathrm{d}x \qquad (4.13)$$

Durch Integration von x_1 bis x_2 entsteht die Summe aller dL, d. h. die Länge der auf dem Wickel gespeicherten Länge

$$L_W = \frac{2\pi}{D_k}\int_{x_1}^{x_2} xq(x)\,\mathrm{d}x \qquad (4.14)$$

Wird die Dichtefunktion (4.11) eingesetzt, entsteht des Integral

$$L_W = \frac{2\pi\varrho_F}{D_kTt}\int_{x_1}^{x_2} x\left[2(k_0 - k_m)\frac{x - x_2}{x_2 - x_1} + k_0\right]\mathrm{d}x$$

Die Lösung dieses Integrals ergibt

$$L_W = \frac{\pi\varrho_F}{3D_kTt}\left[2(k_m - k_0)(x_2^2 + x_1x_2 - 2x_1^2)\right.$$
$$\left. + 3k_0(x_2^2 - x_1^2)\right] \qquad (4.15)$$

Als Anwendungsbeispiel soll das in Abschnitt 4.2.2. begonnene Beispiel fortgesetzt werden:

Mit den in diesem Beispiel gegebenen Werten und der Kettfadenzahl $D_k = 32\text{ cm}^{-1}$ wird

$$L_W = \frac{\pi \cdot 1{,}48\text{ g/cm}^3}{3 \cdot 32\text{ cm} \cdot 50\text{ g/km}}$$
$$\times (2 \cdot 0{,}12 \cdot 1782 + 3 \cdot 0{,}15 \cdot 1430)\text{ cm}^2$$

$$\underline{\underline{L_W = 1{,}04\text{ km}}}$$

Das gleiche Ergebnis ist durch Anwendung der Gleichung (4.14) zu erzielen, in die die für das Beispiel zutreffende Gleichung (4.12

Tabelle 4/4. Parameterwerte der Materialkennlinien für Kettbaumbewicklungen

Material		k_{max}	λ	i	k_0	k_m
Baumwolle[2])	Ringgarn	[1]) 0,900 0,900	1370 990	0,1347 0,1471	0,167 0,150	0,286 0,270
	OE-Garn	[1]) 0,900 0,900	1280 940	0,1390 0,1514	0,159 0,1431	0,278 0,263
Wolle	Streichgarn	0,900	310	0,1563	0,160	0,300
	Kammgarn	0,900	478	0,1235	0,218	0,358
Ersponnene Seide	PE-S-tm	0,710	13,5	0,0537	0,594	0,672
	PE- u. PA-S	[1]) 0,790 0,710	21,3 26,3	0,0450 0,0852	0,667 0,507	0,742 0,620
	VI-S	[1]) 0,670 0,655	10,6 17,1	0,1100 0,0890	0,477 0,478	0,611 0,588
Garne aus ersponnenen Fasern	PE- u. PA-F	[1]) 0,900 0,900	651 760	0,1077 0,1120	0,253 0,237	0,390 0,371
	VI-F	0,900	825	0,1387	0,170	0,296
Mischgarne	VI-F/Bw 20/80 50/50 80/20	0,900 0,900 0,900	951 903 852	0,1455 0,1428 0,1405	0,154 0,160 0,166	0,275 0,283 0,291
	VI-F/Wo 20/80 50/50 80/20	0,900 0,900 0,900	368 487 658	0,1529 0,1476 0,1425	0,162 0,165 0,168	0,299 0,298 0,297
	PA-F/VI-F 20/80 50/50 80/20	0,900 0,900 0,900	792 742 679	0,1321 0,1225 0,1138	0,185 0,209 0,235	0,314 0,342 0,370

[1]) Der obere Wert gilt für extrem hohe, der untere für normale Wickelhärte.
[2]) Zwirn und geschlichtetes Garn ergeben die gleichen Werte.

eingesetzt wird.

$$L_W = \frac{2\pi}{D_k} \int_{x_1}^{x_2} (-26{,}3x^2 + 1{,}496 \cdot 10^3 x)\,dx$$

$$L_W = \frac{2\pi}{32} \left[\frac{-26{,}3}{3}(x_2^3 - x_1^3) + \frac{1{,}496}{2} \cdot 10^3 (x_2^2 - x_1^2) \right]$$

$$L_W = \frac{2\pi}{32} \left[\frac{-26{,}3}{3}(40^3 - 13^3) + \frac{1{,}496}{2} \cdot 10^3 (40^2 - 13^2) \right] \frac{km}{10^5}$$

$$L_W = 1{,}04 \text{ km}$$

Nach der *nur für konstante Dichte* ϱ_W geltenden Gleichung

$$L_W' = \frac{d_2^2 - d_0^2}{4TtD_k}\pi\varrho_F k_m \qquad (4.16)$$

ist eine größere Länge zu erwarten, denn der äußeren Wickelhälfte entspricht, infolge der größeren Radien, eine größere Länge als der inneren, und bei linear mit dem Radius abfallender Dichte ist im Vergleich zur konstanten Dichte die Längenzunahme in der 1. Wickelhälfte kleiner als die Abnahme in der 2. Hälfte.

Im berechneten Beispiel wird L' um ca 8% größer als L

$$L_W' = \frac{(80^2 - 26^2)\,\text{cm}^2}{4 \cdot 50\,\text{g/km} \cdot 32/\text{cm}}$$
$$\times \pi \cdot 1{,}48\,\text{g/cm}^3 \cdot 0{,}27$$

$$\underline{\underline{L_W' = 1{,}12\,\text{km}}}$$

Bemerkung:

Unter anderen Bedingungen und mit anderen Faserstoffen kann diese Abweichung wesentlich größer werden.

4.2.4. Berechnung der Bewicklungszeiten

Bei *konstanter Aufwindegeschwindigkeit* ist die Berechnung nach $L_W = v_F \cdot t_W$ ohne weiteres möglich. Gemäß Gleichung (4.14) und Umstellung nach t_W entsteht:

$$t_W = \frac{2\pi}{v_F \cdot D_K} \int_{x_1}^{x_2} x q(x)\,\mathrm{d}x \qquad (4.17)$$

v_F Fadenabzugsgeschwindigkeit (Wickelgeschwindigkeit)
t_W Wickelzeit

in Fortsetzung des in Abschnitt 4.2.3. weitergeführten Beispiels mit dem zusätzlichen Wert $v_F = 120$ m/min nach Gleichung (4.17)

$$t_W = \frac{1{,}04 \cdot 10^3\,\text{cm}}{120\,\text{m/min}} = \underline{\underline{8{,}67\,\text{min}}}$$

Die *konstante Drehzahl eines Achswicklers* hingegen erfordert eine differentielle Betrachtung gemäß der Gleichung

$$\mathrm{d}t_W = \frac{\mathrm{d}L_W}{v_F(x)} \qquad (4.18)$$

Die Geschwindigkeitsfunktion ist elementar aus der Drehzahl n und dem Radius x berechenbar:

$$v_F(x) = 2x\pi n \qquad (4.19)$$

Aus der Kombination der Gleichungen (4.13), (4.18) und (4.19) resultiert

$$\mathrm{d}t_W = \frac{2\pi}{D_K} x q(x) \frac{\mathrm{d}x}{2x\pi n} \quad \text{bzw.}$$

$$t_W = \frac{1}{D_K \cdot n} \int_{x_1}^{x_2} q(x)\,\mathrm{d}x \qquad (4.20)$$

In Fortsetzung des Beispiels mit den Werten $D_K = 32$ cm^{-1} als Kettfadenzahl und $n = 100$ min^{-1} als konstante Achsdrehzahl mittels Gleichung (4.20) ist die Wickelzeit t_W wie folgt zu berechnen:

$$t_W = \frac{1}{D_K \cdot n} \int_{x_1}^{x_2} q(x)\,\mathrm{d}x$$

$$t_W = \frac{1 \cdot \varrho_F}{D_K \cdot n Tt} \int_{x_1}^{x_2}$$
$$\times \left[2(k_0 - k_m) \frac{x - x_2}{x_2 - x_1} + k_0 \right] \mathrm{d}x$$

Die Integration ergibt:

$$t_W = \frac{1 \cdot \varrho_F}{D_K \cdot n \cdot Tt} \left[\frac{2(k_0 - k_m)}{x_2 - x_1} \left(\frac{x_2^2 - x_1^2}{2} \right) \right.$$
$$\left. - x_2(x_2 - x_1) + k_0(x_2 - x_1) \right]$$

Dieser Ausdruck läßt sich vereinfachen zu

$$t_W = \frac{\varrho_F}{D_K \cdot n \cdot Tt} (x_2 - x_1) k_m \qquad (4.21)$$

Interessant ist, daß die Bewicklungszeit in diesem Falle nicht vom Anstieg der Dichtefunktion abhängt.
In Anwendung der Gleichung (4.21) wird

$$t_W = \frac{1{,}48\,\text{g/cm}^3 \cdot (40 - 13)\,\text{cm} \cdot 0{,}27}{32/\text{cm} \cdot 100/\text{min} \cdot 50\,\text{g/km}} \cdot \frac{10^5\,\text{cm}}{\text{km}}$$

$$\underline{\underline{t_W = 6{,}74\,\text{min}}}$$

4.2.5. Weitere Berechnungsmöglichkeiten

Die Kenntnis der Funktion $q(x)$ ermöglicht eine Reihe weiterer Berechnungen, die hier nur erwähnt werden sollen. Aus Gleichung (4.2) läßt sich der Druck auf das Kettbaumrohr errechnen.

$$d\sigma_r = \frac{Fq(x)}{x} dx$$

$$\sigma_r = F \int_{x_2}^{x_1} \frac{q(x)}{x} dx \qquad (4.22)$$

Mit Hilfe empirisch ermittelter Verhältniszahlen $\varkappa$ zwischen Radial- und Axialdrücken in Abhängigkeit vom Faserstoff [100] kann vom Innendruck in radialer Richtung σ_r auf den axialen Druck σ_a auf die Baumscheiben geschlossen werden.

$$\sigma_a(x) = F\varkappa \int_{x_2}^{x_1} \frac{q(x)}{x} dx \qquad (4.23)$$

Damit lassen sich die Zugbelastung des Rohres und der Momentenverlauf an der Baumscheibe berechnen.

4.3. Spulengatter

4.3.1. Einteilung und Ausführungsformen

Ein Spulengatter (Bild 4/9) ist ein feststehendes oder fahrbares Gestell zum Aufnehmen von Spulen [98, S. 329].

Unter Einbeziehung des nachfolgenden Aufwindeprozesses werden an ein Spulengatter folgende allgemeine Forderungen gestellt:

— Sichere Aufnahme der Spulen (auch unterschiedlicher Hülsen) als Ablaufkörper
— Geordnete systematische und übersichtliche Führung der Fäden in die Parallellage bis zur Wickelmaschine oder der Maschine zur Flächenbildung
— Erzeugung einer definierten Fadenzugkraft, die am Aufwindepunkt für alle Fäden gleich und zentral einstellbar sein sollte
— Überwachung der ablaufenden Fäden auf Fadenbruch
— Erreichung minimaler Stillstandszeiten der Aufwindemaschine bei Neubestückung des Gatters mit Spulen
— Gute Bedienbarkeit des Gatters, z. B. beim Beheben von Fadenbrüchen.

Bild 4/9. Spulengatter mit Reserveaufsteckung — Gesamtansicht

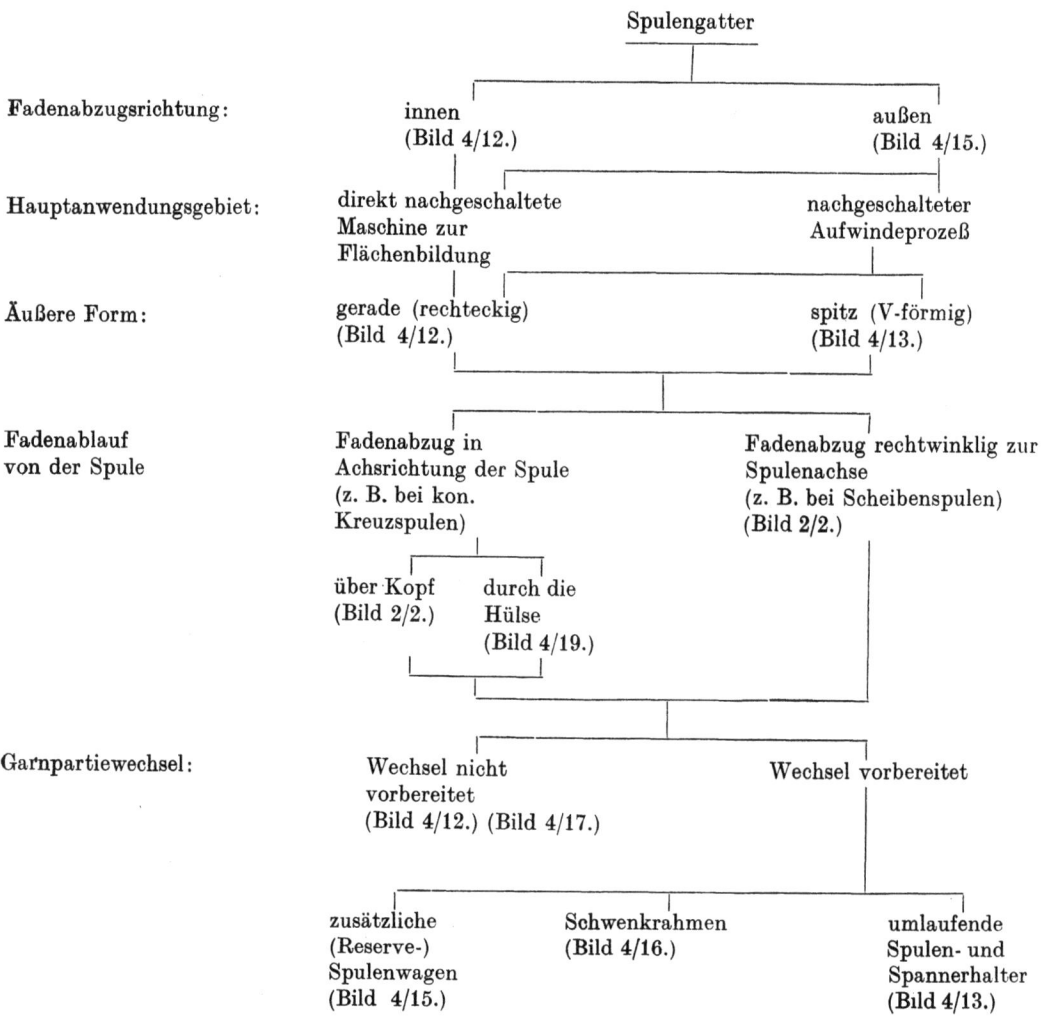

Bild 4/10. Einteilung der Spulengatter für *diskontinuierlichen* Arbeitsablauf (Gatter mit Einfach-Aufsteckung)

Tabelle 4/5. Gatterteilung und Spulendurchmesser

Teilung t_0 (mm)	max. einsetzbarer Spulendurchmesser (mm)
180	170
220	210
240	230
260···270	250

Das Spulengatter ist damit in der Regel die unbedingt notwendige Baugruppe für alle nachfolgenden Verfahren der Kettvorbereitung, bei noch weitergehender Verallgemeinerung für alle Varianten der Parallelisierung einer Fadenschar mit hohen Fadenabzugsgeschwindigkeiten (alle Aufwindeverfahren für Ketten) und niedrigen Fadenabzugsgeschwindigkeiten (direkt gekoppelt mit Maschinen zur Flächenbildung). Es gibt deshalb in Abhängigkeit des speziellen Einsatzes eine Vielzahl Ausführungsformen von Spulengattern, die sich wie folgt einteilen lassen:

— Nach dem Fassungsvermögen (Anzahl Spulen)
— Nach der Größe der Teilung
— Nach der Art des Fadenablaufes von der Spule

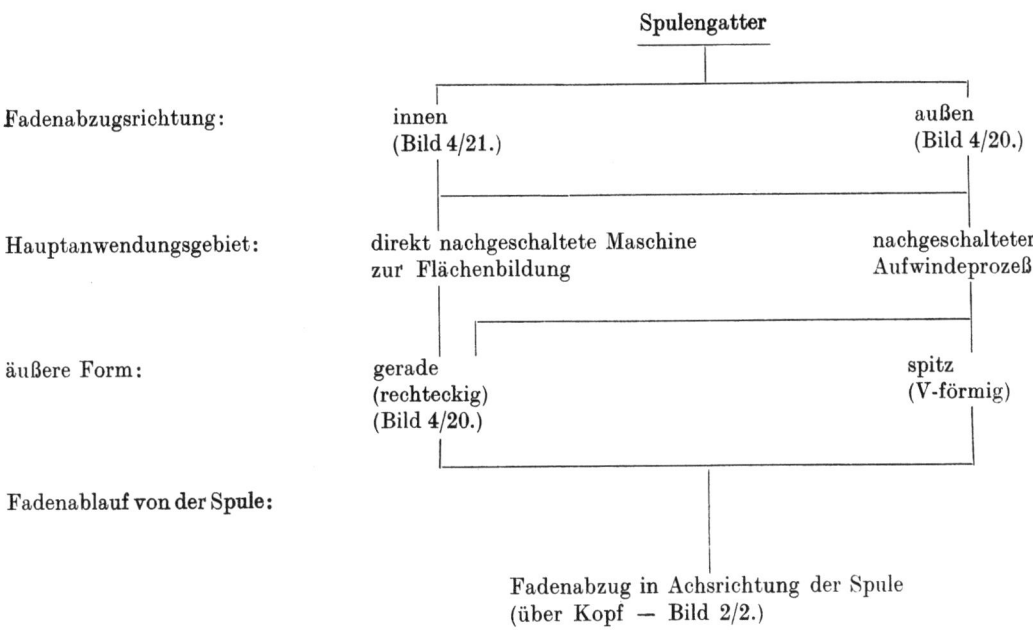

Bild 4/11. Einteilung der Spulengatter für *kontinuierlichen* Arbeitsablauf (Gatter mit Reserve-Aufsteckung)

— Nach der äußeren Form
— Nach dem Arbeitsablauf (kontinuierlich, diskontinuierlich)
— Nach der Fadenabzugsrichtung
— Nach den technischen Möglichkeiten des rationellen Garnpartiewechsels
— Nach der Art der Ablaufkörper.

In den Bildern 4/10 und 4/11 sind aus vorstehend genannten Kriterien Einteilungsschemata entwickelt worden.
Die Teilung t_0 eines Spulengatters ist der minimale Abstand der Mittelpunkte zweier neben- oder übereinander aufgesteckter Spulen (Bild 4/22). Gebräuchliche Teilungen und Spulendurchmesser zeigt Tabelle 4/5.
Bei relativ großer Ballonbildung (abhängig vom Material, von der Fadenablaufgeschwindigkeit sowie vom Abstand Spule — Fadenleitorgan z. B. Fadenspanner) muß zur Vermeidung unnötiger Fadenbrüche der max. Spulendurchmesser gegebenenfalls weiter reduziert werden.
Als Ablaufkörper können folgende Spulenformen eingesetzt werden:

— Kopse
— Scheibenspulen
— Kreuzspulen.

Für die Wahl des Ablaufkörpers ist zu beachten:

— Partiegröße
— Verwendungszweck der Kette (z. B. Musterkette)
— Materialart
— Fadenabzugsgeschwindigkeit.

Beim Abzug rechtwinklig zur Spulenachse (Bild 2/2), z. B. bei Scheibenspulen, lassen sich infolge der Massenträgheit solcher Spulen nur geringe Abzugsgeschwindigkeiten erzielen. Zusätzliche Maßnahmen gegen das Nachlaufen der Spulen beim plötzlichen Stillstand der Aufwindemaschine ergeben aufwendige Konstruktionen. Durchgesetzt hat sich deshalb der Abzug in Achsrichtung der Spule, der hohe Fadenabzugsgeschwindigkeiten ermöglicht, wobei jedoch die Drehungsänderung zu beachten ist (2.2.2.).
Auf den Bildern 4/12 bis 4/18, 4/20 und 4/21 sind verschiedene Ausführungsformen von

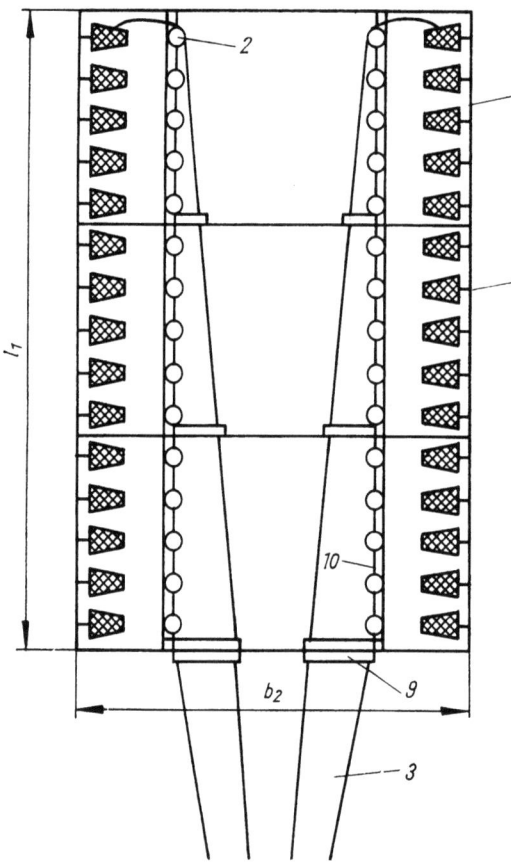

Bild 4/12. Spulengatter (Bauform B)

Aus fertigungstechnischen Gründen werden die Spulengatter in bestimmten Rastern (nach dem Gatterfassungsvermögen) hergestellt.

Tabelle 4/7 gibt die Hauptabmessungen für die *TEXTIMA*-Spulengatter Modell 4161 des *VEB Schär-* und *Spulmaschinenbau* Burgstädt/DDR an [102].

4.3.2. Methoden des Spulenwechsels

Werden die Arbeitsgänge beim Partiewechsel (Spulenwechsel) im Gatter einer systematischen Betrachtung unterzogen, ergeben sich im wesentlichen folgende Arbeitsverrichtungen:

Fadentrennung zwischen Spule und Fadenspanner bzw. zwischen Fadenspanner und Aufwindemaschine oder auch direkte Trennung der Fäden zwischen Aufwindepunkt und zuvorliegendem Fadenleitorgan

Spulengattern dargestellt und den Funktionselementen bzw. -gruppen folgende Bezeichnungen zugeordnet:

1 Spulenfeld
2 Fadenspanner
3 Faden
4 Aufsteckspindel
5 Reservespulen (bereits aufgesteckt in Vorbereitung des nächsten Wechsels)
6 Reservespulen für kontinuierlichen Arbeitsablauf
7 Schwenkrahmen
8 Spulenwagen
9 Fadenwächtereinrichtung
10 Spannergatter
--- Stellung beim Partiewechsel

TEXTIMA-Spulengatter Modell 4161 werden in verschiedenen Bauformen hergestellt [102], die in der Tabelle 4/6 zusammengestellt sind.

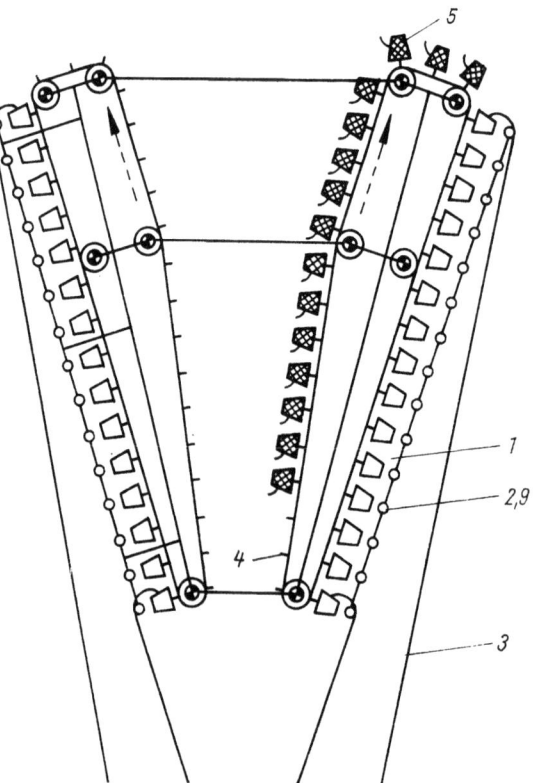

Bild 4/13. Prinzip eines V-Gatters

Bild 4/14. Spulengatter in V-Form (Modell GCA)

Tabelle 4/6. Übersicht der Bauformen des Spulengatters Modell 4161 (TEXTIMA)

Ausführung		Bauform				
		B	C	D	E	F
Spulenfeld	feststehend	×	×	—	×	×
	beweglich	—	—	×	—	—
Spannergatter	feststehend	×	—	—	×	×
	beweglich	—	×	×	—	—
Fadenabzugsrichtung	außen	—	×	×	×	—
	innen	×	—	—	—	×
Aufsteckung für	— diskont.	×	×	×	—	—
	— kontinuierlichen Arbeitsablauf	—	—	—	×	×
Bild		4/12	4/17	4/15	4/20	4/21

Wechsel der Spulen Austausch der abgelaufenen Spulen gegen volle Spulen
Anknüpfen der beiden Fadenenden (Spule — abgetrennter Faden) oder Neueinziehen der Fäden in die Fadenleitorgane des Spulengatters und der Aufwindemaschine
Je höher der Zeitanteil für diese Arbeitsgänge ist, der durch Hilfspersonal während des Laufes der Aufwindemaschine verrichtet werden kann, desto größer wird die zum Aufwinden zur Verfügung stehende produktive Zeit sein. Wird der Zeitaufwand für das Fadentrennen t_T, für den Wechsel der Spulen t_{WS}, für das Anknüpfen t_A ge-

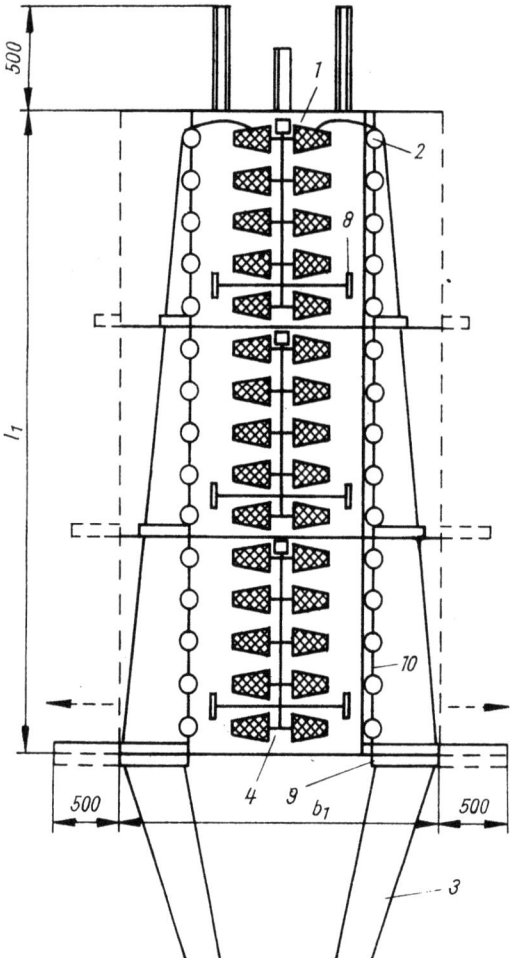

Bild 4/15. Wagengatter (Bauform D)

setzt, dann ergibt sich die Zeit für den Partiewechsel t_{WP} aus

$$t_{WP} = t_T + t_{WS} + t_A \qquad (4.24)$$

Als rationell für den Partiewechsel können die in den Bildern 4/15, 4/16, 4/23 und 4/24 dargestellten Methoden genannt werden.
Bei beweglichem Spulenfeld und Spannergatter (Bilder 4/15, 4/16) wird

$$t_{WP1} = t_T + t_{WS} + t_A \qquad (4.25)$$

t_T und t_A können durch Einsatz automatisch arbeitender Fadentrenn- und -anknüpfvorrichtungen [103] gegenüber der Ausführung dieser Tätigkeiten von Hand weiter reduziert werden.
Bei umlaufendem Spulen- und Spannerfeld (Bild 4/13) — Einsatz nur in Verbindung mit Zettelmaschinen günstig — sind zentrale Abschneidevorrichtungen vorhanden [104], so daß t_T praktisch Null wird. t_A wird in diesem Falle zum Einlegen der Fäden in den Kamm benötigt.

$$t_{WP2} = t_{WS} + t_A \qquad (4.26)$$

Beiden Methoden ist gemeinsam, daß der Zeitanteil $t_T + t_A > t_{WS}$ ist, unabhängig davon, ob von Hand, mit Handknoter, automatisch geknotet oder die Fäden neu eingezogen werden.
Die in den Bildern 4/23 und 4/24 dargestellten Methoden sind die mit dem geringsten Zeitaufwand für t_{WP}, allerdings ist der Platzbedarf hier zwei- bzw. dreimal größer gegenüber den anderen Methoden. t_T und t_A liegen außerhalb der produktiven Zeit der Aufwindemaschine, damit wird

$$t_{WP3} = t_{WS} \qquad (4.27)$$

t_{WS} beinhaltet nur das seitliche Verschieben des Spulengatters bzw. der Aufwindemaschine. Es folgt daraus, daß der Zeitaufwand

$$t_{WP1} > t_{WP2} > t_{WP3}$$

ist, während hinsichtlich der benötigten Spulengatterfläche A folgende Verhältnisse bestehen:

$A_1 \approx A_2 < A_3$ oder

$1 : 1 : 2 \ldots 3$

Abschließend zu den Partiewechseln soll noch darauf verwiesen werden, daß bei allen Methoden, außer der nach Bild 4/13 nur Garne gleicher Drehungsrichtung angeknüpft werden können. Andernfalls muß z. B. bei Wechsel von Z-gedrehtem Garn auf S-gedrehten Zwirn an das Z-gedrehte Garn ein Z-gedrehter Zwirn angeknüpft werden, und erst nach dem Durchziehen des Zwirns bis zum Aufwindepunkt kann der S-gedrehte Faden angeknüpft werden, da sonst der S-gedrehte Zwirn das Garn aufdreht und ein

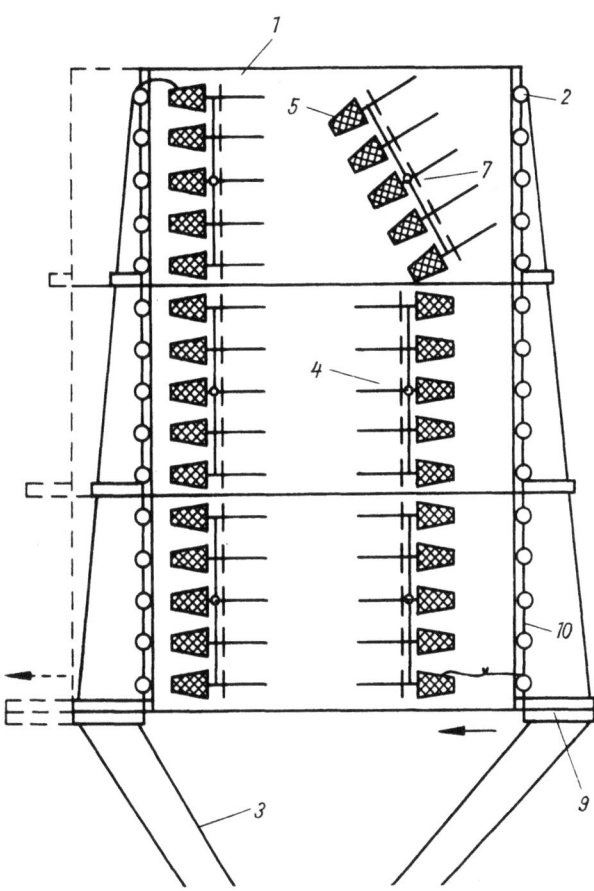

Bild 4/16. Schwenkrahmengatter

extrem hoher Aufwand notwendig ist, alle beim Partiewechsel dadurch aufgetretenen Fadenbrüche zu beseitigen.

4.3.3. Funktionselemente

4.3.3.1. Fadenspanner

Eine wichtige Funktion an Spulengattern haben die Fadenspanner (siehe auch Abschnitt 2.5.1.2.), an die u. a. folgende Forderungen gestellt werden müssen:

— Fadenzugkraft (Bremskraft) schnell und genau regelbar (möglichst einzeln und zentral einstellbar), wobei hohe Konstanz der Fadenzugkraft nach dem Fadenspanner gefordert wird
— Selbsttätige Reinigung und Abscheidung von Staub- und Faserablagerungen
— Keine Ablagerungen von Präparationsmitteln
— Vermeidung von Drehungsstau
— Sichere Fadenführung bei Gewährleistung eines schnellen und einfachen Fadeneinzuges bei Fadenbruch.

Trotz bestimmter Nachteile hinsichtlich eines optimalen Bremseffekts (siehe auch Abschnitt 2.5.1.4.2.1.) haben sich relativ einfache kostengünstige Konstruktionen (Bilder 4/26, 4/27, 4/28) durchgesetzt.
Werden die Fadenspanner nach dem zur Anwendung kommenden Prinzip der Erzeugung der Fadenzugkraft eingeteilt, ergibt sich Bild 4/25.
Nachstehend werden einige der gebräuchlichsten Fadenspanner für Spulengatter vorgestellt.
Der in Bild 4/26 gezeigte TEXTIMA-Fadenspanner Modell B [102] ist geeignet für Garne

Tabelle 4/7. Hauptabmessungen des TEXTIMA-Spulengatters Modell 4161 (Maße in mm)

Spulendurchmesser max.	170				210				250			
Teilung t_0	180				220				260			
Gatterabmessungen	l_1	l_2	b_1	b_2	l_1	l_2	b_1	b_2	l_1	l_2	b_1	b_2
Anzahl der Spulen												
140	—	—	—	—	—	—	—	—	3050	6120	1280	2510
160	—	—	—	—	2670	5720	1280	2260	—	—	—	—
200	2290	5320	1280	2260	—	—	—	—	—	—	—	—
210	—	—	—	—	—	—	—	—	4350	9070	1430	2510
240	—	—	—	—	3770	8470	1430	2260	—	—	—	—
280	—	—	—	—	—	—	—	—	5650	12020	1580	2510
300	3190	7870	1430	2260	—	—	—	—	—	—	—	—
320	—	—	—	—	4870	11220	1580	2260	—	—	—	—
350	—	—	—	—	—	—	—	—	6950	14970	1730	2510
400	4090	10420	1580	2260	5970	13970	1730	2260	—	—	—	—
420	—	—	—	—	—	—	—	—	8250	17920	1880	2510
480	—	—	—	—	7070	16720	1880	3260	—	—	—	—
490	—	—	—	—	—	—	—	—	9550	20870	2030	3260
500	4990	12970	1730	2760	—	—	—	—	—	—	—	—
560	—	—	—	—	8170	19470	2030	3260	10750	23820	2180	3260
600	5890	15520	1880	2760	—	—	—	—	—	—	—	—
630	—	—	—	—	—	—	—	—	12150	26770	2330	3260
640	—	—	—	—	9270	22220	2180	3260	—	—	—	—
700	6790	18070	2030	2760	—	—	—	—	13450	29720	2480	3260
720	—	—	—	—	10370	24970	2330	3260	—	—	—	—
770	—	—	—	—	—	—	—	—	14750	32670	2630	3260
800	7690	20620	2180	2760	11470	27720	2480	3260	—	—	—	—
840	—	—	—	—	—	—	—	—	16050	35620	2780	3260
880	—	—	—	—	12570	30470	2630	3260	—	—	—	—
900	8590	23170	2330	2760	—	—	—	—	—	—	—	—
910	—	—	—	—	—	—	—	—	17350	38570	2930	3460
960	—	—	—	—	13670	33220	2780	3260	—	—	—	—

b_1 Breite bei Abzug nach außen (Bauformen C, D, E)
b_2 Breite bei Abzug nach innen (Bauformen B, F)
l_1 Länge bei Einfach-Aufsteckung (Bauformen B, C, D)
l_2 Länge bei Reserve-Aufsteckung (Bauformen E, F)
Alle Spulengatter, mit den Abmessungen, die über dem starken Strich in obiger Tabelle stehen, können mit elektrischer Fahrvorrichtung ausgerüstet werden.

und Zwirne. Der Faden läuft zwischen einer aus Stahl gefertigten Scheibe 3 und der Bremsscheibe 2 hindurch. Die Fadenzugkraft kann in Stufen durch Auflegen von Belastungsscheiben 1 eingestellt werden. Die selbsttätige Reinigung von Faserstaub ist durch die vom laufenden Faden erzeugte Drehung der Bremsscheibe 2 bedingt gegeben. Bei hohen Fadenabzugsgeschwindigkeiten werden in zunehmendem Maße Massenkräfte wirksam, die die Fadenzugkraft nach dem Spanner negativ beeinflussen — Gleichung (2.123).
Der in Bild 4/27 dargestellte Fadenspanner läßt sich zentral und stufenlos in der Belastung einstellen und erzielt die Bremswir-

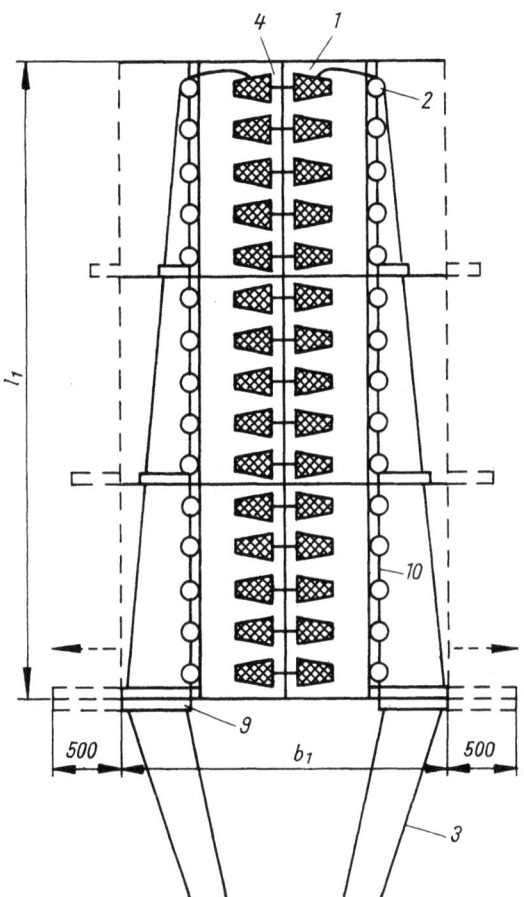

Bild 4/17. Spulengatter Bauform C in Arbeitsstellung

kung wie in Bild 4/20 auf der Basis *Coulombscher* Reibung. Die selbsttätige Reinigung wird durch zwangsläufig angetriebene Scheiben weitgehend gewährleistet. Der Fadenspanner ist für Garne, Zwirne und Seiden geeignet. Das dynamische Verhalten ist weit besser, als bei dem massebelasteten Spanner — Gleichung (2.126).

Bei dem *TEXTIMA*-Umschlingungs-Fadenspanner mit zylindrischen Stiften, Modell 4161-20 [102], handelt es sich um einen kombinierten Umschlingungs- und Scheiben-Fadenspanner (Bild 4/28). Die Stifte *3* sind verstellbar und lassen eine Vielzahl von Einstellungen zu. Der Fadenspanner ist für alle Material- und Fadenarten einsetzbar, überwiegend erfolgt der Einsatz bei synthetischen Seiden einschließlich Textursseiden. Der durch die Ballonbildung unruhig in den Fadenspanner einlaufende Faden verläßt diesen mit relativ großer Laufruhe (siehe auch Abschnitt 2.5.1.4.2.3.).

Der in Bild 4/29 dargestellte Fadenspanner mit konischen Stiften arbeitet nur nach dem Prinzip der Seilreibung und wird wie der in Bild 4/28 gezeigte Fadenspanner eingesetzt.

Für *geringe Fadenabzugsgeschwindigkeiten*, z. B. bei nachgeschalteter Flächenbildungsmaschine, ist der Fadenspanner in Bild 4/30 sehr gut geeignet. Infolge des verdrehbaren Fadenleitelementes *3* läßt sich der Umschlingungswinkel an jedem Fadenspanner in Abhängigkeit des Fadenlaufweges so einstellen, daß beim Einlauf der Fadenschar in die Verarbeitungsmaschine alle Fäden gleiche Zugkraft haben.

Der im Prinzip in Bild 4/31 dargestellte Fadenspanner hat den Vorteil, daß die Forderungen an Fadenspanner im wesentlichen erfüllt werden. Auf Grund der relativ aufwendigen Konstruktion, die sich letztlich im Preis niederschlägt, ist dieses Prinzip noch nicht in größerem Umfang eingeführt. Das Bremsmoment wird durch einen Generator erzeugt, die Regelung der Fadenzugkraft ist damit gegeben.

Bild 4/32 zeigt das Prinzip eines indirekt wirkenden Fadenspanners am Modell HH [105] und [106]. Wesentlich ist an diesem *HACOBA*-Rollen-Fadenspanner, daß keine gleitende Reibung am Faden auftritt, sondern durch die Kraft zwischen zwei mit elastischem Material belegten Rollen und entsprechend großen Umschlingungswinkel eine Rückhaltekraft am Faden entsteht. Mit dieser Art des Fadenspanners werden im wesentlichen die gestellten Forderungen erfüllt. Nach entsprechender Einstellung am Spulengatter läßt sich die Anpreßkraft der Rollen zentral verstellen, so daß unabhängig vom Spulendurchmesser die Fadenzugkraft konstant bleibt.

Weiterhin sind folgende Vorteile zu nennen [105] und [106]:

— Vermeidung von Drehungsstau
— Kein Einlaufen des Fadens in den Rollen durch ballonbedingte Fadenchangierung

Bild 4/18. Spulengatter Bauform C, in Aufsteckstellung

- Leichtes Einfädeln des Fadens in den Spanner
- Keine durchhängenden Fäden zwischen Spulengatter und Verarbeitungsmaschine bei Maschinenstop, wobei allerdings zu beachten ist, daß bei sehr feinem Material durch die hohen Arbeitsgeschwindigkeiten (bis 1000 m/min möglich) eine pneumatisch gesteuerte Stopbremse eingesetzt werden muß, so daß erst damit ein synchroner Bremsweg der Rollen mit der Zettelmaschine gesichert ist.

Bild 4/33 zeigt einen geregelten Umschlingungs-Fadenspanner mit Luftdämpfung (Modell 1170, *TEXTIMA*), [112]. Der Einsatz erfolgt überwiegend für Regeneratseiden. Durch den beweglichen Ringrechen 2 verändert sich bei Spannungsänderung der Umschlingungswinkel α. Die Reinigung des Fadenspanners von abgesetzten Präparationsmitteln ist schwierig (Berechnungen in Abschnitt 2.5.1.4.2.2. und in [107]).
Wenn die z. Z. noch gebräuchlichsten Arten der Fadenspanner im statischen Bereich kurz diskutiert werden, zeigt sich, daß bei den Normalreibungs-Fadenspannern die Eingangszugkraft F_0 zur Bremskraft F_B addiert werden muß, so daß sich für die Fadenzugkraft F beim Verlassen des Fadenspanners

$$F = F_0 + F_B \tag{4.28}$$

$$F = F_0 + 2F_N \cdot \mu \tag{4.29}$$

F Fadenzugkraft
F_0 Eingangszugkraft
F_N Normalkraft
F_B Bremskraft
μ Reibungszahl

ergibt. Das heißt, die aufgebrachte Reibungskraft geht in der Addition als Summand in F_0 ein (Bild 4/34).
Bei den Umschlingungs-Fadenspannern wirkt die Seilreibung als Faktor (Abschnitt 2.5.1.3.).
Jede Schwankung von F_0 wird um $e^{\mu \Sigma \alpha}$ vervielfacht (Bild 4/35).

$$F = F_0 \cdot e^{\mu \Sigma \alpha} \tag{4.30}$$

F Fadenzugkraft
F_0 Eingangszugkraft
μ Reibungszahl
α Umschlingungswinkel

Spulengatter **4.3.** 239

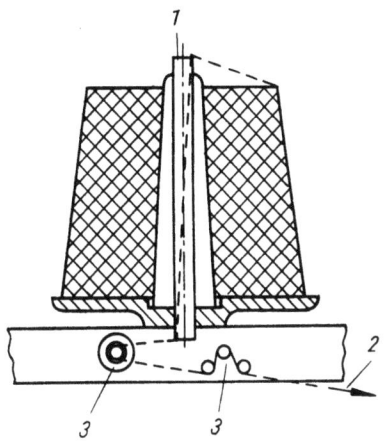

Bild 4/19. Fadenabzug in Achsrichtung durch die Hülse, kombiniert mit Fadenspanner (SZK-Gatter)
1 Spulentragrohr, *2* Faden, *3* Fadenspanner

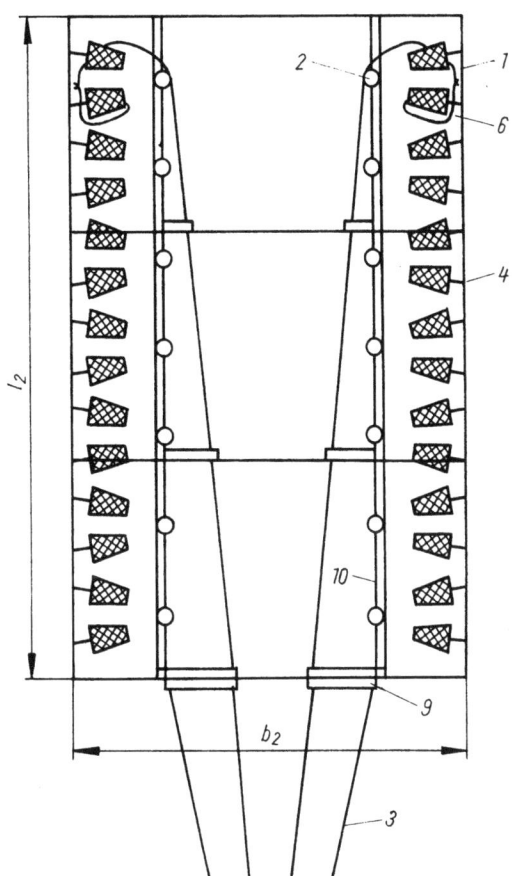

Bild 4/21. Spulengatter mit Reserveaufsteckung (Bauform F)

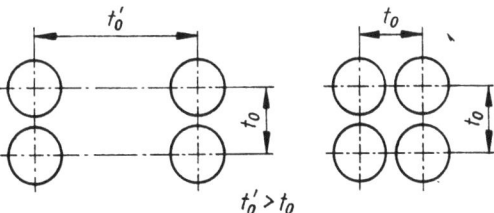

Bild 4/22. Spulengatterteilung

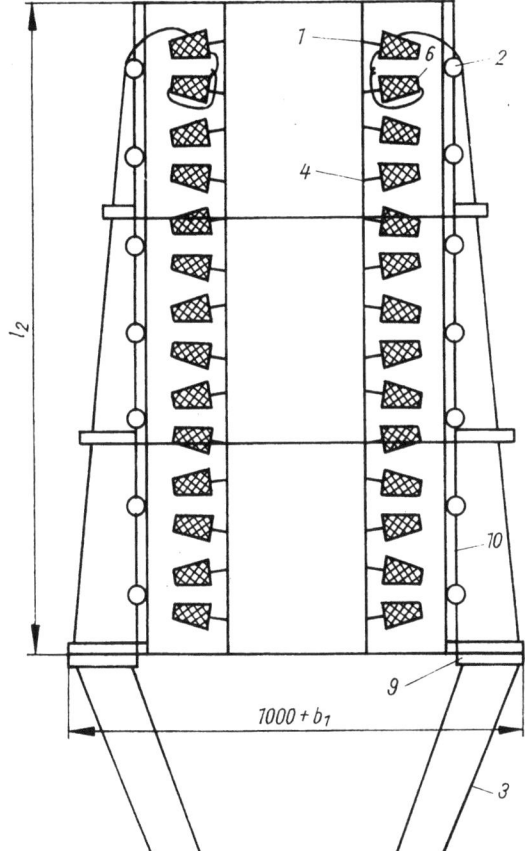

Bild 4/20. Spulengatter mit Reserveaufsteckung (Bauform E)

Bei geregelten Fadenspannern (siehe auch Bild 2/60), die nach dem Prinzip der Normalreibungs-Fadenspanner oder des Umschlingungs-Fadenspanners arbeiten, ist infolge des Regelverhaltens die universelle Einsetzbarkeit meist nicht gegeben [107].

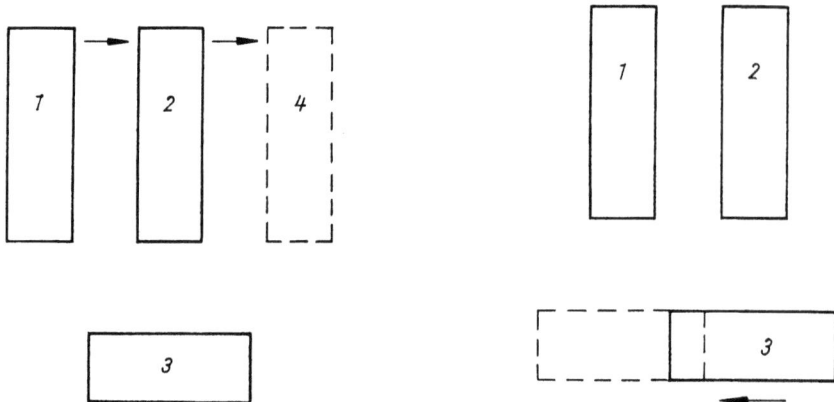

Bild 4/23. Methoden des Partiewechsels
(2 Spulengatter fahrbar, Aufwindemaschine fest)
1 Spulengatter 1, *2* Spulengatter 2, *3* Aufwindemaschine, *4* zusätzliche Fläche für Gatterverschiebung

Bild 4/24. Methoden des Partiewechsels
(2 Spulengatter fest, Aufwindemaschine fahrbar)
1 Spulengatter 1, *2* Spulengatter 2, *3* Aufwindemaschine

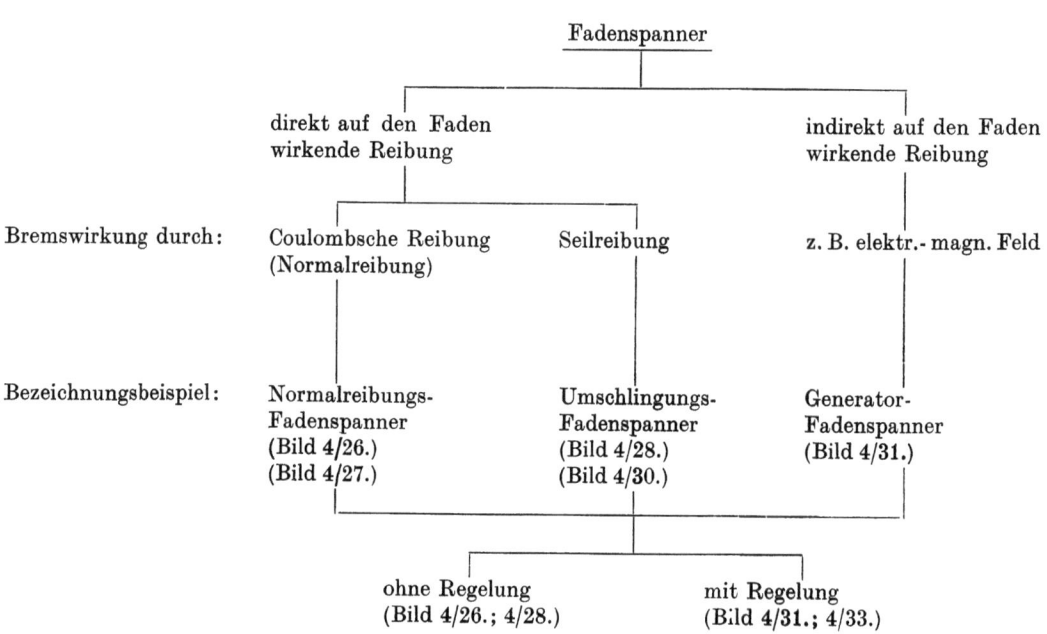

Bild 4/25. Einteilung der Fadenspanner

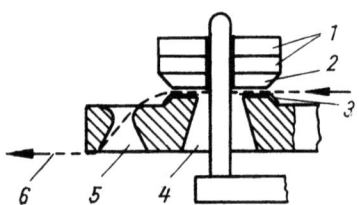

Bild 4/26. Normalreibungs-Spanner
1 Belastungsscheiben, *2* Bremsscheibe, *3* Stahlscheibe, *4* Staubdurchbruch, *5* Führungsöse, *6* Faden

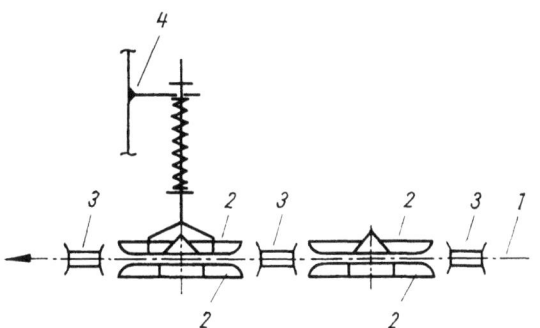

Bild 4/27. Normalreibungs-Doppelscheiben-Fadenspanner (Spulengatter GZB)
1 Faden, *2* Bremsscheiben (untere Scheiben angetrieben), *3* Fadenleitelemente, *4* zentral einstellbares Druckelement

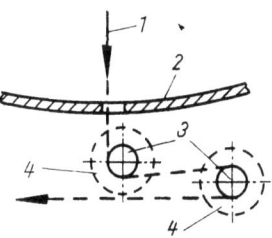

Bild 4/28. Umschlingungs-Fadenspanner mit zylindrischen Stiften (Modell 4161-20)
1 Faden, *2* Schlaufenfänger, *3* Umlenkstift, *4* zusätzliche Bremsscheibe

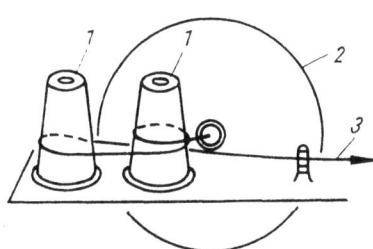

Bild 4/29. Umschlingungs-Fadenspanner mit konischen Stiften
1 konische Stifte, *2* Schlaufenfänger, *3* Faden

4.3.3.2. Fadenwächter

Zur Überwachung der ablaufenden Fäden dienen Fadenwächter, die, wie in Bild 4/36 dargestellt, eingeteilt werden können.
Um bei hohen Fadenabzugsgeschwindigkeiten die Reaktionszeit zwischen Fadenbruch und Stillstand der Aufwindemaschine klein zu

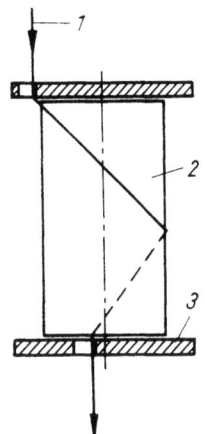

4/30. Umschlingungs-Fadenspanner
1 Faden, *2* Reibhülse, *3* verdrehbares Fadenleitelement

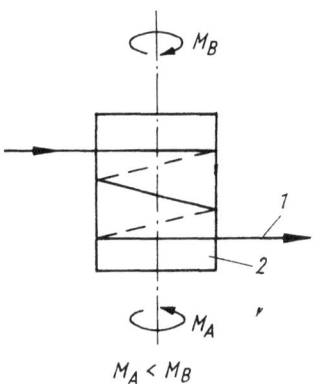

Bild 4/31. Generator-Fadenspanner
1 Faden, *2* Bremszylinder, M_A Abzugsmoment, M_B Bremsmoment

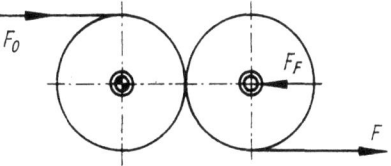

Bild 4/32. Prinzip des Rollfadenspanners Typ HH
F Fadenzugkraft, F_0 Eingangszugkraft, F_F Federkraft (einstellbar)

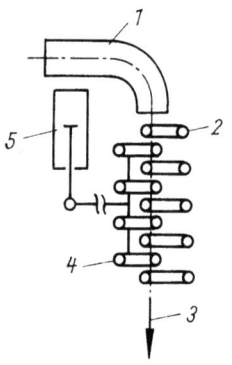 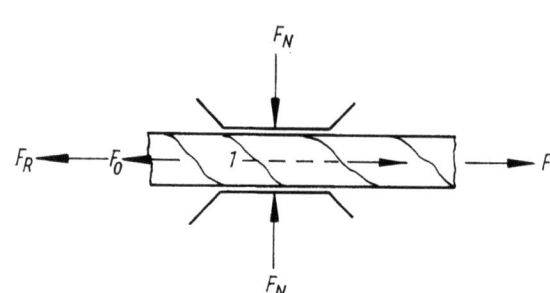

Bild 4/33. Umschlingungs-Fadenspanner mit Luftdämpfung (Modell 1170)
1 Fadenleitrohr, *2* Ringrechen fest, *3* Faden, *4* Ringrechen beweglich, *5* Schwingungsdämpfer

Bild 4/34. Prinzip des Normalreibungs-Fadenspanners
1 Fadenlaufrichtung, F Fadenzugkraft nach dem Spanner, F_0 Eingangszugkraft, F_N Normalkraft, F_R Reibkraft

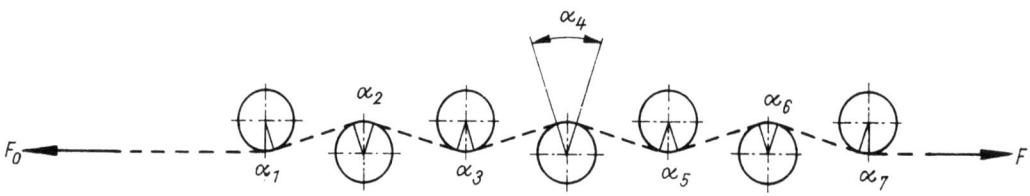

Bild 4/35. Prinzip des Umschlingungs-Fadenspanners
F Fadenzugkraft nach dem Spanner, F_0 Eingangszugkraft, α Umschlingungswinkel

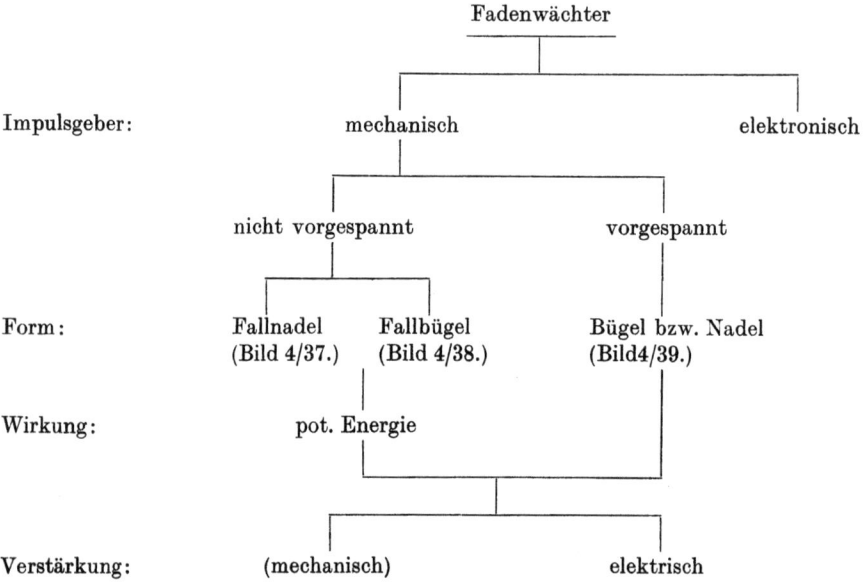

Bild 4/36. Einteilung der Fadenwächter

halten, hat die mechanische Verstärkung heute keine Bedeutung mehr. Die vorgespannten Impulsgeber erreichen gegenüber nicht vorgespannten Gebern zwangsläufig eine kürzere Reaktionszeit und werden deshalb bei Abzugsgeschwindigkeiten bis 1000 m/min eingesetzt.

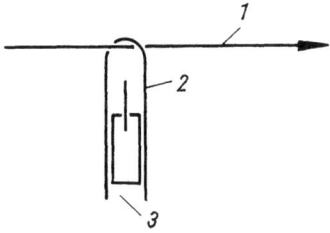

Bild 4/37. Fadenwächter mit Fallnadel
1 Faden, *2* Fallnadel, *3* Kontaktschiene

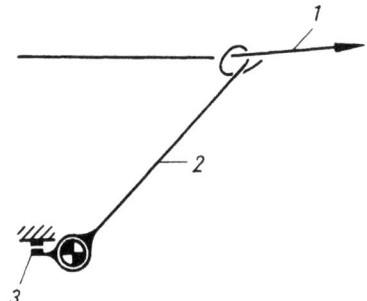

Bild 4/38. Fadenwächter mit Fallbügel
1 Faden, *2* Fallbügel, *3* elektrische Kontakte

Werden bei den nicht vorgespannten Gebern, z. B. in Form eines Fallbügels, Reaktionszeiten von 0,10 s erreicht, so kann bei vorgespanntem Bügel ein Wert von 0,06 s erreicht werden [108]. Das sind bei 800 m/min Abzugsgeschwindigkeit etwa 2,4 m bzw. 0,80 m, die noch vor dem Ansprechen der Bremse der Aufwindemaschine abgezogen werden. In Abhängigkeit von der Fadenabzugsgeschwindigkeit und der Wirksamkeit der Bremse an der Aufwindemaschine müssen zur Verhinderung eingerollter Enden bei Fadenbruch Mindestabstände zwischen Fadenwächter und Aufwindepunkt (d. h., Spulengattermaschine) von 3···4 m bei der Maschinenaufstellung beachtet werden (Bild 4/40).

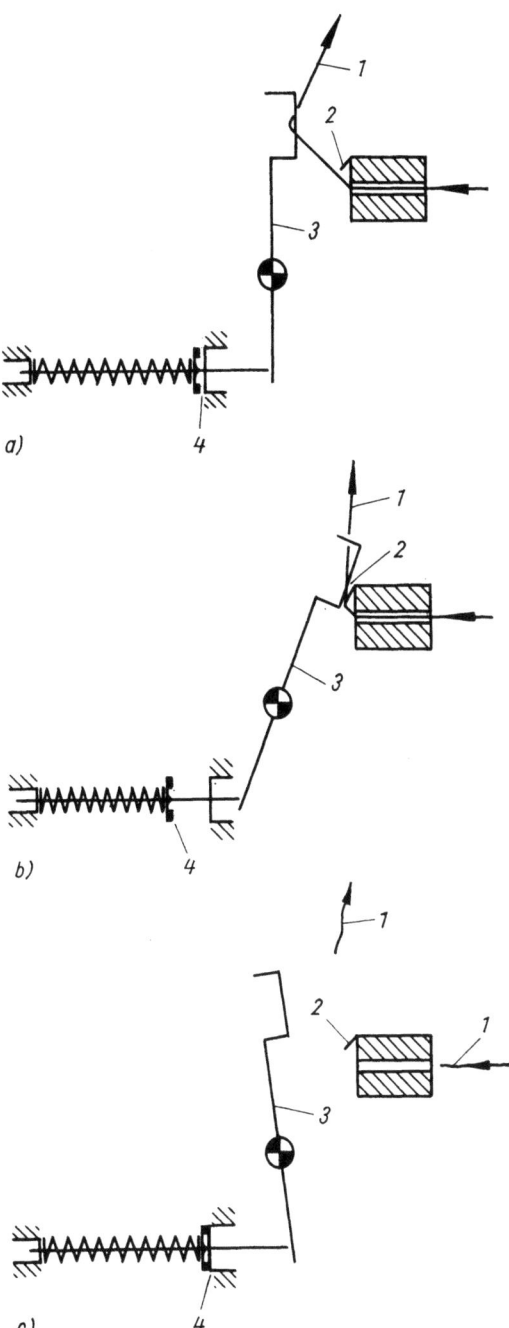

Bild 4/39. Fadenwächter mit vorgespanntem Bügel und Schneideinrichtung
a) normaler Fadenlauf
b) Fadenzugkraft zu hoch
c) Fadenbruch
1 Faden, *2* Schneidkante, *3* Fadenwächterbügel, *4* Kontaktstelle

Untersuchungen ergeben, daß bis zu 80% aller Fadenbrüche ursächlich durch Hängenbleiben des Fadens an der Spule entstehen [104]. Dabei reißt der Faden an seiner schwächsten Stelle zwischen Spule und Aufwindepunkt an der Wickelmaschine. Die Folge davon ist, daß bei über 60% der Fadenbrüche das Fadenende eingerollt wird und nicht mehr offen vor dem Aufwickelpunkt liegt. Der Zeitaufwand für das Beheben solcher Fadenbrüche ist relativ hoch.

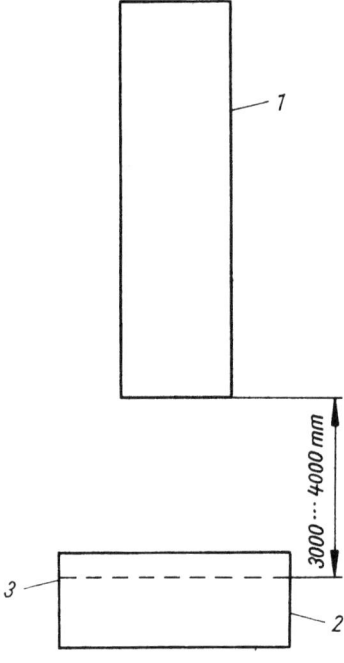

Bild 4/40. Maschinenaufstellung Spulengatteraufwindemaschine
1 Spulengatter, *2* Aufwindemaschine, *3* Aufwickelpunkt

Durch Kombination eines Fadenwächters mit vorgespanntem Bügel, einer Abschneidevorrichtung und eines Fadenspanners [104] (Prinzipdarstellung auf den Bildern 4/39 *a* bis *c*) wird beim Hängenbleiben des Fadens der Fadenwächterbügel *3* nach rechts gezogen und weicht gegen die Schneidkante *2* (Messer) aus. Der Faden wird an definierter Stelle geschnitten (*gesteuerter* Fadenbruch [104]), und es steht noch eine ausreichende Fadenlänge bis zum Aufwindepunkt zur Verfügung.

Die Anzahl der eingerollten Fadenenden kann dadurch auf 10···20% reduziert werden. Aus den Bildern 4/39 *a* bis *c* ist die Wirkungsweise einer solchen Vorrichtung ersichtlich.

4.3.3.3. Fahrvorrichtung und Flugstaubabblasvorrichtung

Als Zusatzeinrichtungen an Spulengattern sind die elektrische Fahrvorrichtung (Bild 4/41) und Flugstaubabblasvorrichtung (Bild 4/42) zu nennen.
Elektrische Fahrvorrichtungen werden eingesetzt bei feststehenden Schärmaschinen, um die entsprechende Ausrichtung des Schärbandes zur Spulengattermitte zu sichern oder auch beim Arbeiten mit mehreren Spulengattern und stationärer Aufwindemaschine (Bild 4/23).
Zur Vermeidung von Flugstaubablagerungen an Fadenspannern, Fadenelementen usw. werden überwiegend bei der Verarbeitung von Garnen Flugstaubabblasvorrichtungen in Form von oberhalb des Spulengatters angebrachten umlaufenden Ventilatoren bzw. Schwenkventilatoren installiert oder auch kombinierte Abblasabsaugvorrichtungen eingesetzt.

4.4. Maschinen zur Kettvorbereitung

Ausgehend von den Aufgaben der Kettvorbereitung ist es notwendig, bei der Betrachtung der Maschinen darauf zu verweisen, daß die optimale Auswahl von Maschinen für die Durchführung des technologischen Prozesses wesentlich von folgenden Kriterien beeinflußt wird:

— Rationelle Produktion unter Beachtung des Arbeitszeitaufwandes, der Produktionsflächennutzung sowie des gesamten Prozesses der Kettvorbereitung und notwendigen bzw. möglichen Arbeitserleichterungen
— Beachtung des Qualitätseinflusses auf den nachfolgenden Prozeß. (Es ist nach wie vor das alte Webersprichwort gültig: „Gut vorbereitet ist halb gewebt!")
— Minimierung des Abfalles an textilem Material in allen Stufen.

Bild 4/41. Elektrische Fahrvorrichtung an Spulengattern

4.4.1. Schärmaschinen

Rationelle Flächenbildungsverfahren verlangen zwangsläufig nach rationellen Technologien der Kettherstellung, so daß heute Schärmaschinen einen solchen technischen Stand erreicht haben, eine relativ gute und stabile Qualität der hergestellten Ketten zu sichern.

Ausgehend von der Definition des Schärens (Abschnitt 4.1.) zeigt Bild 4/43 die Einteilung von Schärmaschinen. Das Blockschären hat heute keine Bedeutung mehr und ist mit dem Teilbäumen (Abschnitt 4.4.4.) zu vergleichen. Wenn vom Schären gesprochen wird, ist demnach immer das Bandschären gemeint, das sich nach Bild 4/43 in Konusschären und Sektionsschären unterscheiden läßt.

Der Begriff Bandschären wird in der Literatur teilweise für das Sektionsschären gebraucht. Da aber als Schären das parallele Aufwickeln eines Teiles der Gesamtfadenanzahl in voller Fadenanzahl und in der vorgewählten Kettlänge auf eine Schärtrommel bezeichnet wird [96], ist *Bandschären der Oberbegriff* für die beiden Möglichkeiten der Bewicklung der Schärtrommeln, nämlich

— dem *direkten Übereinanderwickeln* der Fadenlagen (das Abgleiten der Fadenlagen wird z. B. durch Stifte, Bügel oder Bleche verhindert) auf eine *zylindrische*

4. Kettvorbereiten

Bild 4/42. Flugstaubabblasvorrichtung

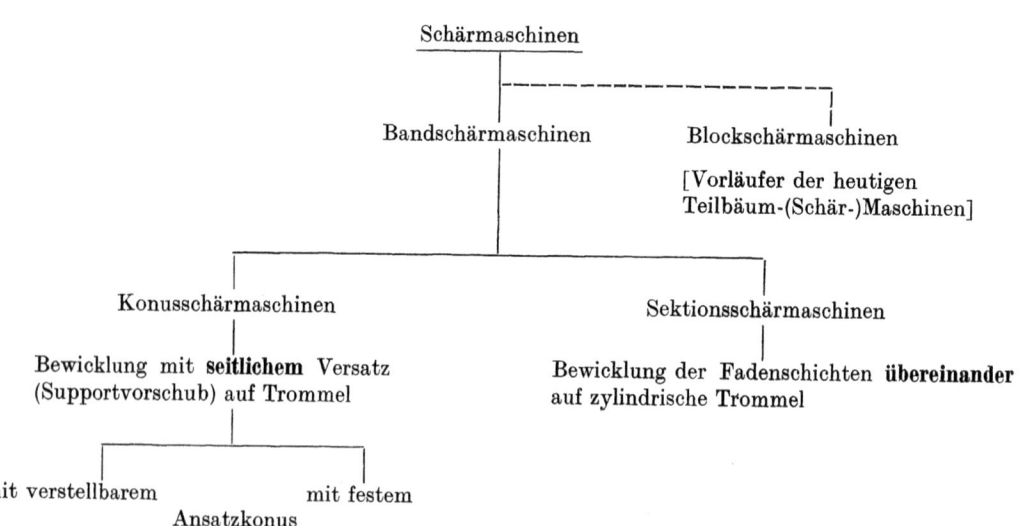

Bild 4/43. Einteilung von Schärmaschinen

Trommel, als *Sektionsschären* bezeichnet (Bild 4/44)

und

— dem durch Supportvorschub *seitlich versetztem Übereinanderwickeln* der Fadenlagen (das Abgleiten der Fadenlagen wird durch die konische Form der linken Schärtrommelseite verhindert) auf eine *Trommel mit Ansatzkonus*, als *Konusschären* bezeichnet (Bild 4/45).

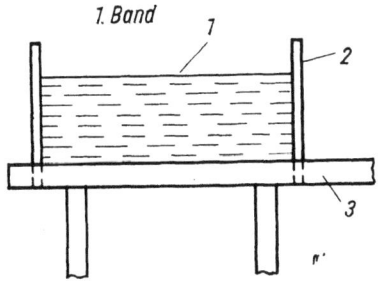

Bild 4/44. Schema der Wicklung an einer Sektionsschärmaschine
1 Fadenlagen, *2* seitliche Begrenzung der Fadenlagen durch Stifte, Bügel u. a., *3* Oberfläche der Schärtrommel

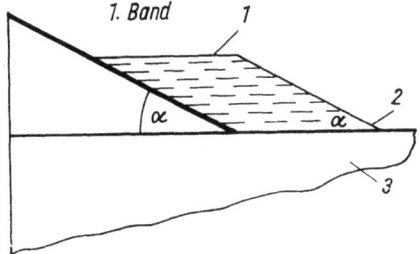

Bild 4/45. Schema der Wicklung an einer Konusschärmaschine
1 Fadenlagen, *2* Ansatzkonus, *3* Oberfläche der Schärtrommel, α Konuswinkel

Vom Begriff *Sektion* ausgehend kann allerdings auch nicht eindeutig auf das Schären *ohne* Konus geschlossen werden, da dafür aber auch der Begriff Trommelschärmaschine nicht eindeutig ist und heute der Einsatz der Schärmaschinen mit *zylindrischer* Trommel auf Spezialgebiete beschränkt ist, sollten die Begriffe

— *Sektions*schärmaschinen
— *Konus*schärmaschinen

verwendet werden.

4.4.1.1. Konusschärmaschine

4.4.1.1.1. Allgemeines

Das Prinzip des Konusschärens ist aus Bild 4/46 ersichtlich. Der Schärprozeß setzt sich grundsätzlich aus 2 Teilprozessen zusammen, dem Bewickeln der Schärtrommel, dem eigentlichen Schären (Bild 4/47) und dem Bäumen von der Schärtrommel auf den Kettbaum, als Aufbäumen bezeichnet (Bild 4/48).
(Hinsichtlich der Einsatzkriterien wird nochmals auf den Abschnitt 4.1.3.4. verwiesen!)
Bevor die Baugruppen einer Schärmaschine näher erläutert werden, ist es notwendig, einige Betrachtungen zur Einstellung des

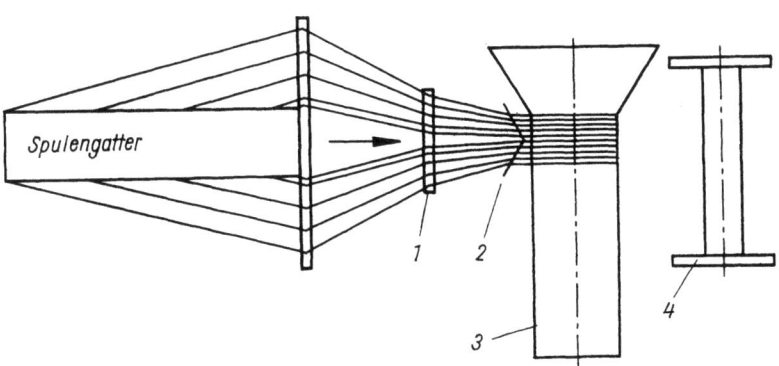

Bild 4/46. Prinzip des Konusschärens
1 Geleseblatt, *2* Schärblatt, *3* Schärtrommel, *4* Kettbaum

Bild 4/47. Konusschärmaschine — beim Schären (Modell 4126)

Konuswinkels und zum Supportvorschub bei der Bewicklung voranzustellen.
Die Einstellung des Konuswinkels α (Bild 4/49) sowie des Supportes sind wesentlich für die gleiche Fadenlänge der einzelnen Faden (Bild 4/49). Bei falschen Einstellungen (Bild 4/50) ergeben sich unterschiedliche Kettfadenzugkräfte, die letztlich zu Längsstreifigkeit und eventuell zu Schwierigkeiten in der nächsten Fertigungsstufe führen.
Für Konusschärmaschinen mit veränderlichem Konuswinkel β und konstantem Supportvorschub s_V (Prinzip in Bild 4/51 dargestellt) gilt, daß der Konuswinkel mit geringerer Fadenfeinheit ansteigt. Nach Bild 4/51 ergibt sich für $d_{F1} > d_{F2}$, daß $\alpha > \beta$ wird.
Für Konusschärmaschinen mit konstantem Konuswinkel und veränderlichem Supportvorschub (Prinzip in Bild 4/52 dargestellt) gilt, daß die Größe des Supportvorschubes mit geringerer Fadenfeinheit zunimmt. Nach Bild 4/52 ergibt sich für $d_{F1} > d_{F2}$, daß $s_{V1} > s_{V2}$ wird.
Daraus leiten sich die Haupteinsatzgebiete der beiden prinzipiellen Arten von Konusschärmaschinen ab.
Schärmaschinen mit konstantem Konuswinkel (fester Ansatzkonus — Bild 4/52) werden vorwiegend für das Schären von Seide eingesetzt (relativ kleine Konuswinkel ergeben bei hohen Fadenfeinheiten einen günstigen Wickelaufbau), während für Garne und Zwirne Schärmaschinen mit veränderlichem Konuswinkel (verstellbarem Ansatzkonus — Bild 4/51) verwendet werden, da ein größerer Konuswinkel die maximale Schärlänge bei ausreichendem Halt der Garn- bzw. Zwirnschichten erhöht.

Maschinen zur Kettvorbereitung **4.4.**

Bild 4/48. Konusschärmaschine — zum Bäumen vorbereitet (Modell 4126)

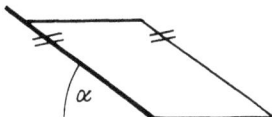

Bild 4/49. Richtige Einstellung des Konuswinkels und des Supportvorschubes
α Konuswinkel

4.4.1.1.2. Supportvorschub

Für eine exakte Berechnung des Supportvorschubes wäre Voraussetzung, daß ein Faden ein homogener, unelastischer Körper wäre. Da diese Voraussetzung praktisch nicht gegeben ist und die Bewicklung z. B. bei Garnen wesentlich von

— dem Drehungskoeffizienten des Garnes
— der Feinheit des Garnes
— der Fadenzugkraft beim Schären
— der Stapellänge der Faser
— dem Spinnverfahren

bestimmt wird, gibt es zwei Verfahren zur Bestimmung des Supportvorschubes:

1. empirische Ermittlung durch Versuche, deren tabellarische Auflistung, Nutzung der Erfahrung der Bedienungskräfte und laufende Kontrolle des Schärprozesses (Bild 4/53)
2. automatische Erfasssung der Lage der Fäden beim Schären und davon abhängig

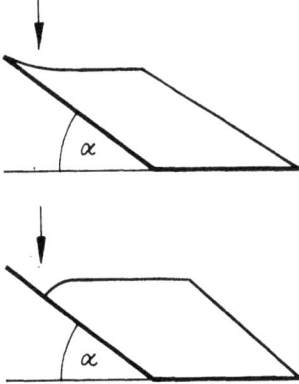

Bild 4/50. Fehler beim Schärprozeß durch falsche Konuswinkeleinstellung bzw. falschen Supportvorschub
α Konuswinkel

automatische Steuerung oder Regelung des Supportvorschubes (Bild 4/54).

Unter der Annahme, daß z. B. ein Garn völlig homogen und unelastisch wäre, bestehen folgende geometrische Beziehungen, mit deren Hilfe sich gewisse Näherungswerte berechnen lassen, die aber grundätzlich nur über Korrekturfaktoren und die manuelle Regelung auf die Schärmaschine übertragen werden können.

d_F ist der theoretische Fadendurchmesser auf der Grundlage der Substanzdichte ϱ_F des Faserstoffes.

Praktisch ist der Fadendurchmesser immer größer als der mit Gleichung (4.33) berechnete. In der Annahme, daß sich die Dichten ϱ_G zweier Garne wie die Drehungskoeffizienten α_m verhalten, ergibt sich: [4; S. 258 bis 261]

$$\varrho_{G1} : \varrho_{G2} = \alpha_{m1} : \alpha_{m2} \qquad (4.34)$$

Da weiterhin die Reißlänge L im Bereich für Kettmaterial etwa proportional dem

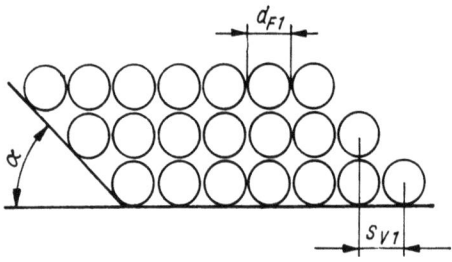

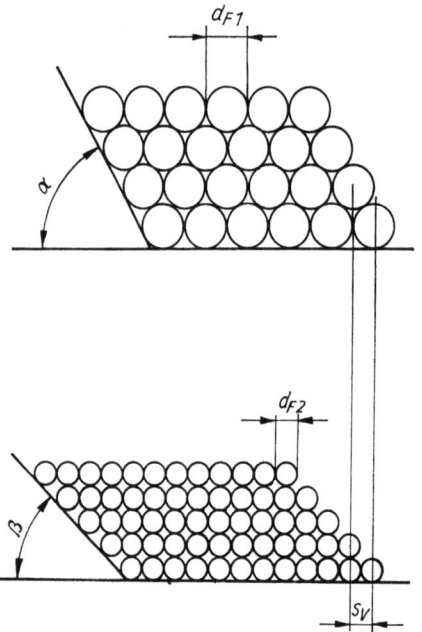

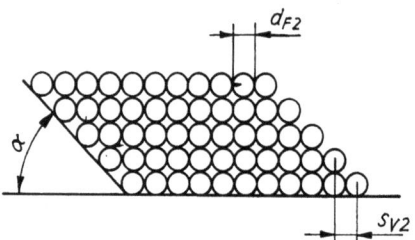

Bild 4/51. Prinzipdarstellung der Wickelschichten bei veränderlichem Konuswinkel und konstantem Supportvorschub
d_F Fadendurchmesser, s_V Supportvorschub, α und β Konuswinkel

Bild 4/52. Prinzipdarstellung der Wickelschichten bei konstantem Konuswinkel und veränderlichem Supportvorschub
d_F Fadendurchmesser, s_V Supportvorschub, α Konuswinkel

Wird ein Garn als zylindrischer Körper mit dem Durchmesser d_F und der Dichte des Faserstoffes ϱ_F betrachtet, kann auch über

$$Tt = \frac{m}{l} \quad \text{in tex} \qquad (4.31)$$

$$Tt = \frac{\varrho_F \cdot l \cdot d_F^2 \cdot \pi}{4 \cdot l} = \varrho_F \cdot A_S = \varrho_G \cdot A_G \qquad (4.32)$$

gesetzt werden (A Querschnittsfläche eines Fadens bzw. Garnes).

$$d_F = 2 \left(\frac{Tt}{\varrho_F \cdot \pi}\right)^{1/2} \qquad (4.33)$$

Drehungskoeffizienten ist, folgt:

$$L_1 : L_2 = \alpha_{m1} : \alpha_{m2} \qquad (4.35)$$

$$L_1 : L_2 = \varrho_{G1} : \varrho_{G2} \qquad (4.36)$$

Wird anstelle zweier Fäden der Vergleich Faser zu Garn geführt, wird

$$L_F : L_G = \varrho_F : \varrho_G \qquad (4.37)$$

bzw.

$$\varrho_G = \frac{L_G}{L_F} \cdot \varrho_F \qquad (4.38)$$

4.4. Maschinen zur Kettvorbereitung

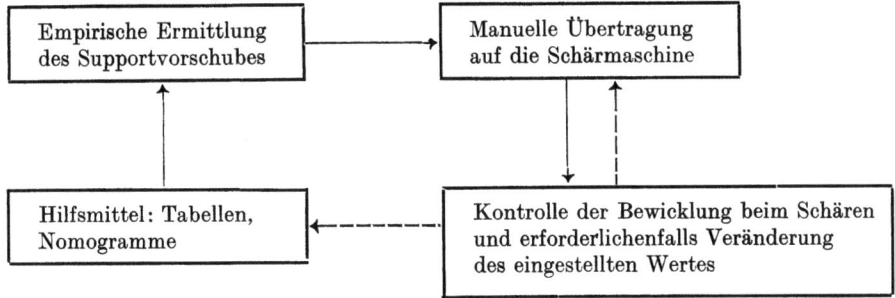

Bild 4/53. Prinzip der empirischen Ermittlung und manuellen Regelung des Supportvorschubes

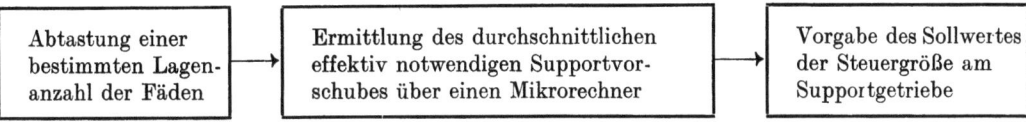

Bild 4/54. Prinzip einer automatischen Steuerung des Supportvorschubes

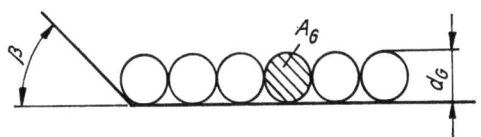

Bild 4/55. Ideale Lage der Fäden mit idealer Querschnittsfläche
A_G Querschnittsfläche eines Garnes, d_G Durchmesser eines Garnes, β Konuswinkel

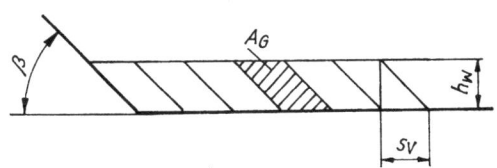

Bild 4/56. Angenommene Lage einer Fadenschicht
A_G Querschnittsfläche eines Garnes, h_W Höhe einer Wickelschicht, s_V Supportvorschub, β Konuswinkel

Aus den Gleichungen (4.32) und (4.38) folgt:

$$Tt = \frac{L_G}{L_F} \cdot \varrho_F \cdot A_G \qquad (4.39)$$

Für A_G gilt

$$A_G = \frac{Tt \cdot L_F}{L_G \cdot \varrho_F} = \frac{d_G^2 \cdot \pi}{4} \qquad (4.40)$$

A_G Querschnittsfläche eines Garnes/Fadens
d_G Durchmesser eines Garnes

Um eine weitere Vereinfachung vorzunehmen muß angenommen werden, daß der Fadenquerschnitt A_G vor der Aufwicklung gleich der Fläche nach der Aufwicklung ist (Bild 4/55 und 4/56). Unter Einbeziehung der Bilder 4/55 und 4/56 gilt:

$$A_G = \frac{d_G^2 \cdot \pi}{4} = s_V \cdot h_W \qquad (4.41)$$

Ist die Fadenanzahl eines Schärbandes mit z_F und die Bandbreite mit b_{Bd} bezeichnet, ergibt sich für den Supportvorschub s_V:

$$s_V = \frac{b_{Bd}}{z_F} \qquad (4.42)$$

Aus den Gleichungen (4.41) und (4.42) folgt Gleichung (4.43) mit

$$h_W = \frac{A_G \cdot z_F}{b_{Bd}} \qquad (4.43)$$

Unter Einbeziehung des Konuswinkels β wird

$$\tan \beta = \frac{h_W}{s_V} \qquad (4.44)$$

oder mit den Gleichungen (4.43) und (4.44)

$$\tan \beta = \frac{A_G \cdot z_F}{b_{Bd} \cdot s_V} \qquad (4.45)$$

Der Supportvorschub s_V ist dann unter Einbeziehung der Gleichung (4.40) und (4.45)

$$s_V = \frac{Tt \cdot L_F \cdot z_F}{L_G \cdot \varrho_F b_{Bd} \cdot \tan\beta} \qquad (4.46)$$

Wie schon am Anfang der vorstehenden Betrachtungen genannt, sind bestimmte Einschränkungen als Annahme in die gefundenen Beziehungen eingegangen, so daß der theoretische Wert für s_V in Gleichung (4.46) noch durch einen Korrekturfaktor C den tatsächlichen Verhältnissen anzupassen ist. C ist, wie bereits erwähnt, von den Fadenzugkraftverhältnissen beim Schären, vom Spinnverfahren u. a. abhängig und kann experimentell durch Schärversuche ermittelt werden, so daß aus Gleichung (4.46)

$$s_V = \frac{Tt \cdot L_F \cdot z_F}{L_G \cdot \varrho_F \cdot b_{Bd} \cdot \tan\beta} \cdot C \qquad (4.47)$$

wird.

b_{Bd} Breite des Schärbandes
C Korrekturfaktor
L_F Reißlänge des Faserstoffes
L_G Reißlänge des Garnes
s_V Supportvorschub
Tt Fadenfeinheit
z_F Anzahl der Fäden im Schärband
β Konuswinkel
ϱ_F Faserstoffdichte

Zur Bestimmung von C müssen bei gleicher Materialart, aber unterschiedlicher Feinheit Fadenanzahl und Bandbreite s_V bzw. $\tan\beta$ konstant eingestellt werden und die dann variable Größe $\tan\beta$ bzw. s_V durch entsprechende manuelle Regelung, unter Beachtung der Forderungen (Bild 4/50), nachgestellt werden. Das in Bild 4/53 dargestellte Prinzip der empirischen Ermittlung und manuellen Regelung des Supportvorschubes setzt voraus, daß die Bedienungskraft entsprechende Hilfsmittel erhält, und zum anderen die Schärmaschine mit einem relativ feinstufigen oder stufenlosen Supportvorschubgetriebe ausgerüstet ist. Die Schärmaschinenhersteller liefern, sofern nicht bereits automatische Regelungen oder Steuerungen angebaut sind, entsprechende Nomogramme mit, die für die meisten Fälle ausreichend sind und nach der der Konuswinkel bzw. der Supportvorschub vorgegeben werden kann, wobei die Kontrolle durch den Schärer nicht entfällt, eine geringfügige Nachregelung aber überwiegend nur bei Änderung bisher bekannter Einstellungen notwendig ist.

Wesentlich ist, daß der Schärer mit solchen Hilfsmitteln arbeiten kann und keine komplizierten Umrechnungen durchzuführen hat. Das ist auch der Grund, weshalb sich andere Methoden nicht durchsetzen konnten und die Entwicklung zum Einsatz von Mikrorechnern an Schärmaschinen führte, die die automatische Steuerung des Supportvorschubes übernehmen.

Die Anwendung von Nomogrammen wird nachfolgend am Beispiel der Konusschärmaschine Modell 4126 vom *VEB Schär- und Spulmaschinenbau* Burgstädt (*TEXTIMA*), DDR, erläutert [109].

1. Beispiel

Schärmaschine Modell 4126 *mit festem Konus* (Konuswinkel $\alpha = 10°$)
Es soll eine Kette mit folgenden Daten geschärt werden:

Material	PA-S
Fadenfeinheit Tt	10 tex (Nm 100)
Fadenzahl D_K	60 Fäden/cm
Wickeldichte ϱ_W	0,375 g/cm³

Zu bestimmen sind der Supportvorschub und die an der Schärmaschine einzustellende Schaltstufe für den Supportvorschub!

Algorithmus für die Festlegung der gesuchten Größen:

1. Wahl des Nomogrammes — hier für α = konst.
   (Nomogramm Bild 4/57)
2. Umrechnung der Feinheitsangabe von Tt in Nm und Aufsuchen des Wertes im Nomogramm
3. Die horizontale Verbindung des Schnittpunktes zwischen Fadenfeinheit und Fadenanzahl/cm sowie der Faserstoffdichte ϱ_F (hier 1,14 g/cm³ für PA-S) ergibt dabei im linken Diagramm den Supportvorschub s_V je Schärtrommelumdrehung — im Beispiel 0,76 mm (das Beispiel ist in Bild 4/57 als starke ---- Linie dargestellt)
4. Zuordnen des gefundenen Vorschubwertes

s_V zur nächstliegenden Schaltstufe lt. Tabelle 4/8.
— im Beispiel: ···
  Schaltstufe 17 $s_v = 0{,}732$ mm
  Schaltstufe 18 $s_v = 0{,}779$ mm
  ...

Als nächstliegende Stufe zum Vorschubwert lt. Nomogramm 0,76 mm wird die Schaltstufe 18 mit $s_v = 0{,}779$ mm gewählt und an der Schärmaschine eingestellt.

5. Sollte sich beim Schären des 1. Bandes nach 10···20 Umdrehungen der Schärtrommel eine Differenz zwischen Konus und Fadenschicht zeigen (Bild 4/50), ist der Supportvorschub entsprechend durch Wahl der nächsthöheren oder niedrigeren Schaltstufe zu korrigieren, gegebenenfalls nach Vergleich mit Praxiswerten lt. Tabelle 4/10.

2. Beispiel:

Schärmaschine Modell 4126 *mit beweglichem Schärkonus*
Es soll eine Kette mit folgenden Daten geschärt werden:

Material   VI-F-wt
Fadenfeinheit Tt 21 tex×2 (Nm 48/2)
Fadenzahl D_K 22 Fäden/cm

Zu bestimmen sind der Supportvorschub und die an der Schärmaschine einzustellende Schaltstufe für den Supportvorschub!
Algorithmus für die Festlegung der gesuchten Größen:
1. Wahl des Nomogrammes
   — hier für variablen Konuswinkel (Nomogramm Bild 4/58)
2. Umrechnung der Feinheitsangabe von Tt in Nm
   — im Beispiel Nm 24
3. Festlegung der Konushöhe aus Erfahrungswerten (Tabelle 4/9) und Festlegung auf eine im Nomogramm (Bild 4/58) angegebene Konushöhe $h_{K1} = 140$ mm oder Konushöhe $h_{K2} = 190$ mm
   — im Beispiel $h_{K1} = 140$ mm
4. Die horizontale Verbindung des Schnittpunktes zwischen Fadenfeinheit und Fadenanzahl/cm ergibt s_V
   — im Beispiel für die Konushöhe $h_{K1} = 140$ mm und VI-F ($\varrho_F = 1{,}50$ g/cm³) einen Supportvorschub s_V von 1,6 mm je Schärtrommeldrehung!
   (Das Beispiel ist in Bild 4/58 als starke ---- Linie dargestellt!)
5. Wie 4. für Beispiel 1.
   — im Beispiel ···
       Schaltstufe 36 $s_V = 1{,}6$ mm
       ..
6. Wie 5. für Beispiel 1.

Sollten sich Umrechnungen erforderlich machen, da die Konushöhe, die gewählt werden soll, nicht im Nomogramm enthalten ist oder der Wert der Wickeldichte ϱ_W von 0,375 g/cm³ abweichen, gilt als Näherung für eine *Umrechnung* auf eine andere *Konushöhe* Bild 4/59 unter Einbeziehung von Gleichung (4.44)

$$s_{V2} = \frac{s_{V1} \cdot 0{,}46 \cdot l_{K2}}{h_{K2}} \qquad (4.48)$$

Bemerkung: s_{V1} bezogen auf $h_K = 190$ mm
Index *1*   bekannte Werte lt. Nomogramm
Index *2*   gesuchte Werte
h_K Höhe des Konus
l_K Länge des Konus

für die *Umrechnung* auf eine andere *Wickeldichte* ϱ_{W2} — in Analogie zu Bild 4/56 (angenommene Lage einer Fadenschicht) und Gleichung (4.47) —

$$\frac{s_{V1}}{s_{V2}} = \frac{\varrho_{W1}}{\varrho_{W2}} \qquad (4.49)$$

Index *1* bekannte Werte lt. Nomogramm
Index *2* gesuchte Werte

Damit läßt sich für Wickeldichten ϱ_{W2}, die von denen der Nomogramme (Bilder 4/57, 4/58) mit $\varrho_{W1} = 0{,}375$ g/cm³ abweichen, nach der Gleichung (4.49) der Supportvorschub s_{V2} berechnen.

Das in Bild 4/61 dargestellte Prinzip der automatischen Steuerung des Supportvorschubes arbeitet wie folgt [110]: Eine an der Schärtrommel *4*, d. h. der Bewicklungsschicht *3*, liegende Fühlrolle *2* wird von der sich aufbauenden Wickelschicht *3* zurückgedrückt (siehe Bild 4/61). Der Supportvorschub ist dabei so eingestellt, daß die Rückbewegung der Fühlrolle um 1 mm einem Supportvorschub von 4 mm entspricht. Die sich während der ersten 100

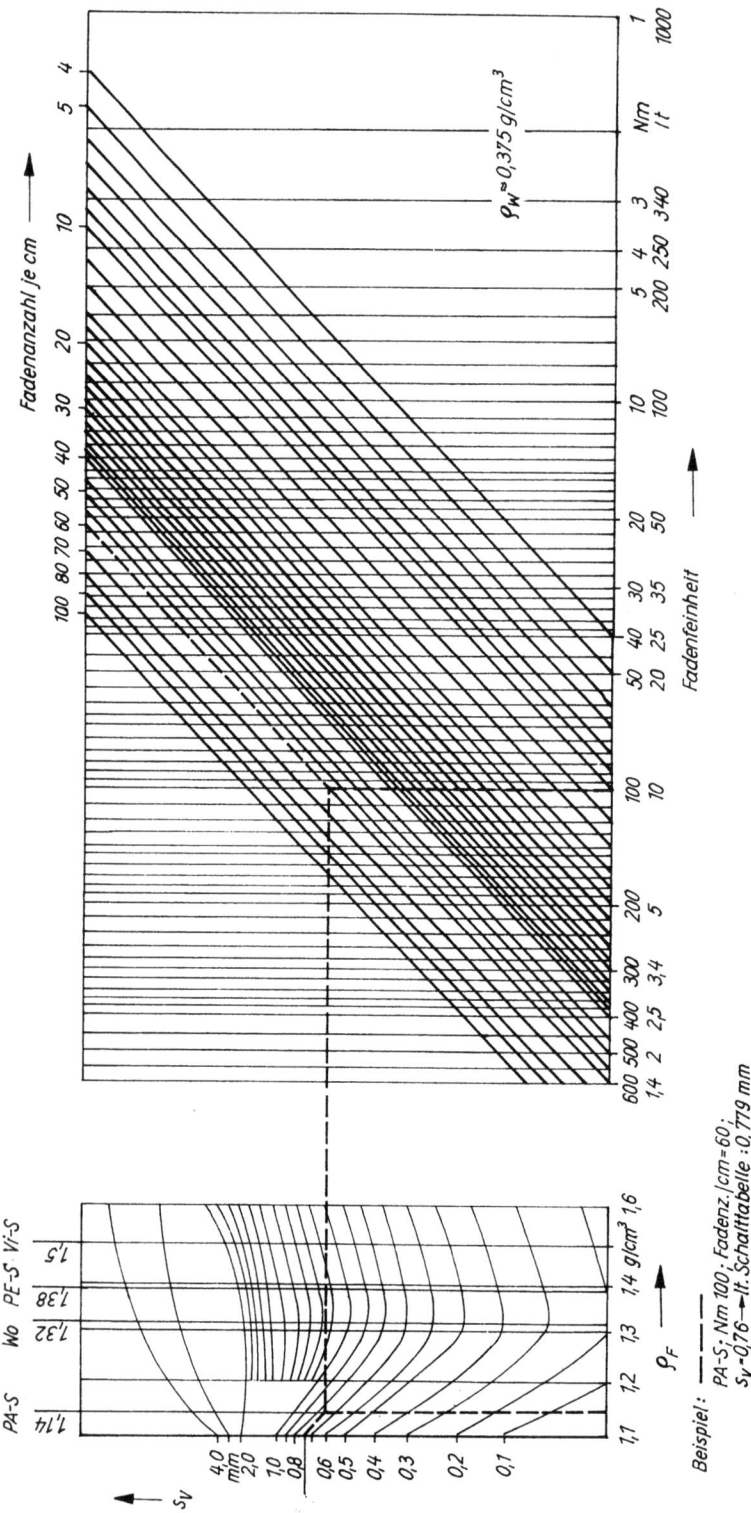

Bild 4/57. Nomogramm zur Ermittlung des Supportvorschubes an der Konusschärmaschine Modell 4126 mit konstantem Konuswinkel $\alpha \approx 10°$
PA-S Polyamidseide, PE-S Polyesterseide, VI-S Viskoseseide, Wo Wolle, ϱ_F Faserstoffdichte, ϱ_W Wickeldichte

(Bild 4/58. siehe Seite 255)

Bild 4/58. Nomogramm zur Ermittlung des Supportvorschubes an der Konusschärmaschine Modell 4126 mit veränderlichem Konuswinkel
h_{K1} Konushöhe 140 mm, h_{K2} Konushöhe 190 mm, s_V Supportvorschub, ϱ_F Faserstoffdichte, ϱ_W Wickeldichte

Maschinen zur Kettvorbereitung 4.4.

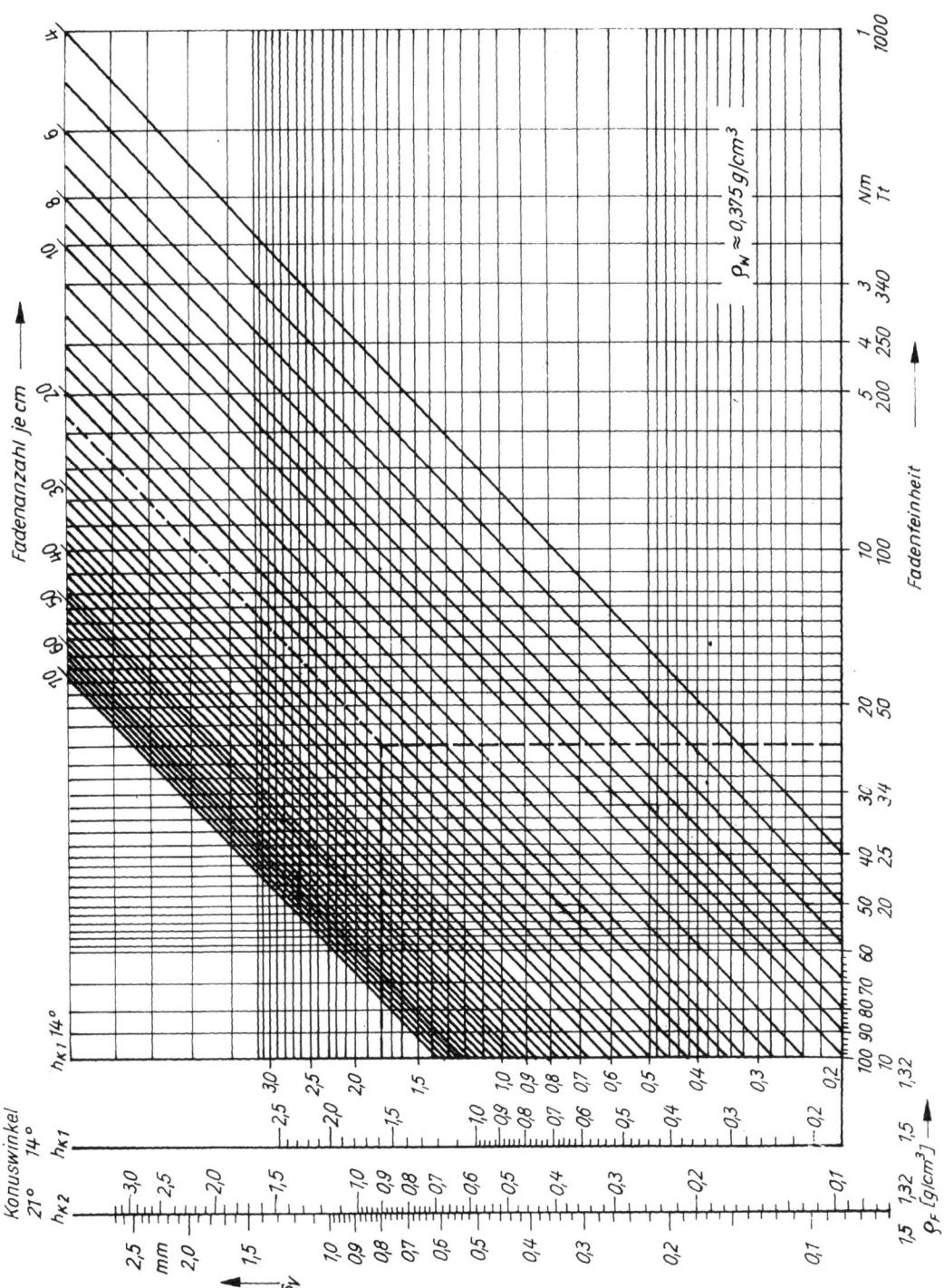

Tabelle 4/8. Schaltstufen für die Supportverschiebung in mm bei einer Schärtrommelumdrehung — Schärmaschine Modell 4126 (*TEXTIMA*)-

Schalt-stufe	Support-vorschub in mm	Schalt-stufe	Support-vorschub in mm
1	0	33	1,46
2	0,0465	34	1,51
3	0,0926	35	1,55
4	0,139	36	1,60
5	0,184	37	1,64
6	0,230	38	1,69
7	0,277	39	1,74
8	0,323	40	1,78
9	0,368	41	1,83
10	0,414	42	1,87
11	0,460	43	1,92
12	0,507	44	1,97
13	0,552	45	2,01
14	0,597	46	2,06
15	0,645	47	2,10
16	0,691	48	2,15
17	0,732	49	2,19
18	0,779	50	2,24
19	0,826	51	2,29
20	0,877	52	2,34
21	0,916	53	2,38
22	0,962	54	2,42
23	1,010	55	2,47
24	1,055	56	2,52
25	1,100	57	2,56
26	1,149	58	2,61
27	1,194	59	2,65
28	1,239	60	2,70
29	1,285	61	2,74
30	1,330	62	2,79
31	1,378	63	2,84
32	1,420	64	2,88

vorteilhaft ist, daß die Effektivwerte, die in den Mikrocomputer eingegeben werden, unter normalen Produktionsbedingungen ermittelt werden, d. h., die tatsächlichen Fadenzugkraftwerte, die Fadenabzugsgeschwindigkeit sowie die Preßkraft der Fühlrolle gehen in Verbindung mit den anderen die Wickeldichte beeinflussenden Werten direkt in die Berechnung ein. Exakte gleichmäßige Bewicklung aller Schärbänder wird dann erreicht, wenn die in die Berechnung während der ersten 100 Umdrehungen eingegangenen Werte auch beim weiteren Schärprozeß konstant gehalten werden, das trifft besonders auf die Fadenzugkraft zu. Die durch Abnahme des Spulendurchmessers hervorgerufene Erhöhung der Fadenzugkraft sollte durch entsprechende Steuerung bzw. Regelung der Fadenspanner am Spulengatter ausgeglichen werden. Geringfügige Schwankungen der Fadenzugkraft werden durch die Fühlrolle *2* (Bild 4/61), die im gewissen Sinne als Preßwalze arbeitet, ausgeglichen und wirken nicht negativ auf die Bewicklungshöhe einer Fadenschicht.

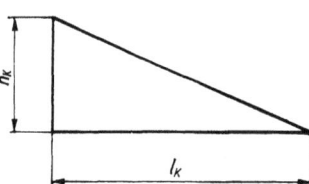

Bild 4/59. Skizze zur Umrechnung auf andere Konushöhen
h_K Konushöhe, l_K Konuslänge

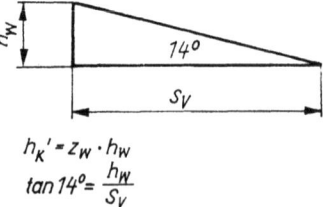

Bild 4/60. Zusammenhang zwischen Auftragshöhe (Konushöhe) und Supportvorschub
h_K' bewickelte Konushöhe nach 100 Umdrehungen der Schärtrommel, h_W Höhe einer Wickelschicht, s_V Supportvorschub, z_W Anzahl der Wicklungsschichten

Umdrehungen der Schärtrommel *4* ergebende Konushöhe h_K (Bild 4/60) wird ermittelt, und über einen Mikrocomputer in Verbindung mit dem fest eingestellten Konuswinkel von 14° (h_W von 1 mm entspricht s_V von 4 mm) wird der mittlere Supportvorschubwert je Schärtrommelumdrehung errechnet. Dieser neu errechnete Wert s_V für den Supportvorschub wird am Vorschubgetriebe mit einer Genauigkeit von 0,001 mm eingestellt und für den Rest des 1. Bandes sowie für die folgenden Bänder automatisch konstant gehalten. Besonders

Tabelle 4/9. Praxiswerte für den Supportvorschub an der TEXTIMA-Konusschärmaschine 4126/1 mit beweglichem Schärkonus

Mat.-Art	Fadenfeinheit in tex	Fadenzahl in Fd/cm	Konushöhe in mm	Supportvorschub in mm/Umdrehung
PA-S-t	10	51	70	1,92
VI-S	17	6	85	0,0926
VI-S	17	8,5	90	0,184
VI-S	17	8,5	110	0,0926
VI-F	17	8,5	190	0,0926
Bw (Zwirn)	17 (8,5 tex × 2)	32	190	0,323
Bw (Zwirn)	17 (8,5 tex × 2)	48	190	0,507
VI-F	20	2,4	130	0,0465
VI-F	20	2,8	100	0,0926
VI-F	20	2,8	180	0,0465
VI-F	20	7	160	0,139
VI-F	20	7	190	0,0926
VI-F	20	12	150	0,230
VI-F	20	13	80	0,507
VI-F	20	13	125	0,323
VI-F	20	13	135	0,277
VI-F	20	13	170	0,230
PA-S (Zwirn)	20 (10 tex × 2)	20	60	0,507
Bw (Zwirn)	20 (10 tex × 2)	39	190	0,597
Bw (Zwirn)	24 (12 tex × 2)	20	160	0,414
VI-F (Zwirn)	24 (12 tex × 2)	21	170	0,368
Bw (Zwirn)	24 (12 tex × 2)	26	130	0,597
Bw (Zwirn)	24 (12 tex × 2)	35	175	0,597
Bw (Zwirn)	24 (12 tex × 2)	38	190	0,645
Bw (Zwirn)	24 (12 tex × 2)	43	170	0,732
VI-F	25	4	130	0,139
VI-F	25	4	170	0,0926
VI-F	25	5	140	0,139
VI-F	25	5	180	0,0926
VI-F	25	6	170	0,139
VI-F	25	8	160	0,184
VI-F	25	11	170	0,230
VI-F	25	11	190	0,184
VI-F	25	13	105	0,414
VI-F	25	13	145	0,323
VI-F	30	4	190	0,0926
VI-F	30	5	160	0,139
VI-F	30	5	190	0,0926
VI-F	30	6	130	0,184
VI-F	30	6	180	0,139
VI-F	30	7	140	0,139
VI-F	30	14	180	0,277
VI-F Zwirn)	30 (15 tex × 2)	44	110	1,149
VI-F (Zwirn)	30 (15 tex × 2)	53	70	2,34
VI-F (Zwirn)	34 (17 tex × 2)	15	120	0,552
Bw (Zwirn)	34 (17 tex × 2)	20	150	0,507
Bw (Zwirn)	34 (17 tex × 2)	22	170	0,645
Bw (Zwirn)	34 (17 tex × 2)	26	150	0,779
VI-F (Zwirn)	34 (17 tex × 2)	39	50	2,34

Tabelle 4/9. (Fortsetzung)

Mat.-Art	Fadenfeinheit in tex	Fadenzahl in Fd/cm	Konushöhe in mm	Supportvorschub in mm/Umdrehung
Bw (Zwirn)	34 (17 tex × 2)	43	160	1,194
PA-S	34	25	70	1,100
VI-F	36	4	150	0,184
VI-F	36	5	140	0,184
VI-F	36	5	190	0,139
VI-F	36	6	135	0,230
VI-F	36	6	160	0,184
Bw (Kreppzwirn)	40 (20 tex × 2)	16	100	0,507
VI-F (Zwirn)	40 (20 tex × 2)	39	60	2,34
VI-F (Zwirn)	44 (22 tex × 2)	14	100	0,779
VI-F (Zwirn)	44 (22 tex × 2)	23	120	1,010
VI-F (Zwirn)	44 (22 tex × 2)	28	100	1,510
VI-F (Zwirn)	44 (22 tex × 2)	31	110	1,51
VI-F (Zwirn)	44 (22 tex × 2)	34	130	1,33
VI-F	50	6	190	0,23
VI-F (Zwirn)	50 (25 tex × 2)	8	135	0,414
VI-F	50	11	150	0,507
VI-F Zwirn)	50 (25 tex × 2)	11	185	0,552
VI-F (Zwirn)	50 (25 tex × 2)	17	170	0,645
VI-F (Zwirn)	50 (25 tex × 2)	20	190	0,732
VI-F (Zwirn)	50 (25 tex × 2)	21	180	0,691
VI-F (Zwirn)	50 (25 tex × 2)	32	170	1,239
VI-F (Zwirn)	60 (30 tex × 2)	8	150	0,414
VI-F (Zwirn)	60 (30 tex × 2)	8	180	0,368
Bw (Zwirn)	60 (30 tex × 2)	10	185	0,552
Bw (Zwirn)	60 (30 tex × 2)	13	190	0,414
VI-F (Zwirn)	60 (30 tex × 2)	17	155	0,779
Bw (Zwirn)	60 (30 tex × 2)	19	175	0,877
Bw (Zwirn)	60 (30 tex × 2)	24	170	1,378
Bw (Zwirn)	60 (30 tex × 2)	26	180	1,055
VI-F (Zwirn)	60 (30 tex × 2)	31	90	2,34
VI-F	72	6	170	1,194
Bw (Zwirn)	72 (36 tex × 2)	11	170	0,645
VI-F	80 (20 tex × 4)	6	105	0,55
Streichgarn	110	18	190	2,1
PA-S (Zwirn)	120 (30 tex × 4)	8	65	1,285
PA-S (Zwirn)	120 (30 tex × 4)	14	100	1,285
PA-S (Zwirn)	120 (30 tex × 4)	20	120	1,378
Bw (Zwirn)	120 (30 tex × 4)	22	185	1,74
Bw Zwirn)	120 (30 tex × 4)	24	200	1,74
VI-F (Zwirn)	140 (35 tex × 4)	10	130	1,55
VI-F (Zwirn)	140 (35 tex × 4)	12	140	1,64
Bw (Zwirn)	140 (35 tex × 4)	15	170	1,87
Bw (Zwirn)	140 (35 tex × 4)	19	180	1,97
PA-S (Zwirn)	140 (28 tex × 5)	8	80	1,285
PA-S (Zwirn)	140 (28 tex × 5)	13	110	1,285
Bw (Zwirn)	280 (46 tex × 6)	5	120	1,64
Bw (Zwirn)	280 (46 tex × 6)	16	200	2,42
Bw (Zwirn)	280 (46 tex × 6)	18	200	2,88

Tabelle 4/9. (Fortsetzung)

Mat.-Art	Fadenfeinheit in tex	Fadenzahl in Fd/cm	Konushöhe in mm	Supportvorschub in mm/Umdrehung
Bw (Zwirn)	340 (48 tex × 7)	7,5	170	2,24
Bw (Zwirn)	340 (48 tex × 7)	9,2	180	2,29
Bw (Zwirn)	340 (48 tex × 7)	12,5	200	2,79
Wo (Zwirn)	600 (150 tex × 4)	18	170	2,47
Wo (Zwirn)	600 (150 tex × 4)	20	170	2,56

Tabelle 4/10. Praxiswerte für den Supportvorschub an der TEXTIMA-Konusschärmaschine 4126 mit feststehendem Schärkonus

Mat.-Art	Fadenfeinheit in tex	Fadenzahl in Fd/cm	Supportvorschub in mm/Umdrehung
PA-S	2,2	63	0,139
PA-S	5	51	0,368
PA-S	5	64	0,323
PA-S	5	65	0,323
PA-S	6,8	58	0,552
PA-S	10	5,4	0,0465
PA-S	10	7	0,0465
PA-S	10 (5 × 2)	36	0,552
PA-S	10 (5 × 2)	48	0,691
PA-S	10 (5 × 2)	54	0,826
PE-S	10	60	0,826
PA-S	10 (5 × 2)	78	0,962
PE-S	11	7	0,0926
PE-S	11	8,8	0,139
VI-S	11	63	0,910
PE-S	11	68	0,877
VI-S	13	63	1,010
VI-S	13	80	1,194
PE-S	17	47	0,962
PA-S	20 (10 × 2)	7,2	0,414
PA-S	20 (10 × 2)	8,5	0,507
PA-S	20 (10 × 2)	36	0,0926
PE-S-t	20 (10 × 2)	30	1,33
PA-S Perlastik	20 (10 × 2)	45	1,83
PA-S Perlastik	20 (10 × 2)	60	2,65
VI-S	34	5,4	0,230

4.4.1.1.3. Baugruppen und Funktionselemente

4.4.1.1.3.1. Spulengatter

Schärmaschinen ziehen die Fäden vom Spulengatter (Abschnitt 4.3.) ab. Damit ständig ein annähernd mittiger Abzug (gedachte Verbindungslinie zwischen Schärbandmitte und Spulengattermitte) gewährleistet ist, sind die Spulengatter in der Regel mit elektrischer Fahrvorrichtung (Bild 4/41) ausgerüstet, so daß die Bedienungskraft das Gatter entsprechend ausrichten kann. Eine bessere Möglichkeit des Ausrichtens besteht bei in Schienen fahrbaren Schärmaschinen durch automatische Betätigung des Fahrmotors der Schärmaschine.

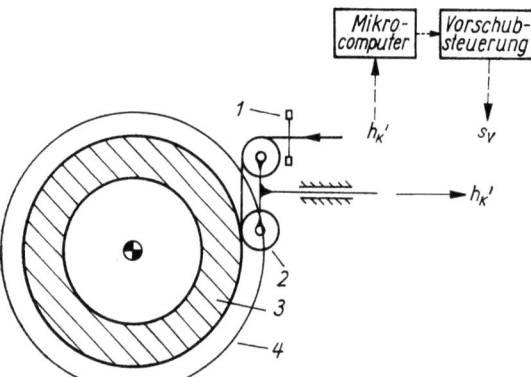

Bild 4/61. Prinzip der Abtastung der Bewicklungsschicht mit automatischer Steuerung des Supportvorschubes
1 Schärblatt, *2* Fühlrolle, *3* Bewicklungsschicht, *4* Schärtrommel, h_K' bewickelte Konushöhe nach 100 Umdrehungen der Schärtrommel, s_V Supportvorschub

4.4.1.1.3.2. Geleseblatt

Nach dem Verlassen des Spulengatters passieren die Fäden das Geleseblatt, das zum Schlagen des Fadenkreuzes und auch zum Teilen der Kette für den eventuell nachfolgenden Schlichtprozeß dient. Die Anzahl der einzulegenden Teilstäbe in der Schlichtmaschine muß gleich der Anzahl der Lötstellen je Rapport des Geleseblattes sein (z. B. 4 Teilstäbe entspricht 4facher Lötung — Bild 4/62 b). Zu beachten ist, daß die Lötstellen so angeordnet sind, daß das Schlagen des Fadenkreuzes in der Regel in jedem Fall gewährleistet ist. Das wird erreicht, indem unabhängig von der Anzahl der Teilstäbe jedes 2. Rohr des Geleseblattes in gleicher Höhe eine Lötung besitzt (siehe auch Bild 4/62), so daß sich durch Heben und Senken des Blattes bzw. der Fäden des Schärbandes ein Fach bildet, das durch Einlegen einer Schnur in das Schärband fixiert wird.

Das Geleseblatt ist in der Regel fest mit der Schärmaschine verbunden und führt alle Supportvorschubbewegungen mit aus.

4.4.1.1.3.3. Schärblatt

Das Schärblatt stellt bei vielen Maschinenausführungen das letzte Führungselement für die Fäden vor dem Auflaufen auf die Schärtrommel dar.
Daraus ergeben sich folgende Forderungen und Aufgaben:

1. Das Schärblatt bestimmt die Fadenzahl D_K des Bandes.
2. Das Schärblatt ist deshalb als Gelenkschärblatt (Bild 4/64) oder schnell auswechselbar auszuführen, dabei ist dem Gelenkschärblatt in der Regel der Vorzug zu geben (Vermeidung unproduktiver Zeit beim Wechsel auf eine andere Fadenzahl D_K des Schärbandes bzw. der Kette).
3. Das Schärblatt muß die Fäden zur Vermeidung von Fadenverwerfungen mög-

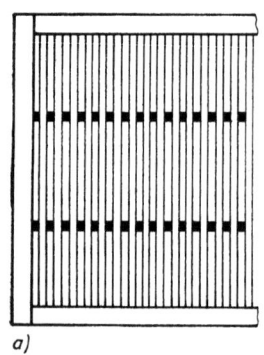
a)

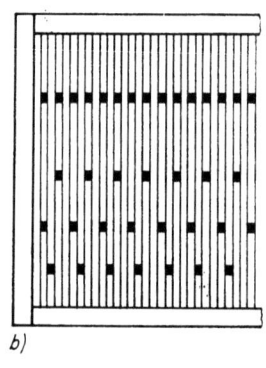
b)

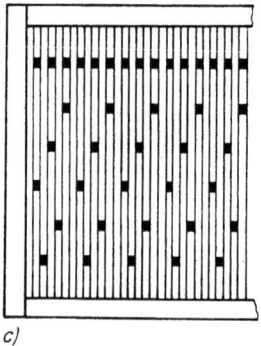
c)

Bild 4/62. Geleseblattformen
a) Kreuzblatt 2fache Lötung, *b)* Geleseblatt 4fache Lötung, *c)* Geleseblatt 6fache Lötung

lichst bis nahe am Auflaufpunkt des Schärbandes auf die Schärtrommel führen.
4. Auf Grund des durch die Bewicklung größer werdenden Schärtrommeldurchmessers ist zum Ausgleich der daraus folgenden geometrischen Verhältnisse eine automatische Schärblattanhebung (Bilder 4/63 und 4/64 a, b) angebracht. Durch die kurze frei laufende Fadenstrecke zwischen Schärblatt und -trommel erfolgt eine exakte Übernahme des Schärbandes auf die Trommel.

Hinsichtlich der Berechnung der Schärblatteinstellung gilt:

Fadeneinzug E_F in das Schärblatt

$$E_F \text{ (Faden/Rohr)} = \frac{z_F}{z_R} \quad (4.50)$$

oder

$$E_F \text{ (Faden/Rohr)} = \frac{z_{F\,ges}}{b_K \cdot BF} \quad (4.51)$$

BF Blattfeinheit (Rohre/dm)
b_K Breite der Kette
E_F Einzug
z_F Fadenanzahl je Band
$z_{F\,ges}$ Fadenanzahl gesamt
z_R benötigte Rohranzahl des Schärblattes

Bandbreite

$$b_{Bd} = \frac{b_K \cdot z_F}{z_{F\,ges}} \quad (4.52)$$

oder

$$b_{Bd} = \frac{b_K}{z_B} \quad (4.53)$$

Bd Band
b_{Bd} Breite des Schärbandes
b_K Breite des Kettbaumes
z_{Bd} Bänderanzahl
z_F Fadenanzahl je Band
$z_{F\,ges}$ Fadenanzahl gesamt

Bänderanzahl

$$z_{Bd} = \frac{z_{F\,ges}}{z_F} \quad (4.54)$$

Bei der Ermittlung der Fadenanzahl je Band z_F ist zu beachten, daß immer vom max. Fassungsvermögen des Gatters ausgegangen werden sollte, sofern nicht komplizierte Musterfolgen diese Fadenanzahl reduzieren. Damit wäre in einer 1. Rechnung $z_F = $ max. Spulenanzahl im Gatter.

Technologisch zweckmäßig ist es, die Bänderanzahl als ganzzahlige Größe anzustreben, d. h., Gleichung (4.54) wird nach der 1. Rechnung und Aufrundung der Bänderanzahl nach der Fadenanzahl je Band z_F umgestellt, so daß sich für alle Bänder gleiche Fadenanzahl und Breite ergeben. Von diesem Prinzip sollte nur bei entsprechender komplizierter Musterfolge (z. B. symmetrischen Kanten) abgewichen werden.

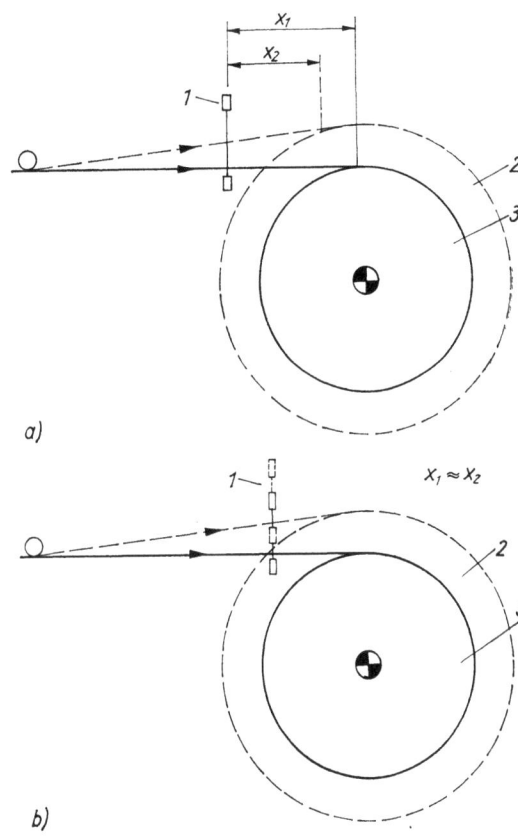

Bild 4/63. Wirkungsweise der automatischen Schärblattanhebung
a) *ohne* Schärblattanhebung
b) *mit* automatischer Schärblattanhebung
1 Schärblatt, 2 Wickelschicht, 3 Schärtrommel, x Abstand zwischen Schärblatt und Aufwindepunkt

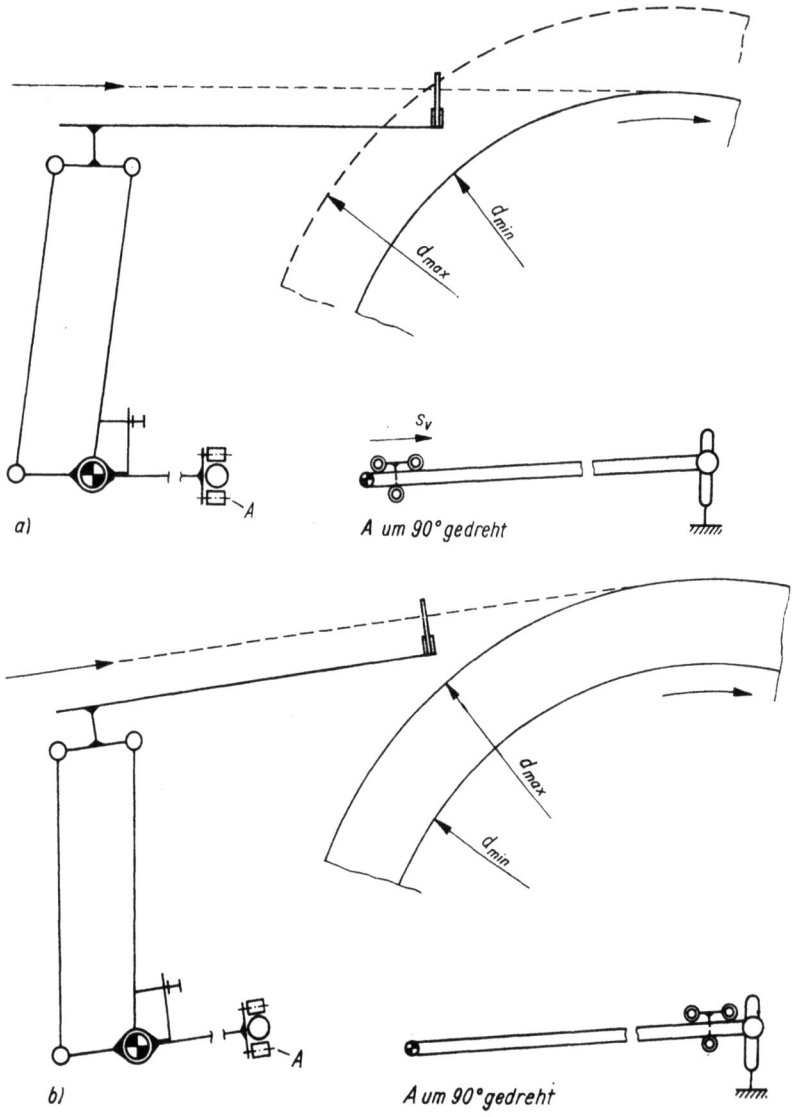

Bild 4/64. Prinzip der automatischen Schärblattanhebung an der Schärmaschine 4126/1
a) Anfangsstellung, b) Endstellung

Beispiel:

Es soll eine Kette mit 5004 Fäden und einer Kettbreite von 150 cm geschärt werden. Das Fassungsvermögen des Gatters beträgt max. 560 Spulen.
Zu berechnen sind

— die Bänderanzahl z_{Bd}
— die Bandbreite b_{Bd}
— der Einzug ins Schärblatt E_F.

Lösungsweg:

1. Mit Gleichung (4.54) ergibt sich

$$z_{Bd} = \frac{5004}{560/Bd} = 8{,}936 \text{ Bd}$$

Wird die Bänderanzahl gerundet auf 9 Bänder, ist die Fadenanzahl je Band neu zu berechnen.

$$z_F = \frac{5004 \text{ Fäden}}{9 \text{ Bd}} = 556 \text{ Fäden/Bd}$$

2. Nach Gleichung (4.52) oder Gleichung (4.53) folgt die Bandbreite

$$b_{\mathrm{Bd}} = \frac{150 \text{ cm}}{9 \text{ Bd}} = 16{,}7 \text{ cm/Bd}$$

3. Das Schärblatt (gestreckte Lage) hat im angeführten Beispiel eine Feinheit BF [97, S. 119] von 70 Rohren/dm sowie eine Breite b_{Bl} von 30 cm. Da die Bandbreite nur 16,7 cm beträgt, ergibt sich die Rohranzahl

$$z_{\mathrm{R\,ges}} = BF \cdot b_{\mathrm{Bd}} \qquad (4.55)$$

Über Gleichung (4.50) wird der Einzug berechnet

$$E_{\mathrm{F}} = \frac{556 \text{ Fäden/Bd}}{70 \text{ Rohre/dm} \cdot 1{,}67 \text{ dm}}$$

$$= 4{,}8 \text{ Fäden/Rohr}$$

Auch hier muß mit ganzzahligen Größen gerechnet werden, so daß bei Gelenkschärblättern (Bild 4/64) durch Einknicken des Blattes die Fadenzahl erhöht werden kann, d. h., die ermittelte Größe für den Blatteinzug wird abgerundet hier auf 4 Fäden/Rohr. Die gesamte Rechnung ist danach zur Kontrolle zu wiederholen und dient der Ermittlung der benötigten Rohranzahl nach Gleichung (4.50).

$$z_{\mathrm{R}} = \frac{556 \text{ Fäden/Bd}}{4 \text{ Fäden/Rohr}} = 139 \text{ Rohre/Bd}$$

Im Vergleich mit der Gesamtrohranzahl des Schärblattes analog nach Gleichung (4.55)

$$z_{\mathrm{R\,ges}} = 70 \text{ Rohre/dm} \cdot 3 \text{ dm} = 210 \text{ Rohre}$$

wird ermittelt, ob die benötigte Rohranzahl $\leq$ der insgesamt vorhandenen Rohranzahl ist.

Als Schlußfolgerung aus dem genannten Beispiel kann festgestellt werden, daß solche wesentlichen Größen wie

— Fadenanzahl je Band z_{F}
— Bänderanzahl z_{Bd}
— Bandbreite b_{Bd}
— Einzug ins Schärblatt E_{F}

exakt vorzugeben sind und es zweckmäßig ist, durch eine abschließende Kontrollrechnung über die Gleichungen (4.50) bis (4.54) die ermittelten Werte zu prüfen.
Bei den Berechnungen ist immer zwischen 1. Näherung und (meist nach der Rundung) exakter Rechnung zu unterscheiden.
Kontrollrechnung: nach Gleichung (4.53)

$$b_{\mathrm{K}} = 16{,}7 \text{ cm/Bd} \cdot 9 \text{ Bd} = \underline{\underline{150 \text{ cm}}}$$

nach Gleichung (4.54)

$$z_{\mathrm{F\,ges}} = 9 \text{ Bd} \cdot 556 \text{ Fäden/Bd} = \underline{\underline{5004 \text{ Fäden}}}$$

nach Gleichung (4.50)

$$z_{\mathrm{F}} = 139 \text{ Rohre/Bd} \cdot 4 \text{ Fäden/Rohr}$$

$$= \underline{\underline{556 \text{ Fäden/Bd}}}$$

4.4.1.1.3.4. Längenmeßvorrichtung

An der Schärmaschine Modell 4126 (*VEB Kombinat TEXTIMA*) sind 2 Zählwerke angebracht, und zwar ein Meterzählwerk, gekoppelt mit einer berührungslos arbeitenden Längenmeßvorrichtung, die nachfolgend näher erläutert wird, und einem Umdrehungszählwerk für die Schärtrommel.
Das 1. Band wird jeweils von beiden Zählwerken erfaßt, d. h., die Kettlänge wird am Meterzählwerk voreingestellt, so daß bei Erreichen dieser Länge die Maschine abgestellt wird, während das 2. Zählwerk die für diese Länge notwendigen Umdrehungen der Schärtrommel erfaßt. Ab dem 2. Band wird, da in der Regel die Wickelbedingungen annähernd konstant bleiben, nur nach dem Umdrehungszähler gearbeitet. Das heißt, nach Erreichen der gleichen Umdrehungsanzahl, die für das 1. Band notwendig war, stellt die Maschine ab.
Auf Grund der hohen Arbeitsgeschwindigkeiten ist eine genaue Messung über eine Meßwalze mit Umschlingungsreibung sowie der dabei auftretenden Probleme

— zusätzliche elektrostatische Aufladung
— Längendifferenzen beim Bremsvorgang (Massenträgheit der Meßwalze) u. a.

schwierig.

264 4. Kettvorbereiten

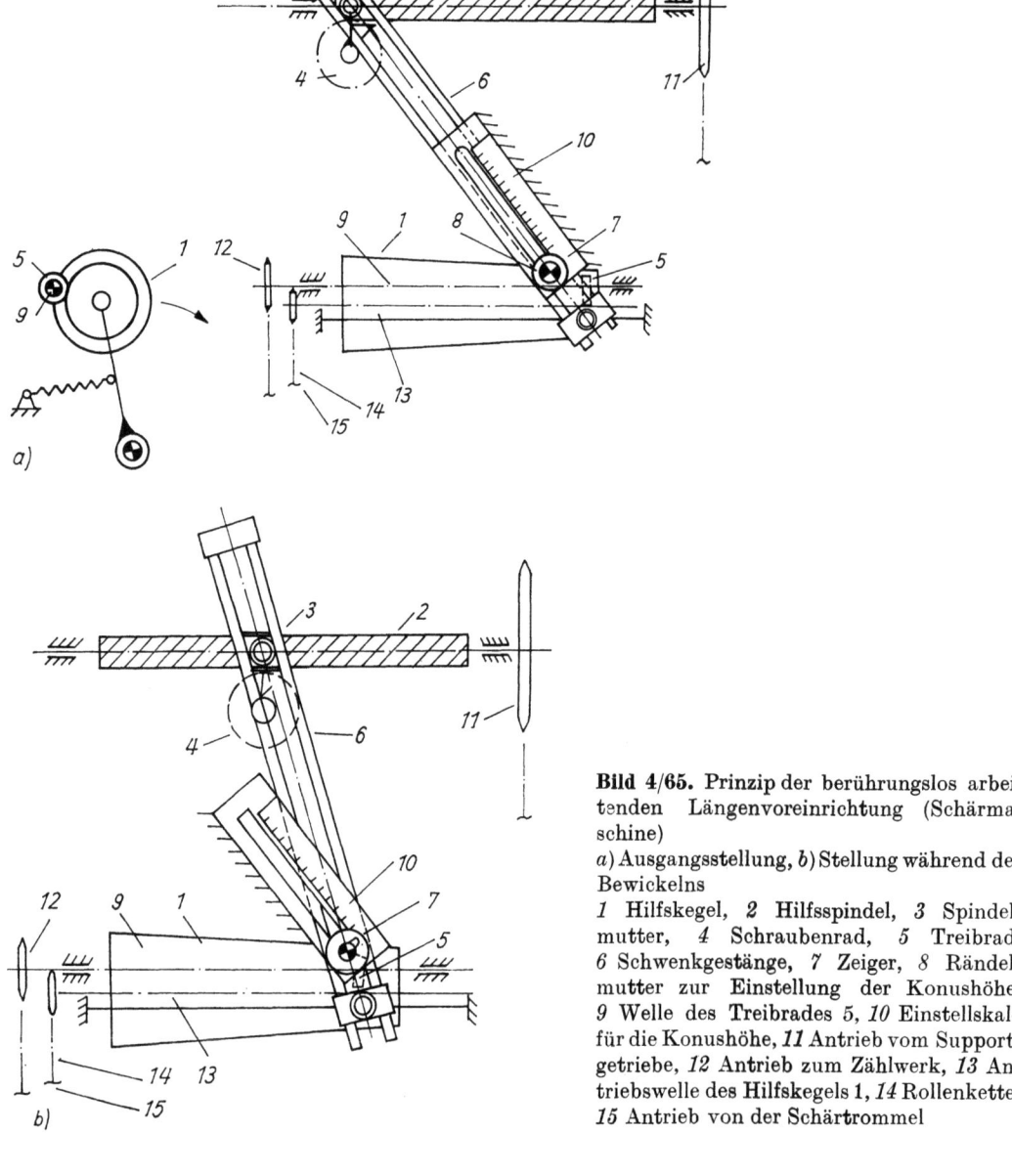

Bild 4/65. Prinzip der berührungslos arbeitenden Längenvoreinrichtung (Schärmaschine)
a) Ausgangsstellung, b) Stellung während des Bewickelns
1 Hilfskegel, *2* Hilfsspindel, *3* Spindelmutter, *4* Schraubenrad, *5* Treibrad, *6* Schwenkgestänge, *7* Zeiger, *8* Rändelmutter zur Einstellung der Konushöhe, *9* Welle des Treibrades 5, *10* Einstellskale für die Konushöhe, *11* Antrieb vom Supportgetriebe, *12* Antrieb zum Zählwerk, *13* Antriebswelle des Hilfskegels 1, *14* Rollenkette, *15* Antrieb von der Schärtrommel

Die indirekte Längenmessung weist diese Nachteile nicht auf, da sie berührungslos arbeitet. In Bild 4/65 a und b ist das Prinzip dieser Messung an der Schärmaschine *TEXTIMA* Modell 4126 erläutert [109].
Ein Hilfskegel *1*, der in einem bestimmten Verhältnis zum Schärkonus steht, erhält seinen Antrieb von der Schärtrommel, während die Hilfsspindel *2* über das Supportgetriebe angetrieben wird. Die Bewegung der Hilfsspindel *2* wird von der Spindelmutter *3* und dem Schraubenrad *4* auf das Schwenkgestänge *6* übertragen. Über die Rändelmutter *8* läßt sich mittels des Zeigers *7* an der Skala *10* die eingestellte Konushöhe der Maschine übertragen, so daß sich damit

Maschinen zur Kettvorbereitung **4.4.** 265

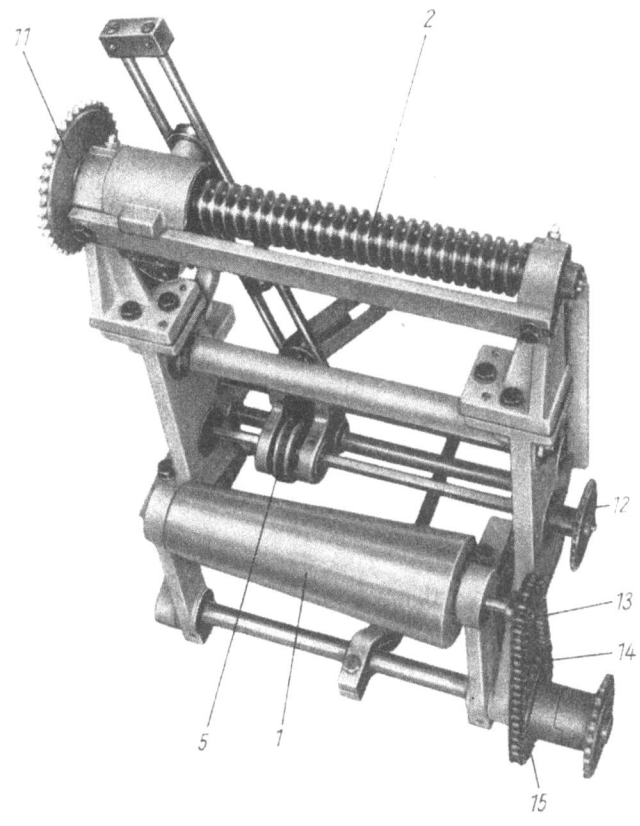

Bild 4/66. Längenmeßvorrichtung an der Schärmaschine 4126
— Hilfskegel 1 abgeschwenkt
1 Hilfskegel, *2* Hilfsspindel, *5* Treibrad, *11* Antrieb vom Supportgetriebe, *12* Antrieb zum Zählwerk, *13* Antriebswelle des Hilfskegels 1, *14* Rollenkette, *15* Antrieb von der Schärtrommel

ein bestimmtes Längenverhältnis des Schwenkgestänges *6* ergibt. Der Hilfskegel *1* treibt das Treibrad *5* und damit Welle *9* an; von dort wird das Meterzählwerk angetrieben. Mit der Bewegung des Schwenkgestänges *6* wird auch das Treibrad *5* in bestimmtem Verhältnis (abhängig von eingestellter Konushöhe und vom Supportvorschub) auf dem Hilfskegel *1* (vergleichbar mit einem Miniaturschärkonus) verschoben und von diesem je nach wirksamem Durchmesser angetrieben.
Bild 4/65 *a* zeigt die Ausgangsstellung und Bild 4/65 *b* die Stellung des Schwenkgestänges während des Bewickelns. Bild 4/66 zeigt die Meßvorrichtung als Einzelbaugruppe um 180° gegenüber den Prinzipskizzen Bild 4/65, gedreht (also von der Rückseite). Nach dem Bewickeln des 1. Bandes wird der Hilfskegel *1* abgeschwenkt, die Meßeinrichtung arbeitet nicht (Darstellung in Bild 4/66 — Hilfskegel abgeschwenkt).

4.4.1.1.3.5. Bäumvorrichtung

Nach dem Wickeln des letzten Bandes auf die Schärtrommel kann das Aufbäumen erfolgen. Analog der Supportvorschubbewegung des Schärblattes beim Wickeln der Bänder erfolgt beim Bäumen der Supportvorschub rückläufig. Je nach Materialart, Verwendungszweck, Wickeldichte und Fadenart kann die Bäumvorrichtung mit schwerem oder leichtem Antrieb ausgerüstet werden.
Die Bäumgeschwindigkeit ist in Abhängigkeit des Kettfadenzuges (Bild 4/67) festzulegen. Bei 150 m/min Bäumgeschwindigkeit (leichte Ausführung) darf die Kettzugkraft max. 1400 N betragen, während bei 8000 N Kettzugkraft die Bäumgeschwindigkeit auf 25 m/min abgesenkt werden muß (Bild 4/67). Zum Stand der Technik gehört heute, daß die Bäumgeschwindigkeit konstant gehalten wird. Es ist zu erwarten, daß in

Anwendung und Weiterführung der Ergebnisse zur „Untersuchung der Spannungsverhältnisse im textilen Wickel" [99] und Abschnitt 4.2. Steuerungen eingesetzt werden, die die Kettzugkraft (Wickelzugkraft) den Wickelverhältnissen entsprechend beeinflussen.

Zur Zeit kann ein gleichmäßiger Wickelaufbau für flüchtig oder feinfädig eingestellte Ketten durch das Changieren (seitliches Hin- und Herbewegen) des Kettbaumes beim Bäumen erreicht werden, eine solche Vorrichtung wird Kreuzbäumvorrichtung genannt. Der seitliche Changierhub, der eine leichte Kreuzwicklung ergibt, ist stufenlos von $0 \cdots 30$ mm einstellbar.

4.4.1.1.3.6. Zusatzbaugruppen

Auswechselbare Schärtrommel

Zur Reduzierung unproduktiver Zeiten gibt es Schärmaschinen mit auswechselbarer Schärtrommel. Dabei müssen folgende Bedingungen erfüllt sein:
— Weiterbehandlung des Fadenmaterials auf einer Schlicht-Trocken-Bäumanlage
— schnelles und sicheres Auswechseln der Schärtrommel gegen eine Reservetrommel, wobei die Zeit für das Wechseln sehr viel kleiner als die Bäumzeit sein sollte.

Flusenwächter

Zur Erzielung einwandfrei verarbeitbarer Seiden-Ketten sollte ein Flusenwächter im Fadenlauf zwischengeschaltet sein (analog den Ausführungen bei Teilbäumanlagen in Abschnitt 4.4.4.). Zu beachten ist dabei, daß sich der Bremsweg beim Ansprechen des Flusenwächters in Abhängigkeit der gewählten Arbeitsgeschwindigkeit ergibt.

Präparationsvorrichtung

In Abschnitt 4.4.3. wird ausführlich auf Behandeln (Präparieren) eingegangen. An der Schärmaschine bestehen 2 Möglichkeiten des Behandelns des Fadens, entweder schärbandweise beim Schären oder für die gesamte Kette beim Aufbäumen, wobei die letztere Methode Vorteile aufweist und vorrangig angewendet werden sollte.

Ionisationsvorrichtung

Textilmaterialien, vor allem synthetische Faserstoffe, haben die Eigenschaft, sich elektrostatisch aufzuladen. Auf Grund unterschiedlicher Polarität kann es dadurch zu Verarbeitungsschwierigkeiten (Abstoßen, Anziehen von Fäden untereinander) kommen. Die Naturfaserstoffe bzw. Faserstoffe aus natürlichen Polymeren (Regeneratfaserstoffe) sind dabei im wesentlichen unkritisch. Anhand des elektrischen Widerstandes des Faserstoffes läßt sich auf Aufladungstendenzen schließen. Widerstände $> 10^8 \, \Omega$ cm werden dabei als kritisch angesehen [111]. Wenn auch die Luftfeuchtigkeit sehr stark die Widerstände der Faserstoffe beeinflußt [111] (Tabelle 4/11), so ist aber auch eindeutig ersichtlich, daß Faserstoffe aus synthetischen Polymeren wesentlich über den anderen Faserstoffen liegen.

Da die Entstehungsmöglichkeiten der elektrostatischen Auflading sehr vielfältig sind, ist es günstiger, diese an bestimmten Stellen abzuleiten.

Bewährt haben sich dazu Hochspannungs-Spitzenionisatoren, die möglichst nahe an den Fadenlauf herangebracht werden sollen. Durch Ionisierung der Luft in unmittelbarer Nähe des Fadenlaufes erfolgt die Ableitung der Ladungen an die umgebende Luft.

Tabelle 4/11. Widerstände von Faserstoffen in Abhängigkeit von der Luftfeuchtigkeit

Rel. Luftfeuchtigkeit in %		50	65	80
Widerstände in Ω cm	Baumwolle	$2{,}87 \cdot 10^6$	$0{,}52 \cdot 10^6$	$0{,}20 \cdot 10^6$
	Viskose	$2{,}25 \cdot 10^7$	$1{,}46 \cdot 10^7$	$0{,}68 \cdot 10^7$
	Wolle	$2{,}69 \cdot 10^9$	$1{,}85 \cdot 10^9$	$0{,}54 \cdot 10^9$
	Polyamid	$4{,}50 \cdot 10^{10}$	$3{,}30 \cdot 10^{10}$	$0{,}87 \cdot 10^{10}$

Tabelle 4/12. Hauptkennwerte der Konusschärmaschine Modell 4126/1 (*TEXTIMA*) [112]

Schärtrommel für Garne:	Umfang 2 800 mm Schärkonus stufenlos einstellbar — Höhe max. 200 mm — Länge 500 mm
Schärtrommel für Seiden:	Umfang 3 200 mm Schärkonus feststehend — Höhe 120 mm — Länge 700 mm
Arbeitsbreite in mm:	1 600, 1 800, 2 000, 2 200, 2 500 (2 800 nur für Garne)
Masse der Konusschärmaschine in kg:	3 650, 3 800, 3 950, 4 100, 4 300, 4 500
Abmessungen der Maschine:	Breite in mm 4 800, 5 000, 5 200, 5 400, 5 700, 6 000 Tiefe in mm 2 640
Schärgeschwindigkeiten:	35···720 m/min (stufenlos regelbar)
Bäumgeschwindigkeit: (automatisch konstant)	leichte Ausführung 25···150 m/min schwere Ausführung 17···100 m/min
Schärsupportvorschub:	0···2,88 mm/Umdrehung der Schärtrommel
Kettbaumscheibendurchmesser:	Maximal 800 mm
Antriebsleistung:	Elektromotor 5,5 kW

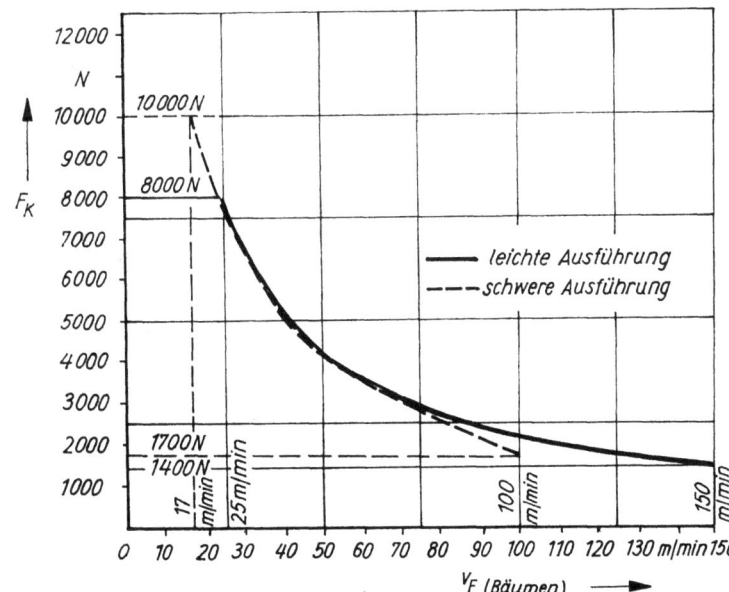

Bild 4/67. Kettfadenzugkraft in Abhängigkeit der Bäumgeschwindigkeit — Schärmaschine 4126
F_K Kettzugkraft, v_F (Bäumen) Arbeitsgeschwindigkeit beim Bäumen

268   4. Kettvorbereiten

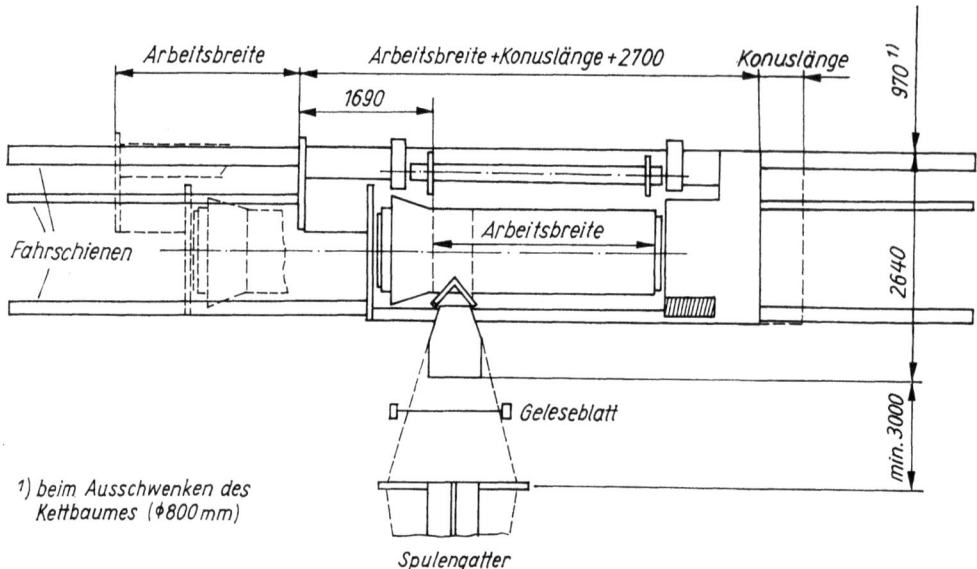

Bild 4/68. Aufstellungsplan der Schärmaschine Modell 4126/1

Als zweckmäßig hat sich erwiesen, die Ionisationsstäbe unmittelbar unter dem Fadenband nach dem Passieren des Geleseblattes und nach dem Passieren des Schärblattes anzuordnen.

4.4.1.1.4. Leistungsangaben und Einsatzhinweise

Die Hauptkennwerte der Konusschärmaschine Modell 4126/1 (*TEXTIMA*) sind nachfolgend in Tabelle 4/12 zusammengestellt, während sich aus Tabelle 4/13 Richtwerte der Fadenzugkraft entnehmen lassen.

Tabelle 4/13. Empfohlene Fadenzugkraft beim Schären (gemessen zwischen Geleseblatt und Schärtrommel) Schärmaschine Modell 4126/1 (*TEXTIMA*) [109]

Fadenfeinheit in tex	Fadenzugkraft in mN
1,7 — 5	20···80
5 — 10	40···180
10 — 100	100···400

Die Aufstellung einer Konusschäranlage Modell 4126 ist aus dem Aufstellungsplan in Bild 4/68 ersichtlich.
Je nach Sortiment, den Platzverhältnissen, dem Spulengattertyp, den zu schaffenden Bedingungen in der Technologie u. a. lassen sich eine Vielzahl von Varianten der Aufstellung realisieren (beachte dazu auch Abschnitt 4.3.2.).
Zwei Grundtypen der Aufstellung zeigen die Bilder 4/69 a und b. Bei Mehrgatterbetrieb (Anwendung bei häufig wechselndem Muster, kleinen Losgrößen oder auch geringen Kettlängen) wird von Hilfskräften das jeweils nicht benutzte Gatter entsprechend vorbereitet, so daß nach dem Bäumen sofort wieder geschärt werden kann.
Für die Arbeitsweise mit einem Gatter (Bild 4/69 b) sollten hohe Losgrößen (eventuell Gatter mit Reserveaufsteckung) und (je nach Produktionsausstoß) Hilfskräfte zum Spulenwechsel im Gatter eingesetzt werden. Soll sofort nach dem Aufbäumen wieder geschärt werden, darf die Bäumzeit nicht geringer als die Zeit zum Spulenwechsel im Gatter sein, andernfalls sinkt der Produktionsausstoß infolge des zusätzlichen Auftretens unproduktiver Wartezeiten.
Der Abstand zwischen Spulengatter und

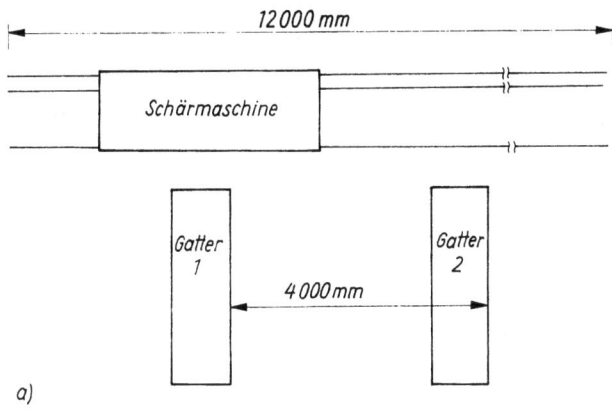

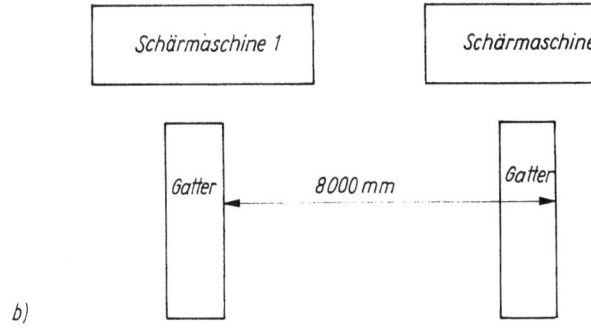

Bild 4/69. Spulengatterabstände bei Mehrgatter- und Mehrmaschinenbetrieb (Arbeitsbreite der Schärmaschinen Modell 4126/1 2000 m und Spulengatter Bauform D)
a) Mehrgatterbetrieb
b) Mehrmaschinenbetrieb

Geleseblatt ist nach Bild 4/68 mit mindestens 3 m angegeben. Wie bereits in Abschnitt 4.3.3.2. mit erwähnt, sind zur Vermeidung eingerollter Fadenenden die Zeit t_{ges} zwischen Eintritt des Fadenbruches und Stillstand der Schärtrommel sowie die Bremsverzögerung entscheidende Größen. Der Faden legt vom Moment des Fadenbruches bis zum Stillstand der Maschine einen Weg s_F zurück.
Es ist

$$s_F = f(t)$$

$$s_F = f(v_F)$$

$$s_F = v_{Fm} \cdot t_{ges} \tag{4.56}$$

$$t_{ges} = t_{RW} + t_{RB} + t_B \tag{4.57}$$

t_B Bremszeit bis zum Stillstand der Maschine

t_{RB} Reaktionszeit der Abstell- und Bremselemente an der Maschine bis zum Beginn der Bremswirkung (für t_{RW} und t_{RB} gilt $\Delta v_F = 0$, d. h., es wird noch mit voller Arbeitsgeschwindigkeit gewickelt)

t_{RW} Reaktionszeit des Fadenwächters

v_{Fm} mittlere Fadenabzugsgeschwindigkeit in der Zeit t_{ges}

Nachfolgendes Beispiel soll deutlich machen, welchen Einfluß die einzelnen Größen auf den Weg s_F (Anhalteweg) haben.

Beispiel: $v_F = 720$ m/min $= 12$ m/s

$t_{RW} = 0{,}14$ s

$t_{RB} = 0{,}015$ s

$t_B = 0{,}15$ s

Unter der Annahme gleichmäßiger Verzögerung während t_B wird

$$s_F = v_F \cdot t_{RW} + v_F \cdot t_{RB} + \frac{1}{2} v_F \cdot t_B$$

$$s_F = 2{,}76 \text{ m}$$

Erhöhen sich durch Verschmutzung der Kontaktelemente des Fadenwächters z. B. t_{RW} um 0,06 s (d. h. auf 0,2 s) und t_B durch Verschmutzung der Bremse ebenfalls auf auf 0,2 s, dann beträgt der Anhalteweg s_F bereits 3,78 m.
Die Kontrolle der Bremswirkung und der Reaktionszeit ist deshalb ständig durchzuführen, um die Qualität der Ketten und den Wirkungsgrad positiv zu beeinflussen.

4.4.1.1.5. Technologische Berechnungen

Nachdem bereits einige technologische Berechnungen für das Schären bekannt sind, soll noch auf wichtige Produktionsberechnungen hingewiesen werden, die im wesentlichen analog für alle Technologien zum Aufwinden von Ketten zutreffen.

Schärzeit (für eine Kette, ohne Aufbäumen)

$$t_{Sch} = \frac{L_{Bd} \cdot z_{Bd}}{v_F \cdot \eta_{Sch}} \qquad (4.58)$$

L_{Bd} Länge eines Bandes = Kettlänge L_K
t_{Sch} Schärzeit
v_F Arbeitsgeschwindigkeit (Schärgeschwindigkeit
z_{Bd} Bänderanzahl
η_{Sch} Wirkungsgrad des Schärens

Bäumzeit

$$t_{Bm} = \frac{L_K}{v_F \cdot \eta_{Bm}} \qquad (4.59)$$

L_K Kettlänge
t_{Bm} Bäumzeit
v_F Arbeitsgeschwindigkeit (Bäumgeschwindigkeit)
η_{Bm} Wirkungsgrad des Bäumens

Die Gesamtzeit zur Herstellung einer Kette t_K ergibt sich demnach aus der Addition der Schärzeit und der Bäumzeit.

Produktion P_l in m (Schärbandlänge)

$$P_l = v_F \cdot t_P \cdot \eta \qquad (4.60)$$

t_P Produktionszeit
v_F Arbeitsgeschwindigkeit
η Wirkungsgrad (zu beachten ist, daß $\eta \neq \eta_{Sch} \neq \eta_{Bm}$)

Produktion P_m in kg (verarbeitetes Material)

$$P_m = v_F \cdot t_P \cdot z_F \cdot Tt \cdot \eta \qquad (4.61)$$

t_P Produktionszeit
v_F Arbeitsgeschwindigkeit
η Wirkungsgrad
Tt Fadenfeinheit
z_F Fadenanzahl (je nach der gesuchten Produktion kann die Fadenanzahl der gesamten Kette oder nur eines Teiles z. B. eines Bandes eingesetzt werden)

Abschließend soll ein Berechnungsbeispiel diesen Abschnitt zusammenfassen.

Berechnungsbeispiel:

Für eine Kettenwirkmaschine ist auf einer Konusschärmaschine Modell 4126/1 (*TEXTIMA*) eine Musterkette zu schären, folgende Daten sind bekannt

Schärlänge	L_K	2 200 m
Schärbreite	b_K	162 cm
Fadenanzahl	z_F	1 782
Material		VI-S
Feinheit	Tt	13 tex (Nm 75)
Schärblatt	BF	110 Rohre/dm
Fassungsvermögen des Spulengatters		640 Spulen

Es sind folgende Berechnungen durchzuführen:

a) Fadeneinzug im Schärblatt E_F
b) Bänderanzahl z_{Bd}
c) benötigte Einzugsbreite im Schärblatt = Mindestschärblattbreite b_{Bl}
d) Bandbreite b_{Bd}
e) Bestimmung des Supportvorschubes s_V in mm
f) Festlegung der Schaltstufe zum Supportvorschub
g) Zeit für das Herstellen einer Kette t_K
— v_F (Schären) = 400 m/min; η_{Sch} = 0,4
— v_F (Bäumen) = 80 m/min; η_{Bm} = 0,85

h) die Produktion P_1 in m je h
i) die Produktion P_m in kg je h

Lösung:

a) Nach Gleichung (4.51) ergibt sich:

$$E_F = \frac{1782 \text{ Fäden} \cdot 10 \text{ cm}}{162 \text{ cm} \cdot 110 \text{ Rohre}}$$

$$= \underline{\underline{1 \text{ Faden/Rohr}}}$$

b) Gleichung (4.54)

$$z_{Bd} = \frac{1782 \text{ Fäden}}{640 \text{ Fäden/Bd (max.)}}$$

$$= 2{,}78 \text{ Bänder}$$

daraus folgt nach Rundung $\underline{\underline{3 \text{ Bänder}}}$, d. h., die Fadenanzahl/Bd ergibt sich nach Umstellung von Gleichung (4.54)

$$z_F = \frac{1782 \text{ Fd}}{3 \text{ Bd}} = \underline{\underline{594 \text{ Fäden/Bd}}}$$

c) Gleichung (4.53)

d) $b_{Bd} = \dfrac{162 \text{ cm}}{3 \text{ Bd}} = 54 \text{ cm/Bd}$

Die Mindestschärblattbreite muß 54 cm betragen

e) Aus dem Nomogramm (Bild 4/57 läßt sich für 13 tex (Nm 75), 11 Fd/cm und VI-S für den Supportvorschub s_V ein Wert von 0,28 mm ablesen

f) Aus Tabelle 4/8 wird für $s_V = 0{,}28$ mm die Schaltstufe 7 festgelegt.

g) Gleichungen (4.58) und (4.59)

$$t_K = t_{Sch} + t_{Bm}$$

$$t_K = \frac{2200 \text{ m} \cdot 3}{400 \text{ m/min} \cdot 0{,}4} + \frac{2200 \text{ m}}{80 \text{ m/min} \cdot 0{,}85}$$

$$t_K = 41{,}25 \text{ min} + 32{,}35 \text{ min}$$

$$= \underline{\underline{73{,}6 \text{ min}}}$$

h) Analog Gleichung (4.60) ergibt sich die Produktion in m/h

$$P_1 = \frac{L_K}{t_K} \quad \begin{array}{l} L_K \text{ Kettlänge} \\ t_K \text{ Produktionszeit für eine Kette} \end{array}$$

$$P_1 = \frac{2200 \text{ m} \cdot 60 \text{ min}}{73{,}6 \text{ min} \cdot \text{h}} = \underline{\underline{1794 \text{ m/h}}}$$

i) Unter Verwendung von Gleichung (4.61) und der bereits errechneten Ergebnisse von g) und h) läßt sich P_m wie folgt berechnen:

$$P_m = P_1 \cdot z_F \cdot Tt$$

$$P_m = \frac{1794 \text{ m/h} \cdot 1782 \cdot 13 \text{ g}}{1000 \text{ m} \cdot 1000 \text{ g/kg}} \underline{\underline{41{,}6 \text{ kg/h}}}$$

Durch Addition der Masse textilen Materials je Kette m_K mit der Leermasse des Kettbaumes läßt sich weiterhin leicht die Gesamtmasse eines Kettbaumes bestimmen, so daß daraus z. B. die Mindesttragkraft eines Hebezuges abgeleitet werden kann ($m_K = L_K \cdot z_F \cdot Tt$).

4.4.1.2. Sektionsschärmaschine

Im Gegensatz zu dem in Abschnitt 4.4.1.1. behandelten Konusschären, werden beim Sektionsschären (teilweise auch als Sektionalschären, Segmentschären oder Bandschären bezeichnet) die einzelnen Fadenlagen eines Bandes senkrecht übereinander auf eine Trommel gewickelt. Als seitliche Begrenzung für die Fadenschichten (damit die Fadenlagen nicht abrutschen) werden je nach Bandbreite Stellbleche, Stifte oder Bügel in Holme der Schärtrommel eingesetzt (Bilder 4/70 und 4/71). Für die Bezeichnung sollte Bandschären vermieden werden, denn auch beim Konusschärverfahren werden Bänder aufgewickelt. Im konkreten Fall ist das Schärmaschinenprinzip dann zum Begriff Schären dazuzusetzen, z. B. *Sektions*schären (Segmentschären) oder für das Verfahren nach Abschnitt 4.4.1.1. *Konus*schären.

Für feine Fäden haben sich Konusschärmaschinen durchgesetzt, während auf dem Gebiet der Herstellung schwerer technischer Textilien, z. B. für Planen, Segeltuche und vor allem für Papiermaschinen-Bespannungen, Sektionsschärmaschinen in der Kettvorbereitung im Einsatz sind.

Sektionsschärmaschinen haben eine große Breite (angepaßt an die Artikel in der Weberei), z. B. können Webketten in einer Breite bis 18 m und darüber (max. 30 m) hergestellt werden.

Bild 4/70. Sektionsschärmaschinen Modell TSE
a) Gesamtansicht, *b)* Schärtrommel

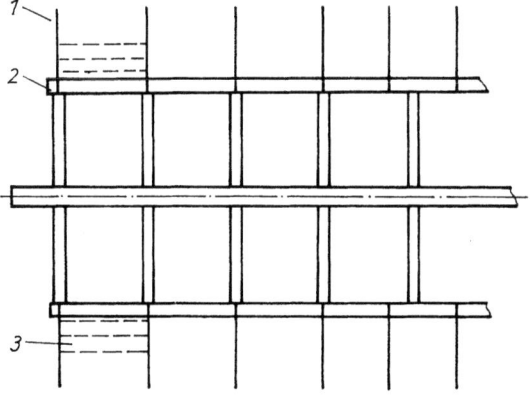
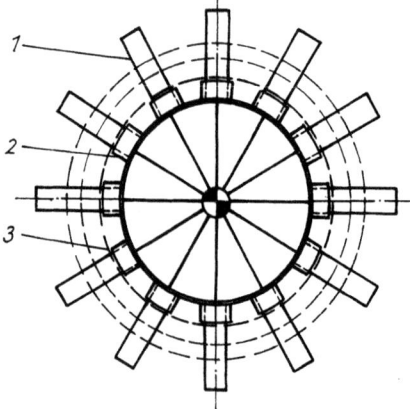

Bild 4/71. Prinzipdarstellung einer Sektionsschärtrommel
1 Begrenzungsbügel, *2* Holm der Schärtrommel, *3* Wicklungsschicht

Die Forderungen der Filztuchindustrie nach Herstellung verschiedener Kettlängen und -breiten des gleichen Artikels auf einer Webmaschine kann in der Kettvorbereitung durch Auflegen von Distanzhölzern mit der Sektionsschärmaschine realisiert werden (Bild 4/72). Die Fäden für die zusätzliche Breite werden mit gebäumt und nach Abarbeiten der entsprechenden Länge in der Weberei eingezogen, so daß die Webbreite rationell auf die neuen Bedingungen eingestellt werden kann. In der Regel wird die Sektionsschärmaschine ortsfest installiert; von Band zu Band werden das Schärblatt und das Spulengatter seitlich verschoben und jeweils auf Mitte Band ausgerichtet. Das Herstellen der Ketten erfolgt unter Beachtung der vorstehend angeführten Besonderheiten analog dem Konusschären (siehe Abschnitt 4.4.1.1.). Ausgehend vom Spulengatter erfolgt die Zusammenfassung der Fäden im Geleseblatt und im Schärblatt. Das Aufwickeln auf die Schärtrommel wird bei feststehender Maschine und mit feststehendem Schärblatt durchgeführt, d. h., auf Grund des Wickelprinzips ist kein Supportvorschub notwendig. Nach Abschluß der entsprechenden Bewicklung der Schärtrommel erfolgt im separaten Arbeitsgang das Aufbäumen.

Als Besonderheit soll hier herausgestellt werden, daß beim Bäumen unterschiedlicher Kettbreiten (Bild 4/72), am Kettbaumrohr beginnend, alle geschärten Fäden gebäumt werden. Nach Auslaufen einer bestimmten Kettbreite (ein- oder beidseitig möglich) werden Begrenzungswinkel 8 aus Stahl (siehe Bild 4/72) in die Wicklungsschichten eingelegt, die für die folgenden Bewicklungsschichten (Bewicklungsbreite verringert) die seitliche Begrenzung, d. h., die Funktion von Kettbaumscheiben, übernehmen. Für relativ kurze Ketten ist durch Einlegen solcher Begrenzungswinkel 8 (Bild 4/72) ein Bäumen auch ohne Kettbaumscheiben möglich.

Nachstehend sind die Leistungsdaten der *TEXO*-Sektionsschärmaschine Typ TSE und TSD [113] zusammengestellt.

Ausführungsarten:

Hergestellt werden die Modelle TSE (Einfachmaschine) und TSD (Doppelmaschine) mit folgenden Merkmalen:

Zwei Sektionsschärmaschinen, die beim Schären und Bäumen sowohl getrennt als Einzelmaschine als auch beim Bäumen für Breiten > 10 m mechanisch gekoppelt als Tandemmaschine gefahren werden können, so daß es z. B. möglich ist, eine Kettbreite von etwa 18 m gleichzeitig in voller Breite (auf 2 oder auch 3 Kettbäume) zu bäumen und eine gleichmäßige Fadenzugkraft über die gesamte Kettbreite zu erreichen.

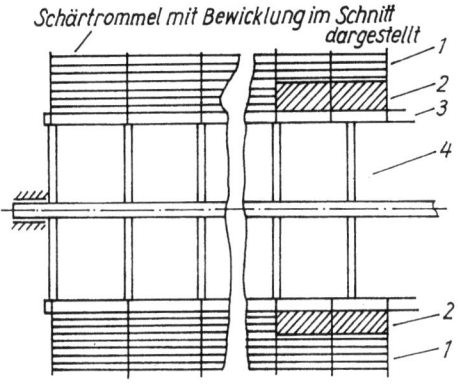
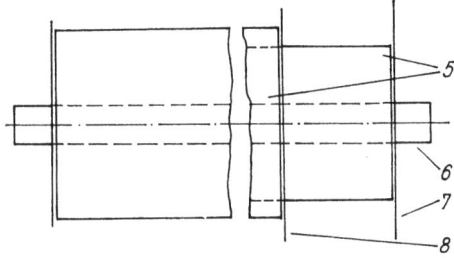

Bild 4/72. Prinzipdarstellung für das Schären unterschiedlicher Kettlängen und -breiten
1 Begrenzungsbügel, 2 Distanzhölzer, 3 Schärmaschinenholme, 4 Schärtrommel, 5 Kettbaumbewicklung, 6 Kettbaum, 7 Kettbaumscheibe, 8 Begrenzungsbügel

Arbeitsgeschwindigkeiten:

v_F beim Schären: $0 \cdots 120$ m/min
v_F beim Bäumen: bis (30 m/min in Stufen 11, 15, 22 und 30 m/min)
Fadenzugkraft je Maschine beim Bäumen:
25 kN max.
(ohne Umlenkrohr)
80 kN max.
(mit zusätzlichem Umlenkrohr)

Sonstige techn. Angaben:

Schärtrommel: — 14 Hartholzholme mit Hartgewebeauflage, in die die Begrenzungsbügel je nach Bandbreite (Bild 4/71) in einer Teilung von jeweils 5 mm eingesteckt werden können
— Umfang 3460 mm

max. Bandbreite beim Schären: 500 mm
max. Durchmesser
der Kettbaumscheiben: 800 mm
elektrische Anschlußwerte   Schären 7,5 kW
je Maschine: Bäumen 15 kW

4.4.2. Zettelmaschinen

4.4.2.1. Allgemeines

Nach der Definition [96] ist das Zetteln das „parallele Aufwickeln eines Teiles der Kettfäden einer Kette auf einen Zettelbaum, wobei die für den Kettbaum vorgeschriebene Breite nahezu eingehalten wird und die Zettellänge in der Regel ein Mehrfaches der Kettlänge beträgt." Das heißt, ausgehend von einem Spulengatter wird durch entsprechende Fadenleitelemente ein Teil der Kettfäden mit einer Wickelvorrichtung auf einen Zettelbaum gewickelt, wobei der Zettelbaum vom Aufbau her mit einem Kettbaum vergleichbar ist. Auf Grund höherer Winkelgeschwindigkeiten sind Zettelbäume meistens dynamisch ausgewuchtet und besitzen entsprechende Aufnehmer für die Antriebselemente anstelle von Zapfen.

Die Auswahlkriterien für die Wahl des Verfahrens der Kettvorbereitung wurden bereits in Abschnitt 4.1.3.4. zusammengestellt.

Für das Zetteln kann folgende Einteilung, die damit gleichzeitig die Zettelmaschine charakterisiert, gegeben werden (Bild 4/73).

Aus den Bildern 4/74 bis 4/76 ist der prinzipielle Fadenlauf ersichtlich.

4.4.2.2. Baugruppen und Funktionselemente

4.4.2.2.1. Kamm

Der Expansionskamm *1* kann als Federkamm oder auch als Scherenexpansionskamm ausgebildet sein (Bild 4/182 in Abschnitt

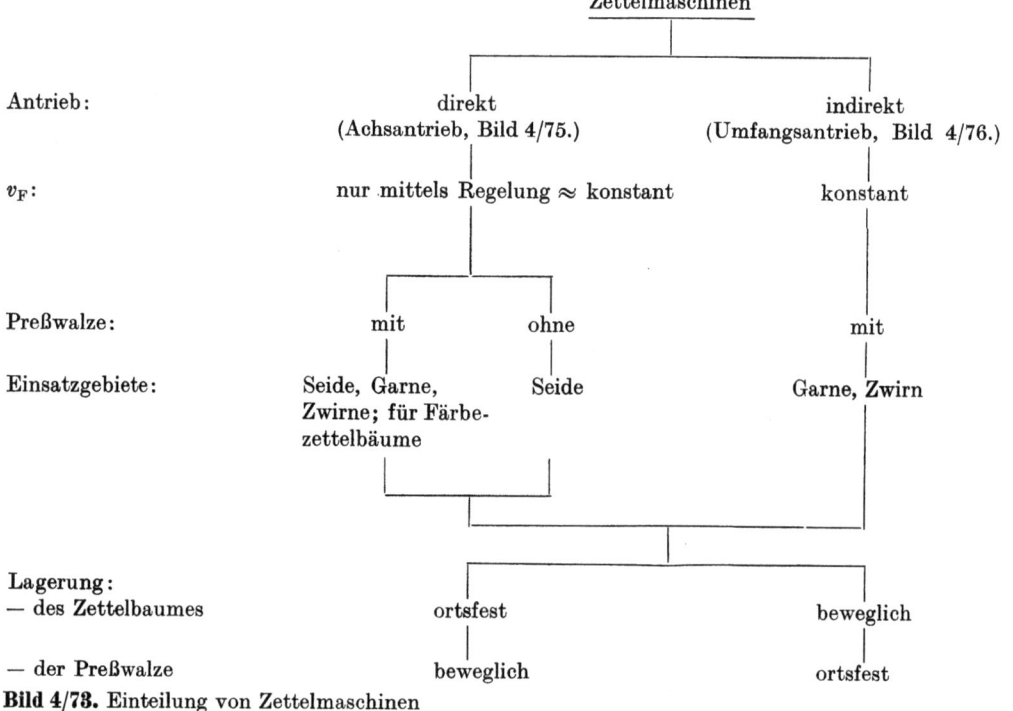

Bild 4/73. Einteilung von Zettelmaschinen

Maschinen zur Kettvorbereitung **4.4.** 275

Bild 4/74. Zettelmaschine Modell ZDA

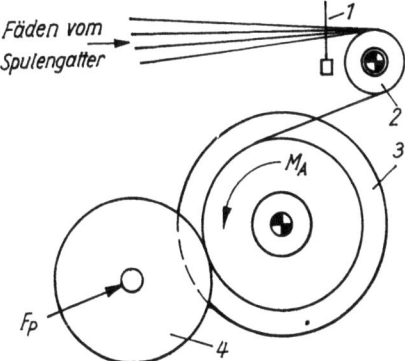

Bild 4/75. Prinzip des direkten (Achs-)Antriebes des Zettelbaumes
1 Expansionskamm, *2* Meßwalze, *3* Zettelbaum ortsfest gelagert, *4* Preßwalze beweglich gelagert, F_P Preßkraft, M_A Antriebsmoment

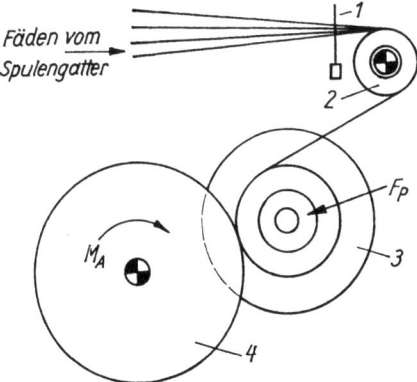

Bild 4/76. Prinzip des indirekten (Umfangs-)Antriebs des Zettelbaumes
1 Expansionskamm, *2* Meßwalze, *3* Zettelbaum beweglich gelagert, *4* Preßwalze ortsfest gelagert, F_P Preßkraft, M_A Antriebsmoment

4.4.4.), so daß je nach Breite eine exakte Einstellung des Fadenlaufes vorgenommen werden kann. In der Regel sollte der Kamm nach oben offen sein, so daß das Einlegen der Fäden sehr schnell erfolgen kann. Für leichte kreuzartige Wicklung kann der Kamm auch über eine seitliche Changiereinrichtung verfügen (Abschnitt 4.4.4.).

Für den Einsatz von Zettelbäumen, bei deren Weiterverarbeitung ein Fadenkreuz erforderlich ist (z. B. in der Nähwirkerei), gibt es folgende Möglichkeiten, *direkt* an der Zettelmaschine das Fadenkreuz einzubringen:

— durch ein sogenanntes Hakenriet (Bild 4/166)
— durch ein aus Kreuzblattstücken bestehenden Expansionskamm (Bild 4/77)
— bei konstanten Fadenanzahlen Einsatz eines Gelenkkreuzblattes (Bild 4/78)

Wesentlich ist, daß die doppelte Verlötung jeweils am 1. Rohr und auch im letzten Rohr vorhanden ist, so daß der Abstand zwischen zwei Blattstücken *ohne* Verlötung ist. Die Breite ist bei Expansionskämmen in großen Bereichen verstellbar.

Die Breite x des Gelenkkreuzblattes ist nur in engen Grenzen um $\Delta x = x_{max} - x$ verstellbar. Auch hier gilt das für den Expansionskamm mit Kreuzblattstücken Gesagte für die Verlötung.

Zur besseren Übersicht und dem schnelleren Auffinden gerissener Fäden haben sich z. B. farbige Markierungen am Spulengatter und Kamm bewährt.

Das Kreuzschlagen wird analog der im Abschnitt 4.4.1.1.3.2. beschriebenen Methode durch Anheben und Senken des Blattes vorgenommen.

4.4.2.2.2. Längenmeßvorrichtung

Die Meßwalze *2* (Bilder 4/75 und 4/76) wird durch Fadenumschlingung und damit Seilreibung angetrieben. Sie dient neben der exakten Längenmessung der Erfassung, Anzeige und zum Teil auch Regelung der Arbeitsgeschwindigkeit sowie der Umlenkung der Fadenschar vom horizontalen Fadenlauf in die Vertikale zum Zettelbaum.

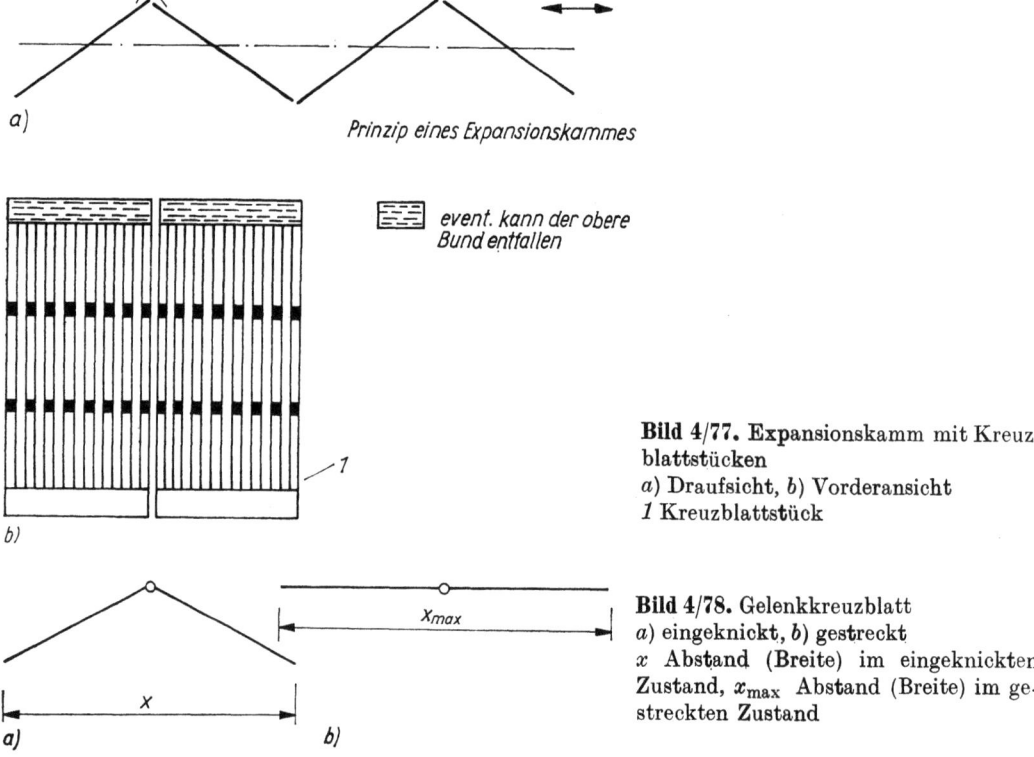

Bild 4/77. Expansionskamm mit Kreuzblattstücken
a) Draufsicht, b) Vorderansicht
1 Kreuzblattstück

Bild 4/78. Gelenkkreuzblatt
a) eingeknickt, b) gestreckt
x Abstand (Breite) im eingeknickten Zustand, x_{max} Abstand (Breite) im gestreckten Zustand

Das Zählwerk für die Längenmessung ist voreinstellbar, so daß beim Erreichen der Zettellänge die Maschine automatisch abgestellt wird.

Die Forderung der exakten Zettellängengleichheit aller Zettelbäume, deren Fäden in der Schlichterei oder auf Maschinen zum Zusammenbäumen zu Kettbäumen vereinigt werden, kann nur durch optimale Abstimmung der Maschinenbremse und der Meßwalzenbremse erreicht werden. Im Interesse einer hohen Materialökonomie ist es erforderlich, durch laufende Kontrollen an der Zettelmaschine direkt und in der Schlichterei die Einhaltung dieser optimalen Abstimmung beider Bremsen zu sichern.

4.4.2.2.3. Zettelbaumantrieb

Das eigentliche Zetteln (Antriebsprinzipien Bilder 4/75 und 4/76) wird bei modernen Maschinen wie folgt realisiert:

1. für Umfangsantrieb

   — Zettelbaumlagerung ortsfest, Antriebswalze (Preßwalze) beweglich gelagert (Bild 4/79)
   — bei Fadenbruch Bremsung von Antriebstrommel *und* Zettelbaum (synchron dazu läuft die Bremsung der Meßwalze)

Infolge des Umfangsantriebes bleiben, sofern der Schlupf zwischen Zettelbaum und Antriebswalze nicht berücksichtigt wird, Fadenzugkraft und Arbeitsgeschwindigkeit konstant.

Konstruktiv sind Maschinen mit Umfangsantrieb billiger herzustellen, jedoch wirkt sich der Umfangsantrieb negativ auf empfindliche Garne und Seiden aus (Beschädigung der Elementarfäden infolge der Kraftübertragung am Umfang, über die Fadenschichten also, ist möglich). Das Herstellen von einwandfreien Färbebäumen mit weicher Wicklung ist mit Umfangsantrieb nicht möglich.

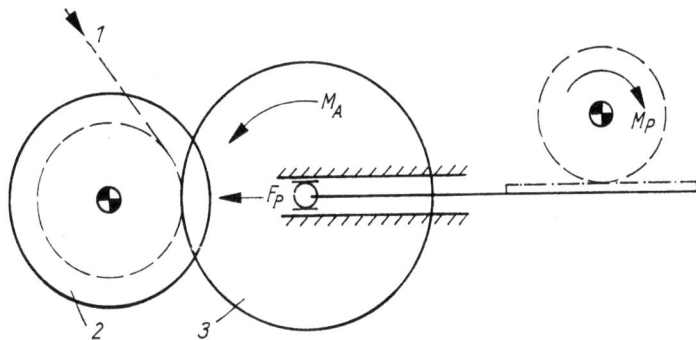

Bild 4/79 Prinzip des Umfangsantriebes an Zettelmaschinen mit ortsfester Baumlagerung
1 Fadenschar, *2* Zettelbaum, *3* Preßwalze,
F_P Preßkraft, M_A Antriebsmoment, M_P Moment zur Übertragung der Preßkraft F_P^*

2. Für Achsantrieb (Prinzip im Bild 4/75)

— Zettelbaumlagerung ortsfest
— Preßwalze beweglich gelagert
— bei Fadenbruch Bremsung des Zettelbaumes sowie synchron dazu Abbremsung der Preßwalze (eventuell auch Abheben/Entlasten der Preßwalze vom Zettelbaum) und Meßwalze

Auf Grund der Bedingungen für die Umfangsgeschwindigkeit (Arbeitsgeschwindigkeit) ist ersichtlich,

$$v_F = d_{ZB} \cdot \pi \cdot n_{ZB} \qquad (4.62)$$

daß ohne entsprechende Regelung von v_F diese in Abhängigkeit von d_{ZB} proportional steigen würde (d_{ZB} Wicklungsdurchmesser des Zettelbaumes, n_{ZB} Drehzahl des Zettelbaumes, v_F Arbeitsgeschwindigkeit).
Die Forderung nach konstanter Wickelzugkraft (F_W = konstant) und konstanter Winkelgeschwindigkeit ($\omega \approx$ konstant) läßt sich nur durch entsprechenden technischen Aufwand realisieren. Nachfolgend sollen deshalb diese Probleme, die für Wickelprozesse allgemein gültig sind, näher betrachtet werden. Bild 4/80 zeigt die ideale Wicklerkennlinie für die oben genannten Forderungen.
Da in der Regel Elektromotoren eine gegenläufige Arbeitskennlinie haben, gibt es technisch im wesentlichen folgende Möglichkeiten, der Idealkennlinie etwa zu entsprechen, und zwar

1. durch den sogenannten *Leonard*-Antriebssatz, der die in Bild 4/81 dargestellte Kennlinie aufweist, wobei der technische Aufwand relativ groß ist.
Die Drehzahlstellung wird durch Zusammenschalten eines fremderregten Generators und eines fremderregten Motors erreicht.

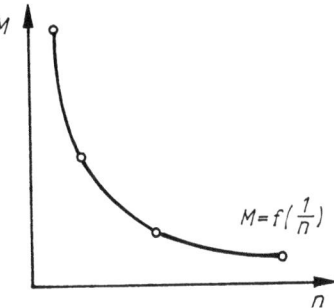

Bild 4/80. Ideale Wickelcharakteristik (Hyperbelwickler)
M Moment, n Drehzahl

Wirkungsweise: Der Motor erhält einen konstanten Erregerstrom I_{em}, der am Spannungsteiler U_2 eingestellt wird. Mit dem Spannungsteiler U_1 wird der Erregerstrom I_{eg} des Generators von Null beginnend bis auf seinen Nennwert verändert. Damit steigt dessen Klemmenspannung von Null auf den Nennwert an. Der fest angeschlossene, konstant erregte Motor ändert seine Drehzahl gemäß der

Funktion der *Leonard*schaltung von 0 auf n [114, S. 869].
2. durch ein *hydrostatisches Getriebe* (*Boeringer-Sturm*-Getriebe) mit Verbundverstellung (Bild 4/83) [114, S. 947]
3. Einsatz von *elektrischen Regelgetrieben*, die von der Arbeitsgeschwindigkeit ausgehend die Drehzahl und das Abzugsmoment regeln.

Auf Grund der relativ hohen Arbeitsgeschwindigkeiten von etwa 1000 m/min [103, S. 535] sind für das Hochfahren der Maschine progressiv und automatisch wirkende Anfahrsteuerungen eingebaut, so daß Fadenüberlastungen o. a. Fehlerquellen ausgeschaltet werden.

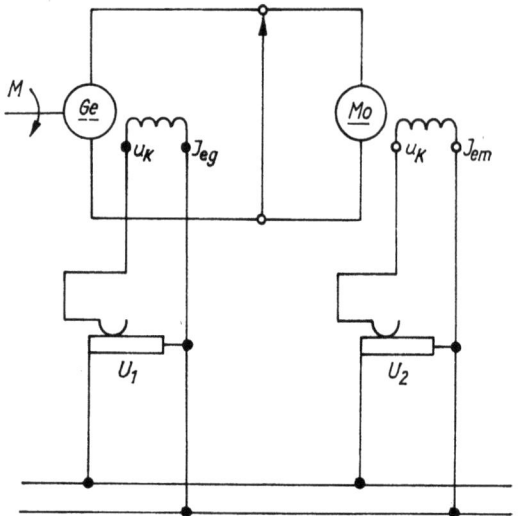

Bild 4/82. *Leonard*schaltung [114; S. 868]
Ge Generator, I_{eg} Erregerstrom des Generators, I_{em} Erregerstrom des Motors, M Drehmoment, Mo Motor, U_1 Spannungsteiler 1, U_2 Spannungsteiler 2, U_K Klemmenspannung

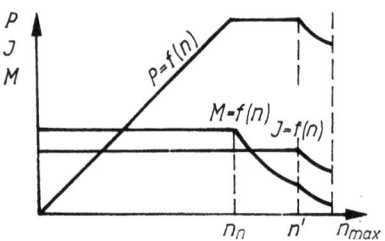

Bild 4/81. Leistung, Drehzahl und Strom beim Leonardsatz [114; S. 869]
I Strom, M Drehmoment, n Drehzahl, n_n Drehzahl bei Erreichen des Nenndrehmomentes, n' Drehzahl, bei der das Produkt I_n konstant gehalten werden muß, n_{max} mechan. zulässige Grenzdrehzahl, P Leistung

4.4.2.2.4. Zusatzbaugruppen

Zum Stand der Technik gehören heute u. a.:
— mechanisierte Zettelbaumentnahme (Bild 4/84) überwiegend hydraulisch betätigt
— regelbarer Anpreßdruck der Preßwalze, so daß auch Färbebäume auf Maschinen mit Achsantrieb in hoher Qualität hergestellt werden können (Anpreßdruck überwiegend über Hydraulik geregelt)
— Verwendung dynamisch ausgewuchteter Zettelbäume
— hochwirksame Innenbacken- bzw. Scheibenbremsen bei ortsfester Zettelbaumlagerung, um trotz großer Massenträgheit und hoher Arbeitsgeschwindigkeit bei Fadenbruch keine eingerollten Faden-

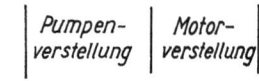

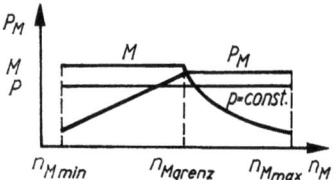

Bild 4/83. Kennlinien eines hydrostatischen Getriebes mit Verbundverstellung [114, S. 947]
N Drehmoment, n_M Motordrehzahl, P_M Motorleistung, p Druck

enden zu erhalten (die Bremsen sind überwiegend hydraulisch betätigt)
— für die Verarbeitung von Seide filzbezogene Preßwalze bzw. für Arbeit ohne Preßwalze Zwischenschaltung eines Walzenaggregates zur Erzeugung entsprechender Wickelzugkraft sowie Flusenwächter, Speichergerät für Fadenrücklauf (Abschnitt 4.4.4.) und Ionisationsgerät (Abschnitt 4.4.1.1.3.6.).

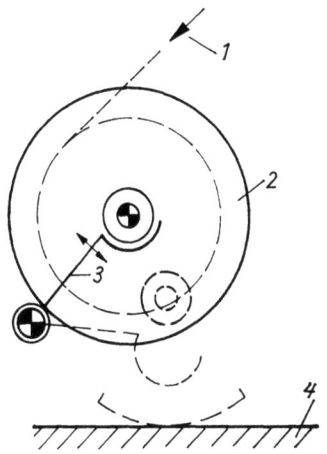

Bild 4/84. Prinzip einer mechanisierten Baumentnahme
1 Fadenschar, *2* Zettelbaum, *3* Schwenkhebel zur Baumentnahme, *4* Fußboden

4.4.2.3. Leistungsangaben, technische Daten und Einsatzhinweise

Die Qualität der Zettelbäume bestimmt mit über die Laufeigenschaften an den Flächenbildungsmaschinen.
Wichtige Kriterien dafür sind

— laufende Überwachung der Fadenzugkraft (Idealfall: *alle* Fäden haben am Aufwindepunkt gleiche Fadenzugkraft)
— laufende Kontrolle der Wickelgleichmäßigkeit, vor allem auch der Kanten des Zettelbaumes (Bild 4/85)
— schonendste Behandlung *leerer* und voller Zettelbäume beim Transport (Hubgeräte benutzen!)
— laufende Kontrolle der Längenmeßvorrichtung zur Vermeidung zusätzlichen Abfalls in den nachfolgenden Abteilungen
— optimale Anpassung des Spulengatters an die Zettelmaschine, d. h., die Arbeitsgeschwindigkeit der Zettelmaschine muß von der Konstruktion und Ausführungsart des Spulengatters her realisierbar sein (Abschnitt 4.3.).

Abschließend sind die Daten und einige technische Merkmale der Zettelmaschine Modell 2205 (*Elitex*/CSSR) zusammengestellt [115]:

Arbeitsbreite
    1400 mm, 1690 mm
Leistungsaufnahme
    7,5 kW (Antrieb)
    1,1 kW (Hydraulikaggregat)
Antriebsregelung
    durch *Leonard*schaltung
Antriebsprinzip
    Achsantrieb des Zettelbaumes
    (Zettelbaumlagerung ortsfest)
Durchmesser der Zettelbaumscheiben
    700 mm ··· max. 830 mm
    bei Verwendung von perforierten Bäumen zum Färben
    530 mm
Durchmesser des Zettelbaumrohres
    300 mm
Zettelgeschwindigkeit (Arbeitsgeschwindigkeit)
    120···800 m/min
    (stufenlos einstellbar)

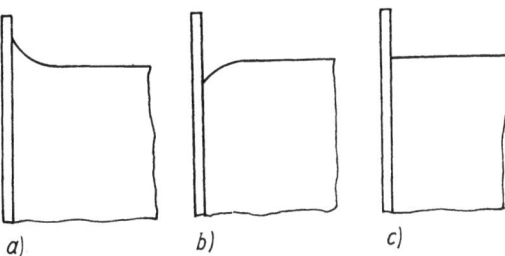

Bild 4/85. Fehler beim Zetteln
a) Kanten aufgebäumt
b) Kanten eingefallen
c) Zettelbaum mit richtigen Kanten

4.4.3. Schlichtmaschinen

4.4.3.1. Allgemeines

Allgemein betrachtet, hat das Schlichten folgende Aufgaben zu erfüllen:

— Schutz des Fadens und Erhöhung seiner Widerstandsfähigkeit gegen *äußere* Einflüsse (Reibung, Scheuerung, z. B. an Kreuzstäben, Fadenwächterlamellen, Weblitzen, Webeblatt sowie der Fäden untereinander)
— Verbesserung bzw. Erhöhung und Vergleichmäßigung der Festigkeit des Fadens

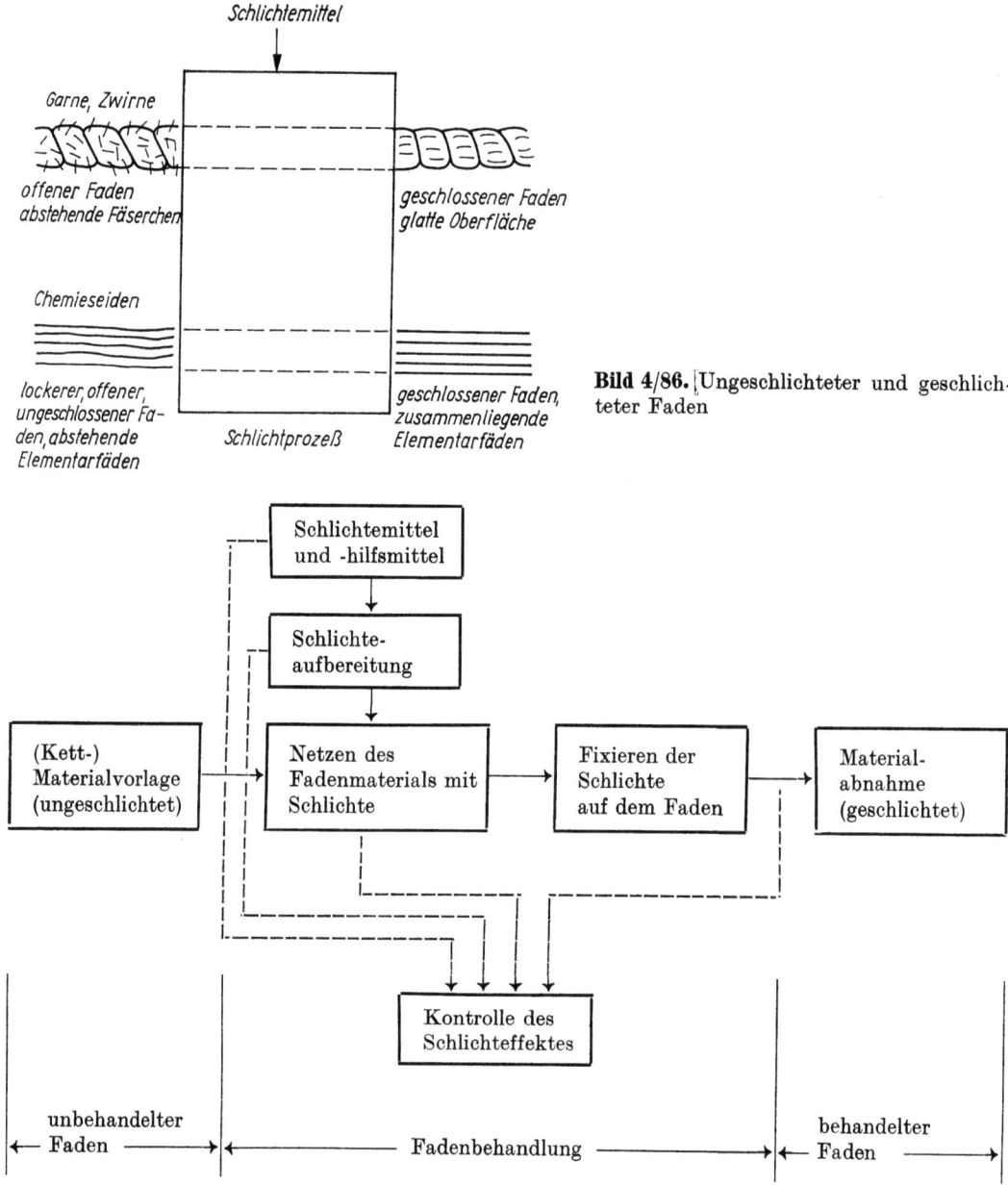

Bild 4/86. Ungeschlichteter und geschlichteter Faden

Bild 4/87. Allgemeines Prinzip des Schlichtens

hinsichtlich der Aufnahme von Zug- und Biegekräften durch Einbringen von Klebe- und/oder anderen Mitteln
— möglichst keine Minderung der Elastizität des Fadenmaterials
— Verbesserung der Gleiteigenschaften durch Herabsetzung der Reibungszahl.

Dem alten Weberspruch „Gut geschlichtet ist halb gewebt" folgend, werden heute fast alle Webketten aus Garn sowie Seide geschlichtet. Hochproduktive Maschinen in der Weberei können nur dann optimale Ergebnisse erzielen, wenn die Webereivorbereitung dem Faden durch das Schlichten eine entsprechende Schutzhülle verleiht (für Garne durch Verkleben der Fasern und Erzielung einer relativ glatten Oberfläche, bei Seiden Verklebung der Elementarfäden untereinander) — Bild 4/86. Vorangestellt sollte beachtet werden, daß eine Vielzahl von Einflußfaktoren die Qualität des Schlichtens und damit die Laufeigenschaften in der Weberei beeinflussen. Beim Schlichten kommt es besonders darauf an, die im Betrieb als optimal ermittelte Schlichtetechnologie exakt einzuhalten. Das Prinzip des Schlichtens ist in Bild 4/87 dargestellt. Ausgehend von dieser Darstellung kann das Schlichten wie folgt unterteilt werden (Bild 4/88):

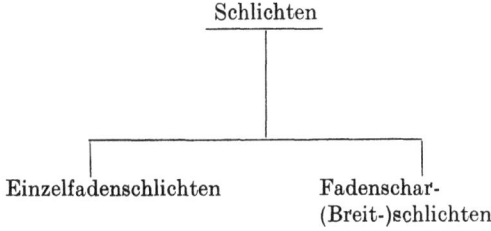

Bild 4/88. Einteilung des Schlichtens nach der Anzahl der an einem Schlichteaggregat gleichzeitig geschlichteten Fäden

Das Einzelfadenschlichten ist bisher nur bei synthetischen Seiden und überwiegend direkt beim Chemieseidenhersteller bekannt geworden. Bei entsprechender Kopplung dieses Verfahrens mit bereits bestehenden Spul- oder anderen Aufwindeprozessen entfällt der separate Schlichteprozeß (Bild 4/89). Aufbauend auf den festgelegten Definitionen [96]

Schlichten

Aufbringen von filmbildenden und/oder verklebenden Substanzen (Schlichtemittel) auf Fäden, um beim Verarbeiten ein Abspleißen von Fasern oder Elementarfäden zu verhindern und dadurch die Verarbeitbarkeit zu verbessern

Naßschlichten

Schlichten mit Hilfe von gelösten oder emulgierten (bei Verwendung von in Wasser gelösten wachsartigen Substanzen auch als Naßwachsen bezeichnet) oder dispergierten Substanzen, wobei die Flüssigkeit verdunstet

Trockenschlichten

Schlichten mit Hilfe von wachsartigen festen oder geschmolzenen (auch als Schmelzwachsen bezeichnet) Substanzen

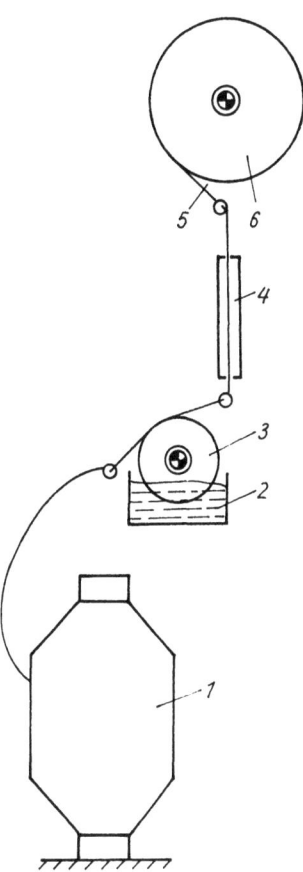

Bild 4/89. Prinzip des Einzelfadenschlichtens
1 Ablaufkörper, *2* Schlichteflotte, *3* Schlichteauftragswalze, *4* Trockenschacht, *5* Fadenführer, *6* Auflaufkörper

ist eine weitere Einteilungsmöglichkeit des Schlichtens in Bild 4/90 dargestellt. (S. 282).
Da das Naßschlichten mit wasserlöslichen Mitteln auf Schlicht-Trocken-Bäummaschinen auch als klassisches Schlichten bezeichnet werden kann, wird in Abschnitt 4.4.3.2. ausführlich darauf eingegangen.
Das Naßschlichten mit Lösungsmitteln (z. B.

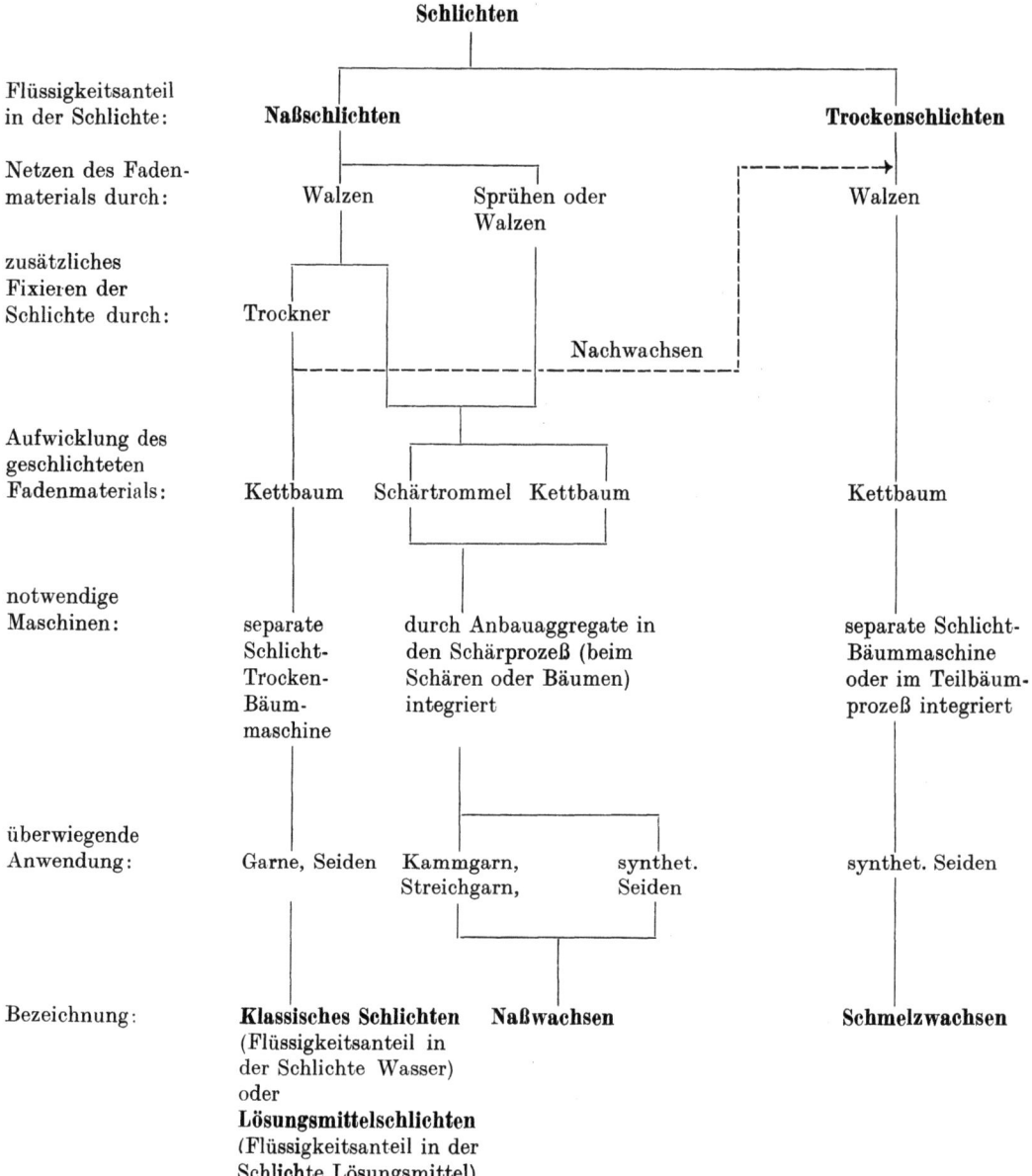

Bild 4/90. Einteilung des Schlichtens

Perchlorethylen, Trichlorethan) gewinnt auf Grund der Vorteile

— kein Wasser, so daß bei durch Wasser quellungsempfindlichem Material die elastischen Eigenschaften erhalten bleiben
— keine energieintensiven Trockner notwendig
— keine aufwendigen Schlichteaufbereitungsanlagen notwendig
— Rückgewinnung der Lösungsmittel
— hohe Produktionsgeschwindigkeiten
— hohe Nutzeffekte in der Weberei

an Bedeutung, wenn auch trotz der Vorteile die ökonomischen Probleme (insbesondere die Kosten) unbedingt zu beachten sind [116].

4.4.3.2. Naßschlichten mit wasserlöslichen Mitteln auf Schlicht-Trocken-Bäummaschinen

Schlicht-Trocken-Bäummaschinen werden hauptsächlich für das Naßschlichten von Seiden, Kammgarn, Streichgarn sowie Drei- und Vierzylindergarnen (nach dem Baumwollspinnverfahren hergestellt) eingesetzt.

In Bild 4/91 ist eine Schlichtmaschine dargestellt, während in Bild 4/92 der Aufbau vom Prinzip her gezeigt wird. Zur besseren Übersicht zeigt Bild 4/93 den schematischen Aufbau einer Schlicht-Trocken-Bäummaschine.

Bevor der eigentliche Aufbau, die Funktionen und technologischen Fragen an der Schlicht-Trocken-Bäummaschine behandelt werden, ist es notwendig, auf die Schlichtemittel, Schlichtehilfsmittel sowie deren Aufbereitung einzugehen, da diese Größen u. a. den Schlichteffekt und damit die Verarbeitungseigenschaften des Fadenmaterials mitbestimmen.

4.4.3.2.1. Schlichtemittel und Schlichtehilfsmittel

Ausgehend von den eingangs genannten Aufgaben des Schlichtens werden an Schlichtemittel folgende Forderungen gestellt [117; S. 4]

„— Das zwischen die Fasern oder Fäden mit Wasser eingedrungene Schlichtemittel soll nach dem Trocknen der Fäden ein

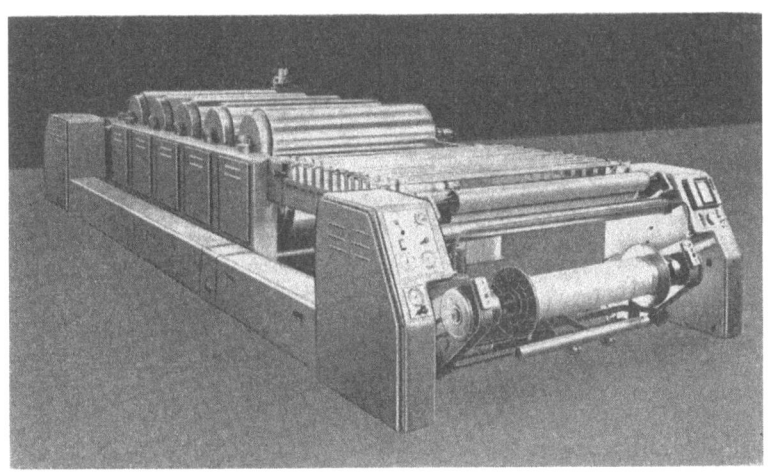

Bild 4/91. Schlichtmaschine

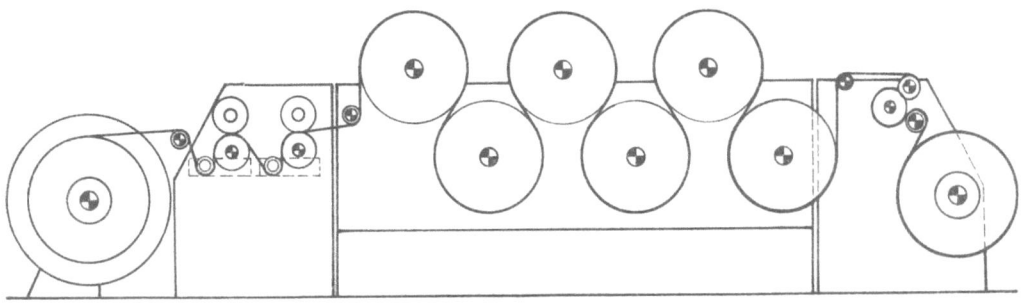

Bild 4/92. Prinzip einer Schlichtanlage mit Zylindertrockner

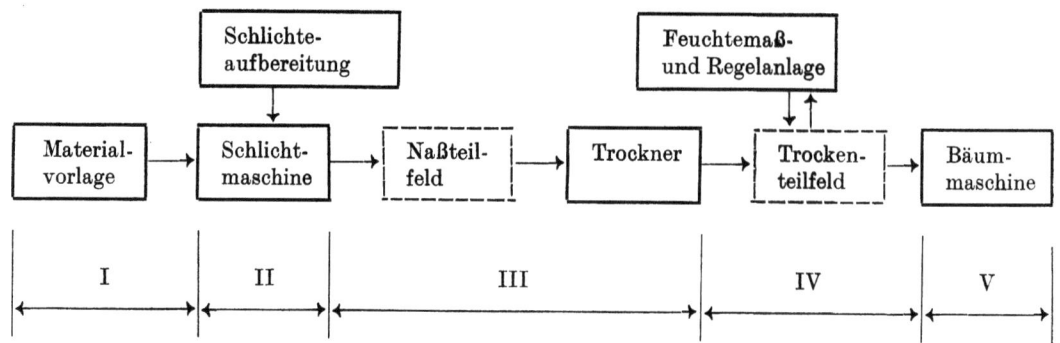

Bild 4/98. Schematischer Aufbau einer Schlichtanlage
I···V Zonen auftretender Längenänderung des Fadenmaterials

festes Gerüst bilden, die Fadenoberfläche glätten und den Scheuerwiderstand der Fäden erhöhen.
— Schlichtemittel sollen bei möglichst kleinem Verlust an Dehnung und Elastizität die Zugfestigkeit der Fäden erhöhen.
— Schlichtemittel dürfen nicht an Teilen der Schlichtmaschine haften.
— Schlichtemittel sollen farblos und durchsichtig sein und die Farbe gefärbter Fäden nicht beeinträchtigen.
— Die einzelnen Fäden der Webkette müssen sich nach dem Trocknen wieder voneinander trennen lassen.
— Schlichtemittel sollen haltbar sein. Rasche Gärung oder Schimmelbildung dürfen weder im Schlichtetrog noch auf dem Kettbaum oder im Gewebe stattfinden.
— Schlichtemittel dürfen keine Substanzen enthalten, die gesundheitsschädlich sind oder belästigend wirken.
— Schlichtemittel sollen die elektrostatische Aufladung, insbesondere von Fäden aus oder mit Anteil von synthetischen Faserstoffen, verhindern.
— Die Schlichtemittelaufbereitung muß einfach durchführbar sein.
— Schlichtemittel müssen sich leicht wieder aus dem Gewebe entfernen lassen."

Moderne Schlichtemittel sind vom Hersteller bereits entsprechend für den Anwender aufbereitet, so daß eine fertige Schlichte aus folgenden Substanzen bestehen kann:
— Schlichtemittel (Klebemittel)
— Schlichtehilfsmittel

hygroskopische Substanzen
Weichmacher
Netzmittel
sonstige Mittel (z. B. Erschwerungsmittel, Konservierungsmittel, Antischaummittel)
— Wasser.

Schlichtemittel (Klebemittel)

In Bild 4/94 sind die gebräuchlichsten Gruppen von Schlichtemitteln sowie deren Haupteinsatzgebiete angegeben. Auf Grund des relativ geringen Preises ist im allgemeinen der Einsatz von Stärke- oder modifizierten Stärkeschlichten nach wie vor relativ hoch (etwa 70···80%) [117; S. 5]. Beim Schlichten von Garnen in Mischungen synthetische Fasern/Naturfasern oder auch in anderen Fällen wird oft durch Zumischung von synthetischen Schlichtemitteln eine Verbesserung des Schlichteeffektes erreicht. Zur Orientierung über bestimmte Eigenschaften der Schlichtemittel sind in Tabelle 4/14 Vor- und Nachteile gegenübergestellt:

Hygroskopische Substanzen

Vor allem bei nicht voll aufgeschlossenen Stärkeschlichten sollten hygroskopische Mittel, wie Glyzerin oder synthetische Produkte, zugesetzt werden. Damit wird einer Übertrocknung und einem Brechen (Abstauben) des Schlichtefilmes während des Webens vorgebeugt.

Weichmacher

Weichmacher haben in der Regel die Aufgabe, die Elastizität des Schlichtefilmes zu verbessern sowie die Reibungszahl des

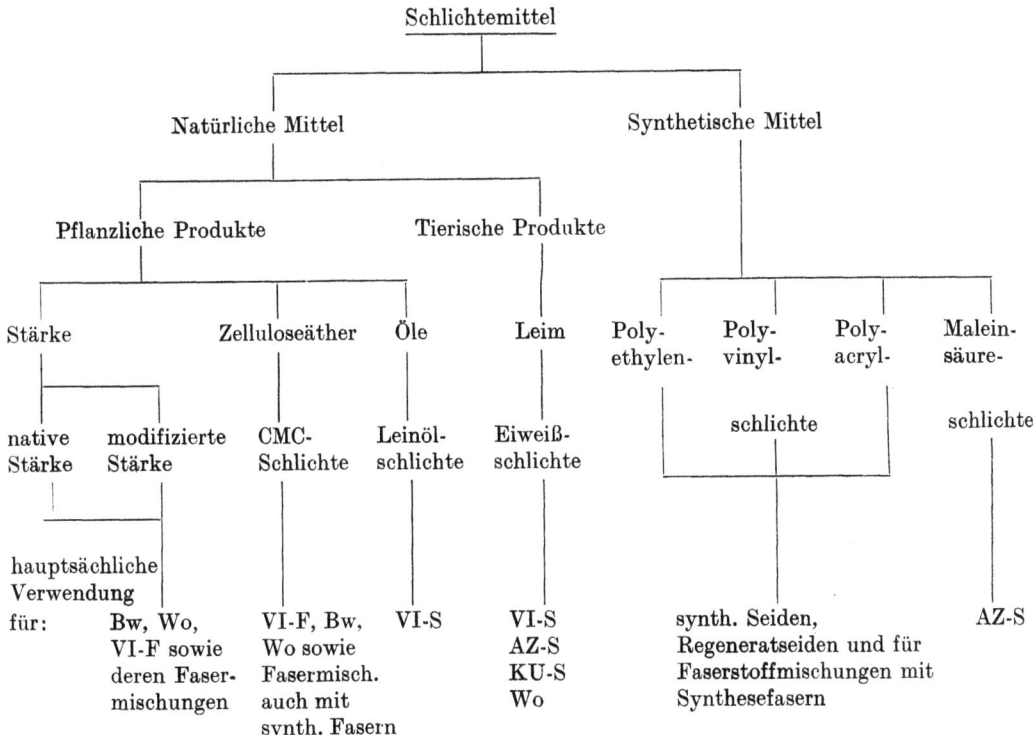

Bild 4/94. Einteilung der Schlichtemittel

Fadenmaterials zu reduzieren. Grundsätzlich ist zu beachten, daß mit dem Zusatz von Weichmachern die Klebkraft des Schlichtemittels reduziert wird. Es ist demnach bei Einsatz von Weichmachern genau zu prüfen, ob nicht durch zu hohe Dosierung gerade das Gegenteil von dem, was erreicht werden sollte, erzielt wird. Früher waren Weichmacher Olivenöl, Rapsöl, Talg und Paraffin, so daß zur besseren Verteilung Seife zugesetzt wurde, heute sind Weichmacher im Angebot, die ohne weitere Zusätze zur Emulgierung sofort einsatzfähig sind.

Zur Reduzierung der Reibungszahl ist die Methode des sogenannten Nachwachsens in vielen Fällen vorteilhafter (Abschnitt 4.4.3.3.).

Im Prinzip lassen sich die Verteilung und der Einfluß der Weichmacher aus Bild 4/95 erkennen.

Es ist zu sehen, daß sich ein in der Schlichte gelöster Weichmacher bzw. ein in der Schlichte gelöstes Wachs so verteilt, daß auch die Klebkraft negativ beeinflußt wird. Ein Teil des Weichmachers/Wachses liegt nicht an der Fadenoberfläche und kann damit auch nicht die Reibungszahl des Fadens mindern. Schutz des Fadens und günstige Beeinflussung der Reibungszahl sind mit der Methode des Nachwachsens (Bild 4/95 c) besser gewährleistet.

Netzmittel

Die Wirkung der Netzmittel beruht auf dem Herabsetzen der Oberflächenspannung des Wassers bzw. anderer der Schlichteflotte zugesetzter Flüssigkeiten. Meistens sind den Netzmitteln noch Fettlöser zugesetzt, so daß z. B. beim Schlichten von Baumwolle ein besseres Eindringen der Schlichte in den Faden gegeben ist. Als Netzmittel sind im Einsatz

— sulfonierte Öle
— Fettalkoholsulfonate
— aromatische Sulfonate.

Tabelle 4/14. Eigenschaften von Schlichtemitteln

Schlichtemittel	Vorteile	Nachteile
Modifizierte Stärkeschlichten	— ohne zusätzliche Aufbereitung (Abbau durch Enzyme, Fermente oder Oxydationsmittel nicht notwendig) verwendbar — preisgünstig	— keine Konstanz der Viskosität (Eigenschaften der Stärke) — geringe Elastizität des Schlichtefilmes — Weichmacher, hygroskopische Mittel zusetzen — keine Auswaschbarkeit — Entschlichten notwendig
CMC-Schlichten	— niedrige Viskosität — gute Elastizität — keine Schlichtezusätze erforderlich — Färben ohne Auswaschen oder Entschlichten möglich — gute hygroskopische Eigenschaften — ohne Waschprozeß kann eine direkte Weiterverarbeitung (z. B. bei techn. Geweben wie Kabelnessel, Isolierband usw.) erfolgen.	— höhere Schlichtemittelkosten gegenüber Stärkeschlichten — keine Konstanz der Viskosität (Differenzen jedoch geringer als bei Stärkeschlichten)
Eiweißschlichte	— gute Elastizität — sehr gute Klebfähigkeit	— höhere Schlichtemittelkosten gegenüber Stärkeschlichten — schlecht geeignet für Gewebe, die gesengt werden — evtl. Zusatz von Glyzerin
synthetische Schlichtemittel	— Konstanz der Viskosität — völlig wasserlöslich — leicht anwendbar — hochelastischer Schlichtefilm, der sich dem synthet. Fadenmaterial voll anpaßt — meistens gleichzeitige antistatische Wirkung	— hohe Schlichtemittelkosten, so daß die Anwendung überwiegend bei synthet. Fadenmaterial liegt

Sonstige Mittel

Erschwerungsmittel werden nur selten verwendet (z. B. für Naturseide). Die Erschwerungsmittel werden grundsätzlich der Schlichte zugemischt. Als Erschwerungsmittel kommen zum Einsatz: Kreide, Kaolin, Gips, Glaubersalz, Bittersalz [117, S. 42].
Konservierungsmittel sollten nur dann zugesetzt werden, wenn das Schlichtemittel im angesetzten Zustand gärt oder schimmelt. Moderne Schlichtemittel sind meistens seitens des Herstellers so aufbereitet, daß beim Anwender diese Erscheinungen nicht auftreten.

Wasser

Vor allem bei Stärkeschlichten aber auch bei anderen Schlichtemitteln sollte die Wasserzusammensetzung beachtet werden, da diese die Viskosität z. T. beträchtlich beeinflußt [119] bzw. durch hohen Eisengehalt ein Vergilben der Fäden verursacht wird [117, S. 44].
Beim Schlichten gilt es, ein Optimum zu finden zwischen dünnflüssiger Schlichte, die zwar schnell in das Innere des Fadens eindringt, meistens aber eine geringe Klebkraft besitzt und dem Faden an der Oberfläche keinen ausreichenden Schutz bietet, sowie

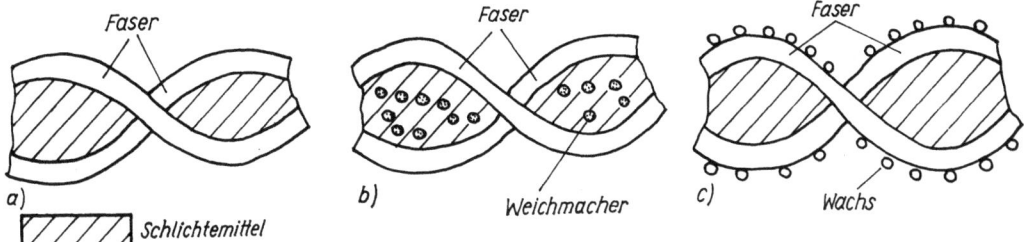

Bild 4/95. Einfluß von Weichmachern
a) Schlichtemittel *ohne* Weichmacher (volle Klebkraft), b) Schlichtemittel *mit* Weichmacher (verminderte Klebkraft), c) Wirkung des Nachwachsens (volle Klebkraft und Reduzierung der Reibungszahl)

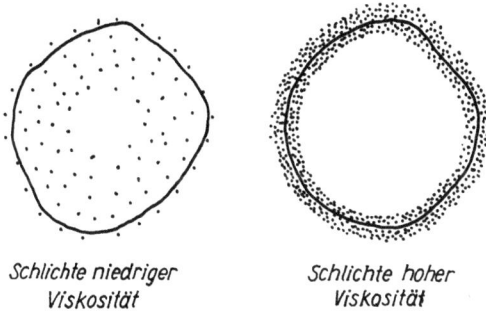

Bild 4/96. Eindringen der Schlichte in den Faden — Prinzipdarstellung

hochviskoser Schlichte, die meist nur an der Oberfläche des Fadens sitzt und bei der Verarbeitung leicht abbricht (abreibt, abstaubt) (Bild 4/96).

Es ist zu beachten, daß Schlichteflotten in der Regel zu den nicht*newton*schen Flüssigkeiten gehören, d. h., trotz konstanter Temperatur und Konzentration ergeben sich unterschiedliche Viskositäten, sofern in solchen Flüssigkeiten durch äußere mechanische Einwirkung Schubspannungen wirken. Die Viskosität nimmt ab, wenn die Schlichte bewegt wird (z. B. beim Aufbereiten, in der Schlichtmaschine im Schlichtetrog und den Quetschwalzen) [118; S. 588].

Weitere Einflüsse auf die Viskosität üben Schlichtezusätze, die Wasserzusammensetzung, die Temperatur und die Konzentration selbst sowie die Lagerung der Schlichteflotte aus. Gebrauchsfertig aufgeschlossene Schlichten, Zelluloseäther- und synthetische Schlichten verhalten sich dabei allerdings gegenüber reinen Stärkeschlichten günstiger [119].

Interessant ist die Tabelle 4/15, aus der ersichtlich ist, daß bei bestimmten Schlichtemitteln das rheologische Verhalten der Schlichteflotte bei Geschwindigkeitsänderung bereits so stark ausgeprägt ist, daß sich die daraus folgende veränderte Schlichteaufnahme auf den Schlichteeffekt und damit die Laufeigenschaften negativ auswirken kann [120]. Aus Tabelle 4/15 ist ersichtlich, daß bei synthetischen Schlichtemitteln die Schlichteaufnahme überwiegend von der Flottenkonzentration abhängig ist, während die Schlichtgeschwindigkeit weniger Einfluß darauf hat. Für die anderen gebräuchlichen Schlichtemittel auf Stärke- oder Zelluloseäther-Basis ist eine relativ hohe Viskositätsschwankung festzustellen.

4.4.3.2.2. Richtwerte für Schlichterezepturen

Auf Grund der vielen Schlichtemittel sowie der anderen Einflußfaktoren Material- und Fadenart, Fadenzahl, Schlichtmaschine usw. ist |es nicht möglich, Einheitsrezepte für Schlichteflotten anzugeben. Anhand einiger Praxiswerte und Tendenzen sind nachfolgend bestimmte Richtwerte zusammengestellt:

für BW:

— modifizierte Stärkeschlichten
    für mittlere Garne   8···10%
    für feine Garne   8···12%
+ 0,1% Netzmittel und bei Erfordernis 0,1% Weichmacher

Tabelle 4/15. Viskosität verschiedener Schlichtemittel bei Geschwindigkeitsänderung [120; S. 368]

Schlichtemittel		Konzentration in %	Viskosität bei 60 °C	
			(Viskosimeter nach Brookfield) Geschwindigkeitsgefälle $1/s^1)$ in mPA s	(Rheometer nach Severs) $10^4/s^2)$ in mPA s
Polyvinylalkohol	80%	6,5	60	40
Stärkederivat	20%			
Polyvinylalkohol	20%	8,5	1 000	180
Stärkederivat	80%			
Polyvinylalkohol		10	300	120
Polyvinylalkohol		6	50	35
Kartoffelstärke		11,5	60 000	500
modifizierte Stärkederivate		10	1 000	30
CMC		7	95 000	300

[1]) Die Viskosität bei geringem Geschwindigkeitsgefälle entspricht einer Fließgeschwindigkeit bei sehr schwachem Rühren!
[2]) Die Viskosität mit starkem Geschwindigkeitsgefälle entspricht einer Schlichtgeschwindigkeit von ca. 100 m/min!

— Zelluloseäther-Schlichte (CMC)
    für mittlere Garne   3,5···5%
    für feine Garne   5···7%
    + 0,1 % Netzmittel
— bei Mischschlichten   5···7% Stärkeschlichte
    2···4% CMC-Schlichte

für VI-F:

— Zelluloseäther-Schlichte (CMC)
    je nach Kettfadenzahl   2···5%
— bei Mischschlichten   2,5···5% Stärkeschlichte
    1···3% CMC-Schlichte

für PE-F/VI-F (67/33):

— Mischschlichte   10% Stärkeschlichte
    15% CMC-Schlichte
— Mischschlichte   10% Stärkeschlichte
    5% Polyvinylalkohol-Schlichte

für VI-S:

— Polyvinyl-Schlichte   1···2%
— Polyacryl-Schlichte   1···2%
— Eiweißschlichte   3···4%

für AZ-S:

— Polyvinyl-Schlichte   3···5%
— Polyacryl-Schlichte   3···4,5%
— Eiweißschlichte   6···8%

für Wo:

— Zelluloseäther-Schlichte (CMC)   1···2,5%
  + 0,5···1% Netzmittel (je nach Anteil Schmälze)
— Polyacryl-Schlichte   6···7%
  + 0,5···1% Netzmittel (je nach Anteil Schmälze)

Untersuchungen [121] ergaben, daß bei Lösungsmittelreinigungsanlagen in der Regel die für die nachfolgende Naßreinigung mit Wasser angewandten Schlichtrezepturen so geändert werden müssen, daß sich die verwendeten Schlichtemittel in herkömmlichen Naßreinigungs- (wäßriges Medium) und in Lösungsmittelreinigungsanlagen relativ einfach wieder entfernen lassen, ohne den Farbausfall u. a. zu beeinträchtigen. Als optimal kann z. B. für das Fadenmaterial in der Mischung 70% PE-F/30% VI-F folgende Schlichterezeptur angesehen werden [121]:

0,5 kg Netz- und Färbeöl (Rolavin AH extra, Sulveol K) auf 100 l Wasser
+ 0,7 kg wasserlösliches Wachs (Oxidwachs A, Rotta-Wirkketten-Avivage 831) auf 100 l Wasser

Fadenmaterial:	28 tex × 2
Fadenzahl:	280 Fäden/dm
Ansatz der Flotte:	bei 70 °C
Temperatur der Schlichteflotte im Schlichtetrog:	40···50 °C
Schlichtanlage:	Fabr. Vinks Typ BKSM 8
— Abquetschkraft	3 000···4 000 N
— Wickelzugkraft	2 500 N
— Arbeitsgeschwindigkeit	50···70 m/min
— Trockenzylindertemperaturen: in °C	
1. Zylinder	80
2. Zylinder	110
3. Zylinder	130
4. bis. 6. Zylinder	150
7. Zylinder	110
8. Zylinder	80
— Restfeuchte	12···14%

Für wäßrige Reinigung wäre auch eine Mischschlichte mit

0,2 kg modifizierter Stärkeschlichte (Amytex N, Diazet HE)
0,2 kg Netz- und Färbeöl (Rolavin AH extra, Sulveol K)
1,3 kg wasserlöslichem Wachs (Oxidwachs A, Rotta-Wirkketten-Avivage 831)

angängig, wobei zu beachten ist, daß bei folgender Lösungsmittelreinigung keine optimalen Ergebnisse erzielt werden [121]. Für Bw- und VI-F-Garne, die nach dem Open-end-Spinnverfahren hergestellt wurden, kann der Schlichtemitteleinsatz teilweise bis zu 60% gegenüber den angegebenen Werten reduziert werden.
Hinsichtlich der Schlichtemittelkosten, die für hochaufgeschlossene Stärkeschlichten um 30···40% und für Zelluloseetherschlichten etwa 80···100% über denen reiner Stärkeschlichte liegen [122], sollten die Laufeigenschaften der Webketten in der Weberei sowie Veredlungsprobleme mit in die Betrachtung einbezogen werden, d. h., erhöhte Schlichtemittelkosten werden eventuell durch die Weberei und Veredlung wieder kompensiert.

4.4.3.2.3. Aufbereitung der Schlichte

Die Aufbereitung der Schlichte erfordert sorgfältiges Arbeiten sowie Einhaltung der festgelegten Technologie zur Herstellung der Schlichteflotte als eine der Grundvoraussetzungen der Sicherung einer hohen Qualität der geschlichteten Webketten. Für die Aufbereitung der Schlichte gibt es mehrere Verfahrensvarianten, die in Abhängigkeit des verwendeten Schlichtemittels, der Häufigkeit des Wechsels des Kettmaterials und dem Verbrauch an Schlichteflotte nach Bild 4/97 zusammengestellt werden können. Es werden die gebräuchlichsten Varianten dargestellt.

Trotzdem es modifizierte Stärkeschlichten gibt, die relativ leicht aufzubereiten sind, spricht der Preis auf der anderen Seite für den Einsatz von Kartoffelstärke. Die Betriebe, die Kartoffelstärke einsetzen, müssen vor dem Schlichtprozeß die Stärke aufschließen, da z. B. Kartoffelstärke eine Stoffmenge von 150 kmol hat und ein guter Schlichteeffekt erst nach dem Erreichen einer Stoffmenge von 15···30 kmol gewährleistet ist.

Das Aufschließen der Stärke kann nach verschiedenen Methoden [117] erfolgen, die in Bild 4/98 zusammengestellt sind. Prinzipiell wird bei allen chemischen Abbauverfahren die Stärke in Stufen abgebaut:

Stärke → Dextrin → Maltose → Glukose

Dabei wird angestrebt, daß der Anteil Dextrin (Klebstoff) relativ groß ist. Der Schlichter hat nach dem Ansatz der Stärke in Wasser, dem Einleiten von Dampf in den Schlichtekocher bei einer Temperatur von z. B. 60 °C (je nach Art des eingesetzten Enzyms, günstigste Wirkungstemperatur) das Enzym zuzugeben, und nach einer Zeit von z. B. 5 min (je nach Art des eingesetzten Enzyms) muß der Abbau der Stärke unter-

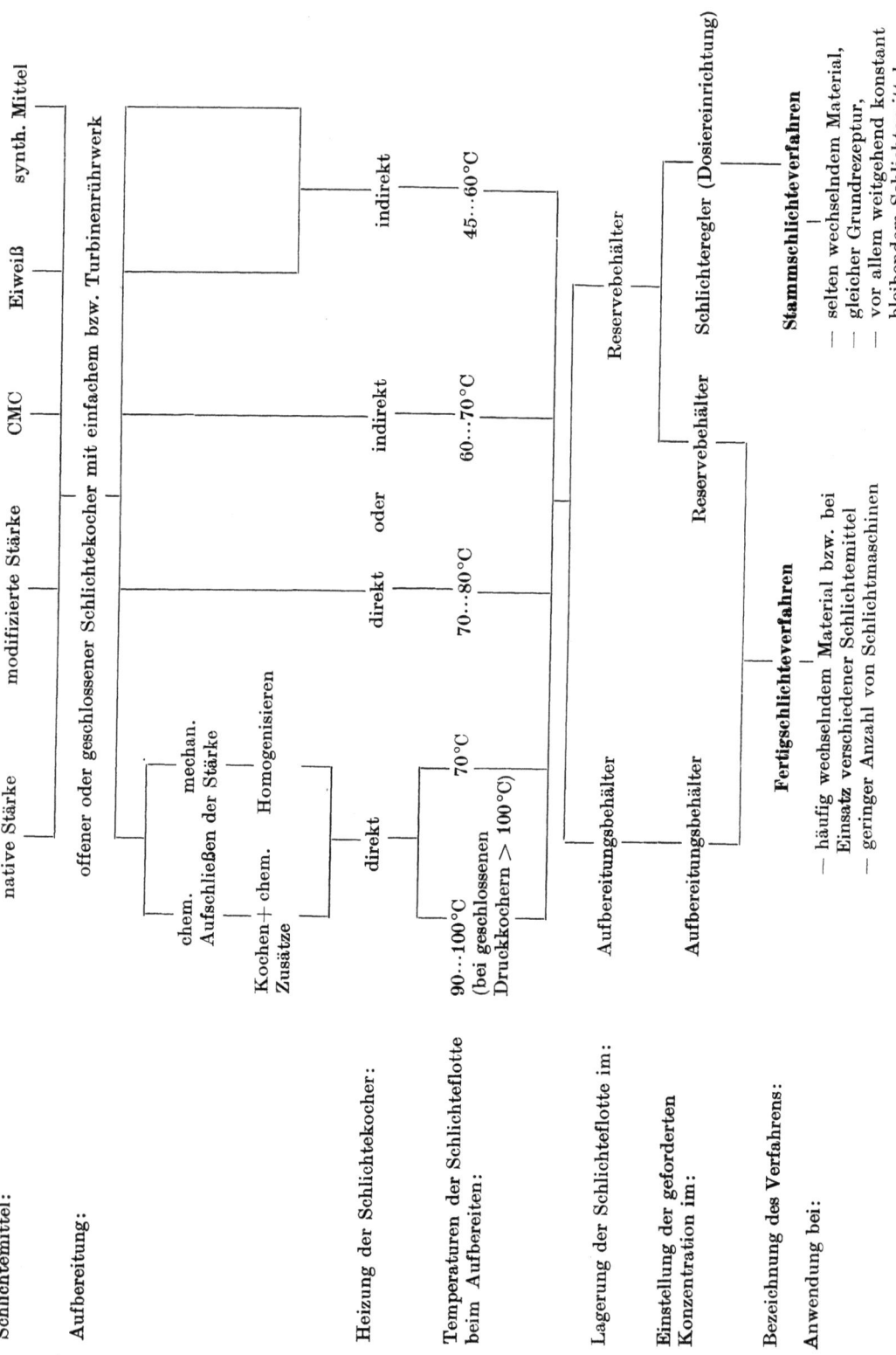

Bild 4/97. Verfahrensvarianten zur Aufbereitung von Schlichteflotten

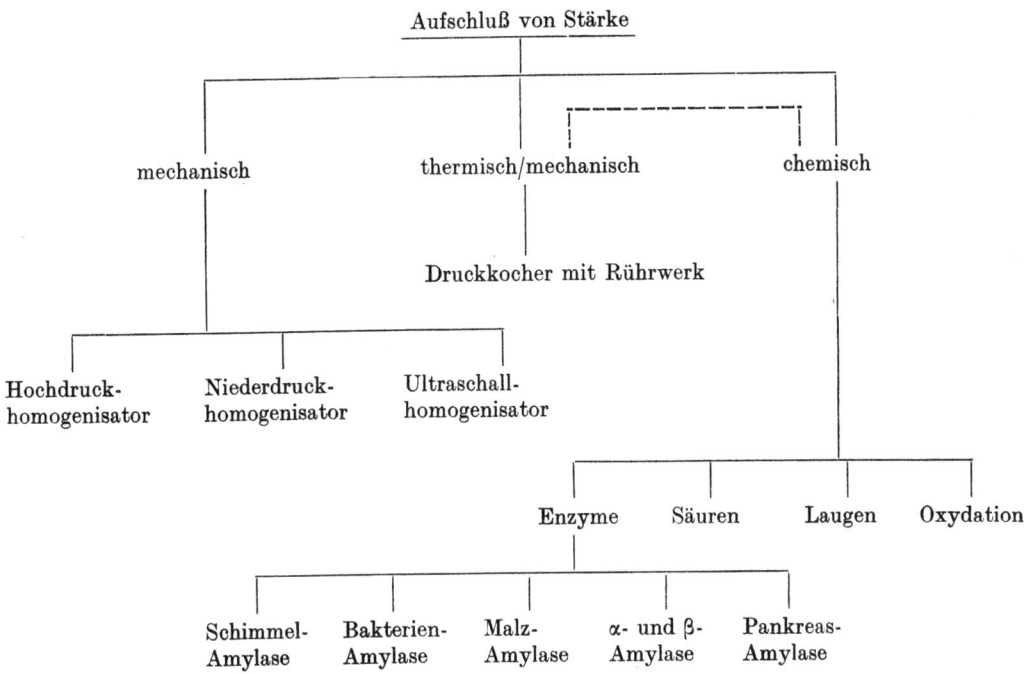

Bild 4/98. Methoden des Aufschließens von Stärke

brochen werden. Das Abbrechen des Stärkeabbaues wird erreicht durch kurzes Aufkochen der Schlichteflotte, dabei werden die Enzyme zerstört. Der Stärkeabbau ist demnach bei Einsatz von Enzymen von der Temperatur und der Einwirkungszeit abhängig, so daß die Klebkraft vom Schlichter positiv oder auch negativ beeinflußt werden kann.

Die Aufschlußverfahren über Säuren, Laugen und auch mit Enzymen haben an Bedeutung verloren, da die anderen Varianten des Aufschlusses oder der Einsatz modifizierter Stärkeschlichten demgegenüber bestimmte Vorteile aufweisen.

Bei den chemischen Verfahren hat sich der Aufschluß der Stärke mit Oxydationsmitteln bewährt, da eine exakte Dosierung möglich ist und ein zu weitgehender Abbau der Stärke nicht erfolgen kann. Als Oxydationsmittel kommen in Frage und werden eingesetzt:

— Wasserstoffperoxid (H_2O_2)
— Verbindungen mit aktivem Chlor (z. B. NaClO, CaClO)
— Persalze (z. B. $K_2S_2O_8$).

Nach Verbrauch des zugesetzten Oxydationsmittels hört der Abbau der Stärke automatisch auf, so daß der Schlichter diesen Abbau nicht zu überwachen bzw. abzubrechen braucht.

Das Wirkungsprinzip des mechanischen Aufschlusses von Stärke besteht darin, daß durch geeignete Konstruktionen von sogenannten Homogenisatoren durch entsprechenden Druck (etwa 21 MPa) und Geschwindigkeit (175 m/s) beim Hochdruckhomogenisator nach *Manton-Gaulin* [117, S. 69] durch hohe Winkelgeschwindigkeit ($\omega \approx 600 \text{ s}^{-1}$), Zentrifugalkraft und Druck beim Tri-Homo-Dispergator [117; S. 70] oder durch Ultraschall nach dem Prinzip der sogenannten *Janowsky-Pohlmannschen*-Ultraschallpfeife [117; S. 73] die Stärkekörner zertrümmert und zerkleinert werden.

Der Vorteil von Homogenisatoren liegt im schnellen und billigen Aufschließen der Stärke (Kochzeiten und Dampfverbrauch minimal) sowie in der Erreichung besserer Schlichteflotten durch geringere Größe der Stärkekörnchen.

Obwohl auf Grund des verstärkten Einsatzes von modifizierten Stärken die chemischen und mechanischen Aufschlußverfahren an Bedeutung verloren haben, soll auf Unterschiede in den Eigenschaften der aufgeschlossenen Stärkeschlichten näher eingegangen werden.

Die Größenverteilung nativer Stärkekörnchen zeigt Bild 4/99 [177; S. 75].

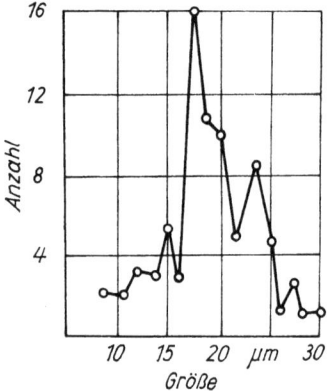

Bild 4/99. Größenverteilung nativer Stärkekörnchen (nach *Ramaszéder*)

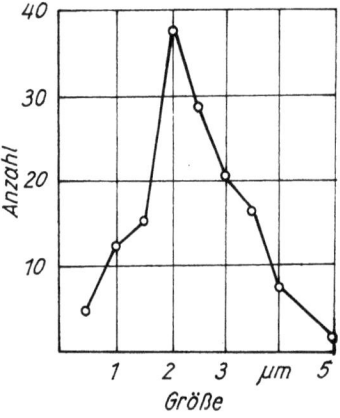

Bild 4/100. Größenverteilung von Stärkekörnchen im homogenisierten Stärkekleister (nach *Ramaszéder*)

Der mechanische Aufschluß ergibt eine durchschnittliche Größe der Stärkekörnchen von $2\cdots3\ \mu m$ [117; S. 74] (Bild 4/100). Die durchschnittliche Größe mit chemischen Aufschlußmitteln gekochter Stärke liegt dagegen bei $5\ \mu m$ (Bild 4/101) [117; S. 74]. Die Größe der Stärkekörnchen für nur thermisch (durch intensives Kochen und Rühren) aufgeschlossene native Stärke ist größer als $10\ \mu m$.

Es ist daraus abzuleiten, daß im Ruhezustand bei gekochter, chemisch aufbereiteter Stärkeschlichte ein stärkeres Absetzen eintritt als bei mechanisch aufgeschlossener Stärke. Hinsichtlich der Klebkraft sind ähnliche Verhältnisse vorhanden, da Teilchen geringerer Größe ($2\cdots3\ \mu m$) bessere Eindringvermögen in den Faden haben sowie die Oberfläche solcher Teilchen bei gleicher Masse größer als bei Teilchen von $5\ \mu m$ sind und sich damit größere Adhäsionskräfte ergeben. Die Größe der Stärkekörnchen spielt hinsichtlich der Qualität der Schlichteflotte eine große Rolle.

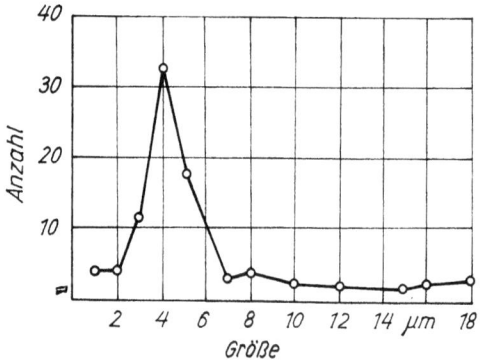

Bild 4/101. Größenverteilung von Stärkekörnchen im gekochten Stärkekleister (nach *Ramaszéder*)

Stärkekörnchen größer $5\ \mu m$ dringen schlecht in den Faden ein, so daß z. B. die rein thermische Aufbereitung der nativen Stärke nicht angewendet werden sollte.

Die durch mechanische Aufschlußverfahren hergestellte Schlichte hat folgende Vorteile:

— Die Stärkekörnchen werden in ihrer Größenstreuung stark eingeengt, d. h., daß alle Stärkekörnchen annähernd gleiche Größe haben
— Das Eindringen der Schlichte in den Faden wird durch die geringere Größe der Stärkekörnchen positiv beeinflußt
— Eine Energieeinsparung beim Aufbereiten tritt ein, da die Stärke zum Aufquellen nur auf eine Temperatur von $60\cdots70\ °C$ gebracht werden muß

— Chemikalienzusätze entfallen
— Die Entschlichtung des Gewebes ist einfacher und kostengünstiger
— Subjektive Einflüsse des Schichters bei der Aufbereitung der Schlichte treten nicht oder kaum auf
— Die höhere Klebkraft bewirkt u. U. eine Einsparung von Schlichtemittel.

Aus Bild 4/97 ist ersichtlich, daß sich das anzuwendende Aufbereitungsverfahren hauptsächlich nach der Art des Schlichtemittels und der aufzubereitenden Menge richtet.

werk werden in unterschiedlichen Größen von 250···800 l gebaut und sind mit indirekter (Behälter doppelwandig) oft auch zusätzlich mit direkter Heizung und einem Rührwerk ausgestattet. Bild 4/102 zeigt das Prinzip eines solchen Schlichtekochers.

Beim Aufheizen fertiger Schlichteflotte durch direkten Dampfeintritt ist zu beachten, daß Kondenswasserzufluß, der bis zu 20% betragen kann, die Konzentration beeinflußt.

Für native Stärken, die chemisch aufgeschlossen werden, sowie teilweise auch für modifizierte Stärkeschlichten werden sogenannte Druckkocher eingesetzt (Bild 4/103). Der Kochvorgang an solchen Druckkochern läßt

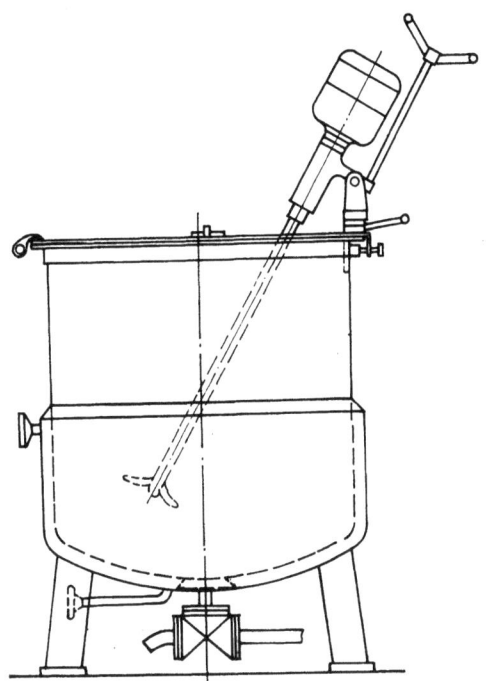

Bild 4/102. Druckloser Schlichtekocher mit indirekter Beheizung (Modell KS)

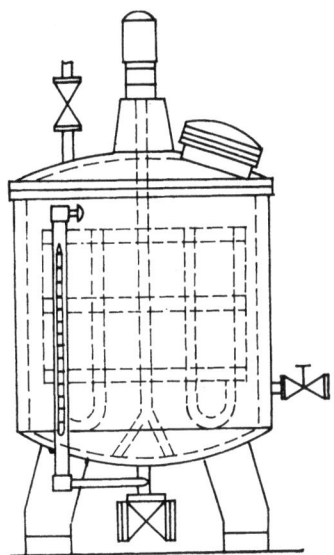

Bild 4/103. Prinzip eines Druckkochers für Schlichte mit Gitterrührwerk

Für weitgehend alle Schlichtemittel gilt für die Aufbereitung der Flotte, daß das Schlichtemittel in kaltem oder auch warmem Wasser unter ständigem Rühren gelöst wird. Die endgültige Schlichteflottenkonzentration wird erst am Ende des gesamten Aufbereitungsvorganges eingestellt. Für die Aufbereitung gibt es offene Schlichtekocher mit Rührwerk, die für alle Schlichtemittel (für native Stärke mit Einschränkung) Verwendung finden. Schlichtekocher mit Rühr-

sich von Hand oder automatisch durch Vorgabe der Temperatur und Zeit für die einzelnen Aufbereitungsphasen regeln.

Durch entsprechende Kombination von Kochern, Rohrleitungen, Pumpen und Ventilen lassen sich das Fertigschlichte- (Bild 4/104) und das Stammschlichteverfahren (Bilder 4/106 und 4/107) realisieren.

Verbunden mit einer entsprechenden Schlichtestandsregelung an der Schlichtemaschine ist damit der Prozeß der Schlichte-

Bild 4/104. Schlichtekochanlage MKV-R mit Mischer, Kocher, Regelschrank und Vorratsbehälter — Fertigschlichteverfahren

aufbereitung in Abhängigkeit der bereits in Bild 4/97 genannten Kriterien weitgehend automatisiert bzw. automatisierbar.

Für das Fertigschlichteverfahren (unter Ausschluß der Verwendung nativer Stärke) ist es günstig, wenn je Schlichtmaschine zwei Kocher mit Rührwerk vorhanden sind. Damit ergeben sich folgende Vorteile:

— Bei Ausfall eine Kochers/Rührwerkes kann durch Umpumpen in den anderen Kocher der Schlichtprozeß aufrechterhalten werden
— Bei Normalbetrieb fungiert immer im Wechsel ein Kocher als Schlichteaufbereiter, während der andere Kocher Vorratsbehälter ist
— Bei Änderung der Schlichteflottenkonzentration durch Einsatz anderen Kettmaterials, aber bei Beibehaltung des Schlichtemittels läßt sich durch Zurückpumpen der Flotte aus dem Schlichtetrog und Nachsetzen von Schlichtemitteln oder durch entsprechendes Verdünnen mit Wasser relativ schnell die richtige Konzentration einstellen

Bei Wechsel des Schlichtemittels kann durch Abschätzen des Flottenverbrauches der Verlust minimal gehalten werden (Es sollte grundsätzlich bei der Rezepturfestlegung beachtet werden, den Verlust minimal zu halten und die Verwendung der Restschlichte in einem solchen Fall durch eine Mischschlichte zu gewährleisten — der richtige Konzentrationsgrad läßt sich wie bei der Änderung der Schlichteflottenkonzentration einstellen.)

Beim Einsatz nativer Stärke und der Anwendung des Fertigschlichteverfahrens wird die Anlage zur Aufbereitung der Schlichte aufwendiger, da in der Regel Druckkocher eingesetzt werden (Bild 4/105).

Das Stammschlichteverfahren wird zweckmäßig bei großen Kettpartien oder für Stapelproduktion mit selten wechselndem Material eingesetzt. Das Prinzip des Stammschlichteverfahrens beruht darauf, daß eine Stammschlichteflotte mit 20% Konzentration hergestellt und über einen sogenannten Schlichteregler auf die geforderte Konzentration der Fertigschlichte verdünnt wird. In Bild 4/106 ist eine von mehreren Kom-

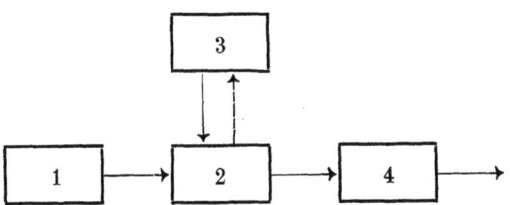

Bild 4/105. Schlichteaufbereitung für native Stärke nach dem Fertigschlichteverfahren
1 offener Mischbehälter mit Rührwerk zum Ansetzen der Schlichteflotte, *2* Druckkocher mit (Dampfstrahl-)Rührwerk, *3* Regler für Temperatur und Zeitsteuerung sowie Registrierung dieser Werte, *4* Vorratsbehälter mit Rührwerk

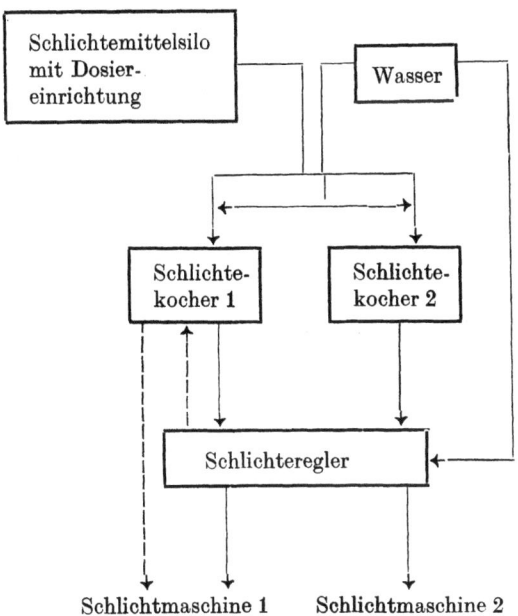

––– Variante zur Nutzung des Kochers 1 als Aufbewahrungsbehälter für Fertigschlichte

Bild 4/106. Variante einer Aggregatanordnung beim Stammschlichteverfahren für CMC-Schlichte

binationsmöglichkeiten als Blockschaltbild dargestellt.
Der Schlichteregler hat ein Fassungsvermögen von 50 l und mischt automatisch je nach eingestellter Konzentration der Stammschlichte Wasser entsprechender Temperatur zu.
Durch einfache Refraktormetermessung ist eine Kontrolle der Funktion der Steuerung des Schlichtereglers möglich.
Wie in den Bildern 4/106 und 4/107 dargestellt, besteht die Möglichkeit des Versorgens von mehreren Schlichtmaschinen, sofern das gleiche Schlichtemittel verwendet wird und nur die Konzentrationen unterschiedlich sind. Sofern mehr als zwei Schlichtmaschinen nach dem Stammschlichteverfahren, aber mit unterschiedlichem Konzentrationsgrad versorgt werden sollen, muß die Anzahl der Schlichtekocher (Rührwerke), die dann als Vorratsbehälter dienen, erhöht werden.
Zweckmäßig ist grundsätzlich, alle Kocher und Maschinen durch Rohrleitungen so zu verbinden, daß im Extremfall jeder Kocher jede Maschine versorgen kann.
Für große Schlichtereiabteilungen ergibt sich damit auch die Möglichkeit zentraler Schlichteaufbereitung mittels Stammschlichte und Bereitstellung der Fertigschlichte über den Schlichteregler in Vorratsbehältern, im gewissen Sinne eine Kombination beider Verfahren der Schlichteaufbereitung. Für den Fall, daß alle Schlichtmaschinen mit unterschiedlichen Schlichtemitteln arbeiten, ist die Anzahl Kocher (Rührwerke) gleich der Anzahl der Schlichtmaschinen plus eins.
Zusammengefaßt dargestellt ist die Technologie der Schlichteaufbereitung im wesentlichen von der Art des Schlichtemittels, vom Schlichteflottenverbrauch und von der Häufigkeit des Material- bzw. Flottenkonzentrations- oder auch Schlichtemittelwechsels abhängig.
Durch entsprechendes Baukastenprinzip der Hersteller von Schlichteaufbereitungsanlagen lassen sich im Prinzip alle Forderungen realisieren, so daß in Abhängigkeit von den Einflußfaktoren optimale Aufbereitungsanlagen zusammengestellt und vom Technologen beeinflußt werden können.
Zur Gewährleistung einer gleichbleibend guten Qualität der Schlichteflotte sind folgende Kriterien zu beachten:

— Festlegung der optimalen Schlichteaufbereitung
— Registrierung der erreichten Werte (auch Zwischenwerte)

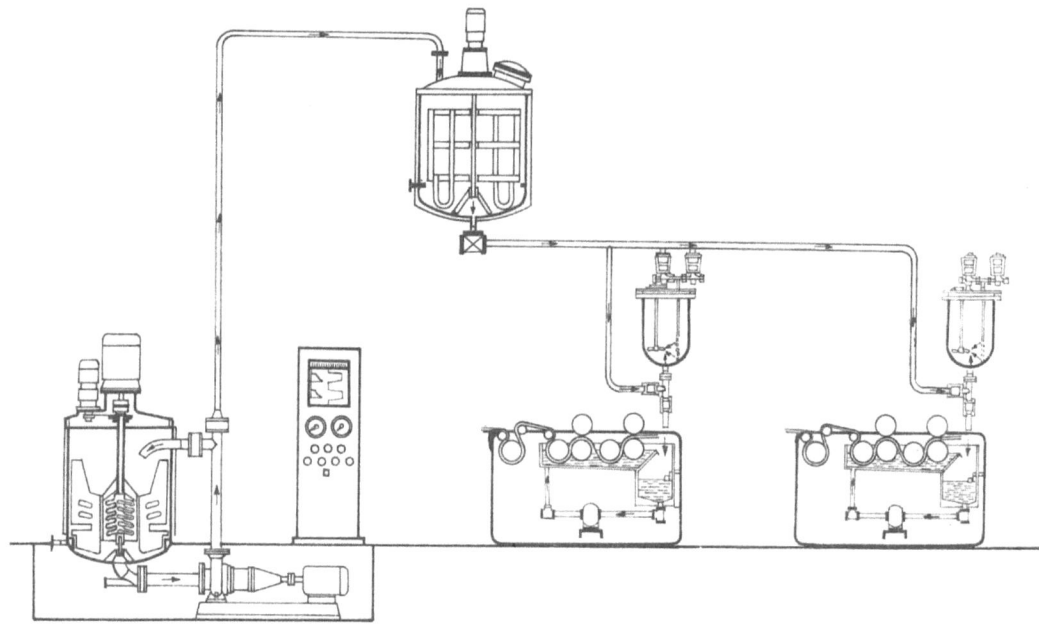

Bild 4/107. Stammschlichteverfahren mit Turbokocher (Bild 4/108) und Anordung der Konzentrationsregler an den Schlichtanlagen

- Laufende systematische Produktionskontrolle mit Auswertung aufgetretener Abweichungen von der festgelegten Technologie.

Zweckmäßig ist das Erfassen der notwendigen Daten in einem Verfahrensblatt [123], das in Tabelle 4/16 auszugsweise abgebildet ist und für Soll- sowie auch für Ist-Werte jeder Partie verwendet werden sollte.

Zur Festlegung der optimalen Schlichteflottenaufbereitung und -konzentration sind entsprechende Prüfungen und Praxisversuche notwendig:

- Prüfung des Trockensubstanzgehaltes bzw. der Flottenkonzentration:

a) *gravimetrisch* durch Konstanttrocknung bei 105°C (für Schlichtemittel auf Polyvinylalkoholbasis durch Vakuumtrocknung)

$$K_{FL} = m_A/S_{Fl} \qquad (4.63)$$

K_{FL} Schlichteflottenkonzentration in g/l
m_A Schlichtemittelauswaage in mg
S_{Fl} Volumen der Schlichteflottenprobe in ml

Diese Methode ist zeitaufwendig und vor allem in der Produktion als Schnellverfahren zur Bestimmung der Flottenkonzentration nicht geeignet.

b) *refraktometrisch* mittels Handrefraktometer. Dieses Meßprinzip ist sehr gut für Produktionskontrollen geeignet, da sich die Flottenkonzentration schnell und einfach ermitteln läßt. Das Meßprinzip beruht auf der Messung der Grenzlinie der Totalreflexion.

Wenige Tropfen Schlichteflotte werden auf das Prisma des Gerätes gebracht. Wird das geschlossene Prismenpaar gegen das Licht gehalten, so ist das Sehfeld deutlich in eine Hell-Dunkel-Grenze geteilt. Diese Grenzlinie der totalen Reflexion ist an einer Okularskale ablesbar und gibt den prozentualen Trockensubstanzgehalt der geprüften Flüssigkeit an. Sofern keine Teilung der Skale in % angebracht ist, muß einmalig durch definiert hergestellte Schlichteflotten unterschiedlicher Konzentration die Einmeßkurve bestimmt werden. Die Geräte werden für verschiedene Meßbereiche hergestellt, der

Maschinen zur Kettvorbereitung **4.4.**   297

Bild 4/108. Turbokocher

Tabelle 4/16. Verfahrensblatt (Fa. *Benninger*/Schweiz)

Verfahren-Nr. ...

Schlichteflotte

Art des Schlichtemittels . . . .
Hersteller . . . . Ort . . . .
Zubereitung unter Druck/ohne Druck   Aufheizung direkt/indirekt
Empfohlene Aufwärmung . . . . min bis . . . . °C   . . . . min bis . . . . °C
Empfohlene Kochdauer . . . . min bis . . . . °C   . . . . min bis . . . . . . °C
Rezept: eingefülltes Wasser l
         Kondenswasser l
         Wasser im Schlichtemittel l
         Wassermenge total l
         Schlichtemittel 0% feucht . . . . kg
         Zutatenart . . . .
         Masse . . . . kg
         Zutatenart . . . .
         Masse . . . . kg
         Zutaten total . . . . kg
         Flottenmenge total l
         Konzentration lt. Rezept/Refraktometer . . . . %

Tabelle 4/17. Bestimmung der Viskosität mit dem Auslaufviskosimeter (Bild 4/109) [117, S. 94]

Zeit in s	Viskosität in mPa s	Zeit in s	Viskosität in mPa s	Zeit in s	Viskosität in mPa s
3,5	1	15,0	83	26,5	163
4,0	5	15,5	86	27,0	167
4,5	8	16,0	90	27,5	171
5,0	12	16,5	93	28,0	174
5,5	15	17,0	97	28,5	178
6,0	18	17,5	100	29,0	181
6,5	23	18,0	103	29,5	185
7,0	26	18,5	107	30,0	188
7,5	29	19,0	110	30,5	192
8,0	33	19,5	113	31,0	195
8,5	37	20,0	117	31,5	199
9,0	40	20,5	120	32,0	203
9,5	43	21,0	124	32,5	207
10,0	47	21,5	127	33,0	210
10,5	50	22,0	131	33,5	213
11,0	54	22,5	135	34,0	217
11,5	57	23,0	138	34,5	220
12,0	61	23,5	142	35,0	224
12,5	65	24,0	146	35,5	227
13,0	68	24,5	149	36,0	231
13,5	71	25,0	152	36,5	235
14,0	75	25,5	156	37,0	238
14,5	78	26,0	160	37,5	242
				38,0	245
				38,5	248

je nach verwendetem Schlichtemittel und je nach Schlichtemittelkonzentration unterschiedlich sein kann.

— Viskositätsmessung [124]
Infolge der Fließanomalien einiger Schlichtemittel (überwiegend der noch am häufigsten verwendeten) eignen sich für Viskositätsmessungen bzw. -vergleiche

a) das *Rotationsviskosimeter* mit dem Meßprinzip der Drehmomentenmessung (mPa s). Das Gerät wird überwiegend als Laborgerät eingesetzt.

b) das *Auslaufviskosimeter* als Betriebsmeßgerät [117; S. 95] Das Gefäß (Bild 4/109) wird solange in die Schlichteflotte eingetaucht, bis das Gefäß die Temperatur der Schlichteflotte angenommen hat. Das mit Schlichte gefüllte Gefäß wird herausgenommen, und die Zeit des Auslaufens der Schlichte wird in s gemessen. Anhand einer Tabelle kann die Auslaufzeit in s mit einem gewissen Fehler in mPa s umgerechnet werden.
Mit dieser Methode sind vergleichende Messungen unter Praxisbedingungen relativ gut möglich, so daß eine Kontrolle vorgegebener Sollwerte möglich ist (Tabelle 4/17).

— Prüfung des Klebvermögens
Zur Bestimmung des Klebvermögens als Vergleichsmessung oder auch in Abhängigkeit der Schlichteflotten-Aufbereitungstechnologie kann stark saugfähiges Papier (z. B. Löschpapier) mit entsprechender Schlichteflotte gesättigt und überflüssige Schlichte durch ein definiertes Abquetschen entfernt werden. Durch Bestimmen der Reißkraft und Dehnung am unbehandelten und geschlichteten, getrockneten Papier sowie Vergleich der Werte lassen sich labormäßig relativ schnell Aussagen über das Klebvermögen treffen.

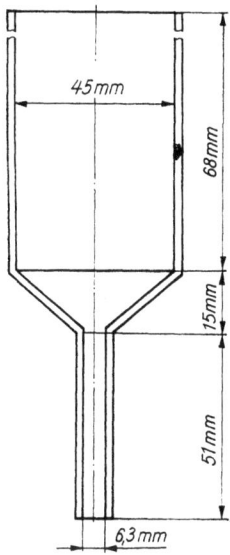

Bild 4/109. Glasgefäß zur annähernden Bestimmung der Viskosität von Schlichteflotten (nach *Ramaszéder*)

— Prüfung geschlichteter Fäden auf Verarbeitbarkeit in der Webmaschine

a) Die Prüfwerte der *Reißkraft* und *Dehnung* sind nur bedingt brauchbar zur Beurteilung der Laufeigenschaften geschlichteter Fäden in der Webmaschine. In der Regel erhöht sich die Reißfestigkeit, während die Dehnung zurückgeht. Hohe Festigkeitszunahme nach dem Schlichten ist nicht unbedingt gleichzusetzen mit guter Laufeigenschaft der Kettfäden. Wesentlich sind die Glättung der Fadenoberfläche, die Minderung der Anfälligkeit gegen Scheuern und ein verbleibender günstiger Dehnungswert des Fadenmaterials.

b) Die *Scheuerbeständigkeit* ist aus o. a. Gründen aussagefähiger. Es ist jedoch zu beachten, daß bei normalen Scheuerprüfgeräten die Anzahl Scheuerungen bis zum Fadenbruch angezeigt wird, ohne daß dabei der Verlust der Dehnung erfaßt wird. Ein von *Ramaszéder* [117; S. 106] entwickeltes Scheuerprüfgerät gibt neben der Zahl der Scheuerungen auch die Dehnung der Prüflinge als Funktion der Anzahl der Scheuerungen an.

Optimal wäre auf alle Fälle die Testung des geschlichteten Materials auf einem Websimulator, da alle anderen Prüfverfahren keine exakten Aussagen, sondern nur Vergleiche zu den Laufeigenschaften zulassen und direkt auf der Webmaschine durchzuführende Ermittlungen der Fadenbruchhäufigkeiten sehr zeitaufwendig sind, vor allem bei der Festlegung neuer Rezepturen.

4.4.3.2.4. Baugruppen und Funktionselemente

4.4.3.2.4.1. Materialvorlage

Die Materialvorlage an Schlichtmaschinen kann unterschiedlich sein und hängt in der Regel von der im Betrieb vorhandenen oder gewählten 1. Stufe der Kettvorbereitung ab.

Wesentliches Kriterium der Anordnung und Art der Materialvorlage ist u. a. eine hohe Auslastung der eigentlichen Schlichtmaschine, d. h., die Materialvorlage sollte immer so ausgewählt werden, daß bei Wechsel der Materialvorlage möglichst wenig produktive Zeit der Schlichtmaschine verlorengeht.

In Bild 4/110 werden verschiedene Arten der Materialvorlage dargestellt.

Für die Materialvorlage durch Spulengatter, Schärbaum bzw. Schärtrommel ist die Anordnung relativ einfach. Bild 4/111 zeigt das Prinzip der Anordnung bei Verwendung eines Spulengatters.

In Bild 4/112 wird die Anordnung bei Schärbaum- bzw. Schärtrommelvorlage dargestellt.

Für die Zettelbaumvorlage gibt es prinzipiell 3 Arten der Anordnung, vertikal (Bild 4/113), radial (Bild 4/114), horizontal (Bild 4/115).

Für die Auswahl der einzelnen Arten der Anordnung gelten folgende Kriterien:
— Minimale Umrüstzeiten bei Zettelbaumwechsel
— Platzverhältnisse
— Übersichtlichkeit und Zugänglichkeit während des Laufes der Schlichtmaschine.

Zur Erreichung minimaler Umrüstzeiten sollten die Zettelbaumgestelle fahrbar sein (Bild 4/116).

Ein Abzug des Fadenmaterials ist nur durch entsprechende Krafteinwirkung möglich.

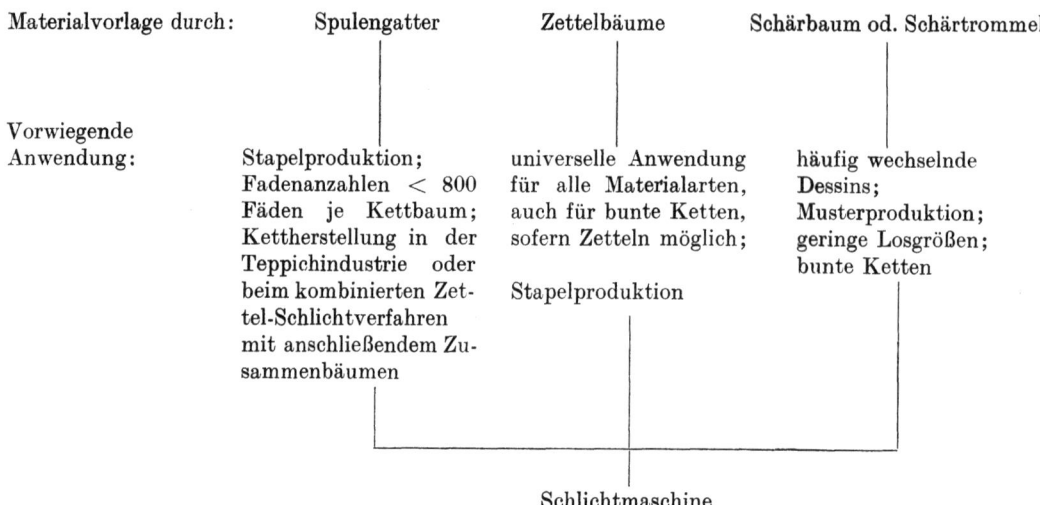

Bild 4/110. Arten der Materialvorlage bei Schlichtmaschinen

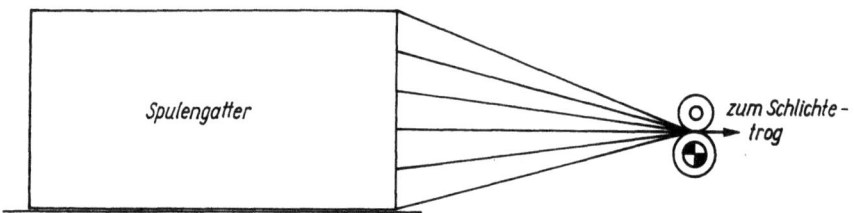

Bild 4/111. Materialvorlage durch Spulengatter

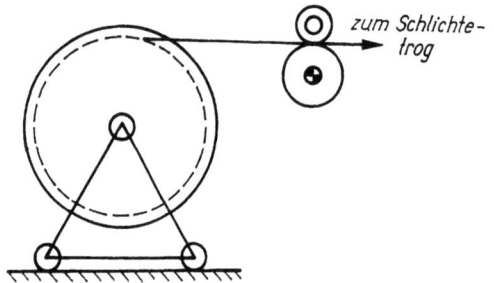

Bild 4/112. Materialvorlage durch Schärbaum bzw. -trommel

Gleichgültig, ob vom Schärbaum, von Zettelbäumen oder auch von Gattern abgearbeitet wird, muß die Dehnung des Fadenmaterials in der Dehnungszone I (Bild 4/93) bereits minimal gehalten werden.

An älteren Schlichtmaschinen ist häufig noch folgende Anordnung zu finden (Bild 4/117).

Der Nachteil besteht darin, daß eine hohe Dehnung im nassen Zustand der Fäden im Schlichtetrog auftritt. Die in den Bildern 4/93 und 4/118 dargestellte Dehnungszone II existiert nicht. Durch Anordnung eines Einzugswalzenpaares ist an modernen Maschinen dieser Mangel beseitigt (Bild 4/118). Das Abzugsmoment M_A wirkt nur auf die trockenen Fäden ein und muß die Fadenzugkraft F überwinden. Die Fadenzugkraft F setzt sich aus der Trägheitskraft (sofern z. B. die Zettelbäume aus dem Stillstand heraus beschleunigt werden), der Lagerreibung und der Bremskraft zusammen.

An einem Zettelbaum (Bild 4/119) sollen nachstehend einige Probleme näher betrachtet werden.

Bremsung

Das Abzugsmoment M_A muß größer als das Bremsmoment M_B sein, d. h., für den Abzug gilt

$$M_A \geqq M_B \tag{4.64}$$

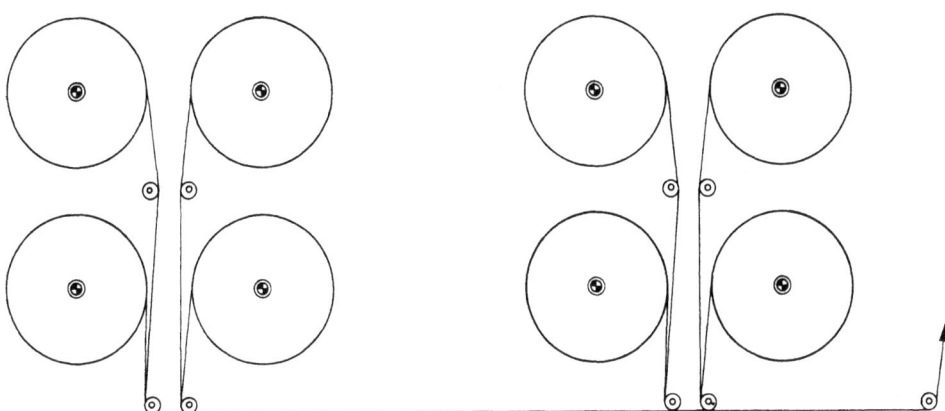

Bild 4/113. Vertikale Zettelbaumanordnung

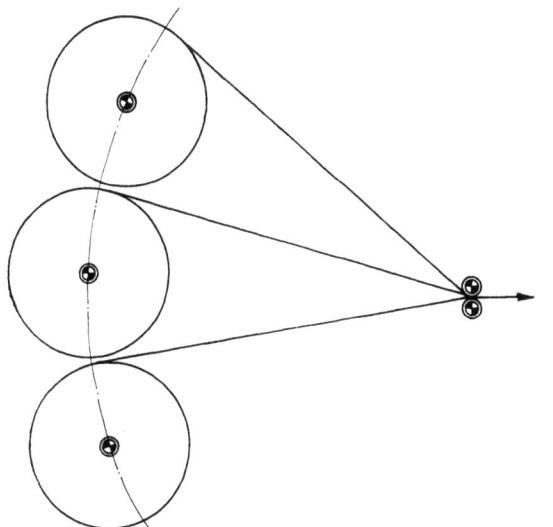

Bild 4/114. Radiale Zettelbaumanordnung

oder auch

$$F \cdot R \geqq (F_1 - F_2) \cdot r_B \tag{4.65}$$

Auf Grund der Seilreibung gilt

$$F_1 = F_2 \cdot e^{\mu\alpha} \tag{4.66}$$

Es folgt daraus

$$F = \frac{r_B}{R} \cdot F_2(e^{\mu\alpha} - 1) \tag{4.67}$$

Werden die konstanten oder annähernd konstanten Größen (r_B; $e^{\mu\alpha}$) zusammengefaßt,

ergibt sich

$$C_{10} = r_B(e^{\mu\alpha} - 1) \tag{4.68}$$

$$F = \frac{F_2}{R} \cdot C_{10} \tag{4.69}$$

C_{10} Konstante
e   mathematische Konstante
F Fadenzugkraft
F_1 Kraft im Bremsband
F_2 Kraft im Bremsband
M_A Abzugsmoment
M_B Bremsmoment
R Zettelbaumradius
r_B Radius der Bremsscheibe
α Umschlingungswinkel
μ Reibungszahl

Bei Diskussion dieser Funktion ist ersichtlich, daß F nur dann konstant bleibt, wenn das Verhältnis $F_2 : R$ während des Abarbeitens des Zettelbaumes, d. h., bei Verringerung des Zettelbaumradius R, ebenfalls konstant bleibt. Es folgt daraus, daß bei den noch häufig anzutreffenden einfachen massebelasteten Bandbremsen oder anderen Bremsen mit Seilreibung, die die Fadenzugkraft F nicht durch eine automatische Regulierung konstant halten, beim Abarbeiten des Zettelbaumes von Hand laufend regulierend durch Reduzierung von F_2 eingegriffen werden muß. Anderenfalls geht F_2 als konstant mit in C_{10} ein und $F = f(R)$ nimmt die Form

$$F = C_{10}/R \tag{4.70}$$

an.

4. Kettvorbereiten

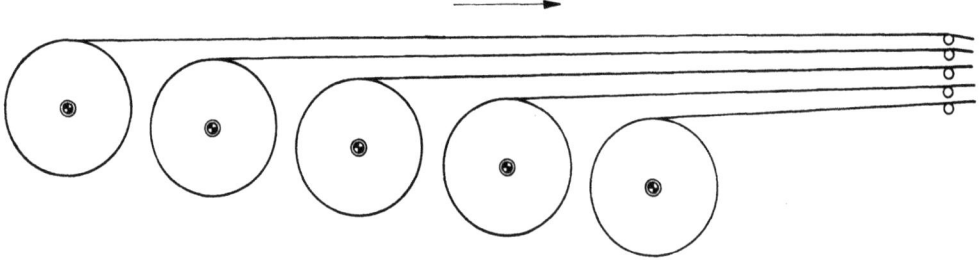

Bild 4/115. Horizontale Zettelbaumanordnung

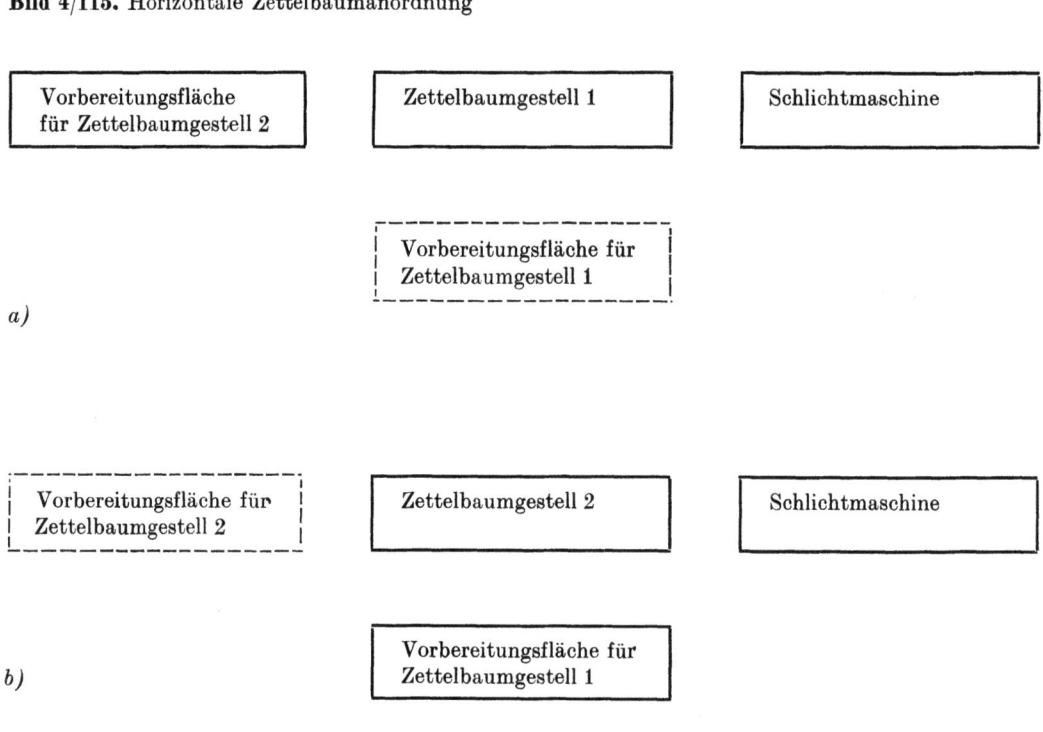

Bild 4/116. Schema eines fahrbaren Zettelbaumgestelles
a) Zettelbaumgestell 1 in Arbeitsstellung, b) Zettelbaumgestell 2 in Arbeitsstellung

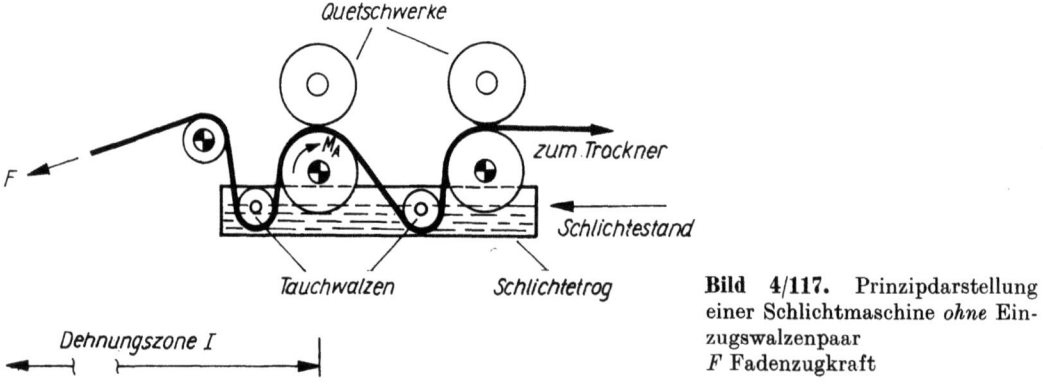

Bild 4/117. Prinzipdarstellung einer Schlichtmaschine *ohne* Einzugswalzenpaar
F Fadenzugkraft

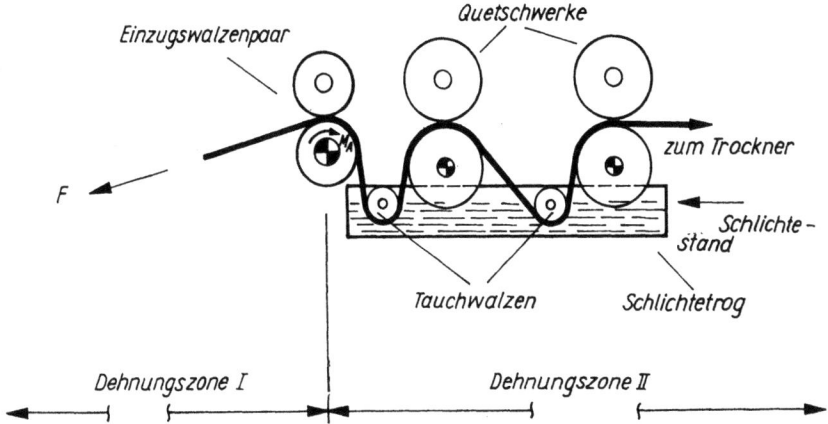

Bild 4/118. Prinzipdarstellung einer Schlichtmaschine *mit* Einzugswalzenpaar
F Fadenzugkraft

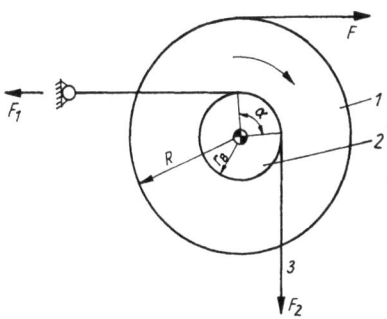

Bild 4/119. Kräfte an einer Bandbremse
1 Zettelbaum, *2* Bremsscheibe, *3* Bremsband,
F Fadenzugkraft, F_1, F_2 Kräfte am Bremsband,
R Wickelradius, r_B Radius der Bremsscheibe,
α Umschlingungswinkel des Bremsbandes

Die Fadenzugkraft *F* steigt mit abnehmendem Zettelbaumradius *R* hyperbolisch auf das 4- bis 5fache des Ausgangswertes an. Wird anstelle einer Seilreibungsbremse eine Backenbremse (Bild 4/120) oder eine sogenannte Schellenbremse, die am Zapfen des Zettelbaumes wirkt (Bild 4/121), eingesetzt, ergeben sich analog folgende physikalische Gesetzmäßigkeiten. Mathematische Betrachtung der Backenbremse nach Bild 4/120:

$$F_B = F_N \cdot \mu \qquad (4.71)$$

Sofern die Zapfen separat gelagert sind (unter Vernachlässigung der Lagerreibung), wird

$$F_N = F_1 \qquad (4.72)$$

Dient die Bremsscheibe gleichzeitig als Lager, wobei zu beachten ist, daß *m* beim Abarbeiten des Zettelbaumes laufend kleiner wird $m = f(R, \varrho_w)$, so ist

$$F_N = m \cdot g \qquad (4.73)$$

Zur Vereinfachung der weiteren Betrachtung sei $F_N = F_1$, so daß $F_R = F_1 \cdot \mu$ wird. Die Bildung der Momentensumme ergibt:

$$F_R \cdot r_B \leqq F \cdot R \qquad (4.74)$$

$$F = \frac{F_R \cdot r_B}{R} \qquad (4.75)$$

$$F = \frac{F_1 \cdot \mu \cdot r_B}{R} \qquad (4.76)$$

Unter der Annahme, daß μ, r_B und F_1 (sofern F_1 nicht während des Abarbeitens reduziert

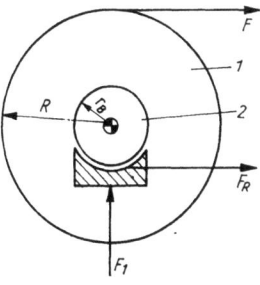

Bild 4/120. Prinzip einer Backenbremse
1 Zettelbaum, *2* Bremsscheibe, *F* Fadenzugkraft,
F_1 Kraft an der Bremsbacke, F_R Reibkraft,
R Wickelradius, r_B Radius der Bremsscheibe

wird) annähernd konstant sind, folgt

$$C_{11} = F_1 \cdot r_B \tag{4.77}$$

$$F = \frac{C_{11}}{R} \tag{4.78}$$

C_{11} Konstante
F Fadenzugkraft
F_1 auf die Bremsbacke wirkende Kraft
F_N Normalkraft
R_R Reibkraft
g Erdbeschleunigung
m Masse des vorgelegten Baumes
R Zettelbaumradius
r_B Radius der Bremsscheibe
μ Reibungszahl

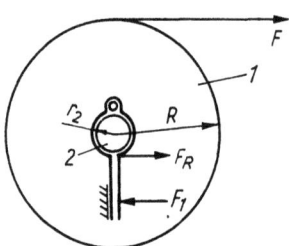

Bild 4/121. Prinzip einer Schellenbremse
1 Zettelbaum, *2* Zettelbaumzapfen, *F* Fadenzugkraft, F_1 Kraft am Schellenspanner, *R* Wickelradius, r_Z Radius des Zapfens

Um der Forderung nach minimaler Dehnung nachzukommen, muß entweder laufend die Bremswirkung verringert werden, oder es müssen gesteuerte bzw. besser geregelte Bremsen eingesetzt werden. (Gesteuerte Bremsen sind im Normalfall nur auf ganz bestimmte Parameter eingestellt — z. B. konstante Fadenzugkraft F und einheitliche Zettelbäume sowie konstante Reibungszahl μ.) Unterschiede in der Abbremsung der Zettelbäume wirken sich auch im Materialverlust durch unterschiedliches Auslaufen der Zettelbäume aus. Bei einer Dehnungsdifferenz zwischen Zettelbäumen von angenommen 2% sind das bei Zettellängen von 10000 m 50 m Verlust, die sich im Extremfall noch bis zur Zettelbaumanzahl $n-1$ multiplizieren können.
Ausgehend von vorstehender Betrachtung steht als Forderung an Bremsen oder andere Ablaßeinrichtungen, daß die Fadenzugkraft

— beim Abarbeiten der Zettelbäume konstant bleibt
— zwischen den Zettelbäumen gleich groß ist.

Lagerreibung

Nach Bild 4/122 ist die Lagerreibung in *einem* Lager

$$F_L = \frac{1}{2} \cdot G \cdot \mu \tag{4.79}$$

F_L Lagerreibungskraft
G Gewichtskraft
μ Reibungszahl

Analog zur Betrachtung der Backenbremse folgt für einen Zettelbaum für F

$$F = \frac{F_L \cdot r_z \cdot \mu}{R} \tag{4.80}$$

μ ist deshalb durch Einsatz von Wälzlagern minimal zu halten; bei Gleitreibung und großem G ist die Lagerreibung in ihrer Auswirkung auf F unbedingt zu beachten.

Beschleunigung und Trägheitskräfte

Bei der Beschleunigung der Zettelbäume aus dem Stand heraus auf die volle Arbeitsgeschwindigkeit entstehen folgende Kräfte (Bild 4/123) — zur Vereinfachung wird der Zettelbaum als Zylinder betrachtet (S. 306). Nach den Gesetzen der Dynamik ist

$$M = I \cdot \frac{\omega}{t} \tag{4.81}$$

oder auch

$$M = I \cdot \frac{v}{R \cdot t} \tag{4.82}$$

$$I = \frac{1}{2} m R^2 \tag{4.83}$$

$$M = \frac{m \cdot R \cdot v}{2 \cdot t} \tag{4.84}$$

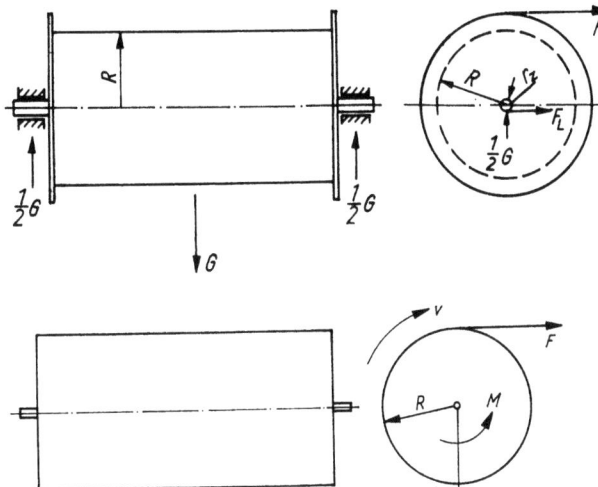

Bild 4/122. Lagerreibung
F Fadenzugkraft, F_L Lagerreibungskraft, G Gewichtskraft, R Zettelbaumradius, r_Z Radius des Lagerzapfens

Bild 4/123. Trägheitskräfte an Zettelbäumen
F Fadenzugkraft, M Moment, m Masse des Zettelbaumes, R Radius des Zettelbaumes, v Abzugsgeschwindigkeit

Nach dem Momentengleichgewicht ist

$$M = \frac{m \cdot R \cdot v}{2 \cdot t} = F \cdot R \qquad (4.85)$$

so daß F folgt

$$F = \frac{m \cdot v}{2 \cdot t} \qquad (4.86)$$

F Fadenzugkraft
I Massenträgheitsmoment
M Moment
m Masse des Zettelbaumes
R Radius des Zettelbaumes
v Abzugsgeschwindigkeit
t Beschleunigungszeit
ω Winkelgeschwindigkeit

Ausgehend von den heute erreichbaren Geschwindigkeiten an den Schlichtmaschinen und den relativ großen Massen m der Zettelbäume (bis zu 1000 mm Baumscheibendurchmesser) treten hohe Beschleunigungskräfte auf, d. h., die Beschleunigungszeit t muß relativ groß gewählt werden, um F in bestimmten Grenzen zu halten. Für stark dehnungsempfindliches Material sollte deshalb auch die Steuerzeit für das Hochfahren der Maschine bis zur Arbeitsgeschwindigkeit einstellbar sein.

Zur Beseitigung oder Reduzierung der vorstehend genannten Probleme der Bremsung, Lagerreibung usw. gibt es Lösungen. Einige sollen nachstehend als Prinzip genannt werden, ohne auf konstruktive Einzelheiten einzugehen.

Gesteuerte Bremsen

Wie bereits bekannt, sind im Normalfall gesteuerte Bremsen auf eine bestimmte Fadenzugkraft F sowie die Zettelbäume eingestellt. Bei Änderung dieser Parameter (z. B. Reduzierung F) sind in der Regel aufwendige Veränderungen des Steuermechanismus notwendig, die unter Praxisbedingungen bei häufigem Wechsel nicht durchgeführt werden.

Günstig erscheint an modernen Schlichtmaschinen folgendes Prinzip einer Steuerung, die bei Normallauf der Schlichtmaschine alle Bremsen lüftet, d. h., die Zettelbäume laufen ungebremst, und nur bei Reduzierung der Geschwindigkeit bzw. bei Stillstand der Maschine wird über eine z. B. pneumatische oder elektrische Betätigung der Zettelbaumbremsung ein Nachlaufen der Zettelbäume verhindert. Die Nachteile des Ansteigens der Fadenzugkraft F bei abnehmendem Zettelbaumdurchmesser werden dadurch stark gemindert, d. h., kaum wirksam, da ohne Bremsung gearbeitet wird.

Geregelte Bremsen (Bild 4/124)

Bei Anstieg von F wird die Rolle *1* des Fühlhebels im Uhrzeigersinn bewegt, so daß dadurch die Stange *2* den Bremshebel *4*

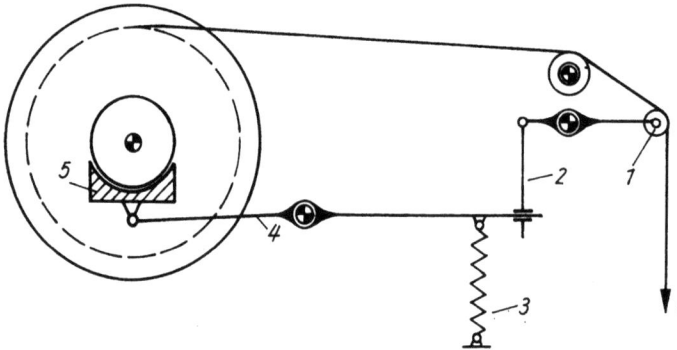

Bild 4/124. Geregelte Bremse
1 Fühlhebelrolle, *2* Stange, *3* Feder, *4* Bremshebel, *5* Bremsbacken, *F* Fadenzugkraft

auf der rechten Seite anhebt, und der Bremsbacken *5* entlastet wird. Sinkt *F* unter den eingestellten Sollwert, geht die Rolle *1* nach oben, so daß die Bremskraft wieder voll auf den Bremsbacken übertragen wird.

Der Sollwert von *F* kann durch Längenänderung der Feder *3* realisiert werden.

Umfangsantrieb der Zettelbäume (Bild 4/125)

Unter der Bedingung $v_1 = v_2$, d. h., gemeinsamer Antrieb aller Zettelbaumantriebstrommeln *1*, treten an den Zettelbäumen *2* ebenfalls konstante Umfangsgeschwindigkeiten $v_1' = v_2'$ auf. Bei gleichem Schlupf zwischen den Antriebstrommeln *1* und Zettelbäumen *2* kann in der Dehnungszone *I* (Bild 4/93) mit definierter einstellbarer Dehnung bzw. ohne Dehnung gearbeitet werden. Der Nachteil einer solchen Vorrichtung besteht darin, daß Zugkraftunterschiede auf einem Zettelbaum, die beim Zetteln auftreten können, nicht ausgeglichen werden. Anders ausgedrückt heißt das, lockere Fäden auf dem Zettelbaum bleiben beim Schlichten locker und führen eventuell zu Problemen beim Schlichten.

Abschließend soll zur Anordnung der Zettelbäume auf ein weiteres Problem aufmerksam gemacht werden, da noch häufig solche Fadenführungen in den Schlichtereien anzutreffen sind, wie in Bild 4/126 dargestellt ist.

Wie zu erkennen ist, werden alle Fäden jeweils um den nächstfolgenden Zettelbaum herumgeführt, so daß dabei die Belastung der Fäden des Baumes *1* größer ist als der Fäden des Baumes *6*, der im gewissen Sinne zwangsgetrieben wird durch die Umschlingung der Fäden der ersten Zettelbäume. Auf Grund dieser Nachteile sollte für alle Materialien (nicht nur für dehnungsempfindliche Materialarten) angestrebt werden:

— Separate Führung der Fäden jedes Zettelbaumes bis zum Einzugswalzenpaar (Bild 4/127)
— Einsatz geeigneter automatisch wirkender Bremsen oder Ablaßvorrichtungen zur Konstanthaltung der Fadenzugkraft *F*
— Kontrolle und Anzeige der Fadenzugkraft beim Ablauf der Fäden von den Zettelbäumen.

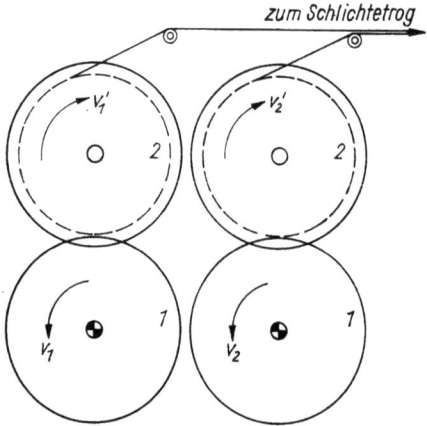

Bild 4/125. Umfangsantrieb der Zettelbäume
1 Zettelbaumantrieb, *2* Zettelbaum, *v* Umfangsgeschwindigkeit der Antriebstrommeln *1*, *v'* Ablaufgeschwindigkeit der Zettelbäume *2*

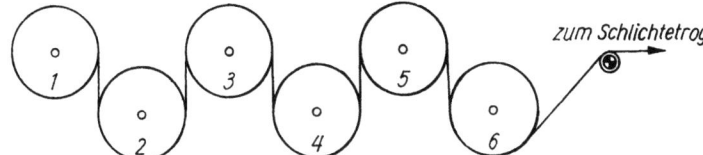

Bild 4/126. Führung der Fäden im Zettelbaumgestell
1···6 Zettelbäume

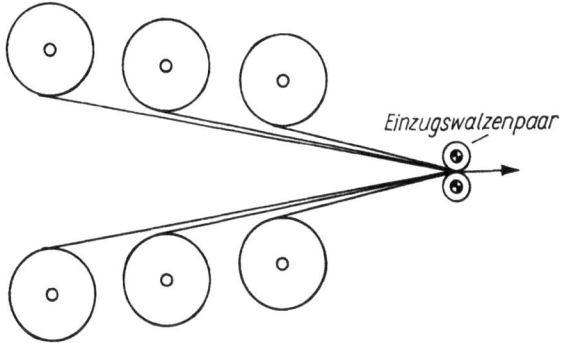

Bild 4/127. Separate Führung der Fäden jeden Zettelbaumes

4.4.3.2.4.2. Schlichtvorrichtung

Nach der Baugruppe der Materialvorlageeinrichtung folgt die eigentliche Schlichtvorrichtung, der sogenannte Schlichtetrog. Im Schlichtetrog dringt die Schlichteflotte in den Faden ein. Die Schlichteaufnahme wird u. a. von folgenden Faktoren beeinflußt:

— Materialart und Struktur des Garnes bzw. der Seide
— Fadenfeinheit und -drehung
— Kettfadenzahl
— Netzbarkeit
— Art, Viskosität, Temperatur und Aufbereitung der Schlichte
— Form der Tauchwalzen
— Härte und Art des Quetschwalzenbelages
— Quetschdruck
— Arbeitsgeschwindigkeit
— Zeit des Netzens (Verweilzeit).

Prinzipiell hat ein Schlichtetrog folgenden Aufbau (Bild 4/128):

Je nach Erfordernis des zu schlichtenden Materials werden Schlichtetröge mit

a) einer Tauchwalze *1* und ein oder zwei Quetschwalzenpaaren *2* (Bild 4/129 a) oder
b) zwei Tauchwalzen *1* und zwei Quetschwalzenpaaren *2* (Bild 4/129 b)

gebaut.

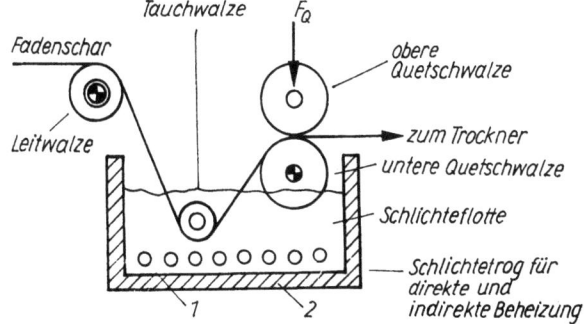

Bild 4/128. Prinzipieller Aufbau eines Schlichtetroges
1 direkte Heizung, *2* indirekte Heizung, F_Q Quetschkraft

Moderne Schlichtmaschinen lassen eine Vielzahl von Einzugsvarianten zu, so daß die Schlichteaufnahme optimal gestaltet werden kann. In Bild 4/130 ist das Prinzip und das Einzugsschema der Konstruktion eines Doppeltroges mit Überlauf der *Maschinenfabrik Benninger*/Schweiz [125; S. 721] dargestellt. Das Einzugswalzenpaar befindet sich außerhalb des Troges und wurde nicht mit gezeichnet.

Wie aus Bild 4/130 ersichtlich ist, lassen sich durch verschiedene Einzugsvarianten *1* bis *6* und Schlichtestandshöhen sowie durch die Quetschwalzen ein entsprechendes Einpressen der Schlichte in den Faden erzielen. Dieser Schlichtetrog läßt auch noch weitere Fadeneinzugsvarianten zu, wie z. B. aus Bild 4/171 ersichtlich ist [125; S. 721].

Einen mit einer kombinierten Einzugs- und Netzwalze ausgerüsteten Schlichtetrog Modell AL 58 der *Maschinenfabrik Zell*/BR Deutschland zeigt Bild 4/135.

Der Vorteil der kombinierten Einzugs- und Netzwalze besteht darin, daß eine Dehnung im nassen Zustand der Kette weitgehend ausgeschaltet ist, gleichzeitig damit am 1. Quetschwalzenpaar eine Netzung mit Schlichteflotte erfolgt, so daß die Saugfähigkeit des Kettmaterials zunimmt.

Heute übliche Einrichtungen an Schlichtetrögen sind:

— Indirekte und teilweise zusätzlich direkte Heizung der Schlichteflotte (Bild 4/128)
— Regelung des Schlichteflottenzustandes und deren Konstanthaltung
— Regelung der Flottentemperatur zur Vermeidung von Viskositätsschwankungen infolge von Temperaturschwankungen

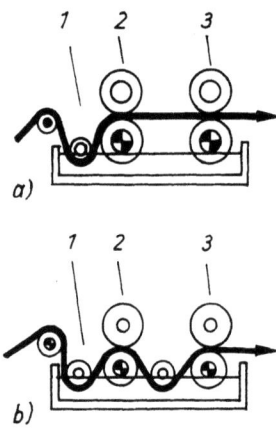

Bild 4/129. Prinzipielle Ausführungen von Schlichtetrögen
a) Schlichtetrog mit einer Tauchwalze und zwei Quetschwalzenpaaren
b) Schlichtetrog mit zwei Tauchwalzen und zwei Quetschwalzenpaaren
1 Tauchwalze, *2*, *3* Quetschwalzenpaar

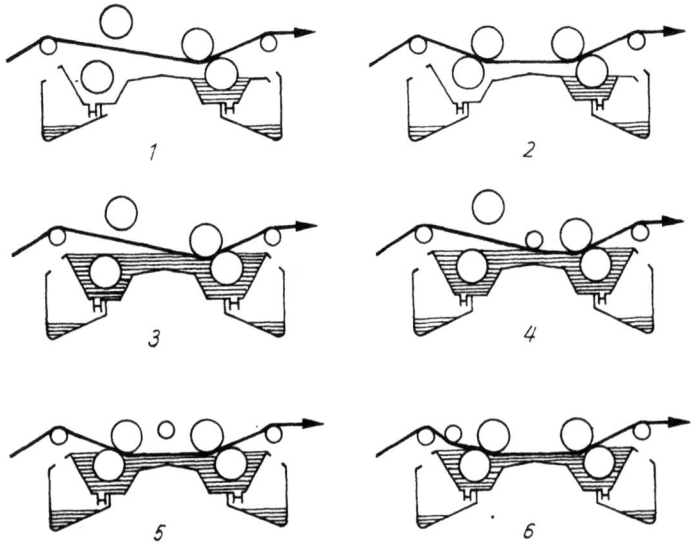

Bild 4/130. Fadenlaufschema des Doppeltroges
1···*6* Einzugsvarianten

- Allseitige Isolation des Schlichtetroges, (einschließlich einer mehrfach aufklappbaren Abdeckung) zur Senkung der Wärmeverluste, der Schwadbildung über dem Trog und Verhinderung einer Hautbildung auf der Schlichteflotte
- Schlichteumlaufsystem, zur laufenden Zirkulation der Schlichte
- Einstellbarer Quetschwalzendruck von 0···100 kN [103] mit automatischer Reduzierung bei Kriechgang
- Ausführung aller mit Schlichte in Berührung kommenden Teile mit nichtrostenden Stählen (V4A)
- Ausführung der letzten oberen Quetschwalze mit Weichgummibelag auf Hartgummiunterlage

Bewährt hat sich auch die sogenannte *DAYTON*-Walze mit einem Spezialbelag aus einer Mischung von Textilfasern, feinen Glaskügelchen und Gummi.

Bei hohen Quetschdrücken ist der bisher übliche Belag der oberen Quetschwalze aus Wollfilz in der Ausführung als Manchon (endloser Schlauch) oder Schlichtetuch nicht mehr geeignet.

In diesem Zusammenhang sei darauf hingewiesen, daß hohe Abquetschdrücke zur Reduzierung der aufzuwendenden Trockenleistung und damit zur Energieeinsparung führen.

Die Tauchwalze hat die Aufgabe, die Fadenbahn in die Schlichteflotte zu drücken und letzten Endes mit der Eintauchtiefe auch die Verweilzeit zu bestimmen. Früher übliche Querschnittsformen (Bild 4/131), die ein besseres, d. h. allseitigeres, Eindringen in den Faden ermöglichen sollten (Bild 4/131 b), sind heute nicht mehr üblich, da an der Tauchwalze teilweise $\omega \neq$ konstant war (Bild 4/132). Durch Vornetzen und entsprechende Fadenführung (Bild 4/131) ist trotz hoher Arbeitsgeschwindigkeiten eine ausreichende Netzung auch bei kreisförmigem Querschnitt der Tauchwalze gegeben.

Weitere Möglichkeiten des relativ langen Laufes in der Schlichteflotte sind durch eine sogenannte Zwillingstauchwalze (Bild 4/133) [117; S. 130] oder zweimaliges Tauchen gegeben.

Für den Fall, daß beim Schlichten gleichzeitig die Kette gefärbt werden soll, müssen getrennte Tröge (Bild 4/134) vorhanden sein, so daß im 1. Trog gefärbt wird und im 2. Trog geschlichtet und der Farbstoff entwickelt wird. Zwischen dem 1. und 2. Trog kann u. U. ein Trockenfeld zwischengeschaltet sein.

Analog dieser Methode des Arbeitens mit getrennten Schlichtetrögen beim Färben können damit auch unterschiedliche Materialarten einer Kette optimal geschlichtet werden.

Bild 4/135 zeigt das Prinzip des Schlichtetroges Modell AL 58 der *Maschinenfabrik Zell* [126]. *1* ist das kombinierte Einzugs- und Netzwalzenpaar, *2* und *3* sind die beiden Quetschwerke, wobei das letzte mit einer zu-

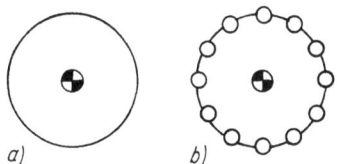

Bild 4/131. Querschnittsformen von Tauchwalzen
a) glatte Tauchwalze
b) profilierte Tauchwalze

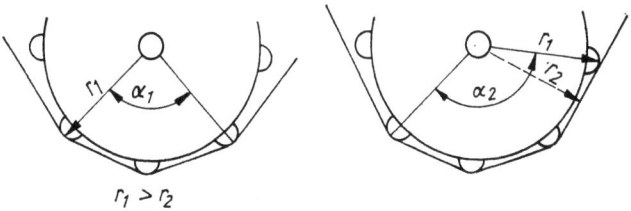

Bild 4/132. Tauchwalze mit Profil und deren Auswirkungen auf die Winkelgeschwindigkeit in Abhängigkeit der Stellung der Tauchwalze beim Fadenein- bzw. -auslauf
r_1 Radius max., r_2 Radius min., α Berührungswinkel

sätzlichen, einstellbaren pneumatischen Belastung ausgerüstet ist. Ein ständiger Schlichtekreislauf besteht zwischen Vortrog 7 und dem Schlichtetrog 4. Dadurch wird ein gleichbleibendes Schlichtestandsniveau bei ständigem Überlauf des Schlichtetroges 4 erreicht. Das Niveau des Überlaufes 6 ist einstellbar. Das Aufheizen der Schlichte erfolgt von einem Durchlauferhitzer 5, der in den Kreislauf zwischengeschaltet ist.

Bei Erreichen eines minimalen Schlichtestandes im Vortrog 7 wird über einen Meßfühler 8 der Impuls zur Zuführung frischer Schlichte gegeben, die in den Vortrog 7 fließt und über den kontinuierlichen Kreislauf in den Schlichtetrog gelangt.

Für Stärkeschlichten kann das ständige Be-

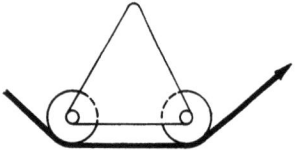

Bild 4/133. Prinzip einer Zwillingstauchwalze

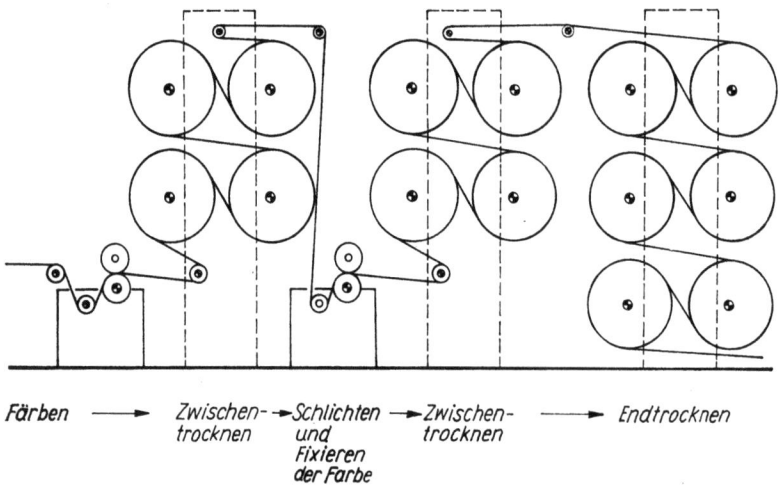

Bild 4/134. Färben und Schlichten

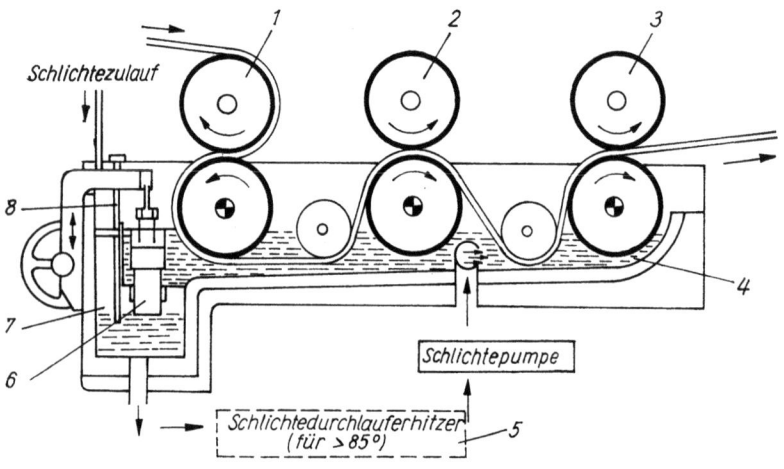

Bild 4/135. Prinzip des Schlichtetroges Modell AL 58 mit Schlichtestandsregler
1 kombiniertes Einzugs- und Netzwalzenpaar, *2* erstes Quetschwalzenpaar, *3* zweites Quetschwalzenpaar, *4* Schlichtetrog, *5* Schlichtedurchlauferhitzer, *6* Überlauf, *7* Vortrog, *8* Meßfühler

wegen der Schlichte im Kreislauf durch weiteren Abbau zum Absinken der Viskosität führen und muß bei der Aufbereitung der Schlichte beachtet werden [120], [117; S. 80].

Die Funktion der Quetschwalzen besteht im

— Einquetschen der Schlichte in die Fäden
— Abquetschen der überschüssigen Schlichte von den Fäden
— Gewährleistung eines möglichst geringen Feuchteanteiles der Fäden.

Ungenügendes Abquetschen der Fäden ergibt Verklebungen der Fäden und Probleme beim Webprozeß, so daß ein gleichmäßiges Abquetschen über die gesamte Kettbreite entscheidend ist. Auf Grund der Verarbeitung textilen Materials kann das Abquetschen nicht punktförmig erfolgen, sondern muß durch eine elastische Oberwalze flächenförmig erfolgen (Bild 4/136). Der Deformationswinkel α ist entscheidend für den spezifischen Abquetschdruck. Je größer α, desto geringer ist bei gleicher Quetschkraft F_Q der spezifische Abquetschdruck p_A, der

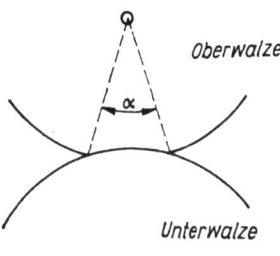

Bild 4/136. Deformation der Quetschwalze
α Winkel der Deformation der Oberwalze

über 2,5 MPa liegen kann. Es gilt:

$$p_A = F_Q/l \cdot b \qquad (4.87)$$

b Kettbreite im Quetschwerk
l Länge des gepreßten Fadenstückes

Unrunder Lauf der Quetschwalzen oder Beschädigungen des Oberwalzenbelages führen zu ungleichem Abquetscheffekt und damit zur Verschlechterung der Laufeigenschaften der Kette in der Weberei. Die Härte der Oberwalzen liegt bei etwa 72° Shore, die der Unterwalzen bei etwa 85° Shore.

4.4.3.2.4.3. Naßteilfeld

Zur besseren Teilung der Fadenschar (vor allem von Garnen) unmittelbar nach dem Schlichten gibt es im Prinzip zwei Möglichkeiten:

1. Anordnung mehrerer Schlichtetröge (vor allem bei hohen Kettfadenzahlen) mit anschließender Vortrocknung und Zusammenführung aller Kettfäden auf dem Haupttrockner, so daß der Abstand von Faden zu Faden so groß ist, daß ein Verkleben untereinander nicht erfolgen kann (analog Bild 4/134)
2. Naßteilung durch angetriebene langsam rotierende polierte Trennstäbe (Bild 4/137, dadurch wird die Fadenoberfläche (abstehende Fasern) geglättet und ein späteres Verkleben der Fäden untereinander weitgehend verhindert.

4.4.3.2.4.4. Trockner

Bild 4/138 gibt eine Übersicht über die möglichen Trocknungsverfahren und deren Kombinationen.

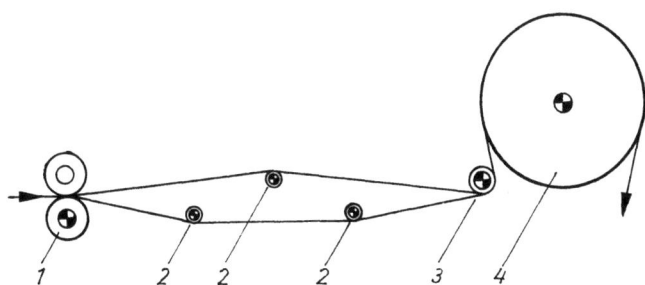

Bild 4/137. Naßteilfeld
1 Quetschwerk, *2* Naßteilstäbe (angetrieben), *3* Umlenkwalze, *4* erster Trockenzylinder

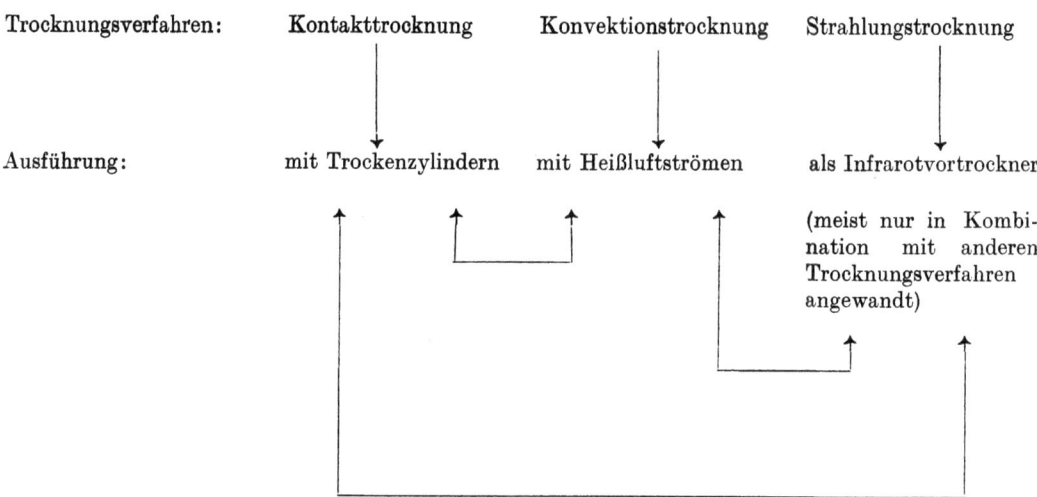

Bild 4/138. Übersicht der Trocknungsverfahren

Kontakttrocknung

Im Prinzip wird durch das Aufliegen des Fadenmaterials auf einer Zylinderoberfläche der Trockenvorgang von einer Seite eingeleitet (Bild 4/139) [4; S. 358].
Der Dampf tritt aus der frei liegenden Fadenoberfläche aus, wobei die kapillargebundene Flüssigkeit sowie die Schlichteteilchen mit an die der Kontaktfläche gegenüberliegende Fadenoberfläche bewegt werden.

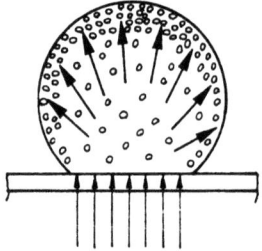

Bild 4/139. Kontakttrocknung

Beim Lauf über mehrere Zylinder kann angenommen werden, daß sich von Zylinder zu Zylinder wechselnde Auflagestellen ergeben, so daß sich im gewissen Sinne jeweils eine Deformation des Fadens ergibt, die von einem kreisförmigen Querschnitt u. U. zu einem Vieleckquerschnitt führt, was jedoch in der Praxis, wie früher angenommen, keine nachweisbaren negativen Auswirkungen hat. Ein wesentliches Kriterium, daß durch geringe Dehnung in Längsrichtung der Schlichtefilm nicht überlastet wird und reißt, erfüllt die Kontakttrocknung und deren konstruktive Ausführung an den Maschinen einschließlich entsprechender Temperaturführung an den Trockenzylindern. Trockenleistungen von 500···625 kW, das entspricht 800···1000 kg Wasserverdampfung je Stunde (je nach Anzahl Trockenzylinder), sind erreichbar.

Konvektionstrocknung

Unabhängig von den möglichen verschiedenen Luftführungen bei Konvektionstrocknung werden die Randzonen, d. h. die Oberfläche des Fadens, zuerst getrocknet. Die zu verdampfende Flüssigkeit wandert einschließlich der Schlichteteilchen von innen nach außen, so daß an der Fadenoberfläche ein gleichmäßig verteilter Schlichtefilm entsteht, der die Scheuer- und Abriebfestigkeit des Fadens positiv beeinflußt. Mit fort-

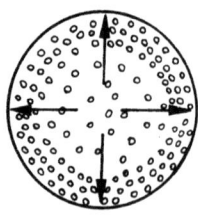

Bild 4/140. Konvektionstrocknung

schreitender Trocknung wird allerdings der Feuchtetransport nach außen erschwert (Bild 4/140) [4; S. 358]. Durch relativ lange frei geführte Fadenbahn besteht vor allem im nassen Zustand die Gefahr zu großer Dehnung. Die erreichbaren Trockenleistungen liegen bis 190 kW, das sind 300 kg Wasserverdampfung je Stunde.

Strahlungstrocknung

Die Trocknung beginnt im Innern des Fadens (Bild 4/141) [4; S. 358]. Während sich der Wasserdampf von innen nach außen bewegt, wandert die Flüssigkeit einschließlich der Schlichte zum Fadenkern, also gerade entgegengesetzt. Es ist demnach vorstellbar bei starken Fäden, daß der Fadenkern bereits übertrocknet ist, während die Oberfläche noch nicht den Endfeuchtegrad erreicht hat. Für die Strahlungstrocknung in Kombination mit anderen Trocknungsarten haben sich die Infrarotstrahler bewährt. Auf Grund der hohen Kosten für Gas und Elektroenergie (eine Strahlertemperatur unter etwa 200 °C ist unzweckmäßig, so daß als Heizmittel Dampf ausscheidet) haben sich reine Strahlungstrockner nicht durchsetzen können.

Ausgehend von den Hauptaufgaben des Schlichtens

— Umhüllung des Fadens, ohne seine Reißfestigkeit, Elastizität und Biegsamkeit herabzusetzen
— Verbesserung der Scheuerbeständigkeit

treten beim Trockenprozeß zwischen Faden und Schlichtefilm unterschiedliche Spannungen auf, die, je mehr der Trocknungsgrad fortschreitet und sofern die Dehnungsbeanspruchung auf den Schlichtefilm zu groß wird, zum Reißen des Schlichtefilms führt. Beim Verarbeitungsprozeß auf der Webmaschine wird in diesen Fällen der Faden wieder anfälliger gegenüber mechanischen Beanspruchungen. Durch Fettzusatz in der Schlichteflotte läßt sich die Elastizität des Schlichtefilms zwar erhöhen, gleichzeitig tritt aber eine Verminderung der Reißfestigkeit und der Scheuerfestigkeit des Fadens ein, da das Fett die Kohäsion der Schlichte reduziert. In den letzten Jahren hat sich deshalb das sogenannte Nachwachsen durchgesetzt, so daß die Scheuerfestigkeit durch Herabsetzung der Reibungszahl und nachträgliches Auftragen eines Glättemittels auf den trockenen Faden erhöht wird (Bild 4/142). Auf Vorrichtungen zum Nachwachsen wird später eingegangen. Bevor einige Ausführungen von Trocknern erläutert werden, sollen Grundlagenprobleme der Trocknung von textilem Material behandelt werden.

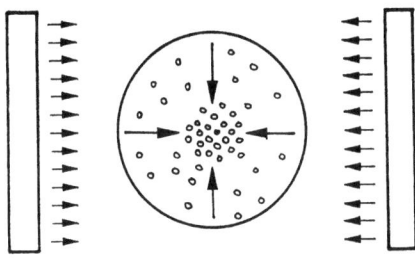

Bild 4/141. Strahlungstrockner

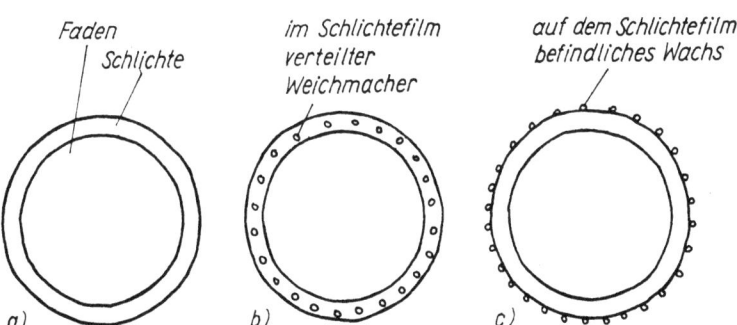

Bild 4/142. Prinzipdarstellung geschlichteter Fäden
a) geschlichteter Faden ohne Fett bzw. Weichmacher in der Schlichte, *b)* geschlichteter Faden mit Fett- bzw. Weichmacherzusatz in der Schlichte, *c)* durch Nachwachsen behandelter geschlichteter Faden

Bild 4/143 zeigt die Trocknungskurve eines hygroskopischen Stoffes [127; S. 1038].
Im 1. Trocknungsabschnitt bis zum Knickpunkt X_{Kn1} verdampft die Feuchtigkeit aus den Makrokapillaren an der Oberfläche des Fadens, während aus dem Fadeninnern infolge der Kapillarkräfte laufend Flüssigkeit nachgefördert wird.

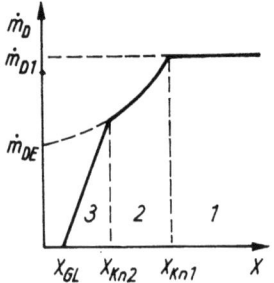

Bild 4/143. Trocknungskurve eines (teilweise) hygroskopischen Stoffes
1 bis *3* Trocknungsabschnitte, $\dot{m}_D$ Trocknungsgeschwindigkeit, $\dot{m}_{D1}$ Trocknungsgeschwindigkeit im 1. Trocknungsabschnitt, $\dot{m}_{DE}$ Endtrocknungsgeschwindigkeit, X Wassergehalt, X_{Gl} Gleichgewichtsfeuchte, X_{Kn1} Wassergehalt eines Stoffes nach dem 1. Trocknungsabschnitt, X_{Kn2} Wassergehalt eines Stoffes nach dem 2. Trocknungsabschnitt

Hier besteht eine konstante Trocknungsgeschwindigkeit. Zwischen dem Knickpunkt X_{Kn1} und dem Knickpunkt X_{Kn2} (2. Trocknungsabschnitt — Verdampfung der mikrokapillar gebundenen Feuchtigkeit) scheint die Trocknungsgeschwindigkeit (hier fallend) einer scheinbaren Endtrocknungsgeschwindigkeit zuzustreben. Mit kleiner werdendem Feuchtegehalt der Fäden wird die Dampfbildung in feinporigere Kapillaren verlagert, so daß eine merkliche Dampfdrucksenkung auftritt. Das treibende Dampfdruckgefälle wird mit fortschreitender Trocknung laufend verringert, und die Trocknungsgeschwindigkeit fällt vom sogenannten 2. Knickpunkt X_{Kn2} etwa linear bis auf Null ab. Bei X_{Gl} ist die sogenannte Gleichgewichtsfeuchte des Fadenmaterials erreicht. Der Abschnitt zwischen X_{Kn2} und X_{Gl} wird als 3. Trocknungsabschnitt bezeichnet, hier verdampft die adsorptiv gebundene Feuchtigkeit.

Es ist aus zwei Gründen nicht sinnvoll, die Fäden über die Gleichgewichtsfeuchte hinaus zu trocknen, da

1. der geschlichtete Faden bei der Gleichgewichtsfeuchte die günstigsten physikalischen Werte hat (bei Übertrocknung werden seine Eigenschaften wesentlich verschlechtert)
2. jede Energiezuführung zur Übertrocknung des Fadenmaterials Verschwendung und unökonomisch ist, da der Faden dann seine natürliche Feuchte (Gleichgewichtsfeuchte) aus der Umgebungsluft wieder aufnimmt.

Es ist anzustreben, mit möglichst geringer Feuchtigkeit des Fadenmaterials in den Trockner zu gehen, damit die Differenz zwischen Anfangsfeuchte X_A und Endfeuchte X_{Gl} relativ klein bleibt. Auf der einen Seite sind für X_A durch das Abquetschen Grenzen gesetzt, auf der anderen Seite sollte X_{Gl} nicht unterschritten werden. Aus energiewirtschaftlichen Gründen sind deshalb laufend der Abquetscheffekt und die Restfeuchte des Fadenmaterials zu kontrollieren. In diesem Zusammenhang wird auch auf die Berechnungen in Abschnitt 4.4.3.2.4.8. verwiesen.

Tabelle 4/18 gibt die natürliche Feuchte (Gleichgewichtsfeuchte) für Faserstoffe an [128; S. 285].

Tabelle 4/18. Gleichgewichtsfeuchte für Faserstoffe nach *Koch*

Faserstoff	Sorption von Wasserdampf bei 65% rel. Feuchte und 20 °C in %
Azetatseide	6,0
Baumwolle	8,0
Flachs-Flocke	8,5
Hanf-Flocke	8,5
Kupferseide	12,5
Naturseide, entbastet	9,5
Polyakrylnitril	1,0
Polyamid	4,0
Polyester	0,5
Polyurethan	1,5
Viskose, normal	13,5
Viskose, hochfest	12,5
Wolle, gewaschen	14,5

Maschinen zur Kettvorbereitung 4.4.

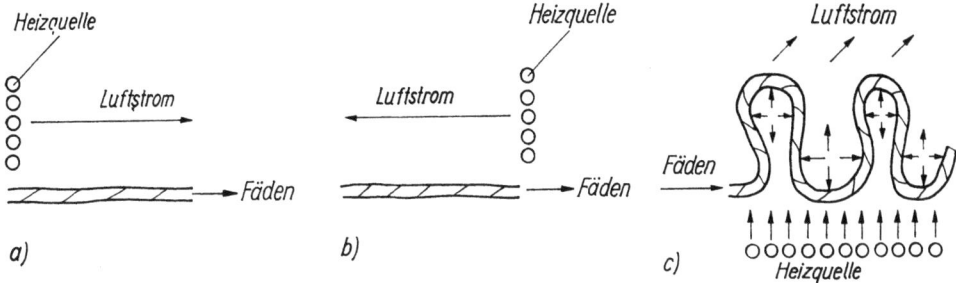

Bild 4/144. Varianten der Konvektionstrocknung
a) Gleichstromtrocknung (Feuchtlufttrocknung), *b)* Gegenstromtrocknung (Intensivtrocknung),
c) Kreuzstrom- (Wirbelstrom-)trocknung

Ausführungsbeispiele von Trocknern

In den früheren Jahren gab es eine Vielzahl von Ausführungen, die als Konvektionstrockner entweder nach dem Prinzip der Gleichstromtrocknung, der Gegenstromtrocknung oder der Kreuzstrom- (Wirbelluft-)trocknung arbeiteten (Bild 4/144).

Ausführungsbeispiele:

Skelett-Trommeltrockner mit Kreuzstrom-(Wirbelluft-)trocknung (Bild 4/145)

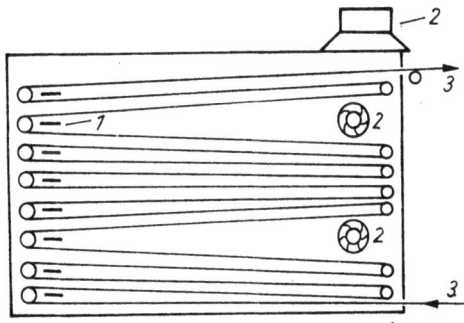

Bild 4/146. Prinzip des Mehrbahnentrockners
1 Blasdüsen, *2* Absaugung, *3* Kettlauf

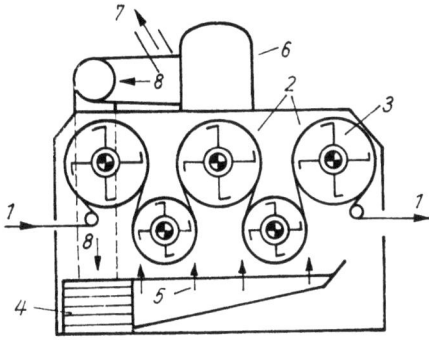

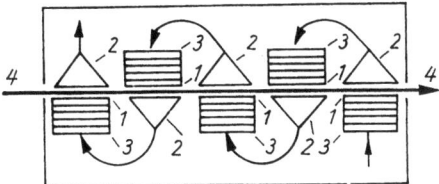

Bild 4/147. Prinzip des Einbahntrockners
1 Blasdüsen, *2* Absaugung, *3* Heizregister,
4 Kettlauf

Bild 4/145. Prinzip des Skelett-Trommeltrockners
1 Kettlauf, *2* Skelett-Trommeln, *3* Windflügel,
4 Lufterhitzer, *5* Warmluftweg, *6* Absaugung,
7 Abluft, *8* Umluft

Mehrbahnentrockner (Etagentrockner) mit Gleichstromtrocknung (Bild 4/146)
Einbahntrockner (Plantrockner bzw. Kanaltrockner) mit Gegenstromtrocknung (Bild 4/147)
Kombinierter Heißluft-Kontakt-Trockner für ungedrehte Seiden (Bild 4/148); S. 316).

Mit dem vor Jahren entwickelten Antihaftbelag Tetrafluorethylen (Teflon) begann im Bau von Trocknern an Schlichtmaschinen eine neue Entwicklungsetappe. Ausgehend von dem Ziel

— Steigerung der Arbeitsproduktivität in der Schlichterei
— Verbesserung der Qualität der geschlichteten Ketten
— universelle Einsetzbarkeit der Maschinen für die verschiedensten Materialarten

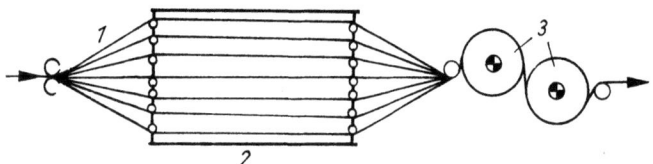

Bild 4/148. Prinzip des kombinierten Heißluft-Kontakt-Trockners
1 Naßteilfeld, *2* Trockenkammer, *3* Trockenzylinder

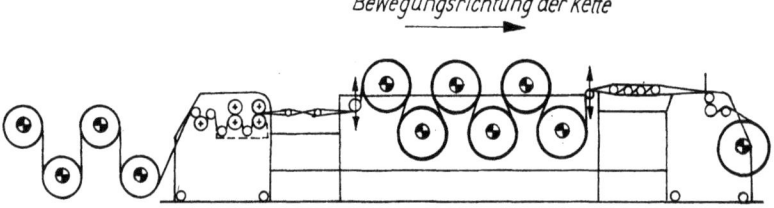

Bild 4/149. Multizylinder-Schlichtanlage für Garne

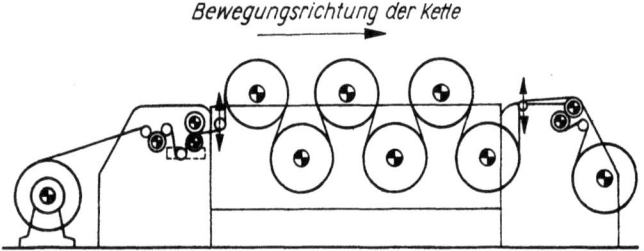

Bild 4/150. Multizylinder-Schlichtanlage für Chemieseiden

— Erhöhung des Nutzeffektes in der Weberei

hat sich als Universalschlichtanlage die sogenannte Multizylinder-Schlichtanlage mit Kontakttrocknung und durchschnittlich 5 bis 13 Trockenzylindern mit etwa 700···800 mm Durchmesser und Beheizung mittels Dampf durchgesetzt.

Die Bilder 4/149 und 4/150 zeigen die prinzipielle Anordnung, wobei klar das Baukastenprinzip zu erkennen ist (es wird deshalb im weiteren anstelle des Begriffes ...maschine von ...anlage gesprochen) sowie der Unterschied von Schlichtanlagen für Chemieseiden und Garne [129; S. 48].

Die Bilder 4/151 und 4/152 zeigen Aufnahmen der Schlichtanlage Modell ZTJf von *Sucker/ BR Deutschland*.

Auf Grund der Trockenzylinderanzahl lassen sich die Trockentemperaturen relativ gut dem Fadenmaterial anpassen, wobei durch die Trockenleistung (je nach Anzahl der Trockenzylinder) hohe Arbeitsgeschwindigkeiten erreicht werden (100···150 m/min).

Die Kontakttrocknung bietet eine wirtschaftliche Wärmeausnutzung und exakte Fadenlagenführung gegenüber Lufttrockenschlichtanlagen.

Weitere, heute zum Stand der Technik gehörende, Ausstattungen sind:

— Zonenweise Einstellungsmöglichkeit der Längenänderung der Ketten durch Einzel- oder Gruppenantrieb der Trockenzylinder
— Beschichtung der ersten 3···4 Trockenzylinder mit Teflon (zur Verhinderung von Verklebungen auf den Trockenzylindern)
— Gruppenweise oder Einzelregelung der Trockenzylindertemperaturen (Beispiel Bild 4/153 [117; S. 176])

Maschinen zur Kettvorbereitung 4.4. 317

Bild 4/151. Schlichtanlage Modell ZTJf

Bild 4/152. Schärbaum-Ablaufvorrichtung mit pneumatischem Ablaufregler

— Regelung der Arbeitsgeschwindigkeit in Abhängigkeit der eingestellten Restfeuchte des Fadenmaterials zur Vermeidung der Übertrocknung des Fadenmaterials
— Regelautomatik, damit bei Störungen, wenn die Schlichtanlage auf Kriechgang geschaltet wird, sofort die Heizung der Trockenzylinder unterbrochen wird. (Es ist jedoch zu beachten, daß trotz Regelautomatik infolge der relativ hohen Wärmekapazität der Trockenzylinder in der Regel eine Übertrocknung beim Kriechgang eintritt und die Qualität der geschlichteten Kette dadurch negativ beeinflußt werden kann!).

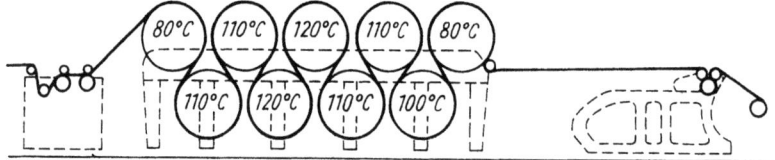

Bild 4/153. Beispiel der Trockentemperaturen an einer Zylinderschlichtanlage

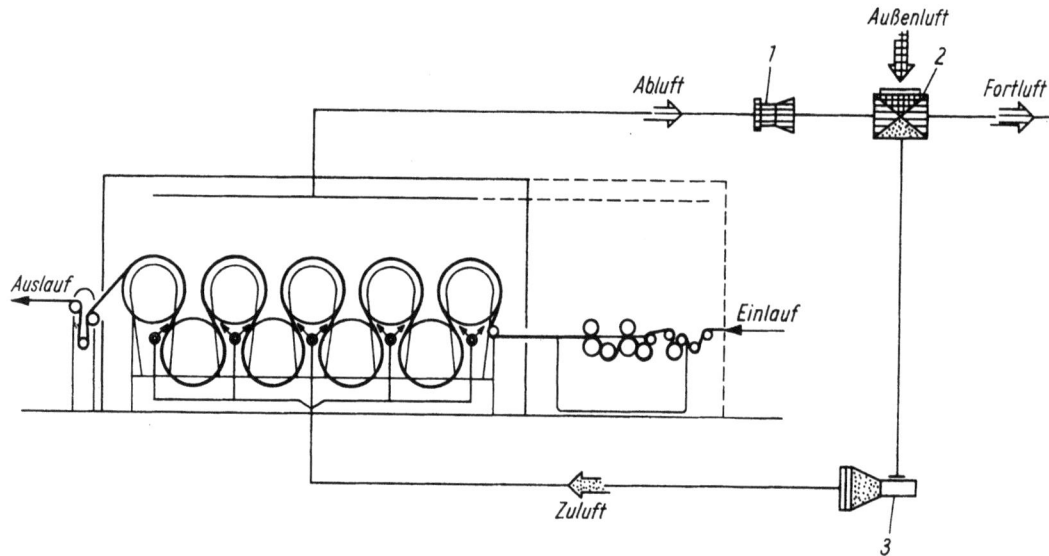

Bild 4/154. Schema der Wärmerückgewinnungsanlage System *Wiessner*
1 Abluftventilator, *2* Wärmerückgewinnungsanlage, *3* Heizluftaggregat

Im Zusammenhang mit der Tatsache, daß alle Trockenprozesse energieintensiv sind, wurde vor allem bei der Weiterentwicklung der Maschinen nach Lösungen gesucht, die Trockenleistung bei konstantem Energieaufwand zu erhöhen und damit den spezifischen Energieverbrauch zu senken [103]. Nachfolgend wird das Prinzip einer Wärmerückgewinnungsanlage System *Wiessner* erläutert. Bild 4/154 zeigt das Prinzip dieser Wärmerückgewinnungsanlage [130].

Der Zylindertrockner der Schlichtanlage wird mit einer Trockenkammer umbaut, so daß damit die von den Trockenzylindern abgestrahlte Wärme, die die Feuchtigkeit der Kettfäden aufgenommen hat, nicht mehr über eine Abzugshaube ins Freie geleitet wird, sondern abgesaugt und über einen 1. Wärmetauscher, der Frischluft aufheizt, geführt wird. Dabei kondensiert das Wasser der feuchten Abluft aus, während die Wärme der Abluft genutzt wird, um die Frischluft aufzuheizen. Zusätzlich wird die Wärmeenergie des direkt in den Trockenzylindern entstehenden Kondensats genutzt, um die Frischluft über einen 2. Wärmetauscher weiter aufzuheizen. Bevor die vom 1. und 2. Wärmeaustauscher erhitzte Luft in die geschlossene Trockenkammer zwischen die Kette geblasen wird, besteht die Möglichkeit, durch ein mit Dampf beheiztes Heizregister die Zuluft auf die gewünschte Endtemperatur von etwa 105 °C zu bringen.

Eine solche Anlage hat folgende Vorteile [130]:

— Senkung des spezifischen Energieverbrauches um etwa 30% durch Wärmerückgewinnung über die Abluft sowie Kondensatnutzung

- Erhöhung der Schlichtgeschwindigkeit, da die trockene bereits erhitzte Zuluft sowie die Luftführung im Trockenraum eine Beschleunigung des Trockenvorganges der Kette an den Trockenzylindern bewirken (Kombination Kontakt- und Konvektionstrocknung)
- Verbesserung der Klimaverhältnisse in der Schlichtereiabteilung selbst.

Bei Maschinen mit hoher Trockenzylinderanzahl steigt die Energieeinsparung zwangsläufig an (Bild 4/155) [130].

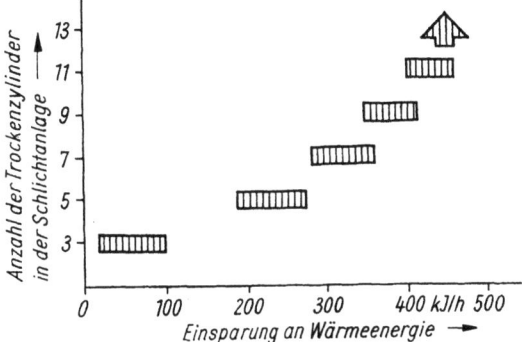

Bild 4/155. Einsparung an Energie durch Wärmerückgewinnungsanlagen

Leistung eines Trockners

In der Regel wird die Leistung einer Schlichtanlage durch die Wasserverdampfungskapazität bestimmt. Am Beispiel der Schlichtmaschine Modell SMA (*Benninger*/Schweiz) [125; S.621] sollen nachstehend einige für alle Multizylinder-Schlichtanlagen zutreffenden grundsätzlichen Probleme näher behandelt werden.

Bild 4/156 zeigt ein Diagramm für die Wasserverdampfung in kg Wasser je Stunde, Zylinder und 20 cm Zylinderbreite (Nutzbreite) in Abhängigkeit von der mittleren Zylindertemperatur in °C (für 10 kg Wasserverdampfung je 20 cm Zylinderbreite kann mit einem Dampfverbrauch von 13···15 kg gerechnet werden) [125; S. 621].

Je nach Materialart kann als Richtwert mit folgenden mittleren Trockenzylindertemperaturen gerechnet werden:

— Baumwolle 135···140 °C
  (mit Gruppenregelung der Trockenzylindertemperatur — siehe auch Bild 4/153)
— Mischgespinste 100···110 °C
  (ebenfalls mit Gruppenregelung Bild 4/153)
— Seide 80···100 °C
  (hier ist eventuell sogar Einzelregelung der Temperatur der Trockenzylinder erforderlich).

Alle o. g. Temperaturwerte sind auf 0,35 MPa Dampfdruck bezogen. Für die Arbeitsgeschwindigkeit gelten folgende Anhaltspunkte:

— VI-S und VI-F   40··· 80 m/min
— AZ-S   70···100 m/min
— PA-S   30···100 m/min
— Bw; PE-F/Wo   ···150 m/min.

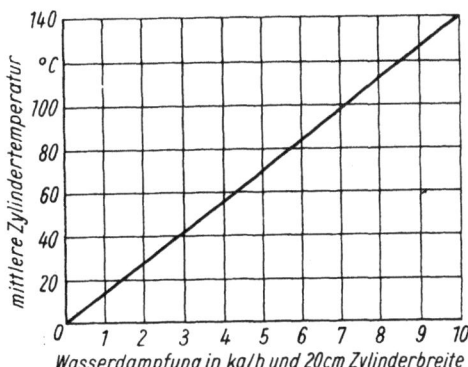

Bild 4/156. Wasserverdampfung an Trockenzylindern

4.4.3.2.4.5. Feuchtemeß- und Regelanlage

Wie bereits erwähnt wurde, ist die Laufeigenschaft der Ketten u. a. von der Restfeuchte, d. h., dem Trocknungsgrad abhängig, während auf der anderen Seite eine Übertrocknung auch unökonomisch ist.

Nur durch eine entsprechende Meß- und Regelanlage (Meßfühler am Auslauf des Trockners angebracht) besteht die Möglichkeit des sofortigen Einflusses auf die Maschinengeschwindigkeit. Alle manuellen Regelungen dauern vom Erfassen des Feuchtgehaltes bis zur Änderung von Maschineneinstellungen zu lange und sind undiskutabel.

Bekannt und international eingeführt ist der Feuchtigkeitsregler Textometer Typ RMSR — 6 der Fa. *Mahlo* (BR Deutschland) [131].

Das Meßprinzip dieser Anlage beruht auf der Messung der Leitfähigkeit, da der Wasseranteil gegenüber der Dicke, der Masse u. a. Werten im Restfeuchtebereich den entscheidenden Einfluß hat, konnten sich andere Meßverfahren nicht durchsetzen. Bild 4/157 zeigt den Einfluß des elektrischen Widerstandes in Abhängigkeit von der Restfeuchte und der Masse der textilen Bahn [131].

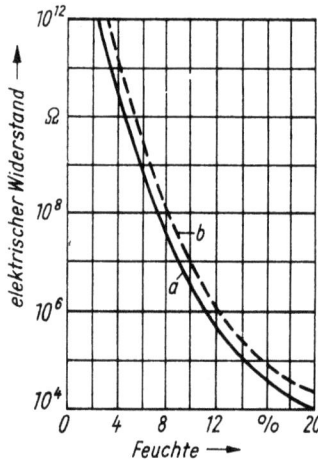

Bild 4/157. Elektrischer Widerstand als Funktion der Restfeuchte bei verschiedenen Flächenmassen
a Flächenmasse 120 g/m², *b* Flächenmasse 240 g/m²

Die Tatsache, daß alle wesentlichen textilen Faserstoffe bei einer Trocknung bis zum Feuchtegleichgewicht zwar unterschiedliche relative Feuchten haben, aber den gleichen elektrischen Widerstand besitzen, wird genutzt, um *einen* Sollwert für alle Materialien vorzugeben (Bild 4/158) [131].

Unabhängig davon, daß es grundsätzlich zweckmäßig ist, abgeleitet vom Meßwert der Restfeuchte eine Regelung der Maschinengeschwindigkeit vorzunehmen, wird durch optische Anzeige (Bild 4/159) der jeweilige Restfeuchtezustand signalisiert.

Der Regler ist durch folgende Merkmale gekennzeichnet [131]:

— Progressive Regelung durch PID-Charakteristik
— Lineare stufenlose Aufschaltung der Arbeitsgeschwindigkeit an der Schlichtanlage
— Geschwindigkeits- und stillstandsabhängige Blockierung der Regelung bei Maschinenstopp oder Kriechgang
— Einstellbare Verlängerung des ersten Stellimpulses nach Umkehr der Verstellrichtung, dadurch Ausgleich von Spiel in der Mechanik
— Speicherung der Maschinengeschwindigkeit, d. h., der Regler speichert bei Stillstand die zuletzt gefahrene Geschwin-

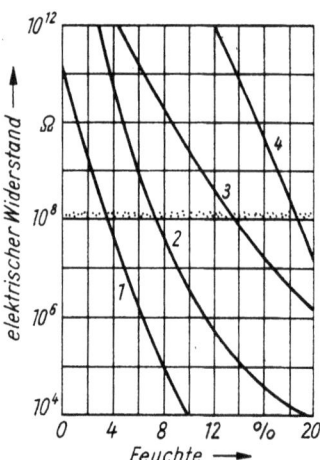

 Widerstand bei Gleichgewicht der Faserfeuchte und 65% relative Luftfeuchte

Bild 4/158. Widerstandskurven für verschiedene Materialien
1 PA-S, *2* Bw, *3* VI-F, *4* Wo

Bild 4/159. Prinzip der optischen Anzeige am Textometer

digkeit ab; nach Wiederanlauf wird die Maschine selbsttätig und schnell auf diese Geschwindigkeit hochgeregelt
— Optimale Anpassung des Reglers an den Maschinenantrieb, bei Notwendigkeit durch einen zwischengeschalteten Getriebesimulator
— Laufende Registrierung der Feuchtewerte.

Die Abtastung der laufenden Fadenbahn erfolgt am Auslauf des Trockners durch sogenannte Walzenelektroden (meist 3 Stück)

(Bilder 4/160, 4/161, 4/162) in einer hochisolierten Halterung (Bild 4/161), während der Gegenpol von der gut leitenden nicht isolierten Maschinenwalze 3 gebildet wird (Bild 4/162).
Für das Gerät Textometer (der Fa. *Mahlo*) BR Deutschland gelten folgende Meßbereiche der Restfeuchte [131]:

Baumwolle 3,5···20%
VI-F/VI-S 7···40%
Leinen 7···43%
Jute 7···45%
Wolle 10···40%

Der Sollwert ist stufenlos einstellbar.

4.4.3.2.4.6. Trockenteilfeld

Nach dem Trocknen schließt sich in der Schlichtanlage das Trockenteilfeld an, das speziell beim Schlichten von Garnen notwendig ist. Nachteilig beim Teilen geschlichteter Fäden ist immer, daß die Gefahr des Beschädigens der Oberfläche des Fadens besteht, da die Fasern der Fäden untereinander verklebt sind. Typisch für das Trennen der Fäden ist das sogenannte Aufspringen der Fäden vor dem Trennstab (Bild 4/163). Die auftretenden Kräfte F_T sind bei langer Trennstrecke l_T relativ klein, während bei kurzer Trennstrecke l_T relativ große Trennkräfte F_T notwendig sind.

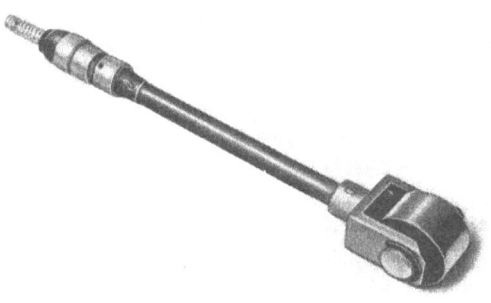

Bild 4/160. Walzenelektrode

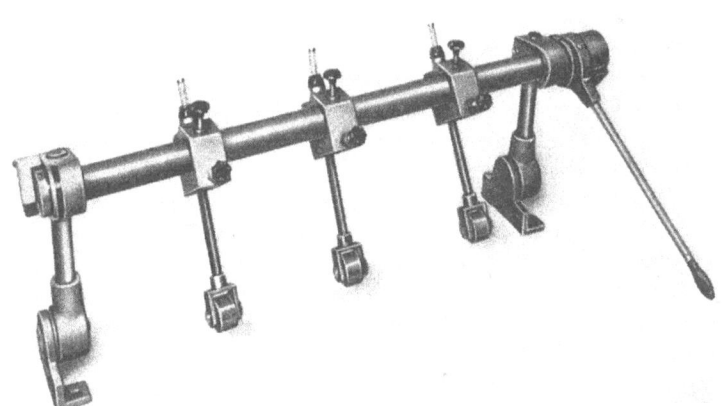

Bild 4/161. Meßelektroden mit Halterung

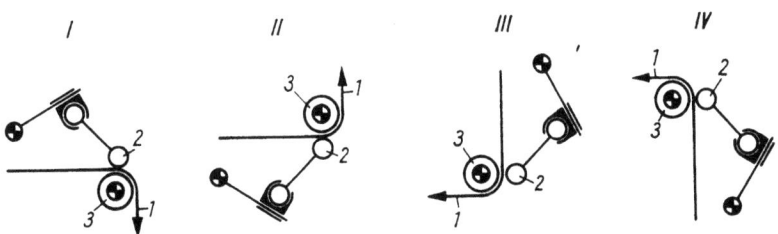

Bild 4/162. Prinzip der Abtastung durch Meßelektroden
1 Fadenbahn, *2* Meßelektroden, *3* Umlenk- bzw. Leitwalze, *I···IV* Varianten der Abtastung

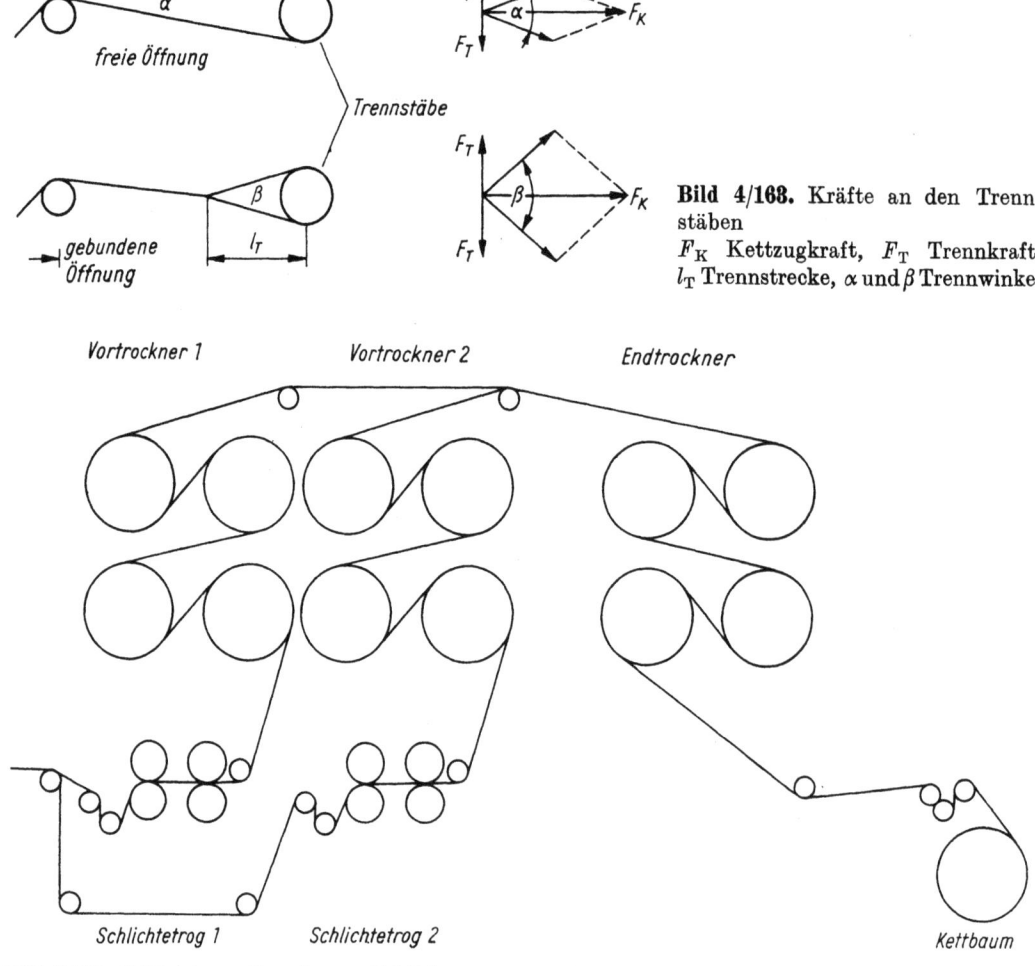

Bild 4/163. Kräfte an den Trennstäben
F_K Kettzugkraft, F_T Trennkraft, l_T Trennstrecke, α und β Trennwinkel

Bild 4/164. Schlichten mit mehreren Schlichtetrögen und getrennter Vortrocknung der Fäden

Für das Trockenteilfeld gilt:

— Zu stark, d. h., übertrocknete Fäden benötigen größere Trennkräfte als Fäden mit Normalfeuchte
— Unterschiedliche Schlichteaufnahme über die Breite durch ungleichmäßiges Abquetschen o. a. Fehler lassen sich durch Beobachtung der Trennstelle erkennen; bei zu geringem Abquetschen oder z. B. nur stellenweise übertrockneter Kette liegt der Trennpunkt der Fäden an diesen Stellen nach dem Trennstab hin verschoben
— Anzahl der Trennstäbe = Anzahl Zettelbäume — 1
— Große Trennwinkel α, β ergeben große Trennkräfte.

Eine völlige Ausschaltung der Beschädigung durch das Trennen besteht nur durch Schlichten mit mehreren Schlichtetrögen und entsprechender Trocknung, so daß zwischen nebeneinanderliegenden Fäden kein Verkleben erfolgen kann (Bild 4/164).

Zur Verbesserung der Laufeigenschaften der Webketten hat sich international das Nachwachsen durchgesetzt [132], d. h., es wird nach dem Trocknen der geschlichteten Kette ein Flüssigwachs zur Verbesserung der Gleit- und Elastizitätseigenschaften auf die Fäden aufgebracht (Abschnitt 4.4.3.3.4.). In der Regel wird eine solche Nachwachsvorrichtung zwischen Trockner und Trockenteilfeld eingebaut.

Das Auftragsprinzip ist analog der in Abschnitt 4.4.4. beschriebenen Präparationsvorrichtung.

Vom Prinzip her ist das Nachwachsen ein Trockenschlichtprozeß (Abschnitt 4.4.3.3.4.), so daß hier nicht näher darauf eingegangen wird.

d. h.,

$$\frac{n_1}{n_2} = \frac{d_2}{d_1} \qquad (4.88)$$

Bei zunehmendem Baumdurchmesser d_{KB} während des Bewickelns des Kettbaumes 4

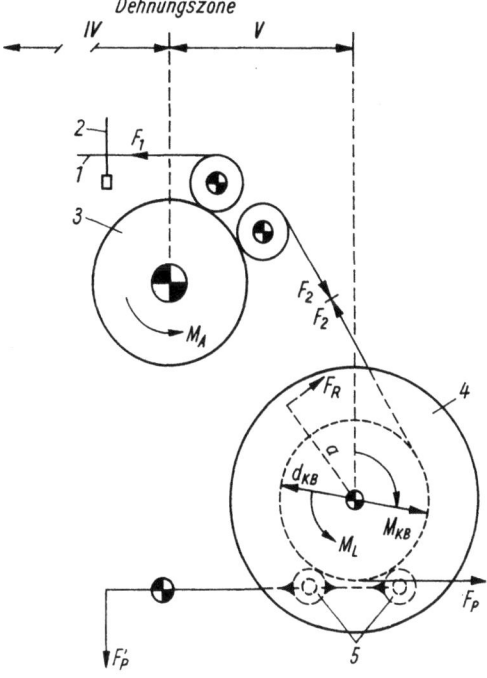

4.4.3.2.4.7. Bäummaschine

Nach dem Trockenteilfeld oder bei Seide direkt nach dem Trockner durchläuft die Kettfadenschar 1 den Expansionskamm 2, der in der Breite und je nach Fadenzahl verstellbar ist (Abschnitt 4.4.2.2.1.), und wird über die Abzugswalze 3 dem Kettbaum 4 zugeführt (Bild 4/165).

Zum Schlagen eines Fadenkreuzes auf der Schlichtmaschine kann als Kamm ein sogenanntes Hakenriet verwendet werden (auf Grund der Konstruktion einsetzbar nur für mittlere Fadenzahlen); das Wirkungsprinzip ist in Bild 4/166 dargestellt.

Damit eine entsprechende Wickeldichte erreicht wird, erfolgt das Bewickeln des Baumes mit entsprechender Zugkraft in der Dehnungszone V sowie durch Preßwalzen 5 (Bild 4/165). Eine Trennung zwischen Dehnungszone IV und V durch Abzugswalzen ist erforderlich, damit sich hohe Zugspannungen nicht über den Trockner auf den noch nassen Teil der Kettfäden fortsetzen, da die Dehnung in IV kleiner der Dehnung in V ist ($F_2 > F_1$).

Bei Schlichtanlagen wird der Baum grundsätzlich direkt axial angetrieben, so daß bei konstanter Arbeitsgeschwindigkeit (Wickelgeschwindigkeit) v = konstant allgemein gilt:

$$n_1 \cdot d_1 \cdot \pi = n_2 \cdot d_2 \cdot \pi$$

Bild 4/165. Prinzip der Bäummaschine an einer Schlichtanlage
1 Kettfadenschar, 2 Expansionskamm, 3 Abzugswalze, 4 Kettbaum, 5 Preßwalzen, a Abstand, d_{KB} Kettbaumdurchmesser, F_1 Kettzugkraft vor der Abzugswalze, F_2 Kettzugkraft zwischen Kettbaum und Abzugswalze, F_P Moment erzeugende Kraft aus der Preßkraft F_P', F_R Reibkraft an der Kupplung, M_A Abzugsmoment an der Abzugswalze, M_{KB} Moment des Kettbaumantriebes, M_L Moment der Lagerreibung

muß die Drehzahl des Kettbaumantriebes reduziert werden (Bild 4/165). Als weitere Forderung steht, daß F_2 während des Wickelns konstant bleiben sollte. Wird die Momentensumme gebildet, so ergibt sich unter Verwendung einer Reibscheibenkupplung für den Baumantrieb mit der Reibkraft F_R, der Belastung durch die Preß-

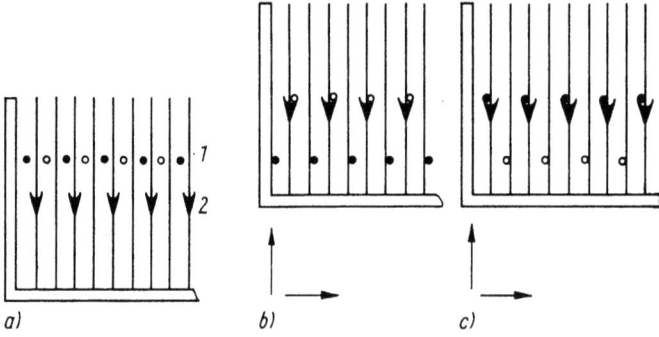

→ jeweilige Bewegungsrichtung von der Normalstellung aus

Bild 4/166. Prinzip eines Hakenrietes zum Einbringen eines Fadenkreuzes in die Kette
a) Normalstellung beim Wickelprozeß b) und c) Stellung beim Schlagen des Fadenkreuzes
1 Faden, 2 Hakenriet

walze F_P und dem Moment der Lagerreibung M_L

$$F_2 \cdot \frac{d_{KB}}{2} + F_P \cdot \frac{d_{KB}}{2} + M_L - F_R \cdot a = 0 \quad (4.89)$$

$$M_W + M_P + M_L - M_{KB} = 0 \quad (4.90)$$

a Abstand (Hebellänge), d_{KB} Kettbaumdurchmesser
F_2 Kettzugkraft zwischen Kettbaum und Abzugswalze
F_P Moment erzeugende Kraft aus der Preßkraft
F_R Reibkraft, M_{KD} Moment des Kettbaumantriebes
M_L Moment der Lagerreibung, M_P Moment der Preßwalzen
M_W Moment zur Fadenscharaufwicklung

Wird die Lagerreibung auf Grund ihrer Größe vernachlässigt, so ergibt sich für F_2:

$$F_2 = \frac{2F_R \cdot a}{d_{KB}} - F_P \quad (4.91)$$

Für F_2 = konst. gilt dann, daß in Abhängigkeit vom zunehmenden Wickeldurchmesser d_{KB} während der Bewicklung F_R erhöht werden muß.

Für die Realisierung dieser Forderung kommen in Frage:

— Reibscheibenregler (manuell)
 (an älteren Maschinen noch vorhanden, auf Grund sich ändernder Reibungsverhältnisse, Verschleiß usw. werden in moderne Maschinen solche Antriebe nicht mehr eingebaut)
— Stufenlose Drehzahlregler (automatisch wirkend) auf der Basis konstanter Wickelleistung ($F_2 \cdot v$ = konst).

Die stufenlosen Drehzahlregler können nach verschiedenen Prinzipien

— durch elektrische Regelungen (Leonardsatz)
— durch mechanische PIV-Wickler
— durch Abtastung der Wickelzugkraft (über Tänzerwalze)
— durch hydraulische Getriebe

oder auch durch Kombinationen untereinander wirken (Abschnitt 4.4.2.).

Weitere Vorrichtungen, wie

— Stücklängenmarkiervorrichtung
— Längenmeßvorrichtung
— Changierung des Bäumkammes (Abschnitt 4.4.4.)
— Hebe- und Senkvorrichtung des Bäumkammes
— mechanisiertes Ein- und Ausheben des Kettbaumes
— hydraulische oder mechanische Kettbaumanpreßvorrichtung zur Erreichung hoher Wickeldichten

gehören heute zum Stand der Technik an Schlichteanlagen. Der Kettbaumscheibendurchmesser liegt bei max. 1000 mm, ansonsten würde die Übersichtlichkeit im Trockenteilfeld stark eingeschränkt werden [103].

4.4.3.2.5. Technologische Untersuchungen und Berechnungen

Technologische Untersuchungen für den Schlichteprozeß [125; S. 723] bei Baumwolle ergaben, daß zu Vergleichszwecken auch das Maß der relativen Platzausnutzung über den sogenannten Fadensubstanzfaktor einen Anhaltspunkt zur Vorausbestimmung von Schlichteflottenkonzentration und der Anzahl Quetschpassagen ergibt.

Das Diagramm in Bild 4/167 zeigt die Kurvenschar der ermittelten Werte, wobei der Fadensubstanzfaktor wie folgt definiert wurde [125; S. 620]:

$$\text{Fadensubstanzfaktor} = \frac{D_K \cdot Tt}{10} \quad (4.92)$$

Tt in g/1000 m

D_K in Faden je cm (Kettfadenzahl)

Die leicht ansteigende stark gezeichnete Kurve gilt als Maß der idealen Platzausnutzung. Das heißt, bei Ketten, deren Schnittpunkte von Fadenfeinheit und Fadenzahl/cm (Ablesebeispiel I in Bild 4/167, Kette Bw, 29,4 tex (Nm 34), Fadenzahl 20 Fäden/cm, gekennzeichnet mit +) oberhalb oder unterhalb dieser Idealkurve liegen, verschlechtert sich die Trockenleistung. Bei oberhalb der Kurve liegenden Punkten sind die Abstände von Faden zu Faden zu gering, so daß die Durchtrocknung erschwert wird, bei unterhalb liegenden Punkten sind die Abstände zu groß, so daß die Wärmeleistung der Trockenzylinder nicht voll genutzt wird. Der Trockenleistungsverlust beträgt bei Ketten, deren Schnittpunkte weit von der Idealkurve entfernt sind, 5···10%.

Das Diagramm in Bild 4/167 [125; S. 620] läßt außerdem noch folgende weitere Aussagen zu:

— Ketten, deren Schnittpunkte von Fadenfeinheit und Fadenzahl/cm oberhalb der Idealkurve liegen, sind in der Regel mit 2 Quetschpassagen zu schlichten
— Ketten, die mit ihren Daten unterhalb der Idealkurve liegen, zeigen in der Regel bereits mit einer Quetschpassage gute Ergebnisse

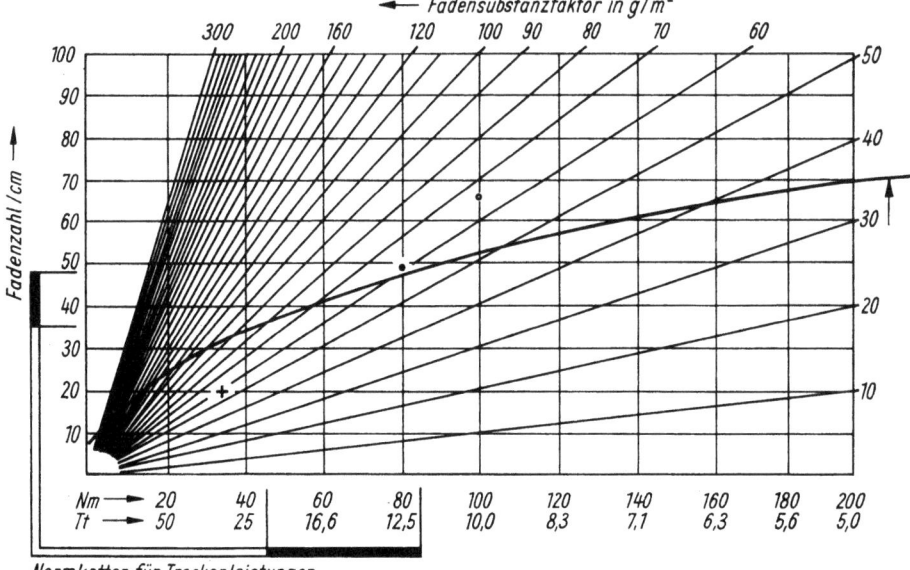

Bild 4/167. Diagramm der Fadensubstanzfaktoren für Baumwolle

— Bei gleichen Voraussetzungen wie Materialart, Schlichtemittel und Zusätze lassen sich für gleiche Fadensubstanzfaktoren, sofern die Werte der Flottenkonzentration bekannt sind, näherungsweise dazwischenliegende Werte der Flottenkonzentration ermitteln (Bild 4/168).

Beispiel:

Kette *I*   Bw; 29,4 tex (Nm 34); 20 Fäden/cm; Schnittpunkt +; Konzentration der Flotte 9%

Kette *II*   Bw; 10 tex (Nm 100); 66 Fäden/cm; Schnittpunkt ∘; Konzentration der Flotte 12%

Es ist die Konzentration der Flotte für eine Kette *III* zu bestimmen — Bw; 12,5 tex (Nm 80); 48 Fäden/cm

Folgende Fadensubstanzfaktoren ergeben sich:

Kette *I*   58,8
Kette *II*   66,0
Kette *III*   60,0

d. h., annähernd gleiche Werte! Aus dem Diagramm (Bilder 4/167 und 4/168) läßt sich dann nach Eintragen der Werte der Kette *III* mit ● ableiten, daß etwa 11% Flottenkonzentration notwendig sein werden.

— Bei Ketten, deren Werte auf der Idealkurve und rechts bzw. oberhalb vom gekennzeichneten Bereich der Normketten liegen, ist mit einer leichten Erhöhung der Trockenleistung zu rechnen, während links oder unterhalb des Bereiches der Normketten mit Trockenleistungsverlust gerechnet werden muß.

Wesentlich für eine gleichbleibende Qualität ist das komplexe Wirken vieler Faktoren auf den Schlichteeffekt, die in Bild 4/169 [129; S. 52] dargestellt sind, das Erfassen und Einhalten aller durch Versuche ermittelten technologischen Werte an der Schlichtanlage, damit diese jederzeit wieder reproduzierbar sind und die Verarbeitungseigenschaften in der Weberei positiv beeinflussen [133].

Durch Untersuchungen [125; S. 719···725] des Einflusses der Kettzugkraft und der Dehnung auf die Laufeigenschaften der Webketten wurde festgestellt, daß bei Garnketten die Bruchdehnung nach dem Schlichten nicht unter 80% der ursprünglichen Rohbruchdehnung sinken sollte. Wesentlich ist damit bereits die Vorstufe der Schlichterei, d. h. die Schärerei oder Zettelei, denn Gleichmäßigkeit der Bewicklung (geringe Zugkraft- und Längenunterschiede) ist eine Grundvoraussetzung für einwandfreien Aus-

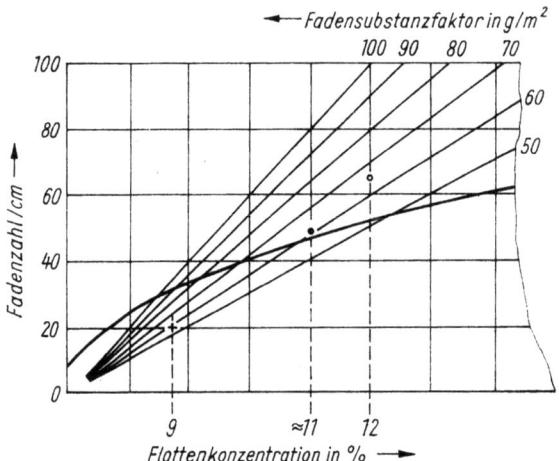

∘ + bekannte Werte bei annähernd gleichem Fadensubstanzfaktor

● gesuchter Wert der Flottenkonzentration

Bild 4/168. Ermittlung der Flottenkonzentration mit Hilfe des Diagramms der Fadensubstanzfaktoren (Bild 4/167)

Maschinen zur Kettvorbereitung 4.4.

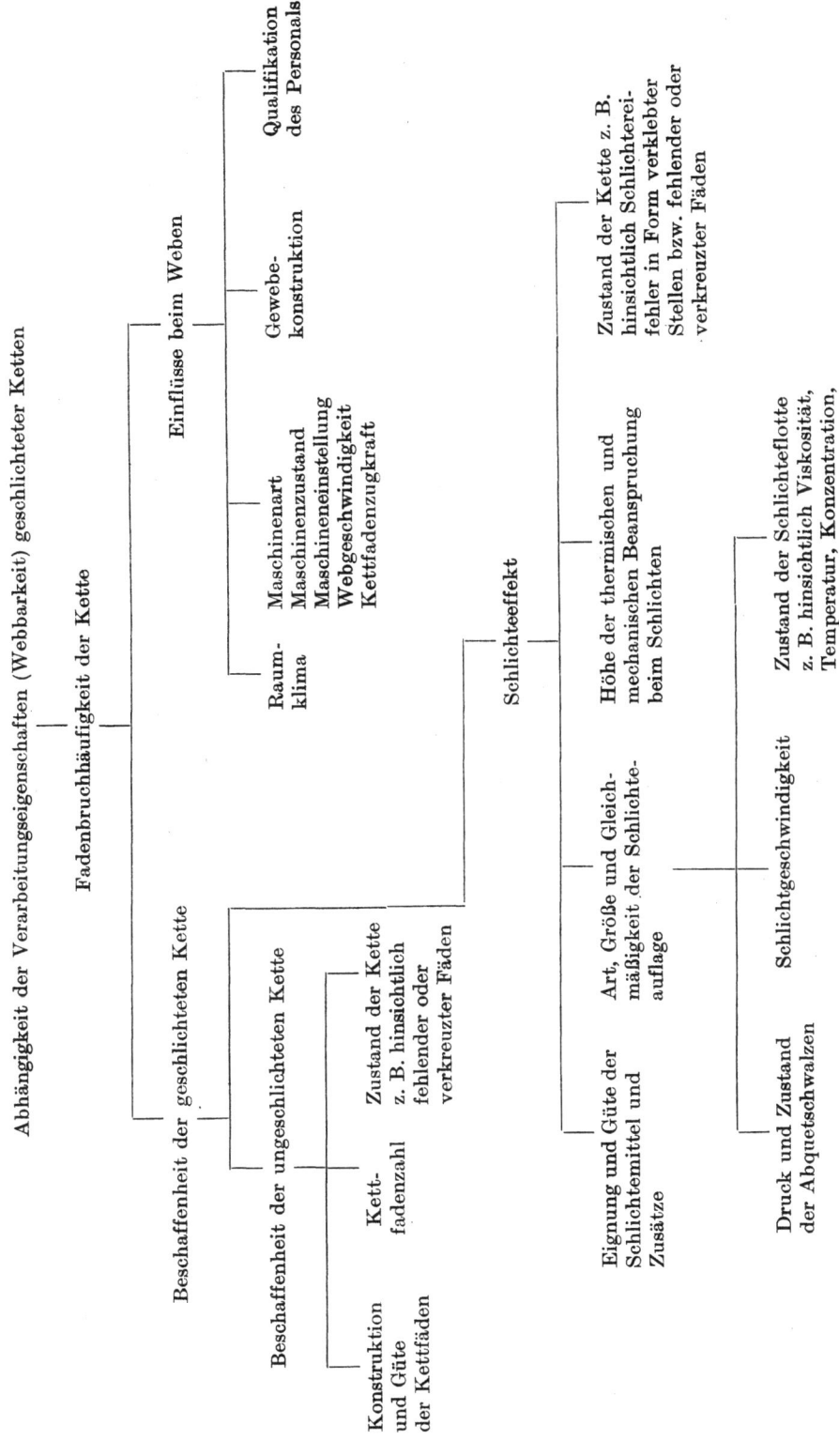

Bild 4/169. Abhängigkeit der Verarbeitungseigenschaften geschlichteter Ketten

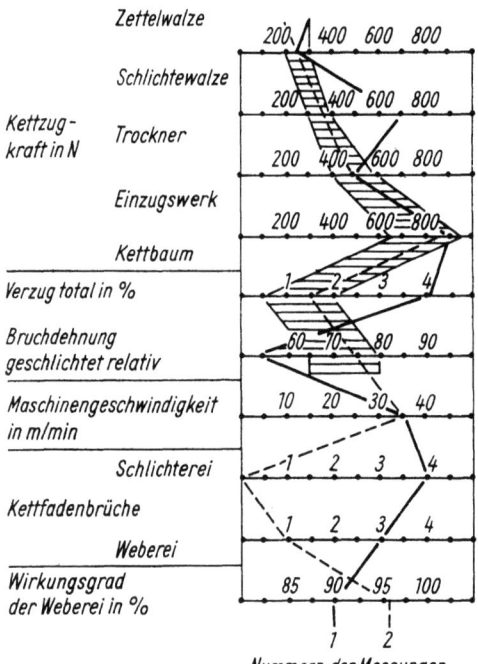

Bild 4/170. Einfluß der Fadenzugkraft und Dehnung beim Schlichten auf den Wirkungsgrad in der Weberei

fall der Schlichtketten [134, 135]. Große Unterschiede in den Fadenzugkräften beim Zetteln oder Schären führen zwangsläufig zu einer relativ hohen Dehnung beim Schlichten, da hier die vorher eingebrachten Ungleichmäßigkeiten wieder ausgeglichen werden müssen [136]. In Bild 4/170 ist der Einfluß zu hoher Fadenzugkraft und damit Dehnung im nassen Zustand der Kette bei Kurve 1 deutlich zu erkennen. Zur Sichtbarmachung des Einflusses der Naßdehnung wurden alle anderen Parameter konstant gehalten.
Als Ausgangsbasis dienten folgende Überlegungen [125; S. 720]:

— Einlaufzugkraft etwa 2···3%
193···290 N
— Zugkraft im Naßteilfeld etwa 3···4%
290···390 N
— Zugkraft im Trocken-
teilfeld etwa 4···6%
390···580 N
— Zugkraft beim Bäumen etwa ···10%
···965 N

Die Trockenreißfestigkeit des rohen Fadenmaterials betrug im Durchschnitt 1,03 N/ Faden, so daß sich für die gesamte Kette von 9 364 Fäden (10 tex Bw) eine Gesamtreißfestigkeit trocken von etwa 9 650 N ergab.
Für die Rohbruchdehnung wurden 6,5% gemessen, so daß nach dem Schlichten noch 80% dieses Wertes, d. h., etwa 5,2% am geschlichteten Faden gemessen werden sollten. Damit ergibt sich, daß beim Schlichten möglichst nicht über 1,3% an Gesamtdehnung verlorengehen sollte.
Die als Ausgangswerte gewählten Toleranzgrenzen wurden in Bild 4/170 schraffiert gezeichnet. Aus dem Bild wird das Ansteigen der Zugkraft vom Zettelbaum zum Kettbaum sichtbar. Während Kurve 2 im Toleranzbereich bleibt, ist im nassen Zustand (zwischen Quetschwerk und Trockner) der Kette 1 eine Überschreitung der Kettzugkraft gegeben, die sich im Verzug total, im weiteren Absinken der Bruchdehnung nach dem Schlichten, in relativ hohen Fadenbruchwerten in der Weberei und Schlichterei sowie im Webereinutzeffekt negativ auswirken [125; S. 721].
Mit diesem Beispiel sollte deutlich werden, welche Bedeutung die Überwachung der Zugkraft und Dehnung haben, wenn auch noch weitere Faktoren die Laufeigenschaften geschlichteter Ketten beeinflussen.
Welchen Einfluß z. B. die Wahl des Durchlaufes im Schlichtetrog hat, soll Bild 4/171 [125; S. 721] verdeutlichen.

Ausgangsdaten:

Gewebebreite: 140 cm
Kette: Bw, 30 tex (Nm 34), Fadenzahl 20/cm, Gesamtfadenanzahl 2840
Schuß: Bw, 62,5 tex (Nm 16), Fadenzahl 14/cm
Drehzahl der Webmaschine: 224 min^{-1}
Schlichteflottenkonzentration: 9%
(siehe auch Bild 4/168 — Versuch mit + gezeichnet)

Für die angegebenen 4 Versuche (Bild 4/171) wurden außer dem Kettdurchlauf durch den Schlichtetrog keine weiteren Parameter geändert.
Auf Grund der relativ geringen Schußfaden-

Maschinen zur Kettvorbereitung 4.4.

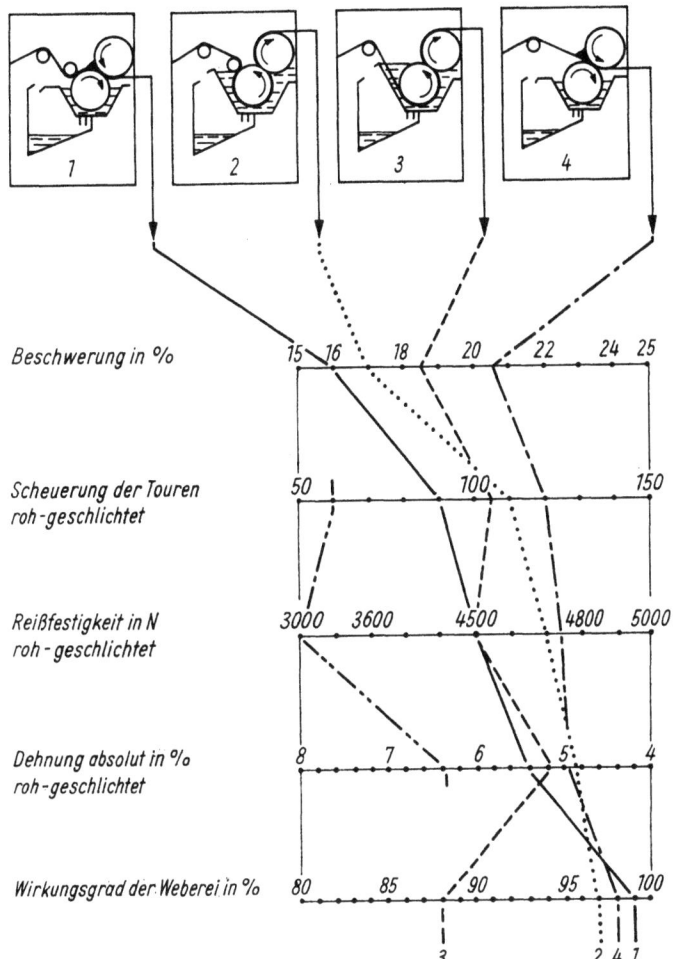

Bild 4/171. Meßwerte einer Baumwollkette 30 tex mit 2840 Fäden

zahl ergaben sich für Versuch *1* die besten Werte, und es zeigt sich, daß die Dehnung nach dem Schlichten wieder einen entscheidenden Einfluß ausübt, obwohl bei der Scheuerung keine max. Werte erreicht wurden.

Ein weiterer bedeutender Einfluß läßt sich aus der Art der Schlichteaufnahme ableiten. Trotz gleicher Konzentration bringt der Durchlauf des 3. Versuches die schlechtesten Ergebnisse. Das ist hauptsächlich darauf zurückzuführen, daß das Eindringen der Schlichte in einen Baumwollfaden durch freien Einlauf in den Schlichtetrog erschwert ist und daß mit der im Versuch *3* gewählten Führung, Umschlingung der Oberwalze des Quetschwerkes, beim Verlassen der Walze wieder Fasern aus der Oberfläche des Fadens herausgerissen werden, die eine fasrige Oberfläche des Fadens ergeben und ihn gegen mechanische Beanspruchung empfindlich machen. Der Schlichtefilm, das zeigt auch das Ergebnis der Scheuerung, ist nicht im Faden verankert, er bricht beim Weben ab, und die Folge ist ein Nachlassen der Scheuer- und Reißfestigkeit.

Mit Hilfe entsprechender Versuche lassen sich optimale Schlichtbedingungen ermitteln, wobei die vorstehenden Untersuchungen auf konkrete Beispiele zutreffen und nur als Anhaltspunkt für andere Verhältnisse dienen können. Wesentlich sind die Erfassung, Einhaltung und Überwachung der als optimal ermittelten Werte an der Schlichtanlage. Es ist aber auch sichtbar geworden, daß z. T. noch ungelöste Probleme vorhanden sind und vor allem, daß es für die Vorausbestimmung technologischer Parameter oder auch des Schlichteeffektes keine allgemeingültigen exakten Berechnungsunterlagen gibt [137, 138].

Nachstehend werden noch einige wesentliche technologische Berechnungen zum Schlichteprozeß behandelt.

Die Bestimmung der Schlichteflottenkonzentration ist bereits mit Gleichung (4.63) bekannt.

An geschlichtetem Material sollten zur Kontrolle der Einhaltung der optimalen Parameter sowie im Interesse einer kostengünstigen Produktion, vor allem hinsichtlich Energie- und Schlichtemittelverbrauch, folgende Werte ermittelt werden:

Feuchtegehalt:

$$X_{GL} = (m_E/m_A - 1) \cdot 100\% \quad (4.93)$$

X_{GL} Feuchtegehalt in % (Gleichgewichtsfeuchte)
m_A Masse der Auswaage
m_E Masse der Einwaage

Dabei ist grundsätzlich anzustreben, daß die Gleichgewichtsfeuchte lt. Tabelle 4/18 erreicht bzw. eingehalten wird, da jedes Übertrocknen letztlich zu Energieverlust führt.

Beispiel: Eine von der Schlichtmaschine entnommene Probe Bw-Material ergab $m_E = 49{,}90$ g und $m_A = 46{,}22$ g.
Nach (4.93) ergibt sich für X_{GL}

$$X_{GL} = \frac{(49{,}90 - 46{,}22) \text{ g}}{46{,}22 \text{ g}} \cdot 100\% = \underline{\underline{7{,}96\%}}$$

Schlichteauflage [98; S. 327]

$$S_A = m_{Vg} - m_{Vu} \quad (4.94)$$

m_{Vg} Masseverlust der geschlichteten Kette in %
m_{Vu} Masseverlust der ungeschlichteten Kette in %
S_A Schlichteauflage in %

Der Masseverlust m_{Vg} bzw. m_{Vu} berechnet sich nach Gleichung (4.95)

$$m_V = \frac{m_E - m_A}{m_A} \cdot 100\% \quad (4.95)$$

wobei m_E und m_A wieder als Masse der Einwaage bzw. Auswaage definiert sind.

Flottenaufnahme (auch als Abquetscheffekt bezeichnet) [139]:

$$FA = \frac{BG}{K_{Fl}} \cdot 100\% = \frac{m_W}{m_T} \cdot \frac{100}{100 - K_{Fl}}\% \quad (4.96)$$

BG $f(K_{Fl})$ Beschlichtungsgrad in %
FA Flottenaufnahme in %
K_{Fl} Flottenkonzentration in % — Gleichung (4.63)
m_T Trockenmasse der Fadenprobe in g
m_W aufgenommene Wassermasse in g

Auf Basis der Trockenleistung einer Schlichtanlage lassen sich folgende Größen ermitteln:

$$P_{Tr} = z_Z \cdot P_V \cdot b \cdot Q_V \quad (4.97)$$

$$P_{Tr} = v_{Schl} \cdot m_W \cdot Q_V \quad (4.98)$$

$$m_W = m_K \cdot C_V \quad (4.99)$$

$$m_K = z_F \cdot Tt \quad (4.100)$$

$$C_V = (X_E - X_{Gl})/100\% \quad (4.101)$$

b mit Fadenmaterial belegte Breite auf dem Trockenzylinder
C_V Faktor für zu verdampfende Feuchtigkeit
m_K Masse der Kette in g/m
m_W zu verdampfende Wassermasse in g_{H_2O}/m
P_{Tr} Trockenleistung
P_V Wasserverdampfung in kg_{H_2O}/h und 20 cm
Q_V Verdampfungswärme in kJ/kg_{H_2O}
Tt Fadenfeinheit in tex
v_{Schl} Arbeitsgeschwindigkeit beim Schlichten
X_E Feuchte im Einlauf in %
X_{Gl} Restfeuchte (Feuchtegehalt der fertig geschlichteten Kette) in %
z_F Fadenanzahl
z_Z Trockenzylinderanzahl

Werden die Gleichungen (4.99), (4.100) in (4.98) eingesetzt, ergibt sich:

$$P_{Tr} = v_{Schl} \cdot z_F \cdot Tt \cdot C_v \cdot Q_V \quad (4.102)$$

Nach Gleichsetzen der Gleichungen (4.97) und (4.102) läßt sich die max. Arbeitsgeschwindigkeit berechnen:

$$v_{Schl} = \frac{z_Z \cdot P_V \cdot b}{z_F \cdot Tt \cdot C_V} \quad (4.103)$$

Aus Gleichung (4.98) lassen sich auch Schlüsse auf den Trocknungszustand der Kettfäden ziehen:

$P_{Tr} = v_{Schl} \cdot m_W \cdot Q_V$ eingestellte Restfeuchte wird erreicht

$P_{Tr} > v_{Schl} \cdot m_W \cdot Q_V$ Übertrocknung (Energievergeudung)

$P_{Tr} < v_{Schl} \cdot m_W \cdot Q_V$ Kette zu feucht

Beispiel:

Als Anwendungsbeispiel soll nachstehend die max. mögliche Schlichtgeschwindigkeit berechnet werden, wenn folgende Ausgangsdaten an der Schlichtanlage eingestellt bzw. ermittelt werden

Material	Bw	X_E	150%
z_F	2000	X_{GL}	8%
Tt	25 tex	z_Z	7 Zylinder
b	140 cm		

mittlere Temperatur der Trockenzylinder 98 °C
(Diese 98 °C sind die Durchschnittstemperatur *aller* Trockenzylinder, und sie ist gegebenenfalls erst aus der Temperatur der einzelnen Zylinder zu ermitteln!)

Lösungsweg:

Aus (4.103) folgt, daß erst C_V über (4.101) und P_V aus Bild 4/156 oder aus den technischen Unterlagen des jeweiligen Trockners ermittelt werden müssen!

$$C_V = \frac{(150 - 8)\%}{100\%} = 1{,}42$$

P_V (aus Bild 4/156 für 98 °C) = 7 kg$_{H_2O}$/h u. 20 cm.

Mit diesen Ausgangsdaten läßt sich die Arbeitsgeschwindigkeit v_{Schl} (4.103) berechnen:

$$v_{Schl} = \frac{7 \cdot 7 \text{ kg} \cdot 140 \text{ cm} \cdot 1000 \text{ m} \times}{\text{h} \cdot 20 \text{ cm} \cdot 2000 \cdot 25 \text{ g} \cdot \text{kg} \times}$$

$$\frac{\times 1000 \text{ g} \cdot \text{h}}{\times 1{,}42 \cdot \cdot 60 \text{ min}}$$

$$v_{Schl} = 80{,}5 \text{ m/min}$$

Die notwendige Trockenleistung der Schlichtanlage ist mit Gleichung (4.97) zu berechnen:

$$P_{Tr} = \frac{7 \cdot 7 \text{ kg} \cdot 140 \text{ cm}}{\text{h} \cdot 20 \text{ cm}} \cdot Q_V = 343 \text{ kg/h}$$

$$\times 2261 \text{ kJ/kg} = 215{,}4 \text{ kW}$$

Kurz zusammengefaßt kann zum sogenannten klassischen Naßschlichten gesagt werden, daß nur durch Einhaltung der in Versuchsreihen empirisch gefundenen optimalen Werte für das Schlichten die Laufeigenschaften und damit der Nutzeffekt in der Weberei günstig beeinflußt werden.

Zweckmäßig ist das Vorgeben und Erfassen dieser Werte in einem Verfahrensblatt [123], das nachstehend nochmals als Beispiel dargestellt wird (Tabellen 4/19, 4/20).

Erst, wenn sich die noch offenen Probleme des Schlichtverfahrens und deren Abhängigkeiten in entsprechenden Regressionsgleichungen fassen lassen, d. h., daß der Prozeßablauf mathematisch formuliert ist, öffnet sich für Leistung und Qualität geschlichteter Ketten ein weiteres Anwendungsgebiet der Mikroelektronik im komplexen Einsatz.

Folgende Probleme bedürfen z. B. noch einer Lösung [129; S. 49]:

— Bestimmung, Regelung und Optimierung der Eindringtiefe in den Faden
— Ermittlung optimaler Schlichteauflagen und deren kontinuierliche Bestimmung zur Regelung an Schlichtanlagen
— Ermittlung optimaler Werte der Längenänderung in den einzelnen Dehnungszonen der Schlichtanlage
— Voraussbestimmung der Verwebbarkeit geschlichteter Fäden.

An der Lösung dieser Probleme wird gearbeitet, und es zeichnen sich bereits Lösungsvarianten für das eine oder andere Problem ab.

4.4.3.3. Naßschlichten ohne Trockner (Naßwachsen)

Nach der Übersicht der Schlichtverfahren (Bild 4/90) besteht beim Naßschlichten neben der sogenannten klassischen Technologie

Tabelle 4/19. Verfahrensblatt 1

Maschinenfabrik *BENNINGER* AG UZWIL

VERFAHRENSBLATT 1	SCHLICHTEREI — WEBEREI	VERFAHREN NR. _____

Firma _____ Datum _____
Qualität Nr. _____ Artikel Nr. _____
Zettel Nr. _____ Stück Nr. _____
Art des Gewebes _____ Ausrüstung _____

Kettmaterial
Art _____ Herkunft _____
Behandlung in Spinnerei _____ in Färberei _____

Kettfäden
Anzahl in Grundkette _____ Kanten _____ Total _____
Breite im Blatt in cm _____ Fäden pro cm _____
Anzahl Zähne im Scherenkamm _____ Zähnezahl pro cm _____
Garnnummer in Grundkette _____ Kanten _____
Behandlung in Spinnerei _____ in Färberei _____
Bruchdehnung roh _____ %   Bruchdehnung geschlichtet _____ %
Struktur der Grundkette _____

Kettspannung
Zettelwalzen-Schlichtetrog _____ kg Schlichtetrog — Trockner _____ kg
Trockner — Vorderteil _____ kg Vorderteil — Aufbäumung _____ kg

Kettpressung
Einlaufquetsche, Kriechgang ____ kg Vollgang _____ kg
Auslaufquetsche, Kriechgang ____ kg Vollgang _____ kg
Kettbaumpression _____ kg Zugwerkpresse gehoben/gesenkt

Kettlänge und Gewicht
Länge roh _____ m   Verzug total _____ m
Länge geschlichtet _____ m
Verzug Schlichtetrog _____ %   Verzug total _____ %
Verzug Trog — Trockner _____ %
Stellung Getrieberegulierung
Schlichtetrog   Pos. _____
Gewicht Kette roh _____ kg Gewicht theor. _____ kg
Gewicht Kette geschlichtet _____ kg Beschwerung _____ kg

Gewebe
Kettdichte/cm __, Schußdichte/cm ___ Schußmaterial _____
Kettbrüche pro Kettbaum _____ Schußbrüche pro Kettbaum _____
Dauer der Kettbruchmessung _____ min Schußbruchmessung _____ min
Grund der Brüche _____
Aussehen der Ware _____ Nutzeffekt _____ %
Fabrikat der Webmaschinen _____ Tourenzahl _____ t/min

mittels Schlicht-Trocken-Bäummaschinen (Schlichtanlagen) auch die Möglichkeit des Aufsprühens oder des Auftragens des Schlichtemittels durch Walzen, ohne daß nachfolgend ein Trockner zum Fixieren der Schlichte zwischengeschaltet ist. Häufig wird dieses Verfahren auch als Naßwachsen bezeichnet. Je nach Art des Aufbringens des Schlichtemittels auf die Fadenschar wird z. T. in der Literatur von Sprühschlichten gesprochen. Im Interesse einheitlicher Definitionen sollte der Oberbegriff für diese Be-

Tabelle 4/20. Verfahrensblatt 2

MASCHINENFABRIK *BENNINGER* AG UZWIL

VERFAHRENSBLATT 2   SCHLICHTEREI – WEBEREI   VERFAHREN NR. _____

Schlichteflotte
Art des Schlichtemittels _____

Hersteller _____   Ort _____
Zubereitung unter Druck/ohne Druck   Aufheizung direkt/indirekt
Empfohlene Aufwärmung __ min bis ____ °C   min bis _____ °C
Empfohlene Kochdauer ___ min bis ____ °C   min bis _____ °C

Rezept: eingefülltes Wasser _____ l
        Kondenswasser _____ l
        Wasser im Schlichtemittel _____ l
        Wassermenge total _____ l   _____ l
        Schlichtemittel 0% feucht _____ kg
        Zutatenart _____
        Gewicht _____ kg
        Zutatenart _____
        Gewicht _____ kg
        Zutaten total _____ kg   _____ kg
        Flottenmenge total _____   l
        Konzentration lt. Rezept/Refraktometer _____ %

Schlichtetrog

Fadeneinlaufbreite _____ cm   Faden pro cm _____
Schlichteniveau erster Trog Stellung ____   zweiter Trog Stellung _____
Flottenverbrauch pro Kette _____ l   pro Meter _____ l
Schlichtetemp. _____ °C   Viscosität cp ____ bei ____ °C
Konzentration _____ %

Fadeneinzugsskizze

Trockner
Oberflächentemperatur in Richtung Einlauf — Auslauf
1. Trommel ____ °C   2. Trommel ____ °C   3. Trommel ____ °C   4. Trommel ____ °C
5. Trommel ____ °C   6. Trommel ____ °C   7. Trommel ____ °C   8. Trommel ____ °C
9. Trommel ____ °C 10. Trommel ____ °C 11. Trommel ____ °C

Vorderteil

Maschinengeschwindigkeit _____ m/min   Wickelsinn Uhr/Gegenuhrzeiger ____
Endfeuchtegehalt _____ %   Kreuzwickelhub _____ mm
Meßgeräteeinstellung _____

Beurteilung der Kettqualität _____
Vorzukehrendes _____
Unterschrift _____   Datum _____

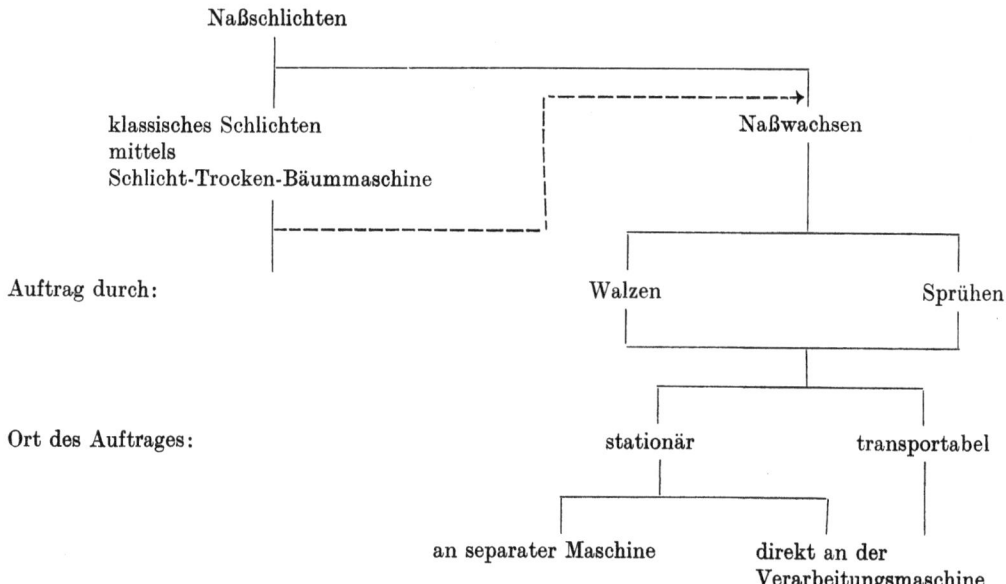

·-----→ Möglichkeit der Naßwachsbehandlung **nach** dem klassischen Schlicht-Trocken-Prozeß besteht vor dem Trockenteilfeld

Bild 4/172. Übersicht zum Naßwachsen

handlung mit Naßwachsen (ein Naßschlichteverfahren ohne nachgeschalteten Trockner also) benutzt werden. Sofern nähere Erläuterungen zur Art des Auftragens gegeben werden müssen, kann anhand des Bildes 4/172 weiter unterteilt werden.

Vorteilhaft ist auf alle Fälle, wenn das Naßwachsen direkt während eines Wickelprozesses an der textilen Verarbeitungsmaschine erfolgt und möglichst ein Prozeß an separater Maschine vermieden wird.

Das Naßwachsen ist vorzugsweise geeignet für Kamm- und Streichgarne, z. B. Kammgarne aus Wo, PE-F/Wo, PE-F/VI-F in den Feinheiten 28 tex × 2 bis 19 tex × 2, Drei- und Vierzylinder-Garne aus Bw, VI-F, PE-F/Bw, PE-F/VI-F in den Feinheiten 10 tex × 2 bis 25 tex × 2, 20 tex sowie Streichgarne aus VI-F/Wo, PE-F/Wo, PE-F/VI-F in den Feinheiten 50 tex bis 150 tex [140].

Bild 4/173 zeigt das Prinzip einer stationären Naßwachsvorrichtung.

Die Kette 1 wird durch den Kettbaum 3 vom Schärbaum 2 abgewickelt und läuft dabei mehrfach unter der Sprüheinrichtung

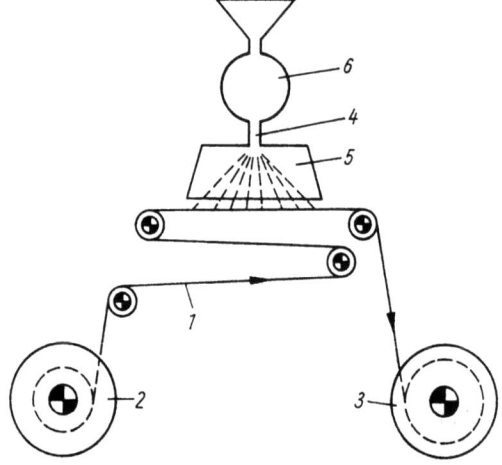

Bild 4/173. Stationäre Naßwachsvorrichtung
1 Kettfäden, *2* Schärbaum, *3* Kettbaum, *4* Düsen, *5* Haube, *6* Vorratsbehälter

mit Haube 5 durch, über die Düsen 4 wird das Schlichtemittel (hier also das sogenannte Naßwachs) zerstäubt, was im Vorratsbehälter 6 gespeichert ist [129; S. 51].

Für den Auftrag des Naßwachses mittels

Walzen, deren Drehzahl stufenlos einstellbar ist, gibt es an der Schärmaschine grundsätzlich zwei Möglichkeiten:

1. Schärbandweise (nach dem Passieren des blattes, vor dem Auflauf der Fäden auf die Schärtrommel (Bild 4/174)
2. Beim Bäumen der Kette (Bild 4/175).

Auf Grund relativ konstanter Arbeitsgeschwindigkeiten sollte dabei neben anderen Vorteilen der 2. Möglichkeit der Vorrang eingeräumt werden.

Das Naßwachsschlichtemittel besteht zu einem hohen Anteil aus Wasser, so daß bei Ketten mit hohem Anteil aus VI-F das Naßwachsen nicht als Schlichtverfahren geeignet ist Die mit diesem Verfahren geschlichteten Ketten haben einen Feuchtegehalt von etwa 16%.

Verschiedentlich angegebene Rezepturen für das Schlichtemittel (Naßwachs) lauten: [129; S. 51] und [140; S. 40].

a) 5%   Schmälze bzw. Schmälzöl (Ostendol R, Isomerpin EK)
2%...5% Kieselsol T 5
2%   techn. Glyzerin
88...91% Wasser
Anwendungstemperatur: 20 °C

b) 20%   Schmälze bzw. Schmelzöl (Aerosinol I, Praeparol HN)
5%   Antistatikum (Volturin P, Zerostat SL-AP)
75%   Wasser
Anwendungstemperatur: 20 °C

c) 35%   synthetisches Wachs (Chemisap PS)
65%   Wasser
Anwendungstemperatur: 20 °C.

Die durchschnittliche Auflage in % der Fadenmasse ist in Tabelle 4/21 [140; S. 40] zusammengestellt.

Das Naßwachsen sollte dort eingesetzt werden, wo mit einem unbehandelten Faden

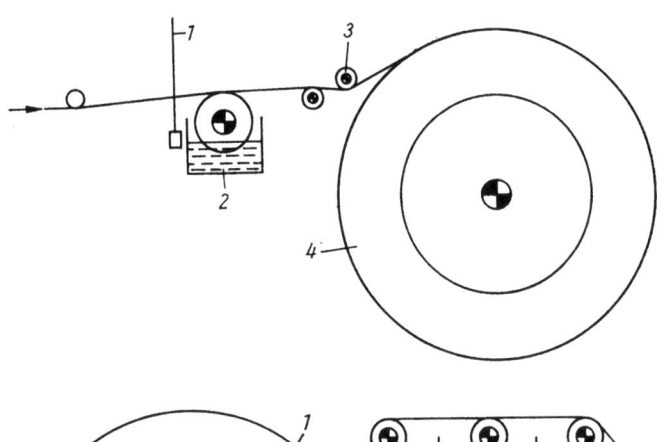

Bild 4/174. Prinzip des Naßwachsens an Schärbändern
1 Schärblatt, *2* Naßwachsvorrichtung, *3* Leitwalzen (sofern notwendig), *4* Schärtrommel

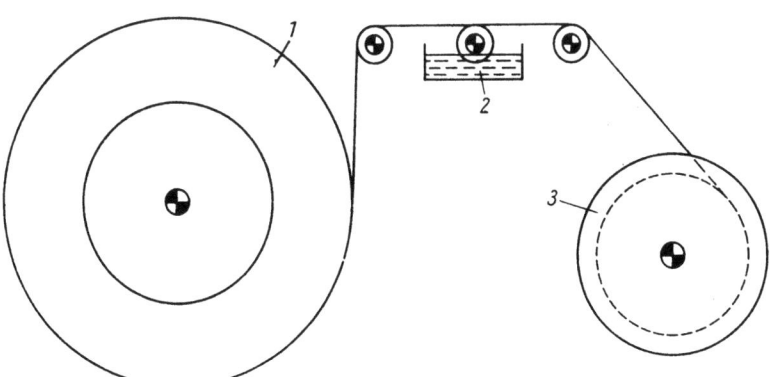

Bild 4/175. Prinzip des Naßwachsens beim Bäumen an der Schärmaschine
1 Schärtrommel, *2* Wachsvorrichtung, *3* Kettbaum

keine guten Laufeigenschaften erzielt werden oder wo z. Z. ein sogenanntes Anschlichten auf der klassischen Schlicht-Trocken-Bäumanlage erfolgt.

Zur Verbesserung der Gleiteigenschaften sollte das Trockenschlichten mit dem sogenannten Schmelzwachsen (Abschnitt 4.4.3.4.) Verwendung finden.

Tabelle 4/21. Schlichteauflage

Faserart	in %
Bw.	1,0···1,2
VI-F	0,5
PE-F/Bw	1,5
PE-F/VI-F	1,5
Wo	2,0···3,0
VI-F/Wo	2,0···3,0
PE-F/Wo	2,0

4.4.3.4. Trockenschlichten (Schmelzwachsen)

Üblich ist das Trockenschlichten mit geschmolzenen Wachsen, so daß dieses Verfahren auch unter dem Begriff Schmelzwachsen bekannt ist. Im Prinzip wird ein entsprechendes Schlichtemittel, meistens ein schmelzbares, in der Veredlung wasserlösliches, modifiziertes Wachs verwendet, das nach dem Antrag an den Faden wieder erstarrt [141], [142], [143], [144]. Trockenschlichtmaschinen unterscheiden sich vor allem durch den Wegfall des Trockners gegenüber dem klassischen Naßschlichten.

Bild 4/176 zeigt die Prinzipskizze einer Trockenschlichtanlage [129; S. 54].
Grundbausteine einer solchen Anlage sind:
— Kettfadenablaufvorrichtung
— Vorrichtung zum Schmelzwachsantrag
— Kettaufwickelvorrichtung.

Zusätzlich können Vorrichtungen zum Erwärmen bzw. Kühlen der Kettfäden und zum Glätten der geschlichteten Fäden angebracht sein.

Bewährt hat sich das Schmelzwachsen von PE-S auch direkt beim Bäumen an der Schärmaschine oder auf Maschinen zum Zusammenbäumen. Es ist jedoch zu beachten, daß die Wachsauflage nur so groß sein darf, daß ein Absetzen von Wachs an den Webelementen z. B. Litzen, Webeblatt webereiseitig vertretbar ist. Die Wachsauflage ist im wesentlichen abhängig von

— der Art des Schlichtemittels (Wachses)
— der Temperatur
— der Viskosität
— der Fadengeschwindigkeit
— der Geschwindigkeit der Antragswalzen
— der Art und Ausführung der Wachsantragseinrichtung
— der Art des Fadens (z. B. muß bei Verarbeitung von Garnen eine zusätzliche Fadenglätteinrichtung die abstehenden Faserenden an den Faden anlegen).

Beim Trockenschlichten von PE-S 8,4 tex (24), 280 Drehungen/m auf einer Konusschärmaschine Modell 4126 (*VEB Schär- und*

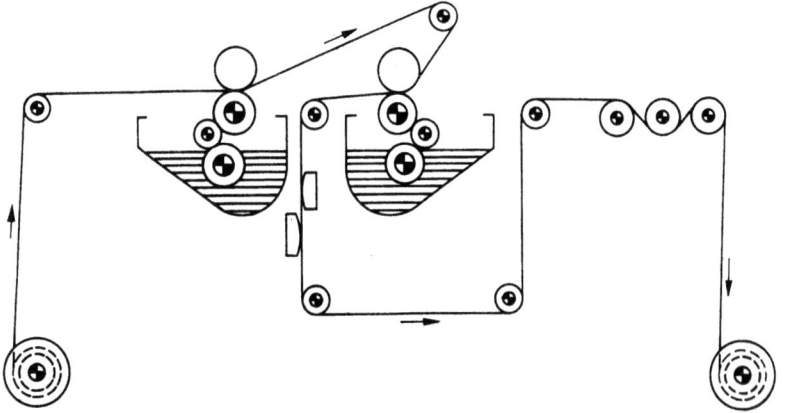

Bild 4/176. Trockenschlichtmaschine mit horizontalem Wachsantrag

Spulmaschinenbau Burgstädt, DDR) wurde mit folgenden Kennwerten gearbeitet [145]:

Fadenbehandlungsanlage

— Wachsvorrichtung
  Fassungsvermögen etwa 9 l
  Heizleistung 4 × 0,75 kW = 3,0 kW

  Auftragswalze
  Durchmesser 80 mm
  Drehzahl bis 3,0 min^{-1} mit dem Zahnradpaar 12/88 Zähne
  Drehrichtung mit dem Fadenlauf

— Schmelzbehälter
  Fassungsvermögen ca. 30 l
  Heizleistung 1,2 kW
  Fördermenge der Pumpe 0,25 l/min

— Rohrverbindung
  Heizleistung 2 × 0,2 kW in Reihenschaltung = 0,2 kW

— erforderliche Heizzeiten zur Erwärmung des Wachses auf eine Temperatur von 70 °C

	erstarrte Wachsvorlage	flüssige Wachsvorlage
Wachsvorrichtung	1 1/2 Std	1 1/2 Std
Schmelzbehälter	3 1/2 Std	1 Std
Rohrverbinder	1/2 Std	1/2 Std

Fadenbehandlungsmittel

Bezeichnung Filaturol SF
Hersteller *VEB Fettchemie* Karl-Marx Stadt
Festsubstanzgehalt 100%
Schmelzbereich 36···42 °C
Anwendungstemperatur 70 °C
höchstzulässige Temperatur 90 °C
Löslichkeit löslich in Wasser und in chloriertem Kohlenwasserstoff, wie z. B. Tetrachlorkohlenstoff (Tetra) oder Trichlorethylen (Tri)
Entfernbarkeit durch normalen Waschprozeß bei der Textilveredlung oder durch eine Textilveredlung mit Hilfe organischer Lösungsmittel

Fadenbehandlungstechnologie

Schären mit Fadenlagenteilung und unter Verwendung von Stabionisatoren

Bäumgeschwindigkeit 50 m/min ± 5 m/min (*von Anfang an konstant gehalten*)

Wachstemperatur 70 °C ± 2,5 K (Einstellung der Temperaturregler; Wachsvorrichtung 75 °C, Schmelzbehälter 65 °C) max.

Wachsauflage 6% der Fadenmasse

Auftragswalzendrehzahl 2,5/min zur Erzielung einer Wachsauflage von durchschnittlich 4% bei Polyesterseide 5,6 tex (18), 350 /m für die Herstellung von Schirmstoffen

ständig zu kontrollieren sind
  vorgegebene Bäumgeschwindigkeit
  vorgegebene Auftragswalzendrehzahl
  Wachstemperatur
  Wachsumlauf
  Füllstand im Schmelzbehälter

zu vermeiden sind
  Kettabschnitte ohne Wachsauflage (z. B. durch Stillstand der Auftragswalze bei sich bewegender Kette oder durch nicht erfolgte Beschikkung des Schmelzbehälters)
  Kettabschnitte mit zu großer Wachsauflage (z. B. durch Umlauf der Auftragswalze bei sich nicht bewegender Kette)
  Kettabschnitte mit unterschiedlicher Wachsauflage (z. B. durch Nichteinhaltung der vorgegebenen Auftragswalzendrehzahl oder der vorgegebenen Bäumgeschwindigkeit).

Die Vorteile des Trockenschlichtens sind, wenn auch in der Anwendung z. Z. noch auf bestimmte Materialien begrenzt, da keine Festigkeitszunahme am Faden sondern nur die Verbesserung der Scheuerfestigkeit erfolgt:

— Kombination des Verfahrens mit bereits vorhandenen Wickel- bzw. Fadenaufwindeprozessen
— Vereinfachung der Schlichteaufbereitung (die Aufbereitung beschränkt sich auf das Schmelzen des Wachses)
— Keine Fadenquellung
— Kein Trockenprozeß im herkömmlichen Sinne notwendig (Energieeinsparung).

4.4.4. Teilbäummaschine

4.4.4.1. Allgemeines

Ausgehend von der in Abschnitt 4.1. gegebenen Begriffsbestimmung für das Teilbäumen, können Teilbäummaschinen im wesentlichen nach folgenden Kriterien eingeteilt werden:
— nach der Arbeitsbreite
— nach dem Prinzip zur Erzeugung entsprechender Wickeldichte (Maschinen mit oder ohne Preßwalze)
— nach Verwendung als Einzelmaschine oder in einer Teilbäumanlage
— nach der Art der zum Einsatz gelangenden Teilkettbäume (Normal- oder Diabolo-Kettbäume — Bilder 4/181 a und b).

Bild 4/177 zeigt die Ansicht einer Teilbäumanlage Modell 4144 und Bild 4/178 die Ansicht einer Teilbäumanlage Modell 4142 (TEXTIMA).

In Bild 4/179 ist eine Teilbäumanlage komplett mit Einzelaggregaten im Prinzip dargestellt.

Teilbäummaschinen werden hauptsächlich eingesetzt als Vorbereitungsmaschinen für die Wirkerei und teilweise auch als Direktbäummaschine für die Nähwirkerei.

Auf Grund standardisierter Arbeitsbreiten und Maschinenfeinheiten in Wirkerei und

Bild 4/177. Teilbäumanlage Modell 4144

Maschinen zur Kettvorbereitung 4.4.

Bild 4/178. Teilbäumanlage Modell 4142

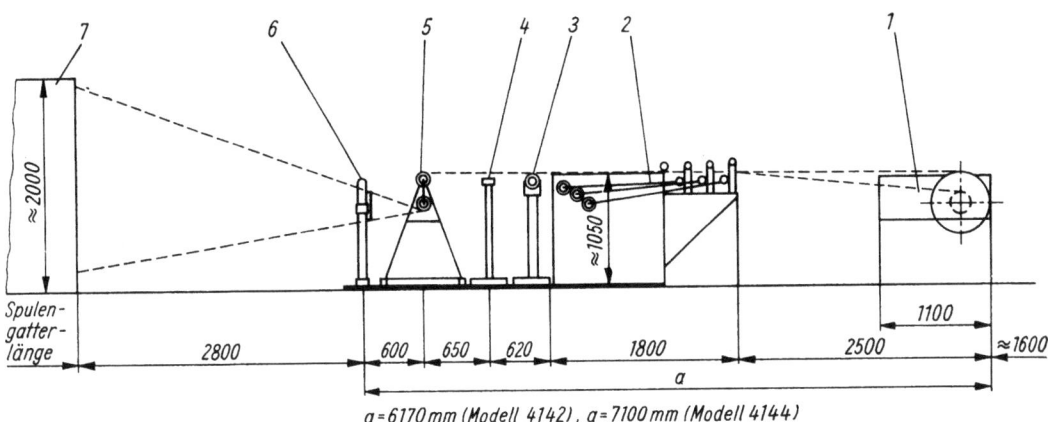

$a = 6170\,mm$ (Modell 4142), $a = 7100\,mm$ (Modell 4144)

Bild 4/179. Prinzipskizze der Teilbäumanlage Modell 4142
1 Teilbäummaschine, *2* Speichergerät, *3* Präparationsvorrichtung, *4* Flusenwächter, *5* Walzenaggregat, *6* Lochplattengestell, *7* Spulengatter

Nähwirkerei erfolgt der Einsatz von Teilbäumanlagen nicht nur in der Textilindustrie, sondern auch direkt beim Chemieseidenhersteller.
Die Konstruktion einer Teilbäumanlage läßt die Verarbeitung von synthetischen Seiden, Seiden auf Regeneratbasis sowie Garnen und Zwirnen zu, dabei ist zu beachten, daß die an einer Teilbäumanlage vorhandenen Einzelaggregate nicht in jedem Falle benötigt werden.
Nach der Zusammenstellung der Forderungen an Teilkettbäume und Teilbäummaschinen sowie dem Aufbau und der Funktion einer Teilbäummaschine werden die Zusatzaggregate einzeln vorgestellt, damit ist es möglich, anhand dieser Orientierung die Einsatzgrenzen entsprechend zu beurteilen.
Forderungen an Teilkettbäume:
— geeignet für synthetische Seiden (einschließlich PA-S, sofern nicht von vornherein die Verarbeitung von PA-S z. B. ausgeschlossen wurde), d. h., geeignet für große Kräfte auf die Seitenscheiben

- dynamisch ausgewuchtete Bäume für hohe Winkelgeschwindigkeiten
- je nach Anforderung geeignet für große Lauflängen (großes Wickelvolumen)
- Gewährleistung einwandfreier Ablaufverhältnisse in der Flächenbildungsmaschine (Diabolo-Kettbäume erfüllen diese Forderung, während bei Normal-Kettbäumen an den Seitenscheiben für den Faden zusätzliche Belastungen durch Reibung auftreten können — Bilder 4/180, 4/181).
- Vermeidung von Materialbeschädigungen
- Möglichkeit des Einsatzes von Normal- und Diabolo-Kettbäumen (Bild 4/181).

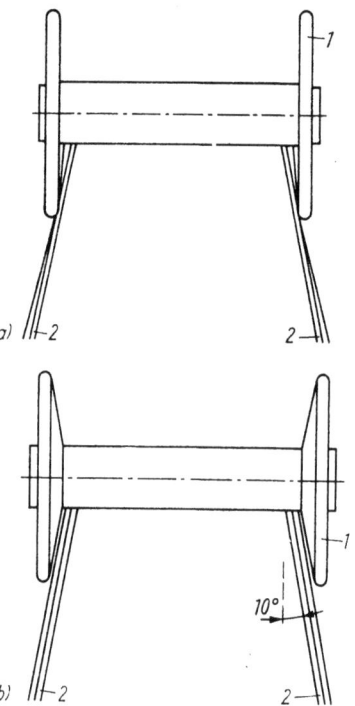

Bild 4/180. Teilkettbaum

Bild 4/181. Teilkettbaum
a) Normalausführung
b) Diabolo-Form
1 Teilkettbaum, 2 Randfäden

Forderungen an Teilbäummaschinen:

- stufenlos einstellbare und automatische Konstanthaltung der Wickelgeschwindigkeit, damit den Materialeigenschaften entsprechend die Geschwindigkeit optimal angepaßt werden kann
- direkter Antrieb (Achsantrieb) des Teilkettbaumes
- Kriechgang vorwärts und rückwärts zur Behebung von Fadenbrüchen
- exakte Längenmeßvorrichtung zur Einhaltung gleicher Lauflängen aller in der folgenden Prozeßstufe an einer Maschine eingesetzten Teilkettbäume (Vermeidung von Materialverlusten)
- Changiervorrichtung für den Bäumkamm
- mechanisierte Baumentnahme
- Maschinenbremse, die kurze Bremswege ermöglicht, um die Laufeigenschaften in der Weiterverarbeitung nicht durch eingerollte Fadenenden (bei Fadenbruch) negativ zu beeinflussen
- Gewährleistung gleichmäßiger Fadenzugkraft und Wickeldichte

4.4.4.2. Aufbau und Funktion

In diesem Abschnitt werden die unbedingt notwendigen Funktionselemente behandelt [146], [147], [148]. Grundsätzlich erfolgt der Abzug der Fäden vom Spulengatter mit Abzugsrichtung nach außen. Unabhängig von der Möglichkeit des Zwischenschaltens von Zusatzaggregaten (Bild 4/179) werden die Fäden über einen Bäumkamm 5 (Bilder 4/185, 4/186) geführt, der entsprechend der Arbeitsbreite einstellbar sein muß. Die Einstellbarkeit der Arbeitsbreite des Bäumkammes kann in einer Ausführung als Gelenkbäumkamm, Scherenexpansionskamm, Federkamm oder mit einem sogenannten Fächerblatt realisiert werden (Bilder 4/182, 4/183). Auf Grund der Bauweise

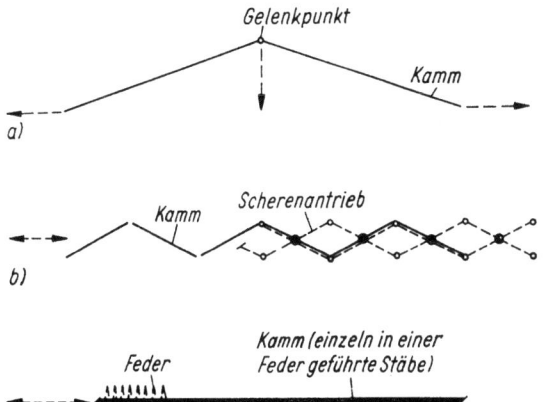

Bild 4/182. Prinzipdarstellung verschiedener Bäumkämme
a) Gelenkbäumkamm
b) Scherenexpansionskamm
c) Federkamm

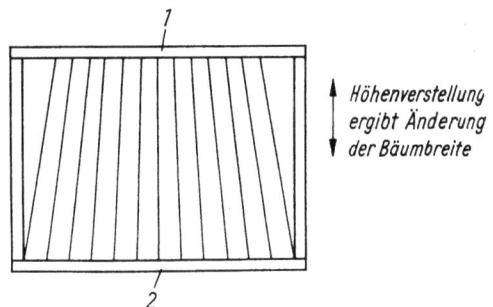

Bild 4/183. Prinzip eines Fächerblattes
1 oberer Blattbund
2 unterer Blattbund

der Maschinen ist der Einsatz einer Fadenkreuzschlageinrichtung mit Kreuzblatt (Bild 4/62) kaum möglich. Außerdem muß in Abhängigkeit des Bewicklungsdurchmessers des Teilkettbaumes durch eine entsprechende Steuerung der Bäumkamm angehoben werden, um einen annähernd geradlinigen Fadenlauf vom leeren bis zum vollen Wickel zu erreichen (Bild 4/184). Der Bäumkamm ist außerdem mit einer Changiereinrichtung gekoppelt, die stufenlos von 0···15 mm Hub einstellbar ist. Damit läßt sich eine geringe Kreuzwicklung des Fadenbandes gegenüber der Parallelwicklung (bei einem Changierhub von 0 mm) erreichen.

Das Bäumen mit Changierung des Bäumkammes hat folgende Vorteile:

— Verminderung der Belastung der Kettbaumscheiben (je größer der Changierhub, desto geringer die Belastung auf die Kettbaumscheiben)
— gleichmäßiger Wickelaufbau.

Es entstehen zwangsläufig auch zu beachtende Besonderheiten:

— Beim Fadenbruchheben z. B. an der Kettenwirkmaschine ist unbedingt darauf zu achten, daß der gesuchte Faden in der richtigen Wickelschicht bleibt, da anderenfalls Fadenverkreuzungen die Ablaufverhältnisse negativ beeinflussen.
— Beim Suchen eines eingerollten Fadenendes an der Teilbäummaschine ist analog das vorstehende Problem zu beachten.

Für das Bäumen gelten die in Abschnitt 4.4.2. aufgestellten Forderungen hinsichtlich der Qualität (Wicklungsaufbau) — siehe auch Bild 4/85.

Die notwendige Wickeldichte auf dem Teilkettbaum kann durch eine Preßwalze (Bild 4/185 und 4/186) oder durch ein Walzenaggregat (Bild 4/186) erreicht werden.

Die Preßwalze wird für die Verarbeitung von Seiden auf Regeneratbasis und vor allem von Garnen oder Zwirnen aus Stapelfasern eingesetzt, dabei ist es aber nicht möglich, Diabolo-Kettbäume (Bild 4/181 b) zu verwenden.

Die Preßwalze 2 (Bild 4/186) wird mit einer entsprechenden Kraft F_P an den Fadenwickel des Teilkettbaumes 1 angepreßt. Neben der Erhöhung der Wickeldichte werden Feinheitsschwankungen des Fadenmaterials in ihrer Auswirkung auf die Gleichmäßigkeit der Wicklung (gleicher Umfang einer Fadenschicht) weitgehend ausgeglichen. Die Preßwalze 2 ist in Verbindung mit den Kettbäumen in ihrer Funktion laufend zu kontrollieren, damit keine Materialbeschädigungen beim Wickelprozeß auftreten. Da der Teilkettbaum, zum Maschinengestell betrachtet, ortsfest gelagert ist, muß die Preßwalze 2 bei größer werdendem Bewicklungsdurchmesser des Teilkettbaumes ausweichen. Gleichzeitig kann damit die Preßwalze zur Steuerung oder Regelung der

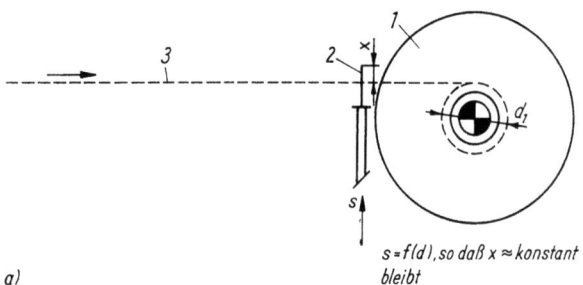

a)

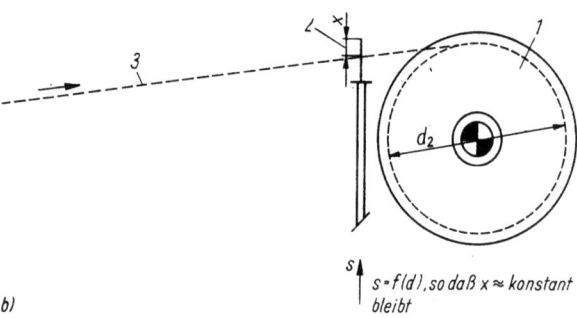

b)

Bild 4/184. Anheben des Bäumkammes
a) geringer Bewicklungsdurchmesser
b) großer Bewicklungsdurchmesser
1 Teilkettbaum, *2* Bäumkamm, *3* Fadenschar

Bild 4/185. Teilbäummaschine *mit* Preßwalze, (Modell 4142)

Wickelgeschwindigkeit genutzt werden. Die Möglichkeiten des Antriebes sind denen bei Zettelmaschinen mit direktem Baumantrieb analog (Abschnitt 4.4.2.2.3.). An modernen Maschinen mit direktem Baumantrieb erfolgt grundsätzlich eine Geschwindigkeitsregelung, so daß $v \approx$ konst. gehalten werden kann.

Beim Einsatz von Diabolo-Kettbäumen (Bild 4/181 b), die beim Ablauf, z. B. in der Ketten-

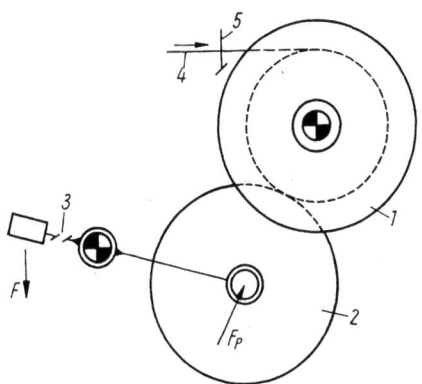

Bild 4/186. Teilbäummaschine mit Preßwalze (Prinzipdarstellung)
1 Teilkettbaum, *2* Preßwalze, *3* Gewichtsausgleich (einstellbar), *4* Fadenschar, *5* Bäumkamm, F_P Preßkraft einstellbar $F_P = f(F)$

wirkerei, Vorteile für den Lauf der Randfäden bringen (im Gegensatz dazu ist in Bild 4/181 a dargestellt, daß die Gefahr der Beschädigung der Randfäden — je nach Ablaufverhältnissen — bei Normal-Kettbäumen an den Kettbaumscheiben besteht und mit kleiner werdendem Wickeldurchmesser zunimmt) sowie für empfindliche Fadenmaterialien ist die Arbeitsweise mit Preßwalze unzweckmäßig. Zur Erzeugung entsprechender Fadenzugkräfte und gleichmäßiger Wickeldichte wird deshalb bei Teilbäummaschinen ohne Preßwalze ein sogenanntes Walzenaggregat zwischen Spulengatter und Teilbäummaschine gesetzt (Bild 4/179) [148].

Durch Erzeugung eines Bremsmomentes M_B in einer oder auch in beiden Spannwalzen *3*

Bild 4/187. Teilbäummaschine ohne Preßwalze (Modell 4142)

(Bild 4/188) sowie Änderung des Fadenumschlingungswinkels lassen sich die gestellten Forderungen der Bewicklung auch für empfindliche Materialien realisieren. Beim Abschalten der Teilkettbäummaschine werden die Walzen *3* über eine elektromagnetische Lamellenkupplung synchron abgebremst.

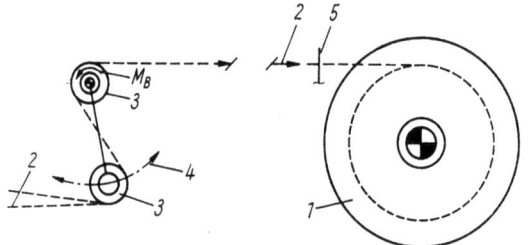

Bild 4/188. Teilbäummaschine mit Walzenaggregat (Prinzipdarstellung)
1 Teilkettbaum, *2* Fadenschar, *3* Spannwalzenpaar des Walzenaggregates, *4* Schwenkmöglichkeit der unteren Walze zur Änderung des Fadenumschlingungswinkels, M_B Bremsmoment

Neben der Funktion des Walzenaggregates zur Vergleichmäßigung der Fadenzugkraft dient das Aggregat gleichzeitig zur Messung der Bäumgeschwindigkeit. Über einen Tachogenerator läßt sich die Bäumgeschwindigkeit zur Anzeige bringen und zur Regelung einer konstanten Bäumgeschwindigkeit nutzen. Zur Erreichung gleicher Lauflängen der Teilkettbäume wird von der fest gelagerten oberen Walze *3* die Längenmessung übernommen. Zur Kontrolle gleichmäßiger Wickeldichte wird mit der Längenmessung und der Umdrehungszählung des Teilkettbaumes gearbeitet. Beim Wickeln des 1. Teilkettbaumes einer Partie erfolgt die Vorwahl der Länge, bei deren Erreichung die Maschine abgeschaltet wird, gleichzeitig werden die Drehungen des Kettbaumes gezählt, so daß es möglich ist, beim Herstellen der weiteren Bäume, unter Beibehaltung aller anderen Einstellungen, die Länge und die Umdrehungen des Baumes an Voreinstellzählern vorzuwählen. Sofern z. B. beim zweiten Baum (die Anzahl der Umdrehungen *n* gesetzt) bei gleicher Wickellänge $n_2 > n_1$ ist, hat sich die Wickeldichte ϱ_W erhöht, für den Wickeldurchmesser gilt dann $d_1 < d_2$.

Zur Erzielung gleicher Ablaufverhältnisse, z. B. in der Kettenwirkerei, ist die Umdrehungszahl von Baum zu Baum entsprechend zu kontrollieren.

Zur Erreichung kurzer Bremswege bei Fadenbruch ist eine entsprechend wirksame Bremseinrichtung notwendig. Bei den Teilbäummaschinen Modell 4142 [146] bzw. 4144 [147] hat eine Innenbackenbremse, die nach dem bekannten Prinzip der Duplexbremse arbeitet, die Aufgabe, den Kettbaum bis zum Stillstand abzubremsen. In Bild 4/189 sind die Übertragungselemente dargestellt.

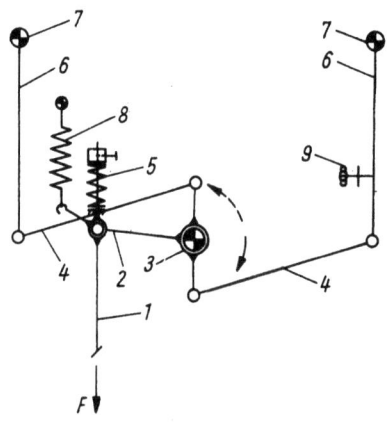

--- Anziehen der Bremse
— Lüften der Bremse

Bild 4/189. Bremsgestänge der Baumbremse der Teilbäummaschine Modell 4142
1 Stange zum Zugmagneten, *2* Übertragungshebel (Winkelhebel), *3* Bolzen am Maschinengestell, *4* Zugstange, *5* Druckfeder (vorgespannt, einstellbar), *6* Bremshebel, *7* Bremshebelwelle, *8* Rückzugfeder, *9* Anschlag (einstellbar)

Ein elektrischer Zugmagnet, bei Fadenbruch gleichzeitig mit dem Abschaltimpuls wirkend, übt auf die Stange *1* eine Kraft *F* aus. Über den Winkelhebel *2* und die beiden Stangen *4* verdrehen die Bremshebel *6* die Bremshebelwellen *7*, die mit einer an der Druckfeder *5* einstellbaren Kraft auf die Duplex-Bremsbacken (nicht dargestellt) wirken. Beim Lüften der Bremse bewegt die Feder *8* alle Hebel und Stangen in die Ausgangslage zurück. Mit einem Anschlag *9* kann der tote Hub und damit die Ansprechzeit verändert werden. Für ein schnelles

Tabelle 4/22. Technische Daten der Teilbäummaschinen Modell 4142 und 4144 (*TEXTIMA*)

Techn. Merkmal	Einheit	Modell 4142	Modell 4144
Bäumgeschwindigkeit	m/min	150···600	150···800
Teilkettbaumbreite (Arbeitsbreite = Bewicklungsbreite)	mm	540 (470) 710 (640) 1065 (995)	1065 (995)
Kettbaumscheibendurchmesser	mm	535	535 765

Ansprechen der Bremse sollte der Anschlag 9 so eingestellt werden, daß mit Sicherheit gerade kein Schleifen der Bremsbacken auftritt. Das Bremsmoment kann durch Vergrößerung der Vorspannkraft an der Feder 5 erhöht werden.
Um Überdehnungen des Fadenmaterials zu vermeiden, sollte die max. Fadenzugkraft eines Fadens (unmittelbar vor dem Auflauf des Fadens auf den Teilkettbaum) nicht höher als 16 mN/tex liegen [148].
In Tabelle 4/22 sind einige wesentliche technische Daten der Teilbäummaschinen Modell 4142 und 4144 zusammengestellt [146], [147].

4.4.4.3. Zusatzbaugruppen

Für eine Teilbäumanlage können folgende Zusatzbaugruppen eingesetzt werden (Bilder 4/177, 4/178 und 4/179):

Lochplattengestell

Eine Lochplatte, die in einem Gestell 7 höhenverstellbar angebracht ist, dient nach dem Spulengatter als erste Fadenleitstelle zum geordneten Umleiten der vom Spulengatter kommenden Fäden in den horizontalen Fadenlauf.

Flusenwächter

Der Flusenwächter 4 wird bei der Verarbeitung von Seide eingesetzt, arbeitet nach dem fotoelektrischen Prinzip und dient der berührungslosen Überwachung des Fadenbandes auf Flusen.

Präparationsvorrichtung

Bild 4/190 zeigt das Prinzip einer Präparationsvorrichtung 3. Die Präparationsvorrichtung kann eingesetzt werden zur Verbesserung der Laufeigenschaften des Fadenmaterials (z. B. bei ungedrehten Seiden) oder zum Auftragen von antistatisch wirkenden Mitteln. Über ein separat einstellbares Getriebe wird eine glanzverchromte Stahlwalze 3 (Bild 4/190 a) angetrieben, die

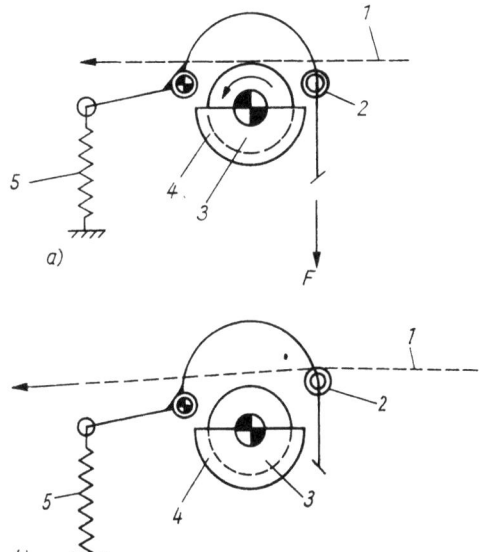

Bild 4/190. Präparationsvorrichtung an der Teilbäummaschine
a) Stellung bei Fadenlauf (Maschinenlauf)
b) Stellung bei Maschinenstillstand
1 Fadenschar, *2* Fadenabheberohr, *3* Präparationswalze, *4* Präparationswanne, *5* Zugfeder

in Präparationsflüssigkeit eintaucht und beim Lauf der Teilbäummaschine die Fadenschar *1* mit dem flüssigen Präparationsmittel benetzt.

Bei Stillstand der Maschine wird die Fadenschar *1* (Bild 4/190 b) von der Präparationswalze *3* durch ein Rohr *2* abgehoben, um eine zu große Präparation (Überpräparation) zu vermeiden. Die Funktion ist aus dem Bild 4/190 zu erkennen.

Die Präparationsmenge wird von der Umfangsgeschwindigkeit der Präparationswalze *3* bestimmt. Der stufenlos einstellbare Geschwindigkeitsbereich von 1···10 m/min für die Präparationswalze *3* hat sich bewährt.

Die aufgetragene Präparationsmenge ist im wesentlichen abhängig von

— der Bäumgeschwindigkeit
— der Geschwindigkeit der Präparationswalze
— der Viskosität des Präparationsmittels
— dem Niveau des Präparationsmittelstandes und seiner Konstanz
— dem Material des Fadens (Feinheit und Art).

Je nach Material- und Fadenart werden verschiedene Präparationsmittel eingesetzt. Die optimale Präparationsmenge ist durch Versuche zu ermitteln.

Speichergerät

Das Speichergerät *2*, Bild 4/179, dient zur Aufnahme des vom Teilkettbaum zurücklaufenden Fadenbandes für den Fall, daß das Fadenband durch einen eingerollten Fadenbruch o. ä. nochmals vom Teilkettbaum zurückgewickelt werden muß. Zur Vermeidung eines Fadenabzuges vom Spulengatter wird vor dem Wirksamwerden des Speichers eine Klemmung der Fäden (Bild 4/191) von der beweglichen Klemmwalze *5* vorgenommen, erst danach treten Speicherarme *4* in Funktion, wobei es möglich ist, bis max. 10 m Fadenmaterial zurückzunehmen.

Durch exaktes Einhalten und laufende Kontrolle der Einstellung des Fadenwächters am Spulengatter sowie der Maschinenbremse ist der Einsatz eines Speichergerätes in Abhängigkeit der Qualität und der Bäumgeschwindigkeit nur in speziellen Fällen notwendig.

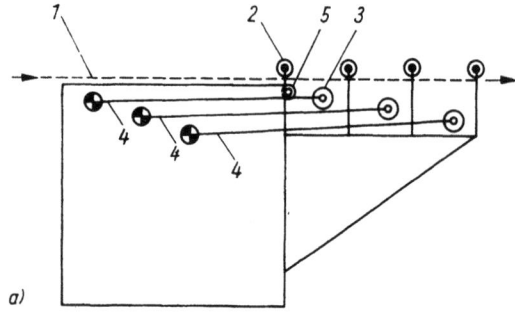

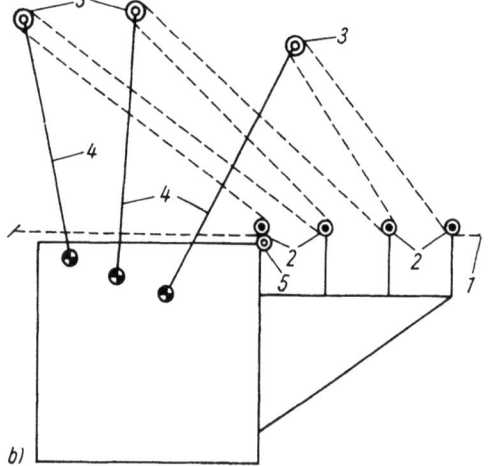

Bild 4/191. Speichergerät einer Teilbäummaschine
a) Ruhestellung
b) Arbeitsstellung
1 Fadenschar, *2* feststehende Walzen, *3* bewegliche Walzen, *4* Speicherarme, *5* bewegliche Klemmwalze

Ionisationsvorrichtung

(Funktion und Wirkungsweise sind in Abschnitt 4.4.1.1.3.6. bereits dargestellt!) Je nach Erfordernis kann eine Ionisationsvorrichtung im Fadenlauf angeordnet werden.

4.4.5. Anlage zum Zusammenbäumen

Eine Anlage zum Zusammenbäumen besteht im wesentlichen aus

— einer Zettelbaumablaufeinrichtung *1*
— einem Fadenleit- und -teilfeld *2*
— einer Bäummaschine *3*

(Bild 4/192).

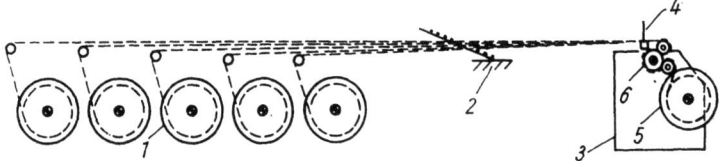

Bild 4/192. Prinzip einer Anlage zum Zusammenbäumen
1 Zettelbaumablaufgestell, *2* Fadenleitfeld, *3* Bäummaschine, *4* Kamm, *5* Kettbaum, *6* Abzugswalzen

Solche Anlagen dienen zum Zusammenbäumen von Zettelbäumen, sofern das Fadenmaterial nicht geschlichtet wird und Zetteln plus Zusammenbäumen ökonomisch günstiger als das Schären liegt bzw. für die Fälle, wenn beim Zetteln der Schlichteprozeß integriert ist (bessere Fadentrennung) oder auch zum Umbäumen von Kettbäumen, dann als Umbäumanlagen bezeichnet. Anlagen zum Zusammenbäumen lassen sich aus den Baugruppen *1* und *3* (Bild 4/192) der Schlichterei zusammenstellen (Abschnitt 4.4.3.).

Die entsprechende Wickeldichte wird durch die Zugkraft (einstellbar) zwischen den Abzugswalzen *4* und dem Kettbaum *5* sowie eventuell vorhandener Preßwalzen an der Bäummaschine erzielt.

Die zu beachtenden Kriterien für den Ablauf von Zettelbäumen sowie für den Wickel-(Aufwinde-)Prozeß an der Bäummaschine sind analog den in Abschnitt 4.4.3.2.4.1. und 4.4.3.2.4.7. bereits behandelten.

4.5. Zusammenfassung

Nachdem in den letzten Jahren bei der Weiterentwicklung der Maschinen zur Kettvorbereitung relativ hohe Arbeitsgeschwindigkeiten erreicht wurden, die z. B. für Zettel- und Teilbäummaschinen bei etwa 1000 m/min liegen [103; S. 535], lassen sich als Entwicklungstendenzen erkennen:

— Senkung des spezifischen Energieverbrauches
— Detailverbesserungen (teilweise unter Anwendung elektronischer und mikroelektronischer Bauelemente) zur optimalen Anpassung der Maschine an das zu verarbeitende Material
— Arbeitserleichterungen bei gleichzeitigem Gewinn an produktiver Zeit
— Anpassung der Arbeitsbreiten an die der Flächenbildungstechnologien.

So führten die Vergrößerung der Kettbaumscheibendurchmesser auf 1000 mm zu einer Erhöhung des Fassungsvermögens auf etwa das Doppelte gegenüber 700 mm Durchmesser und auf das Vierfache gegenüber 500 mm Durchmesser. Auf der anderen Seite resultieren daraus mechanisiertes Ein- und Ausheben der Kettbäume und höhere Anforderungen an die Qualität der hergestellten Ketten.

Fehler, die sich bei 500 mm Baumscheibendurchmesser praktisch nicht spürbar auswirkten, können z. B. beim Aufbäumen der Kanten zu erheblichen Verarbeitungsschwierigkeiten beim nachfolgenden Prozeß führen. Konusschärmaschinen werden deshalb zunehmend mit elektronischen und mikroelektronischen Steuerungen oder Regelungen des Supportvorschubes, für das Anlegen des neuen Bandes, des Abstandes Schärblatt — Schärtrommel, der Anpassung der Bremskraft der Fadenbremsen des Spulengatters an eventuelle Geschwindigkeitsänderungen sowie der Kettzugkraft beim Bäumen ausgestattet [103; S. 535] (siehe auch Abschnitt 4.2.), so daß Wickelqualität und -gleichmäßigkeit den optimalen Bedingungen weitgehend angepaßt werden können. Die Möglichkeit subjektiv beeinflußbarer Fehler wird vor allem beim Schären stark reduziert, zeitaufwendige manuelle Tätigkeiten, die teilweise den Wirkungsgrad stark reduzieren können, werden automatisiert, z. B. Spulengatter mit automatischem Knoter (*Fa. Schlafhorst*/BRD), mit dem sich bei Neubestückung des Gatters etwa 60% Reduzierung der Wechselzeit ergeben [103; S. 536].

Die Reduzierung der benötigten Energie bei Schlichtanlagen läßt sich grundsätzlich nur in 2 Richtungen erreichen, durch Erhöhung des Quetschdruckes, so daß mit geringerem Wassergehalt in den Trockner eingefahren wird und durch bessere Nutzung der Wärme im Trockner (Einsatz von isolierten Kammern, Wärmerückgewinnungsanlagen sowie entsprechende Luftführung innerhalb des Trockners) [103; S. 536]. Die Qualität der geschlichteten Ketten wird maßgeblich von der Einhaltung der als optimal ermittelten Bedingungen an der Schlichtanlage beeinflußt. Eine besondere Rolle spielen die

— Dehnung des Fadenmaterials in den einzelnen Abschnitten
— die Aufbereitung der Schlichteflotte
— die Konstanthaltung der Schlichtekonzentration, -temperatur und -geschwindigkeit.

Rechnergestützte Steuersysteme entlasten dabei die Bedienungskräfte durch Einhaltung und Registrierung der vorgegebenen Parameter [103; S. 536].

Da bei der gesamten Darstellung der Kettvorbereitung nicht auf Probleme des Transportes eingegangen wurde, soll hier darauf verwiesen werden, daß nur ein durchgängig gut organisiertes Transportsystem zwischen den einzelnen Prozeßstufen die entsprechende **Effektivität** der Einzelmaschine auch im **Komplex** der gesamten Kettvorbereitung sichert, und erst damit eine moderne Kettvorbereitung wirksam wird.

5. Kettvorrichten

5.1. Allgemeines

Die nach den vorangestellten Verfahren hergestellten Ketten werden entweder von Hand oder maschinell für den folgenden Bearbeitungsprozeß vorgerichtet.
Dieses Vorrichten kann direkt an der Flächenbildungsmaschine erfolgen oder stationär (außerhalb der Flächenbildungsmaschine). In Bild 5/1 ist eine Übersicht für den Einsatz von Maschinen dargestellt.

Daraus ist ersichtlich, daß die Maschinen für das Vorrichten von Ketten hauptsächlich in der Weberei eingesetzt werden. Die folgenden Ausführungen behandeln deshalb hauptsächlich Maschinen für das *Webkettenvorrichten*, können aber auch analog für das Vorrichten von Ketten z. B. für die Nähwirkerei Anwendung finden.
Auf Grund der Tatsache, daß im Prinzip jeder einzelne Faden nach bestimmten vorgegebenen Gesetzmäßigkeiten in entsprechende

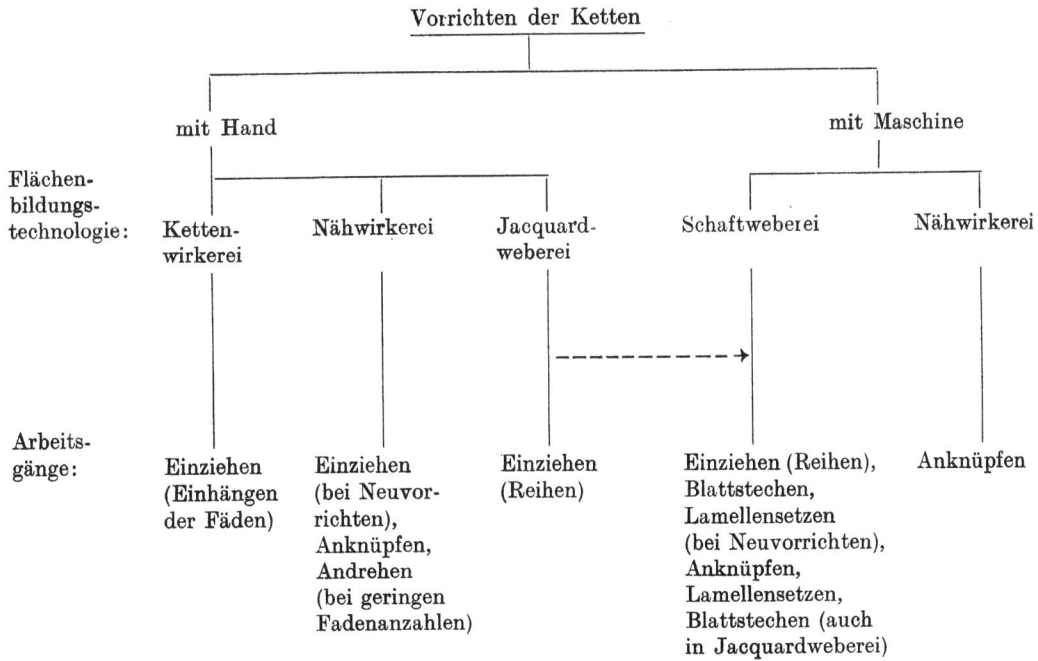

Bild 5/1. Übersicht für den Einsatz von Maschinen zum Vorrichten der Ketten

Fadenleitorgane eingezogen werden muß, sind erst in den letzten Jahrzehnten verstärkt Maschinen zum Vorrichten der Ketten eingesetzt worden.

Für den Einsatz von Maschinen gelten folgende Kriterien:

— Reduzierung der Vorrichtzeit
— Reduzierung der benötigten Arbeitskräfte
— Reduzierung der Fehlermöglichkeiten
— Produktionsumfang einschließlich der Häufigkeit von Artikelwechseln.

Für die Festlegung der Technologie des Vorrichtens ist die Effektivität entscheidend, wobei der Gewinn oder Verlust an produktiver Zeit in der Weberei sowie Transportprobleme unbedingt mit zu beachten sind. Das trifft vor allem auch auf die Entscheidung Vorrichten direkt in der Webmaschine oder stationär zu.

5.2. Anknüpfen

Anknüpfmaschinen ersetzen das zeitaufwendige und hohe Fingerfertigkeit erfordernde Andrehen der beiden Fadenenden (abgearbeitete Kette und neu vorzurichtende Kette) von Hand. Eine Gegenüberstellung der Produktion [149; S. 9] sagt aus, daß beim Handandrehen von versierten Fachkräften 1 200 Fäden/h erreicht werden, während mit einer Anküpfmaschine Modell AWA 2 [149] (Bild 5/2) einschließlich der notwendigen sonstigen Nebenarbeiten (Vor- und Nachbereitungszeit beim Anknüpfen) und einer Bedienungskraft etwa 7 200 Fäden/h erreichbar sind.

Fälschlicherweise werden, im Sprachgebrauch der Praxis noch verbreitet, das maschinelle Anknüpfen als Andrehen sowie die *Anknüpf*maschinen als Andrehmaschinen bezeichnet. Anknüpfmaschinen können nach folgenden Kriterien eingeteilt werden (Bild 5/3, S. 351).

Knüpfmaschinen sind heute ohne große Umbauarbeiten für den entsprechenden Einsatz, die Knotenart sowie die Knüpfarten einstellbar, so daß für die Einsatzbedingungen nur die Arbeitsrichtung maßgebend ist [150].

Bei mehrfarbigen Ketten sowie bei hoher Fadenzahl ist das Anknüpfen nur bei Vorhandensein eines Fadenkreuzes in der abgewebten Kette sowie in der neuen Kette möglich. Beim Abweben der Kette sollte auf Grund von Fehlern im Fadenkreuz, die beim Weben durch Fadenbruchbeheben entstehen können, in der Regel ein neues Fadenkreuz eingetreten werden.

Bild 5/2. Anknüpfmaschine Modell AWA 2

Für die neue Kette gibt es drei Methoden des Einbringens des Fadenkreuzes:

1. Mittels Kreuzblatt an der Schärmaschine, dabei ist es möglich und üblich, am Anfang und am Ende der Kette ein Kreuz zu schlagen, damit beim Abweben der Kette ohne Neueintreten sofort ein sauberes Fadenkreuz vorliegt
2. Mustergerechtes Einlesen mit Hand (eine heute kaum noch praktizierte Methode)
3. Einsatz einer Kreuzeinlesemaschine, wenn Webketten aus gezettelten und gefärbten

Anknüpfen 5.2. 351

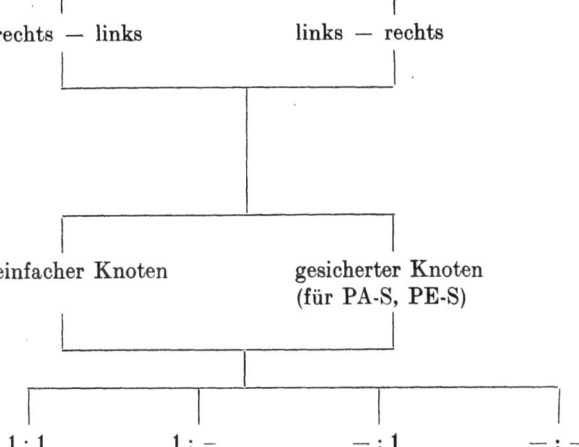

Einsatz:	transportabel (direkt an der Webmaschine)		stationär (außerhalb der Webmaschine)
Arbeitsrichtung: (in Abhängigkeit der Bedingungen an der Webmaschine, z. B. Düsenwebautomaten Modell P bzw. H — CSSR — sowie Greiferschützenwebautomaten Modell STB bzw. Sulzer erfordern eine Arbeitsrichtung von rechts nach links)	rechts — links		links — rechts
Knotenarten:	einfacher Knoten		gesicherter Knoten (für PA-S, PE-S)
Knüpfarten: (Fadenkreuz alte Kette : neue Kette)	1 : 1 1 : —	— : 1	— : —

Bild 5/3. Einteilung von Anknüpfmaschinen

Bäumen durch Zusammenbäumen oder Schlichten hergestellt werden.
(Mit der Maschine COLORMATIC [151] ist es möglich, in Ketten bis maximal 8 Farben ein 1 : 1- oder 2 : 2-Fadenkreuz einzulesen — effektive Produktion etwa 5000 Fäden/h).

Das Vorrichten der Ketten durch maschinelles Knüpfen unterteilt sich in drei Zeitabschnitte

t_V Zeit für die Vorbereitung der Kette für den Knüpfprozeß (Bereitstellen des Knüpfrahmens, Aufspannen der neuen Webkette sowie des Endes der abgewebten Kette)

t_M Zeit für das unmittelbare Knüpfen der Fäden mit der Maschine

t_N Zeit für die Nacharbeiten (Entfernen aller Klemmschienen; Durchziehen der Knotenreihe durch Fadenwächterlamellen, Litzen und Blatt; Anweben)

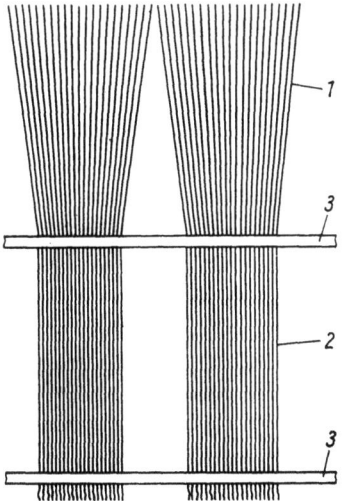

Bild 5/4. Aufspannmethode für Ketten mit geringer Fadenzahl
1 Fadenschar der Kette, *2* aufgespanntes Fadenband, *3* Klemmschiene

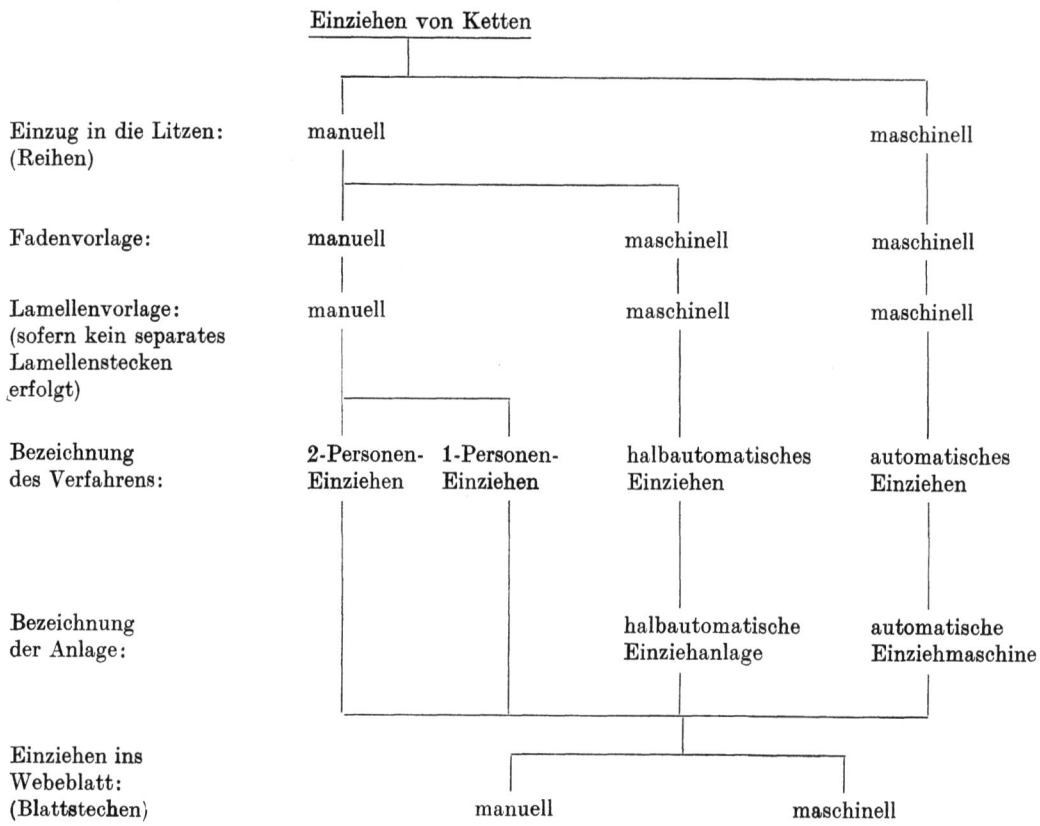

Bild 5/5. Verfahren zum Neueinzug von Webketten

Die Zeit t_V ist zwar abhängig von der Breite, aber nicht direkt proportional, da der Anteil der breitenunabhängigen Vorbereitungszeit relativ hoch ist. Das gleiche trifft für t_N zu. Für t_M besteht weitgehend Proportionalität zwischen Anzahl der Fäden und der Knüpfzeit. Werden bei einer durchschnittlichen Breite der Kette t_V und t_N als annähernd konstant betrachtet, folgt, daß die Gesamtzeit des Vorrichtens einer Webkette durch maschinelles Knüpfen von der Fadenanzahl der Kette sowie einem konstanten Zeitanteil abhängig ist. Das heißt, bei sehr geringen Fadenanzahlen (z. B. in der Nähwirkerei bei sehr niedrigen Maschinenfeinheiten) kann manuelles Knüpfen oder Andrehen zeitlich günstiger liegen.

Durch entsprechend ausgereifte Konstruktionen der Knüpfmaschinen obliegt der Bedienungskraft während des Maschinenlaufes (Zeit t_M) die Funktionsüberwachung sowie Fehlerbeseitigung. Knüpfmaschinen weisen nach dem heutigen Stand der Technik folgende Merkmale auf:

— Doppelfadenabstellung
— Repetiervorrichtung zur Wiederholung der Fadenbereitstellung bei Nichterfassung des folgenden Fadens (Wiederholbereich einstellbar von 1···22, dabei automatische Reduzierung der Knotfrequenz)
— Automatischer Vorschub der Knüpfmaschine durch Abtastung der Fadenbahnen
— Sondervorrichtungen zum Knüpfen von texturiertem Material
— Material: Garne, Seiden sowie teilweise Folieflachfäden — geschlichtet und ungeschlichtet im Feinheitsbereich von 0,8···2000 tex (auch gemischt)
— Theoretische Knotenanzahl:
Modell AWA 2500 Fäden/min
[98]

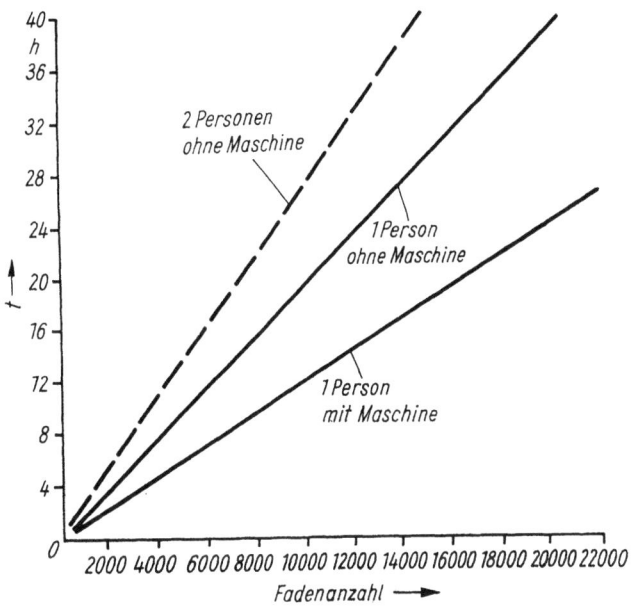

Bild 5/6. Vergleich der Zeiten für das Einziehen (Reihen) mit Hand und mit Maschine (halbautomatische Einziehanlage mit Fadenhinreichmaschine Modell 4905 und Lamellenhinreichmaschine Modell 4906)

Modell USTERMATIC 600 Fäden/min [152]
— Praktisch zur Anwendung kommende Knotenanzahl:
    300···400 Fäden/min
— Arbeitsbreiten:
    über 3 m (d. h., auch für doppelt breite Webmaschinen einsetzbar).

(Eine Zusammenstellung der technischen Daten von Anknüpfmaschinen befindet sich in [98; S. 348].)
Bei der Vorbereitung zum Knüpfen sind die Eigenschaften des Fadenmaterials unbedingt zu beachten. Zum Beispiel sollte bei empfindlichem oder auch faserigem Material das Parallelisieren und Aufspannen der Fäden möglichst nicht mittels Bürsten sondern nur durch vorsichtiges Einsetzen eines Kammes erfolgen, damit beim Knüpfprozeß die exakte Abteilung der einzelnen Fäden gewährleistet ist. Ketten mit relativ geringer Fadenzahl lassen sich gegebenenfalls nur dann vorteilhaft knüpfen, wenn das Aufspannen in Fadenbändern erfolgt (Bild 5/4), da sonst (bei zu großen Abständen von Faden zu Faden) die Regelung für die Vorschubbewegung überfordert wird.
Die beiden möglichen Technologien werden hauptsächlich bei folgenden Bedingungen angewendet:

Knüpfen direkt an der Webmaschine (transportabel)

— bei gleichbleibendem Einzug, Fadenmaterial und gleichbleibender Kettfadenanzahl
— beim Nachlegen der Ketten in Jacquardwebereien
— bei hoher Schaftanzahl und mehrbäumigem Arbeiten oder auch bei unterschiedlichen Lauflängen der Kettbäume z. B. in Frottierwebmaschinen
— bei geringen Verschmutzungen der Webelemente (Schäfte, Litzen).

Knüpfen außerhalb der Webmaschine (stationär)

— bei Notwendigkeit intensiver Reinigung und exakter Kontrolle der Webelemente (Schäfte, Litzen)
— bei Lagerhaltung von bereits eingezogenen Reservewebgeschirren in den einzelnen Sortimenten
— bei geringer Schaftanzahl, sofern durch Bereitstellung komplett eingezogener bzw. angeknüpfter Webketten Zeiteinsparungen erzielt werden (Überlagerungszeiten, die bei Anwendung der 1. Technologie

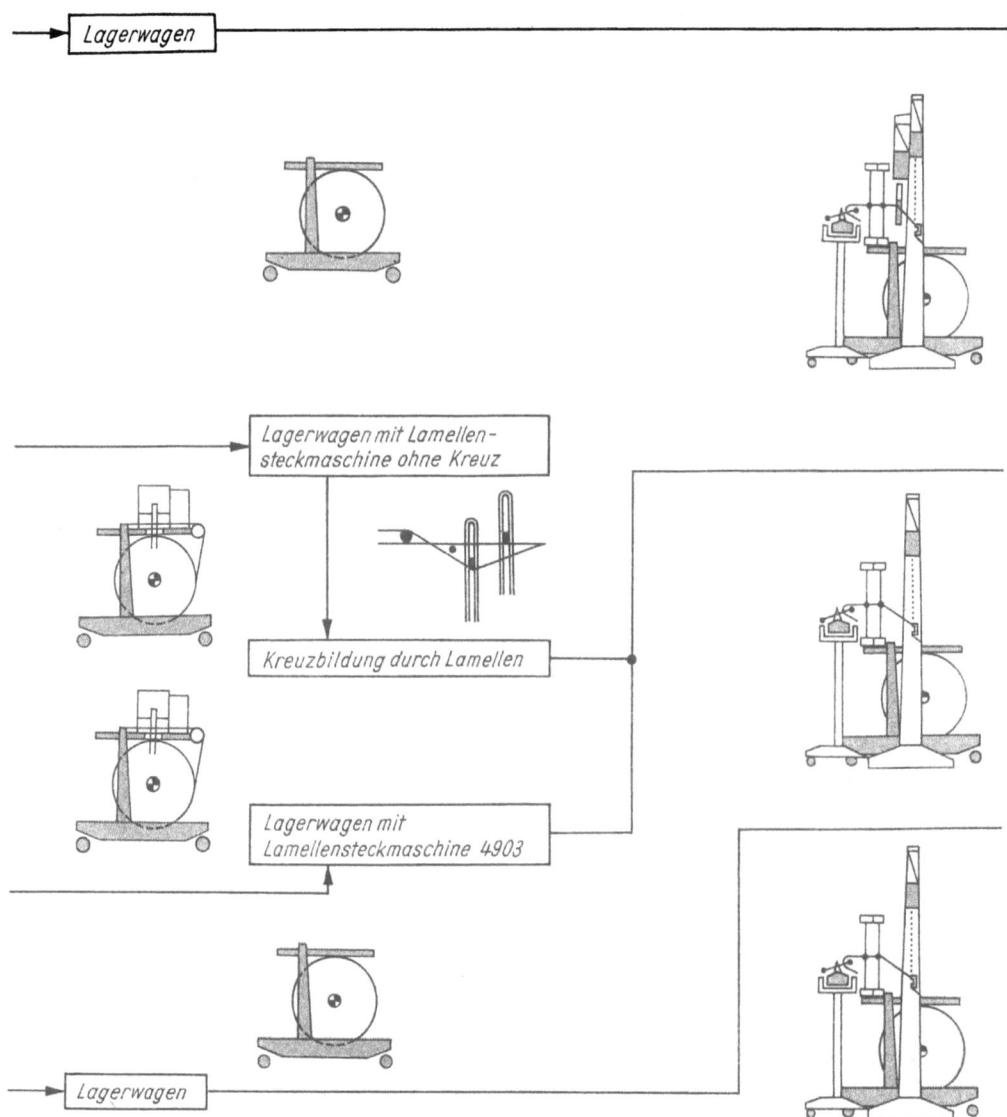

Bild 5/7. Varianten des halbautomatischen Einziehens [149]

entstehen können, sind bezüglich der Erhöhung der produktiven Laufzeit der Webmaschine zu beachten)
- bei hohen Fadenanzahlen sowie großen Kettbreiten und Einsatz von entsprechenden Transporteinrichtungen zum Einhängen des Webgeschirres in die Webmaschine (auch hier sind der Gewinn an produktiver Zeit und der Aufwand Entscheidungskriterien)
- wenn die Kettfadenwächterlamellen in der abgewebten Kette verbleiben.

Es muß hier nochmals betont werden, daß die Transporttechnologie in Wechselwirkung zur Knüpftechnologie zu sehen ist und die Vorteile einer rationellen Knüpftechnologie nur wirksam werden mit einer optimal abgestimmten Transporttechnologie.

5.3. Einziehen

Für den Neueinzug einer Webkette in Lamellen, Litzen und Webeblatt kommen folgende Verfahren zur Anwendung (Bild 5/5, S. 352).

Einziehen **5.3.**   355

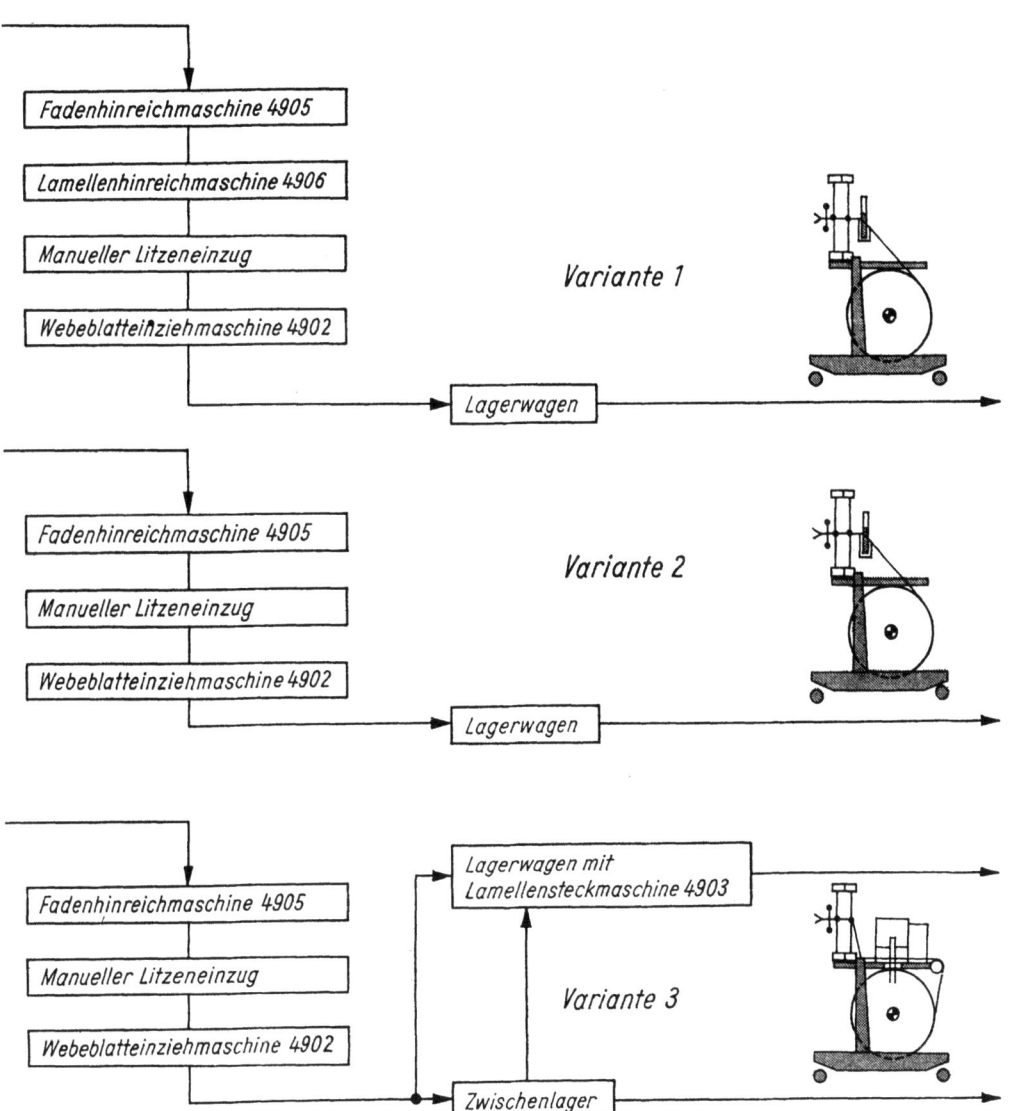

Bild 5/7

Daraus ist ersichtlich, daß es möglich ist, das gesamte Einziehen der Fäden in Lamellen Litzen und Webeblatt den betrieblichen Erfordernissen durch Zusammenstellung und Kombination der verschiedenen Einzugsmöglichkeiten optimal anzupassen.

5.3.1. Reihen

Unter dem Begriff Reihen wird das Einziehen der Fäden in die Kettfadenträgerelemente (Litzen) verstanden.

Die zeitaufwendigste Einzugsmethode ist die Arbeit mit einem Einziehpaar (zwei Arbeitskräfte), d. h., einer Arbeitskraft für das Abteilen und Hinreichen von Lamellen und Fäden sowie einer zweiten Arbeitskraft, die das Abteilen der Litzen und das Einziehen durchführt.

Eine andere Methode, die durch entsprechendes Aufspannen der Kette mit nur einer Arbeitskraft ausführbar ist, belastet diese (Fadenabteilen, eventuell Lamellenabteilen, Litzenabteilen, Einziehen) vor allem bei komplizierten Einzügen und großer Schaftanzahl sehr hoch.

Im Diagramm Bild 5/6 [149] ist unter Einbeziehung von praktischen Erfahrungswerten der Zeitaufwand für die einzelnen Einziehmethoden dargestellt.

Halbautomatische Einziehanlagen von *TEXTIMA* können u. a. folgenden Aufbau haben [149].

Arbeitsstufe 2 — Fadenhinreichmaschine Modell 4905
  — manueller Litzeneinzug
Arbeitsstufe 3 — Webeblatteinziehmaschine Modell 4902

Variante 3: (Bild 5/7)

Arbeitsstufe 1 — Fadenhinreichmaschine Modell 4905
  manueller Litzeneinzug
Arbeitsstufe 2 — Webeblatteinziehmaschine Modell 4902
Arbeitsstufe 3 — Lamellensteckmaschine Modell 4903.

Bild 5/8. Fadenhinreichmaschine Modell 4905

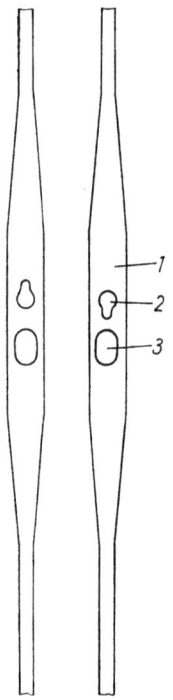

Bild 5/9. Teil einer Flachstahlweblitze für eine automatische Einziehmaschine
1 Spezialflachstahlweblitze, *2* Schlüsselloch, *3* Fadenauge

Variante 1: (Bild 5/7)

Arbeitsstufe 1 — Fadenhinreichmaschine Modell 4905
  — Lamellenhinreichmaschine Modell 4906
  — manueller Litzeneinzug
Arbeitsstufe 2 — Webeblatteinziehmaschine Modell 4902

Variante 2: (Bild 5/7)

Arbeitsstufe 1 — Lamellensteckmaschine Modell 4903

Die in den vorstehend dargestellten Varianten zum Einsatz kommenden Maschinen besitzen folgende technische Parameter und Merkmale [149; S. 7···8]:

Fadenhinreichmaschine 4905 (Bild 5/8)

Es werden Ketten mit und ohne Fadenkreuz hingereicht, ohne daß die Maschine irgend-

Tabelle 5/1. Technische Daten von automatischen Einziehmaschinen

Hersteller:	Zellweger Uster (Schweiz)				Barber & Colman (USA)
Maschinentyp:	EMU 21	EMU 22	EMU 31	EMU 32	DELTA
Arbeitsgänge:	nur Litzeneinzug (Blatteinzug sowie Lamellenstecken sep.)		Lamellen- und Litzeneinzug (Blatteinzug sep.)		Lamellen-, Litzen- und Blatteinzug (Blatteinzug integriert)
Kettbaumanzahl:	1	1 oder 2	1	1 oder 2	1 oder 2
Einsatz von Speziallamellen	nein	nein	ja	ja	ja
-litzen notwendig	nein	nein	nein	nein	ja
Anzahl der Lamellenreihen:	in Abhängigkeit der Lamellensteckmaschine		max. 6	max. 6	max. 6 max. 8
Anzahl der Schäfte:			max. 28		max. 28 (bei 4 Lamellenreihen)
Einzugsfolge:			beliebig		beliebig
Steuerung:			Lochkarte		Lochkarte
Bedienungspersonal:					2 2
— normale Webgeschirre	4[1])	4[1])	3	3	
— reiterlose Geschirre	3[1])	3[1])	2	2	
— Blatteinziehen	1	1	1	1	
Produktion (webfertig):	30000···50000 Fäden/8 h (in Abhängigkeit der Fadenanzahl je Kette)				

[1]) einschließlich Lamellenstecken

wie umgebaut werden muß. Die Kette kann aus Fäden aller üblichen Feinheiten, Fadenzahlen und jedem beliebigen Material bestehen. Die Produktion hängt nur von der Arbeitsgeschwindigkeit der einziehenden Person ab. Die Arbeitsrichtung kann wahlweise von rechts nach links oder umgekehrt mit der gleichen Maschine durchgeführt werden. Das Gestell wird in beliebiger Arbeitsbreite geliefert. Die Kettvorbereitung erfolgt in waagerechter Lage, die Geschirrauflage ist Bestandteil des Lagerwagens.

Lamellenhinreichmaschine 4906

Sie reicht wahlweise 2—6 Lamellenreihen hin, wobei immer eine Kettfadenwächterlamelle vorgelegt wird. Die Maschine kann alle offenen und geschlossenen Lamellen hinreichen. Die Arbeitsrichtung ist ebenfalls mit der gleichen Maschine von links nach rechts oder umgekehrt wählbar. Der Arbeitsrhythmus wird von der Fadenhinreichmaschine gesteuert. Das Laufgestell ist an dem Grundgestell der Fadenhinreichmaschine angebaut. Die Lamellenhalterungen trägt — wie die Webgeschirre — ebenfalls der Lagerwagen.

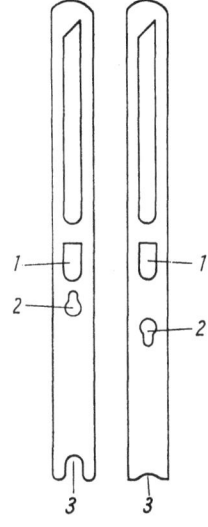

Bild 5/10. Lamellen mit versetztem Schlüsselloch und Vorwählaussparung für eine automatische Einziehmaschine
1 Fadenloch, *2* Schlüsselloch, *3* Vorwählaussparung

Webeblatteinziehmaschine (4902 Bild 5/19)

Sie arbeitet auf einem fahrbaren Gestell, welches an die Einziehanlage herangefahren

Bild 5/11. Automatische Einziehmaschine *USTER-DELTA*

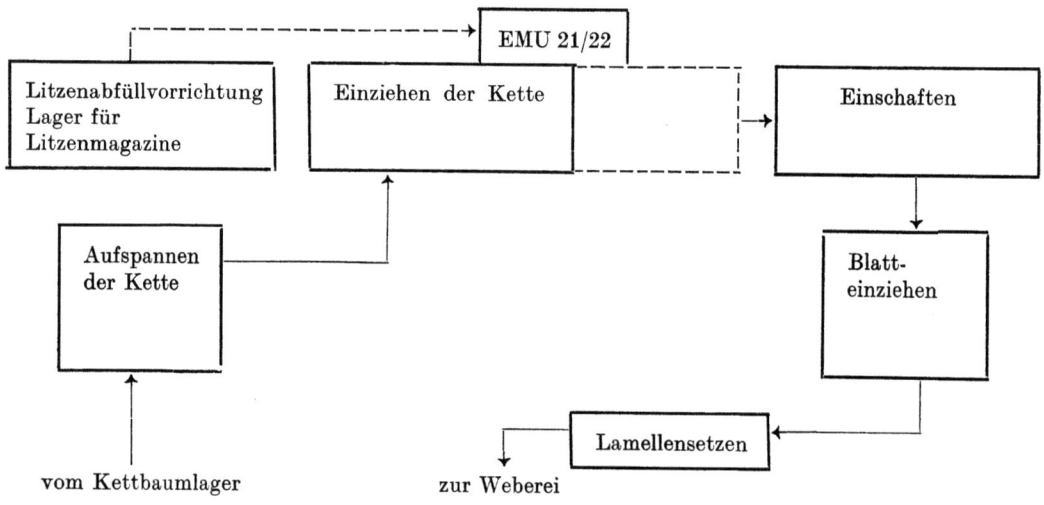

Bild 5/12. Schematischer Durchlauf an einer EMU-Anlage

wird. Die Maschine hat folgende technische Daten:

Blattfeinheit   20—500 Rohre/dm
Blattsprung   größer als 52 mm
Blattbreite   unbeschränkt.

Mit 2 Maschinenausführungen ist eine Arbeitsrichtung von links nach rechts oder von rechts nach links möglich.

Bild 5/13. *Stationärer* Einsatz der Webeblatteinziehmaschine Modell 4902

Die Daten der Lamellensteckmaschine sind aus Abschnitt 5.4. ersichtlich.
Die Anwendungsmöglichkeiten von halbautomatischen Einziehanlagen liegen bei:

— Neueinzug abgenutzter (verbrauchter, verschmutzter) Webgeschirre
— Artikelwechsel, verbunden mit anderen Einzügen, Änderungen der Fadenanzahl u. a.
— Rationalisierung des Einzugs in geschlossene Fadenwächterlamellen
— Webereien mit überwiegend Stapelproduktion, d. h. ohne laufenden Wechsel in der Musterung und relativ hohen Losgrößen, erreichen mit der Ein-Personen-Bedienung eine rationelle Arbeitsweise.

Aus den vorangegangenen Betrachtungen ist ersichtlich, daß das eigentliche Einziehen des Fadens *durch* das Litzenauge bei allen beschriebenen Methoden ob mit oder ohne Maschine manuell mittels Einziehhakens erfolgte. Automatische Einziehmaschinen führen auch diese Tätigkeit maschinell durch. Es gibt zwei verschiedene Fabrikate mit zum Teil unterschiedlichen Konstruktionsmerkmalen. Aus Tabelle 5/1 sind die Unterschiede, Besonderheiten und technischen Daten ersichtlich [4; S. 341], [153], [158]. Bei der Maschine von Barber & Colman (USA) erfolgt der Einzug gleichzeitig durch die Lamelle, Litze in das Webeblatt. Als Besonderheit ist zu beachten, daß die Maschine nur mit Spezialflachstahlweblitzen (Bild 5/9) sowie Lamellen mit sogenanntem Schlüsselloch (Bild 5/10) [154] verwendet werden kann. Der Einziehvorgang mittels einer Nadel erfolgt, gesteuert von einer Lochkarte, nachdem Lamelle, Litze und Blattriet ausgewählt und positioniert wurden. Dem eigentlichen Einzug folgt das mustergerechte Verteilen von Lamelle und Litze.
Die automatische Einziehmaschine *USTER-DELTA* von Zellweger (Schweiz) ist in der

Bild 5/14. Einsatz der Webeblatteinziehmaschine Modell 4902 direkt am Webautomaten

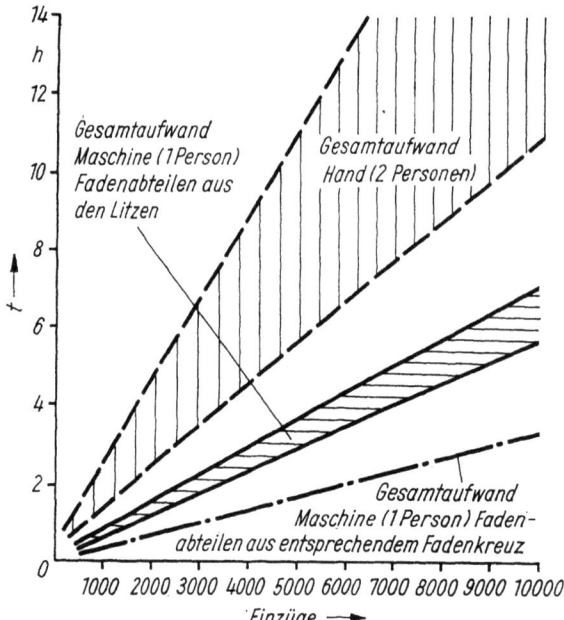

Bild 5/15. Vergleich der Zeiten für das Blatteinziehen (Blattstechen) mit Hand und mit Maschine Modell 4902 (neben der Fingerfertigkeit von Blattfeinheit und Material abhängig)

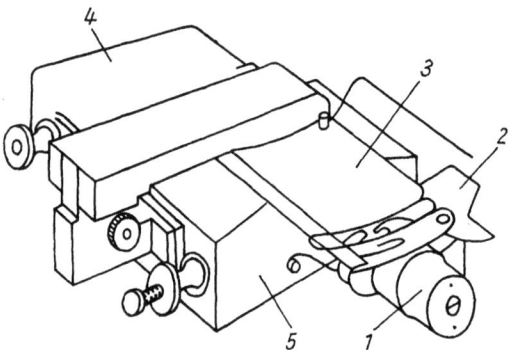

Bild 5/16. Maschinenkopf der Webeblatteinziehmaschine Modell 4902
1 Einziehkopf, *2* Ablegemechanismus, *3* Fadeneinlegeblech mit Fühler, *4* Antriebsmotor, *5* Getriebegehäuse

technischen Ausführung vergleichbar mit der Maschine von *Barber & Colman* (USA), verlangt reiterlose Webschäfte und ist geeignet für Kettbaumscheibendurchmesser bis 940 mm und Kettbreiten bis 4000 mm. Die Ketten befinden sich auf Einziehwagen, und ohne Umladung können die fertig eingezogenen Webketten in die Weberei transportiert werden. Die erreichbare Produktion beträgt je nach Material, Schaftanzahl, Einzug usw. bis 200 Einzüge/min.

Entsprechende Kontroll- und Überwachungseinrichtungen gewährleisten bei beiden Fabrikaten einen fehlerfreien Einzug. Bild 5/11 zeigt die automatische Einziehanlage USTER-DELTA. Die Einziehmaschine — U*ster* (*EMU*) — ist einsetzbar für Stahldraht sowie Flachstahllitzen (bei Flachstahllitzen müssen Kopf- und Fußform unterschiedlich sein).
Für die *EMU* 31 und 32 besteht die Forderung nach außen am Kopf abgeschrägter Lamellen, die der Maschine wechselseitig zugeführt werden müssen. Der Vorteil der automatischen Einziehmaschine EMU [153] liegt in der Anpassung an die bereits vorhandenen Bedingungen und Webelemente (Litzen usw.).
Bild 5/11 zeigt die automatische Einziehmaschine EMU [153], deren Vorteil in der Anpassung an die bereits vorhandenen Bedingungen und Webelemente (Litzen usw.) liegt.
In Bild 5/12 ist ein Schema für einen Durchlauf durch eine automatische Einziehanlage EMU dargestellt.
Automatische Einziehmaschinen können eine Senkung der Einziehkosten um etwa 50% bewirken und sind bei relativ hohem Anfall neu einzuziehender Webketten (abhängig u. a. von Musterwechsel, Auftragsgrößen, Laufzeit der Webgeschirre) rentabel einsetz-

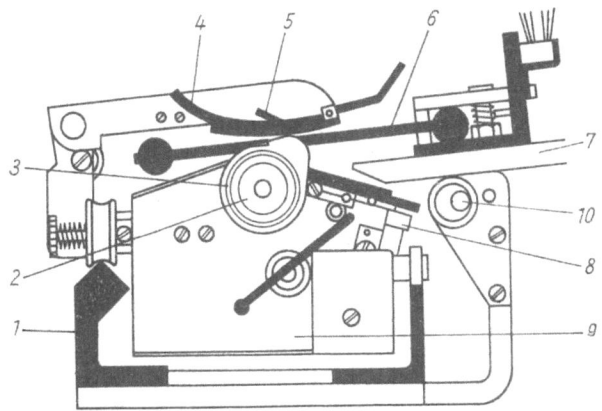

Bild 5/17. Webeblatteinzieh-Maschine Modell 4902
1 Gestell, *2* Einziehkopf, *3* Einziehscheibe, *4* Einlegeblech (kippbar), *5* Fühler, *6* Webeblatt, *7* Blatthalterung (kippbar), *8* Fadenableger, *9* Maschinenkopf, *10* exzentrisches Lager von 7

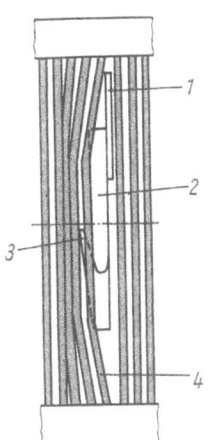

Bild 5/18. Schematische Darstellung der Arbeitselemente an der Webeblatteinziehmaschine Modell 4902 [157]
1 Einzughaken, *2* Einziehscheibe, *3* abgespreizte Schlitzkante, *4* abgeteilter Webeblattstab

bar. Die Maschine EMU (*Zellweger*/Schweiz) arbeitet bei Einzügen bis zu 18 Schäften mit etwa 150 Einzügen/min, so daß sich bei einem praktisch erreichbaren Wirkungsgrad von 80% rund 58000 Einzüge/8 h und reiterlosem Geschirr ergeben (bei konventionellen Geschirren sinkt die Produktion etwa um 15%) [155].
Weitere Vorteile sind:
— Regelmäßige optimale Reinigung und Kontrolle von Lamellen, Litzen, Webeblättern
— Möglichkeit des Aussonderns verschlisse-

ner Webelemente zum richtigen Zeitpunkt
— Schaffung günstiger Voraussetzungen für eine hohe Qualität und Produktion in der Weberei.

5.3.2. Blattstechen

Unter Blattstechen ist das Einziehen von Fäden in das Webeblatt zu verstehen. Neben dem Einsatz in Einziehanlagen bzw. stationär (Bild 5/13) ist der Einsatz von Webeblatteinziehmaschinen auch zweckmäßig direkt an der Webmaschine (z. B. in der Jacquardweberei — Bild 5/14). Mit der Ein-Personen-Bedienung, die günstige Arbeitsbedingungen und Produktivitätssteigerungen ergibt, entstehen beachtliche Arbeitserleichterungen (günstige Arbeitshaltung, sitzende Tätigkeit). Das Diagramm in Bild 5/15 [149] zeigt einen Überblick der Produktion beim Blatteinziehen von Hand und mit Maschine. Durch Bildung eines dem Blatteinzug entsprechenden Fadenkreuzes vor dem Webgeschirr kann beim Abteilen der Fadengruppen eine weitere Produktionssteigerung — in Bild 5/15 mit —·—·— dargestellt — erreicht werden.
Die Funktion der Webeblatteinziehmaschine Modell 4902 (*TEXTIMA*) — einsetzbar für Blattfeinheiten von 20···500 Rohren/dm — soll anhand der Bilder 5/16, 5/17, 5/18 [156], [157] näher beschrieben werden.
Bild 5/16 zeigt die schematische Übersicht

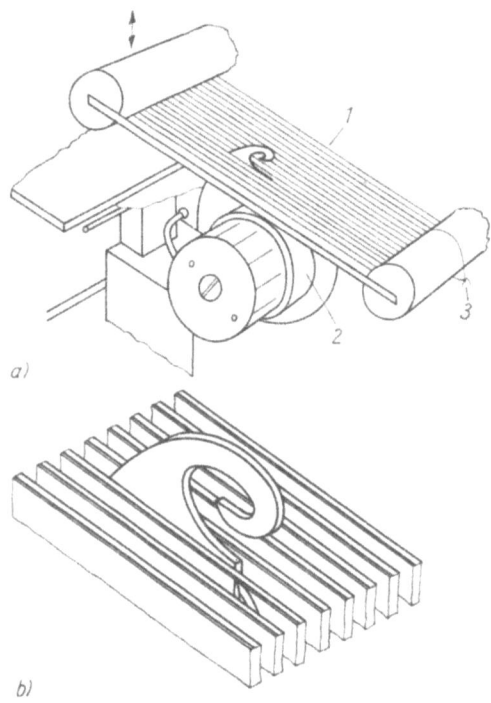

Bild 5/19. Einstellung des Webeblattes zur Einziehscheibe (Modell 4902)
a) Gesamtansicht   b) Ausschnitt
1 Webeblatt, *2* Einziehscheibe, *3* Markierfaden für den Beginn des Einzuges

der wichtigsten Baugruppen der Webeblatteinziehmaschine.
Nach dem Einsetzen bzw. Einspannen des Webeblattes *6* (Bild 5/17), die Blatthalterung *7* muß dabei senkrecht stehen, wird das Einlegeblech *4* nach links gekippt, und das Webeblatt *6* wird mit der Blatthalterung *7* auf den Einziehkopf *2* geschwenkt. Es ist zu beachten, daß die Einziehscheibe *3* in einer Blattlücke zum Stehen kommt. Durch entsprechende Einstellung des exzentrischen Lagers *10* wird das Webeblatt *1* (Bild 5/19 a) soweit angehoben oder gesenkt, daß die abgespreizte Schlitzkante *3* (Bild 5/18) sicher in die benachbarte Blattlücke neben der Einziehscheibe *2* (Bild 5/18) eingreift, aber weder die abgespreizte Schlitzkante noch die Unterkante des Einzughakens über die Blattstäbe hinausragen (Bild 5/19 b). Der Abstand zwischen Einziehscheibe *2* und abgespreizter Schlitzkante *3* (Bild 5/18) ist am Einziehkopf stufenlos einstellbar und sollte der Rietstabdichte entsprechen. Die richtige Einstellung kann durch Auslösen der Weiterschaltung mit Hand über den Fühler *5* (Bild 5/17) und visuelle Kontrolle der Einziehscheibe im Blatt überprüft werden. Durch manuelle Auslösung der Kontaktgabe am Fühler *5* (Bild 5/17) wird

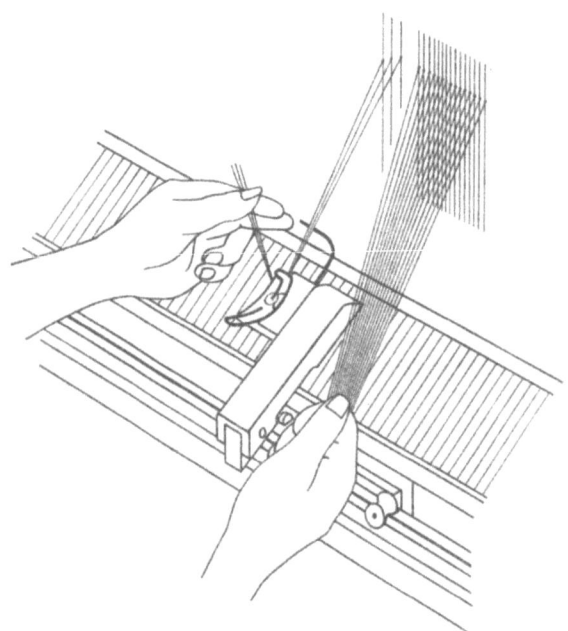

Bild 5/20. Bedienung der Webeblatteinziehmaschine Modell 4902 — Arbeitsrichtung von links nach rechts

die Maschine in Anfangsstellung gebracht, die durch einen Markierfaden 3 (Bild 5/19 a) gekennzeichnet werden kann. Der Einzug und die gleichzeitige Fortschaltung der Maschine erfolgen von der schraubenförmig ausgebildeten Einziehscheibe (Bild 5/19 b).
Die Auslösung der Weiterschaltung verbunden mit dem Einziehen wird von den unter das Einlegeblech geführten Fäden, die dabei an einem Fühler 5 Kontakt für eine Drehbewegung der Einziehscheibe geben, übernommen. Die theoretisch mögliche Drehzahl der Einziehscheibe liegt weit höher, als es der Bedienungskraft möglich ist, durch Fadenvorlage in gleicher Frequenz die theoretische Drehzahl zu erreichen. Bisher erzielte Spitzenwerte von 10000 Fäden/Stunde bei dreifädigem Einzug, einer Blattfeinheit von 250 Rohren (Rieten)/10 cm und synthetischem Material [149] sind hauptsächlich von der Methode des Fadenabteilens und der Geschicklichkeit der Bedienungskraft abhängig.

Bild 5/21. Einziehscheibe während des Einziehvorganges (Webeblatteinziehmaschine Modell 4902)

Für die Auswahl der richtigen Arbeitsrichtung sollten die zur Bedienung der Webeblatteinziehmaschine notwendigen Handgriffe kritisch betrachtet werden.
Bild 5/20 zeigt die Bedienung der Webeblatteinziehmaschine für die Arbeitsrichtung von links nach rechts, in Bild 5/21 ist das Durchziehen des Fadens zwischen den Rietstäben des Webeblattes dargestellt.
Die rechte Hand hält den Kettfadenstrang, während die linke Hand die je nach Einzug erforderlichen Fäden aus den Litzen oder aus einem dem Einzug entsprechenden Fadenkreuz abteilt, unter das Einlegeblech führt und leicht gespannt bis zum Erfassen der Fäden durch die Einziehscheibe festhält. Bereits während die Einziehscheibe den Einzug zu Ende führt, kann die nächste Fadengruppe abgeteilt werden.
In der Praxis wird häufig auf Grund verbreiteter Rechtshändigkeit gerade die umgekehrte Arbeitsrichtung gewählt, also von rechts nach links.
Die Auswahl der Arbeitsrichtung sollte unter Beachtung folgender Faktoren bestimmt werden:
— Grifftechnik für das Vorlegen der Fäden unter das Einlegeblech
— Abteilen der Fäden direkt an den Litzen
— Abteilen aus einem speziellen Fadenkreuz.
Ziel muß immer sein, eine hohe Produktivität zu erreichen und die Grifftechnik optimal anzuwenden.

5.4. Lamellenstecken

Lamellensteckmaschinen (Bild 5/22) werden stationär (z. B. an halbautomatischen oder an automatischen Einziehanlagen) oder auch direkt an der Webmaschine (z. B. Jacquardweberei) eingesetzt. An Nähwirkmaschinen ist auf Grund des nur in größeren Zeitabständen erforderlichen Neueinzuges der

Bild 5/22. Lamellensteckmaschine Modell 4903

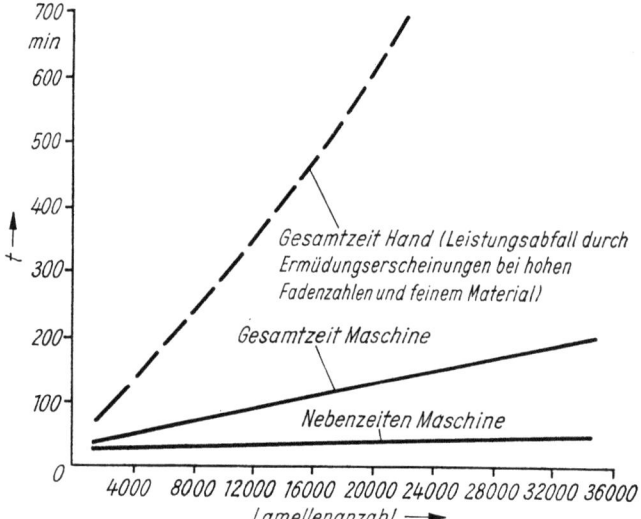

Bild 5/23. Vergleich der Zeiten für das Lamellenstecken mit Hand und mit Maschine in der Seidenindustrie (Lamellensteckmaschine Modell 4903)

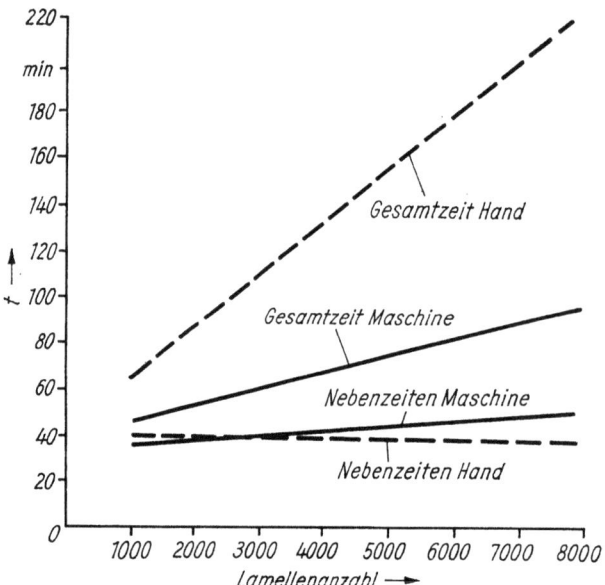

Bild 5/24. Vergleich der Zeiten für das Lamellenstecken mit Hand und mit Maschine in der Tuchindustrie (Lamellensteckmaschine Modell 4903)

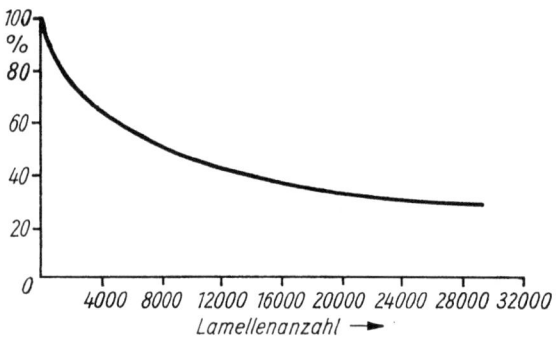

Bild 5/25. Anteil der Nebenzeiten an der Gesamtzeit beim Lamellenstecken mit der Lamellensteckmaschine Modell 4903

Fäden sowie der besonderen Bedingungen an Nähwirkmaschinen der Einsatz von Lamellensteckmaschinen nicht möglich.

Die Vorteile, die der Einsatz von Lamellensteckmaschinen bringt, ist aus den Bildern 5/23, 5/24, 5/25 ersichtlich [149].

Das Prinzip des Aufsteckens ist relativ einfach und teilt sich im wesentlichen in folgende Phasen, wobei grundsätzlich ein Fadenkreuz 1 : 1 erforderlich ist:

Vorbereitung:
— Aufspannen der Kette
— Aufsetzen der Maschine
— Spannen von Setzschnuren (Anzahl Schnuren $\triangle$ Anzahl Lamellenreihen)

Lamellensetzen:
— Abteilen von Faden und Lamelle in der vorgewählten Reihe (je nach Setzfolge)
— Setzen der Lamelle
 (Die Bedienungskraft hat Kontrollfunktionen und füllt erforderlichenfalls Lamellen nach!)

Nacharbeiten:
— Entfernen von Maschine und Gestell
— Einführen der Zahnschienen (für mechan. Fadenwächter) bzw. Kontaktschienen (für elektrische Fadenwächter).

Die Zeit für die Vorbereitung und für die Nacharbeiten beträgt etwa 10···15 min.

Die technischen Daten der Lamellensteckmaschine Modell *4903* (*TEXTIMA*) sind [149]:

Kettmaterial — alle Faserstoffe und alle Feinheiten

Lamellen — gerade offene Kettfadenwächterlamellen mit den Abmessungen
 Länge 125···185 mm
 Breite 7, 8, 9, 11 mm
 Dicke von 0,15 mm aufwärts
— für elektrische oder mechanische Kettfadenwächter
— am Kopf abgeschrägte Lamellen können willkürlich zueinander stehen

Abteilung der
Lamellen — mechanisch (Doppellamellen sind ausgeschlossen)

Drehzahl — stufenlos bis 300 Lamellen/min einstellbar

Wächtervorrichtungen
— Stillsetzung der Maschine beim Fehlen einer Lamelle
— Stillsetzung der Maschine beim Fehlen eines Fadens

Anzahl der
Reihen — 2···6 (wobei eine Maschine für je zwei Reihenanzahlen ausgerüstet wird)

Lamellenvorrat
in der Maschine — 1000 Lamellen/Reihe

Andere bekannte Hersteller [98; S. 347] erreichen gleiche Parameter.

5.5. Zusammenfassung

Effektives Kettvorrichten ist dann gegeben, wenn unter Einbeziehung optimaler Transportlösungen für die jeweiligen konkreten Bedingungen des Vorrichtens die Technologie und die dazu notwendigen Maschinen so ausgewählt werden, daß minimaler Aufwand beim Vorrichten und minimale Stillstände z. B. in der Weberei erreicht werden. Die angebotenen Maschinen und Anlagen lassen die vielfältigsten Kombinationen zu, so daß sich in Abhängigkeit der Anforderungen (z. B. farbliche Musterung in der Weberei, geringe Losgrößen usw.) für den größten Teil aller Anwendungsfälle optimale Lösungen des Vorrichtens zusammenstellen lassen.

Die Entwicklung der Weberei zu großen Arbeitsbreiten, verstärkte Nutzung der Musterungsmöglichkeiten u. a. führte dazu, daß die Vorrichtmaschinen heute u. a. für

— doppelte Kettbaumbreiten
— zweibäumiges Arbeiten
— Abteilung von Fäden aus unregelmäßigen Fadenkreuzen (mit Lochbandsteuerung)

geeignet sind [103; S. 537]. Die Tendenz der Weiterentwicklung läßt im wesentlichen folgende Richtungen erkennen

— weitere Reduzierung der Stillstandszeiten in der Weberei (bzw. in der Einzieherei) durch Verkürzung der Handzeiten und Umrüstzeiten
— Erweiterung der Einsatzgebiete der Maschinen auf Spezialgebiete (z. B. Foliefäden)
— Einsatz von Transportwagen und -systemen mit dem Ziel, jegliches Umladen der Ketten zu vermeiden.

6. Verzeichnis der verwendeten Symbole

A	Fläche	d_0	Hülsendurchmesser, Durchmesser des Kettbaumrohres
A_G	Garnquerschnittsfläche		
A_S	Theoretische Querschnittsfläche eines Fadens	d_R	Reibkörperdurchmesser
		d_{Rg}	Ringdurchmesser (Zwirnring)
A_W	Wickelquerschnittsfläche	d_S	Kopsdurchmesser an der Spitze
A_1	Spulengatterfläche	d_{SW}	Durchmesser des Spindelwirtels
A_2	Spulengatterfläche	d_W	Windungsdurchmesser am Zwirn
A_3	Spulengatterfläche	d_{ZB}	Wicklungsdurchmesser des Zettelbaumes
a	Abstand		
a_Z	Beschleunigung der Ringbank	d_1, d_2	momentaner Spulendurchmesser, Wicklungsdurchmesser
B	Induktion		
Bd	Band	E	Elastizitätsmodul
BF	Blattfeinheit	E_F	Fadeneinzug
BG	Beschlichtungsgrad	e	Einzwirnung, mathematische Konstante
b	Breite, Bewicklungsbreite	F	Kraft, Fadenzugkraft
b_{Bd}	Bandbreite	F_A	Abzugskraft
b_K	Kettbaumbreite	FA	Flottenaufnahme
b_{TB}	Teilkettbaumbreite	F_a	Axialkomponente der Fadenzugkraft
b_{ZB}	Zettelbaumbreite	F_B	Bremskraft
b_1	Spulengatterbreite	F_{BR}	Fadenzugkraft im Ballon
b_2	Spulengatterbreite	F_F	Federkraft
C	Integrationskonstante, Korrekturfaktor	$F_{G\,max}$	Garnreißkraft
		F_K	Kettfadenzugkraft
C_i	Konstante	F_L	Lagerreibungskraft
C_V	Faktor für zu verdampfende Flüssigkeit	F_M	Magnetkraft
		F_N	Normalkraft
c	Federsteife, Federkonstante	F_P	Preßkraft
D	Tragwalzendurchmesser	F_Q	Quetschkraft
D_{Bd}	Fadenzahl des Schärbandes	F_R	Reibkraft
D_{DB}	Fadenzahl beim Direktbäumen	F_r	Radialkomponente der Fadenzugkraft
D_K	Drehungskonstante, Fadenzahl der Kette	F_T	Trennkraft
		F_t	Tangentialkomponente der Fadenzugkraft
D_{TB}	Fadenzahl des Teilkettbaumes		
D_{ZB}	Fadenzahl des Zettelbaumes	F_W	Wickelzugkraft
d	Durchmesser, Spulendurchmesser, Wicklungsdurchmesser	F_0	Fadenzugkraft vor der Fadenbremse
		F_1	Fadenzugkraft durch Normalreibung
d_B	Kopsdurchmesser an der Basis	F_2	Fadenzugkraft durch Seilreibung
d_F	Fadendurchmesser	f_0	Eigenfrequenz der Spindel
d_G	Garndurchmesser	G	Totalkrümmung einer Raumkurve, Gewichtskraft
d_L	Durchmesser der Lieferwalze		

Verzeichnis der verwendeten Symbole 6.

G_e	Generator	l_2	Spulengatterlänge mit Reserveaufsteckung
g	Erdbeschleunigung		
H	Fadenführerhub	M	Moment
h	Steigung, Steigungshöhe der Schraubenlinie	M_A	Abzugsmoment
		M_B	Bremsmoment
h_G	Steigung der Faser im Garn	M_{KB}	am Kettbaum wirkendes Antriebsmoment
h_{GZ}	Steigung der Garnschraube im Zwirn		
h_K	Höhe des Aufwindekegels, Konushöhe	M_L	Moment der Lagerreibung
h_K'	bewickelte Konushöhe nach 100 Schärtrommelumdrehungen	M_P	Moment durch die Preßwalze
		M_W	Wickelmoment
h_W	Höhe einer Wickelschicht	m	Masse
h_0	Steigung einer Fadenwindung auf der Spulenachse	m_A	Masse der Schlichtemittelauswaage
		m_E	Masse der Schlichtemitteleinwaage
h_1, h_2	momentane Steigung einer Fadenwindung	m_K	Masse der Kette
		m_L	Ringläufermasse
I	Massenträgheitsmoment, äquatoriales Trägheitsmoment, Strom	m_{red}	reduzierte Masse
		m_{Vg}	Masseverlust der geschlichteten Kette
I_{em}	Erregerstrom (Motor)	m_{Vu}	Masseverlust der ungeschlichteten Kette
I_{eg}	Erregerstrom (Generator)	m_W	Masse des verdampften Wassers
i	Übersetzungsverhältnis	m_Z	Zwirnmasse
i_D	Übersetzungsverhältnis zwischen Motor und Tragwalze	$\dot{m}_D$	Trocknungsgeschwindigkeit
		$\dot{m}_{D1}$	Trocknungsgeschwindigkeit im 1. Trocknungsabschnitt
i_G	gesamtes Übersetzungsverhältnis		
i_S	Übersetzungsverhältnis zwischen Motor und Spindel	$\dot{m}_{DE}$	Endtrockengeschwindigkeit
		$\bar{N}_f$	Mittelwert der Faseranzahl im Fadenquerschnitt
K	Multiplikator, Konstante, Krümmung einer Kurve		
		Nm	Fadenfeinheit
K_{Fl}	Schlichteflottenkonzentration	Nm_Z	Zwirnfeinheit in m/g
K_1	Konstante	n, n_i	Drehzahl, Anzahl
k	Dichtefaktor	n'	Drehzahl für $I \cdot n' =$ konstant
k_D	Dämpfungskonstante	n_D	Tragwalzendrehzahl
k_m	mittlerer Dichtefaktor	n_{Dr}	Drehzahl des Drehungsorganes
k_{Gr}	Grenzwert des Dichtefaktors	n_H	Antriebsdrehzahl des Fadenführers
L	Fadenlänge einer Doppelschicht	n_L	Drehzahl der Lieferwalze
L_1	Reißlänge	n_M	Motordrehzahl
L_K	Kettlänge	n_{max}	maximale Drehzahl
L_W	Wickellänge	n_n	Drehzahl bei Erreichen des Nenndrehmomentes
l	Länge, Abstand		
l_{Bd}	Länge eines Bandes	n_{RL}	Ringläuferdrehzahl
l_F	Fadenlänge	n_S	Spulendrehzahl
l_H	Länge der Spinnhülse	n_{SK}	kritische Drehzahl
l_i	Garnlängen	n_{Spl}	Spindeldrehzahl
l_K	Länge des Schärkonus	n_{S1}, n_{S2}	Spulendrehzahl beim Spulendurchmesser d_1, d_2
l_r	Länge einer beliebigen Windungsschicht		
		n_T	Drehzahl der Bandtrommel
l_S	Spulenlänge	n_Z	Anzahl der Zusatzdrehungen
l_T	Trennstrecke	n_{ZB}	Drehzahl des Zettelbaumes
l_W	Fadenlänge einer Windung	P	Leistung
l_Z	Zwirnlänge	P_l	Produktion in Längeneinheit
l_0	Ausgangslänge eines Fadens	P_M	Motorleistung
l_1	Spulengatterlänge mit Einfachaufsteckung	P_m	Produktion in Masseeinheit
		P_{Tr}	Trockenleistung

6. Verzeichnis der verwendeten Symbole

P_V	breitenbezogene Wasserverdampfung	t_P	Produktionszeit
p	Druck, spezifischer Druck in der Wicklung	t_{RB}	Reaktionszeit der Abstell- und Bremselemente
p_A	Abquetschdruck	t_{RW}	Reaktionszeit des Fadenwächters
Q_V	Verdampfungswärme	t_S	Spindelteilung
q	Durchmesserverhältnis d_S/d_B, Fadendichte (Anzahl Fäden je cm²)	t_{sch}	Schärzeit
		t_T	Zeit für das Fadentrennen
R	Radius, großer Spulenradius	t_V	Vorbereitungszeit
R_B	Radius des Reibkörpers	t_W	Wickelzeit
R_G	Garnradius	t_{WP}	Zeit für den Wechsel der Partie
r	Radius	t_{WS}	Zeit für den Wechsel der Spulen
r_B	Radius der Bremsscheibe	t_0, t_0'	Teilung
r_W	Windungsradius der Garnschraube	t_1	Zeit für den Aufwärtshub der Ringbank
r_0	kleiner Spulenradius	t_2	Zeit für den Abwärtshub der Ringbank
r_i	momentaner Wicklungsradius	U_K	Klemmenspannung
r_Z	Radius des Zapfens	U_1	Spannungsteiler 1
S	Schlupffaktor für den Spindelantrieb	U_2	Spannungsteiler 2
S_A	Schlichteauflage	u	Anzahl der Fadenwindungen auf dem Spulenradius
S_{Fl}	Volumen der Schlichteflottenprobe		
s	Windungslänge der Schraubenlinie, Weg	V	Verschiebung von Fadenschichten
		V_0	Verschiebung von Fadenschichten, die die Tangentialspannung in der Schicht aufhebt
s_F	Fadenweg		
s_G	Windungslänge der Garnschraube im Zwirn		
		v	Geschwindigkeit, Arbeitsgeschwindigkeit
s_{V1}	Supportvorschub		
s_{V2}	Supportvorschub	v'	Ablaufgeschwindigkeit
T	Fadendrehungszahl, Torsion einer Raumkurve	v_D	Umfangsgeschwindigkeit der Tragwalze
T_G	Garndrehungszahl	v_{Dr}	Umfangsgeschwindigkeit des Drehungsorganes
T_{GA}	Garndrehungszahl vor dem Zwirnen		
T_{GZ}	Garndrehungszahl im Zwirn	v_d	Variationskoeffizient des Fadendurchmessers
T_p	gespeicherte Drehungen in Drehungen/Windung		
		v_F	Fadengeschwindigkeit
T_S	Torsion einer Schraubenlinie in Drehungen/mm	v_H	Hubgeschwindigkeit des Fadenführers
		v_{lim}	Grenzungsgleichmäßigkeit
Tt	Fadenfeinheit in tex	v_{RL}	Ringläufergeschwindigkeit
Tt_G	Garnfeinheit, Fadenfeinheit in g/km	v_S	Umfangsgeschwindigkeit der Spule
Tt_Z	Zwirnfeinheit in g/km	v_{schl}	Arbeitsgeschwindigkeit beim Schlichten
T_v	vorhandene Drehungen in Drehungen/Windung		
		v_Z	Hubgeschwindigkeit der Ringbank
T_Z	Zwirndrehungszahl	w	Anzahl der Fadenwindungen in einer Schicht
T_0	Zwirndrehungszahl durch Getriebeeinstellung		
		X_A	Anfangsfeuchte
t	Zeit	X_{Gl}	Gleichgewichtsfeuchte
t_A	Zeit für das Fadenanknüpfen	X_{Kn1}	Wassergehalt eines Stoffes nach dem 1. Trocknungsabschnitt
t_B	Bremszeit bis zum Stillstand der Maschine		
		X_{Kn2}	Wassergehalt eines Stoffes nach dem 2. Trocknungsabschnitt
t_{Bm}	Bäumzeit		
t_{ges}	Zeit gesamt	x	Weg, Abstand
t_K	Zeit für das Herstellen einer Kette	$\dot{x}$	Geschwindigkeit
t_M	Maschinenlaufzeit	$\ddot{x}$	Beschleunigung
t_N	Zeit für Nacharbeiten		

Verzeichnis der verwendeten Symbole 6.

Y	Anzahl der Umläufe der Umkehrpunkte auf dem Spulenumfang bis zur Wiederholung der Periode	ΔU	Abstand zweier Fadenumkehrpunkte am Spulenumfang
y	Verschiebung, Abstand	δ	Neigungswinkel, halber Kegelwinkel, Winkel zwischen Ballon- und Fadenzugkraft
z	Anzahl der Fäden im Zwirn		
z_{Bd}	Anzahl der Schärbänder	ε	Winkel
z_{DW}	Anzahl der Doppelhübe des Fadenführers bis zur Wiederholung der Periode	η	Wirkungsgrad, technologischer Wirkungsgrad der Zwirnmaschine
		η_{sch}	Wirkungsgrad des Schärens
z_F	Anzahl der Fäden	η_{Bm}	Wirkungsgrad des Bäumens
z_R	Anzahl der Rohre	$\varkappa$	Koeffizient zwischen Radial- und Axialspannung
z_{TB}	Anzahl der Teilkettbäume		
z_W	Anzahl der Fadenwindungen je Doppelhub, Anzahl der Wicklungsschichten	λ	Streckungsfaktor
		μ	Reibungszahl, Gleitreibungszahl
z_{ZB}	Anzahl der Zettelbäume	μ_H	Haftreibungszahl
α	Winkel, Umschlingungswinkel, Konuswinkel	μ_N	Normalreibungszahl
		μ_S	Seilreibungszahl
α_D	Winkelbeschleunigung des Drehungsorganes	μ_0	Induktionskonstante
		μ_1	Reibungszahl zwischen Zwirn und Ringläufer
α_{Dt}	Tangentialbeschleunigung des Drehungsorganes		
		μ_2	Reibungszahl zwischen Läufer und Ring
α_G	Steigungswinkel der Garnschraube im Zwirn		
		ϱ	Dichte
α_m	Drehungskoeffizient (metrisch)	ϱ_F	Fadendichte, Faserstoffdichte
α_{So}	Steigungswinkel	ϱ_G	Dichte eines Garnes
α_T	Winkel zwischen zwei Umkehrpunkten nach einem Doppelhub des Fadenführers	ϱ_W	Dichte des Wickels
		σ	Spannung
		σ_A	Axialspannung
β	Winkel, Kreuzungswinkel, Konuswinkel	σ_r	Radialspannung
		φ	Drehwinkel
β_F	Neigungswinkel der Faser — zur Garnachse	ψ	Neigungswinkel (halber Kegelwinkel) an der Kopswicklung
β_G	Neigungswinkel des Garnes — zur Zwirnachse	Ω	elektrischer Widerstand
		ω	Winkelgeschwindigkeit
γ	Winkel, Winkel zwischen Fadenzugkraft und ihrer radialen Komponente	ω_D	Winkelgeschwindigkeit des Drehungsorganes
		ω_L	Winkelgeschwindigkeit des Läufers
Δ_i	zusätzliches Übersetzungsverhältnis	ω_{Spi}	Winkelgeschwindigkeit der Spindel

7. Standardverzeichnis

7.1. Spulen

Begriff	TGL	Ausgabe	DIN	Ausgabe
Ablaufhaspeln; Anschlußmaße			64066	03.73
Fadenbremsgewichte			64605	03.72
Fußhülsen für Chemiefasergarne			64636	04.74
Gelochte Färbehülsen für Leinengarne			64622	06.74
Hülse, Wicklung, Spule, Wickel, Begriffe	12768	02.62		
Hülsen aus Papier und Pappe; Scheibenspulhülsen, Abmessungen	9-60	11.67		
Kegelige Hülsen; Übersicht, Hauptmaße			64420 T 1 ··· T 6	04.76
Kreuzspulmaschinen; Begriffe	45-122136	05.64	62511	10.64
Schußhülsen für Webautomaten			64610	04.74
Schußspulmaschinen, Grundbegriffe			62510	10.64
Spulerei; Grundbegriffe			61801	08.75
Spulmaschinen; Fadenreiniger; Begriffe; Einteilung; Kennwerte	28295	03.73		
Spulmaschinen; Seitenbezeichnung (links oder rechts)	12971	11.67	ISO 141	11.78
Textilmaschinen und Zubehör; Kreuzspulmaschinen, Begriffe			ISO 477	12.80
Textilmaschinen und Zubehör; Schußspulmaschinen, Begriffe			ISO 476	12.80
Wicklungen für Spulen und Wickel; Begriffe, Arten	12767	02.62		
Zylindrische Hülsen für Chemieseiden bis 0,5 kg Aufnahmevermögen	16257	05.67		

Begriff	TGL	Ausgabe	DIN	Ausgabe
Zylindrische Hülsen für die Färberei; Hülsen, Lehrdorne			64410	11. 77
Zylindrische Hülsen für Garne, allgemein; Hülsen, Lehrdorne			64410	11. 77
Zylindrische Hülsen für Nähgarne; Hülsen, Lehrdorne			64410	12. 70
Zylindrische Hülsen; Vorzugsreihen für Anschlußmaße			64410	04. 76

7.2. Zwirnen

Begriff	TGL	Ausgabe	DIN	Ausgabe
Doppeldrahtzwirnmaschine; Begriffe			63955	08. 78
Drehungsbeiwerte für Baumwollgarne; Drehungen je Längeneinheit			60912	04. 71
Einseitige Ringe zum Spinnen und Zwirnen mit C-, N- und EL-Ringläufern			64000	07. 79
Fäden; Einteilung, Begriffe	0-60900/01	11. 65		
Fäden; Feinheit und Drehung; Schreibweise im Tex-System	0-60900/03	11. 65		
Fäden; Feinheit und Drehungszustand; Begriffe	16-035010/02	10. 79		
Feinheitsreihen im Tex-System; Feinheitsreihe für Garne nach dem Baumwollspinnverfahren	16-650020/02	11. 68		
Feinheitsreihen im Tex-System; Feinheitsreihe für Kammgarne	16-650020/03	02. 78		
Feinheitsreihen im Tex-System; Feinheitsreihe für Streichgarne 50 bis 500 tex	16-650020/04	12. 75		
Feinheiten von Fasern und Garnen; Umrechnungstabellen für das Tex-System			60910	10. 73
Garne und Zwirne; Begriffe und Zeichen für die Angabe der Konstruktion im Tex-System			60900 T2	04. 75
Garne und Zwirne; Beschreibung im Tex-System			60900 T3	04. 75
Garne und Zwirne; Beschreibung in den Bezeichnungssystemen Nm, Ne_B, Ne_L und Td			60900 T4	09. 63
Garne und Zwirne; Drehungen auf 1 inch — Drehungen auf 1 m			60911	03. 69

Begriff	TGL	Ausgabe	DIN	Ausgabe
Garne und Zwirne; technologische Einteilung			60900 T1	04. 75
Ringe zum Spinnen und Zwirnen mit ohrförmigen Ringläufern	10645/05	11. 79	64001	07. 79
Ringläufer, Formen C, N und EL aus Stahl	7574/01	12. 79	63801 T1 ... T3	07. 79
Ringspinn- und Ringzwirnmaschinen; Ringe für Ringläufer; Formen, Hauptmaße	10645/01	02. 80		
Ringspinn- und Ringzwirnmaschinen; Rollenlagerspindeln; Benennung der Einzelteile	45-12241	10. 77	64040	06. 78
Ringspinn- und Ringzwirnmaschinen; Spindelteilungen	8736	03. 68	64010	01. 71
Ringzwirnmaschine; Begriffe			63950	08. 76
Tex-System; Begriff, Einheiten, Feinheitsreihe	16-650021	10. 74		
Tex-System, zur Bezeichnung der längenbezogenen Masse von textilen Fasern, Zwischenprodukten, Garnen, Zwirnen und verwandten Erzeugnissen; Grundlagen			60905	11. 70
Zwirnerei, Arbeitsgänge	0-60916	01. 64	60916	10. 74
Zwirne zweifach aus Garnen nach dem Baumwollspinnverfahren; Feinheiten, Drehungsarten, Drehungszahlen	16-658030	08. 66		

7.3. Kettvorbereiten

Begriff	TGL	Ausgabe	DIN	Ausgabe
Fehlerkennzeichnung für Teilbaumketten (Wirkerei)	16-687259	02. 71		
Fehlerkennzeichnung für Teilbaumketten (Wirkerei); Kettbäume, Durchmesser	6728	08. 70		
Kettfadenauswahlreihe für Rohgewebe des Ind.-Zweiges Baumwolle	16-662312	01. 68		
Kettvorbereitungsmaschinen, Begriffe, Übersicht	14305/01	11. 71	62500 (ISO 142	03. 72 11. 78)
Kettvorbereitungsmaschinen, Begriffe, Spulengatter	14305/02	10. 74		
Kettvorbereitungsmaschinen, Begriffe, Spulengatter; Begriffe Bäummaschinen	14305/06	10. 74		

Kettvorbereiten **7.3.**

Begriff	TGL	Ausgabe	DIN	Ausgabe
Kettvorbereitungsmaschinen, Begriffe, Spulengatter; Begriffe Kettschlichtmaschinen	14305/08	10. 74		
Kettvorbereitungsmaschinen, Begriffe, Spulengatter; Begriffe Konusschärmaschinen Arbeitsbreiten	14594	08. 76	ISO 2012	11. 78
Kettvorbereitungsmaschinen, Begriffe, Spulengatter; Begriffe Schärmaschinen und Bäumvorrichtung	14305/04	11. 71		
Kettvorbereitungsmaschinen, Begriffe, Spulengatter; Begriffe Speichergerät	14305/03	11. 71		
Kettvorbereitungsmaschinen, Begriffe, Spulengatter; Begriffe Speichergerät; Teilbäummaschinen	14305/07	11. 76		
Kettvorbereitungsmaschinen, Begriffe, Spulengatter; Begriffe, Speichergerät; Zettelmaschinen	14305/05	10. 74		
Kettvorbereitungsmaschinen, Spulengatter, Hauptabmessungen, Bauformen	7151	04. 73	62502	01. 73
Kettvorbereitungsmaschinen Teilbäummaschinen, technologische Forderungen	9305	08. 68		
Kettvorbereitungsmaschinen, Zettelmaschine, Arbeitsbreiten, Durchmesser der Zettelbäume	45-123138	12. 74	ISO 481	07. 78
Kettvorbereitungsmaschinen, Teilbäummaschinen, technologische Forderungen; Kettschlichtmaschinen, Arbeitsbreiten	12629	08. 68	E ISO 6176	10. 79
Kettvorbereitungsmaschinen, Teilbäummaschinen, technologische Forderungen; Verarbeitungsprüfung für Regeneratzelluloseseide, Ketten für die Weberei	16-650460/02	05. 74		
Kettvorbereitungsmaschinen, Teilbäummaschinen, technologische Forderungen; Verarbeitungsprüfung für PE Feintyp, Teilketten für die Gardinenrascheln	16-650463/01	11. 73		
Kettvorbereitungsmaschinen, Teilbäummaschinen, technologische Forderungen; Verarbeitungsprüfung für PE Feintyp, Teil-				

Begriff	TGL	Ausgabe	DIN	Ausgabe
ketten für die Gardinenrascheln; Herstellung von Teilketten	16-650400/03	09. 73		
Prüfung von Textilien; Auflagerungen und Begleitstoffe, Bestimmung der in organischen Lösungsmitteln löslichen Substanzen			54278 T1	02. 78
Prüfung von Textilien; Bestimmung des Schlichtegehaltes (En)			54285	11. 67
Prüfung von Textilien; Bestimmung des Schlichtegehaltes			E 54285	01. 79
Prüfung von Textilien; Bestimmung des Trockengewichtes durch Trocknen im Heißluftstrom			53800	02. 79
Prüfung von Textilien; Beurteilung des elektrostatischen Verhaltens, Bestimmung elektrostatischer Widerstandsgrößen (En)			54345 T1	07. 72
Prüfung von Textilien; Nachweis von Eiweiß auf Textilfasern			54284	06. 79
Teilkettbäume für Wirkmaschinen; Maße	8909	11. 75	V 64513 T1	10. 73
Teilkettbäume für Wirkmaschinen; Plan- und Gesamtrundlaufabweichung, Restunwucht			V 64513 T2	10. 73
Textilmaschinen und Zubehör; Färbebäume für Garne (En, Fr)			E ISO 1037	08. 78
Textilmaschinen und Zubehör; Kettbäume, Begriffe			E 64532	03. 79
Textilmaschinen und Zubehör; Kettbäume, Verfahren zur Messung von Form- und Lageabweichungen (En, Fr)			E ISO 2013	12. 80
Textilmaschinen und Zubehör; Teilkettbäume für Kettwirkmaschinen, Terminologie und Hauptmaße (Überarbeitung von ISO/R 1025-1969) (En, Fr)	8909	11. 75	E ISO 1025	03. 79
Textilmaschinen und Zubehör; Webkettbäume, Terminologie und Hauptmaße (5) (En, Fr)			ISO 5241	07. 79
Textilmaschinen und Zubehör; Webereivorbereitungsmaschinen			ISO 142	11. 78

Begriff	TGL	Ausgabe	DIN	Ausgabe
Webereivorbereitung, Kettvorbereitung; Begriffe	I 61050	01. 64		
Weben, Arbeitsstufen, Allgemeine Weberei	16-660065	10. 64		

7.4. Kettvorrichten

Begriff	TGL	Ausgabe	DIN	Ausgabe
Einzüge in Webgeschirr, Numerierung der Webschäfte, Begriffe, Einteilung	D 22230	02. 67	E 61110	03.79
Lamellen für elektrische und mechanische Kettfadenwächter, für automatische Einziehmaschinen			64608 T1	02.78
Vorbereitung der Jacquardweberei, Arbeitsgänge, Arbeitsstufen	16-660065	10. 64		
Webeblätter, Einteilung, Maßordnung, FEINEN;	D 16626/01	06. 63		
Webeblätter, Einteilung, Maßornung, FEINEN; Pechbund, einreihig	D 16626/02	06. 63		
Webeblätter, Einteilung, Maßordnung, FEINEN; Pechbund, zweireihig	D 16626/03	06. 63		
Webeblätter, Einteilung, Maßordnung, FEINEN; Zweifederbund, einreihig	D 16626/04	06. 63		
Webeblätter, Einteilung, Maßordnung, FEINEN; Zweifederbund, zweireihig	D 16626/05	06. 63		
Webeblätter, Einteilung, Maßordnung, FEINEN; Schienenbund	D 16626/06	06. 63		
Webeblätter, Einteilung, Maßordnung, FEINEN; Zackenwebeblätter	D 16626/07	06. 63		
Webmaschinen, Lamellen für Kettfadenwächter, Maßordnung und Lieferbedingungen	15420/01	06. 70	64608 T2	02. 78
Webmaschinen, Lamellen für Kettfadenwächter; Arten und Abmessungen	15420/02	06. 70	64608 T2	02. 78
Webmaschinen; Nennbreiten	16641	03. 74		

Erläuterungen: E Entwurf
                V Vornorm

Quellenverzeichnis

[1]
Szosland, J.: *Postawy budowy i technologii tkanin (Grundlagen der Struktur und der Technologie der Gewebe)*. Warschau, 1972. — 435 S.

[2]
Прошков, А. Ф. (Proschkow, A. F.): *Исследование и проектирование мотальных механизмов (Untersuchung und Projektierung von Spulmaschinen)* — Moskau, 1963. — 310 S.

[3]
Bronstein, J. N.; Semendjajew, K. A.: *Taschenbuch der Mathematik* — Leipzig, 1973. — 584 S.

[4]
Schneider, J.: *Vorbereitungsmaschinen für die Weberei* — Berlin/Göttingen/Heidelberg, 1963. — 408 S.

[5]
Wegener, W.; Schubert, G.: *Die Ermittlung der Druckverteilung in Garnkörpern* — In: Textilpraxis. — Stuttgart 23 (1968) 4. — S. 226—230

[6]
Wegener, W.: *Aufbau der Streckcops und die beim Spulen mit hoher Garnabzugsgeschwindigkeit entstehenden Fadenzugkräfte* — In: Dt. Textiltechnik. — Leipzig 16 (1966) 4. — S. 220 bis 229

[7]
Wegener, W.; Schubert, G.: *Die Ermittlung der Druckverteilung in Garnkörpern* — In: Textilpraxis. — Stuttgart 23 (1968) 5. — S. 297—302

[8]
Wegener, W.; Schubert, G.: *Zur Systematik der Reibungsmessungen* — In: Zeitschrift für die gesamte Textilindustrie. — Mönchengladbach 66 (1964) 8. — S. 636—645

[9]
Wegener, W.; Schubert, G.: *Die Beeinflussung der relativ langzeitigen Fadenzugkraft—Unterschiede durch Fadenbremsen* — In: Zeitschrift für die gesamte Textilindustrie. — Mönchengladbach 70 (1968) 8. — S. 537—543; 10. — S. 691 bis 698; 11. — S. 800—807; 12. — S. 893—897; 71 (1969) 1. — S. 24—29; 2. — S. 95—102

[10]
Schneider, J.: *Studien und Untersuchungen über den Einsatz synthetischer Garne im Webereibetrieb* — In: Reyon, Zellwolle u. a. Chemiefasern. — 9 (1959) 8. — S. 522—525; 9. — S. 603—305; 10. — S. 667—669

[11]
Pflüger, G.: *Die Reibung als textiltechnisches Problem* — In: Textilpraxis. — Stuttgart 23 (1968) 11. — S. 741—745; 12. — S. 813—816

[12]
Wegener, W.; Schuler, B.: *Grundlagen für die Reibungsmessung an Garnen und Zwirnen* (Forschungsbericht des Landes Nordrhein-Westfalen Nr. 1536) — Köln und Opladen, 1965

[13]
Wegener, W.; Schubert, G.: *Reibungsmessung an den Leitorganen garn- und zwirnverarbeitender Maschinen* (Forschungsbericht des Landes Nordrhein-Westfalen Nr. 1941) — Köln und Opladen, 1968

[14]
Schlien, K.: *Die Ermittlung des Reibungskoeffizienten von Textilien* — In: Zeitschrift für die gesamte Textilindustrie. — Mönchengladbach 55 (1953) 17. — S. 1022—1027

[15]
Honegger, E.: *Einfluß der Geschwindigkeit auf die Reibung zwischen Fäden und festen Körpern* — In: Textil-Rundschau. — 12 (1957) 10. — 551—560

[16]
Wegener, W.; Schuler, B.: *Beitrag zur Grundlagenermittlung des Reibungskoeffizienten von Fäden* — In: Zeitschrift für die gesamte Textilindustrie. — Mönchengladbach 66 (1964) 4. — S. 250—254, 5. — S. 362—367; 6. — S. 458—463

[17]
Borchers, J.: *Untersuchungen über das Reibungsverhalten von Fadenführungen* (Diss.) — Braunschweig, 1964

[18]
Fischer, C. E.; Mollard, V.: *Die Bestimmung des Reibungskoeffizienten zwischen Faden und*

zylindrischem Reibkörper — In: Melliand Textilberichte. — Heidelberg 47 (1966) 11. — S. 1228 bis 1233

[19]
RADOWIZKI, W. P.; STRELZOW, B. N.: *Elektroaeromechanik textiler Faserstoffe* — Leipzig, 1975. — 389 S.

[20]
BOWDEN, F. P.; TABOR, D.: *The Friction and Lubrication of Solids (Reibung und Schmierung fester Körper)* — Oxford, 1950

[21]
HOWELL, H. G. — In: Journ. Text. Inst. — 42 (1951) T 521

[22]
HOWELL, H.-G.; MAZUR, J. — In: Journ. Text. Inst. — 44 (1953) T 59

[23]
LINCOLN, B. — In: Brit. Journ. of Appl. Phys. — 260 (1952) 3

[24]
LINCOLN, B. — In: Fibre Journ. Text. Inst. — 45 (1954) T 92

[25]
LORD, E. — In: Journ. Text. Inst. — 46 (1955) T 41

[26]
MAZUR, J. — In: Journ. Text. Inst. — 46 (1955) T 712

[27]
PASCOE, D. TABOR. — In: Research. — 8 (1955). — S. 15

[28]
STRNAD, Z. u. a.: *Reibungsmessungen am laufenden Faden* — In: Wissenschaft und Forschung in der Textilindustrie; Sammlung ausgewählter Forschungsberichte XIV. — Brno, 1973

[29]
HOWELL, H.-G. — In: Journ. Text. Inst. 44 (1953) T 359

[30]
HOWELL, H.-G. — In: Journ. Text. Inst. 45 (1954) T 575

[31]
КОРИТЫССКИЙ, Я. И.; МИРОНОВА, Г. Н. (KORITYSSKI, J. I.; MIRONOWA, G. N.) *Современные натяжные устройства текстильных машин (Gegenwärtiger Stand von Fadenspannern an Textilmaschinen)* — Moskau, 1971. — 52 S.

[32]
BRUNSCHWEILER, D.: *Yarn tension during winding (Garnspannung beim Spulen)* — In: Textile Manufacture. — 83 (1957) 6. — S. 271 to 275

[33]
BESCHNITT, E.: *Fadenbremsen für Chemiefasern* (Diplomarbeit) — Karl-Marx-Stadt, 1958

[34]
КРАГЕЛЬСКИЙ, И.В. (KRAGELSKI, I. W.): *Трение волокнистых веществ (Reibung der Faserstoffe)* — Moskau, Leningrad, 1941. — 97 S.

[35]
MORTON, W. E.; HEARLE, J. W. S.: *Physical Properties of Textile Fibres (Mechanische Eigenschaften von Fasern)* — Manchester und London, 1962; Moskau, 1971.

[36]
АЛЕКСЕЕВ, Н. И. (ALEKSEJEW, N. J.): *Статика и установившееся движение гибкой нити (Statik und gleichförmige Bewegung des biegsamen Fadens).* — Moskau, 1970.

[37]
OFFERMANN, P.: *Erkenntnisstand zur Fadenreibung und deren Bedeutung für die Verarbeitungseigenschaften von Garnen und Syntheseseiden.* — In: Textiltechnik. — Leipzig 28 (1978) 2. — S. 82—88

[38]
WILSON, D.; HAMMERSLEY, M. J.: *The waxing of worsted yarns for machine knitting (Das Wachsen von Kammgarnen für Wirk- und Strickmaschinen)* — In: Textile Institute and Industries. — 4 (1966) 4. — S. 90—93; 5. — S. 121—125

[39]
WILSON, D.; HAMMERSLEY, M. J.: *Some aspects of the frictional properties of waxed and unwaxed worsted hosiery yarns (Einige Aspekte des Reibungsverhaltens von gewachsten und ungewachsten Strickgarnen)* — In: Journ. Text. Inst. — 57 (1966) 5. — S. 199—216

[40]
LÜNENSCHLOSS, J. u. a.: *Die Beeinflussung des Reibungskoeffizienten durch Variation der Spulbedingungen und des Paraffinauftrages sowie die Zusammenhänge zwischen Reibungskoeffizient und Verarbeitungsverhalten in der Maschenwarenherstellung* — In: Wirkerei- und Strickerei-Technik. — 21 (1974) 4. — S. 192—194; S. 213—216; 5. — S. 287—294; 7. — S. 465 bis 470

[41]
FIELES-KAHL, N.; HELLI, J. G.: *Zusammenhänge zwischen Luftfeuchte, Temperatur und den Reibungskoeffizienten von Garnen* — In: Textilpraxis — Stuttgart 21 (1966) 5. — S. 332—336

[42]
LANTA, J.: *Měřeni dynamického koeficientu tření ve směru příčném a podélném (Messung des dynamischen Reibungskoeffizienten in Quer- und Längsrichtung)* — Ústí nad Orlicí, 1965

[43]
LYNE, D. G. — In: Journ. Text. Inst. — 46 (1955) P 112

[44]
Rubenstein, C.: — In: Journ. Text. Inst. — 49 (1958) T 13

[45]
Wood, C. Y.: — In: Journ. Text. Inst. — 45 (1954) T 794

[46]
Макаров, А. И. идр. (Makarow, A. I. u. a.): *Расчет и конструирование машин прядильного производства (Berechung und Konstruktion von Spinnereimaschinen)* — Moskau, 1969. — 469 S.

[47]
Autorenkollektiv: *Physik — Fundament der Technik* — Leipzig, 1971. — 438 S.

[48]
Горикпий, С. Г. (Gorizki, S. G.): *Повышение скорости перемотки хлопчатобумажной пряжи (Erhöhung der Geschwindigkeit beim Umspulen von Baumwollgarnen)* — In: — Текстильная промышленность. (1960) 12. — S. 18—22

[49]
Simon, L.: *Fadenabzug von stehenden Spulen bei hohen Geschwindigkeiten* — In: Textiltechnik. — Leipzig 27 (1977) 3. — S. 147—151

[50]
Grishin, P. F.: *Ballon-Control* — In: Platte Bulletin VIII. — 6. — S. 161—191; 8. — S. 240—260; 11. — S. 333—352

[51]
Merker, Ch.: *Fadenabzug von Spulen* — Diplomarbeit. — Karl-Marx-Stadt, 1974

[53]
Bräunig, G.: *Gewöhnliche Differentialgleichungen* — Leipzig, 1975. — 255 S.

[54]
Locher, H.: *Grundsätzliches zur Dickstellenzählung und -messung* — In: Melliand Textilberichte. — Heidelberg 44 (1963) 4. — S. 339 bis 343; 5. — S. 453—457

[55]
Die Analyse von Garnfehlern. — In: Uster News Bulletin Nr. 6 (1965)

[56]
Zur Statistik von Garnfehlern im Zusammenhang mit der Garnreinigung. — Diss. ETH 5895. — Zürich, 1977

[57]
Wegener, W.; Vogt, H. J.: *Die kapazitive Ermittlung von Merkmalen zur Kennzeichnung dicker Garnstellen* — In: Textilpraxis International. — Stuttgart 27 (1977) 2. — S. 84—87; 3. — S. 161—163; 4. — S. 218—220

[58]
Eigenbertz, H.: *Vergleichstafeln für die Durchlaßweite der Fadenreiniger* — In: Melliand Textilberichte. — Heidelberg 38 (1957) 9. — S. 984—990

[59]
«*Kreuzspulautomat AUTOCONER*». — Prospekt der Fa. Schlafhorst & Co. Mönchengladbach

[60]
Fadenreiniger FR-60. — Gebr. Loepfe AG/Schweiz. — In: Intern. Textil-Bulletin. — Weltausgabe Spinnerei. — Zürich 3/1979. — S. 354

[61]
Eigenschaften und Betriebsverhalten elektronischer Garnreiniger — Zellweger AG/Schweiz. — Sonderdruck

[62]
Elektronische Garnreinigung und elektronische Überwachung von OE-Maschinen — Vortrag der Fa. Siegfried Peyer AG/Schweiz auf der 9. Intern. Konferenz «Vorbereitung des Materials für Hochleistungswebmaschinen». — Tagungsheft. — Bratislava, 1975

[63]
«*USTER-automatik*»: *Ein konsequenter Garnreiniger.* — Prospekt der Fa. Zellweger AG/Schweiz

[64]
«*Strangspulmaschine*». — Prospekt der Fa. SAVIO, Pordenone/Italien

[65]
Neuer Fadenwächter in Miniaturbauweise. — In: Intern. Textil. Bulletin. — Weltausgabe Weberei. — Zürich/1979. — S. 30

[66]
Leven, J.: *Knotenfreie Garne für das Tuften und Weben von Teppichen* — Vortrag zur 12. Intern. Konferenz «Neue Richtungen in der Weberei-Vorbereitung». — Štrbské Pleso, 1979

[67]
Krause, H. W.; Mayer, St.: *Wirtschaftliche Weberei-Vorbereitung durch automatische Fadenlängemessung beim Spulvorgang* — In: Textilbetrieb. — 97 (1979) 8. — S. 39—41

[68]
Schlitztrommel für Kreuzspulmaschinen aus Bakelit mit Metalleinsätzen — N. P. Kineriwals Private Ltd. /Indien. — In: Intern. Textil-Bulletin. — Weltausgabe Spinnerei. — Zürich 4/1978. — S. 531

[69]
Die Aufspultechnik in der Synthesefaserindustrie zu Beginn der 80er Jahre. — In: Chemiefasern/Textilindustrie. — Frankfurt 29/81 (1979) 12. — S. 1027—1028

[70]
Wegener, W.; Landwehrkamp, H.: *Untersuchungen über die Knotenbeständigkeit* — In: Zeitschrift für die gesamte Textilindustrie. — Mönchengladbach 63 (1961) 4. — S. 252—255

[71]
Wegener, W.; Landwehrkamp, H.: *Untersuchungen über die Knotenbeständigkeit* — In: Zeitschrift für die gesamte Textilindustrie. —

Mönchengladbach 63 (1961) 5. — S. 398 bis 403

[72]
Kreuzspulautomat zur Herstellung knotenfreier Teppichgarnspulen. — Schlafhorst & Co. — In: Intern. Textil-Bulletin. — Weltausgabe Spinnerei. — Zürich 2/1979. — S. 214—219

[73]
Pestel, K.: *Ermittlung des Kreuzungswinkels bei wilder Wicklung* — Umdrucke «Konstruktion von Chemiefasermaschinen». — Karl-Marx-Stadt

[74]
Beyreuther, R.: *Dynamische Modellierung des Transportvorganges laufender Fäden* — In: Faserf. und Textiltechn. — Berlin 27 (1976) 8. — S. 389—395

[75]
ITMA 79 — Ein Überblick. — In: Intern. Textil-Bulletin. — Weltausgabe Spinnerei. — Zürich, 4/1979. — S. 509—543

[76]
Martindale, J. G.: *A New Method of Measuring the Irregularity of Yarns (Über neue Methoden zur Messung der Garnungleichmäßigkeit)* — In: Journ. Text. Inst. 36 (1945) T 35

[77]
Зотиков, В. Е.; Будников, И. В.; Трыков, П. П. (Sotikow, W. E.; Budnikow, I. W.; Trykow, P. P.): *Основы прядения волокнистых материалов (Grundlagen des Spinnens)* — Moskau, 1959. — 507 S.

[78]
Труевцев, Н. И.; Хмелёвский, Б. П. (Trujewzew, N. I.; Chmeljowski, B. P.): *Прядильные машины (Spinnereimaschinen)* — Moskau, 1970

[79]
Autorenkollektiv. *Spinnereitechnische Grundlagen* — Leipzig, 1969. — 345 S.

[80]
Pilz, G.: *Über das Verhältnis von Garn- und Zwirndrehung* — In: Melliand Textilberichte. — Heidelberg 45 (1964) 1. — S. 24—25

[81]
Porsche, G.: *Über die effektive Garndrehung in Zwirnen* — In: Melliand Textilberichte. — Heidelberg 38 (1957) 6. — S. 610—612

[82]
Schwabe, B.; Simon, R.: *Ermittlung der Drehungen von Fäden auf Schraubenbahnen* — In: Textiltechnik. — Leipzig 23 (1973) 1. — S. 42 bis 47

[83]
Schwabe, B.: *Drehungen in textilen Faserbändern und Fäden* — In: Anleitung für TH. — Karl-Marx-Stadt 1973

[84]
Hartenhauer, H.-P.: *Direkte und indirekte Einzwirnung* — In: Textil- und Faserstofftechnik. — Leipzig 4 (1954) 3. — S. 154 bis 155

[85]
Formelmäßige Berechnung der Einzwirnung. — In: Textilpraxis. — Stuttgart 3 (1948) 7. — S. 255—256

[86]
Müller, E.: *Über das Gesetz der Verkürzungen beim Zwirnen der Gespinste* — In: Textilforschung. — 2 (1920) 4. — S. 115—122

[87]
Beckers, P.: *Die Verkürzung von Garnen und Zwirnen in Abhängigkeit zum Drehungsgrad* — In: Textil- und Faserstofftechnik. — Leipzig 3 (1953) 5. — S. 212—213

[88]
Корицкий, К. И. (Korizki, K. I.): *Инженерное проектирование текстильных материалов (Ingenieurmäßige Projektierung textiler Stoffe)* — Moskau, 1971. — 352 S.

[89]
Perner, H.: *Technologie und Maschinen der Garnherstellung* — Leipzig, 1969, — 670 S.

[90]
Greenwood, F. A.: *Control Ring Systems and Choise of Traveller Weight (Steuerung des Ring-Läufer-Systems und die Auswahl der Läufermasse)* — In: Text. Manufac. — 87 (1961) 1036. — S. 140—144

[91]
Buchmann, H.: *Darstellung von Drallorganen und Verfahren der Garn- und Zwirnherstellung* — In: Melliand Textilberichte. — Heidelberg 56 (1975) 6. — S. 430—434

[92]
Budnikow, W. I.: *Grundlagen des Spinnens:* Bd. 2 — Berlin, 1955. — 341 S.

[93]
Reinfeld, N.: *Zur Aufwicklungstheorie der Ringspinnmaschine* — In: Melliand Textilberichte. — Heidelberg 31 (1950) 5. — S. 313 bis 317; 6. — S. 388—391

[94]
Makarov, A. I.: *Berechnung der Schwingungen von Spindelkörpern bei Ringspindeln* — In: Hochschulschriften. — Karl-Marx-Stadt, 1961

[95]
Walz, F.; Gayler, I.: *Ablaufverhältnisse an Kreuzspulen mit hohen Fadengeschwindigkeiten* — In: Textilpraxis. — Stuttgart 12 (1957) 10. — S. 965—970; 12. — S. 1202—1209; 13 (1958) 1. — S. 36—41

[96]
Grundbegriffe der Kettvorbereitung. — In: Tex-

tiltechnik. — Leipzig 25 (1975) 2. — S. 77 bis 78

[97]
HOLLSTEIN, H.: *Fertigungstechnik Weberei: Bd. 1 Grundlagen* — Leipzig, 1978. — 132 S.

[98]
BÖTTCHER, P.: *Textiltechnik: Wissensspeicher für Technologen* — Leipzig 1977. — 912 S.

[99]
BARTHEL, W.: *Untersuchung der Spannungsverhältnisse im textilen Wickel* — In: Wissenschaftliche Zeitschrift der TH Karl-Marx-Stadt. — Karl-Marx-Stadt 21 (1979) 5. — S. 521—528

[100]
RUDLOFF, E.; HÜBNER, M.: *Untersuchungen zur Vorausberechnung der Kenngrößen von Kettbaumbewicklungen* — In: Textiltechnik. — Leipzig 31 (1981) 9 S. 567

[101]
GROTE, A.: *Taschenbuch für den Textilfachmann* — Leipzig, 1954.

[102]
Spulengatter Modell 4161 für die Weberei und Wirkerei. — Prospekt des VEB Schär- und Spulmaschinenbau Burgstädt (TEXTIMA)

[103]
Moderne Webtechnik — noch leistungsfähiger. — In: Intern. Textil-Bulletin. — Weltausgabe Spinnerei. — Zürich 4/79. — S. 535—543

[104]
Breitzettelanlage für Großproduktion Modell ZDA/ GCA. — Prospekt 631d der Maschinenfabrik Benninger/Schweiz

[105]
HACOBA — Rollfadenbremse HH. — In: Intern. Textil-Bulletin. — Weltausgabe Weberei. — Zürich 1/79. — S. 33

[106]
Schär- und Zettelgatter mit neuartigen Bremsen und Fadenwächtern. — In: Intern. Textil-Bulletin. — Weltausgabe Weberei. — Zürich, 1/77. — S. 44

[107]
BESCHNITT, E.: *Regeltechnische Probleme bei Fadenbremsen* — In: Dt. Textiltechnik. — Leipzig 10 (1960) 12. — S. 639—644

[108]
Elektrischer Fadenwächter für Hochleistungs-Spulengestelle. — Prospekt der Maschinenfabrik Benninger/Schweiz

[109]
Bedienungsanleitung für Schärmaschine 4126. — VEB Schär- und Spulmaschinenbau Burgstädt (TEXTIMA)

[110]
Konusschärmaschine mit elektronischer Steuerung des Schärtisches. — In: Intern. Textil-Bulletin.

— Weltausgabe Weberei. — Zürich 4/77. — S. 325—326

[111]
BACKMANN, R.: *Textilmaschinenmeßtechnik* — Lehrbrief TH. — Karl-Marx-Stadt, 1970

[112]
Konusschärmaschine Modell 4126/1. — Prospekt des VEB Schär- und Spulmaschinenbau Burgstädt (TEXTIMA)

[113]
Doppelte Schär- und Bäummaschine Type TSD. — Angebotsunterlagen der Fa. Älmhults Bruk Aktiebolag/Schweden

[114]
FRONIUS, ST.; TRÄNKNER, G.: *Taschenbuch Maschinenbau: Bd. 1/II Grundlagen* — Berlin, 1975. — 1470 S.

[115]
Bedienungsanleitung zur Zettelmaschine Modell 2205. — ELITEX/CSSR

[116]
Was kommt zuerst: Qualität, Kosten oder die Umwelt? — Schlichte-Symposium 77. — Übersetzung Nr. 8680. — Karl-Marx-Stadt

[117]
RAMASZEDER: *Die chemische und mechanische Technologie des Schlichtens* — Dresden, 1973.

[118]
MARTIN, H.; PUTZGER, G.: *Über die Bedeutung der Viskositätsmessung an Textilschlichten* — In: Dt. Textiltechnik. — Leipzig 9 (1959) 11. — S. 588—590

[119]
RICHTER, G.: *Einflüsse auf die Viskosität von Schlichteflotten* — In: Dt. Textiltechnik. — Leipzig 15 (1965) 10. — S. 530—534

[120]
FAU, A.; LAISNEY, B.: *Schlichten mit Polyvinylalkoholen* — In: Intern. Textil-Bulletin. — Weltausgabe Weberei. — Zürich 4/76. — S. 367—378

[121]
BAUERFEIND, A.: *Untersuchungen zur Festlegung der optimalen Schlichtetechnologie* — Abschlußarbeit IS für Textiltechnik. — Reichenbach, 1979

[122]
SCHOLTZ: *Vergleiche zur Ermittlung des Welthöchststandes* — In: Dt. Textiltechnik. — Leipzig 13 (1963) 8. — S. 442

[123]
WENGER, M.: *Moderne Aspekte im Bau von Schlichtmaschinen* — Arbeitssymposium SVF/VET/VST. — Wattwil, 1966

[124]
TRAUTER, J.: *Gedanken zur Viskositätsmessung von Schlichten* — In: Textilpraxis. — Stuttgart 27 (1972) 11. — S. 640—642

[125] WENGER, M.: *Anforderungen an moderne Schlichtmaschinen* — In: Dt. Textiltechnik. — Leipzig 18 (1968) 10. — S. 618—623; 11. — S. 719 bis 725

[126] *Schlichtetrog Modell AL 58.* — Prospekt Nr. 317 der Maschinenfabrik Zell

[127] HÄUSSLER, W.: *Taschenbuch Maschinenbau: Bd. 2 Energieumwandlung u. Verfahrenstechnik* — Berlin, 1976

[128] SCHWERDTNER, H.: *Chemische und physikalische Grundlagen textiler Faserstoffe* — Berlin, 1954. —

[129] SONNTAG, E.: *Moderne Schlichtverfahren* — In: Dt. Textiltechnik. — Leipzig 18 (1968) 1/2. — S. 47—57

[130] *Wärmerückgewinnungsanlage System Wiessner.* — Prospekt der Fa. Sucker, Mönchengladbach

[131] *Textometer Typ RMS — 6* — Prospekt der Fa. Mahlo, Saal

[132] TRAUTER, J.; SCHNEIDER, W. J.: *Fettzugabe zur Flotte — Nachwachsen von Ketten. Maßnahmen zur Erzielung einer optimalen Fadenglätte?* — In: Melliand Textilberichte. — Heidelberg 56 (1975) 11. — S. 869; 12. — S. 959

[133] TRAUTER, J.: *Die wichtigsten physikalischen Einflüsse beim Schlichtprozeß in ihren Auswirkungen auf das Webverhalten der Fäden* — In: Textilpraxis. — Stuttgart 27 (1972). — S. 221, 273, 480, 593; 29 (1974). — S. 60, 169, 311, 457

[134] GIERSE, F. J.: *Über die Realisierung gleichmäßiger Garnzugkräfte in Schlichtmaschinen insbesondere im Bereich vor dem Quetschwerk* — In: Melliand Textilberichte. — Heidelberg 57 (1976) 3. — S. 194

[135] KANNEN, A.; FIEDLER, H.: *Ablaufspannung an der Schlichtmaschine und ihre Beeinflussung* — In: Textilpraxis. — Stuttgart 28 (1973) 4. — S. 198—203

[136] BELJAKOW, B. J.: *Über die Fadenlängenungleichmäßigkeit einer Fadenschicht der Zettelwalze* — In: Textilpraxis. — Stuttgart 28 (1973) 4. — S. 198—203

[137] *Die Entwicklungstendenzen des Schlichtens: Teil I und II.* — Übersetzung Nr. 6667 FIFT. — Karl-Marx-Stadt

[138] *Schlichte-Technologie.* — Übersetzung Nr. 6675 FIFT. — Karl-Marx-Stadt

[139] TRAUTER, J.; BAUER, H.; RUESS, B.: *Die Bedeutung der Flottenaufnahme in der Schlichterei* — In: Melliand Textilberichte. — Heidelberg 59 (1978) 7. — S. 524

[140] SONNTAG, E.: *Wachsbehandlung von Fäden* — In: Textiltechnik. — Leipzig 26 (1976) 1. — S. 39 bis 44

[141] SONNTAG, E.; BERNDT, A.: *Behandlung von Fadenscharen mit wachsartigen Produkten für die Weberei* — In: Dt. Textiltechnik. — Leipzig 21 (1971) 1. — S. 29—32

[142] SONNTAG, E.; ZEIDLER, H.: *Untersuchung wachsartiger Produkte für die Fadenbehandlung* — In: Textiltechnik. — Leipzig 25 (1975) 7. — S. 421—423; 8. — S. 492—495

[143] ZAWADZKI, J.: *Trockenschlichten von Webeketten* — In: Textiltechnik. — Leipzig 23 (1973) 7. — S. 415—417

[144] SONNTAG, E.: *Tendenzen bei der Fadenbehandlung mit Schlichtemitteln und wachsartigen Produkten* — In: Textiltechnik. — Leipzig 24 (1974) 3. — S. 176—180

[145] *Schmelzwachsen (Trockenschlichten) von Polyesterseide beim Bäumen an der Schärmaschine Modell 4126.* — Bedienungsanleitung FIFT. — Karl-Marx-Stadt, 1976

[146] *Teilbäummaschine Modell 4142.* — Prospekt des VEB Schär- und Spulmaschinenbau Burgstädt (TEXTIMA)

[147] *Teilbäumanlage Modell 4144.* — Prospekt des VEB Schär- und Spulmaschinenbau Burgstädt (TEXTIMA)

[148] *Bedienungsanleitung für Teilbäumanlage Modell 4142.* — VEB Schär- und Spulmaschinenbau Burgstädt, (TEXTIMA)

[149] *Webkettenvorbereitung rationell.* — VEB Maschinenfabrik Großschönau (TEXTIMA)

[150] *Die USTERMATIC — Knüpfanlage.* — In: Zellweger USTER Review Nr. 2/1965. — S. 7

[151] *Moderne Webketten-Vorbereitung.* — In: Zellweger USTER Review Nr. 5/1968. — S. 11

[152]
USTERMATIC — die leistungsfähige Webketten-Knüpfanlage. — Zellweger AG Apparate und Maschinenfabrik Uster/Schweiz.

[153]
Automatische Einziehmaschine USTER. — Prospekt der Fa. Zellweger/Schweiz

[154]
Lamellen für die automatische Einziehmaschine. — Prospekt der Fa. Grob & Co. Horgen

[155]
Automatisches Einziehen in konventionelle Flachstahllitzen-Webgeschirre und reiterlose Webgeschirre. — In: Zellweger USTER Review Nr. 2/1967. — S. 7—8

[156]
Webeblatteinziehmaschine 4902. — Bedienungsanleitung des VEB Maschinenfabrik Großschönau (TEXTIMA)

[157]
PESTEL, K.: *Entwicklung und Arbeitsweise der Webeblatteinziehmaschine Modell 4902* — In: Dt. Textiltechnik. — Leipzig 16 (1966) 3. — S. 162—166

[158]
Automatische Einziehanlage USTER-DELTA, Prospekt PD 521 der Fa. Zellweger/Schweiz

Bildquellenverzeichnis

BARBER-COLMAN, *Rockford (USA)*, Bilder 2/98, 5/9, 5/10

BENNINGER ENGINEERING CO. LTD., *Uzwil (Schweiz)*, Bilder 4/14, 4/27, 4/74, 4/130

CROON + LUCKE, MASCHINENFABRIK GMBH + CO. KG, *Stuttgart (BR Deutschland)*, Bilder 2/153, 2/154

ELETTRO, *Mailand (Italien)*, Bild 2/152

GILBOS, P. V. B. A., *Aalst (Belgien)*, Bilder 2/135, 2/136

HACOBA, *Mönchengladbach (BR Deutschland)*, Bild 4/32

IKOS, *Kranj (SFR Jugoslawien)*, Bilder 2/117, 2/118

INVESTA, *Prag (ČSSR)*, Bilder 2/90, 2/124, 2/125, 2/144

MAHLO KG, *Saal (BR Deutschland)*, Bild 4/159

MAJED, *Lodz (VR Polen)*, Bilder 2./76, 2/77, 2/101, 2/119, 2/120,

POLMATEX, *Lodz (VR Polen)*, Bild 2/108

RÜTI AG, *Zürich (Schweiz)*, Bild 4/19

SAVIO, *Pordenone (Italien)*, Bilder 2/91, 2/92, 2/93, 2/115, 2/121, 2/122, 2/141, 2/142, 2/143

SCHLAFHORST & CO., *Mönchengladbach (BR Deutschland)*, Bilder 2/86, 2/94, 2/95, 2/96, 2/97, 2/103, 2/104, 2/105, 2/106, 2/107, 2/109, 2/110, 2/111, 2/112, 2/113, 2/114, 2/126, 2/127, 2/128, 2/129, 2/130, 2/145, 2/146, 2/147, 2/148

SCHWEITER, AG, *Horgen (Schweiz)*, Bilder 2/131, 2/132, 2/133, 2/134

SISTIG KG, *Krefeld (BR Deutschland)*, Bild 4/91

SUCKER, GEBRÜDER *Mönchengladbach (BR Deutschland)*, Bilder 4/102, 4/104, 4/107, 4/108, 4/151, 4/152, 4/154

TEXO (ÄLMHULTS BRUK AKTIEBOLAG), *Älmhult (Schweden)*, Bild 4/70

UTITA, *Padova (Italien)*, Bilder 2/139, 2/140

VARIMEX, *Warschau (VR Polen)*, Bild 2/102

VEB FEUTRON, *Greiz (DDR)*, Bilder 4/160, 4/161, 4/162

VEB SPINNEREIMASCHINENBAU, *Karl-Marx-Stadt. (DDR)*, Bild 3/65

VEB KOMBINAT TEXTIMA, *Karl-Marx-Stadt (DDR)*, Bilder 2/100, 3/29, 3/30, 3/32, 3/55, 3/56, 3/63, 4/9, 4/12, 4/15, 4/17, 4/18, 4/20, 4/21, 4/28, 4/33, 4/41, 4/42, 4/47, 4/48, 4/57, 4/58, 4/64, 4/65, 4/66, 4/67, 4/68, 4/69, 4/177, 4/178, 4/179, 4/185, 4/187, 4/189, 4/190, 5/2, 5/6, 5/7, 5/8, 5/13, 5/14, 5/15, 5/16, 5/17, 5/18, 5/19, 5/20, 5/21, 5/22, 5/23, 5/24, 5/25,

VOLKMANN GMBH & CO., *Krefeld (BR Deutschland)*, Bilder 3/58, 3/60

ZELL, *Zell (BR Deutschland)*, Bild 4/135

ZELLWEGER AG, *Uster (Schweiz)*, Bilder 5/11 5/12

Sachwortverzeichnis

Ablaufkörper 231
Abquetscheffekt 330
Absaugvorrichtung 99
Abschläger 37
Abstellvorrichtung 76
Abzugsbeschleuniger 100
Abzugsmoment 300
Abzugsprinzip 22
Achsantrieb 18, 126
Amontons 48
Anhalteweg 269
Anknüpfen 350
—, Maschinen 352
Archimedische Spirale 199
Arten von Garnreinigern 71
Aufbäumen 220, 247
Aufschlußverfahren 291
Aufsteckgatter 166
Aufwinden 15
—, Geschwindigkeit 228
—, Maschinen 221
—, Spannung 223
Aufwindung 177, 189
Auszwirn 145
Autocopser 132
Axialdruck 229

Ballonbildung 231, 237
Ballonzwirnmaschine 184, 211
Ballonzwirnprinzip 164
Bäumkamm 340
Bäummaschine 323, 346
Bäumvorrichtung 265
Bäumzeit; Berechnung 270
Bearbeitungsflußbild 219
Behandlung der Kette 218
Berührungslose Kontrolle 77
Beschlichtungsgrad 330
Bewicklungsdichte 223
— -radius 222
— -schichten; Berechnung 222
— -zeit; Berechnung 228, 270
Bikonische Kreuzspule 24
Bildwicklung, Vermeidung 87

Blattstechen 361
BOYCE-Knoten 89
Bremsen
—, geregelte; Prinzip 305
—, gesteuerte; Prinzip 305
Bremskraft 52
Bremsmoment 300

Campanello 185, 187
Changiergeschwindigkeit 88
Changiervorrichtung 324, 341
Cheeses 23
Cirkular Automatik Coner 120
C-Läufer 173
Conometer 78

Dämpfung, kritische 68
—, überkritische 68
—, unterkritische 69
Dämpfungsspirale 176
DAYTON-Walze 309
DD-Maschine 164
Dehnung 161
Dehnungszonen 284, 316, 328
Dichte
—, Bewicklungsschichten, der 223
— Faktor 224
—, Faserstoff, des 224, 250, 252
—, Wickels, des 224, 228
— Bereich 42
Dickstellen 69
Direktbäumen 221, 223
Doppelfadenabstellung 352
Doppelhub 38, 40
Doppeldrahtprinzip 142, 183, 186
Doppeldrahtspindel 185, 187
Doppeldrahtzwirnmaschine 164, 189
Doppelkegel-Zylinderspule 26
Doppelter Weberknoten 89
Drehende Ablaufspule 182
Drehende Auflaufspule 164
Drehungskoeffizient 148, 250
Drehungskonstante 193, 195

Drehungsorgan 171
Drehungsrichtung 156
Drehungswechsel 194
Drehungszahl 161, 182
Druck, axial (in Wickelschichten) 229
—, radial (in Wickelschichten) 229
Druckkocher 290, 293
Druckverlauf in Spulen 41
Druckwalze 170
Dünnstellen 69
Durchmesser
— bewickelter Kettbaum 218, 224
— Kettbaumrohr 218, 224

Effektzwirn 144, 146
Einfachdrahtprinzip 142, 185
Einfeldwickel 26, 136
Einspindelautomat 130
Einstufiger Zwirn 144
Einzelfadenschlichten 281
Einziehanlagen
—, automatische 352, 357
—, halbautomatische 352, 356
Einziehen, in Litzen 355
—, ins Webeblatt 361
Einwirnung 147, 155, 159
Elektromechanischer Garnreiniger 73
Elektronischer Garnreiniger 74
Elektrostatische Aufladung 266
Englischer Trog 171
Entstaubungsanlage 99
Etagenzwirnmaschine 164, 184
Euler-Gleichung 53

Fachen 105, 109, 111
Fachspulmaschine 105, 107, 110
Fachung 157
Fächerblatt 341
Fadenabzug, axial 16, 231
—, tangential, radial 16, 231
Fadenaufwindung 177, 199

Fadenballon 195
Fadenbruch, gesteuert 244
Fadenbruchabstellung 77
Fadendichte 224
Fadenflammenzwirn 146
Fadenführer 79
—, bewegte 79
—, feststehende 79
—, massebehaftet 79
—, masselos 79, 81
—, rotierender 22
Fadenführergeschwindigkeit 103
Fadenführerhubzahl 35
Fadengeschwindigkeit 228, 319
—, resultierende 18
Fadenhinreichmaschine 356
Fadenkreuz 260, 275, 350
Fadenlänge 35, 39
Fadenquerschnitt 16
Fadenspanner (Fadenbremse) 47, 52, 188
—, Einteilung 240
—, federbelastet 57, 241
—, indirekt wirkend 65, 241
—, kombinierter 62, 241
—, massebelastet 56, 240
Fadenspeicher 14
Fadensubstanzfaktor 325
Fadentrennvorrichtung 234
Fadenüberwachung 77
Fadenverlegung 18
Fadenvorrat 15
Fadenwächter 170, 241
—, Einrichtung 170
—, Einteilung 242
— mit Fallbügel 243
— mit Fallnadel 243
— mit vorgespanntem Bügel 243
Fadenwindung 35
Fadenzahl 217
Fadenzugkraft 47, 51, 197, 199, 235
— beim Bäumen 267, 273
— beim Schären (Richtwerte) 268
Fahrvorrichtung, elektrische 245, 259
Fallbügel 243
Farbeffekt 144
Färben (beim Schlichten) 310
Färbespule 23, 40
Fassungsvermögen 230
Federkamm 274, 341
Fertigschlichteverfahren 290
Feuchte
— Anfangs- 314, 330
— Gehalt 330

Feuchtegleichgewicht 314, 330
— Regelung 319
Fishermansknoten 89
Flaschenspule 25
Flottenaufnahme 330
Flottenkonzentration 296
Flügelspindel 163
Flügelzwirnmaschine 180
Flugstaubabblasvorrichtung 244, 246
Flusenwächter 266, 392
Fotoelektrischer Garnreiniger 73
Fühlrolle 253, 260
Fußspule 25

Garndrehungszahl 153
Garnfehler 70
Garnreiniger 69, 71
—, elektronisch 74
—, fotoelektrisch 73
—, mechanisch 71
Garnsengmaschine 122
Gasieren 122
Gegendrehung 145
Geleseblatt 260
Glattzwirn 141
Grenzungleichmäßigkeit 143
Großgruppenautomat 111

Haftreibungszahl 66
Hakenriet 324
Hängeflügel 163
Haspelablauf 128
Haspelautomat 134
Haspelkrone 134
Haspelmaschine 133
Haspelstern 27
Holzhausen, Formel nach 148
Holzrolle 28
Hubgeschwindigkeit 103
Hülsendurchmesser 37
Hydrostatisches Getriebe 278, 324
Hygroskopische Substanzen 284
Hyperbelwickler 277
HZ-Ringläufer 173

Ionisationsvorrichtung 266, 346

Kamm
—, Federkamm 274
—, Scherenexpansionskamm 274, 276
Kantenhärte 99
Kantenverlegung 191
Kapazitiver Garnreiniger 74
Kartenwickel 27
Kegelspule 23

Kehrgewindespindel 127
Kettbaum 218
—, Aufwindetechnologien 219
—, montieren 221
Kettfadenanzahl 222
Kettfadenspeicher 217
Kettfadensystem 217
Kettfadenzahl 217
Kettvorbereitung 217
—, Definitionen 217
—, Grundbegriffe 217
—, Maschinen 217, 244
Kettvorrichten 349
Kingspule 25
Klappenreiniger 101
Klebevermögen der Schlichte 298
Kleingruppenautomat 111, 120, 130
Knäuel 26
Knäuelwickelmaschine 136
Knotenarten 88
Knoterwagen 92
Knotenzwirn 146
Knotvorrichtung 88
Kone 23
Konische Spule 30
Konstruktionsdehnung 161
Konus
—, Höhe 253, 256
—, Länge 253, 256
—, Winkel 249
Kompensationsfadenspanner 66
Kopswicklung 195
Korrekturfaktor 252
Kötzerwicklung 195
Kräuselzwirn 146
Kreuzbäumvorrichtung 266
Kreuzknoten 89
Kreuzspule 22
—, bikonische 24
—, konische 23
—, zylindrische 22
Kreuzspulautomat 111
Kreuzspulwechsler 119
Kreuzwicklung 20, 22, 43
—, gewöhnliche 18, 20, 33, 43
Kreuzungswinkel 34, 36, 111
Kritische Spindeldrehzahl 213
Krümmung 151

Lamellenhinreichmaschine 355, 357
Lamellen mit Schlüsselloch 357
Lamellensteckmaschine 355, 363
Längenmeßvorrichtung 263, 275
Laufeigenschaften; Verbesserung 218
Läuferdrehzahl 202, 205

Läufermasse 174
Leonard-Antriebsatz 277, 324
Liefergeschwindigkeit 192
Lieferwalze 171, 181
Lieferwerk 171, 181
Litzen mit Schlüsselloch 356
Lochplattengestell 345

Magnetfadenspanner 58
Maschinenkonstante 34, 36
Mechanische Kontrolle 77
Mehrstufiger Zwirn 145
Meridianebene 196

Nachwachsen 313, 323
Nadelkammreiniger 72
Naßteilfeld 311
Naßwachsen 282, 331
Naßzwirnen 142, 169
Naßzwirnvorrichtung 169
Neigungswinkel 23
Netzmittel 285
Nissen 70
Normalkraft 52
Normalreibungsspanner 52
Nummer 146
Nutentrommel 81
—, konische 81, 86

Oberflächeneffekt 144

Paraffiniereinrichtung 118
Parallelisierte Fadenschar; Herstellung 218
Parallelwicklung 20, 42
Parasitkraft 64
Partiewechsel; Methoden 232
Pentawicklung 41
Pineapple 17, 24, 126
Präparationsvorrichtung 266, 345
Präzisionskreuzspule 24
Präzisionskreuzspulmaschine 36, 126
Präzisions-Kreuzwicklung 20, 36
Präzisions-Parallelwicklung 20
Präzisions-Parallelspulmaschine 129
Präzisionswicklung 20, 33
—, geschlossene 39
—, offene 40
Preßwalze 275, 324, 343
Produktion 194, 211
Produktionsberechnung 270

Quetschdruck 307, 309, 348
Quetschwalze 307
—, Funktion 311
—, Deformationswinkel 311

Radialdruck 229
Radialspannung 222
Raumkurve 28
Reduzierte Masse 214
Reibung 48
Reibungsgleichung, modifizierte 63
Reibungsindex 54
Reibungskraft 48
Reibungszahl 49
—, mittlere 64
Reihen 355
Reinigung, direkte 69
Reinigungsgrad 69
Reißlänge
—, des Faserstoffs 250
—, des Garnes 250
Repetiereinrichtung 352
Riemenschlupf 177
Ringbankbewegung 202, 205, 208
Ringläufer 174
Ringspindel 163, 175
Ringzwirnmaschine 165
Rollenfadenspanner 237, 241
—, Prinzip 237
—, Vorteile 237
Rollenlagerspindel 175
Rundautomat 120
Runder Knoten 89

Schärband 220
— -anzahl 261
— -breite 261
Schärblatt 260
— -anhebung 261
— -einzug 261
— -formen 260
Schären
—, Einsatzkriterien 222
—, Längenmeßeinrichtung 263
—, Wickelschema 247
Schärmaschinen 245
— Band- 246
— Block- 246
— Konus- 246
—, mit Mikrorechner 252, 260
—, Modell 4126 (TEXTIMA) 252
— Sektions- 246, 271
Schärtrommel 220, 247, 272
—, auswechselbare 266
—, mit Ansatzkonus 247
—, zylindrisch 272
Schärzeit; Berechnung 270
Schaltstufen für den Supportvorschub 256
Scheibenspule 16, 21, 180
Scherenexpansionskamm 274
Schichtverschiebung 223

Schifferknoten 89
Schlauchkops 27
Schlichteaufbereitung 336
Schlichteauflage 327, 330
Schlichteeffekt
Schlichteflotte 287
—, Konzentration 296
—, Bestimmung, gravimetrisch 296
—, Bestimmung, refraktometrisch 296
—, Viskositätsmessung 298
Schlichtekocher 293, 297
Schlichtemanchon 309
Schlichtemittel und -hilfsmittel 238
—, Aufbereitung 290
—, Eigenschaften 286
—, Forderungen 283
—, Klebemittel (Schlichtemittel) 285
—, Netzmittel 285
—, Rezepturen (Richtwerte) 287
—, Weichmacher 284
Schlichten
—, Arbeitsgeschwindigkeiten 319
—, Aufgaben 279
—, Dehnungszonen 284, 316, 328
—, Einteilung 282
—, Einzelfaden- 281
—, Fadenzugkraft 303, 326
—, Lösungsmittel- 282
—, Naß- 282
—, Naß- (ohne Trockner) 331
—, Prinzip 280
—, Sprüh- 332
—, technologische Berechnungen 325
—, Trocken- 281, 336
Schlichtestand 310
Schlichtetuch 309
Schlichtmaschine 279, 283
—, Baugruppen und Funktionselemente 299
—, Einzugswalzenpaar 300
—, Naßteilfeld 311
—, Schlichtvorrichtung (Schlichtetrog) 307
—, Trockenteilfeld 321
—, Trockner 311
—, Zettelbaumabbremsung 300
Schlichtgeschwindigkeit 319, 331
Schlingenzwirn 146
Schlitzreiniger 71
Schlitztrommel 81, 83
Schmelzwachsen 282, 336, 345
Schottischer Trog 171

Schußspulautomat 130
Schwingplattenreiniger 73, 97
Seilreibung 59
Seilreibungsspanner 52
Seitenscheiben 17
Sektionsschären 246, 271
Signalüberwachung 77
Sonnenspule 23
Spannergatter 232
Spannknoten 89
Speichergerät 346
Speicherscheibe 187
Spezifische Normalkraft 54
Spindel 175
Spindelantrieb 177, 190
Spindeldrehzahl, maximale 176
Spindelteilung 174
Spiralzwirn 146
Splicen 89
Splice-Automatik 94
Spulautomat in Reihenbauweise 115
Spulautomat in Rundbauweise 120
Spule, Struktur 17
Spulen 14
—, Begriff 15
—, Ziel 15
—, Zweck 15
Spulenantrieb 18
Spulendrehzahl 35
Spulendurchmesser 230
Spulenfeld 232
Spulenformen 21
Spulengatter 229, 244, 259
—, Ausführungsformen 233
—, Einteilung 230
—, Fadentrenn- und -anknüpfvorrichtung 234
—, Fahrvorrichtung 244, 259
—, Flugstaubabblasvorrichtung 244, 246
—, Forderungen 229
—, Funktionselemente 232
—, Mehrgatterbetrieb 268
—, Methoden des Spulenwechsels 232
—, Reserveaufsteckung 231, 268
—, Teilung 230, 239
—, TEXTIMA Modell 4161 233, 236
Spulenhalterdämpfung 101
Spulenrahmendämpfung 118
Spulenstruktur 33, 177
Spulerei 14

Spulfelder 38
Spulmaschinen 94
Spulprozeß 14
Spulverhältnis 36, 38, 41
Stammschlichteverfahren 290, 295
Stationärer Knoter 90
Stärke, Aufschlußverfahren 291
Stegerer-Effekt 223
Steigung 34, 38
Steigungswinkel 18, 22, 30, 32, 34, 36
Störung 39
Störgetriebe 87
Strang, Strahn 27
Strangvorlage 128
Stücklängenmarkierung 324
Substanzdehnung 161
Superkone 25, 85
Supportvorschub 249
—, Anwendung von Nomogrammen 252
—, automatische Steuerung 260
—, Berechnung 252

Tangentialriemenantrieb 189
Tauchwalze 307
Teflon-Belag 315
Teilbäumen 221
Teilbäummaschinen 220, 338
—, Aufbau 340
—, Bremsen 344
—, Einteilung 338
—, Forderungen 340
Teilkettbaum 340
—, Arten 340
—, Forderungen 339
Teilkette 218
Teilstäbe 260
Teilung (Umkehrstellen) 41
Tönnchenspule 26
Torsion 151
Totalkrümmung 151
Tragwalze 19
Tragwalzendrehzahl 35
Transport 348, 354, 365
Trennkraft 322
Trennstrecke 322
Trockenschlichten 336, 345
Trockenzwirnen 142
Trocknung 311
—, Dampfverbrauch 319
—, Kontakt- 312
—, Konvektions- 312, 319

Trocknung, Leistung 318
—, Strahlungs- 313
—, Trocknungskurve 314
—, Übersicht 312
Trommelspulmaschine 95
Tuchmacherknoten 89

Übersetzungswert 39
Umbäumen 221, 347
Umfangsantrieb 18, 25, 34, 95
Umfangsgeschwindigkeit 30
Umschlingungswinkel 52, 60, 238, 242
Umspulen 14, 16
Umspulmaschine 95
Unterwalze 167
Uptwister 184

Variokonus 25, 86
Verdampfungswärme 330
Verdichtung 224
Vierspindelband-Antrieb 178
Viskosität 288
Viskositätsmessung 298
Vorgarnflammenzwirn 146
Vorgarnflockenzwirn 146
Vorzwirn 145

Wabenwicklung 39
Walzenaggregat 339, 341
Walzenelektroden 321
Wandergebläse 99
Wanderknoter 92, 95
Wärmerückgewinnungsanlage 318
—, Aufbau 318
—, Vorteile 318
Wasser 286
Wasserverdampfung 319, 330
Webeblatteinziehmaschine 357
Weberknoten 89
Weber-Rohr 100
Wechselhaspel 134
Weichmacher 284
Wickel 26
Wickeldichte 253
Wickelgeschwindigkeit 228
Wickellänge; Berechnung 226
Wickelquerschnittsfläche 228
Wickelzeit; Berechnung 226
Wicklung 33
Wicklung; wilde, gewöhnliche 18
Wicklungsarten 19, 42

Wicklungsgesetze 28
Wirkungsgrad, technologisch 189, 194

Zettelkette 218
Zettelmaschinen 274
—, Antrieb 275
—, Einsatzkriterien 222
—, Einteilung 274
—, technische Daten 279
Zetteln 220
Zugkraft 16
—, beim Bäumen 267, 273
—, an Fadenspannern 235
—, beim Schären (Richtwerte) 268
Zufallswicklung 18
Zusammenbäumen 220, 221, 346
Zusatzdrehung 40
Zwirnarten 144
Zwirnen 141
Zwirndrehung 147, 161
Zwirndrehungszahl 192, 211
Zwirnfeinheit 146, 160
Zwirnmaschinen 162
Zwirnnummer (Zwirnfeinheit) 146
Zwirnstruktur 149
Zylinderspule 22, 28
Zylindrische Spule 28

MIX
Papier aus verantwortungsvollen Quellen
Paper from responsible sources
FSC® C105338

If you have any concerns about our products,
you can contact us on
ProductSafety@springernature.com

In case Publisher is established outside the EU,
the EU authorized representative is:
**Springer Nature Customer Service Center GmbH
Europaplatz 3, 69115 Heidelberg, Germany**

Printed by Libri Plureos GmbH
in Hamburg, Germany